STATISTIQUE DESCRIPTIVE
Le Poids des nombres, la Force des données et la Puissance de l'Information

Cours et Exercices

Par

Aimé Mbobi, PhD, MSc, MEng

Peggy Thimothée Mauline, MSc

Gaëlle Mbobi, BSc

Table des matières

Dédicaces

A Adèle, Félicianne, Martin, Raymond, Christine, Monique, Patrice, Erika, Capucine, Aimé Jr, Chaïnna, Naïma, Naëly, Bruno, Achilles, Serge, Hugues, Patrick, Guylain, Irène, Stern, Yasmine, Isahia, Ayden, Victoria et Zion.

Remerciements

Nous souhaitons profiter de cette occasion pour exprimer nos sincères remerciements aux personnes qui ont généreusement investi leur temps et leur expertise dans la lecture et la révision du manuscrit de ce livre. Vos précieux commentaires, critiques constructives et encouragements ont joué un rôle essentiel dans la mise en forme de la version finale de cet ouvrage. Vos idées et suggestions ont été inestimables pour nous aider à améliorer la qualité et la clarté du contenu.

Votre dévouement, votre engagement et votre soutien indéfectible ont été une source de motivation et d'inspiration tout au long de ce parcours. Nous vous sommes profondément reconnaissants de vos contributions et honorés d'avoir pu bénéficier de votre assistance pour concrétiser ce livre. Merci de votre volonté de partager vos connaissances et votre expertise avec nous. Vos efforts et votre soutien sont grandement appréciés et ne seront pas oubliés.

Remerciements spéciaux à : Christine Mbobi, Patrice Bellaire, Sophie Bestory-Théodose, Marc Théodose, Mark Cheley, Monique Thimothée, Simon Yomputu, Véronique Delannay-Lassus, Capt Gabriel Mukunda, Erika Mbobi, Capucine Mbobi, A.J. Mbobi, Valérie Pluton, Bienvenu Biyoudi, Brandon Mingo, Denise Lorbel, Gisèle Kyomba, Johann Graham, Blaise Mompere, Henri Savina, Jean-Jacques Bokino, Jean-Robert Bokino, Natasha Khan, Eva Matamba, Katia Sanctussy, Emmanuelle Gustave, Ing. Suresh Guruvayurappan, Ing. Jean-Claude Kazadi, Dr. Javad Jafarian, Dr. Hisham Alasady et Dr. Osama Bazan.

A propos des auteurs

Dr. Aimé Mbobi est un Ingénieur en Télécommunications, diplômé de de l'École Nationale Supérieure Mines-Télécom Lille Douai et de l'Université de Lille 1 en France. Il détient également un Diplôme de Mastère Spécialisé en Ingénierie des Applications Réseaux de l'École Nationale Supérieure des Mines de Paris. De plus, il est titulaire d'un doctorat en informatique de l'Université de Paris 11-Saclay en France.

Avec plus de vingt-cinq ans d'expérience dans l'enseignement supérieur, Dr. Mbobi est un professeur chevronné. Il a enseigné au School of Engineering Technology and Applied Science du Centennial College of Applied Arts and Technology, ainsi qu'à la Faculty of Applied Arts and Technology du Sheridan College Institute of Technology à Toronto, Canada. Il a également dispensé des cours au deuxième cycle de l'Institut Supérieur des Techniques Appliquées à Kinshasa, en RDC, et à l'École CentraleSupélec en France. En outre, il est Professeur Visiteur à la Faculté de Mathématiques et d'Informatique de l'Université de Kinshasa.

En parallèle avec l'enseignement, Dr. Aimé Mbobi est actuellement Chef du Département Solution and System Engineering chez Aviat Networks. Auparavant, il a occupé le poste de Chef du Département Learning Services chez Huawei-Canada pendant dix ans. Avec plus de trois décennies d'expérience dans l'industrie des TIC, l'Ingénieur Mbobi a joué un rôle pivot en tant que cadre supérieur au sein de plusieurs entreprises technologiques de pointe. Parmi ces entités, il y a Redknee Inc. au Canada, Siemens Nixdorf, France Telecom, Française d'Electronique Recherches et Mathématiques, Telecom Développement en France, et les Nations Unies.

Peggy Thimothée Mauline détient une Licence en Mathématiques Appliquées et d'un Master en Ingénierie Économique de l'Université des Antilles Guyane, campus de Fouillole en France. Avec 20 ans d'expérience dans l'enseignement, Peggy est une professeure certifiée en Mathématiques qui a participé activement à divers programmes et comités d'enseignement tout au long de sa carrière. Elle a occupé le poste d'enseignante spécialisée et de formatrice au sein d'un RASED. En tant que membre de la Section d'Enseignement Général et Professionnel Adapté, elle a joué un rôle important dans la mise en place de divers projets en Mathématiques.

Gaëlle Mbobi est titulaire d'un Bachelor en Chimie de York University au Canada. Forte de plus de 8 ans d'expérience, elle a affiné son expertise en analyse et contrôle statistique, en mettant l'accent sur l'amélioration de l'efficacité dans la gestion et le reporting des indicateurs de performance clés (KPI) au sein de différentes entités. Grâce à sa connaissance approfondie et étendue ainsi qu'à son implication active dans la mise en œuvre de processus de traitement, d'analyse et d'interprétation des données, Gaëlle interagit avec plusieurs scientifiques dans ce domaine.

Avant-Propos

Cet ouvrage intitulé « *Statistique Descriptive, Cours et Exercices – Le Poids des nombres, la Force des données et la Puissance de l'Information.* » est destiné à tous ceux qui utilisent les statistiques dans leur quotidien. Il s'adresse aux étudiants de Licences et de Masters ayant des cours de statistiques descriptives dans leur cursus, notamment, en Mathématiques appliquées, en Biologie, en Chimie, en Economie, en Gestion, ainsi qu'à ceux des autres sciences appliquées connexes. Il convient également aux étudiants des Ecoles d'Ingénieurs et de Commerce. Le contenu de ce livre est en adéquation avec les programmes de diverses filières académiques et, selon le niveau, peut s'adresser aux étudiants de cursus techniques tels que ceux d'Instituts Supérieurs, de Diplômes Universitaires de Technologie et de Brevets de Technicien Supérieur. Les scientifiques et les techniciens qui appliquent régulièrement les statistiques dans des laboratoires académiques pour la recherche fondamentale ou dans des laboratoires industriels pour la recherche appliquée trouveront également des réponses à leurs questions.

L'objectif de ce livre est de fournir des connaissances solides et une approche des statistiques descriptives aisée à comprendre. Son but principal est d'aider les lecteurs à maîtriser le processus d'analyse statistique, qui implique l'utilisation de données numériques, la collecte et l'analyse d'informations, l'interprétation des résultats, et la prise de décisions éclairées basées sur des fondements précis et fiables. La force de cet ouvrage réside dans la philosophie qui a guidé sa rédaction : fournir un livre facile à assimiler permettant au lecteur d'apprendre les statistiques descriptives avec très peu ou sans assistance.

L'ouvrage est organisé en deux parties, la première partie qui contient les neuf premiers chapitres et la deuxième partie qui contient les deux derniers chapitres. La première partie expose le contenu du cours, lequel est soutenu par des exercices.

Le premier chapitre de cet ouvrage est une introduction qui présente les quatre étapes fondamentales d'une démarche statistique : le rassemblement, l'organisation, l'analyse et l'interprétation des données.

Le deuxième chapitre est consacré aux tableaux statistiques. Une clarification succincte est présentée entre les trois notions de base en statistiques : le nombre, la donnée et l'information. Cette distinction claire aidera le lecteur à comprendre le rôle essentiel des nombres dans les calculs et les opérations, l'importance des données pour exprimer ce qui est connu ou admis comme tel, et la puissance de l'information pour interpréter les résultats. Les notions de caractères (ou de mesures) qualitatifs et quantitatifs d'une série statistique sont également abordées, ainsi que les notions d'effectifs, de fréquences (ou de proportions) et de fréquences cumulées.

Le troisième chapitre traite de la représentation graphique des séries statistiques. Les concepts de caractères qualitatifs et quantitatifs d'une série statistique sont explorés en profondeur. Pour les caractères quantitatifs, trois types de représentations sont présentés : le diagramme à bandes, le diagramme à secteurs et la représentation triangulaire. Concernant les caractères qualitatifs, le diagramme en bâtons pour les variables discrètes et les histogrammes pour les variables continues sont présentés. Dans ce même chapitre, la notion de fréquences et celle de fréquences cumulées sont abordées de manière plus détaillée.

Le quatrième chapitre présente les caractéristiques de tendance centrale, également connues sous le nom de paramètres de position ou de mesures de position. Il s'agit des paramètres qui indiquent l'ordre de grandeur des éléments de la série statistique. Dans ce chapitre, nous abordons les notions de mode, de moyenne et de médiane. Le mode représente la valeur la plus fréquente de la série statistique, la moyenne représente la valeur que chaque élément aurait si les valeurs étaient réparties de manière égale, et la médiane représente la valeur qui partage la série en deux parties égales.

Le cinquième chapitre traite des caractéristiques de dispersion ou de mesures de dispersion. Nous examinons comment une dispersion peut être perçue dans une distribution statistique et le rôle des paramètres de dispersion tels que la variance, l'écart-type et le coefficient de variation. Ces trois caractéristiques fournissent des informations importantes sur la façon dont la série est dispersée autour de la moyenne.

Le sixième chapitre présente principalement les caractéristiques de forme ou de mesures de forme, qui fournissent une idée claire de la forme de la distribution statistique. Nous présentons différents coefficients tels que le coefficient d'asymétrie de YULE, le coefficient d'asymétrie de PEARSON, le coefficient d'asymétrie et le coefficient d'aplatissement de FISHER. Le coefficient d'asymétrie nous renseigne sur la concentration des valeurs faibles ou fortes par rapport aux valeurs centrales, tandis que le coefficient d'aplatissement nous indique l'aplatissement de la courbe de distribution par rapport à la distribution normale, également appelée courbe de GAUSS.

Le septième chapitre porte sur les caractéristiques de concentration ou mesures de concentration qui permettent de comprendre comment le revenu ou la richesse est distribué dans une population. Cette distribution peut être relativement homogène ou totalement inégalitaire. Dans ce chapitre, nous étudions en détail la courbe de concentration de LORENZ et l'indice de concentration appelé indice de GINI, ainsi que son interprétation. Pour le calcul des aires sous la courbe de LORENZ, qui permettent de déterminer l'indice de GINI, nous avons présenté et utilisé deux méthodes qui fournissent des résultats très proches. La première méthode, celle des trapèzes, ne requiert pas de connaissances mathématiques avancées et consiste à considérer l'aire totale sous la courbe de LORENZ comme la somme des aires des trapèzes élémentaires. La deuxième méthode, basée sur des concepts mathématiques plus avancés, est celle de la quadrature numérique, qui consiste à évaluer cette aire en calculant l'intégrale définie de la fonction obtenue par interpolation de la courbe de LORENZ dans l'intervalle allant de zéro à cent. Pour cela, nous avons considéré la courbe de concentration de LORENZ comme celle d'une fonction continue dans l'intervalle allant de zéro à cent, puis présenté et utilisé deux méthodes pour son interpolation : la méthode de NEWTON et la méthode de LAGRANGE. L'utilisation de cette méthode de quadrature numérique nécessite une bonne connaissance en calcul numérique et en résolution des intégrales définies.

Le huitième chapitre traite des statistiques à deux caractères. Nous y développons des notions importantes telles que les distributions statistiques marginales et conditionnelles, ainsi que les caractéristiques marginales et conditionnelles. Dans ce chapitre, nous expliquons en détail la notion de moyenne et de variance, tant pour les caractères marginaux que conditionnels. Nous examinons également les relations entre les caractéristiques marginales et conditionnelles, ainsi que l'indépendance des caractères. L'objectif est de fournir une compréhension approfondie des statistiques à deux caractères, qui permettra aux lecteurs de mieux comprendre et d'analyser les données.

Le neuvième chapitre aborde la notion d'ajustement linéaire, en présentant les cas où un ou deux caractères sont contrôlés. Différentes méthodes sont expliquées, telles que la méthode empirique, la méthode des moyennes mobiles, la méthode de MAYER et la méthode des moindres carrés. Ces méthodes sont ensuite mises en pratique pour illustrer le cas de la détermination prévisionnelle des valeurs futures, en utilisant l'exemple de la chute drastique des crypto-monnaies du 21 mai 2021.

Le chapitre se conclut avec un exercice détaillé de synthèse sur le dénombrement démographique et territorial d'un pays donné. Ce choix s'explique par la richesse des différentes séries statistiques qu'elles génèrent, ce qui permet d'aborder presque tous les concepts étudiés dans les chapitres précédents. Cette étude est divisée en trois parties. La première partie se concentre sur la distribution de la population dans les différentes communes. La deuxième partie étudie la répartition de la superficie totale du pays dans ses communes. Enfin, la troisième partie analyse la relation entre la population et la superficie du pays, permettant ainsi de déterminer l'existence ou non de dépendances fonctionnelles entre ces deux variables.

La deuxième partie de ce livre se compose des deux derniers chapitres qui présentent des études de cas détaillées et approfondies pour mettre en pratique les concepts et mesures statistiques exposés précédemment. Les données statistiques y ont été minutieusement analysées pour en tirer des conclusions utiles.

La première étude est une analyse socio-économique, tandis que la seconde étude présente divers cas qui guident les processus décisionnels. Les deux derniers chapitres de cette partie offrent aux lecteurs la possibilité de voir comment les concepts et les mesures statistiques peuvent être appliqués dans des scénarios réels, rendant le contenu encore plus tangible et pertinent.

Le chapitre dix propose une analyse socio-économique approfondie et raffinée portant sur l'ensemble des salaires en équivalent temps plein (EQTP) des français travaillant dans le secteur privé en 2018, en utilisant les données de l'Institut National de la Statistique et des Études Économiques (INSEE). Cette étude est composée de trois volets : l'analyse des paramètres statistiques décisionnels de base, l'analyse des paramètres liés à la fiscalité et l'analyse des paramètres socio-économiques. Les données sélectionnées sont réelles, complètes et représentatives de la population statistique qu'elles symbolisent.

L'analyse des paramètres statistiques décisionnels de base comprend une interprétation de tous les paramètres de tendance centrale, de dispersion, de forme et de concentration.

Pour l'analyse des paramètres liés à la fiscalité, nous avons évalué les pourcentages de deux cas de français travaillant dans le secteur privé ayant un salaire en équivalent temps plein : les français non assujettis aux impôts et ceux assujettis aux impôts avec une composante de salaire imposable soumise au pourcentage du dernier palier d'impôts, c'est-à-dire contraints à un taux d'imposition de 45%.

La dernière partie de l'étude se concentre sur les aspects socio-économiques, en comparant les chiffres aux notions du Salaire Minimum Interprofessionnel de Croissance (SMIC), de la pauvreté, de la richesse et de la classe moyenne. Les définitions établies par des organismes officiels tels que l'INSEE, l'observatoire des inégalités, le Centre de recherche pour l'étude et l'observation des conditions de vie (CREDOC) et l'Organisation de Coopération et de Développement Économique (OCDE) ont été utilisées comme référence pour ces notions.

Le onzième chapitre expose des études de cas qui illustrent comment l'analyse et l'interprétation de données peuvent être utilisées pour prendre des décisions en vue de maximiser les effets positifs et minimiser les effets négatifs. Les quatre cas présentés dans ce chapitre incluent une collaboration entre une institution internationale et une Association Sans But Lucratif (ASBL) ainsi que trois autres cas similaires en termes de données et d'analyse mais différents en termes d'interprétation et de décision.

Le premier exemple concerne une institution internationale qui souhaite établir une collaboration de longue durée avec une association sans but lucratif. Trois ASBL ont été sélectionnées et ont subi des tests rigoureux pour évaluer leur capacité à travailler avec rigueur, intégrité, impartialité et transparence, ainsi que leur compétence à mesurer et évaluer les poids sans utiliser de balance ni de pesée.

Dans le deuxième exemple, un magasin spécialisé dans la vente de tissus envisage d'adopter un système de découpage automatique de tissus. Trois machines de différents constructeurs ont été évaluées à travers des tests rigoureux pour confirmer ou infirmer les déclarations de leurs constructeurs.

Le troisième exemple, similaire au précédent, concerne un laboratoire biologique qui recherche un pistolet d'injection de vaccin capable de délivrer une dose précise à une limite donnée. Les fabricants de pistolet d'injection ont énoncé des affirmations sur la qualité de leurs appareils, qui ont ensuite été confirmées ou infirmées par des tests rigoureux d'évaluation.

Le quatrième exemple, également basé sur des données similaires à celles du deuxième exemple, concerne une fonderie de métaux très particuliers à la recherche d'un logiciel ayant un temps de réponse strictement inférieur à une limite donnée pour effectuer une chaîne de tâches avant le refroidissement et le durcissement de l'alliage. Afin de confirmer ou d'infirmer les déclarations des créateurs de logiciels, ces logiciels ont été soumis à des tests rigoureux d'évaluation.

Il est intéressant de noter que les trois différents cas bien qu'ayant des données et des traitements identiques, concluent à des décisions différentes.

Il est important de souligner que chaque chapitre de ce livre est illustré par des exemples appropriés, pertinents et clairs pour aider à comprendre les concepts étudiés. À la fin de chaque chapitre, une série d'exercices est proposée, comprenant à la fois des exercices relatifs au chapitre en cours et des exercices inter-chapitres couvrant plusieurs chapitres successifs.

Tous les exercices ont été conçus et résolus par les auteurs du livre, et chacun est accompagné d'une solution détaillée comprenant une analyse numérique, une synthèse graphique et une interprétation approfondie des résultats numériques.

CHAPITRE 1

Introduction

Ce chapitre introductif présente les quatre étapes fondamentales d'une démarche statistique : le rassemblement, l'organisation, l'analyse et l'interprétation des données.

1.1 Historique

Le mot « Statistique » vient étymologiquement du latin : ***status***, qui signifie « état ». Les statistiques existent depuis l'antiquité. Toutefois, ce n'est qu'avec les travaux de grands mathématiciens tels que BERNOULLI, LAPLACE, PASCAL, GAUSS etc. que les statistiques mathématiques ont commencé à prendre forme, en dégageant des règles de conduite et de décision.

L'histoire de l'évolution des statistiques inclut des travaux importants tels que ceux de QUETELET sur les humains et de COURNOT sur l'économie, ainsi que ceux d'ENGEL sur la consommation. Historiquement, les statistiques étaient utilisées principalement pour fournir des renseignements à l'Etat, notamment sur la démographie, l'économie et les phénomènes naturels.

De nos jours, la statistique est considérée comme la science de la collecte et de l'analyse numérique et graphique d'observations portant sur des ensembles de faits analogues, qu'ils soient des personnes, des animaux, des choses, des concepts ou des événements. La statistique descriptive se compose généralement de quatre étapes fondamentales : le rassemblement, l'organisation, l'analyse et l'interprétation des données mesurables ou classifiables. Ces étapes sont entrelacées, de sorte que les données obtenues lors d'une opération sont utilisées comme entrées pour l'opération suivante.

En termes mathématiques, l'enchaînement de ces opérations peut être considéré comme une composition de fonctions.

En effet, appelons :

- f la fonction associée à l'opération de rassemblement des données brutes,
- g la fonction associée à l'opération d'organisation des données collectées,
- h la fonction associée à l'opération d'analyse de données organisées,
- t la fonction associée à l'opération d'interprétation de données analysées.

Nous aurons :

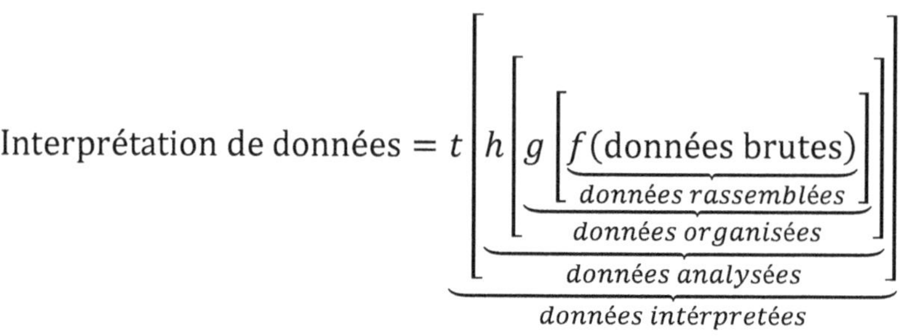

Schématiquement nous aurons :

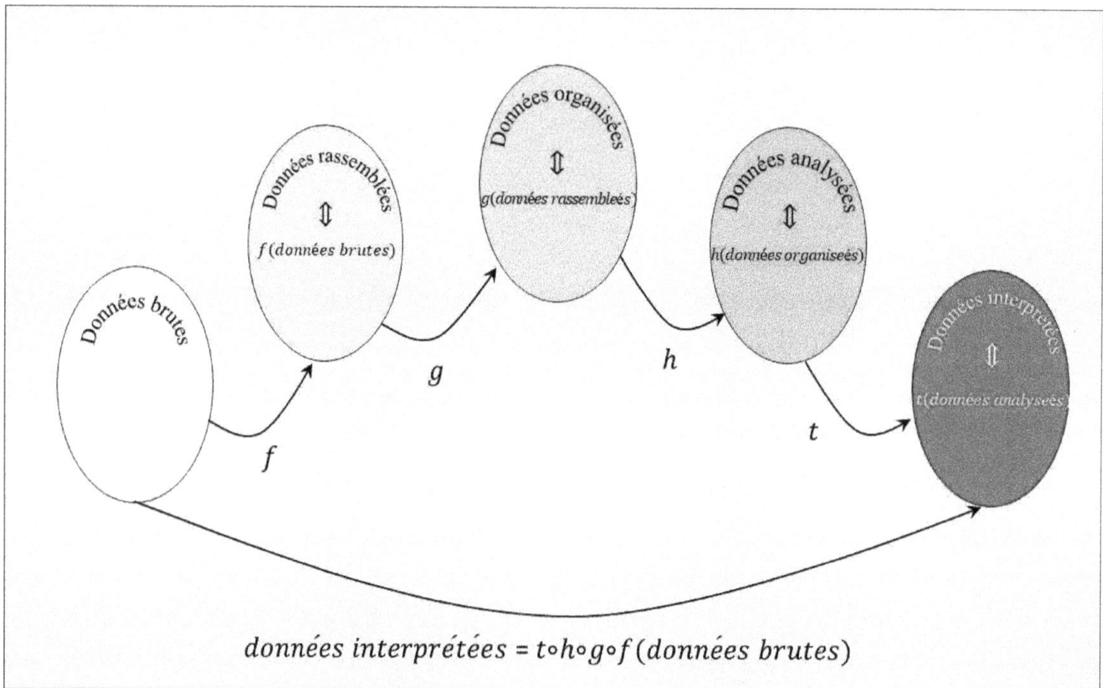

Observons maintenant en détail chacune de ces quatre étapes.

1.2   Rassemblement des données

Le rôle crucial du statisticien consiste à définir avec précision l'ensemble des observations qu'il va étudier. Cette étape est fondamentale car elle permet d'identifier la cible de l'étude et d'assurer la pertinence des résultats obtenus. Cet ensemble porte le nom de ***population*** et chaque élément la constituant est appelé ***membre, unité statistique*** ou encore ***individu***. Le terme "individu" vient du latin « indivisus » signifiant "ce qui est indivisible". Les individus peuvent être des personnes, des animaux, des objets ou toute autre entité qui fait l'objet de l'étude.

Il peut arriver que l'étude ne porte que sur une partie de la population, appelée ***échantillon***. Cette sélection est souvent réalisée pour des raisons pratiques ou pour réduire le coût de l'étude. Dans ce cas, il est important que l'échantillon soit représentatif de la population d'origine, c'est-à-dire qu'il reproduise fidèlement les caractéristiques de celle-ci.

D'un point de vue mathématique, la population peut être assimilée à un ensemble, qui est une collection d'éléments ayant une ou plusieurs propriétés communes. Dans le cas de la statistique, les éléments d'un ensemble peuvent être des individus ou des unités statistiques qui partagent une ou plusieurs caractéristiques communes.

De même, un échantillon peut être considéré comme un sous-ensemble de l'ensemble initial. Cet échantillon doit être choisi de manière aléatoire afin de garantir la représentativité de l'échantillon par rapport à la population d'origine. En outre, la taille de l'échantillon doit être suffisante pour assurer la fiabilité des résultats obtenus. En général, plus la taille de l'échantillon est grande, plus la précision de l'estimation est élevée.

Exemple 1

Prenons l'exemple d'une université comptant 40 000 étudiants. Dans ce cas, la population statistique est constituée de l'ensemble de ces 40 000 étudiants, chacun étant considéré comme un membre. Si l'on se concentre sur le sous-ensemble des étudiants de cette université qui célèbrent leur anniversaire aujourd'hui, alors ce sous-ensemble est considéré comme un échantillon de la population statistique.

1.2.1   Caractères statistiques

En mathématiques, les éléments d'un ensemble sont définis par une ou plusieurs propriétés communes. De même, en statistique, la population fait référence au groupe d'individus, d'objets ou d'événements qui partagent un trait commun, appelé le ***caractère*** de la population.

Pour donner un sens à la population, il est nécessaire de définir une ***caractéristique*** qui est un ensemble d'attributs ou de propriétés connexes qui décrivent un groupe ou une population. Cette caractéristique est appelée la ***variable*** ou la « ***caractéristique d'intérêt*** », et c'est la propriété que nous essayons de mesurer ou de comprendre.

Les individus considérés comme équivalents en termes de caractéristiques sont regroupés dans une même catégorie, appelé la ***modalité*** du caractère étudié.

L'analyse des modalités de la population permet de comprendre les caractéristiques de la population étudiée. Il s'agit d'étudier les variations des caractéristiques et de la structure de la population et d'analyser les différences et les similitudes entre les différents groupes de membres. Ce processus peut mettre en évidence les caractéristiques évidentes les plus courantes, identifier les tendances et les corrélations et tirer des conclusions sur la population.

D'un point de vue mathématique, une modalité est un sous-ensemble de la population qui partage une valeur particulière de la variable. Cela signifie qu'une modalité peut être représentée comme un ensemble d'individus, d'objets ou d'événements partageant une caractéristique commune.

Exemple 2

1. Lorsqu'on étudie l'état civil d'une population, on peut identifier quatre catégories principales : célibataire, marié, divorcé et veuf. En termes de statut matrimonial, ces modalités fondamentales permettent de mieux comprendre la composition de la population en question en termes de statut matrimonial

Caractère étudié = Etat civil

Modalité1 = Célibataire
Modalité2 = Marié
Modalité3 = Divorcé
Modalité4 = Veuf

2. Lorsqu'on analyse la répartition des naissances dans une population en fonction des jours de la semaine, on peut identifier sept modalités distinctes : lundi, mardi, mercredi, jeudi, vendredi, samedi et dimanche. Cette classification permet par exemple de mieux comprendre la distribution des naissances tout au long de la semaine.

Caractère étudié = Jour de la semaine

Modalité1 = Lundi
Modalité2 = Mardi
Modalité3 = Mercredi
Modalité4 = Jeudi
Modalité5 = Vendredi
Modalité6 = Samedi
Modalité7 = Dimanche

3. Lorsqu'on étudie le nombre de jours dans un mois, on peut identifier quatre modalités principales : 28, 29, 30 et 31 jours. Cette classification est importante pour la planification et l'organisation de diverses activités en fonction du nombre de jours disponibles dans un mois donné.

Caractère étudié = nombre de jours disponibles dans un mois

Modalité1 = 28
Modalité2 = 29
Modalité3 = 30
Modalité4 = 31

4. Si l'on se penche sur le nombre d'époux qu'une femme peut avoir dans un pays non polyandrique, il existe deux modalités : 0 et 1.

Caractère étudié = Nombre d'époux qu'une femme peut avoir dans un pays non-polyandrique

Modalité1 = 0
Modalité2 = 1

5. Prenons en considération la population des employés d'une entreprise qui ont un âge légal minimum et maximum de respectivement 18 et 65 ans pour prendre leur retraite. Si le caractère étudié est la durée de service pour chaque étape d'ancienneté qui donne droit à une médaille de mérite dans l'entreprise, nous pouvons distinguer les modalités suivantes (exprimées en nombre d'années d'ancienneté):

$$[0 \; ; \; 10[, [10 \; ; \; 20[, [20 \; ; \; 30[, [30 \; ; \; 40[, [40 \; ; \; 47[$$

Caractère étudié = Ancienneté ouvrant droit à une médaille de mérite dans une entreprise

Modalité1 = $[0 \; ; 10[$
Modalité2 = $[10 \; ; \; 20[$
Modalité3 = $[20 \; ; \; 30[$
Modalité4 = $[30 \; ; \; 40[$
Modalité5 = $[40 \; ; \; 47[$

1.2.1.1 Intersection et union des différentes modalités d'un même caractère

Les modalités d'un même caractère sont fondamentales dans l'analyse statistique, car elles permettent de décrire les différentes catégories qui se présentent dans une population. Il est important de noter que les modalités d'un même caractère doivent être mutuellement exclusives, ce qui signifie qu'elles ne peuvent pas avoir d'éléments en commun. Cela peut être défini mathématiquement en considérant chaque modalité comme un sous-ensemble de la population. L'intersection de ces sous-ensembles, pris deux à deux, doit être un ensemble vide.

Par exemple, dans le cas de l'état civil d'une population, les modalités possibles sont « célibataire », « marié », « divorcé », « veuf ». Il n'est pas possible d'être à la fois « célibataire » et « marié » ou « divorcé » et « veuf », comme on ne peut pas être « lundi » et « jeudi » à la fois.

De plus, les modalités doivent permettre de classer toutes les unités statistiques. Cela signifie que chaque individu doit être classé dans une seule et unique modalité du caractère étudié. Mathématiquement, si chaque modalité est considérée comme un sous-ensemble de la population, leur union doit être un ensemble formé de toutes les modalités du caractère étudié, ce qui implique la complétude de cet ensemble.

Prenons l'exemple du caractère "jour de la semaine". Les modalités possibles sont "lundi", "mardi", "mercredi", "jeudi", "vendredi", "samedi", "dimanche". L'ensemble des modalités de ce caractère constitue la semaine entière.

Il existe deux types de caractères : les caractères *qualitatifs* ou variables *catégoriques* et les caractères *quantitatifs* ou variables *numériques*. Les caractères qualitatifs décrivent des attributs ou des propriétés qui ne sont pas mesurables en quantité numérique. Les modalités possibles de ces caractères sont des catégories ou des groupes. Par exemple, l'état civil ou le jour de la semaine.

Les caractères quantitatifs, quant à eux, décrivent des attributs ou des propriétés mesurables en quantité numérique. Les modalités possibles de ces caractères sont des nombres ou des intervalles de nombres. Par exemple, le nombre de jours du mois ou le nombre d'époux dans un pays non-polyandrique.

En résumé, il est important que les modalités d'un même caractère soient disjointes et permettent de classer toutes les unités statistiques. Cette distinction entre les caractères qualitatifs et quantitatifs est essentielle pour choisir la méthode d'analyse statistique la plus appropriée.

1.2.1.2 Caractères qualitatifs (ou variables catégoriques)

Les caractères qualitatifs ou variables catégoriques sont des caractères qui ne peuvent pas être mesurés ou repérés de manière quantitative. Ces variables décrivent les noms ou les étiquettes des modalités et sont divisées en deux familles : les *caractères qualitatifs nominaux* et les *caractères qualitatifs ordinaux*.

Un caractère qualitatif est nominal lorsqu'il décrit les noms ou les étiquettes des modalités sans faire référence à un ordre naturel quelconque sur ces modalités. Autrement dit, il n'y a pas de relation d'ordre entre les différentes modalités. Du point de vue mathématique, un caractère qualitatif est nominal lorsqu'il représente un ensemble dont les éléments n'ont aucun ordre particulier entre eux.

Un caractère qualitatif est ordinal lorsqu'en plus de décrire le nom ou l'étiquette des modalités, il établit une relation d'ordre entre ces modalités. Cela signifie qu'il existe une hiérarchie ou un ordre naturel entre les différentes modalités. Du point de vue mathématique, un caractère qualitatif est ordinal lorsqu'il existe une réelle relation d'ordre entre les modalités de ce type de caractères. Cette relation doit être réflexive, antisymétrique et transitive.

Exemple 3

- Si l'on prend en compte le caractère qualitatif nominal "couleur préférée", les modalités peuvent être rouge, bleu, vert, jaune et orange. Dans ce cas, il n'y a pas de relation d'ordre naturelle entre les différentes modalités de ce caractère.

- Si l'on prend en compte le caractère qualitatif ordinal "niveau d'éducation", les modalités peuvent être primaire, secondaire, licence, master et doctorat. Dans ce cas, il existe une relation d'ordre naturelle entre les modalités, car le niveau d'éducation "primaire" est considéré comme inférieur au niveau d'éducation "secondaire", et ainsi de suite jusqu'au niveau d'éducation "doctorat.

Pour ces types de caractères, chaque modalité est nommée ***rubrique***. L'ensemble des rubriques est appelé ***nomenclature***. Pour des raisons de commodité, on associe chaque rubrique arbitrairement à un nombre; l'ensemble de ces nombres forme ***le code***.

Comprendre les différences entre les caractères qualitatifs nominaux et ordinaux est important pour divers domaines d'études, notamment la psychologie, la sociologie et l'économie. En utilisant ces caractères qualitatifs, nous pouvons catégoriser et analyser les données pour prendre des décisions éclairées et tirer des conclusions significatives.

Exemple 4

Si l'on considère la population mondiale comme un ensemble, on peut s'intéresser au caractère "Pays d'origine de chaque individu". Ce caractère est qualitatif nominal, où chaque modalité est unique et l'ensemble de toutes ses modalités correspond à l'ensemble des pays de la planète, que l'on appellera la "Nomenclature des pays de la planète". Ainsi, pour représenter chaque pays, on peut créer un code. Par exemple, l'Union Internationale des Télécommunications propose une liste d'indicatifs téléphoniques internationaux de 1 à 3 chiffres qui peut être utilisée comme code.

Un autre exemple de code est celui utilisé par les pays qui ont un système d'identification sociale, où chaque individu est identifié par un numéro unique d'assurance sociale (par exemple, le numéro de sécurité sociale en France ou le numéro d'assurance sociale aux États-Unis et au Canada). De même, le code postal est également un exemple de code utilisé pour identifier des régions géographiques spécifiques.

1.2.1.3 Caractères quantitatifs.

Les caractères quantitatifs sont des caractères qui peuvent être mesurés numériquement, contrairement aux caractères qualitatifs qui sont des caractères non mesurables. Par exemple, le nombre de joueurs dans une équipe de basketball, le nombre d'ordinateurs dans un ministère, ou la taille des élèves dans une classe sont des caractères quantitatifs. Il existe deux types de caractères quantitatifs : les ***caractères quantitatifs discrets*** et les ***caractères quantitatifs continus***.

Un caractère quantitatif est discret lorsqu'il ne peut prendre que des valeurs numériques finies et distinctes. Du point de vue mathématique, un caractère quantitatif est discret lorsque ses modalités sont des entiers de l'ensemble $\mathbb{R}$. c'est-à-dire des nombres entiers positifs, négatifs ou nuls.

Exemple 5

Le nombre d'enfants dans une famille est un caractère quantitatif discret, car il ne peut prendre que des valeurs entières (1, 2, 3, etc.) et ne peut pas prendre des valeurs intermédiaires (comme 1,5 enfants). On pourrait dire, par exemple, qu'il y a x familles dans une ville qui ont 3 enfants.

En revanche, un caractère quantitatif est continu lorsqu'il peut prendre toutes les valeurs numériques d'un intervalle. Du point de vue mathématique, un caractère quantitatif est continu lorsque ses modalités sont des intervalles semi-ouverts, c'est-à-dire des intervalles fermés à gauche et ouverts à droite et dont les bornes sont des nombres réels.

Exemple 6

La température d'une journée est un caractère quantitatif continu, car elle peut prendre n'importe quelle valeur réelle dans un intervalle de températures. On pourrait dire, par exemple, qu'il y a eu x jours en juillet 2020 où la température était comprise entre 20 et 35 degrés Celsius, c'est-à-dire dans l'intervalle semi-ouvert [20, 35[.

Lorsque l'on veut étudier un caractère quantitatif, on peut collecter des données à partir d'une série statistique. Si l'on observe tous les éléments d'une population, on parle alors de ***recensement***. Sinon, si l'on observe qu'une partie seulement de la population, on parle d'***échantillonnage***.

Exemple 7

Reprenons l'**exemple 1** de la **section 1.2** portant sur la population statistique de l'ensemble des 40 000 étudiants d'une université, on peut réaliser un recensement en observant tous les étudiants. Si l'on ne s'intéresse qu'aux étudiants qui fêtent leur anniversaire aujourd'hui, on obtient alors un échantillon de la population.

1.2.2   Variables statistiques

Nous avons vu que la propriété commune que l'on peut observer ou mesurer sur chacun des individus d'une population s'appelait le ***caractère*** de la population. De plus, les individus ayant le même caractère sont rangés dans la même ***modalité*** du caractère envisagé.

Une ***variable statistique*** n'est rien d'autre que ce caractère qui peut prendre différentes valeurs dans différentes modalités. Lorsque les variables statistiques sont disposées dans l'ordre, elles forment une distribution ou un tableau statistique.

Dans le domaine de la statistique, la propriété commune que l'on peut observer ou mesurer sur chaque individu d'une population est appelée le caractère de la population. Les individus ayant le même caractère sont classés dans la même modalité de ce caractère. Une variable statistique représente précisément ce caractère qui peut prendre diverses valeurs dans différentes modalités. Lorsque les variables statistiques sont organisées dans un ordre particulier, elles créent une distribution ou un tableau statistique.

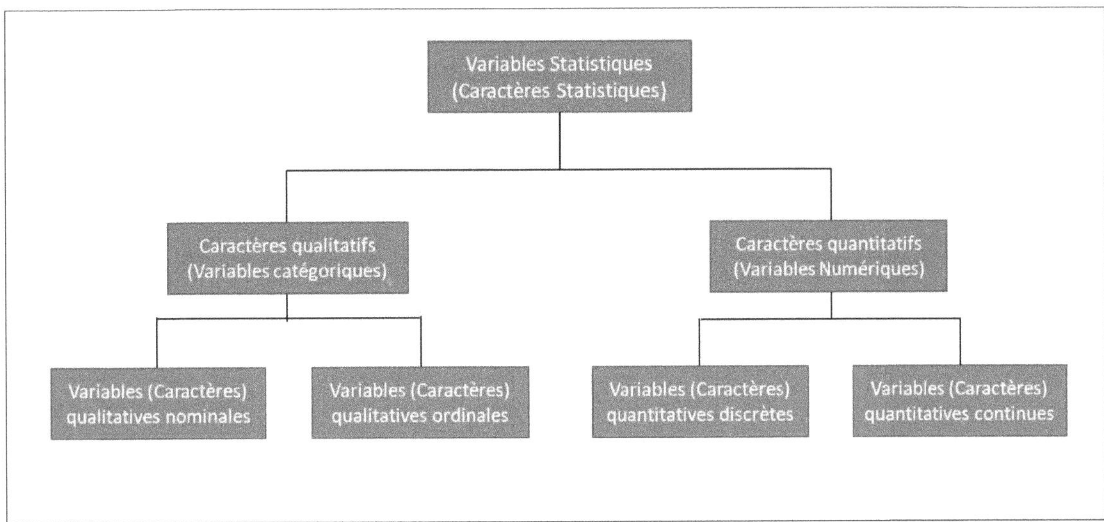

1.3   Organisation des données

Une fois que les observations ont été effectuées, il n'est pas rare qu'elles soient nombreuses et présentées de manière désorganisée. Pour pouvoir les analyser et en extraire des conclusions significatives, il est nécessaire de les *dépouiller* et de les *classer* en groupant celles qui présentent des caractéristiques similaires. Cette étape est appelée la *classification des données*. Elle permet de mettre en évidence les différentes caractéristiques de la population étudiée et de les représenter sous forme de *tableaux statistiques* et de *graphiques*.

Ces représentations permettent de visualiser plus facilement les tendances et les corrélations qui existent entre les différentes variables étudiées. Par conséquent, le dépouillement et la classification des données constituent des étapes cruciales dans l'analyse statistique, car ils permettent de transformer les données brutes en informations exploitables. Cette analyse des données est une étape cruciale du processus de recherche, car elle permet aux chercheurs de tirer des idées et des conclusions significatives de leurs observations et de prendre des décisions éclairées

1.4   Analyse des données

Lorsque nous analysons une série de données, la première étape est souvent l'observation des tableaux et des représentations graphiques pour obtenir une idée générale de la distribution. Toutefois, pour mieux comprendre les tendances de la distribution, nous avons besoin de valeurs numériques caractéristiques. Ces valeurs sont utilisées pour résumer les tendances de la distribution et pour en tirer des conclusions significatives.

Nous distinguons plusieurs types de caractéristiques.

Tout d'abord, les *caractéristiques de position* ou de *tendance centrale* qui décrivent l'ordre de grandeur des éléments de la série. La moyenne, le mode et la médiane sont les caractéristiques les plus couramment utilisées. La moyenne est la somme de toutes les valeurs divisée par le nombre total de valeurs. Elle donne une idée générale de la tendance centrale de la distribution. Le mode est la valeur qui apparaît le plus fréquemment dans la distribution. Il est souvent utilisé pour décrire des distributions discrètes. Enfin, la médiane est la valeur qui divise la distribution en deux parties égales, c'est-à-dire que 50% des valeurs sont inférieures et 50% sont supérieures à cette valeur. Elle est particulièrement utile lorsque la distribution est asymétrique ou comporte des valeurs aberrantes.

Ensuite, les **caractéristiques de dispersion** décrivent la manière dont les observations se répartissent autour de la valeur centrale. L'étendue, l'écart interquartile, la variance, l'écart-type, le coefficient de variation et les moments sont les caractéristiques les plus communément utilisées. L'écart-type et la variance sont utilisés pour décrire la variation moyenne de la distribution autour de la moyenne. Plus l'écart-type est élevé, plus les valeurs sont dispersées autour de la moyenne.

Les **caractéristiques de forme** nous permettent de décrire l'allure de la courbe d'une distribution à l'aide d'indices. Ces indices nous renseignent sur l'étalement de la courbe et son aplatissement par rapport à celle de la distribution de la loi normale. Parmi ces caractéristiques, nous citons le coefficient d'asymétrie de YULE, le coefficient d'asymétrie de PEARSON, le coefficient d'asymétrie de FISHER et le coefficient d'aplatissement de FISHER.

Enfin, les **caractéristiques de concentration** décrivent la manière dont la population est distribuée dans les différentes modalités. La médiane et l'indice de concentration de GINI sont les caractéristiques les plus répandues. Ces indicateurs permettent de mesurer l'hétérogénéité de l'un des caractères d'une population et d'en comprendre les éventuelles inégalités en son sein.

En somme, ces différentes caractéristiques permettent d'obtenir une description complète et précise de la distribution des données. Le choix de ces caractéristiques dépend de la nature des données et des questions de recherche posées.

1.5   Interprétation des données

Après le rassemblement, l'organisation et l'analyse des données, le problème crucial reste celui de son interprétation car le résultat obtenu sur l'échantillon doit être étendu sur toute la population. C'est pourquoi la statistique inférentielle est utilisée pour faire des prévisions sur la population totale en se basant sur l'échantillon observé. Pour cela, il convient de se formuler une hypothèse et de vérifier si les prévisions faites ont peu ou beaucoup de chances de se réaliser sous cette hypothèse. Cette étape nécessite une connaissance solide des probabilités et de la *théorie de l'échantillonnage* pour éviter les biais et les erreurs de prédiction. En effet, le choix d'un bon échantillon est crucial pour garantir une représentativité correcte de la population étudiée.

Afin de s'assurer que les résultats sont fiables et peuvent être généralisés à l'ensemble de la population, il est important de bien réfléchir à la méthode d'échantillonnage et d'utiliser des tests statistiques pour évaluer la significativité des résultats obtenus. Ce faisant, nous pouvons être plus confiants dans les conclusions que nous tirons et les décisions que nous prenons sur la base des données.

Il est important de souligner que les interprétations faites dans ce livre sont purement descriptives et ne doivent pas être considérées comme des lois statistiques établies. En effet, la réalité statistique est souvent plus complexe que les modèles proposés et chaque population a ses particularités propres. Les résultats obtenus doivent donc être interprétés avec précaution et une certaine réserve, en gardant à l'esprit que les hypothèses et les modèles utilisés ne sont que des approximations de la réalité. C'est pourquoi il est essentiel de poursuivre les recherches et les analyses pour affiner nos connaissances et améliorer nos prévisions sur les populations étudiées.

1.6   Exercices et solutions

• **Exercice 1 :** Pour chacun des caractères dans le tableau ci-dessous, déterminer s'il s'agit d'une variable qualitative ou quantitative. Si la variable est quantitative, identifiez une modalité possible.

	Caractère	Type de Caractère	Modalités possibles
1	Le continent de naissance d'une personne		
2	Les salaires des employés dans une entreprise		
3	Les saisons européennes		
4	Le poids des fruits dans un panier		
5	Les repas de la journée		
6	La température enregistrée dans la journée		
7	Les symboles des digits Hexadécimaux		
8	Le constructeur des voitures françaises		
9	La surface habitable dans une maison		
10	Le nombre de pages dans un livre		
11	Les vitesses enregistrées par un radar		
12	Les trois couleurs fondamentales		
13	Le nombre de passes effectuées dans un match de football		
14	Les types d'accords dans une chanson		
15	Le nombre de fautes d'orthographe dans une dictée		
16	La durée d'un film		
17	Le nombre de pétales sur une fleur		
18	L'âge d'un individu		
19	La couleur des yeux d'un individu		
20	La note annuelle d'appréciation d'un élève		

Solution

	Caractère	Type de Caractère	Modalités possibles
1	Le continent de naissance d'une personne	Qualitatif	Afrique, Amérique, Asie, Europe, Océanie
2	Les salaires des employés dans une entreprise	Quantitatif	
3	Les saisons européennes	Qualitatif	Printemps, Eté, Automne, Hiver
4	Le poids des fruits dans un panier	Quantitatif	
5	Les repas de la journée	Qualitatif	Petit déjeuner, déjeuner, diner
6	La température enregistrée dans la journée	Quantitatif	
7	Les symboles des digits Hexadécimaux	Qualitatif	0, 1, 2, 3, 4, 5, 6, 7
8	Le constructeur des voitures françaises	Qualitatif	Renault, Citroën Peugeot,
9	La surface habitable dans une maison	Quantitatif	
10	Le nombre de pages dans un livre	Quantitatif	
11	Les vitesses enregistrées par un radar	Quantitatif	
12	Les trois couleurs fondamentales	Qualitatif	Rouge, Vert, Bleu
13	Le nombre de passes effectuées dans un match de football	Quantitatif	
14	Les types d'accords dans une chanson	Qualitatif	C, E, G, Bb
15	Le nombre de fautes d'orthographe dans une dictée	Quantitatif	
16	La durée d'un film	Quantitatif	
17	Le nombre de pétales sur une fleur	Quantitatif	
18	L'âge d'un individu	Quantitatif	
19	La couleur des yeux d'un individu	Qualitatif	Marron, bleu, vert
20	La note annuelle d'appréciation d'un élève	Qualitatif	Echec, Passable, Assez-Bien, Bien, Très bien

• **Exercice 2** : Pour chacune des populations suivantes, identifier s'il s'agit d'un recensement ou d'un échantillon.

	Population	Echantillon ou Recensement
1	Le score de tous les matchs de la ligue des champions	
2	Le score d'un ensemble de jeux sélectionnés au hasard de différents bassins de la coupe du monde	
3	La taille de chaque dernier élève qui sort de sa classe dans une école	
4	La longueur de chaque autoroute du Canada	
5	Le diplôme d'un groupe de personnes sélectionnées au hasard à Paris	
6	L'identification de toute la population d'un pays	
7	Le prélèvement de sang de quelques bébés nés le même jour dans un hôpital	
8	La sélection aléatoire de produits sortant de l'usine pour le pesage	
9	Le résultat de test de maths de tous les étudiants d'une classe	
10	La couleur de chaque voiture qui passe dans un rond-point chaque 10 minutes	
11	La couleur des yeux des bébés tirés au hasard dans une maternité	
12	L'âge de tous les acteurs de cinéma qui habitent une commune donnée	
13	Le salaire de tous les travailleurs d'une entreprise	
14	La liste de toutes les écoles d'une commune dont au moins un enseignant est absent un certain vendredi	
15	Le poids de chaque poisson issu de la pêche ayant une nageoire caudale plus petite que la nageoire dorsale	
16	Quelques unités de bouteilles de parfum pour appréciation	
17	Les maisons qui ont servi de modèle dans un lotissement urbain	
18	Le décompte de tous les animaux abandonnés dans un refuge d'animaux.	
19	Le dénombrement partiel des espèces de plantes dans une forêt	
20	La liste exhaustive de toutes les universités d'un pays	

Solution

	Population	Echantillon ou Recensement
1	Le score de tous les matchs de la ligue des champions	Recensement
2	Le score d'un ensemble de jeux sélectionnés au hasard de différents bassins de la coupe du monde	Echantillon
3	La taille de chaque dernier élève qui sort de sa classe dans une école	Echantillon
4	La longueur de chaque autoroute du Canada	Recensement
5	Le diplôme d'un groupe de personnes sélectionnées au hasard à Paris	Echantillon
6	L'identification de toute la population d'un pays	Recensement
7	Le prélèvement de sang de quelques bébés nés le même jour dans un hôpital	Echantillon
8	La sélection aléatoire de produits sortant de l'usine pour le pesage	Echantillon
9	Le résultat de test de maths de tous les étudiants d'une classe	Recensement
10	La couleur de chaque voiture qui passe dans un rond-point chaque 10 minutes	Echantillon
11	La couleur des yeux des bébés tirés au hasard dans une maternité	Echantillon
12	L'âge de tous les acteurs de cinéma qui habitent une commune donnée	Recensement
13	Le salaire de tous les travailleurs d'une entreprise	Recensement
14	La liste de toutes les écoles d'une commune dont au moins un enseignant est absent un certain vendredi	Echantillon
15	Le poids de chaque poisson issu de la pêche ayant une nageoire caudale plus petite que la nageoire dorsale	Echantillon
16	Quelques unités de bouteilles de parfum pour appréciation	Echantillon
17	Les maisons qui ont servi de modèle dans un lotissement urbain	Echantillon
18	Le décompte de tous les animaux abandonnés dans un refuge d'animaux.	Recensement
19	Le dénombrement partiel des espèces de plantes dans une forêt	Echantillon
20	La liste exhaustive de toutes les universités d'un pays	Recensement

CHAPITRE **2**

Tableaux Statistiques

Ce chapitre traite des tableaux statistiques en introduisant les notions clés de nombres, de données et d'informations. Il aborde également les concepts de caractères qualitatifs et quantitatifs d'une série statistique, ainsi que les notions d'effectifs, de fréquences et de fréquences cumulées qui permettent de décrire et de synthétiser les données. Comprendre ces concepts de base est essentiel pour pouvoir analyser les données et en tirer des conclusions pertinentes.

2.1 Nombres, Données et Informations

Les nombres sont les cellules de base pour les données. Leur poids joue un rôle crucial non seulement dans la construction des données mais aussi à la valeur qu'on attribue à cette donnée. L'exactitude et la précision de ces chiffres sont déterminantes dans la fiabilité des données qu'ils forment. Quant aux données elles-mêmes, elles sont aussi utiles que les informations qui peuvent en être extraites grâce à une analyse et une interprétation appropriées. La véritable force des données analysées et interprétées réside dans leur capacité à offrir des informations précieuses et fiables pouvant éclairer la prise de décision stratégique.

Cependant, ce n'est pas seulement la qualité des données et les informations qui en découlent qui comptent. La façon dont ces informations sont présentées et véhiculées dans son environnement d'application peut avoir un impact considérable sur son efficacité. Une communication claire et concise des résultats, ainsi qu'une bonne visualisation des données, peuvent faire toute la différence pour garantir que les informations sont correctement comprises et mises en œuvre.

De plus, le pouvoir de l'information s'étend au-delà de sa présentation et de son analyse. L'impact ultime des idées sur l'environnement dans lequel elles sont appliquées est ce qui compte vraiment. La capacité des décisions fondées sur les données à entraîner des changements positifs et à atteindre les résultats souhaités est ce qui les rend précieuses. Essentiellement, le pouvoir de l'information réside non seulement dans l'exactitude et la qualité des données, mais aussi dans l'efficacité de son analyse, de sa présentation et des résultats qu'elle atteint.

2.1.1   Définition d'un nombre

Un nombre est un concept mathématique utilisé pour compter, dénombrer ou quantifier des objets, des individus, des événements, etc. Les nombres jouent un rôle fondamental en statistique, car ils constituent l'unité de base des données statistiques. Dans le contexte des statistiques, les nombres peuvent représenter un large éventail de variables, y compris les mesures, les évaluations, les scores, etc. En attribuant des valeurs numériques aux variables, les statisticiens sont capables de manipuler et d'analyser les données de manière significative, en tirant des enseignements et en faisant des prédictions basées sur des modèles et des tendances.

Exemple 8

- o   Des nombres allant de -3 à 6
- o   Des nombres compris entre 10 et 20
- o   Des nombres décimaux tels que 18,5
- o   Des nombres très grands tels que 1 736 000 000 000, etc.

2.1.2   Définition d'une donnée

En général, une donnée statistique peut être définie comme une expression composée d'un nombre et d'un objet ou d'un concept pour exprimer ce qui est connu ou admis comme tel dans un contexte bien défini.

En statistique, les modalités des caractères quantitatifs sont exprimées à partir de nombres.

Ces valeurs numériques peuvent être discrètes ou continues et peuvent être analysées à l'aide de diverses techniques statistiques pour tirer des conclusions sur la population ou l'échantillon à partir duquel les données ont été recueillies. Par conséquent, la compréhension de la nature et des caractéristiques des données est fondamentale pour l'étude des statistiques car elle permet aux chercheurs d'extraire des informations significatives et de prendre des décisions éclairées sur la base des données.

Exemple 9

- o   La longueur d'un objet allant de 10 à 20 mètres
- o   Le nombre d'enfants dans une famille allant de 3 à 6
- o   Le prix d'un produit à 18,5 euros
- o   Le revenu annuel d'une entreprise à 1 736 000 000 000 $
- o   Le nombre de jours dans un mois à 28, etc.

2.1.3   Définition d'une information

En statistique, l'information fait référence à un ensemble de données relatives à un sujet ou à un sujet particulier. Ces informations sont constituées d'un certain nombre d'individus statistiques et de données qui leur sont associées. Sachant qu'une telle donnée n'est qu'une expression composée d'un nombre et d'un objet ou d'un concept.

Ces données sont obtenues à partir de diverses sources telles que des enquêtes, des expériences ou des observations. Les individus statistiques sont les unités d'observation dans une étude donnée, et les données collectées à leur sujet peuvent être analysées plus en détail pour extraire des informations significatives.

Pour donner un sens à ces données, elles doivent être correctement enregistrées, dépouillées et organisées de manière à pouvoir être facilement comprises et analysées. C'est là qu'interviennent les cadres statistiques, car ils fournissent une approche structurée pour organiser les données et leur donner un sens. Le choix du cadre dépend de la nature des données et des questions posées.

L'analyse statistique implique l'interprétation des données pour extraire des résultats pertinents qui deviennent des informations, et qui peuvent ensuite être utilisées pour tirer des conclusions ou prendre des décisions. Cela peut impliquer le calcul de diverses mesures statistiques telles que des mesures de la tendance centrale, des mesures de dispersion, des mesures de forme, des mesures de concentration ou l'utilisation de méthodes plus complexes telles que l'analyse de régression, l'analyse factorielle ou le regroupement. L'interprétation des informations statistiques nécessite une bonne compréhension des méthodes statistiques, ainsi que la capacité de communiquer efficacement les résultats aux autres.

Exemple 10

- o Information 1 : Il y a 7 autoroutes dont la largeur est comprise entre 10 et 20 mètres.
- o Information 2 : 12 familles ont entre 3 et 6 enfants.
- o Information 3 : 21 ouvriers électriciens gagnent un salaire horaire de 18,5 euros.
- o Information 4 : En 2019, le PIB du Canada s'élevait à 1 736 000 000 000 $.

Voici un exemple concret qui démontre comment les quatre informations antérieures peuvent être organisées dans une base de données. Cette méthode permettrait de stocker et de gérer les données de manière structurée et efficace.

Rubrique	Nombre	Largeur
Autoroutes	7	10 à 20 mètres

Rubrique	Nombre	Nombre d'enfants
Familles	12	3 à 6

Rubrique	Nombre	Salaire	Periodicité
Ouvriers Electriciens	21	18,5 euros	Horaire

Année	Pays	PIB
2019	Canada	1.736.000.000.000 $

2.2   Caractère qualitatif

La représentation d'une série statistique à un seul caractère qualitatif comporte la nomenclature sur une ligne ou sur une colonne et le nombre d'unités statistiques de chaque modalité sur une autre ligne ou sur une autre colonne.

Ce type de représentations permet de synthétiser et présenter des données de manière structurée et claire sous forme de tableau. Cette méthode consiste à regrouper les données en fonction d'un seul critère qualitatif.

La nomenclature est le libellé utilisé pour chaque modalité. Elle peut être une catégorie, une classe ou un groupe et peut être représentée sur une ligne ou sur une colonne. Le nombre d'unités statistiques de chaque modalité peut être représenté soit sur une ligne, soit sur une colonne.

Cette représentation permet non seulement de visualiser facilement la distribution des données pour chaque modalité, mais offre également une compréhension rapide des caractéristiques de la population étudiée. Grâce à cette visualisation, il est plus facile d'analyser et de comparer les données en identifiant les modalités les plus fréquentes ou les plus rares et en mettant en évidence les tendances et les disparités entre les différentes modalités. Ainsi, cette représentation aide de manière efficace à la compréhension de la structure et des caractéristiques de la population étudiée, ce qui est essentiel pour dégager rapidement les informations pertinentes et prendre des décisions éclairées.

Exemple 11

Dans cet exemple, nous présentons les superficies des pays d'Amérique du Sud en fournissant leur superficie respective en kilomètres carrés. Cette information peut être importante pour des études de diverses natures.

Pays	Superficie en Km^2
Argentine	2766890
Bolivie	1098580
Brésil	9511965
Chili	756950
Colombie	1138910
Équateur	283560
les îles Falkland	12173
Guyane Française	91000
Guyane Anglaise	214970
Paraguay	406750
Pérou	1285220
Géorgie du Sud et îles Sandwich du Sud	3093
Surinam	163270
Uruguay	176220
Venezuela	912050
TOTAL	18821601

2.3 Caractère quantitatif

2.3.1 Variables discrètes

Supposons que la variable statistique X puisse prendre k valeurs possibles et que chaque valeur x_i a été observée n_i fois dans la population étudiée (avec $i \leq k$). En ordonnant les x_i par ordre croissant et en les rangeant dans un tableau, nous pouvons facilement calculer la différence entre la plus grande et la plus petite valeur que peut prendre la variable X. Cette mesure s'appelle l'*étendue* ou l'*amplitude de la série statistique.*

L'étendue ou l'amplitude est une mesure importante car elle fournit une indication sur la dispersion des valeurs de la série statistique. Plus l'étendue est grande, plus les valeurs de la variable sont dispersées, tandis qu'une étendue plus petite indique que les valeurs sont plus regroupées. Cela peut être utile pour évaluer la variabilité de la variable X dans la population étudiée.

Exemple 12

Supposons qu'un examen a été passé par 50 élèves, et que leurs résultats ont été enregistrés sous forme de notes sur 20 points (c'est-à-dire que k=21). Les notes obtenues sont les suivantes).

10	9	16	11	11	8	7	11	6	13
7	15	12	8	7	9	7	8	13	6
8	13	12	13	18	7	9	12	6	8
10	8	8	10	13	15	5	13	12	6
13	9	3	12	4	13	10	13	12	7

Après dépouillement on peut obtenir une série sous forme d'un ensemble de couples ci-dessous :

Note (x_i)	Effectif (n_i)
0	0
1	0
2	0
3	1
4	1
5	1
6	4
7	6
8	7
9	4
10	4
11	3
12	6
13	9
14	0
15	2
16	1
17	0
18	1
19	0
20	0
Total	50

avec x_i = valeur du caractère et n_i = effectif correspondant.

Voici un exemple de la distribution des notes obtenues par les élèves à l'examen :

- o Aucun élève n'a eu la note de 0 sur 20.
- o Un seul élève a obtenu une note de 5 sur 20.
- o Six élèves ont obtenu une note de 7 sur 20.
- o Neuf élèves ont obtenu une note de 13 sur 20.
- o Un seul élève a obtenu une note de 18 sur 20.etc.

2.3.2 Variables continues

Lorsque l'on travaille avec une variable continue, celle-ci peut prendre une multitude de valeurs, ce qui peut rendre son analyse complexe. Pour faciliter cette analyse, il est courant de regrouper les valeurs de la variable en classes, c'est-à-dire des intervalles de valeurs qui ont la même modalité.

Le choix du nombre de classes est arbitraire, mais doit être fait avec soin, car un nombre trop élevé peut rendre la simplification difficile, tandis qu'un nombre trop faible peut amener à regrouper des observations très différentes dans une même classe.

Pour représenter une classe, nous adoptons la convention d'utiliser des intervalles semi-ouverts, c'est-à-dire fermés à gauche et ouverts à droite

Pour représenter une classe, nous adoptons la convention d'utiliser des intervalles semi-ouverts, c'est-à-dire fermés à gauche et ouverts à droite. Ainsi la $i^{\text{ème}}$ classe sera déterminée par :

$$
\begin{cases}
\text{Sa borne inférieure : } a_{i-1} \\[2mm]
\text{Sa borne supérieure : } a_i \\[2mm]
\text{Son amplitude : } (a_i - a_{i-1}) \\[2mm]
\text{Son centre : } x_i = \dfrac{(a_i + a_{i-1})}{2}
\end{cases}
$$

Il est important de signaler qu'il est parfois difficile de préciser les classes externes (la première et la dernière). Dans ce cas on aura recours à des classes dites ouvertes ; *« moins de »* pour la première classe et *« plus de »* pour la dernière classe.

Exemple 13

Considérons un échantillon de 100 entreprises, dont le chiffre d'affaires est exprimé en millions de dollars. Le tableau ci-dessous présente ces données :

46	114	72	143	137	95	100	109	141	96
105	112	55	108	50	105	57	80	29	101
62	136	115	159	83	152	123	113	26	176
107	120	99	79	107	95	20	75	125	67
136	137	144	121	94	118	60	77	46	129
78	149	146	138	119	63	102	144	151	68
100	103	139	110	75	101	105	97	50	75
113	86	64	110	120	47	84	84	97	78
96	109	124	80	104	140	152	33	178	56
50	136	31	93	115	61	96	120	89	77

En triant les données par ordre croissant on a :

20	50	68	80	95	101	109	118	136	144
26	55	72	80	96	102	109	119	136	144
29	56	75	83	96	103	110	120	136	146
31	57	75	84	96	104	110	120	137	149
33	60	75	84	97	105	112	120	137	151
46	61	77	86	97	105	113	121	138	152
46	62	77	89	99	105	113	123	139	152
47	63	78	93	100	107	114	124	140	159
50	64	78	94	100	107	115	125	141	176
50	67	79	95	101	108	115	129	143	178

En examinant la liste de données, nous pouvons constater que la valeur minimale est de 20 et la valeur maximale est de 178. Pour déterminer les classes, nous allons raisonnablement choisir une amplitude de 10. Ainsi, chaque classe aura une largeur de 10 unités et les bornes de chaque classe seront définies comme suit :

Classes (x_i)	Effectifs (n_i)
[20;30 [	3
[30;40 [	2
[40;50 [	3
[50;60 [	6
[60;70 [	7
[70;80 [	9
[80;90 [	7
[90;100 [	10
[100;110 [	15
[110;120 [	10
[120;130 [	8
[130;140 [	7
[140;150 [	7
[150;160 [	4
[160;170 [	0
[170;180 [	2
Total	100

2.4 Fréquence

Lorsqu'on étudie une série statistique, il est souvent intéressant de connaître la proportion des données qui appartiennent à chaque classe ou modalité. Pour cela, on calcule la fréquence de chaque classe ou modalité.

La *fréquence* de la $i^{\text{ème}}$ classe ou de la $i^{\text{ème}}$ modalité du caractère est définie comme le rapport de l'effectif n_i de cette classe ou modalité par le nombre total n d'observations. Cette mesure permet de connaître la proportion de données qui appartiennent à cette classe ou modalité. On note :

$$f_i = \frac{n_i}{n}$$

En pratique, la fréquence est souvent exprimée en pourcentage plutôt qu'en valeur décimale, ce qui permet une lecture plus intuitive de la répartition des données. Ainsi, pour obtenir la fréquence en pourcentage d'une classe ou modalité, il suffit de multiplier le rapport de l'effectif n_i de la $i^{\text{ème}}$ classe ou modalité par 100.

$$\sum_{i=1}^{i=k} f_i = \sum_{i=1}^{i=k} \frac{n_i}{n} = \frac{n_1}{n} + \frac{n_2}{n} + \ldots\ldots + \frac{n_n}{n}$$

$$= \frac{n_1 + n_2 + \ldots\ldots + n_n}{n}$$

$$= \frac{n}{n}$$

$$= 1$$

Il est immédiat que l'on ait les deux propriétés suivantes :

$$0 \leq f_i \leq 1 \quad \text{et} \quad \sum_{i=1}^{i=k} f_i = 1$$

Il est crucial de remarquer que la somme totale des fréquences doit être équivalente à 100%, puisque toutes les observations doivent être représentées. La vérification de la somme des fréquences est essentielle pour garantir la qualité de l'analyse statistique.

Si la somme des fréquences dépasse ou est inférieure à 100%, cela peut être dû à une erreur dans le calcul des fréquences, à des données manquantes, à des données mal dépouillées ou mal enregistrées, ou encore à des valeurs approximatives pour chaque fréquence. Dans ce cas, il est nécessaire de vérifier les données et les calculs, ou de modifier les fréquences les plus importantes pour que la somme soit égale à 100%.

De plus, il est déterminant de prendre en considération la taille relative de chaque classe ou modalité lors de l'interprétation de la distribution de fréquence. Les classes ou modalités avec des fréquences plus élevées peuvent indiquer une tendance ou un modèle plus significatif dans les données, tandis que celles avec des fréquences plus faibles peuvent être moins pertinentes. Toutefois, il est également important de tenir compte du contexte des données et des objectifs de l'analyse lors de l'interprétation des distributions de fréquence, car parfois même les petites fréquences peuvent être intéressantes.

Reprenons les deux exemples suivants : l'**exemple 12** de la **Section 2.3.1** sur les notes des étudiants et l'**exemple 13** de la **Section 2.3.2** sur les chiffres d'affaires des entreprises. Il est important de noter que pour le premier tableau, les variables extrêmes pour lesquelles les fréquences sont nulles ont été supprimées.

x_i	n_i	$f_i(\%)$
3	1	2
4	1	2
5	1	2
6	4	8
7	6	12
8	7	14
9	4	8
10	4	8
11	3	6
12	6	12
13	9	18
14	0	0
15	2	4
16	1	2
17	0	0
18	1	2
Total	50	100

Fréquences de la série statistique de notes des élèves

x_i	n_i	$f_i(\%)$
[20;30 [	3	3.00
[30;40 [	2	2.00
[40;50 [	3	3.00
[50;60 [	6	6.00
[60;70 [	7	7.00
[70;80 [	9	9.00
[80;90 [	7	7.00
[90;100 [	10	10.00
[100;110 [	15	15.00
[110;120 [	10	10.00
[120;130 [	8	8.00
[130;140 [	7	7.00
[140;150 [	7	7.00
[150;160 [	4	4.00
[160;170 [	0	0.00
[170;180 [	2	2.00
Total	100	100.00

Fréquences de la série statistique de chiffres d'affaires

2.5 Effectifs et Fréquences cumules

Après avoir obtenu la série statistique sous forme de tableau, il peut être pratique et utile de fournir, pour chaque modalité du caractère étudié, en plus de l'effectif correspondant, la somme des effectifs (ou des fréquences) de cette modalité ainsi que de toutes celles qui la précèdent et la suivent. La somme des effectifs ou des fréquences qui précèdent est appelée *effectifs ou fréquences cumulés croissants*, tandis que celle des effectifs ou des fréquences qui suivent est appelée *effectifs ou fréquences cumulés décroissants*.

L'affichage des effectifs ou des fréquences cumulées aide à comprendre la distribution des données et la proportion de la population qui se situe dans une certaine plage. Il aide également à identifier les valeurs aberrantes ou les modèles dans les données.

On utilise les notations suivantes:

$n_i \uparrow$ ou $f_i \uparrow$ pour les effectifs ou les fréquences cumulés croissants.

$n_i \downarrow$ ou $f_i \downarrow$ pour les effectifs ou les fréquences cumulés décroissants.

Pour illustrer et expliquer ces notions, nous allons considérer le cas où une population est dépouillée et classée, suivi de l'addition d'effectifs pour les effectifs cumulés croissants ou de la soustraction d'effectifs pour les effectifs cumulés décroissants. Dans le premier cas, l'effectif total de la population n'est pas forcément connu, mais il l'est obligatoirement dans le second cas.

Supposons que P soit la population que nous souhaitons dépouiller et classer, composée de N individus répartis dans différentes modalités allant de 1 au maximum des modalités que nous noterons *max*. Cet agencement de la population correspond à son dénombrement itératif, dont le facteur incrémentiel est l'effectif de chaque modalité.

2.5.1 Formalisation des effectifs (fréquences) cumulés croissants

Avant le dépouillement, tous les effectifs cumulés des différentes modalités sont égaux à zéro. Lorsque l'on termine de compter les individus d'une modalité, on établit le nombre total d'individus correspondant à cette modalité comme son effectif, et l'on ajoute cet effectif cumulé au dénombrement (total) de tous les effectifs des modalités précédentes pour obtenir l'effectif cumulé de cette modalité.

De manière générale, $n_i \uparrow$ représente l'effectif total des i premières modalités dénombrées, ce qui permet de formaliser trois cas :

• Pour $i = 1$,

$n_1 \uparrow$ représente le début du dénombrement, c'est-à-dire l'effectif de la première modalité. A ce stade de l'inventaire, la valeur totale du dénombrement est égale à n_1, comme le montre la relation suivante :

$$n_1 \uparrow = n_1$$

• Pour $1 < i < i_{max}$,

$n_i \uparrow$ représente la quantité qui correspond à l'effectif total des i premières modalités dénombrées. Pour la calculer, on ajoute l'effectif cumulé de la modalité précédente à l'effectif de la modalité courante, comme le montre la relation suivante :

$$n_i \uparrow = n_{i-1} \uparrow + n_i$$

• Pour $i = i_{max}$,

$n_{max} \uparrow$ représente la fin du dénombrement, c'est-à-dire que la distribution a été entièrement dénombrée. À ce stade de l'inventaire, la valeur totale du dénombrement est égale à l'effectif total de toutes les modalités, c'est-à-dire la valeur totale des n_i; comme le montre la relation suivante :

$$n_{max} \uparrow = n_{max-1} \uparrow + n_{max} = N$$

Cette même logique est également appliquée aux $f_i \uparrow$.

2.5.2 Formalisation des effectifs (fréquences) cumulés décroissants

Dans le contexte des effectifs et des fréquences cumulés croissants, la notion d'effectif cumulé décroissant est intimement liée à l'effectif total. Pour obtenir l'effectif cumulé décroissant de chaque modalité, nous opérons un décompte itératif de la population en distribuant les effectifs des modalités précédentes. Cette opération se répète jusqu'à l'épuisement de la population. Cet effectif total partira de la valeur N et décroitra graduellement en fonction de l'effectif de la modalité précédente.

Nous notons $n_i \downarrow$ le décompte restant de l'effectif total après avoir distribué les effectifs des modalités précédentes. Cet effectif représente l'effectif cumulé décroissant de la modalité x_i. Les trois cas suivants formalisent cette relation :

• Pour $i = 1$,

$n_i \downarrow$ est égal à la population entière, c'est à dire la valeur totale des n_i car celle-ci est la première modalité et la population n'est pas encore distribuée. Cela donne la relation suivante :

$$n_1 \downarrow = N$$

• Pour $1 < i < i_{max}$,

$n_i \downarrow$ représente le décompte restant de l'effectif total après avoir distribué les effectifs des modalités précédentes. Cette quantité est obtenue en soustrayant l'effectif de la modalité précédente de l'effectif cumulé de la modalité précédente. Cela donne la relation suivante :

$$n_i \downarrow = n_{i-1} \downarrow - n_{i-1}$$

• Pour $i = i_{max}$,

$n_{max} \downarrow$ représente le décompte attribué à la dernière modalité. Cela correspond à la soustraction de l'effectif de la modalité précédente de l'effectif cumulé de la modalité précédente. Cela donne la relation suivante :

$$n_{max} \downarrow = n_{max-1} \downarrow - n_{max-1}$$

Comme pour les effectifs et les fréquences cumulés croissants, la même logique s'applique aux $f_i \downarrow$.

L'exemple précédent des notes obtenues par 50 élèves lors d'un examen donne les tableaux suivants :

x_i	n_i	$n_i \uparrow$	$n_i \downarrow$	$f_i(\%)$	$f_i(\%) \uparrow$	$f_i(\%) \downarrow$
3	1	1	50	2.00	2.00	100.00
4	1	2	49	2.00	4.00	98.00
5	1	3	48	2.00	6.00	96.00
6	4	7	47	8.00	14.00	94.00
7	6	13	43	12.00	26.00	86.00
8	7	20	37	14.00	40.00	74.00
9	4	24	30	8.00	48.00	60.00
10	4	28	26	8.00	56.00	52.00
11	3	31	22	6.00	62.00	44.00
12	6	37	19	12.00	74.00	38.00
13	9	46	13	18.00	92.00	26.00
14	0	46	4	0.00	92.00	8.00
15	2	48	4	4.00	96.00	8.00
16	1	49	2	2.00	98.00	4.00
17	0	49	1	0.00	98.00	2.00
18	1	50	1	2.00	100.00	2.00
Total	50			100.00		

Par exemple, en ce qui concerne les effectifs et fréquences cumulés croissants :

Pour $i = 5$,

$$n_5 \uparrow = 3 = 2 + 1$$
$$f_5 \uparrow = 6\% = 4\% + 2\%$$

INTERPRETATION

o 3 élèves ont obtenu une note inférieure ou égale à 5 sur 20.
o 6% des élèves ont obtenu une note inférieure ou égale à 5 sur 20.

Pour $i = 10$,

$$n_{10} \uparrow = 28 = 24 + 4$$
$$f_{10} \uparrow = 56\% = 48\% + 8\%$$

INTERPRETATION

o 28 élèves ont obtenu une note inférieure ou égale à 10 sur 20.
o 56% des élèves ont obtenu une note inférieure ou égale à 10 sur 20.

Pour les effectifs cumulés décroissants par exemple, on aura :

Pour $i = 7$,

$$n_7 \downarrow = 43 = 47 - 4$$
$$f_7 \downarrow = 86\% = 94\% - 8\%$$

<u>INTERPRETATION</u>

o 43 élèves ont obtenu une note supérieure ou égale à 7 sur 20.
o 86% des élèves ont obtenu une note supérieure ou égale à 7 sur 20.

Pour $i = 16$,

$$n_{16} \downarrow = 2 = 4 - 2$$
$$f_{16} \downarrow = 4\% = 8\% - 4\%$$

<u>INTERPRETATION</u>

o 2 élèves ont obtenu une note supérieure ou égale à 16 sur 20.
o 4% des élèves ont obtenu une note supérieure ou égale à 16 sur 20.

Remarque

Il convient de souligner que dans la pratique, ainsi que dans les chapitres à venir, les tableaux de distribution statistique sont souvent présentés avec les effectifs déjà calculés. Par conséquent, l'étape de dépouillement est supposée avoir été réalisée au préalable. Cela signifie que nous devrons nous charger du calcul des effectifs et des fréquences cumulés croissants et décroissants.

2.6 Exercice

• **Exercice 3 :** Dans cet exercice, nous disposons d'un tableau contenant les montants enregistrés dans les comptes épargne de 300 individus, exprimés en milliers d'euros et arrondis.

4	2	72	43	37	95	10	10	41	96	2	14	33	95	17
1	6	3	7	88	25	9	11	6	2	1	12	22	25	16
10	14	2	10	4	10	12	80	29	10	8	12	87	10	24
5	2	55	66	50	32	57	51	22	8	2	4	1	32	28
62	9	15	59	3	52	92	13	26	76	6	7	2	52	36
11	11	2	66	83	87	23	14	82	9	4	36	3	87	91
10	13	1	79	2	95	20	75	25	67	3	20	3	95	22
21	3	99	32	10	99	5	45	97	1	7	9	1	99	5
36	1	44	21	94	18	60	77	46	29	21	37	9	18	7
76	12	80	45	75	3	23	2	21	12	54	57	2	3	31
78	14	46	38	19	63	10	44	51	68	17	49	8	63	74
60	17	29	25	86	12	34	62	25	4	9	5	5	12	2
10	21	13	11	62	10	10	97	50	75	7	47	7	10	4
21	2	11	3	75	7	67	9	5	1	5	30	3	7	8
11	9	64	10	12	42	84	84	41	78	3	1	6	42	1
7	7	2	9	3	47	9	8	97	76	13	86	6	47	29
8	3	21	11	11	13	24	36	17	16	15	36	32	13	54
96	31	24	80	10	40	52	33	78	56	41	31	17	5	14
5	19	3	12	23	12	21	14	2	3	12	28	2	4	31
50	16	31	93	15	61	96	20	89	77	6	47	55	22	82

a. Faire le dépouillement en rangeant ces montants par ordre croissant.

b. Grouper ces données en 20 classes d'amplitude 5 000 euros.

c. Donner le tableau des effectifs, et des fréquences cumulées croissants et décroissants.

2.7   Solution

a. Rangeons ces montants par ordre croissant (du plus petit au plus grand).

1	2	3	6	9	10	12	16	21	29	36	47	60	76	87
1	2	4	6	9	10	12	16	21	29	36	47	61	76	88
1	2	4	6	9	10	12	17	22	29	37	49	62	77	89
1	2	4	7	9	10	12	17	22	29	37	50	62	77	91
1	2	4	7	9	10	13	17	22	30	38	50	62	78	92
1	2	4	7	9	11	13	17	22	31	40	50	63	78	93
1	3	4	7	9	11	13	17	23	31	41	51	63	78	94
1	3	4	7	9	11	13	18	23	31	41	51	64	79	95
1	3	5	7	9	11	13	18	23	31	41	52	66	80	95
1	3	5	7	10	11	13	19	24	31	42	52	66	80	95
2	3	5	7	10	11	14	19	24	32	42	52	67	80	95
2	3	5	7	10	11	14	20	24	32	43	54	67	82	96
2	3	5	7	10	11	14	20	25	32	44	54	68	82	96
2	3	5	8	10	12	14	20	25	32	44	55	72	83	96
2	3	5	8	10	12	14	21	25	33	45	55	74	84	97
2	3	5	8	10	12	14	21	25	33	45	56	75	84	97
2	3	5	8	10	12	15	21	25	34	46	57	75	86	97
2	3	6	8	10	12	15	21	26	36	46	57	75	86	99
2	3	6	8	10	12	15	21	28	36	47	59	75	87	99
2	3	6	9	10	12	16	21	28	36	47	60	76	87	99

b. Groupons ces données en 20 classes d'amplitude 5 000 euros.

Classes	n_i
[0;5000 [	48
[5000;10000 [	41
[10000;15000 [	47
[15000;20000 [	15
[20000;25000 [	21
[25000;30000 [	12
[30000;35000 [	13
[35000;40000 [	8
[40000;45000 [	9
[45000;50000 [	9
[50000;55000 [	10
[55000;60000 [	6
[60000;65000 [	9
[65000;70000 [	5
[70000;75000 [	2
[75000;80000 [	13
[80000;85000 [	8
[85000;90000 [	7
[90000;95000 [	4
[95000;100000 [	13
Total	300

c. Le tableau des effectifs, et des fréquences cumulées est :

x_i	n_i	$n_i \uparrow$	$n_i \downarrow$	$f_i(\%)$	$f_i(\%) \uparrow$	$f_i(\%) \downarrow$
[0;5000 [	48	48	300	16.00	16.00	100.00
[5000;10000 [	41	89	252	13.67	29.67	84.00
[10000;15000 [	47	136	211	15.67	45.33	70.33
[15000;20000 [	15	151	164	5.00	50.33	54.67
[20000;25000 [	21	172	149	7.00	57.33	49.67
[25000;30000 [	12	184	128	4.00	61.33	42.67
[30000;35000 [	13	197	116	4.33	65.67	38.67
[35000;40000 [	8	205	103	2.67	68.33	34.33
[40000;45000 [	9	214	95	3.00	71.33	31.67
[45000;50000 [	9	223	86	3.00	74.33	28.67
[50000;55000 [	10	233	77	3.33	77.67	25.67
[55000;60000 [	6	239	67	2.00	79.67	22.33
[60000;65000 [	9	248	61	3.00	82.67	20.33
[65000;70000 [	5	253	52	1.67	84.33	17.33
[70000;75000 [	2	255	47	0.67	85.00	15.67
[75000;80000 [	13	268	45	4.33	89.33	15.00
[80000;85000 [	8	276	32	2.67	92.00	10.67
[85000;90000 [	7	283	24	2.33	94.33	8.00
[90000;95000 [	4	287	17	1.33	95.67	5.67
[95000;100000 [	13	300	13	4.33	100.00	4.33
Total	300			100.00		

En examinant le tableau ci-dessus, nous pouvons tirer les conclusions suivantes :

- o 151 épargnants ont une épargne inférieure à 20 000 euros, ce qui représente 50,33% de l'échantillon.

- o 149 épargnants ont une épargne supérieure à 20 000 euros, soit 49,67% de l'échantillon.

Nous remarquons que les 151 épargnants ayant une épargne inférieure à 20 000 euros, représentant 50,33% de la population ont été sélectionnés dans les colonnes des effectifs cumulés et des fréquences cumulées croissantes, tandis que les 149 épargnants ayant une épargne supérieure à 20 000 euros, représentant 49,67% de la population ont été sélectionnés dans les colonnes des effectifs cumulés et des fréquences cumulées décroissantes.

Il est intéressant de noter que la somme des effectifs et des pourcentages d'épargnants ayant une épargne inférieure à 20 000 euros et d'épargnants ayant une épargne supérieure à 20 000 euros est égale à l'effectif total de 300 individus, ce qui signifie que 100% de la population a été prise en compte dans l'analyse.

CHAPITRE **3**

Représentations graphiques des séries statistiques

Ce chapitre expose la représentation graphique des séries statistiques. Ici, les concepts de caractères quantitatifs et de caractères qualitatifs d'une série statistique présentés au chapitre précédent sont traités en profondeur. Pour les caractères qualitatifs, trois types de représentations sont exposées: le diagramme à bandes, le diagramme à secteurs ainsi que la représentation triangulaire d'une série statistique. Quant aux caractères quantitatifs, le diagramme en bâtons pour les variables discrètes et les histogrammes pour les variables continues sont présentés. La notion de fréquences et celle de fréquences cumulées y sont abordées de manière plus détaillée.

3.1 Représentations graphiques

Une série statistique est un ensemble de données présentées sous forme de tableau qui contient toutes les informations disponibles sur une population ou un échantillon. Pour mieux comprendre les caractéristiques de ces données, il est souvent utile de les représenter graphiquement. En effet, la représentation graphique permet de visualiser rapidement les tendances et les variations de la série.

L'une des méthodes couramment utilisées pour représenter graphiquement une série statistique est la représentation par surface proportionnelle. Cette méthode consiste à représenter chaque valeur du caractère par une portion du plan dont l'aire est proportionnelle au nombre ou à la fréquence de cette valeur. Ainsi, les valeurs les plus fréquentes seront représentées par des surfaces plus grandes que les valeurs moins fréquentes.

La représentation par surface proportionnelle offre de nombreux avantages, notamment en permettant une visualisation rapide des valeurs les plus importantes. Elle permet également de repérer rapidement les écarts importants entre les différentes valeurs, ainsi que les variations de la série dans le temps ou dans l'espace.

3.2   Caractère qualitatif

Les données qualitatives peuvent être représentées visuellement à l'aide de diverses méthodes, notamment des diagrammes à barres ou en bandes et des diagrammes à secteurs. Les diagrammes à barres sont utiles pour comparer les effectifs ou les fréquences des modalités, tandis que les diagrammes à secteurs sont efficaces pour afficher la répartition proportionnelle des catégories dans un ensemble.

3.2.1   Diagramme à bandes

Le diagramme à bandes est un type courant de représentation graphique utilisé pour visualiser les données d'un caractère qualitatif. Cette méthode consiste à représenter chaque valeur du caractère par la surface d'un rectangle à base constante, dont la hauteur est proportionnelle à l'effectif ou à la fréquence de la modalité correspondante. L'axe des abscisses du graphique affiche généralement les modalités représentées, tandis que l'axe des ordonnées affiche la fréquence ou la fréquence relative de chaque modalité.

Le choix de cette méthode est souvent lié à sa simplicité et à sa facilité d'interprétation. En effet, la hauteur de chaque rectangle est facilement comparable, ce qui permet de visualiser rapidement les variations de la série. De plus, les rectangles sont disposés de manière à éviter les chevauchements, ce qui facilite leur lecture.

Cependant, il convient de souligner que la représentation par diagramme à bandes est moins adaptée aux séries statistiques de grande taille. Dans ces cas-là, le nombre de rectangles peut devenir très important, ce qui rend la lecture plus difficile. Dans ces situations, il peut être préférable d'utiliser d'autres méthodes, telles que les diagrammes en secteurs ou les diagrammes en bâtons.

Exemple 14

Prenons l'exemple de la répartition de la superficie des départements de l'Ile de France, telle qu'elle est présentée dans le tableau suivant :

Département	Superficie (Km^2)
Paris	105.4
Seine-Saint-Denis	236
Hauts-de-Seine	176
Yvelines	2284
Seine-et-Marne	5915
Val-de-Marne	245
Essonne	1804
Val-d'Oise	1246
Total	12011

Pour réaliser un diagramme à bandes représentant cette série statistique, il convient de découper la superficie totale en autant de rectangles que de départements, chacun ayant une base égale.

Ainsi, chaque rectangle représentera un département et sa hauteur sera proportionnelle à la superficie de ce département. En comparant les hauteurs des rectangles, il sera facile de déterminer le département avec la plus grande superficie, ainsi que les différences de superficie entre les différents départements.

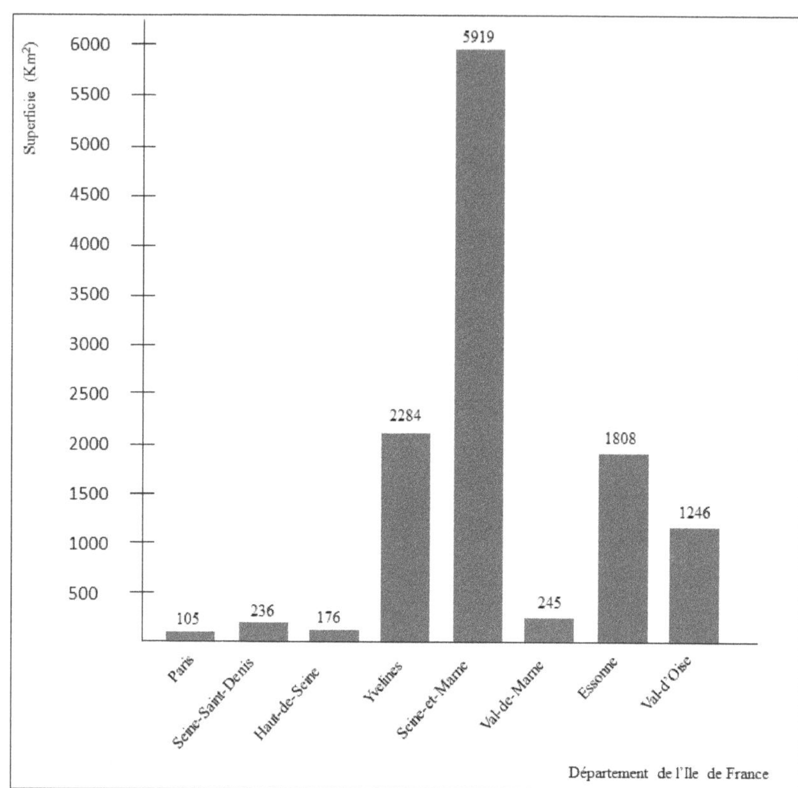

Puisque nous avons huit départements en tout, nous utiliserons huit rectangles disposés côte à côte, chacun ayant la même base. La hauteur de chaque rectangle sera proportionnelle à la superficie du département correspondant.

Cette représentation graphique permet de visualiser rapidement les différences de superficies entre les départements de l'Ile de France. Il est alors possible de repérer facilement le département de Seine-et-Marne qui est le plus grand en termes de superficie, ainsi que les variations de superficies entre les différents départements.

3.2.2 Diagramme à secteurs

Le diagramme à secteurs est largement utilisé en statistiques pour visualiser la répartition des modalités d'un caractère qualitatif. Cette méthode de représentation graphique est particulièrement utile pour les données de nature circulaire, telles que les pourcentages ou les proportions.

Dans ce type de diagramme, la population totale est représentée sous forme d'un cercle, et chaque modalité est représentée par une tranche de secteur circulaire. La taille de chaque tranche de secteur est proportionnelle à la fréquence ou à l'effectif de la modalité correspondante.

L'angle θ_i représentant la modalité i est proportionnel à la fréquence f_i de cette modalité, et est calculé en multipliant cette fréquence par une constante k. Pour obtenir l'angle correspondant à chaque modalité, on peut utiliser la formule suivante :

$$\theta_i = k f_i$$

L'ensemble des angles θ_i doit être égal à 360° pour couvrir l'ensemble du cercle, soit :

$$\sum_{i=1}^{i=p} \theta_i = \sum_{i=1}^{i=p} 360° f_i = 360° \sum_{i=1}^{i=p} f_i = 360°$$

$$\text{car} \quad \sum_{i=1}^{i=p} f_i = 1$$

Dans la pratique, on multiplie simplement chaque fréquence par 360° pour obtenir l'angle correspondant.

Exemple 15

Prenons l'**exemple 14** de la répartition de la superficie des départements de la région d'Île-de-France, qui a été présenté dans la **section 3.2.1**.

Département	Superficie (Km^2)	Fréquence (f_i)	Angle en ° (f_i x 360 °)
Paris	105.4	0.88%	0,88% x 360° = 3.2°
Seine-Saint-Denis	236	1.96%	1,96% x 360° = 7.1°
Hauts-de-Seine	176	1.47%	1,47% x 360° = 5.3°
Yvelines	2284	19.02%	19,02% x 360° = 68.5°
Seine-et-Marne	5915	49.24%	49,24% x 360° = 177.3°
Val-de-Marne	245	2.04%	2,04% x 360° = 7.3°
Essonne	1804	15.02%	15,02% x 360° = 54.1°
Val-d'Oise	1246	10.37%	10,37% x 360° = 37,2°
Total	12,011	100.00%	360°

Le diagramme à secteurs résultant représentant la répartition des superficies des départements en Île-de-France est présenté ci-dessous :

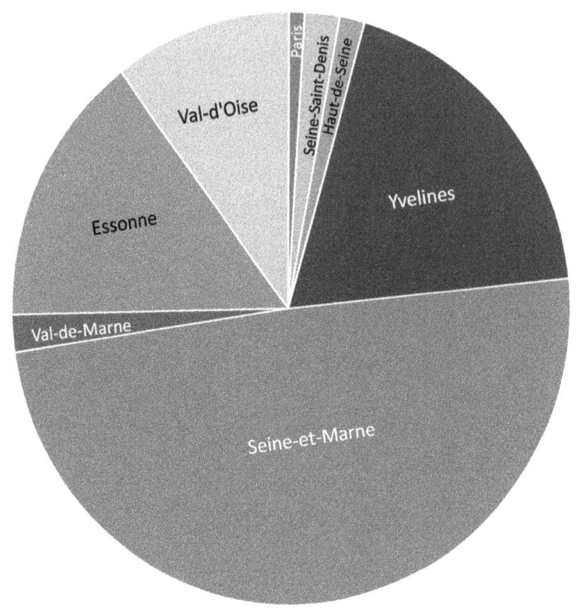

<u>INTERPRÉTATION</u>

Dans le diagramme à secteurs représentant la répartition de la superficie des départements de la région d'Île-de-France, l'ouverture de l'angle de chaque tranche de secteur circulaire est proportionnelle à la fréquence de chaque département. Par exemple,

- Pour le département de Paris, dont la fréquence est de 0,88%, l'ouverture de l'angle est égale à 0,88% multiplié par 360 degrés, soit 3,2 degrés.
- Pour le département de la Seine-Saint-Denis, dont la fréquence est de 1,96%, l'ouverture de l'angle est égale à 1,96% multiplié par 360 degrés, soit 7,1 degrés.

3.2.2.1 Comparaison de deux séries à l'aide de diagrammes à secteurs

Lorsque l'on souhaite comparer deux séries statistiques à l'aide de leurs diagrammes à secteurs, il est important de prendre en compte certains postulats et de généraliser la démarche.

Premier postulat : la surface occupée par une variable dans la représentation graphique correspond à son poids.

Deuxième postulat : si deux séries statistiques ont des variables à caractères qualitatifs avec les mêmes modalités et sont mesurées dans la même unité, la comparaison se fait sur la base de la proportionnalité des surfaces occupées par leurs diagrammes à secteurs respectifs.

Troisième postulat : si nous avons deux cercles de rayons R_1 et R_2, où R_1 est deux fois plus grand que R_2 (c'est-à-dire, $R_1 = 2R_2$), la surface du grand cercle (C_1) sera quatre fois plus grande que celle du petit cercle (C_2). Ceci peut être exprimé mathématiquement comme suit :

$$\underbrace{\pi(R_1)^2}_{Surface\ de\ C_1} = \pi(2R_2)^2$$

$$= 4\ \underbrace{[\pi(R_2)^2]}_{Surface\ de\ C_2}$$

Généralisation

Un cercle C_1 de rayon n fois supérieur à un cercle C_2 a une surface n^2 fois supérieure à celle de ce dernier.

Si l'on note R_1 et R_2 les rayons respectifs des cercles C_1 et C_2, et si R_1 est égal à n fois R_2 ($R_1 = nR_2$), alors la surface de C_1 peut être calculée comme suit :

$$\underbrace{\pi(R_1)^2}_{Surface\ de\ C_1} = \pi(nR_2)^2$$

$$= n^2\ \underbrace{[\pi(R_2)^2]}_{Surface\ de\ C_2}$$

Lorsque l'on souhaite comparer deux séries S_1 et S_2 ayant des totaux T_1 et T_2 respectifs, où T_2 est supérieur à T_1, il est important de garder à l'esprit le principe de proportionnalité d'aires pour comparer les représentations graphiques de ces deux séries.

Plus précisément, si l'on note $\pi(R_1)^2$ l'aire du cercle représentant le total T_1 et $\pi(R_2)^2$ l'aire du cercle représentant le total T_2, alors nous devons respecter la proportionnalité des aires suivante :

$$\frac{\pi(R_2)^2}{\pi(R_1)^2} = \frac{T_2}{T_1} \Rightarrow \frac{R_2}{R_1} = \sqrt{\frac{T_2}{T_1}}$$

Exemple 16

Le tableau ci-dessous présente les montants, en millions de dollars, des produits exportés par un pays en voie de développement (PVD) et par un pays développé (PD), en fonction de leur nature.

Produits	P.V.D.	P.D.
Primaires	41.20	51.40
Manufacturés	12.70	169.10
Autres	0.40	3.70
TOTAL	54.30	224.20

Avant de représenter le diagramme à secteurs pour le pays en voie de développement et le pays développé, nous devons calculer les fréquences relatives pour chaque catégorie de produits : Primaires, Manufacturés et Autres. À partir de ces fréquences, nous pourrons déterminer la valeur de l'angle correspondant à chaque catégorie. Le tableau ci-dessous présente ces calculs pour chaque pays :

Produits	P.V.D.			P.D.		
	Eff.	Fréq.	Angle	Eff.	Fréq.	Angle
Primaires	41.20	75.87	75,87% x 360°= 273°	51.40	22.93	22,93% x 360° = 82.5°
Manufacturés	12.70	23.39	23,39% x 360°= 84°	169.10	75.42	75,42% x 360° = 271.5°
Autres	0.40	0.74	0,74%x 360°= 3°	3.70	1.65	1,65% x 360° = 6°
TOTAL	54.30	100.00	360°	224.20	100.00	360°

Exprimons la proportionnalité entre P.V.D et P.D.

Pour exprimer la proportionnalité entre le pays en voie de développement (P.V.D) et le pays développé (P.D) en termes d'exportation de produits, il convient de prendre en compte la taille relative des cercles dans les diagrammes à secteurs.

Il est vrai que le volume d'exportation du P.D est quatre fois supérieur à celui du P.V.D. Cependant, il ne suffit pas de représenter le cercle du diagramme à secteurs du P.D avec un rayon quatre fois supérieur à celui du P.V.D, car cela conduirait à une erreur de représentation. En effet, la surface du diagramme à secteurs du P.D serait seize fois plus grande que celle du P.V.D, ce qui donnerait l'impression que le pays développé exporte 16 fois plus que le pays en voie de développement, ce qui est faux.

Pour calculer le rapport de proportionnalité correct, on peut utiliser la formule suivante :

$$\frac{R_2}{R_1} = \sqrt{\frac{T_2}{T_1}}$$

Où R_1 et R_2 sont les rayons des diagrammes à secteurs représentant respectivement le pays en voie de développement et le pays développé, et T_1 et T_2 sont les volumes totaux d'exportation du pays en voie de développement et du pays développé, respectivement.

En appliquant cette formule aux données de notre exemple, nous obtenons :

$$\frac{R_2}{R_1} = \sqrt{\frac{224,2}{54,3}} = 2,03 \Rightarrow R_2 = 2,03R_1$$

Cela signifie que dans la représentation graphique, le rayon du cercle représentant le P.D doit être 2,03 fois plus grand que celui du cercle représentant le P.V.D, même si le volume d'exportation du P.D est quatre fois plus élevé que celui du P.V.D. En respectant cette proportionnalité, nous pouvons obtenir une représentation visuelle plus juste de la situation.

Remarque

Nous avons choisi de représenter les données sous forme d'un diagramme à secteurs sans relief (ou à deux dimensions) pour deux raisons :

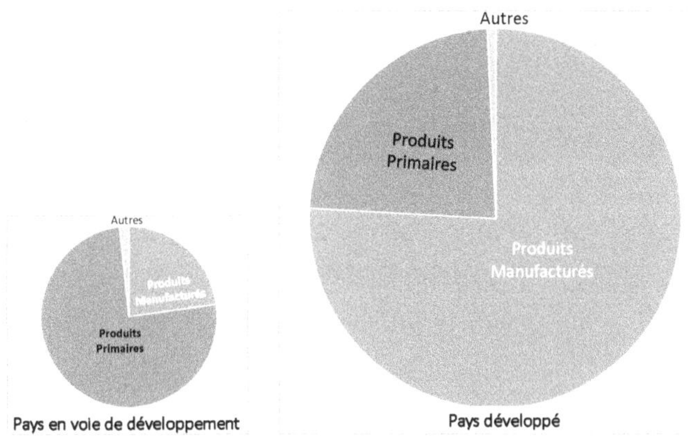

•La répartition des données sur un cercle à deux dimensions est plus facile que sur un cercle à trois dimensions.

•La représentation à trois dimensions ne permet pas de conserver le principe visuel de proportionnalité d'aires.

3.2.3   Représentation triangulaire

La représentation triangulaire est une méthode visuelle efficace pour observer l'évolution de caractères à trois modalités dans le temps. Cette représentation se fonde sur la propriété du triangle équilatéral selon laquelle, ***pour tout point intérieur au triangle, la somme de ses distances aux trois côtés reste constante***.

Considérons le triangle de côtés A, B et C représenté sur la figure ci-dessous, ainsi que les points intérieurs P_1, P_2 et P_3. Pour chaque point, on évalue la distance par rapport à chaque côté du triangle. Pour simplifier cette opération, nous avons choisi d'utiliser la longueur d'un trait plein

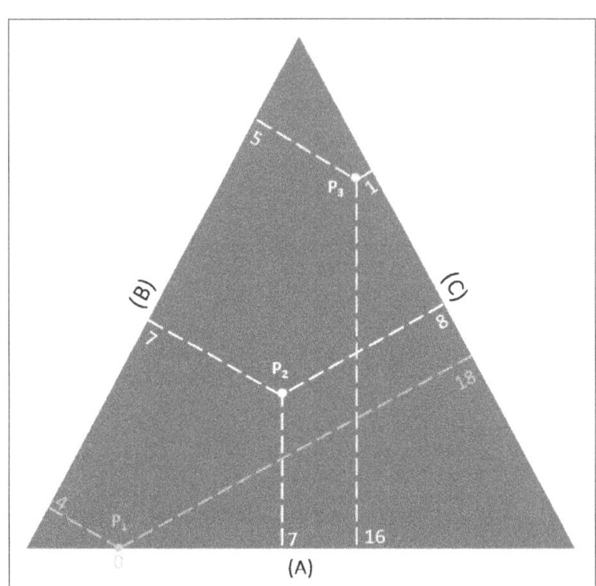

situé sur le segment en pointillé descendant verticalement sur le côté correspondant comme unité de mesure. Cette valeur est présentée au pied de la verticale passant par le point considéré. En calculant la somme des distances de chaque point aux trois côtés, on obtient :

$$P_1 = 0 + 4 + 18 = 22$$
$$P_2 = 7 + 7 + 8 = 22$$
$$P_3 = 1 + 5 + 16 = 22$$

On observe que la somme des distances d'un point aux trois côtés reste constante lorsque sa position varie à l'intérieur du triangle, passant de P_1 à P_2 puis de P_2 à P_3.

Principe

Soit le triplet (A, B, C) représentant les fréquences des trois modalités sur la figure ci-dessous. Nous pouvons déterminer les fréquences relatives simultanées de ces trois modalités en suivant les étapes suivantes :

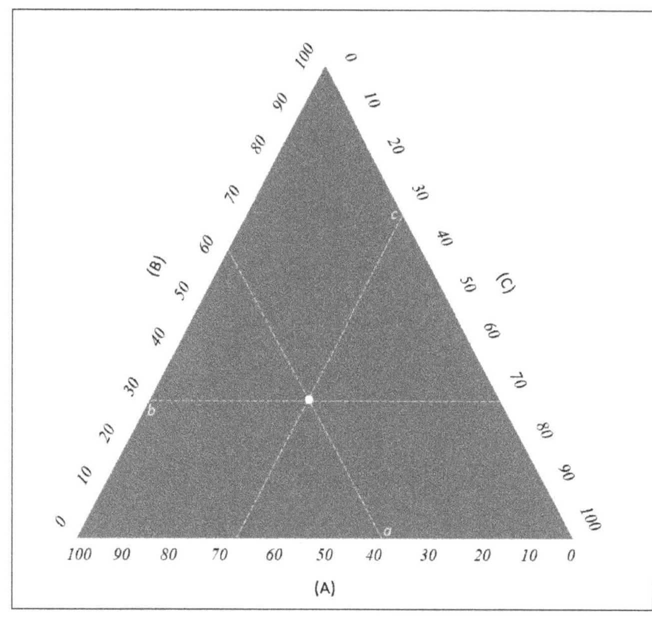

•Nous traçons un segment de droite parallèle au côté C, passant par le point représentant la fréquence a sur le côté A.

•Nous traçons un autre segment de droite parallèle au côté A, passant par le point représentant la fréquence b sur le côté B.

•Nous traçons un troisième segment de droite parallèle au côté B, passant par le point représentant la fréquence c sur le côté C.

•Le point d'intersection de ces trois segments de droite représente les fréquences simultanées de ces trois modalités.

Plus le point se rapproche d'un sommet, plus la modalité correspondante est prépondérante.

Exemple 17

Le tableau ci-dessous présente l'évolution des pourcentages de contribution de chaque secteur économique à l'économie du Royaume-Uni depuis 1688. Les trois secteurs économiques sont le secteur primaire, le secteur secondaire et le secteur tertiaire. Les chiffres indiquent la part de chaque secteur dans le revenu national total du Royaume-Uni.

	Primaire	Secondaire	Tertiaire
1688	40	21	39
1770	45	24	31
1801	32	23	45
1841	22	34	44
1901	6	40	54
1907	6	36	58

La représentation graphique triangulaire de ces données est la suivante :

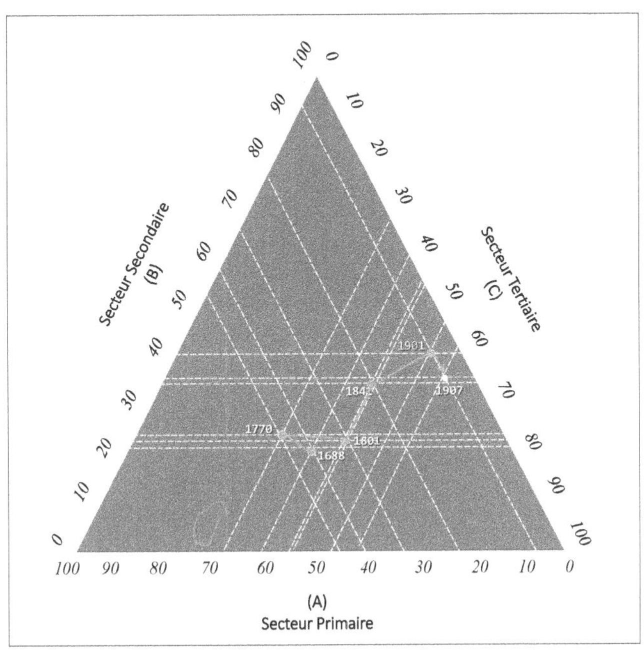

INTERPRÉTATION DU DIAGRAMME

L'analyse des données économiques du Royaume-Uni entre 1688 et 1907 montre une évolution significative de la contribution des différents secteurs au revenu national. On constate que la part du secteur primaire, qui englobe l'agriculture, la pêche et l'extraction minière, a fortement diminué, passant de 40 % en 1688 à seulement 6 % en 1901 et 1907. En revanche, la contribution du secteur tertiaire, qui regroupe les services, le commerce et la finance, a considérablement augmenté, passant de 39 % en 1688 à 54 % en 1901 et 58 % en 1907. Cela reflète une transformation majeure de l'économie britannique, qui est passée d'une économie agricole et industrielle à une économie de services.

Cette transformation a été rendue possible grâce à la révolution industrielle et à l'urbanisation, qui ont permis l'émergence d'une classe moyenne en demande de services et de biens de consommation. Bien que la part du secteur secondaire (industrie manufacturière, construction, etc.) ait connu des fluctuations, elle a joué un rôle crucial dans l'économie du pays, en particulier pendant la révolution industrielle. Ainsi, bien que la prédominance des contributions soit passée du secteur primaire au secteur tertiaire, les contributions des deux autres secteurs ne peuvent être ignorées car elles ont été essentielles pour la croissance économique et le développement du pays.

3.3 Caractère quantitatif

Les caractères quantitatifs sont représentés soit par des diagrammes en bâtons, aussi appelés diagrammes en barres, soit par des histogrammes.

Le choix de la représentation graphique des données quantitatives dépend de plusieurs facteurs, tels que la nature des données, la précision requise et la taille de l'échantillon. Les diagrammes en bâtons, également appelés diagrammes en barres, sont couramment utilisés pour représenter des données discrètes et catégorielles, tandis que les histogrammes sont plus adaptés aux données continues.

3.3.1   Variable quantitative discrète

3.3.1.1   Diagramme en bâtons

Le diagramme en bâtons est un outil efficace pour représenter visuellement une variable statistique discrète. Il permet de comparer facilement les quantités ou fréquences de différentes catégories et de mettre en évidence les différences et similitudes entre les modalités de la variable. Les barres peuvent être différenciées par des couleurs ou des motifs pour faciliter la lecture du graphique.

Les diagrammes en bâtons sont particulièrement utiles pour représenter des données discrètes, comme les résultats d'un sondage ou les ventes par catégorie de produits.

Pour construire ce diagramme, il suffit d'indiquer les modalités de la variable sur l'axe des abscisses et de dessiner une barre verticale, ou un bâton, pour chaque modalité. La hauteur de chaque bâton est proportionnelle à la fréquence ou au pourcentage correspondant à cette modalité.

Exemple 18

Prenons l'**exemple 12** de la **section 2.3.1** sur les notes des élèves.

Pour représenter graphiquement cette série de données discrètes, on peut utiliser un diagramme en bâtons. Le diagramme en bâtons correspondant à cette série permet de visualiser facilement la répartition des notes parmi les différentes modalités, avec une barre verticale proportionnelle à la fréquence ou au pourcentage correspondant à chaque note.

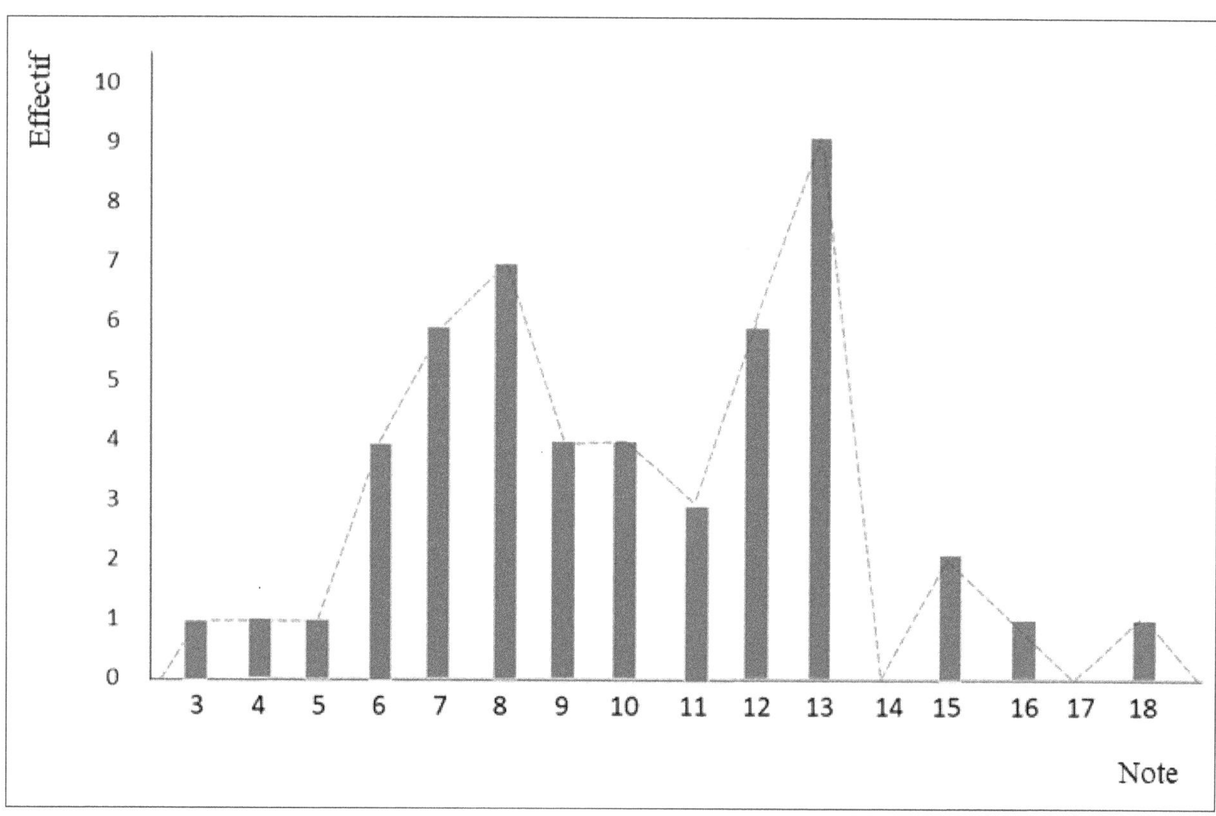

La tendance générale d'une distribution s'obtient en joignant d'un trait le milieu des extrémités supérieures des bâtons des effectifs (ou des fréquences). Le polygone ainsi obtenu s'appelle ***polygone des effectifs*** (ou ***polygone des fréquences***).

3.3.1.2   Fonction de répartition des variables discrètes

La ***fonction de répartition***, également appelée ***fonction cumulative*** ou ***fonction de distribution***, est un outil statistique essentiel pour représenter graphiquement les effectifs ou les fréquences cumulés pour une variable statistique discrète x donnée. Elle permet ainsi de mieux comprendre la distribution d'une variable en analysant la proportion d'individus ayant une valeur inférieure à une certaine valeur x.

La fonction de répartition d'une variable statistique discrète x est définie comme la fonction qui associe à tout réel x, le nombre $F(x)$ équivalent à la proportion des individus de la population dont le caractère est inférieur à x. Cette fonction permet donc de calculer la proportion cumulée d'individus ayant une valeur de la variable inférieure ou égale à une valeur donnée.

La fonction de répartition d'une variable statistique discrète est représentée graphiquement sous forme de courbe. Cette courbe permet de visualiser rapidement la distribution de la variable statistique en indiquant la proportion cumulée d'individus ayant une valeur de la variable inférieure ou égale à chaque valeur possible de x. Plus précisément, la fonction de répartition commence à zéro pour les valeurs les plus petites de x et atteint 1 pour les valeurs les plus grandes de x.

La fonction de répartition est un outil puissant pour représenter graphiquement la distribution d'une variable statistique discrète et pour calculer des mesures importantes de cette distribution. Elle est donc largement utilisée dans de nombreux domaines, tels que la finance, la démographie, la psychologie, la médecine, etc.

Elle est exprimée telle que :

$$F(x_i) \; = n_i \uparrow = n_{i-1} \uparrow + n_i$$

Remarque

La fonction de répartition d'une variable statistique discrète est une fonction en escalier qui est définie pour toutes les valeurs réelles de x. Il est important de noter que cette fonction n'est pas forcément une fonction croissante, car elle est plutôt constante dans chacun de ses intervalles.

Pour mieux comprendre cela, prenons un intervalle $[a, b]$ de cette fonction de répartition. Dans cet intervalle, la fonction de répartition est constante pour toutes les valeurs de x appartenant à $[a, b]$. Cette constance signifie que la proportion d'individus ayant une valeur inférieure ou égale à x est la même pour toutes les valeurs de x dans l'intervalle $[a, b]$. C'est cette constance qui donne à la fonction de répartition son apparence en escalier.

En effet, en se donnant un intervalle $[a, b]$ de cette fonction de répartition,

$$\forall \, x_1, x_2 \in [a, b], \text{ si } x_2 > x_1, F(x_2) = F(x_1)$$

Exemple 19

Reprenons l'**exemple 18** discuté précédemment à la **section 3.3.1**, qui portait sur les notes des élèves de la section précédente. Pour mieux comprendre la répartition des notes, nous allons maintenant calculer les effectifs cumulés de ces notes.

Si

$x = 0 \quad F(0) = 0$

$x = 1 \quad F(1) = 0$

$x = 2 \quad F(2) = 0$

$x = 3 \quad F(3) = 0 + 1 = 1$

$x = 4 \quad F(3) = 1 + 1 = 2$

$x = 5 \quad F(4) = 1 + 1 + 1 = 3$

$x = 6 \quad F(6) = 1 + 1 + 1 + 4 = 7$

$x = 7 \quad F(7) = 1 + 1 + 1 + 4 + 6 = 13$

$x = 8 \quad F(8) = 1 + 1 + 1 + 4 + 6 + 7 = 20$

$x = 9 \quad F(9) = 1 + 1 + 1 + 4 + 6 + 7 + 4 = 24$

$x = 10 \quad F(10) = 1 + 1 + 1 + 4 + 6 + 7 + 4 + 4 = 28$

$x = 11 \quad F(11) = 1 + 1 + 1 + 4 + 6 + 7 + 4 + 4 + 3 = 31$

$x = 12 \quad F(12) = 1 + 1 + 1 + 4 + 6 + 7 + 4 + 4 + 3 + 6 = 37$

$x = 13 \quad F(13) = 1 + 1 + 1 + 4 + 6 + 7 + 4 + 4 + 3 + 6 + 9 = 46$

$x = 14 \quad F(14) = 1 + 1 + 1 + 4 + 6 + 7 + 4 + 4 + 3 + 6 + 9 + 0 = 46$

$x = 15 \quad F(15) = 1 + 1 + 1 + 4 + 6 + 7 + 4 + 4 + 3 + 6 + 9 + 0 + 2 = 48$

$x = 16 \quad F(16) = 1 + 1 + 1 + 4 + 6 + 7 + 4 + 4 + 3 + 6 + 9 + 0 + 2 + 1 = 49$

$x = 17 \quad F(17) = 1 + 1 + 1 + 4 + 6 + 7 + 4 + 4 + 3 + 6 + 9 + 0 + 2 + 1 + 0 = 49$

$x = 18 \quad F(18) = 1 + 1 + 1 + 4 + 6 + 7 + 4 + 4 + 3 + 6 + 9 + 0 + 2 + 1 + 0 + 1 = 50$

Pour cet exemple nous aurons la fonction de répartition suivante :

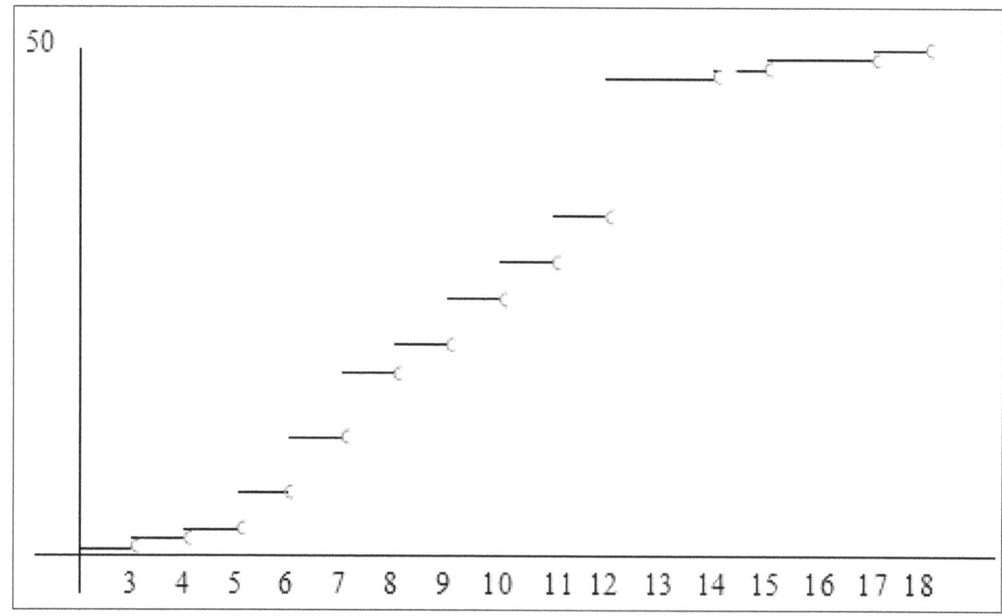

3.3.2 Variable quantitative continue

3.3.2.1 Histogramme

Les *histogrammes* sont largement utilisés pour représenter les variables statistiques continues. Dans ce type de représentation, les observations sont regroupées en classes. Les intervalles qui représentent les classes sont indiqués sur l'axe des abscisses. Pour chaque intervalle, un rectangle est tracé, dont la hauteur est proportionnelle à l'effectif ou à la fréquence de la classe correspondante. La longueur algébrique de chaque intervalle est utilisée pour déterminer la largeur du rectangle, de sorte que l'aire de chaque rectangle soit proportionnelle à l'effectif ou à la fréquence de la classe.

Il est important de choisir le nombre de classes de manière appropriée afin d'obtenir une représentation précise des données. S'il y a trop peu de classes, des caractéristiques importantes des données peuvent être perdues. En revanche, s'il y a trop de classes, l'histogramme peut devenir trop encombré et difficile à interpréter.

Cette représentation graphique permet de visualiser facilement la répartition des données et d'identifier les classes qui ont les effectifs les plus importants ou les plus faibles. Cela permet de mettre en évidence la forme de la distribution, telle que la symétrie, la tendance centrale et la dispersion des données. Il est également possible de superposer plusieurs histogrammes pour comparer la distribution de différentes variables statistiques.

Exemple 20

Considérons l'exemple du tableau ci-dessous qui donne la distribution statistique des travailleurs d'une entreprise regroupés par classes d'âge.

Classes	Effectifs (n_i)
[20;25 [	36
[25;30 [	45
[30;35 [	27
[35;40 [	18
[40;45 [	10
[45;50 [	8
[50;55 [	3
[55;60 [	3
Total	150

Pour créer l'histogramme, nous devons d'abord déterminer la largeur de chaque classe. La largeur de chaque classe sera la même et sera calculée en soustrayant la limite inférieure de chaque classe de la limite supérieure.

Par exemple, la largeur de la première classe [20,25[est de $25 - 20 = 5$.

Nous pouvons maintenant tracer l'histogramme. Sur l'axe des x, nous allons représenter les groupes d'âge, et sur l'axe des y, nous allons représenter la fréquence de chaque groupe d'âge. Chaque barre correspondra à une classe et aura une hauteur proportionnelle à la fréquence de cette classe.

L'histogramme correspondant est :

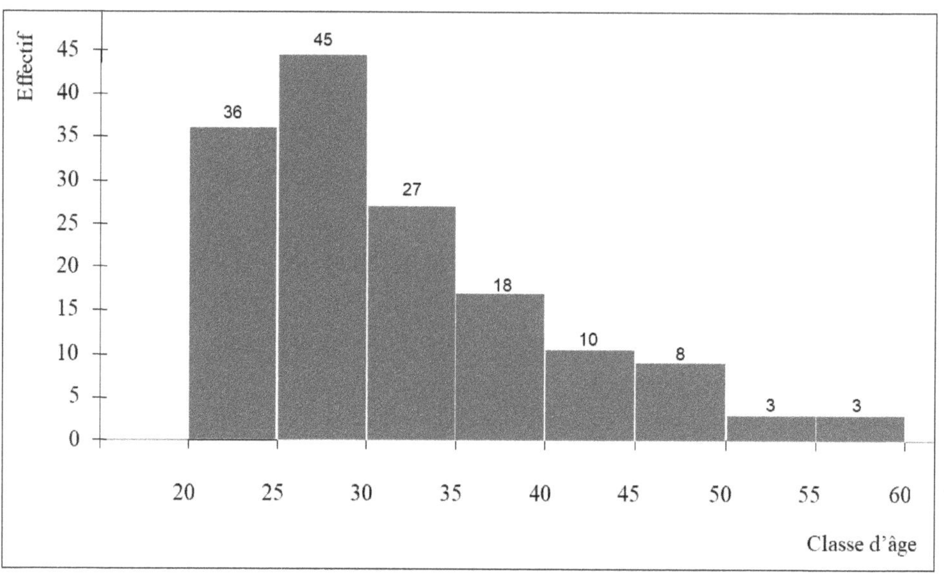

L'histogramme obtenu montre la distribution des âges parmi les travailleurs de l'entreprise, ce qui permet d'identifier facilement la classe [25,30[comme celle ayant la fréquence la plus élevée et les classes [50,55[et [55,60[comme celles ayant les fréquences plus faibles.

3.3.2.2 Histogramme dans le cas de classes à différentes amplitudes

Comme mentionné précédemment, pour représenter correctement les données statistiques sur un histogramme, l'axe des ordonnées doit être proportionnel à l'effectif ou à la fréquence. Si les classes ont des amplitudes différentes, il est préférable de choisir un intervalle unitaire d'amplitude "a". Cela permet de standardiser les données pour faciliter leur comparaison.

Si la classe $[a_i, a_{i+1}[$ a un effectif n_i qui contient p fois l'intervalle unitaire, ce qui signifie que l'amplitude de la classe est égale au produit de p par a, c'est à dire si $a_{i+1} - a_i = pa$, la hauteur du rectangle correspondant sera :

$$\frac{n_i}{p}$$

Exemple 21

Pour illustrer la méthode de standardisation des données sur un histogramme, prenons l'exemple de la distribution suivante :

Classes	Amplitudes	Effectifs (n_i)	n_i par unité d'intervalle
[0;50 [	50	100	100
[50;150 [	100	140	140:2=70
[150;250 [	100	80	80:2=40
[250;300 [	50	50	50
[300;450 [	150	30	30:3=10
Total		400	

On constate que les classes de cette distribution n'ont pas toutes la même amplitude. Pour construire un histogramme précis, il est donc nécessaire de ramener proportionnellement les effectifs de chaque classe par rapport à un intervalle d'amplitude $\frac{n_i}{p}$, où p est le rapport entre l'amplitude de la classe et l'intervalle unitaire choisi.

En appliquant cette méthode, on obtient l'histogramme des effectifs ci-dessous :

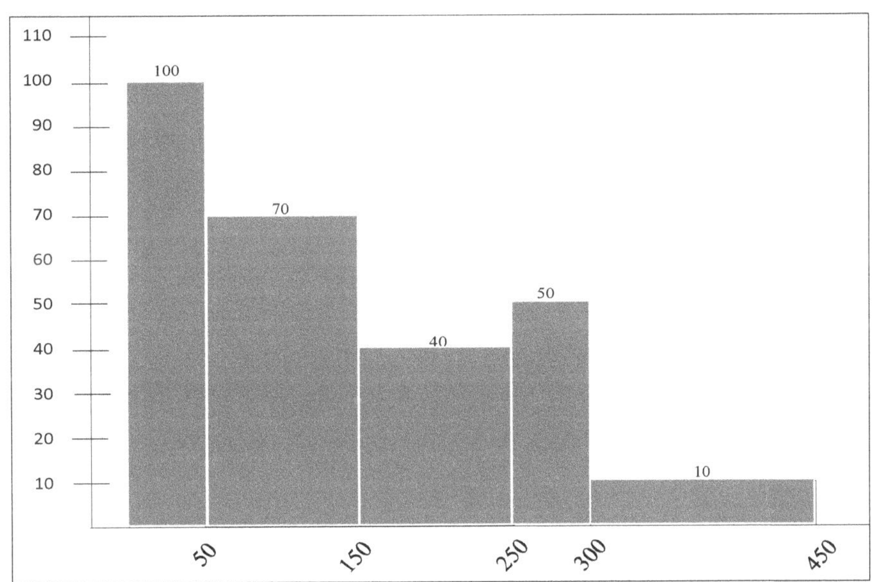

3.3.2.3 Fermeture de l'histogramme

Le polygone obtenu relie les sommets des rectangles formant l'histogramme et permet de décrire la forme globale de la distribution. Mais pour obtenir une représentation plus complète et plus précise, il est important de "fermer" le polygone. Cette opération consiste à ajouter deux points supplémentaires au polygone. Ces points sont situés à gauche et à droite du polygone et correspondent aux valeurs moyennes des intervalles fictifs situés à gauche et à droite du polygone, c'est-à-dire les valeurs qui se situent en dehors de la plage observée, mais qui ont une probabilité non nulle d'être observées.

Cette technique permet de mieux délimiter la zone d'incertitude et d'affiner la représentation graphique de la distribution de la série statistique. En incluant ces valeurs dans la visualisation graphique, on obtient une représentation plus précise de la distribution qui peut être très utile pour la prise de décisions et l'interprétation des données.

Exemple 22

Reprenons l'**exemple 20** de la section **3.3.2.1**, qui porte sur la distribution statistique des ouvriers d'une entreprise en fonction de leur âge. En utilisant l'histogramme précédemment généré, pour obtenir une représentation graphique plus précise de la distribution, nous allons "fermer" le polygone du graphique en utilisant les intervalles fictifs.

Le polygone initial va relier les sommets des rectangles formant l'histogramme. Pour le fermer, nous ajoutons deux points supplémentaires situés à gauche et à droite du polygone. Ces points correspondent aux valeurs moyennes des intervalles fictifs qui ont une probabilité non nulle d'être observées.

Par exemple, puisque la plage d'âge observée est de 20 à 60 ans, mais qu'il existe une probabilité non nulle qu'un ouvrier ait plus de 60 ans, nous inclurons la valeur moyenne de l'intervalle fictif à droite du polygone. De même, si un ouvrier a moins de 20 ans, nous inclurons la valeur moyenne de l'intervalle fictif à gauche du polygone.

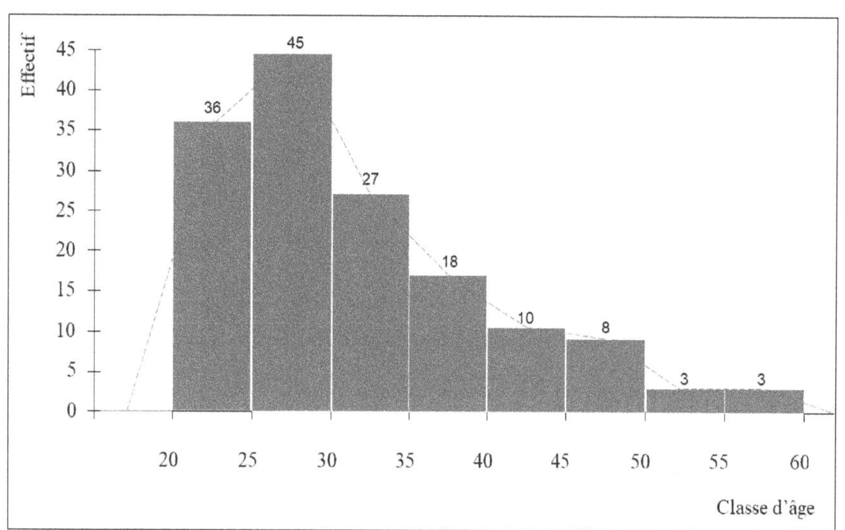

Une fois que ces points supplémentaires ont été ajoutés, le polygone est fermé et la représentation graphique de la distribution est plus précise et complète comme montrée dans la figure suivante. Cela peut être particulièrement utile pour mieux comprendre la distribution de l'âge des ouvriers de cette entreprise et en tirer des conclusions significatives pour l'entreprise et ses employés.

Lorsqu'on travaille avec des données dont les classes présentent des amplitudes inégales, il est préférable de les découper en sous-classes toutes égales entre elles pour obtenir une représentation plus précise de la distribution.

Pour ce faire, on divise chaque classe en un nombre égal de sous-classes, en respectant les limites de classe initiales. Ensuite, on applique la même méthode de construction d'histogramme que pour les classes de même amplitude, en utilisant les effectifs ou les fréquences de chaque sous-classe.

L'histogramme ainsi obtenu peut prendre une forme différente de celui obtenu avec des classes de même amplitude. En effet, la largeur des classes peut varier d'une sous-classe à l'autre, ce qui peut influencer la forme globale de l'histogramme. Il est donc important de prendre en compte cette particularité lors de l'interprétation des résultats.

Cependant, la découpe en sous-classes permet d'avoir une représentation plus fine de la distribution et de mieux visualiser les variations qui peuvent exister à l'intérieur de chaque classe.

En appliquant la technique de découpe en sous-classes égales à l'histogramme de l'**exemple 21**, on obtiendra un nouvel histogramme qui permettra une visualisation plus précise de la distribution.

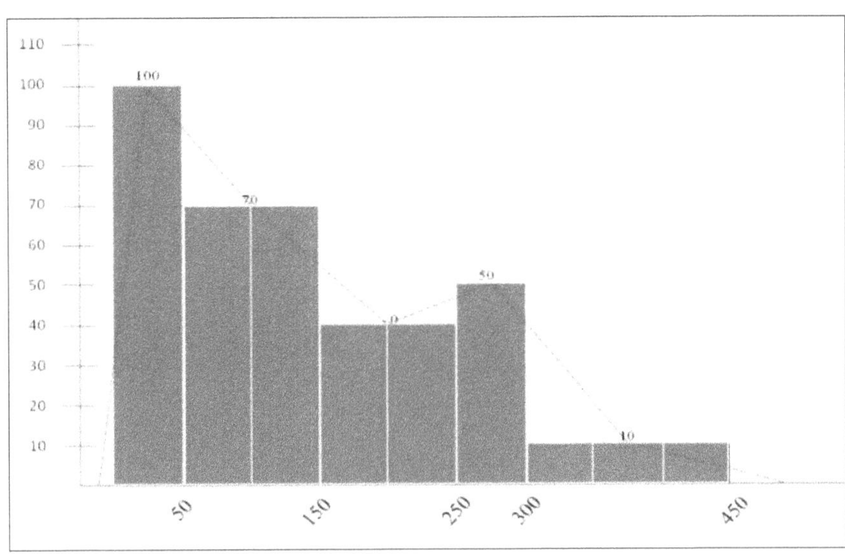

3.3.2.4   Fonction de répartition des variables continues

La fonction de répartition d'une variable statistique continue est définie comme la fonction qui associe à tout réel x, le nombre $F(x)$ équivalent à la proportion des individus de la population dont le caractère est inférieur ou égal à x.

$$F(x_i) = n_i \uparrow = n_{i-1} \uparrow + n_i$$

Comme dans le cas des variables statistiques discrètes, la fonction de répartition d'une variable statistique continue est représentée graphiquement sous forme de courbe. Cette courbe permet de visualiser rapidement la distribution de la variable statistique en indiquant la probabilité cumulée d'obtenir une valeur de la variable inférieure ou égale à chaque valeur possible de x. Plus précisément, la fonction de répartition commence à zéro pour les valeurs les plus petites de x et atteint 1 pour les valeurs les plus grandes de x.

Il est important de noter que contrairement au cas de la variable statistique discrète, la fonction de répartition pour une variable continue est une fonction continue et non une fonction en escalier. Cependant, elle conserve les mêmes propriétés fondamentales, par exemple le fait que la valeur cumulée augmente continuellement de zéro à un.

Si a_i et a_{i+1} représentent respectivement les bornes inférieure et supérieure d'une classe, la fonction de répartition $F(x)$ associant tout réel x au nombre d'unités statistiques est linéaire entre les points de coordonnées $[a_i, F(a_i)]$ et $[a_{i+1}, F(a_{i+1})]$.

Cette propriété permet de représenter graphiquement la fonction de répartition d'une variable statistique continue sous forme d'une courbe qui est composée de segments linéaires.

La fonction de répartition est une fonction croissante, c'est-à-dire que pour toute valeur de x, $F(x)$ est supérieure ou égale à $F(y)$ si x est supérieur ou égal à y. La courbe de la fonction de répartition commence à zéro pour les valeurs les plus petites de x et atteint 1 pour les valeurs les plus grandes de x, ce qui correspond aux bornes inférieure et supérieure de la distribution.

En effet, en se donnant un intervalle $[a, b]$ de cette fonction de répartition,

$$\forall\, x_1, x_2 \in [a, b], \text{ si } x_2 > x_1, F(x_2) > F(x_1)$$

Exemple 23

Reprenons l'**exemple 22** discuté précédemment à la **section 3.3.2.3**, qui portait sur la distribution statistique des ouvriers d'une entreprise regroupés par classes d'âge. Pour mieux comprendre cette distribution, nous allons maintenant calculer les fréquences cumulées de ces groupes d'âge.

Si

$x \in\ [20\,;\,25[\quad F(x) = 36$

$x \in\ [25\,;\,30[\quad F(x) = 36 + 45 = 81$

$x \in\ [30\,;\,35[\quad F(x) = 36 + 45 + 27 = 108$

$x \in\ [35\,;\,40[\quad F(x) = 36 + 45 + 27 + 18 = 126$

$x \in\ [40\,;\,45[\quad F(x) = 36 + 45 + 27 + 18 + 10 = 136$

$x \in\ [45\,;\,50[\quad F(x) = 36 + 45 + 27 + 18 + 10 + 8 = 144$

$x \in\ [50\,;\,55[\quad F(x) = 36 + 45 + 27 + 18 + 10 + 8 + 3 = 147$

$x \in\ [55\,;\,60[\quad F(x) = 36 + 45 + 27 + 18 + 10 + 8 + 3 + 3 = 150$

3.3.2.5   Courbes des fréquences cumulées

Pour mieux comprendre les données statistiques, il est important de connaître les deux types de fonctions de répartition, chacune étant représentée par une courbe cumulative différente :

- La fonction de répartition croissante est représentée par la courbe des fréquences cumulées croissantes. Cette courbe relie les points C_i de coordonnées $(a_{i+1}; f_i)$, où f_i représente la fréquence cumulée croissante pour la classe $[a_i; a_{i+1}[$ si la fréquence cumulée croissante est f_i dans cette même classe.

- La fonction de répartition décroissante est représentée par la courbe des fréquences cumulées décroissantes. Cette courbe relie les points D_i de coordonnés $(a_i; f_i)$ où f_i représente la fréquence cumulée décroissante pour la classe $[a_i ; a_{i+1}[$ si la fréquence cumulée croissante est f_i dans cette même classe.

Cette logique est aussi applicable à la courbe des effectifs cumulés.

Exemple 24

Reprenons l'**exemple 22** de la section **3.3.2.3**, qui concerne la distribution statistique des âges des ouvriers d'une entreprise.

Classes	n_i	$f_i(\%)$	$f_i \uparrow$	$f_i \downarrow$
[20;25 [	36	24.00	24.00	100.00
[25;30 [	45	30.00	54.00	76.00
[30;35 [	27	18.00	72.00	46.00
[35;40 [	18	12.00	84.00	28.00
[40;45 [	10	6.67	90.67	16.00
[45;50 [	8	5.33	96.00	9.33
[50;55 [	3	2.00	98.00	4.00
[55;60 [	3	2.00	100.00	2.00
Total	150	100		

Traçons les courbes des fréquences cumulées croissantes et décroissantes de la distribution statistique des ouvriers de cette entreprise suivant leurs classes d'âge afin de mieux comprendre la répartition des données.

L'observation du point d'intersection des deux courbes de fréquences cumulées peut être très utile dans l'analyse statistique. Il est intéressant de noter que les coordonnées de ce point d'intersection sont égales à la moitié de l'effectif total de la population étudiée. Nous verrons plus tard que la médiane, qui est une mesure de tendance centrale importante dans l'analyse statistique, peut être déterminée en trouvant la valeur de la variable correspondant à cette coordonnée.

En outre, cette observation est également valable pour les effectifs cumulés. En effet, si l'on trace la courbe des effectifs cumulés plutôt que la courbe de fréquences cumulées, on peut toujours observer que le point d'intersection des deux courbes a pour coordonnées la moitié de l'effectif total.

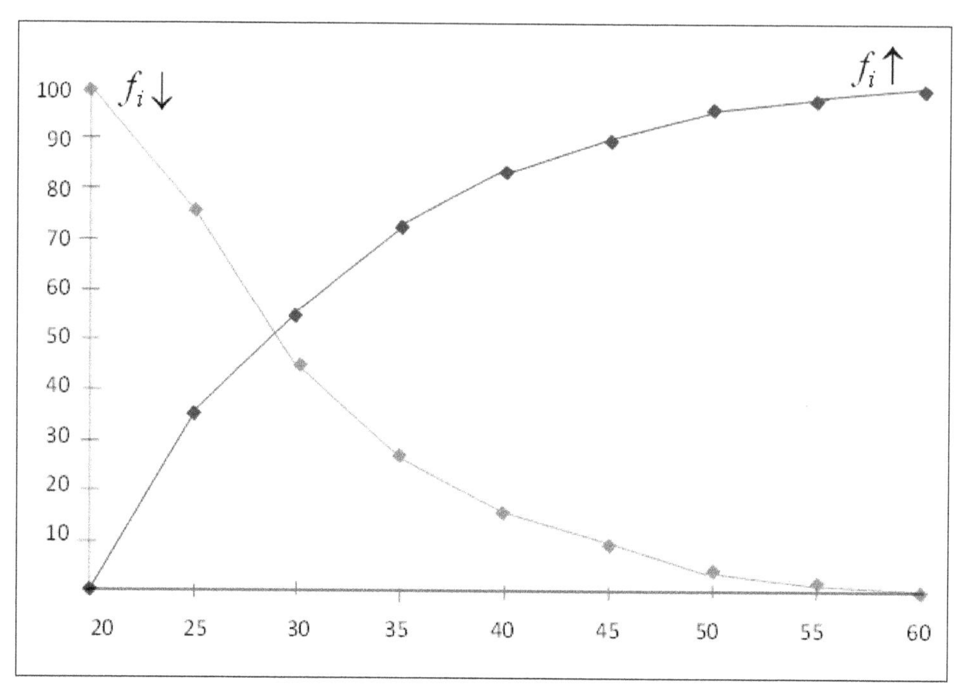

f_i ↓
f_i ↑
100
90
80
70
60
50
40
30
20
10
20
25
30
35
40
45
50
55
60

3.4 Exercices et solutions

3.4.1 Exercices du chapitre

• **Exercice 4 :** Dans le cadre d'un contrôle du nombre et des types de communications dans une ville, l'autorité administrative a installé un Gateway pour le triage des appels entrants et sortants. Les données collectées ont permis d'obtenir une distribution statistique selon le type d'appareil utilisé, avec un total de 4605 appels. Les résultats sont les suivants :

Type d'appareil utilisé	Nombre d'appels
Téléphone cellulaire	3747
Téléphone fixe bureau	218
Téléphone fixe domestique	48
Ordinateur	545
Cabine publique	47
Total	4605

Représenter cette distribution statistique à l'aide d'un diagramme à secteurs.

Solution

La distribution des appels téléphoniques par type d'appareil utilisé est représentée à l'aide d'un diagramme à secteurs :

Type d'appareil utilisé	Nombre d'appels	Fréq (%)	Angle
Téléphone cellulaire	3747	81.37	81.37% x 360° = 292.9°
Téléphone fixe bureau	218	4.73	4.73% x 360° = 17°
Téléphone fixe domestique	48	1.04	1.04% x 360° = 3.8°
Ordinateur	545	11.83	11.83% x 360° = 42.6°
Cabine publique	47	1.02	1.02% x 360° = 3.7°
Total	4605	100	360°

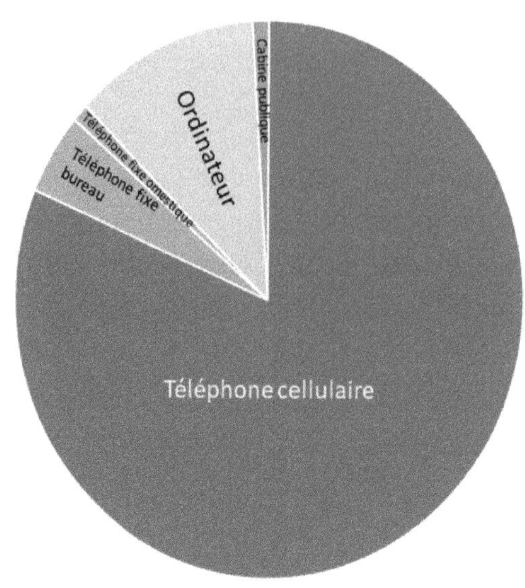

<u>INTERPRÉTATION DU DIAGRAMME</u>

Ce diagramme montre que la majorité des appels (81,37%) ont été effectués à partir de téléphones cellulaires, suivis des appels passés à partir d'ordinateurs (11,8%). Les téléphones fixes de bureau et domestiques représentent une faible proportion de l'ensemble des appels, avec respectivement 4,7% et 1% des appels. Les appels passés à partir de cabines publiques représentent la plus petite proportion des appels, avec seulement 1% de l'ensemble des appels.

Cette distribution statistique nous permet de comprendre comment les gens communiquent dans la ville et quels sont les types d'appareils les plus utilisés. Cela peut aider les autorités administratives à prendre des décisions en matière d'infrastructures de communication et de développement urbain. Par exemple, si la plupart des appels sont effectués à partir de téléphones cellulaires, il peut être judicieux de développer des tours de relais de téléphonie mobile dans certaines zones de la ville pour améliorer la couverture et la qualité du réseau. De même, si les appels passés à partir de cabines publiques sont peu nombreux, il peut être envisagé de réduire le nombre de cabines publiques dans les zones où elles sont peu utilisées pour économiser des ressources.

- **Exercice 5 :** Le tableau suivant représente la population et la superficie des 10 provinces canadiennes en 2016.

Province	Population	Superficie en Km^2
Alberta	4067175	661848
Colombie britannique	4648055	944735
Île-du-Prince-Édouard	142907	5660
Manitoba	1278365	647797
Nouveau-Brunswick	747101	72908
Nouvelle-Écosse	923598	55284
Ontario	13448494	1076395
Québec	8164361	1542056
Saskatchewan	1098352	651036
Terre-Neuve-et-Labrador	519716	405212

a. Représenter la distribution de la population :

1. A l'aide d'un diagramme à secteurs.

2. A l'aide d'un diagramme à bandes.

b. Représenter la distribution de la superficie

1. A l'aide d'un diagramme à secteurs.

2. A l'aide d'un diagramme à bandes.

Solution

a-1 : La distribution de la population à l'aide d'un diagramme à secteurs est :

Province	Population	Fréq.	Angle
Alberta	4067175	11.61	11,61% x 360° = 41.8°
Colombie britannique	4648055	13.27	13,27% x 360° = 47.7
Île-du-Prince-Édouard	142907	0.41	0,41% x 360° = 1.5°
Manitoba	1278365	3.65	3,65% x 360° = 13.1°
Nouveau-Brunswick	747101	2.13	2,13% x 360° = 7.7°
Nouvelle-Écosse	923598	2.64	2,64% x 360° = 9.5°
Ontario	13448494	38.38	38,38% x 360° = 138.2°
Québec	8164361	23.30	23,30% x 360° = 83.9°
Saskatchewan	1098352	3.13	3,13% x 360° = 11.3°
Terre-Neuve-et-Labrador	519716	1.48	1,48% x 360° = 5.3°
Total	35038124	100	360°

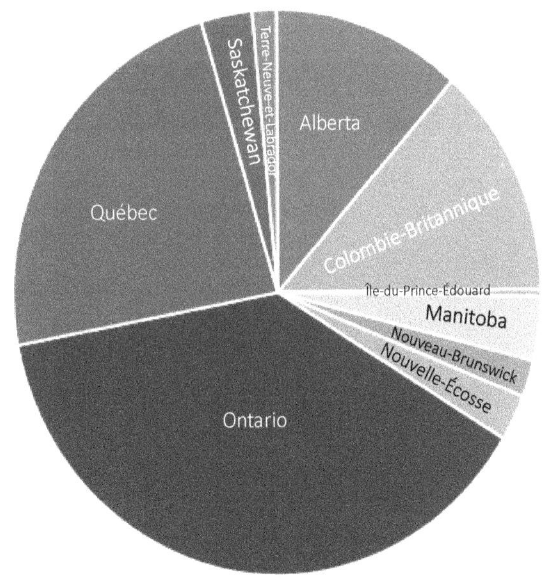

a-2 : La distribution de la population à l'aide d'un diagramme à bandes est:

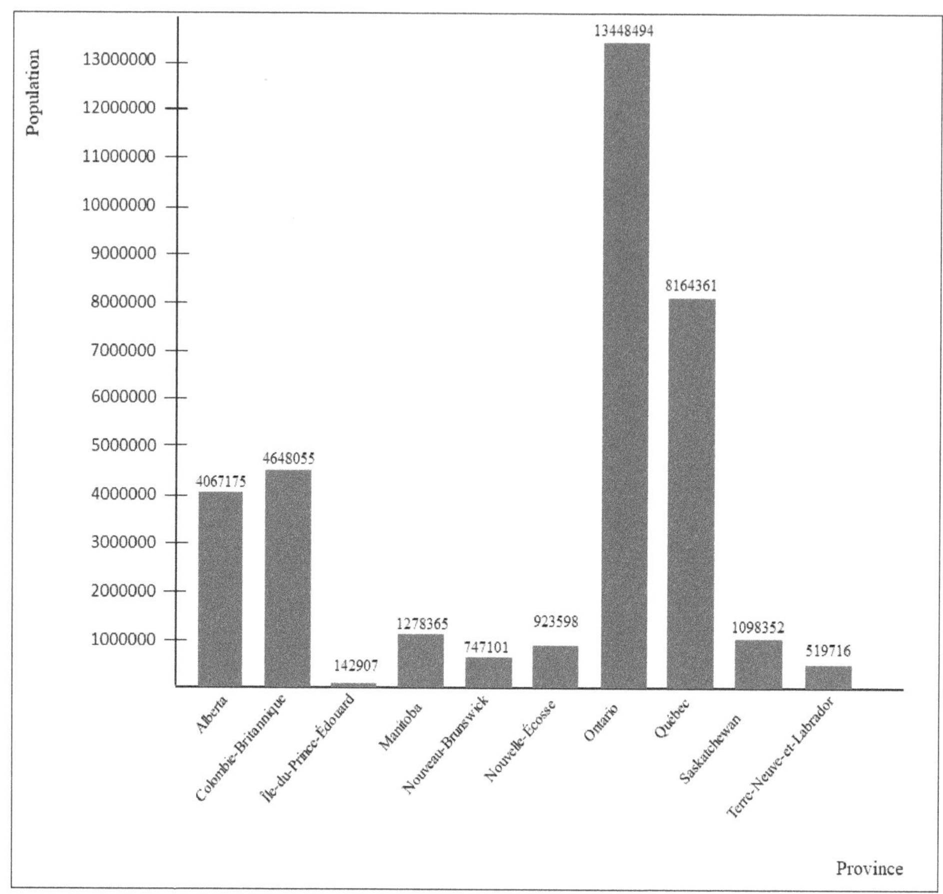

b-1 : La distribution de la superficie à l'aide d'un diagramme à secteurs est :

Province	Superficie	Fréq.	Angle
Alberta	661848	10.92	10,92% x 360° = 39.3°
Colombie britannique	944735	15.58	15,58% x 360° = 56.1°
Île-du-Prince-Édouard	5660	0.09	0,09% x 360° = 0.3°
Manitoba	647797	10.68	10,68% x 360° = 38.5°
Nouveau-Brunswick	72908	1.20	1,20% x 360° = 4.3°
Nouvelle-Écosse	55284	0.91	0,91% x 360° = 3.3°
Ontario	1076395	17.75	17,75% x 360° = 63.9°
Québec	1542056	25.43	25,43% x 360° = 91.5
Saskatchewan	651036	10.74	10,74% x 360° = 38.7°
Terre-Neuve-et-Labrador	405212	6.68	6,68% x 360° = 24.1°
Total	6062931	100	360°

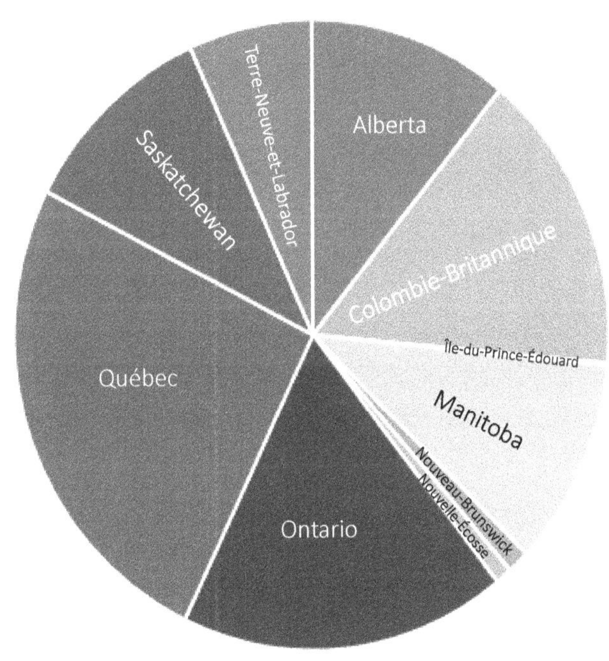

b-2 : La distribution de la superficie à l'aide d'un diagramme à bandes est:

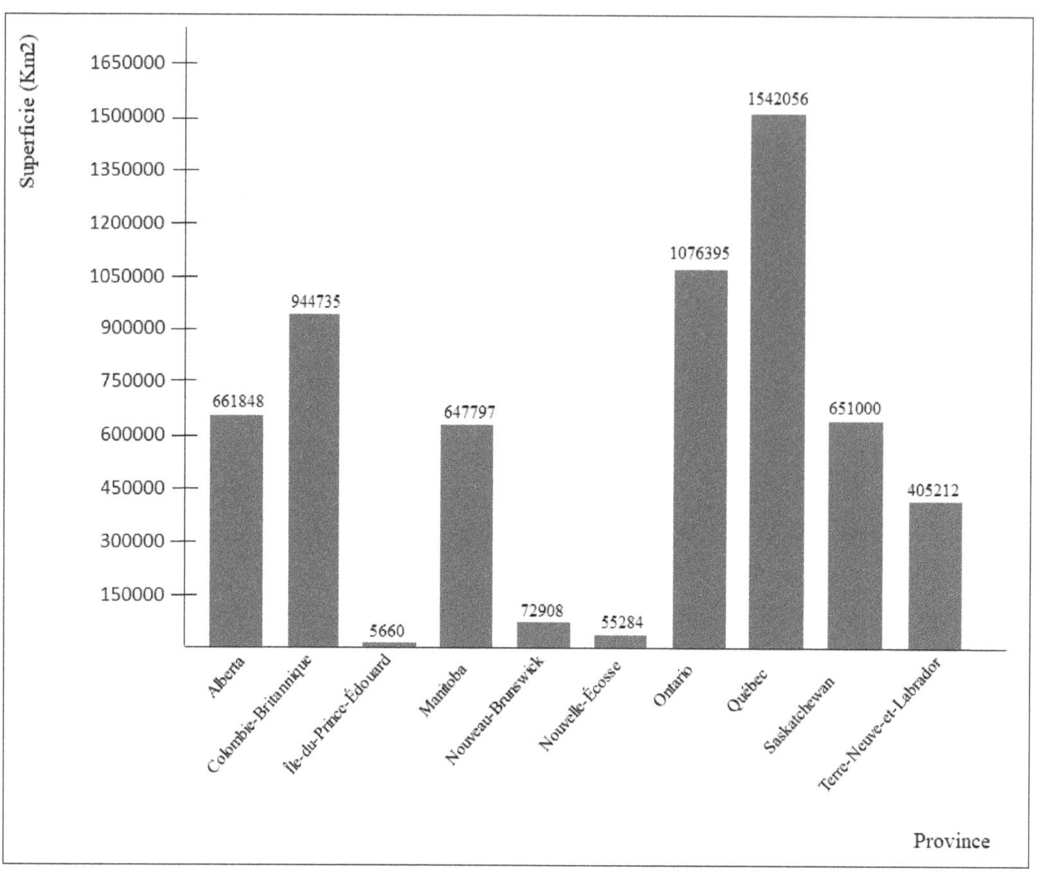

INTERPRÉTATION DES RÉSULTATS

Ces diagrammes permettent de voir rapidement la proportion de la superficie de chaque province par rapport au total. On peut voir que les provinces les plus vastes sont le Québec et l'Ontario, tandis que les provinces les plus petites sont l'Île-du-Prince-Édouard, la Nouvelle-Écosse et le Nouveau-Brunswick.

En croisant les données de la population et de la superficie des provinces canadiennes en 2016, on peut noter que la province de l'Ontario a la plus grande population, soit 13 448 494 habitants, tandis que la province de l'Île-du-Prince-Édouard a la plus petite population, avec seulement 142 907 habitants. En ce qui concerne la superficie, la province du Québec est la plus grande, avec une superficie de 1 542 056 km2, tandis que l'Île-du-Prince-Édouard est la plus petite, avec une superficie de seulement 5 660 km2.

On peut donc en conclure que la densité de population varie considérablement d'une province à l'autre. Par exemple, la population de l'Ontario est très dense, tandis que la population de l'Île-du-Prince-Édouard est très dispersée. De plus, la répartition géographique de la population est clairement liée à la superficie de chaque province. Les provinces les plus vastes, telles que le Québec et l'Alberta, ont tendance à être moins densément peuplées que les provinces plus petites, telles que le Nouveau-Brunswick et la Nouvelle-Écosse.

• **Exercice 6 :** Le tableau suivant donne le volume des importations d'un pays Africain en millions de dollars.

Catégorie	Volume Importation (millions USD)
Biens de Consommation	228
Bien d'équipement	138
Matière Première	112
Energie	54
Total	532

a. Représenter cette distribution statistique à l'aide d'un diagramme à secteurs.

b. Représenter cette distribution statistique à l'aide d'un diagramme à bandes.

Solution

a : La distribution du volume des importations à l'aide d'un diagramme à secteurs est :

Catégorie	Volume Imp.	Fréq.	Angle (%)	
Biens de Consommation	228	42.86	42,86 x 360° =	154.3°
Bien d'équipement	138	25.94	25,94 x 360° =	93.4°
Matière Première	112	21.05	21,05 x 360° =	75.8°
Energie	54	10.15	10,15 x 360° =	36.5°
Total	532	100	360°	

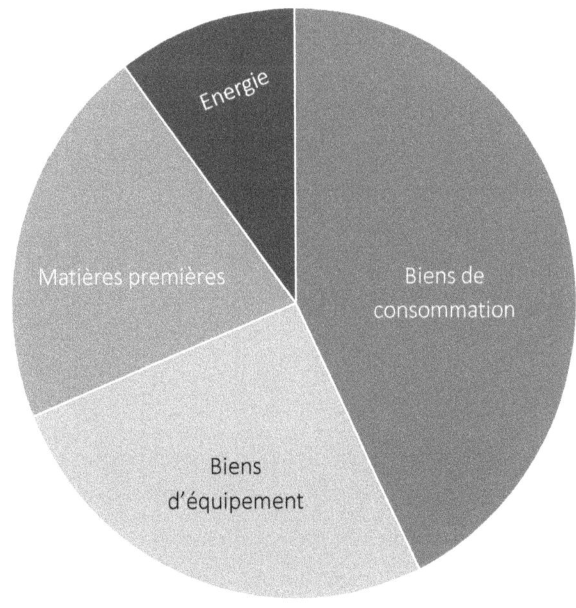

b : La distribution du volume des importations à l'aide d'un diagramme à bandes est :

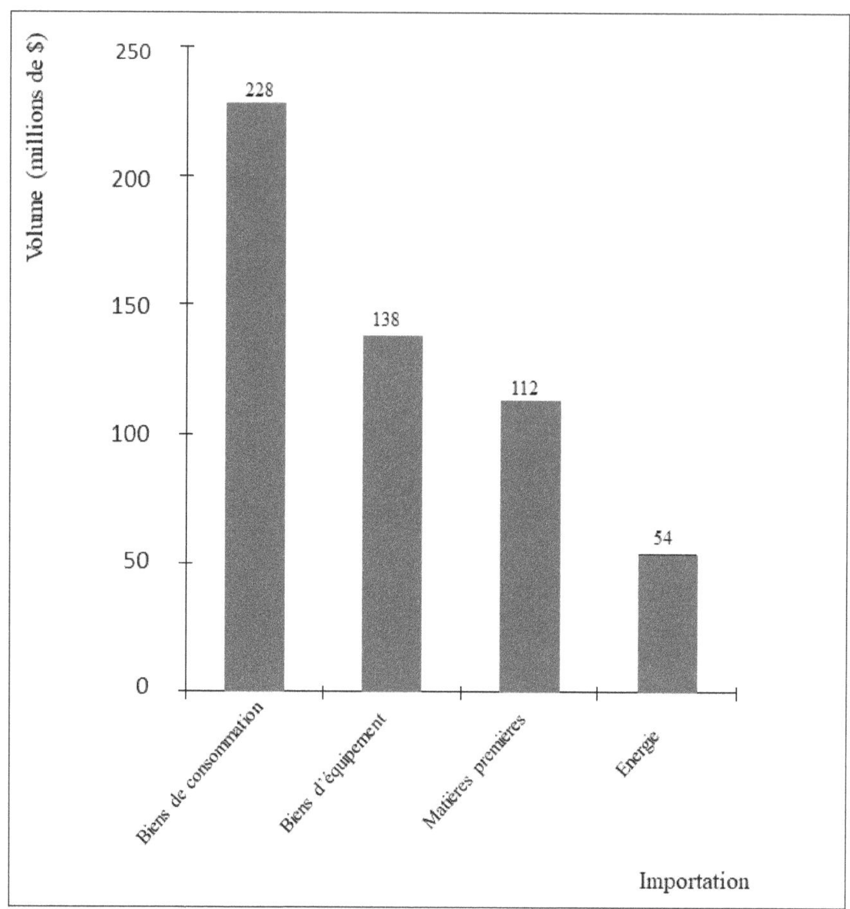

<u>INTERPRETATION DES RESULTATS</u>

Les diagrammes montrent que les importations de ce pays africain sont dominées par la catégorie "Biens de Consommation" qui représente environ 43% du total, suivie de la catégorie "Biens d'équipement" avec environ 26%, puis la catégorie "Matières Premières" avec environ 21% et enfin la catégorie "Energie" avec environ 10% du total.

• **Exercice 7 :** Le tableau suivant donne le Produit Intérieur Brut (PIB) des 18 régions françaises en 2018. Donner sa représentation en diagrammes à bandes.

Regions	PIB (Millions d'euros)
Île-de-France	726164
Auvergne-Rhône-Alpes	272646
Nouvelle-Aquitaine	176801
Occitanie	173563
Hauts-de-France	166519
Provence-Alpes-Côte d'Azur	166443
Grand Est	160929
Pays de la Loire	117585
Bretagne	98893
Normandie	95064
Bourgogne-Franche-Comté	78367
Centre-Val de Loire	74286
La Réunion	19163
Corse	9443
Guadeloupe	9390
Martinique	8819
Guyane	4164
Mayotte	2449

Solution

La représentation en diagrammes à bandes du PIB des 18 régions françaises en 2018 est:

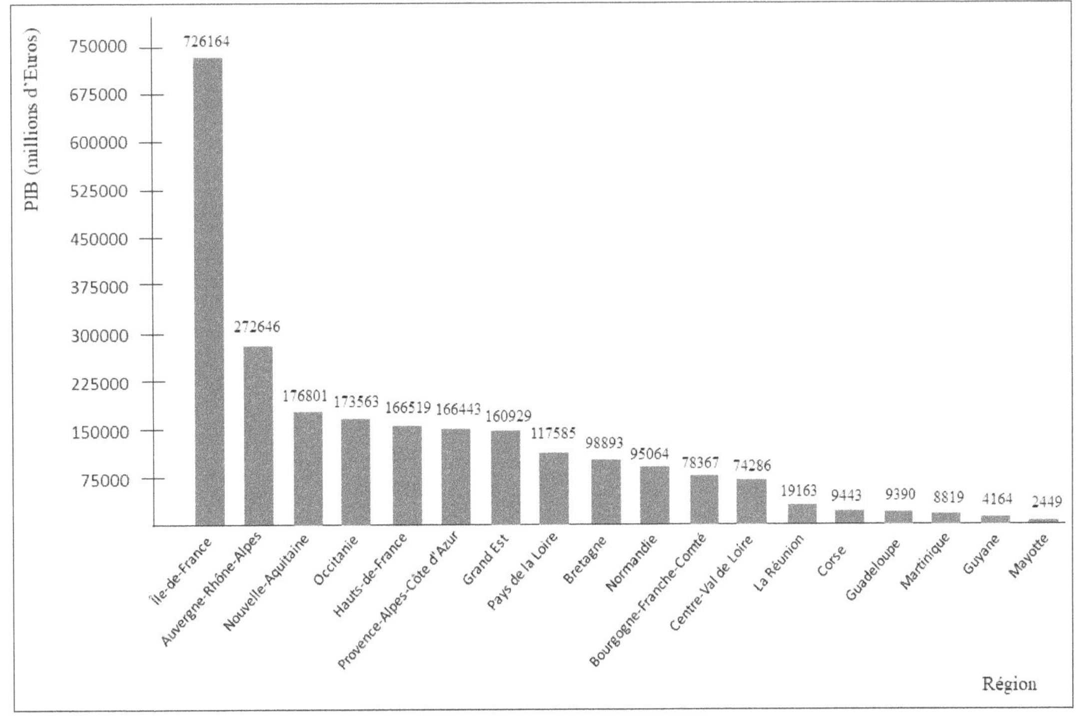

• **Exercice 8 :** Pendant une période de trois ans, un pays africain a exporté du diamant, du pétrole et du café dont les quantités sont données dans le tableau suivant :

	2018	2019	2020
Diamant	593.6	450.8	730.1
Pétrole	129.9	77.1	122.6
Café	122.2	246.9	288.3

Afin de visualiser la répartition de chacun des produits en fonction des autres produits et de mieux comprendre l'évolution des parts respectives de chaque produit, il est demandé de représenter les données dans un graphique triangulaire.

Solution

Pour construire le graphique triangulaire de l'évolution des parts des trois produits, nous devons faire ressortir les fréquences relatives aux effectifs, d'où le tableau suivant :

	2018		2019		2020	
Produit	n_i	$f_i(\%)$	n_i	$f_i(\%)$	n_i	$f_i(\%)$
Diamant	593.6	70.19	450.8	58.18	730.1	63.99
Pétrole	129.9	15.36	77.1	9.95	122.6	10.74
Café	122.2	14.45	246.9	31.87	288.3	25.27
Total	845.7	100.00	774.8	100.00	1141	100.00

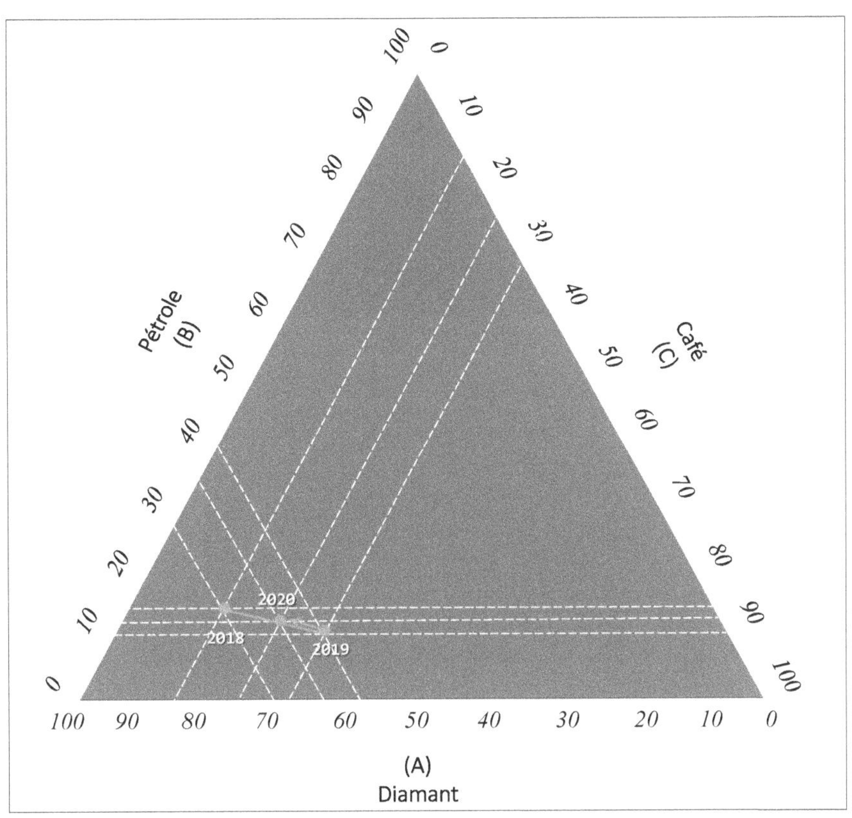

<u>INTERPRÉTATION DU DIAGRAMME</u>

En observant ce graphique, nous pouvons voir que la part relative du diamant a diminué au fil des années, tandis que la part relative du pétrole a augmenté légèrement en 2019 avant de diminuer à nouveau en 2020. La part relative du café a augmenté régulièrement au fil des trois années.

• **Exercice 9 :** On dispose des données suivantes, exprimées en pourcentage, concernant les coûts des différents facteurs de production d'un hôpital sur trois années consécutives : 2018, 2019 et 2020. Afin de suivre l'évolution relative des trois principaux types de facteurs, il est demandé de construire un graphique triangulaire.

Ce graphique permettra de visualiser rapidement et de manière claire les proportions respectives des différents types de coûts de facteurs de production pour chaque année étudiée.

	2018	2019	2020
Personnel	69	65	64
Consommation	24	27	28
Coût des immobilisations	7	8	8
Total	100	100	100

Note : Cet exercice ne nécessite pas de colonne supplémentaire de fréquence car la somme des effectifs de chaque année donne 100, ce qui est équivalent au maximum de fréquences.

Solution

Le graphique triangulaire pour suivre l'évolution des parts respectives de chacun des trois grands types de facteurs est :

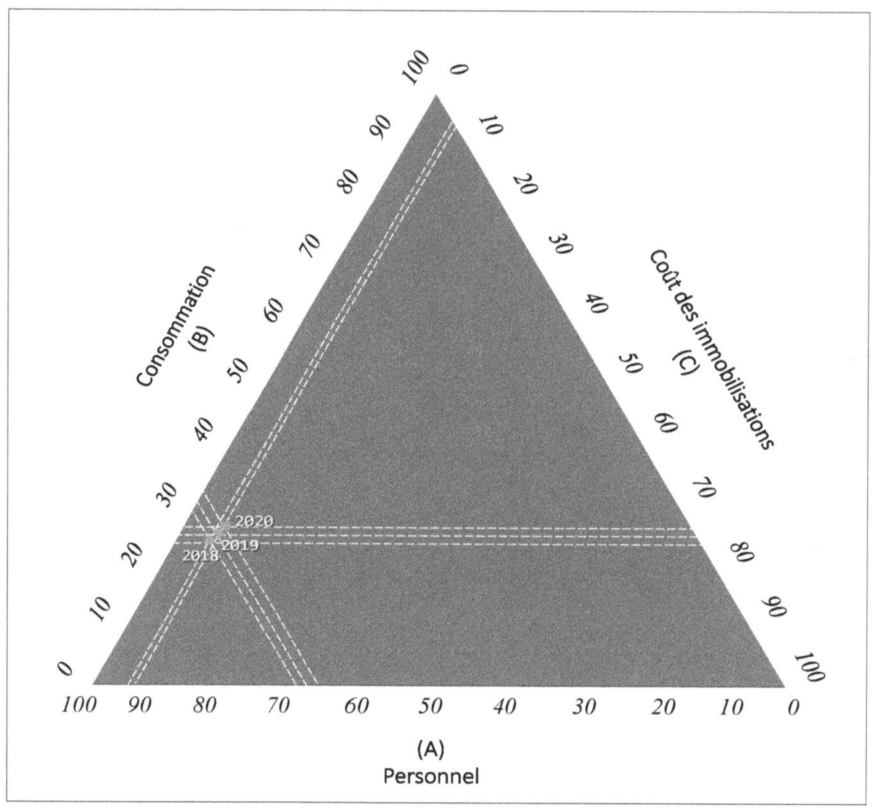

<u>INTERPRÉTATION DES RÉSULTATS</u>

On peut observer que le coût du personnel représente la part la plus importante des coûts de facteurs de production pour chaque année étudiée, avec des proportions qui ont diminué de 69% en 2018 à 64% en 2020.

Les coûts de consommation, qui comprennent les coûts des biens et services consommés par l'hôpital, ont augmenté de 24% en 2018 à 28% en 2020.

• **Exercice 10 :** Dans le cadre de cet exercice, nous avons jeté un dé 1 000 fois et relevé le nombre de fois où chacune des six faces est apparue. Les données sont présentées dans le tableau ci-dessous :

Face	1	2	3	4	5	6
Nombre d'apparitions	38	144	342	287	164	25

Afin de visualiser plus facilement ces données statistiques, il est demandé de les représenter graphiquement.

Il est important de noter que les nombres d'apparitions de chaque face sont exprimés en termes absolus et non en pourcentages.

Solution

Comme la série de données est de nature quantitative discrète, nous allons utiliser un diagramme en bâtons pour la représenter. Dans ce type de graphique, la longueur de chaque bâton sera proportionnelle à l'effectif de la modalité correspondante, ce qui permettra de visualiser la répartition des valeurs dans la série

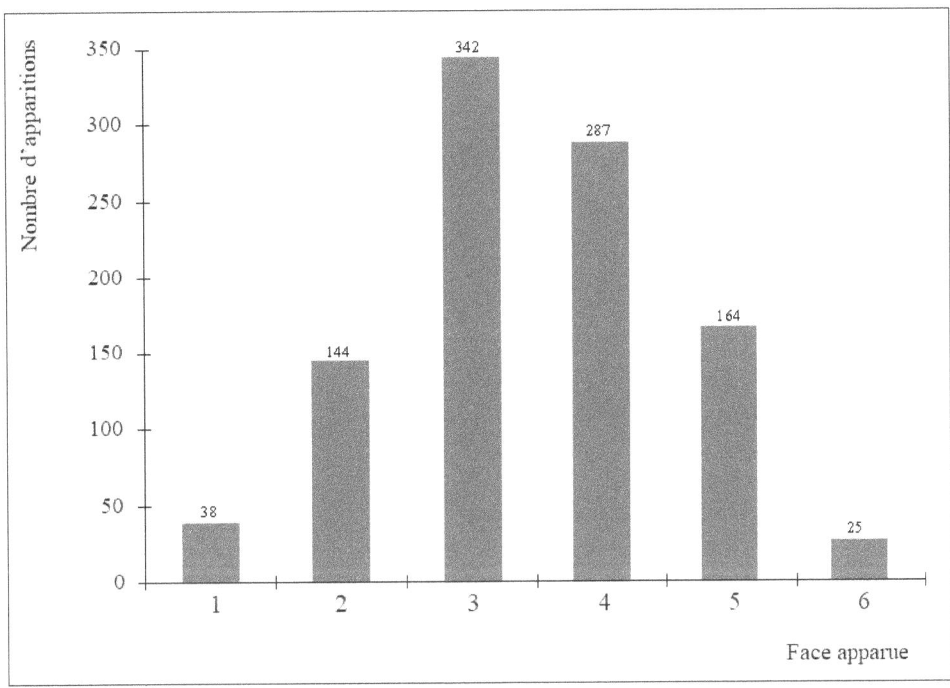

INTERPRETATION DES RESULTATS

Le graphique représentant les résultats de ce jet de dé permet de visualiser rapidement les proportions d'apparitions de chaque face du dé.

On observe que la face qui est sortie le plus souvent est la face 3, avec une proportion d'apparitions de 34,2%, suivie de la face 4 avec 28,7% et de la face 2 avec 14,4%. Les faces 1, 5 et 6 ont été les moins fréquentes, avec respectivement 3,8%, 16,4% et 2,5% d'apparitions.

Ces résultats illustrent la distribution de probabilité des résultats possibles pour le jet de dé, et permettent de vérifier si le dé est bien équilibré.

Si la proportion d'apparition de chaque face est proche de 1/6 (soit environ 16,7%), cela suggère que le dé est équilibré. Dans ce cas, on constate que la proportion d'apparition de chaque face n'est pas proche de cette valeur attendue. Cela pourrait suggérer un biais dans le dé, ce qui est loin d'une simple variabilité aléatoire naturelle du processus.

• **Exercice 11 :** Le tableau suivant montre les données de production d'une usine de pneus sur une période de 15 jours. Construisez un histogramme pour représenter la distribution du nombre de jours en fonction du nombre de pneus produits.

Nombre de pneus	n_i
[12500;13000 [	1
[13000;13500 [	2
[13500;14000 [	3
[14000;14500 [	3
[14500;15000 [	3
[15000;15500 [	3
	15

Solution

L'histogramme représentant la distribution du nombre de jours en fonction du nombre de pneus produits est :

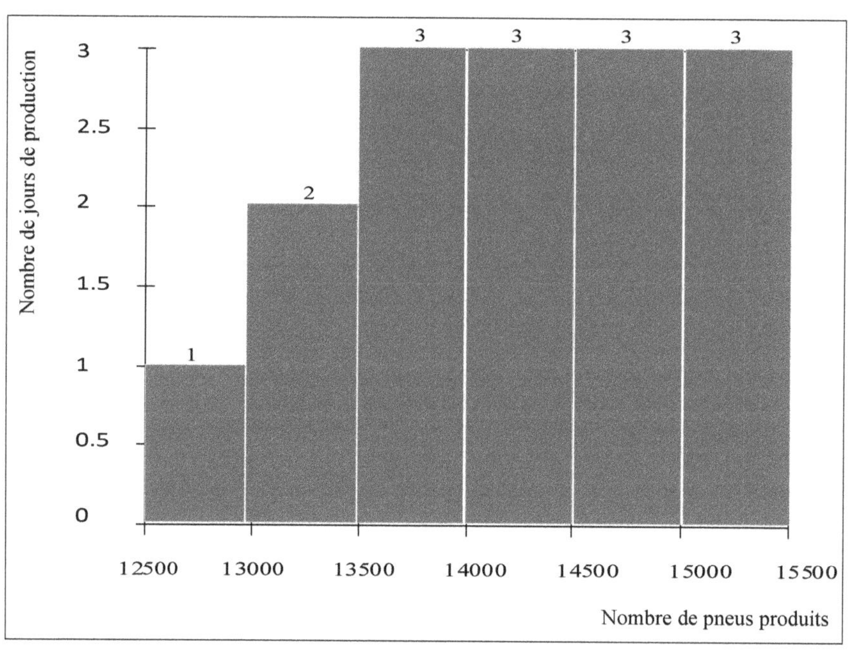

Cet histogramme permet de visualiser la distribution des données de production de l'usine de pneus sur une période de 15 jours, en regroupant les données en classes d'amplitude 500 unités de pneus produites.

La majorité des journées (9 sur 15) se situent dans la fourchette de 13 500 à 15 500 pneus produits. Cela suggère que l'usine a une production constante dans cette fourchette et que la production n'est pas significativement biaisée vers une production de pneus élevée ou faible. Les données indiquent également que l'usine produit entre 12 500 et 15 500 pneus par jour, avec une répartition relativement uniforme dans cette fourchette.

3.4.2 Exercices inter-chapitres

• **Exercice 12 :** Reprenons **l'exercice 3** de la **section 2.5.** Le tableau ci-dessous donne les soldes enregistrés dans les comptes épargnes de 300 individus (en milliers d'euros).

Il est demandé de construire son histogramme et de "fermer" le polygone obtenu en utilisant le milieu des deux intervalles fictifs situés à gauche et à droite du polygone.

Solde d'épargne	n_i	$n_i \uparrow$	$n_i \downarrow$	f_i	$f_i \uparrow$	$f_i \downarrow$
[0;5000 [	48	48	300	16.00	16.00	100.00
[5000;10000 [	41	89	252	13.67	29.67	84.00
[10000;15000 [	47	136	211	15.67	45.33	70.33
[15000;20000 [	15	151	164	5.00	50.33	54.67
[20000;25000 [	21	172	149	7.00	57.33	49.67
[25000;30000 [	12	184	128	4.00	61.33	42.67
[30000;35000 [	13	197	116	4.33	65.67	38.67
[35000;40000 [	8	205	103	2.67	68.33	34.33
[40000;45000 [	9	214	95	3.00	71.33	31.67
[45000;50000 [	9	223	86	3.00	74.33	28.67
[50000;55000 [	10	233	77	3.33	77.67	25.67
[55000;60000 [	6	239	67	2.00	79.67	22.33
[60000;65000 [	9	248	61	3.00	82.67	20.33
[65000;70000 [	5	253	52	1.67	84.33	17.33
[70000;75000 [	2	255	47	0.67	85.00	15.67
[75000;80000 [	13	268	45	4.33	89.33	15.00
[80000;85000 [	8	276	32	2.67	92.00	10.67
[85000;90000 [	7	283	24	2.33	94.33	8.00
[90000;95000 [	4	287	17	1.33	95.67	5.67
[95000;100000 [	13	300	13	4.33	100.00	4.33
Total	300			100.00		

Solution

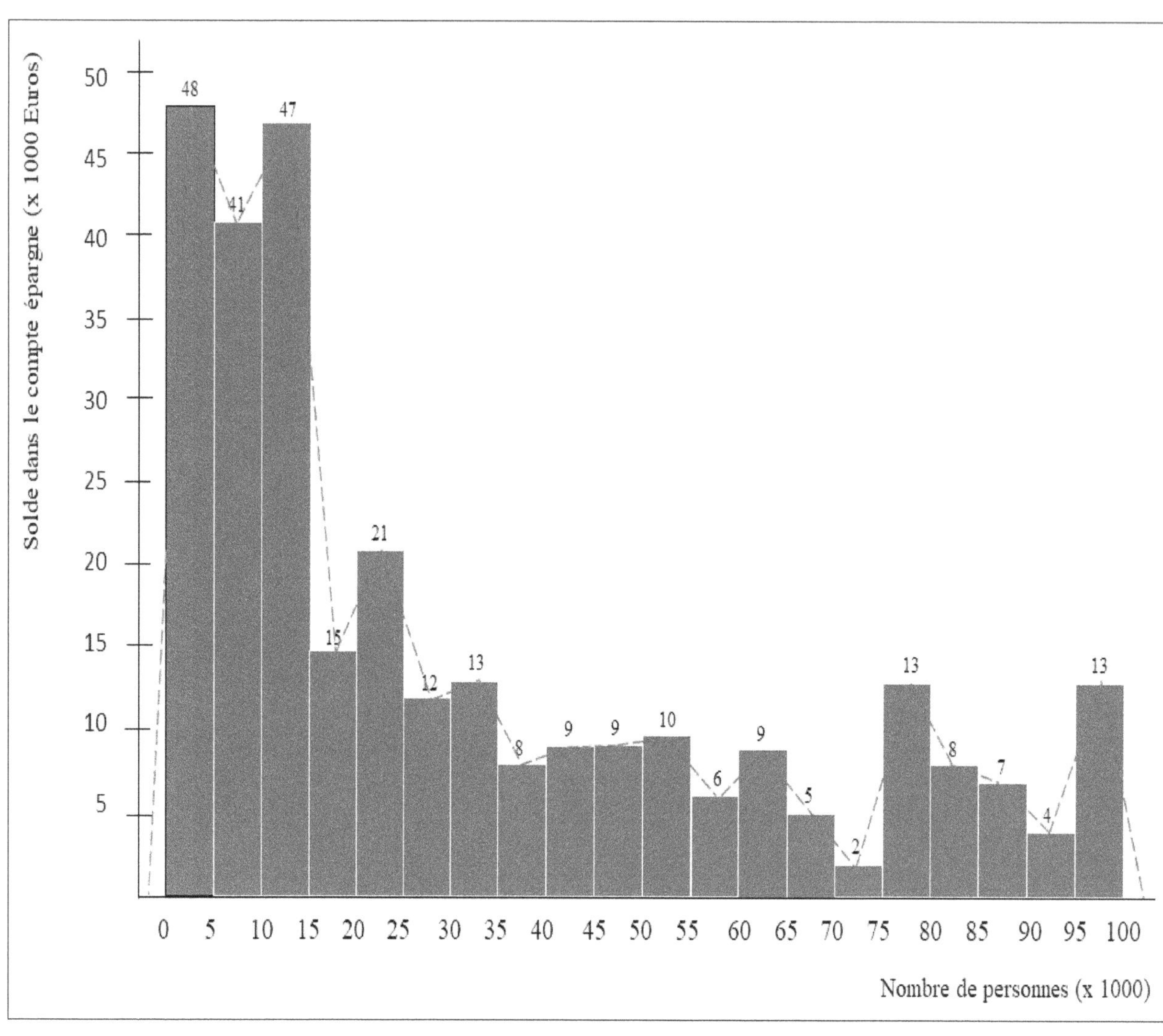

INTERPRETATION DES RESULTATS

On remarque que la distribution est asymétrique et fortement concentrée dans les classes inférieures. Cela suggère que la majorité des individus ont des soldes d'épargne relativement modestes. On note également que la fréquence diminue rapidement pour les classes d'intervalles supérieures, ce qui suggère qu'il y a relativement peu d'individus ayant des soldes très élevés.

CHAPITRE 4

Caractéristiques de tendance centrale

Ce chapitre aborde les caractéristiques de tendance centrale, également connues sous le nom de paramètres ou mesures de position, qui permettent de décrire l'ordre de grandeur des éléments d'une série statistique. Les trois mesures de tendance centrale les plus courantes à savoir le mode, la moyenne et la médiane sont étudiées en détail. Le mode représente la valeur la plus fréquente dans une série statistique, la moyenne représente la valeur que chaque élément aurait si toutes les valeurs étaient distribuées de manière égale, et la médiane représente la valeur milieu de la distribution.

4.1 Introduction

Les caractéristiques de tendance centrale, également appelées paramètres ou mesures de position, sont des mesures statistiques qui fournissent des informations précieuses sur l'ordre de grandeur des éléments d'une série statistique. Ces mesures synthétisent l'information de manière efficace et permettent de faire des observations rapides sur la manière dont la série est distribuée.

Parmi ces mesures, le mode est la valeur la plus fréquente dans la série statistique. La moyenne, quant à elle, représente la valeur qu'aurait chaque caractère si toutes les modalités étaient distribuées de manière égale. Enfin, la médiane est la valeur qui divise la série en deux parties égales, c'est-à-dire la valeur centrale de la distribution.

Ces mesures de tendance centrale sont importantes dans différents domaines, notamment l'économie, les sciences sociales, les soins de santé, etc. Elles peuvent fournir des informations précieuses sur la distribution des données et aider à identifier des schémas et des tendances qui ne sont pas immédiatement apparents.

4.2 Mode ou dominante

Dans une série statistique quantitative, le ***mode*** ou la ***dominante*** correspond à la valeur de la variable qui apparaît le plus fréquemment. En d'autres termes, c'est la modalité du caractère pour laquelle l'effectif possède une valeur maximale.

Le mode est utile pour décrire la forme et identifier les tendances dominantes de la distribution d'une série statistique.

4.2.1 Cas d'une série statistique à caractères discrets

Dans le cas d'une série statistique à caractères discrets, le mode est la valeur du caractère qui correspond au plus grand effectif.

Exemple 25

La distribution du nombre de familles en fonction du nombre d'enfants dans la famille est présentée dans le tableau suivant :

Nombre d'enfants (x_i)	Nombre de familles (n_i)
0	14
1	16
2	12
3	10
4	8
5	5
6	3
7	2
Total	70

Dans cet exemple, le mode est 1.

<u>INTERPRÉTATION DES RÉSULTATS</u>
La majorité des familles ont un enfant.

4.2.2 Cas d'une série statistique à caractères continus

Lorsque les données d'une série statistique sont regroupées en classes, on parle de série statistique à caractères continus. Dans ce cas, la ***classe modale*** est la classe qui possède l'effectif ou la fréquence la plus élevée. Le centre de cette classe modale est appelé le ***mode*** et est utilisé comme mesure de tendance centrale de la série.

Exemple 26

Reprenons l'**exemple 20** de la section **3.3.2.1**, qui porte sur la distribution statistique des ouvriers d'une entreprise en fonction de leur âge :

La classe modale est [25 ; 30[.

Si les classes ont des amplitudes différentes, on utilise une méthode similaire à celle utilisée pour le diagramme en bâton. Pour chaque classe, l'effectif est exprimé par unité d'intervalle en calculant la densité de chaque classe avec la formule suivante :

$$\text{Densité} = \frac{\text{Effectif de la classe}}{\text{Amplitude de la classe}}$$

Classes	Effectifs (n_i)
[20;25 [	36
[25;30 [	45
[30;35 [	27
[35;40 [	18
[40;45 [	10
[45;50 [	8
[50;55 [	3
[55;60 [	3

Cette méthode permet de représenter de manière adaptée les séries statistiques à caractères continus avec des classes d'amplitudes inégales.

Exemple 27

Prenons un exemple de classes d'inégales amplitudes :

Classes	x_i	Amplitude de classe	n_i	Densité
[0;50 [	25	50	100	100 : 50 = 2
[50;150 [	100	100	140	140 : 100 = 1.4
[150;250 [	200	100	80	80 : 100 = 0.8
[250;300 [	275	50	50	50 : 50 = 1
[300;450 [	375	150	30	30 : 150 = 0.2
Total			400	

La classe modale est [0 ; 50[et le mode est de 25.

Exemple 28

La distribution du budget des subventions de l'Etat alloué aux entreprises d'une ville américaine (en millions de dollars) est donnée par le tableau suivant :

Subventions	x_i	Amplitude de classe	Nombre d'entreprises (n_i)	Densité
[0,2 ; 0,6 [	0.4	0.4	4	10.0
[0,6 ; 1 [	0.8	0.4	5	12.5
[1 ; 2 [	1.5	1	9	9.0
[2 ; 3 [	2.5	1	7	7.0
[3 ; 5 [	4	2	13	6.5
[5 ; 8 [	6.5	3	17	5.7
[8 ; 10 [	9	2	12	6.0
[10 ; 20 [	15	10	21	2.1
[20 ; 30 [	25	10	13	1.3
Total			101	

La classe modale est [0,6 ; 1[et le mode est de 0.8 million de dollars.

INTERPRETATION DU RESULTAT

La répartition des subventions de l'Etat allouées aux entreprises de cette ville américaine montre que la majorité d'entre elles ont reçu des montants compris entre 0,6 et 1 million de dollars.

Lorsqu'il n'y a qu'une seule modalité dans une série statistique, on la qualifie d'***unimodale***. En revanche, si plusieurs modalités ont la même valeur maximale, la série est qualifiée de ***plurimodale*** ou ***multimodale***. Cependant, si toutes les modalités ont le même effectif, on dit qu'il n'y a pas de mode.

Dans le cas d'une série plurimodale ou sans modalité, le mode ne peut pas être utilisé pour représenter le centre de la distribution.

4.3 Moyenne et médiane

4.3.1 Concepts

Généralement, lorsque l'on souhaite comparer deux séries statistiques ϕ_1 et ϕ_2, la première idée qui nous vient à l'esprit est de comparer leurs moyennes. Cependant, il existe des situations où la moyenne ne permet pas de tirer des conclusions fiables sur la comparaison des deux séries. En effet, la moyenne est fortement influencée par les valeurs extrêmes ou les données aberrantes, qui peuvent fausser les résultats. Par conséquent, il est important d'utiliser d'autres mesures de tendance centrale, comme la médiane ou le mode, qui sont moins sensibles aux valeurs extrêmes et donnent une image plus représentative de la série.

En utilisant plusieurs mesures de tendance centrale, il est possible d'obtenir une vision plus complète de la comparaison entre les deux séries statistiques.

Exemple 29

Prenons l'exemple de deux séries de sept notes annuelles de deux élèves pour le cours de Statistique Descriptive (notes sur 200).

Les deux séries ont la même moyenne (120/200) :

| ϕ_1: | 90 | 130 | 110 | 120 | 150 | 140 | 100 |
| ϕ_2: | 150 | 80 | 70 | 190 | 100 | 130 | 120 |

En les rangeant par ordre croissant, la note du milieu de l'élève ϕ_1 est de 120/200 tandis que celle de l'élève ϕ_2 est de 100/200.

| ϕ_1: | 90 | 100 | 110 | **120** | 130 | 140 | 150 |
| ϕ_2: | 70 | 80 | 90 | **100** | 140 | 140 | 190 |

Bien que les deux séries ϕ_1 et ϕ_2 aient la même moyenne, les valeurs de la série ϕ_1 semblent être regroupées autour de leur moyenne, alors que celles de la série ϕ_2 semblent être plus dispersées autour de la leur.

Cela peut être vu en examinant l'écart entre les valeurs et leur moyenne respective : les écarts sont plus importants pour ϕ_2 que pour ϕ_1 . Ainsi, en utilisant la moyenne comme unique mesure de tendance centrale, on pourrait conclure à tort que les deux séries sont similaires, alors que la dispersion des valeurs dans la série ϕ_2 suggère une certaine différence avec la série ϕ_1 comme montré dans le diagramme ci-dessous.

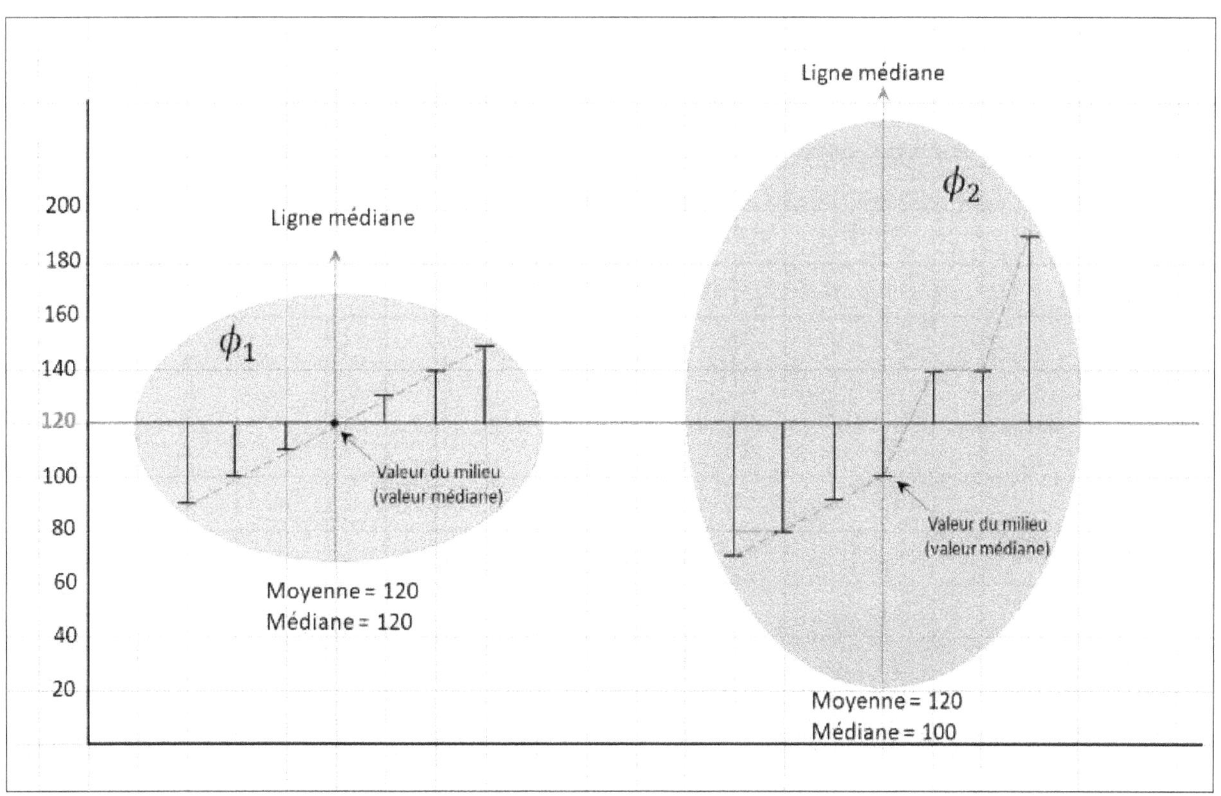

4.3.2 Remarque sur l'indivisibilité de la modalité

Les processus de calcul de la moyenne et de la médiane impliquent des opérations de division, alors que dans certains cas, la nature de la modalité impose qu'elle reste indivisible. Dans ce dilemme, on arrondit la moyenne au nombre entier le plus proche, soit au-dessus, soit en dessous, selon que sa partie décimale est supérieure ou inférieure à 0,5. Pour la médiane, on l'arrondit à la valeur entière.

Exemple 30

Prenons l'exemple d'une série statistique où la modalité est le nombre de rivières dans un pays. Dans ce cas, il serait absurde de parler de 12,87 rivières comme moyenne ou médiane, même si cela peut être compris numériquement. La moyenne serait arrondie au nombre entier le plus proche, soit 13 rivières, et pour la médiane, la valeur de la modalité serait juste au-dessus de 12,87.

4.4 Moyenne arithmétique

La moyenne arithmétique est une mesure de tendance centrale qui nous permet d'avoir une idée de la valeur typique de la série de données.

Lorsque nous avons n observations numériques $n_1,\ldots\ldots\ldots, n_n$, la ***moyenne arithmétique*** ou ***simplement*** moyenne est définie comme étant la somme de toutes ces observations divisée par n, et est notée $\overline{x}$. Ainsi, nous avons :

$$\overline{x} = \frac{n_1 + n_2 + \cdots \ldots\ldots\ldots\ldots + n_n}{n}$$

$$\boxed{\overline{x} = \frac{1}{n} \sum_{i=1}^{i=n} n_i}$$

Exemple 31

Reprenons l'**exemple 15** de la **section 3.2.2** sur la répartition de la superficie de la région parisienne :

Departement	Superficie (Km^2)
Paris	105.4
Seine-Saint-Denis	236
Hauts-de-Seine	176
Yvelines	2284
Seine-et-Marne	5915
Val-de-Marne	245
Essonne	1804
Val-d'Oise	1246
Total $= \sum_{i=1}^{i=8} n_i$	12011.4

La moyenne de la superficie de la région parisienne est calculée en additionnant les superficies de tous les départements et en divisant par le nombre total de départements. Dans ce cas, nous avons huit départements, donc la moyenne de la superficie est :

$$\bar{x} = \frac{1}{n} \sum_{i=1}^{i=8} n_i = \frac{105{,}4 + 236 + 176 + 2284 + 5915 + 245 + 1804 + 1246}{8}$$

$$= \frac{12\,011{,}4}{8} \, \text{Km}^2$$

$$= 1\,501{,}43 \, \text{Km}^2$$

Il est important de remarquer que la valeur de la somme $\sum_{i=1}^{i=8} n_i$ aurait pu être facilement copiée directement depuis le tableau présenté ci-dessus. Cela permettrait de gagner du temps et d'éviter des erreurs de calcul potentielles en reprenant les données à la main.

<u>INTERPRETATION DES RESULTATS</u>

La moyenne de la superficie de la région parisienne est donc d'environ 1501,43 kilomètres carrés.

Si la superficie de la région parisienne était répartie de façon égalitaire sur les 8 départements le constituant, chacun d'eux aurait une superficie égale à cette valeur.

Cependant, comme nous pouvons le constater à partir des données, les superficies varient considérablement entre les départements, de sorte que la moyenne pourrait ne pas être la mesure de tendance centrale la plus informative dans ce cas.

4.4.1 Moyenne arithmétique pondérée

La ***moyenne arithmétique pondérée*** est utilisée lorsque chaque élément de la série discrète a une importance différente. Dans ce cas, on attribue des poids à chaque élément, représentés par leurs effectifs respectifs $n_1,\ldots\ldots\ldots,n_k$.

La formule de la moyenne pondérée prend alors en compte ces poids et est donnée par :

$$\bar{x} = \frac{x_1 n_1 + x_2 n_2 + \ldots\ldots\ldots + x_k n_k}{n_1 + n_2 + \ldots\ldots\ldots n_k}$$

$$= \frac{\sum_{i=1}^{i=k} x_i n_i}{\sum_{i=1}^{i=k} n_i}$$

Sachant que :

$$f_i = \frac{n_i}{\sum_{i=1}^{i=k} n_i},$$

$$\boxed{\bar{x} = \sum_{i=1}^{i=k} f_i x_i}$$

Il est important de noter que la moyenne pondérée et la variable statistique ont la même unité.

Exemple 32

Reprenons l' **exemple 25** de la section **4.3.1** portant sur la distribution du nombre de familles en fonction du nombre d'enfants dans la famille et déterminons la moyenne arithmétique pondérée de cette distribution statistique :

x_i	n_i	$n_i x_i$	f_i	$f_i x_i$
0	14	0	20.00	0.00
1	16	16	22.86	22.86
2	12	24	17.14	34.29
3	10	30	14.29	42.86
4	8	32	11.43	45.71
5	5	25	7.14	35.71
6	3	18	4.29	25.71
7	2	14	2.86	20.00
Total	70	159	100.00	227.1428571

Avec :

x_i : nombre d'enfants dans la famille

n_i : nombre de familles

f_i : fréquence

$n_i x_i$: produit du nombre d'enfants dans la famille et du nombre de familles

$f_i x_i$: produit de la fréquence et du nombre d'enfants dans la famille

La moyenne arithmétique pondérée du nombre de familles en fonction du nombre d'enfants dans la famille est calculée en additionnant tous les $n_i x_i$ et en divisant par les n_i.

Dans ce cas, nous avons sept familles, donc la moyenne arithmétique pondérée du nombre de familles en fonction du nombre d'enfants dans la famille est :

$$\bar{x} = \frac{1}{n} \sum_{i=1}^{i=8} n_i x_i = \frac{(0 \times 14) + (1 \times 16) + (2 \times 12) + (3 \times 10)}{70}$$

$$+ \frac{(4\text{x}8) + (5\text{x}5) + (6\text{x}3) + (7\text{x}2)}{70}$$

$$= \frac{159}{70}$$

$$= 2{,}27 \text{ enfants}$$

Ce même résultat peut être obtenu en utilisant les fréquences. En effet, la moyenne arithmétique pondérée du nombre de familles en fonction du nombre d'enfants dans la famille est calculée en additionnant tous les $f_i x_i$.

Dans ce cas, la moyenne arithmétique pondérée du nombre de familles en fonction du nombre d'enfants dans la famille est :

$$\bar{x} = \sum_{i=1}^{i=8} f_i x_i = \frac{(0\text{x}20) + (1\text{x}22{,}86) + (2\text{x}17{,}14) + (3\text{x}14{,}29)}{100}$$

$$+ \frac{(4\text{x}11{,}43) + (5\text{x}7{,}14) + (6\text{x}4{,}29) + (7\text{x}2{,}86)}{100}$$

$$= \frac{227{,}1428}{100}$$

$$= 2{,}27 \text{ enfants}$$

Interpretation des resultats

Si toutes les familles devaient avoir le même nombre d'enfants, chaque famille aurait 2,27 enfants.

Cependant, nous pouvons remarquer que la notion de fractionnement d'un enfant n'est pas logiquement concevable. Pour simplifier, il est donc possible d'arrondir la moyenne à 2 enfants par famille.

Lorsqu'on travaille avec des données continues qui ont été regroupées en classes, il est courant de déterminer le centre de chaque classe que l'on note x_i . Pour calculer la moyenne de ces centres, on peut utiliser la formule suivante:

$$\boxed{\bar{x} = \frac{\sum_{i=1}^{i=k} n_i x_i}{\sum_{i=1}^{i=k} n_i}}$$

Dans cette formule, k représente le nombre de classes, n_i représente le nombre d'observations dans la classe i et (a_i, a_{i+1}) représentent les bornes de la classe i. En utilisant cette formule, on peut facilement calculer la moyenne des centres de chaque classe et ainsi obtenir une mesure représentative de l'ensemble des données.

Exemple 33

Reprenons l'**exemple 28** de **la section 4.3.2**, qui porte sur la répartition du budget des subventions alloué par l'État à des entreprises d'une ville américaine, exprimé en millions de dollars. Dans cet exemple, les x_i représentent les montants de subventions alloués à chaque entreprise, tandis que les n_i représentent le nombre d'entreprises concernées.

Subventions	x_i	n_i	$x_i n_i$
[0,2 ; 0,6 [	0.4	4	1.60
[0,6 ; 1 [	0.8	5	4.00
[1 ; 2 [	1.5	9	13.50
[2 ; 3 [	2.5	7	17.50
[3 ; 5 [	4	13	52.00
[5 ; 8 [	6.5	17	110.50
[8 ; 10 [	9	12	108.00
[10 ; 20 [	15	21	315.00
[20 ; 30 [	25	13	325.00
Total		101	947.10

Pour calculer la moyenne arithmétique pondérée, nous devons diviser la somme des produits $n_i x_i$ par la somme des n_i. En utilisant les données du tableau, nous obtenons :

$$\bar{x} = \frac{1}{n} \sum_{i=1}^{i=9} n_i x_i = \frac{(0,4 \times 4) + (0,8 \times 5) + (1,5 \times 9) + (2,5 \times 7) + (4 \times 13)}{101}$$

$$+ \frac{(6,5 \times 17) + (9 \times 12) + (15 \times 21) + (25 \times 13)}{101}$$

$$= \frac{1,6 + 4 + 13,5 + 17,5 + 52 + 110,5 + 108 + 315 + 325}{101}$$

$$= \frac{947,10}{101}$$

$$= 9,377227 \text{ millions \$}$$

4.4.2 Propriétés de la moyenne arithmétique

La moyenne arithmétique possède plusieurs propriétés intéressantes en statistiques.

Si $x_1, \ldots\ldots\ldots, x_k$ représentent une série statistique et que $\bar{x}$ représente la moyenne de cette série, alors l'écart entre la valeur x_i et la moyenne est défini comme $x_i - \bar{x}$. La somme de tous ces écarts est égale à zéro, ce qui se note mathématiquement par la formule suivante :

$$\sum_{i=1}^{i=k} (x_i - \bar{x}) = 0$$

En effet,

$$\sum_{i=1}^{i=k} (x_i - \bar{x}) = \sum_{i=1}^{i=k} x_i - \sum_{i=1}^{i=k} \bar{x}$$

$$= \sum_{i=1}^{i=k} x_i - k\bar{x}$$

Or

$$\bar{x} = \frac{1}{k} \sum_{i=1}^{i=k} x_i$$

$$\sum_{i=1}^{i=k} (x_i - \bar{x}) = \sum_{i=1}^{i=k} x_i - k \left(\frac{1}{k}\right) \underbrace{\left[\sum_{i=1}^{i=k} x_i\right]}_{\bar{x}}$$

$$= \sum_{i=1}^{i=k} x_i - \sum_{i=1}^{i=k} x_i$$

$$= 0$$

Cette propriété de la moyenne arithmétique est très importante car elle permet de vérifier si les valeurs de la série sont équilibrées autour de la moyenne. Si la somme des écarts à la moyenne est différente de zéro, cela signifie que les valeurs de la série ne sont pas symétriques par rapport à la moyenne et qu'il y a une tendance à s'éloigner de cette dernière.

Exemple 34

Reprenons l'**exemple 32** de la section **4.4.1** portant sur la répartition du nombre de familles en fonction du nombre d'enfants dans chaque famille et montrons que la somme des $x_i - \bar{x}$ est égale à zéro.

Nous savons que la moyenne est 2,2714

x_i	n_i	$(x_i - \bar{x})$
0	14	-31.80
1	16	-20.34
2	12	-3.26
3	10	7.29
4	8	13.83
5	5	13.64
6	3	11.19
7	2	9.46
Total	70	0.00

$$x_i - \bar{x} = 14(0 - 2{,}2714) + 16(1 - 2{,}2714) + 12(2 - 2{,}2714)$$

$$+ 10(3 - 2{,}2714) + 8(4 - 2{,}2714) + 5(5 - 2{,}2714)$$

$$+ 3(6 - 2{,}2714) + 2(7 - 2{,}2714)$$

$$= 0$$

INTERPRETATION DES RESULTATS

Dans cet exemple, la moyenne du nombre d'enfants par famille est de 2,2714. Le calcul ci-dessus montre les écarts de chaque valeur de x_i par rapport à la moyenne, multipliés par le nombre d'observations correspondant. La somme de ces valeurs est égale à zéro. Cela confirme que la moyenne arithmétique est un point d'équilibre de la série statistique.

Corollaires

1. La moyenne des différences par rapport à la moyenne est nulle.

Autrement dit, si l'on calcule la somme des différences de chaque élément par rapport à la moyenne, cette somme sera égale à zéro. Cette formule est très utile dans de nombreuses applications statistiques :

$$\sum_{i=1}^{i=k} f_i(x_i - \bar{x}) = \frac{1}{n} \sum_{i=1}^{i=k} n_i(x_i - \bar{x}) = 0$$

2. La somme des carrés des écarts des observations à la moyenne est minimale.

La somme des carrés des différences entre chaque observation et la moyenne est minimale. Cela implique que la moyenne est la valeur la plus représentative de l'ensemble des observations.

Pour démontrer cela, nous utilisons la fonction $y(q)$, qui calcule les carrés des écarts des observations à un nombre fixe q donné. En développant cette fonction, on peut déterminer que la valeur minimale de $y(q)$ est atteinte lorsque q est égal à la moyenne $\bar{x}$. Ainsi, la moyenne est le nombre qui minimise la somme des carrés des écarts des observations.

En effet, soit $y(q)$ la fonction des carrés des écarts des observations à un nombre fixe q donnée par la fonction suivante :

$$y(q) = \sum_{i=1}^{i=k} f_i(x_i - q)^2$$

En développant cette fonction on a :

$$y(q) = \sum_{i=1}^{i=k} f_i(x_i - q)^2$$

$$= \sum_{i=1}^{i=k} f_i\left(x_i^2 - 2qx_i + q^2\right)$$

$$= \sum_{i=1}^{i=k} f_i x_i^2 - \sum_{i=1}^{i=k} f_i 2qx_i + \sum_{i=1}^{i=k} f_i q^2$$

Or

$$\sum_{i=1}^{i=k} f_i = 1 \quad \text{et} \quad \sum_{i=1}^{i=k} f_i x_i = \bar{x}$$

On a

$$y(q) = q^2 - 2q\bar{x} + \sum_{i=1}^{i=k} f_i x_{i^2}$$

En dérivant $y(q)$ par rapport à q on a :

$$\frac{dy}{dq} = 2q - 2\bar{x}$$

Cette fonction étant quadratique, c'est-à-dire de la forme $ax^2 + bx + c$ avec $a = 1 > 0$, sa concavité est donc tournée vers le haut. Elle atteint son minimum par la valeur qui annule la dérivée c'est-à-dire :

$$\frac{dy}{dq} = 0 \Rightarrow q - \bar{x} = 0$$

$$q = \bar{x}$$

$$C.Q.F.D$$

4.4.3   Théorème de KÖNIG

La somme des carrés des écarts des observations à un nombre fixe donné q est égale à la somme des carrés des écarts des observations à la moyenne augmentée du carré de l'écart de la moyenne à ce nombre fixe.

Autrement dit, pour tout ensemble d'observations, la somme des carrés des écarts à un nombre fixe q est égale à la somme des carrés des écarts à la moyenne $\bar{x}$, plus le carré de l'écart de la moyenne à q. Cette relation est exprimée par la fonction $y(q)$:

$$y(q) = \sum_{i=1}^{i=k} f_i(x_i - q)^2 = \sum_{i=1}^{i=k} f_i(x_i - \bar{x})^2 + (\bar{x} - q)^2$$

En effet, en ajoutant et en retranchant $\bar{x}$ de l'expression entre parenthèses, on peut développer la fonction $y(q)$ et montrer que :

$$y(q) = \sum_{i=1}^{i=k} f_i(x_i - q)^2 = \sum_{i=1}^{i=k} f_i(x_i - \bar{x} + \bar{x} - q)^2$$

$$= \sum_{i=1}^{i=k} f_i[(x_i - \bar{x}) + (\bar{x} - q)]^2$$

$$= \sum_{i=1}^{i=k} f_i[(x_i - \bar{x})^2 + 2(x_i - \bar{x})(\bar{x} - q) + (\bar{x} - q)^2]$$

$$= \sum_{i=1}^{i=k} f_i[(x_i - \bar{x})^2 + (\bar{x} - q)^2] + 2 \underbrace{\sum_{i=1}^{i=k} f_i(x_i - \bar{x})(\bar{x} - q)}_{\substack{\| \\ \underbrace{(\bar{x}-q) \sum_{i=1}^{i=k} f_i(x_i-\bar{x})}_{\| \\ 0}}}$$

Cependant, on observe que la somme du produit des écarts à la moyenne et de l'écart de la moyenne à q est nulle, donc on obtient finalement :

$$y(q) = \sum_{i=1}^{i=k} f_i(x_i - q)^2 = \sum_{i=1}^{i=k} f_i[(x_i - \bar{x})^2 + (\bar{x} - q)^2]$$

$$C.Q.F.D$$

4.4.4 Linéarité de l'opérateur moyenne

La linéarité de l'opérateur moyenne permet de calculer la moyenne d'une série de données qui ont été transformées linéairement. Pour cela, il suffit de multiplier chaque donnée par un coefficient, puis d'ajouter un autre coefficient à l'ensemble.

Dans le cas présent, la transformation linéaire consiste à soustraire une constante x_0 à chaque donnée, puis à diviser le résultat par une amplitude a. Cela permet d'obtenir une nouvelle série de données y_i, qui sont toutes centrées autour de zéro et ont une amplitude égale à 1.

Ensuite, il suffit de calculer la moyenne de cette nouvelle série de données y_i, qui est égale à la somme des y_i multipliée par leur fréquence relative. En utilisant la formule donnée ci-dessus, on peut montrer que la moyenne de la série initiale de données x_i est égale à l'amplitude a multipliée par la moyenne de la série transformée y_i, à laquelle on ajoute la constante x_0.

Ainsi, dans les exercices statistiques, il est courant de choisir x_0 comme la valeur modale de la série de données et a comme l'amplitude des modalités. Cette méthode permet de centrer les données autour de la valeur modale et de les normaliser pour les comparer plus facilement.

Ainsi, si l'on pose

$$y_i = \frac{x_i - x_0}{a}$$

Alors

$$\bar{y} = \frac{\bar{x} - x_0}{a}$$

Il s'ensuit que:

$$\bar{y} = \sum_{i=1}^{p} f_i y_i = \sum_{i=1}^{p} f_i \left(\frac{x_i - x_0}{a}\right)$$

$$= \sum_{i=1}^{p} \left[\left(\frac{f_i x_i}{a}\right) - \left(\frac{f_i x_0}{a}\right)\right]$$

$$= \frac{1}{a} \sum_{i=1}^{p} f_i x_i - \frac{x_0}{a} \sum_{i=1}^{p} f_i$$

$$= \frac{\bar{x}}{a} - \frac{x_0}{a}$$

$$= \frac{\bar{x} - x_0}{a}$$

Dans les exercices, on prendra x_0 = mode et a = amplitude des modalités.

Exemple 35

Reprenons l'**exemple 26** de la **section 4.3.2** où nous avons une distribution statistique des ouvriers d'une entreprise suivant leur âge, répartis en huit classes d'âge. Pour chaque classe d'âge, nous avons le nombre d'ouvriers (n_i), le centre de chaque classe d'âge (x_i) et le centre de chaque classe d'âge ($n_i x_i$) pondéré par son effectif.

Classes	x_i	n_i	$x_i n_i$
[20;25 [	22.5	36	810.00
[25;30 [	27.5	45	1237.50
[30;35 [	32.5	27	877.50
[35;40 [	37.5	18	675.00
[40;45 [	42.5	10	425.00
[45;50 [	47.5	8	380.00
[50;55 [	52.5	3	157.50
[55;60 [	57.5	3	172.50
Total		150	4735.00

Nous allons maintenant calculer la moyenne de manière ordinaire pour obtenir l'âge moyen des ouvriers de l'entreprise.

$$\bar{x} = \frac{1}{n}\sum_{i=1}^{i=8} n_i x_i = \frac{(22,5 \times 36) + (27,5 \times 45) + (32,5 \times 27) + (37,5 \times 18)}{150}$$

$$+ \frac{(42,5 \times 10) + (47,5 \times 8) + (52,5 \times 3) + (57,5 \times 3)}{150}$$

$$= \frac{4\ 735}{150}$$

$$= 31,566 \text{ ans}$$

$$= 31\ + 0,566 \times 12 \text{ mois}$$

$$= 31 \text{ ans} + 6,792 \text{ mois}$$

$$= 31 \text{ ans} + 6 \text{ mois} + 0,792 \times 30 \text{ jours}$$

$$= 31 \text{ ans} + 6 \text{ mois} + 23 \text{ jours}$$

INTERPRETATION DES RESULTATS

L'âge moyen des ouvriers de l'entreprise est de 31 ans 6 mois et 23 jours arrondi au jours près.

Ceci illustre comment la moyenne est calculée pour cette distribution statistique des ouvriers d'une entreprise suivant leur âge.

Maintenant, calculons la moyenne, en utilisant la linéarité de l'opérateur moyenne après avoir opéré un changement de variable :

$$y_i = \frac{x_i - 27,5}{5}$$

Ce tableau devient :

Classes	x_i	n_i	$y_i = \dfrac{x_i - 27,5}{5}$	$y_i n_i$
[20;25 [	22.5	36	-1	-36.00
[25;30 [	27.5	45	0	0.00
[30;35 [	32.5	27	1	27.00
[35;40 [	37.5	18	2	36.00
[40;45 [	42.5	10	3	30.00
[45;50 [	47.5	8	4	32.00
[50;55 [	52.5	3	5	15.00
[55;60 [	57.5	3	6	18.00
Total		150		122.00

Calculons la moyenne de cette distribution par rapport au changement d'origine et d'échelle :

$$\bar{y} = \frac{1}{n}\sum_{i=1}^{i=8} n_i y_i = \frac{(-1 \text{x} 36) + (0 \text{x} 45) + (1 \text{x} 27) + (2 \text{x} 18)}{150}$$

$$+ \frac{(3 \text{x} 10) + (4 \text{x} 8) + (5 \text{x} 3) + (6 \text{x} 3)}{150}$$

$$= \frac{122}{150}$$

$$= 0,813$$

Or on sait que :

$$y_i = \frac{x_i - 27,5}{5}$$

Donc,

$$\bar{y} = \frac{\bar{x} - 27,5}{5}$$

Et,

$$\bar{x} = 5\bar{y} + 27,5$$

$$= 5(0,813) + 27,5$$

$$= 4,065 + 27,5$$

Ce qui donne :

$$\bar{x} = 31,56$$
$$= 31 \text{ ans } 6 \text{ mois et } 23 \text{ jours}$$

<u>INTERPRETATION DES RESULTATS</u>

Le changement de variable $y_i = \frac{x_i - 27,5}{5}$ a permis de réduire les calculs et a facilité l'application de la linéarité de l'opérateur moyenne. Ainsi, nous avons déterminé la moyenne de cette distribution statistique en utilisant la relation entre la moyenne de la variable d'origine et celle de la variable transformée.

4.5 Autres moyennes

Il existe plusieurs types de moyennes, qui sont ordonnés de la manière suivante :

- La moyenne harmonique est inférieure à la moyenne géométrique,

- La moyenne géométrique est inférieure à la moyenne arithmétique,

- La moyenne arithmétique est inférieure à la moyenne quadratique.

Cet ordre est dû aux propriétés mathématiques de chaque type de moyenne. La moyenne harmonique est utilisée pour calculer des moyennes de taux ou de vitesses, la moyenne géométrique est utile pour calculer des moyennes de facteurs de croissance ou de taux de rendement, la moyenne arithmétique est la plus courante et utilisée pour des données quantitatives, et la moyenne quadratique est principalement utilisée en statistique pour le calcul de l'écart type.

4.5.1 Moyenne géométrique

La moyenne géométrique est une mesure statistique qui permet de calculer la racine $k^{ième}$ d'un produit de k nombres, chacun étant multiplié par une fréquence associée. Elle est définie par la formule suivante :

$$G = \sqrt[n]{x_1^{n_1}.x_2^{n_2},\ldots\ldots\ldots,x_k^{n_k}}$$

où $n_1,\ldots\ldots\ldots,n_k$ sont les fréquences respectives de chaque valeur $x_1,\ldots\ldots\ldots,x_k$ dans l'échantillon.

La moyenne géométrique est souvent utilisée pour calculer la croissance moyenne d'un taux de retour sur investissement ou pour mesurer l'évolution d'une quantité dans le temps. Elle est également utile pour calculer des taux de croissance annuels composés.

4.5.2 Moyenne d'ordre r

La moyenne d'ordre r est une généralisation des moyennes classiques, telles que la moyenne arithmétique, la moyenne géométrique, etc. Elle permet de mesurer la tendance centrale d'une distribution en accordant un poids plus important aux valeurs les plus élevées (si $r > 1$) ou aux valeurs les plus faibles (si $0 < r < 1$).

L'expression de la moyenne d'ordre r est donnée par :

$$\chi_r = \sum_{i=1}^{i=k} (f_i x_i^r)^{\frac{1}{r}}$$

4.5.2.1 Moyenne quadratique

La moyenne quadratique est une mesure de la dispersion des données autour de leur moyenne arithmétique. Elle est calculée en élevant chaque valeur au carré, en multipliant cette nouvelle valeur par sa fréquence respective, puis en faisant la somme de tous ces produits. La racine carrée de cette somme est alors prise pour obtenir la moyenne quadratique. Elle est souvent utilisée pour mesurer la variance dans les statistiques et la physique.

L'expression de la moyenne quadratique est donnée par :

$$Q = \chi_2 = \sqrt{\sum_{i=1}^{i=k} [f_i x_i^2]}$$

Ce qui donne :

$$Q = \sqrt{\frac{n_1 x_1^2 + n_2 x_2^2 + \dots\dots + n_k x_k^2}{n_1 + n_2 + \dots\dots + n_k}}$$

4.5.2.2 Moyenne harmonique

La moyenne harmonique est une mesure de la moyenne qui est l'inverse de la moyenne arithmétique des inverses des observations. Elle est définie par la moyenne d'ordre (-1) et est notée :

$$H = \chi_{-1} = \frac{1}{\sum_{i=1}^{i=k} f_i \frac{1}{x_i}}$$

En d'autres termes, la moyenne harmonique est le nombre d'observations divisé par la somme des inverses des observations. On peut donc écrire :

$$H = \frac{n}{\frac{1}{x_1} + \frac{1}{x_2} + \dots\dots \frac{1}{x_k}}$$

4.6 Médiane

La médiane est une mesure de tendance centrale utilisée en statistique pour décrire la position centrale d'un ensemble de données. Pour déterminer la médiane, il est nécessaire de classer préalablement les données dans l'ordre croissant des valeurs du caractère étudié. On appelle *médiane*, notée (***Me***), la valeur du caractère qui sépare l'ensemble des individus en deux sous-groupes de même taille. Autrement dit, la médiane est la valeur du caractère qui partage la série statistique en deux populations égales.

La médiane est souvent préférée à la moyenne pour représenter une série de données lorsque celle-ci est fortement influencée par les valeurs extrêmes, appelées aussi valeurs aberrantes. Elle est largement utilisée dans de nombreux domaines, tels que la finance, la médecine et la psychologie, pour décrire la distribution des données et la position centrale de cette distribution.

4.6.1 Caractère quantitatif discret

4.6.1.1 Cas des données non groupées

Pour calculer la médiane d'un ensemble de n données quantitatives discrètes non groupées, il faut tout d'abord ordonner la distribution par ordre croissant ou décroissant. Ensuite, il convient de calculer le rang de la médiane en utilisant la formule suivante :

$$\boxed{\text{Rang}_{(médiane)} = \frac{n+1}{2}}$$

Si n est impair, la position de la médiane est un nombre entier. Autrement dit, la médiane correspond à la valeur qui se situe à la moitié de la série ordonnée.

Exemple 36

Les notes d'un élève au cours d'un semestre sont comme ci-dessous :

$$16 \quad 14 \quad 8 \quad 17 \quad 13 \quad 3 \quad 15 \quad 1 \quad 9$$

Pour trouver la médiane de cette série de données, il faut tout d'abord les ordonner par ordre croissant :

$$1 \quad 3 \quad 8 \quad 9 \quad 13 \quad 14 \quad 15 \quad 16 \quad 17$$

Puisque cette série contient 9 valeurs (n = 9), le rang de la médiane est :

$$\frac{n+1}{2} = \frac{9+1}{2} = 5$$

La médiane est la valeur du caractère situé au rang 5, c'est-à-dire le nombre 13.

$$1 \quad 3 \quad 8 \quad 9 \quad 13 \quad 14 \quad 15 \quad 16 \quad 17$$
$$\uparrow$$
$$Me$$

Si n est pair, la position de la médiane est un nombre décimal. Dans ce cas, la médiane est déterminée en prenant la moyenne des deux valeurs centrales de la série. Ces deux valeurs forment l'intervalle médian qui contient la position de la médiane.

Exemple 37

Considérons la série statistique de la longueur de 10 câbles électriques (exprimée en km), donnée par le tableau suivant :

$$385 \quad 363 \quad 369 \quad 355 \quad 390 \quad 372 \quad 360 \quad 380 \quad 381 \quad 387$$

Pour calculer la médiane, nous devons d'abord ordonner la distribution par ordre croissant :

$$355 \quad 360 \quad 363 \quad 369 \quad 372 \quad 380 \quad 381 \quad 385 \quad 387 \quad 390$$

Le nombre de données étant pair ($n = 10$), la position de la médiane est un nombre décimal, le rang de la médiane est :

$$\frac{n+1}{2} = \frac{10+1}{2} = 5{,}5$$

5,5 étant contenu entre le 5ème et le 6ème rang de la distribution, nous devons trouver l'intervalle médian qui est formé des deux valeurs situées à ces positions.

L'intervalle médian est donc :

$$[371 \; ; \; 380].$$

Pour trouver la valeur de la médiane, nous calculons la moyenne de ces deux valeurs :

$$\frac{371+380}{2} = 375{,}5 \text{ Km}$$

Ainsi, la médiane de cette série est de 375,5 Km.

INTERPRÉTATION DES RÉSULTATS

Cette valeur médiane nous permet de conclure qu'il y a autant de câbles dont la longueur est inférieure à 375,5 Km que de câbles dont la longueur est supérieure à cette valeur. En d'autres termes, elle représente le point de partage de la distribution en deux parties égales, chacune contenant 50% des données.

4.6.1.2   Cas des données groupées

Dans le cas des données groupées, la médiane est la mesure de tendance centrale qui correspond à la valeur du caractère pour laquelle l'effectif cumulé croissant est égal à la moitié de l'effectif total (ou à 50% si l'on considère les fréquences cumulées en pourcentage). Il existe deux méthodes pour calculer la médiane des données groupées. La première méthode, qui est similaire à celle utilisée dans le cas des données non groupées, et la seconde méthode, qui est une méthode analytique basée sur l'interpolation linéaire.

Première méthode

Dans cette méthode, la médiane est associée à la valeur située au milieu de l'effectif cumulé croissant de la même manière que pour le cas des données non groupées. On applique la même formule de détermination de la position de la médiane précédemment utilisée à la section 4.6.1.1. La médiane est donc la valeur du caractère correspondant à un effectif cumulé croissant, son rang est :

$$\text{Rang}_{(médiane)} = \frac{n+1}{2}$$

Exemple 38

Cet exemple est celui d'un effectif cumulé impair.

L'organisme de contrôle météorologique d'un pays à climat équatorial a souhaité étudier l'évolution annuelle de la pluviométrie nationale. Pour cela, ils ont relevé le nombre de jours de pluie par semaine pendant une année. Le tableau ci-dessous donne le relevé du nombre de semaines en fonction du nombre de jours de pluie.

Nombre de jours de pluie dans la semaine	Nombre de semaines (Effectif)	Effectifs cumulés
1	7	7
2	14	21
3	6	27
4	5	32
5	12	44
6	9	53
Total	53	

Nous allons maintenant calculer la médiane pour déterminer la valeur centrale de cette distribution. Le rang de la médiane est :

$$\frac{n+1}{2} = \frac{53+1}{2} = 27$$

La médiane est donc la 27e donnée de la distribution ordonnée. Pour obtenir la valeur de la médiane, nous allons additionner les effectifs cumulés jusqu'à atteindre ou dépasser la valeur 27.

Les résultats obtenus permettent de constater que :

- Les 7 premiers relevés de pluviométrie correspondent à une valeur de 1, c'est-à-dire qu'au cours des 7 premières semaines, il y a eu un seul jour de pluie par semaine.

- Les relevés du 8ème au 21ème rang correspondent à une valeur de 2, indiquant qu'entre la 8ème et la 21ème semaine, il y a eu deux jours de pluie par semaine.

- *Les relevés du 22ème au 27ème rang correspondent à une valeur de 3, indiquant qu'entre la 22ème et la 27ème semaine, il y a eu trois jours de pluie par semaine.*

- Les relevés du 28ème au 32ème rang correspondent à une valeur de 4, indiquant qu'entre la 28ème et la 32ème semaine, il y a eu quatre jours de pluie par semaine.

- Les relevés du 33ème au 44ème rang correspondent à une valeur de 5, indiquant qu'entre la 33ème et la 44ème semaine, il y a eu cinq jours de pluie par semaine.

- Les relevés du 45ème au 53ème rang correspondent à une valeur de 6, indiquant qu'entre la 45ème et la 53ème semaine, il y a eu six jours de pluie par semaine.

Nous obtenons ainsi que les relevés du 22ème au 27ème rang correspondent à une valeur de 3, indiquant qu'entre la 22ème et la 27ème semaine, il y a eu trois jours de pluie par semaine. Par conséquent, la médiane a la valeur de 3.

Exemple 39

Cet exemple est celui d'un effectif cumulé pair.

Reprenons l'exemple précédent, où nous avons étudié la pluviométrie nationale d'un pays équatorial, et supposons qu'il y a eu une erreur de saisie : la valeur de la quatrième modalité était en réalité de 10, et non de 5 comme nous l'avions précédemment noté. Dans ce cas, la distribution compte désormais 58 observations.

Nombre de jours de pluie dans la semaine	Nombre de semaines (Effectif)	Effectifs cumulés
1	7	7
2	14	21
3	6	27
4	10	37
5	12	49
6	9	58
Total	58	

Le nombre de données étant pair ($n = 58$), la position de la médiane est un nombre décimal, le rang de la médiane est :

$$\frac{n+1}{2} = \frac{58+1}{2} = 29,5$$

29,5 étant contenu entre le 3ème et le 4ème rang de la distribution, nous devons trouver l'intervalle médian qui est formé des deux valeurs situées à ces positions.

L'intervalle médian est donc :

$$[3 \; ; 4].$$

Pour trouver la valeur de la médiane, nous calculons la moyenne de ces deux valeurs :

$$\frac{3+4}{2} = 3,5 \text{ jours de pluie dans la semaine}$$

Ainsi, la médiane de cette série est de 3,5 jours de pluie dans la semaine.

Deuxième méthode :

La deuxième méthode pour calculer la médiane est analytique et repose sur l'interpolation linéaire. Pour cela, on utilise les effectifs cumulés croissants (Ni) et les fréquences cumulées croissantes (Fi) d'une série donnée. Cette série est présentée sous forme de tableau avec les différentes modalités et leurs effectifs et fréquences cumulés associés.

Modalités	N_i	F_i
a_1	N_1	F_1
a_2	N_2	F_2
a_3	N_3	F_3
....	....	....
....	....	....
a_{i-1}	N_{i-1}	F_{i-1}
a_i	N_i	F_i
....	....	....
....	....	....
a_p	$N_p = n$	$F_p = 100$

La médiane est déterminée en trouvant la valeur du caractère qui correspond soit à l'effectif cumulé égal à $\frac{n}{2}$, soit à la fréquence cumulée égale à 50%.

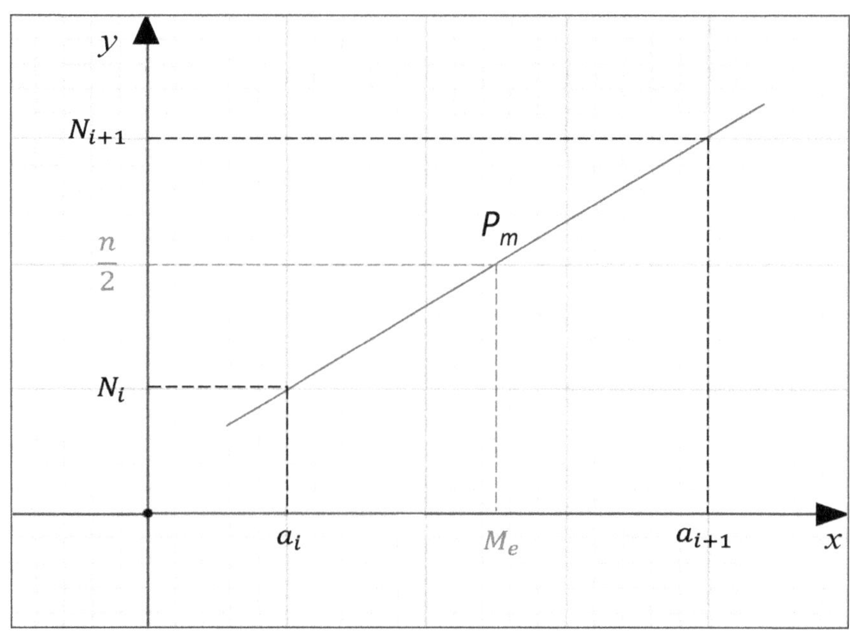

On sait qu'une droite passant par deux points x et y de coordonnées respectives (x_1, y_1) et (x_2, y_2) a pour équation :

$$y - y_1 = \frac{y_2 - y_1}{x_2 - x_1}(x - x_1) \ldots \ldots (1)$$

Pour le calcul de la médiane, les abscisses de deux points x_1 et x_2 sont remplacées par les valeurs extrêmes de l'intervalle médian (a_i, a_{i+1}) et leurs ordonnées sont remplacées par leurs effectifs respectifs (N_i, N_{i+1}) avec :

$$a_i \text{ correspondant à } x_1$$
$$N_i \text{ correspondant à } y_1$$
$$a_{i+1} \text{ correspondant à } x_2$$
$$N_{i+1} \text{ correspondant à } y_2$$

En remplaçant ces valeurs dans l'équation (1), on obtient l'équation de la droite (2) :

$$y - N_i = \frac{N_{i+1} - N_i}{a_{i+1} - a_i}(x - a_i) \ldots (2)$$

Considérons le point Pm ayant pour ordonnée la moitié de l'effectif $\left(\frac{n}{2}\right)$, qui correspond à l'abscisse M_e sur la droite (2), et exprimons le fait que Pm est sur cette droite, on a :

$$\frac{n}{2} - N_i = \frac{N_{i+1} - N_i}{a_{i+1} - a_i}(M_e - a_i)$$

On en déduit l'expression de M_e :

$$M_e = a_i + (a_{i+1} - a_i)\frac{\left(\frac{n}{2} - N_i\right)}{(N_{i+1} - N_i)}$$

De la même manière, on déduit l'expression de la médiane en utilisant les fréquences cumulées, en remplaçant l'expression $\frac{n}{2}$ par $\frac{100\%}{2} = 50\%$:

$$\boxed{M_e = a_i + (a_{i+1} - a_i)\frac{(50 - F_i)}{(F_{i+1} - F_i)}}$$

Exemple 40

Revenons sur l'exemple 39 qui a été discuté précédemment dans la même section sur la pluviométrie nationale d'un pays équatorial. Les données suivantes représentent le nombre de jours de pluie et le nombre de semaines correspondantes :

Nombre de jours de pluie	Nombre de semaines (Effectif)	f_i (%)	f_i (%) ↑
1	7	12.07	12.07
2	14	24.14	36.21
3	6	10.34	46.55
4	10	17.24	63.79
5	12	20.69	84.48
6	9	15.52	100.00
Total	58	100.00	

La partie en couleur est l'intervalle qui contient la médiane.

$$
\begin{aligned}
M_e &= a_i + (a_{i+1} - a_i)\frac{(50 - F_i)}{(F_{i+1} - F_i)} \\
&= 3 + (4 - 3)\frac{(50 - 46,55)}{(63,79 - 46,55)} \\
&= 3,2
\end{aligned}
$$

La médiane a donc la valeur 3,2 jours de pluie dans la semaine.

4.6.2 Caractère quantitatif continu

Pour les caractères quantitatifs continus, la médiane est déterminée de la même manière que pour les caractères quantitatifs discrets. Elle représente la valeur du caractère correspondant à l'effectif cumulé croissant égal à la moitié de l'effectif total (ou à 50% si l'on considère les fréquences cumulées prises en pourcentage).

Cependant, dans le cas des caractères quantitatifs continus, il est nécessaire de regrouper les données en classes pour calculer la médiane. Pour ce faire, il faut déterminer la classe médiane, qui correspond à la classe contenant la médiane. Ensuite, on utilise la même formule pour calculer la médiane.

4.6.2.1 Méthode analytique de détermination de la médiane (Interpolation linéaire)

Soit la série suivante donnée avec les effectifs cumulés croissants (Ni) et les fréquences cumulées croissantes (*Fi*).

Classes	N_i	F_i
$[a_1 ; a_2[$	N_1	F_1
$[a_2 ; a_3[$	N_2	F_2
$[a_3 ; a_4[$	N_3	F_3
....	....	....
....	....	....
$[a_{i-1} ; a_i[$	N_{i-1}	F_{i-1}
$[a_i ; a_{i+1}[$	N_i	F_i
....	....	....
....	....	....
$[a_{p-1} ; a_p[$	$N_p = n$	$F_p = 100$

En appliquant la même logique et le même calcul que pour les caractères quantitatifs discrets, nous pouvons également calculer la médiane pour les caractères quantitatifs continus. La seule différence réside dans le fait que, dans ce cas, les a_i représentent les extrémités des classes.

En utilisant la même formule que pour les caractères quantitatifs discrets, nous pouvons déterminer l'expression de la médiane pour les caractères quantitatifs continus :

$$M_e = a_i + (a_{i+1} - a_i) \frac{\left(\frac{n}{2} - N_i\right)}{(N_{i+1} - N_i)}$$

De la même manière, on déduit l'expression de la médiane en utilisant les fréquences cumulées, en remplaçant l'expression $\frac{n}{2}$ par $\frac{100\%}{2} = 50\%$

$$M_e = a_i + (a_{i+1} - a_i) \frac{(50 - F_i)}{(F_{i+1} - F_i)}$$

Exemple 41

Reprenons l'**exemple 33** de la **section 4.4.1** qui porte sur la répartition du budget des subventions de l'Etat alloué aux entreprises d'une ville américaine (en millions de dollars) dans cette table les x_i représentent les subventions (en millions) et les n_i représentent le nombre d'entreprises :

Subventions	x_i	n_i	$f_i(\%)$	$f_i(\%)\uparrow$
[0,2 ; 0,6 [	0.4	4	3.96	3.96
[0,6 ; 1 [	0.8	5	4.95	8.91
[1 ; 2 [	1.5	9	8.91	17.82
[2 ; 3 [	2.5	7	6.93	24.75
[3 ; 5 [	4	13	12.87	37.62
[5 ; 8 [	6.5	17	16.83	54.46
[8 ; 10 [	9	12	11.88	66.34
[10 ; 20 [	15	21	20.79	87.13
[20 ; 30 [	25	13	12.87	100.00
Total		101	100.00	

La partie en couleur est l'intervalle qui contient la médiane.

Calculons la médiane :

$$M_e = a_i + (a_{i+1} - a_i)\frac{(50 - F_i)}{(f_{i+1} - F_i)}$$

$$= 5 + (8 - 5)\frac{(50 - 37,62)}{(54,46 - 37,62)}$$

$$= 7,20\ \$$$

Ainsi, la médiane de la distribution des subventions est de 7,20 millions de dollars.

<u>INTERPRÉTATION DES RESULTATS</u>

La médiane de la distribution des subventions est de 7,20 millions de dollars. Cela signifie que la moitié des entreprises a reçu des subventions inférieures ou égales à 7,20 millions de dollars, tandis que l'autre moitié a reçu des subventions supérieures à ce montant.

4.6.2.2 Méthode graphique de détermination de la médiane

La médiane peut être retrouvée graphiquement en déterminant le point d'intersection entre la courbe des fréquences cumulées croissantes et celle des fréquences cumulées décroissantes.

Exemple 42

Prenons l'**exemple 24** de la **section 3.3.2.3** qui porte sur les ouvriers d'une entreprise classés selon leur âge et déterminons la médiane pour cette distribution statistique.

Classes	x_i	n_i	$f_i(\%)$	$f_i(\%)\uparrow$	$f_i(\%)\downarrow$
[20;25 [	22.5	36	24.00	24.00	100.00
[25;30 [	27.5	45	30.00	54.00	76.00
[30;35 [	32.5	27	18.00	72.00	46.00
[35;40 [	37.5	18	12.00	84.00	28.00
[40;45 [	42.5	10	6.67	90.67	16.00
[45;50 [	47.5	8	5.33	96.00	9.33
[50;55 [	52.5	3	2.00	98.00	4.00
[55;60 [	57.5	3	2.00	100.00	2.00
Total		150	100.00		

Détermination analytique de la médiane :

$$M_e = a_i + (a_{i+1} - a_i)\frac{(50 - F_i)}{(F_{i+1} - F_i)}$$

$$= 25 + (30 - 25)\frac{(50 - 24)}{(54 - 24)}$$

$$= 29{,}33 \text{ years}$$

$$= 29 + 0{,}33 \times 12$$

$$= 29 \text{ ans et 4 mois}$$

Détermination graphique de la médiane :

La courbe des fréquences cumulées croissantes ($f_i \uparrow$) représente le pourcentage cumulé d'entreprises ayant reçu des subventions inférieures ou égales à une certaine valeur, tandis que la courbe des fréquences cumulées décroissantes ($f_i \downarrow$) représente le pourcentage cumulé d'entreprises ayant reçu des subventions supérieures à cette valeur. Le point d'intersection des deux courbes est la médiane.

En utilisant la méthode de projection des fréquences cumulées croissantes, on trouve que la médiane se situe autour de 29,33 ans, soit 29 ans et 4 mois.

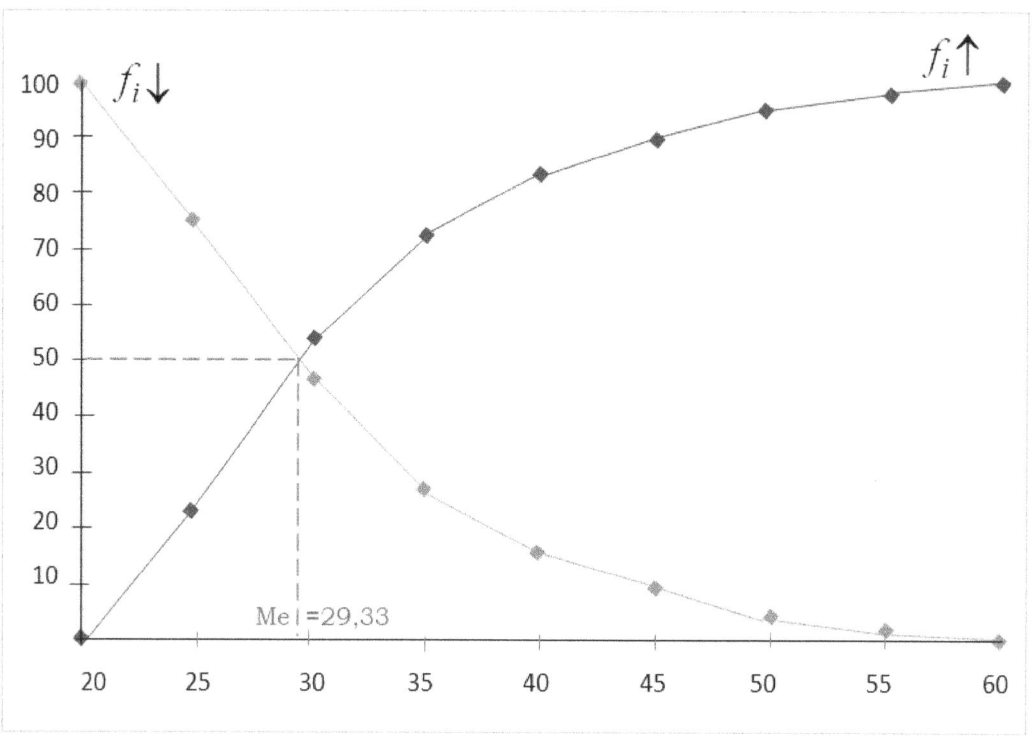

Interprétation des résultats

Dans cette entreprise, le nombre d'employés qui ont au moins 29 ans et 4 mois est équivalent au nombre d'employés qui sont plus âgés. Cela indique que l'âge médian des employés se situe à 29 ans et 4 mois, ce qui signifie que lorsqu'on arrange les employés par ordre croissant d'âge, la personne du milieu aurait 29 ans et 4 mois.

4.7   Choix entre la moyenne et la médiane dans une analyse

4.7.1   Règle de base pour l'utilisation de la moyenne et de la médiane

Le choix entre la moyenne et la médiane est une question clé dans l'analyse statistique. Il est important de comprendre quand utiliser chaque mesure de tendance centrale afin d'obtenir une interprétation précise des données.

En général, la moyenne est utilisée pour obtenir la tendance centrale lorsque la distribution est presque normale, avec très peu de valeurs aberrantes. Cependant, lorsque les données de la série présentent d'importantes disparités, il est recommandé de ne pas utiliser la moyenne car la présence de valeurs aberrantes peut l'influencer, altérant ainsi l'interprétation des données.

D'autre part, la médiane est utilisée pour obtenir la tendance centrale lorsque la distribution est visiblement asymétrique. Ainsi, lorsque les données de la série comportent des valeurs aberrantes, il est recommandé d'utiliser la médiane car elle n'est pas influencée par les valeurs extrêmes.

Exemple 43

Une compagnie d'assurance souhaite s'installer sur une île d'à peine 2000 habitants en activité professionnelle. Parmi eux, il y a cinq entrepreneurs milliardaires qui se versent chacun un salaire mensuel d'environ quatre millions de dollars.

Avant de prendre une décision, l'entreprise a préparé une étude prospective sur les salaires des habitants de l'île. À partir de la collecte d'informations, le tableau suivant résulte après analyse. Quelle est votre interprétation de ces données et qu'en concluez-vous ?

Tranches des salaires mensuels	Nombre de personnes (n_i)
[0;1000 [	380
[1000;2000 [	633
[2000;3000 [	527
[3000;4000 [	151
[4000;5000 [	123
[5000;6000 [	85
[6000;7000 [	58
[7000;8000 [	39
[8000;9000 [	8
[9000;10000 [	6
[10000;4000000 [	5
Total	2015

Solution

Le tableau suivant montre les données nécessaires cet exercice :

Classes	x_i	n_i	$n_i x_i$	f_i	$f_i\uparrow$
[0;1000 [	500	380	190000	18.86	18.86
[1000;2000 [	1500	633	949500	31.41	50.27
[2000;3000 [	2500	527	1317500	26.15	76.43
[3000;4000 [	3500	151	528500	7.49	83.92
[4000;5000 [	4500	123	553500	6.10	90.02
[5000;6000 [	5500	85	467500	4.22	94.24
[6000;7000 [	6500	58	377000	2.88	97.12
[7000;8000 [	7500	39	292500	1.94	99.06
[8000;9000 [	8500	8	68000	0.40	99.45
[9000;10000 [	9500	6	57000	0.30	99.75
[10000;4000000 [	2495000	5	12475000	0.25	100.00
Total		2015	17276000	100.00	

Calculons la moyenne :

$$\bar{x} = \frac{1}{n} \sum_{i=1}^{i=11} n_i x_i = \frac{(500 \times 380) + (1500 \times 633) + (2500 \times 527)}{2015}$$

$$+ \frac{(3500 \times 151) + (4500 \times 123) + (5500 \times 85)}{2015}$$

$$+ \frac{(6500 \times 58) + (7500 \times 39) + (8500 \times 8)}{2015}$$

$$+ \frac{(9500 \times 6) + (2495000 \times 5)}{2015}$$

$$= \frac{17\,276\,000}{2\,015}$$

$$= 8\,573,69\ \$$$

Calculons la médiane :

$$M_e = a_i + (a_{i+1} - a_i) \frac{(50 - F_i)}{(F_{i+1} - F_i)}$$

$$= 1\,000 + (2\,000 - 1\,000) \frac{(50 - 18,86)}{(50,27 - 18,86)}$$

$$= 1\,991,4\ \$$$

<u>INTERPRÉTATION DES RÉSULTATS</u>

Les données collectées suggèrent que le salaire moyen sur l'île est de 8 573,69 \$ alors que le salaire médian est de 1 991,4 \$.

Utiliser ce salaire moyen de 8 573,69 \$ comme mesure de la capacité financière pour les calculs d'assurance serait trompeur car la moitié de la population active gagne en réalité moins de 1 991,4 \$, soit plus de quatre fois moins que le salaire moyen estimé. Il est évident que la majorité de la population trouverait difficile de se permettre une assurance calculée sur un revenu estimé à plus de quatre fois supérieur à leur revenu réel.

La présence de cinq entrepreneurs milliardaires ayant un salaire mensuel élevé de quatre millions de dollars chacun influe grandement sur la moyenne des salaires, qui est susceptible de donner une interprétation erronée de la situation économique réelle de l'île. Par conséquent, il serait plus approprié pour la compagnie de baser les calculs sur le salaire médian que sur le salaire moyen. Ceci parce que le salaire médian reflète mieux le niveau de revenu typique de la population et permet d'obtenir une vision plus précise de la situation économique de l'île.

Ce cas illustre comment la moyenne peut être influencée par des valeurs extrêmes et générer une tendance centrale clairement trompeuse.

4.7.2 Tentative de correction

Dans une tentative de corriger l'incohérence de la moyenne, nous avons décidé d'éliminer les cinq valeurs aberrantes de la série et la nouvelle distribution est la suivante :

Classes	x_i	n_i	$n_i x_i$	f_i	$f_i \uparrow$
[0;1000 [	500	380	190000	18.91	18.91
[1000;2000 [	1500	633	949500	31.49	50.40
[2000;3000 [	2500	527	1317500	26.22	76.62
[3000;4000 [	3500	151	528500	7.51	84.13
[4000;5000 [	4500	123	553500	6.12	90.25
[5000;6000 [	5500	85	467500	4.23	94.48
[6000;7000 [	6500	58	377000	2.89	97.36
[7000;8000 [	7500	39	292500	1.94	99.30
[8000;9000 [	8500	8	68000	0.40	99.70
[9000;10000 [	9500	6	57000	0.30	100.00
Total		2010	4801000	100.00	

Calculons la nouvelle moyenne :

$$\bar{x} = \frac{1}{n} \sum_{i=1}^{i=10} n_i x_i = \frac{(500\text{x}380) + (1500\text{x}633) + (2500\text{x}527)}{2010}$$

$$+ \frac{(3500\text{x}151) + (4500\text{x}123) + (5500\text{x}85)}{2010}$$

$$+ \frac{(6500\text{x}58) + (7500\text{x}39) + (8500\text{x}8)}{2010}$$

$$+ \frac{(9500\text{x}6)}{2010}$$

$$= \frac{4801000}{2010}$$

$$= 2\,388{,}55 \ \$$$

Calculons la nouvelle médiane :

$$M_e = a_i + (a_{i+1} - a_i) \frac{(50 - F_i)}{(F_{i+1} - F_i)}$$

$$= 1\,000 + (2\,000 - 1\,000) \frac{(50 - 18{,}91)}{(50{,}40 - 18{,}91)}$$

$$= 1\,987{,}30\$$$

<u>Interprétation des résultats</u>

L'analyse révèle que le salaire moyen a considérablement diminué de 8 573,69 $ à 2 388 $, alors que le salaire médian a légèrement changé passant de 1991,4$ à 1987,30 $. Cela indique que la moyenne est fortement influencée par les valeurs aberrantes, tandis que la médiane est plus robuste et n'est pas affectée par les valeurs extrêmes. Étant donné que les deux valeurs centrales se sont considérablement rapprochées, l'une ou l'autre mesure peut être utilisée de manière interchangeable.

4.8 Exercices et solutions

4.8.1 Exercices du chapitre

• **Exercice 13 :** Le tableau ci-contre présente un tableau indiquant, pour une période donnée, le nombre de personnes guéries d'une pandémie virale dans un pays ainsi que le temps passé à l'hôpital (en jours) avant la guérison totale attestée par le corps médical.

Nombre de jours passés à l'hôpital (Classes)	Nombre de guérisons (n_i)
[0;5 [	12711
[5;20 [	3512
[20;40 [	13024
[40;60 [	52646
[60;70 [	65665
[70;100 [	136051
Total	283609

a. Tracer l'histogramme de la distribution.

b. Tracer les courbes des fréquences cumulées ascendantes et descendantes du nombre de guérisons en fonction du temps passé à l'hôpital avant la guérison totale.

c. Déterminer le temps modal des patients à l'hôpital avant la guérison totale.

d. Calculer le temps moyen passé à l'hôpital avant la guérison totale.

e. Calculer le temps médian passé à l'hôpital avant la guérison totale.

f. Combien de personnes ont passé moins d'un mois à l'hôpital avant la guérison totale?

Solution

a : Traçons l'histogramme de la distribution

Puisque les classes ne présentent pas toutes la même amplitude, nous allons prendre le plus petit intervalle comme intervalle unitaire, avec une amplitude de 5. Cela signifie que les amplitudes de toutes les classes seront divisées par 5 afin de les rendre comparables.

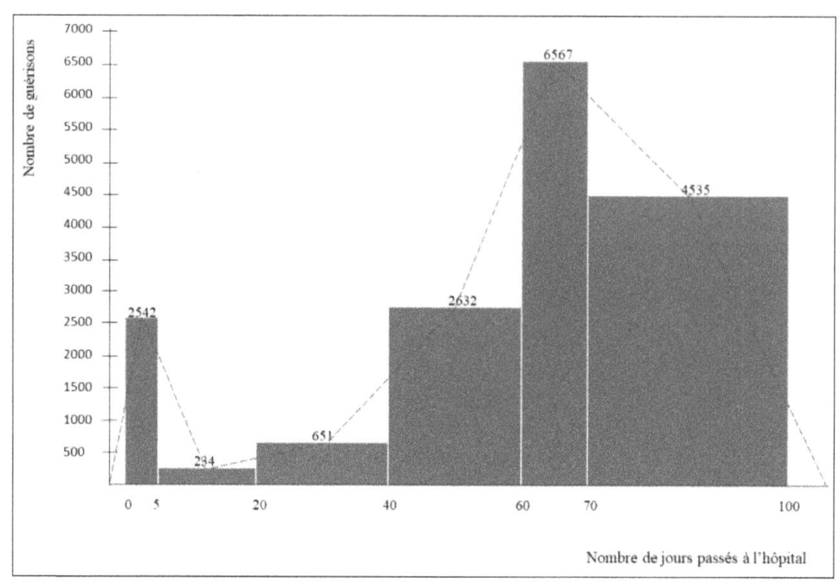

b : Le tableau suivant montre les données nécessaires pour résoudre cet exercice :

Classes	x_i	n_i	Densité	$n_i x_i$	f_i	$f_i \uparrow$	$f_i \downarrow$
[0;5 [	2.5	12711	2542.2	31777.5	4.48	4.48	100.00
[5;20 [	12.5	3512	234.1	43900	1.24	5.72	95.52
[20;40 [	30	13024	651.2	390720	4.59	10.31	94.28
[40;60 [	50	52646	2632.3	2632300	18.56	28.88	89.69
[60;70 [	65	65665	6566.5	4268225	23.15	52.03	71.12
[70;100 [	85	136051	4535.0	11564335	47.97	100.00	47.97
Total		283609		18931257.5	100.00		

Les courbes des fréquences cumulées ascendantes et descendantes sont les suivantes:

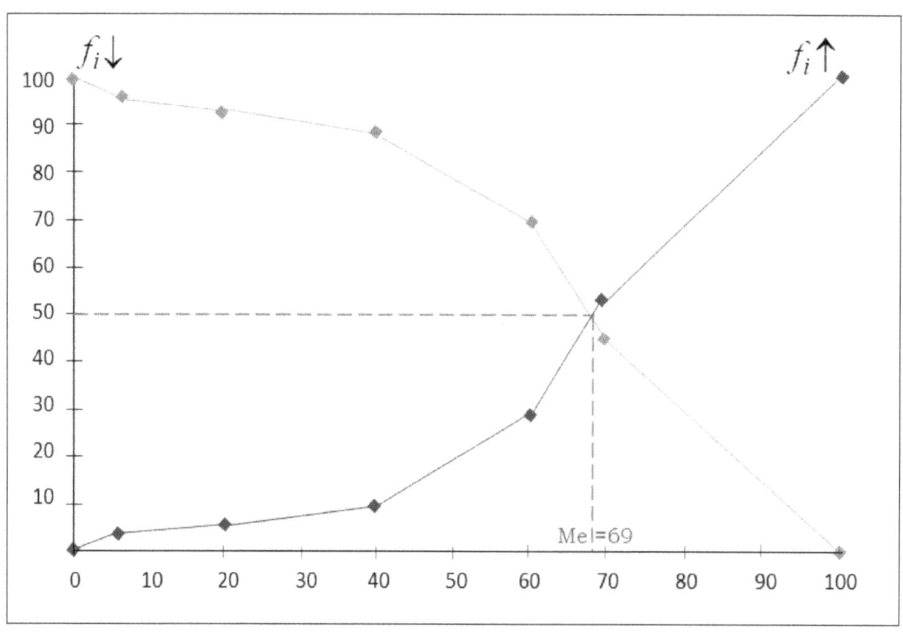

c : La classe modale étant [70 ; 100[, cela signifie que la majorité des patients ont été guéris après avoir passé 85 jours à l'hôpital.

d : Le temps moyen passé à l'hôpital avant la guérison est de :

$$\bar{x} = \frac{1}{n}\sum_{i=1}^{i=6} n_i x_i = \frac{18\,931\,257,5}{283\,609}$$

$$= 66{,}75 \text{ jours}$$

$$= 66 \text{ jours et } 18 \text{ heures}$$

e : Le temps médian passé à l'hôpital avant la guérison est de :

$$M_e = a_i + (a_{i+1} - a_i)\frac{(50 - F_i)}{(F_{i+1} - F_i)}$$

$$= 60 + (70 - 60)\frac{(50 - 28{,}88)}{(52{,}03 - 28{,}88)}$$

$$= 69{,}12311 \text{ jours}$$

$$= 69 \text{ jours et } 2\text{heures}$$

f : Afin de déterminer le nombre de personnes qui ont quitté l'hôpital moins d'un mois après leur admission et qui ont été totalement guéri, nous devons suivre deux étapes. Tout d'abord, nous devons calculer le pourcentage de ces patients, puis nous devrons convertir ce pourcentage en nombre réel de patients.

Pour ce faire, nous utiliserons la même méthode d'interpolation linéaire que celle présentée ci-dessus, en prenant comme base le couple de données $(a_i, f_i \uparrow)$ correspondant.

Pour cela, appelons P_{malade} le pourcentage cherché. Nous allons utiliser la même méthode d'interpolation linéaire que celle présentée ci-dessus, en prenant comme base le couple de données $(a_i, f_i \uparrow)$ correspondant :

$$30 = a_i + (a_{i+1} - a_i)\frac{(P_{malade} - F_i)}{(F_{i+1} - F_i)}$$

$$30 = 20 + (40 - 20)\frac{(P_{malade} - 5{,}72)}{(10{,}31 - 5{,}72)}$$

$$30 - 20 = 20\frac{(P_{malade} - 5{,}72)}{(10{,}31 - 5{,}72)}$$

$$\frac{10}{20} = \frac{(P_{malade} - 5{,}72)}{(10{,}31 - 5{,}72)}$$

$$0{,}5 = \frac{(P_{malade} - 5{,}72)}{4{,}59}$$

$$P_{malade} = 5{,}72 + 4{,}59 \times 0{,}5$$

Nous obtenons :

$$P_{malade} = 8{,}015\%$$

Le pourcentage de personnes qui sont restées moins d'un mois (30 jours) à l'hôpital avant la guérison totale est de 8,015%, ce qui représente 22 732 personnes.

<u>INTERPRÉTATION DES RESULTATS</u>

c. La majorité des patients ont été guéris après avoir passé 85 jours à l'hôpital.

d. Chaque malade a passé en moyenne 66 jours et 18 heures à l'hôpital avant la guérison totale.

e. Il y a eu autant de patients qui ont guéri en moins de 69 jours 2 heures et 57 minutes que de patients qui ont guéri après ce temps.

f. Parmi les personnes guéries, 22 732 ont quitté l'hôpital moins d'un mois (30 jours) après leur admission, ce qui correspond à 8,015% du total des guérisons.

- **Exercice 14 :** Le charroi automobile d'une entreprise est composé d'un grand nombre de voitures. Pour 100 d'entre elles, les kilométrages au compteur au moment de leur entretien sont donnés par le tableau suivant :

Kilometrage parcourus (en km)	Nombre de voitures
[80000;85000 [	5
[85000;90000 [	9
[90000;95000 [	14
[95000;100000 [	18
[100000;105000 [	25
[105000;110000 [	16
[110000;115000 [	7
[115000;120000 [	6
Total	100

a. Tracer l'histogramme de la distribution.

b. Tracer la courbe des fréquences cumulées du nombres de voitures en fonction du kilométrage parcouru.

c. Déterminer le kilométrage modal.

d. Déterminer le kilométrage moyen.

e. Déterminer le kilométrage médian.

f. Calculer le pourcentage des voitures ayant un kilométrage inférieur à 93 000 Km au moment de leur entretien.

Solution

a : Traçons l'histogramme de la distribution

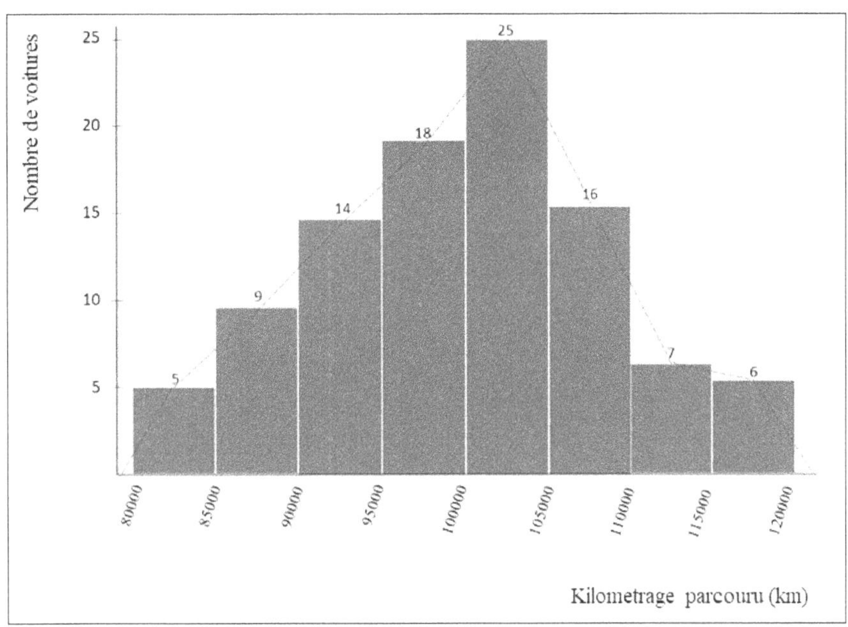

b : Le tableau suivant montre les données nécessaires pour résoudre cet exercice :

Classes	x_i	n_i	$n_i x_i$	$f_i \uparrow$	$f_i \downarrow$
[80000;85000 [	82500	5	412500	5.00	100.00
[85000;90000 [	87500	9	787500	14.00	95.00
[90000;95000 [	92500	14	1295000	28.00	86.00
[95000;100000 [	97500	18	1755000	46.00	72.00
[100000;105000 [	102500	25	2562500	71.00	54.00
[105000;110000 [	107500	16	1720000	87.00	29.00
[110000;115000 [	112500	7	787500	94.00	13.00
[115000;120000 [	117500	6	705000	100.00	6.00
Total		100	10025000		

Les courbes des fréquences cumulées ascendantes et descendantes sont les suivantes:

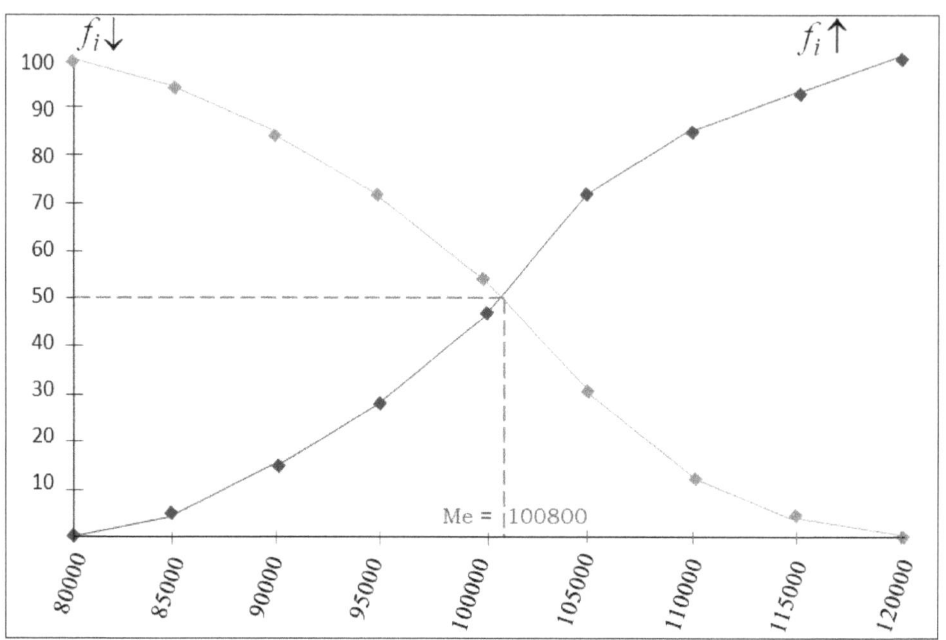

c : Le kilométrage modal est :

$$\text{Mode} = 102\,500 \text{ Km}$$

d : Le kilométrage moyen est :

$$\bar{x} = \frac{1}{n}\sum_{i=1}^{i=8} n_i x_i = \frac{10\,025\,000}{100}$$
$$= 100\,250 \text{ Km}$$

e : Le kilométrage médian est de :

$$M_e = a_i + (a_{i+1} - a_i)\frac{(50 - F_i)}{(F_{i+1} - F_i)}$$
$$= 100\,000 + (105\,000 - 100\,000)\frac{(50 - 46)}{(71 - 46)}$$
$$= 100\,800 \text{ Km}$$

f : Calculons le pourcentage des voitures ayant parcouru une distance inférieure à 93 000 Km au moment de l'entretien.

Pour cela, appelons P_{93000} le pourcentage cherché. Nous allons utiliser la même méthode d'interpolation linéaire que celle présentée dans ce chapitre, en prenant comme base le couple de données $(a_i, f_i \uparrow)$ correspondant :

$$93\,000 = a_i + (a_{i+1} - a_i)\frac{(P_{93000} - F_i)}{(F_{i+1} - F_i)}$$
$$93\,000 = 90\,000 + (95\,000 - 90\,000)\frac{(P_{93000} - 14)}{(28 - 14)}$$

Nous obtenons :

$$P_{93000} = 22,4\%$$

Le pourcentage des voitures ayant parcouru une distance inférieure à 93 000 Km au moment de l'entretien est de 22,4%, ce qui représente 22 voitures.

Interpretation des Resultats

Au moment de l'entretien, les observations suivantes ont été faites sur les voitures :

c. La plupart des voitures affichaient un kilométrage de 102 500 km.

d. Si toutes les voitures avaient été utilisées de la même manière et avaient reçu le même service, chaque voiture aurait dû afficher 100 250 km.

e. Le nombre de voitures ayant moins de 100 800 km était égal au nombre de voitures ayant plus de 100 800 km.

f. 22,4 % des voitures avaient un kilométrage inférieur à 93 000 km au moment de l'entretien, tandis que 77,6 % avaient un kilométrage supérieur au même moment.

- **Exercice 15 :** Un cycliste effectue un parcours. Pendant 25Km il roule à la vitesse $v_1 = 25\,\text{Km/h}$, pendant 15Km il roule à la vitesse $v_2 = 20\,\text{Km/h}$ et pendant 10Km il roule à la vitesse $v_3 = 40\,\text{Km/h}$.

a. Calculer la moyenne arithmétique des trois vitesses.

b. Calculer la moyenne géométrique des trois vitesses.

c. Calculer la moyenne harmonique des trois vitesses.

d. Calculer la moyenne quadratique des trois vitesses.

e. De toutes ces moyennes, laquelle représente la vitesse moyenne du cycliste sur le parcours ?

Solution

On a

$$e_1 = 25\text{Km} \quad v_1 = 25\,\text{Km/h}$$
$$e_2 = 15\text{Km} \quad v_2 = 20\,\text{Km/h}$$
$$e_3 = 10\text{Km} \quad v_3 = 40\,\text{Km/}h$$

a : La moyenne arithmétique des trois vitesses se calcule en additionnant les trois vitesses et en divisant par le nombre de vitesses :

$$v_m = \frac{v_1 + v_2 + v_3}{3}$$

$$= \frac{25 + 20 + 40}{3} = 28,33\,\text{Km/h}$$

b : La moyenne géométrique des trois vitesses se calcule en multipliant les trois vitesses et en prenant la racine cubique du résultat :

$$v_g = \sqrt[3]{v_1 \text{x} v_2 \text{x} v_3}$$

$$= \sqrt[3]{25 \text{x} 20 \text{x} 40}$$

$$= 27,14 \, \text{Km/h}$$

c : La moyenne harmonique des trois vitesses se calcule en prenant l'inverse de la somme des inverses des trois vitesses, puis en divisant par le nombre de vitesses :

$$v_h = \frac{n}{\dfrac{1}{v_1} + \dfrac{1}{v_2} + \dfrac{1}{v_3}}$$

$$= \frac{3}{\dfrac{1}{20} + \dfrac{1}{25} + \dfrac{1}{40}}$$

$$= \frac{600}{23}$$

$$= 26,087 \, \text{Km/h}$$

d : La moyenne quadratique des trois vitesses se calcule en prenant la racine carrée de la moyenne arithmétique des carrés de chaque vitesse :

$$v_q = \sqrt{\frac{v_1^2 + v_2^2 + v_3^2}{3}}$$

$$= \sqrt{\frac{20^2 + 25^2 + 40^2}{3}}$$

$$= \sqrt{\frac{2\,625}{3}}$$

$$= 29,58 \, \text{Km/h}$$

e : Aucune de ces vitesses ne représente la vitesse moyenne du cycliste sur le parcours.

$e_1 = 25\,Km$	$t_1 = 1\,h$	$v_1 = 25\,Km/h$
$e_2 = 15\,Km$	$t_2 = 0,75\,h$	$v_2 = 20\,Km/h$
$e_3 = 10\,Km$	$t_3 = 0,25\,h$	$v_3 = 40\,Km/h$
$e_{total} = 25 + 15 + 10$ $= 50\,Km/h$	$t_{total} = 1 + 0,75 + 0,25$ $= 2\,h$	$v_{total} = \dfrac{50}{2} = 25\,\text{Km/h}$

<u>INTERPRÉTATION DES RÉSULTATS</u>

Aucune de ces vitesses ne représente la vitesse moyenne du cycliste sur le parcours car :

- La moyenne arithmétique des vitesses est juste la somme des trois vitesses divisée par trois ; elle ne peut donc pas être interprétée comme la vitesse moyenne du cycliste. On dira donc que la moyenne des trois vitesses est différente de la vitesse moyenne du cycliste.

- La moyenne géométrique des trois vitesses est la racine cubique du produit des trois vitesses ; elle ne peut donc pas non plus être interprétée comme la vitesse moyenne du cycliste.

- La moyenne harmonique des vitesses qui est l'inverse de la moyenne arithmétique des inverses des vitesses ne peut nullement être interprétée comme la vitesse moyenne du cycliste.

- La moyenne quadratique des vitesses qui est la racine carrée de la moyenne des carrées des vitesses ne peut en aucun cas être interprétée comme la vitesse moyenne du cycliste.

Du point de vue cinématique, la vitesse moyenne du cycliste est le total des distances parcourues divisé par le total des temps mis à les parcourir.

Dans cet exemple, la vitesse moyenne du cycliste est de :

$$v_m = \frac{\sum \text{distances parcourues}}{\sum \text{Temps mis à les parcouvrir}} = \frac{50 \text{ Km}}{2 \text{ heures}} = 25 \text{ Km/h}$$

Il est donc crucial de prendre soigneusement en compte le type de moyenne approprié pour une situation donnée, étant donné que chaque mesure possède ses propres caractéristiques et limites uniques.

• **Exercice 16 :** Poursuivons l'exercice **11** de la section **3.4.2** , qui traite des données de production d'une usine de pneus sur une période de 15 jours :

Nombre de pneus	n_i
[12500;13000 [	1
[13000;13500 [	2
[13500;14000 [	3
[14000;14500 [	3
[14500;15000 [	3
[15000;15500 [	3
Total	15

a. Tracer les courbes des fréquences cumulées ascendantes et descendantes du nombre de jours en fonction du nombre de pneus produits.

b. Calculer le mode de la distribution.

c. Calculer le nombre moyen de pneus produits par jour.

d. Calculer la médiane de la distribution.

Solution

Le tableau suivant montre les données nécessaires pour résoudre cet exercice :

Nombre de pneus	x_i	n_i	$n_i x_i$	f_i	$f_i \uparrow$	$f_i \downarrow$
[12500;13000 [	12750	1	12750	6.67	6.67	100.00
[13000;13500 [	13250	2	26500	13.33	20.00	93.33
[13500;14000 [	13750	3	41250	20.00	40.00	80.00
[14000;14500 [	14250	3	42750	20.00	60.00	60.00
[14500;15000 [	14750	3	44250	20.00	80.00	40.00
[15000;15500 [	15250	3	45750	20.00	100.00	20.00
Total		15	213250	100		

a : Les courbes des fréquences cumulées ascendantes et descendantes sont les suivantes:

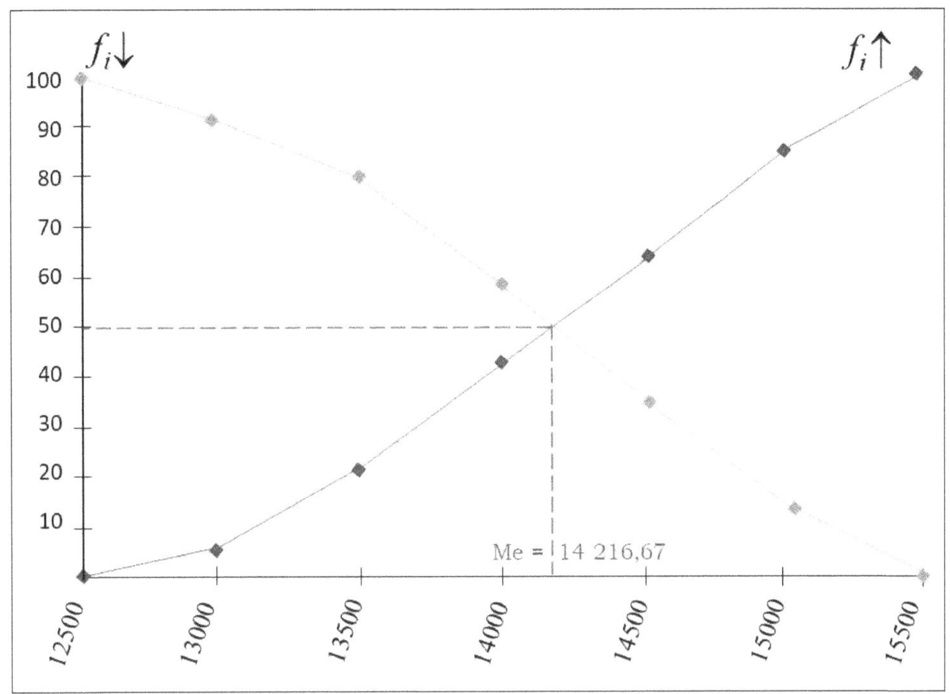

b : Cette série statistique est multimodale, les centres des classes 13750, 14250, 14750 et 15250 sont des modes et les classes [13500 ; 14000[, [14000 ; 14500[, [14500 ; 15000[et [15000 ; 15500[sont des classes modales.

c : Le nombre moyen de pneus produits par jour est :

$$\bar{x} = \frac{1}{n}\sum_{i=1}^{i=6} n_i x_i = \frac{213\,250}{15}$$

$$= 14\,216{,}67 \text{ pneus}$$

d : La production médiane est :

$$M_e = a_i + (a_{i+1} - a_i)\frac{(50 - F_i)}{(F_{i+1} - F_i)}$$

$$= 14\,000 + (14\,500 - 14\,000)\frac{(50 - 40)}{(60 - 40)}$$

$$= 14\,250 \text{ pneus}$$

INTERPRÉTATION DES RESULTATS

b. Cette série statistique est multimodale, ce qui indique qu'elle présente plusieurs modes, c'est-à-dire plusieurs valeurs qui se répètent avec une fréquence élevée. Les valeurs de la production quotidienne des pneus montrent qu'il y a plusieurs niveaux de production qui se produisent fréquemment. Cela indique que la production de l'usine de pneus peut varier significativement d'un jour à l'autre, avec des pics de production à différentes valeurs. Ceci peut être dû à des variations dans les processus de production, à des fluctuations de la demande du marché ou à d'autres facteurs.

c. Si la production journalière était régulière et répartie de façon égalitaire sur la période étudiée, elle serait de 14 216,67 pneus par jour en moyenne. Cependant, les données montrent que la production réelle de l'usine varie autour de cette valeur, ce qui indique qu'il y a des jours avec une production plus élevée ou plus basse que cette valeur théorique.

d. Il y a autant de jours où l'usine produit moins de 14 250 pneus que de jours où elle en produit plus, ce qui indique une variabilité importante dans la production quotidienne. Cela peut être dû à divers facteurs tels que la demande du marché, les variations dans les processus de production ou d'autres facteurs internes ou externes qui influencent la performance de l'usine. Il y a autant de jours où l'usine produit moins de 14 250 pneus que de jours où elle en produit plus, ce qui indique une variabilité importante dans la production quotidienne. Cela signifie que la production des pneus peut fluctuer autour de la médiane de 14 250 pneus, avec autant de jours où elle est inférieure à cette valeur que de jours où elle est supérieure.

• **Exercice 17 :** Continuons l'**exercice 12** de la section **3.4.2** portant sur les comptes épargne de 300 individus (en milliers d'euros).

Solde d'épargne	n_i	$n_i \uparrow$	$n_i \downarrow$	f_i	$f_i \uparrow$	$f_i \downarrow$
[0;5000 [	48	48	300	16.00	16.00	100.00
[5000;10000 [	41	89	252	13.67	29.67	84.00
[10000;15000 [	47	136	211	15.67	45.33	70.33
[15000;20000 [	15	151	164	5.00	50.33	54.67
[20000;25000 [	21	172	149	7.00	57.33	49.67
[25000;30000 [	12	184	128	4.00	61.33	42.67
[30000;35000 [	13	197	116	4.33	65.67	38.67
[35000;40000 [	8	205	103	2.67	68.33	34.33
[40000;45000 [	9	214	95	3.00	71.33	31.67
[45000;50000 [	9	223	86	3.00	74.33	28.67
[50000;55000 [	10	233	77	3.33	77.67	25.67
[55000;60000 [	6	239	67	2.00	79.67	22.33
[60000;65000 [	9	248	61	3.00	82.67	20.33
[65000;70000 [	5	253	52	1.67	84.33	17.33
[70000;75000 [	2	255	47	0.67	85.00	15.67
[75000;80000 [	13	268	45	4.33	89.33	15.00
[80000;85000 [	8	276	32	2.67	92.00	10.67
[85000;90000 [	7	283	24	2.33	94.33	8.00
[90000;95000 [	4	287	17	1.33	95.67	5.67
[95000;100000 [	13	300	13	4.33	100.00	4.33
Total	300			100.00		

a. Tracer les courbes des fréquences cumulées ascendantes et descendantes du nombre d'épargnants en fonction du montant d'épargne.

b. Calculer l'épargne modale de cette distribution.

c. Calculer le montant moyen d'épargne de chaque individu.

d. Calculer le montant médian de cette distribution.

Solution

Le tableau suivant montre les données nécessaires pour cet exercice :

Classes	x_i	n_i	$n_i x_i$	f_i	$f_i\uparrow$
[0;5000 [	2500	48	120000	16.00	16.00
[5000;10000 [	7500	41	307500	13.67	29.67
[10000;15000 [	12500	47	587500	15.67	45.33
[15000;20000 [	17500	15	262500	5.00	50.33
[20000;25000 [	22500	21	472500	7.00	57.33
[25000;30000 [	27500	12	330000	4.00	61.33
[30000;35000 [	32500	13	422500	4.33	65.67
[35000;40000 [	37500	8	300000	2.67	68.33
[40000;45000 [	42500	9	382500	3.00	71.33
[45000;50000 [	47500	9	427500	3.00	74.33
[50000;55000 [	52500	10	525000	3.33	77.67
[55000;60000 [	57500	6	345000	2.00	79.67
[60000;65000 [	62500	9	562500	3.00	82.67
[65000;70000 [	67500	5	337500	1.67	84.33
[70000;75000 [	72500	2	145000	0.67	85.00
[75000;80000 [	77500	13	1007500	4.33	89.33
[80000;85000 [	82500	8	660000	2.67	92.00
[85000;90000 [	87500	7	612500	2.33	94.33
[90000;95000 [	92500	4	370000	1.33	95.67
[95000;100000 [	97500	13	1267500	4.33	100.00
Total		300	9445000	100.00	

a : Les courbes des fréquences cumulées ascendantes et descendantes sont les suivantes:

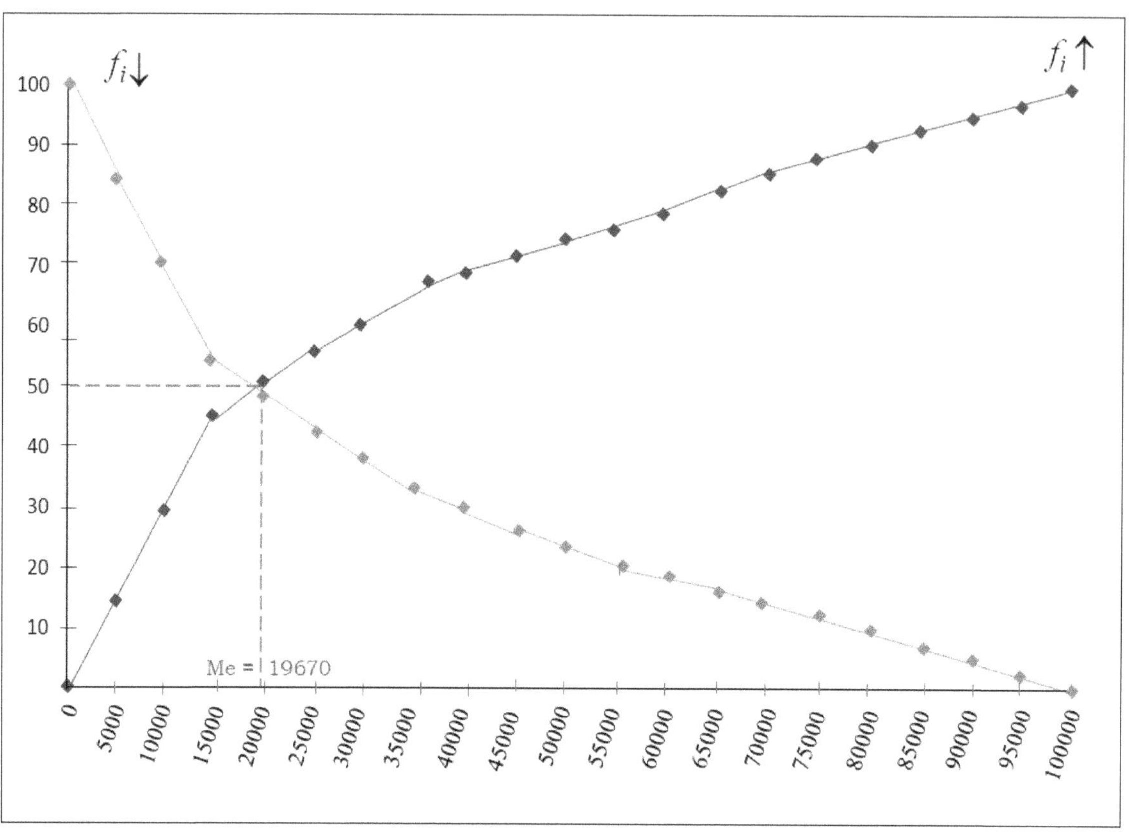

b : Le mode de cette série statistique est 2500 et la classe modale est [0 ; 5000[.

c : Le montant moyen d'épargne de chaque individu est de :

$$\bar{x} = \frac{1}{n}\sum_{i=1}^{i=20} x_i = \frac{9\,445\,000}{300}$$

$$= 31\,483 \text{ euros}$$

d : Le montant médian d'épargne est de :

$$M_e = a_i + (a_{i+1} - a_i)\frac{(50 - F_i)}{(F_{i+1} - F_i)}$$

$$= 15\,000 + (20\,000 - 15\,000)\frac{(50 - 45{,}33)}{(50{,}33 - 45{,}33)}$$

$$= 19\,670 \text{ euros}$$

b. La valeur modale de l'épargne des individus dans cette distribution est de 2 500 euros, ce qui signifie que la plupart des personnes ont environ 2 500 euros sur leur compte d'épargne.

c. Si la somme totale d'argent épargné (9 445 000 euros) était répartie de manière équitable entre tous les épargnants, chaque individu aurait en moyenne 31 483 euros sur son compte d'épargne.

d. La médiane de cette distribution est de 19 670 euros, ce qui signifie qu'il y a autant de personnes ayant une épargne inférieure à 19 670 euros que de personnes ayant une épargne supérieure à cette valeur.

CHAPITRE **5**

Caractéristiques de dispersion

Ce chapitre aborde les caractéristiques de la dispersion dans une distribution statistique et le rôle des paramètres associés tels que la variance, l'écart-type et le coefficient de variation lorsqu'il s'agit de mesurer la dispersion. Ces paramètres fournissent des informations précieuses sur la répartition d'une série de données autour de sa moyenne. En comprenant la dispersion, nous pouvons obtenir une meilleure vision de la fluctuation et de la diversité des points de données dans une distribution. La variance mesure la distance moyenne entre chaque point de données et la moyenne, tandis que l'écart-type fournit une mesure de la distance typique entre un point de données et la moyenne. Le coefficient de variation est une autre mesure utile qui standardise la dispersion en exprimant l'écart-type en pourcentage de la moyenne. En analysant les caractéristiques de la dispersion, nous pouvons obtenir des informations sur le comportement et la variabilité d'un ensemble de données, ce qui nous permet de prendre des décisions plus éclairées et de tirer des conclusions significatives.

5.1 Introduction

Pour décrire adéquatement une série statistique, il ne suffit pas d'utiliser seulement les paramètres de tendance centrale. Il est en effet possible que deux séries aient le même mode, la même médiane et la même moyenne. Cependant, les éléments d'une série peuvent sembler bien regroupés autour de leur moyenne, tandis que dans l'autre série, les éléments peuvent être plus dispersés autour de leur moyenne. L'étude de cette dispersion est le rôle des paramètres de dispersion, qui définissent comment les valeurs s'éloignent ou non de la moyenne.

5.2 Etendue

L'***étendue*** d'une série statistique est définie comme la différence entre les deux valeurs les plus extrêmes de la variable étudiée. Elle correspond en réalité à la différence entre la valeur maximale (la plus grande valeur observée) et la valeur minimale (la plus petite valeur observée) de la variable, ce qui limite son utilité car ces valeurs extrêmes peuvent être des valeurs aberrantes.

Dans le cas d'une distribution avec des variables statistiques continues et des classes d'amplitudes égales, les centres des classes peuvent être utilisés pour calculer l'étendue car la distance entre les deux valeurs est conservée.

Il est important de noter que l'étendue est souvent utilisée dans les contrôles de fabrication. Cependant, son principal point faible réside dans le fait qu'elle n'est pas très significative en raison du manque d'informations sur la distribution de la variable entre ces deux valeurs extrêmes.

$$\boxed{\text{Etendue}(x) = \text{Max}(x) - \text{Min}(x)}$$

Exemple 44

Reprenons l'**exemple 42** de la **section 4.4.2.2** qui porte sur les ouvriers d'une entreprise classés selon leur âge et dans lequel les x_i représentent les âges des ouvriers et les n_i représentent le nombre de travailleurs :

Classes	x_i	n_i
[20;25 [	22.5	36
[25;30 [	27.5	45
[30;35 [	32.5	27
[35;40 [	37.5	18
[40;45 [	42.5	10
[45;50 [	47.5	8
[50;55 [	52.5	3
[55;60 [	57.5	3
Total		150

L'étendue de la distribution est égale à :

$$57,5 - 22,5 = 35 \text{ ans}$$

<u>INTERPRETATION DES RESULTATS</u>

La différence d'âge entre le plus jeune employé et l'employé le plus âgé dans cette entreprise est de 35 ans.

Cette information peut être utilisée pour donner une indication de la dispersion des données dans la distribution d'âge des ouvriers de cette entreprise, mais elle ne donne pas d'informations sur la répartition des âges entre ces deux valeurs extrêmes. Il serait nécessaire d'utiliser d'autres mesures statistiques pour obtenir une compréhension plus complète de la distribution d'âge des ouvriers dans cette entreprise.

5.3 Quantiles

Dans une population statistique ordonnée, c'est-à-dire rangée par ordre croissant (ou décroissant), on appelle **quantiles**, des valeurs discriminantes qui subdivisent cette population en n sous-ensembles ordonnés dont les populations ont la même taille. Selon la valeur de n, les quantiles prennent différentes appellations :

- *Si* $n = 2$, on parle de médiane ;
- *Si* $n = 4$, on parle de quartiles ;
- *Si* $n = 5$, on parle de quintiles ;
- *Si* $n = 10$, on parle de déciles ;
- *Si* $n = 100$, on parle de percentiles ;
- etc.

5.3.1 Quartiles et déciles

En rangeant la population dans l'ordre croissant (ou décroissant), lorsqu'on la subdivise en quatre parties égales, on obtient quatre **quartiles**, et lorsqu'on la subdivise en dix parties égales, on obtient dix **déciles**. Chaque quartile ou décile est indexé et repéré à partir de son rang dans la subdivision.

Ainsi, on aura le **premier quartile**, que l'on note Q_1, comme la valeur du caractère telle que l'effectif des valeurs inférieures à Q_1 représente le premier quart de l'effectif total, et on appelle le **troisième quartile**, que l'on note Q_3, comme la valeur du caractère telle que l'effectif des valeurs inférieures à Q_3 représente les trois quarts de l'effectif total.

Remarquons que la médiane est bien le deuxième quartile, on en déduit donc :

$$Q_1 < Q_2 = M_e < Q_3$$

De manière analogue, nous pouvons définir les déciles.

Exemple 45

Prenons le même exemple que précédemment discuté à la **section 5.2**, qui concerne la répartition statistique des travailleurs d'une entreprise en fonction de leur âge :

Classes	x_i	n_i	$f_i(\%)$	$f_i(\%)\uparrow$	$f_i(\%)\downarrow$
[20;25 [	22.5	36	24.00	24.00	100.00
[25;30 [	27.5	45	30.00	54.00	76.00
[30;35 [	32.5	27	18.00	72.00	46.00
[35;40 [	37.5	18	12.00	84.00	28.00
[40;45 [	42.5	10	6.67	90.67	16.00
[45;50 [	47.5	8	5.33	96.00	9.33
[50;55 [	52.5	3	2.00	98.00	4.00
[55;60 [	57.5	3	2.00	100.00	2.00
Total		150	100.00		

Pour calculer les quartiles et les déciles, nous utilisons la même formule d'interpolation linéaire que celle présentée dans le chapitre précédent, en prenant comme base le couple de données $(a_i, f_i \uparrow)$ correspondant, avec la seule différence que les valeurs des pourcentages sont remplacées par celles des quartiles ou des déciles.

Calculons le premier quartile (25% de la population) :

$$Q_1 = a_i + (a_{i+1} - a_i)\frac{(25 - F_i)}{(F_{i+1} - F_i)}$$

$$= 25 + (30 - 25)\frac{(25 - 24)}{(54 - 24)} = 25,17 \text{ ans}$$

$$= 25 \text{ ans et 2 mois}$$

Calculons le troisième quartile (75% de la population) :

$$Q_3 = a_i + (a_{i+1} - a_i)\frac{(75 - F_i)}{(F_{i+1} - F_i)}$$

$$= 35 + (40 - 35)\frac{(75 - 72)}{(84 - 72)} = 36,25 \text{ ans}$$

$$= 36 \text{ ans et 3 mois}$$

Calculons le neuvième décile (90% de la population) :

$$D_9 = a_i + (a_{i+1} - a_i)\frac{(90 - F_i)}{(F_{i+1} - F_i)}$$

$$= 40 + (45 - 40)\frac{(90 - 84)}{(90,67 - 84)} = 44,498 \text{ ans}$$

$$= 44 \text{ ans 5 mois et 29 jours}$$

Exemple 46 - Effets des valeurs aberrantes

Prenons l'**exemple 43** de la section **4.7.1** concernant une compagnie d'assurance qui souhaite s'implanter sur une île

de seulement 2 000 habitants.

Cette distribution contient des valeurs aberrantes :

Classes	x_i	n_i	$n_i x_i$	f_i	$f_i\ \uparrow$
[0;1000 [	500	380	190000	18.86	18.86
[1000;2000 [	1500	633	949500	31.41	50.27
[2000;3000 [	2500	527	1317500	26.15	76.43
[3000;4000 [	3500	151	528500	7.49	83.92
[4000;5000 [	4500	123	553500	6.10	90.02
[5000;6000 [	5500	85	467500	4.22	94.24
[6000;7000 [	6500	58	377000	2.88	97.12
[7000;8000 [	7500	39	292500	1.94	99.06
[8000;9000 [	8500	8	68000	0.40	99.45
[9000;10000 [	9500	6	57000	0.30	99.75
[10000,4000000 [	2495000	5	12475000	0.25	100.00
Total		2015	17276000	100.00	

Calculons le premier quartile (25% de la population) :

$$Q_1 = a_i + (a_{i+1} - a_i)\frac{(25 - F_i)}{(F_{i+1} - F_i)}$$

$$= 1\,000 + (2\,000 - 1\,000)\frac{(25 - 18{,}86)}{(50{,}27 - 18{,}86)}$$

$$= 1\,195{,}48\ \$$$

Calculons le troisième quartile (75% de la population) :

$$Q_3 = a_i + (a_{i+1} - a_i)\frac{(75 - F_i)}{(F_{i+1} - F_i)}$$

$$= 2\,000 + (3\,000 - 2\,000)\frac{(75 - 50{,}27)}{(76{,}43 - 50{,}27)}$$

$$= 2\,945{,}33\ \$$$

Calculons le neuvième décile (90% de la population) :

$$D_9 = a_i + (a_{i+1} - a_i)\frac{(90 - F_i)}{(F_{i+1} - F_i)}$$

$$= 4\,000 + (5\,000 - 4\,000)\frac{(90 - 83{,}92)}{(90{,}02 - 83{,}92)}$$

$$= 4\,996{,}72\ \$$$

INTERPRETATION DES RESULTATS

Il est notable que l'écart entre la moyenne calculée à la section 4.7, qui s'élevait à 8 573,69 $, et Q3 évalué à 2 945,33 $ est toujours excessivement élevé. Cela signifie que le salaire de 75% des travailleurs de l'île est inférieur à la moitié du salaire moyen.

En d'autres termes, 75% des travailleurs de l'île ne pourront toujours pas se permettre d'obtenir cette assurance si les calculs sont basés sur cette moyenne.

De plus, il est à noter que D9 est de 4 996,72 $, ce qui indique qu'environ 10% de la population de l'île a un salaire supérieur à la moitié de cette moyenne salariale.

En conséquence, si les calculs sont basés sur cette moyenne, 90% des travailleurs de l'île seront toujours incapables de souscrire à cette assurance.

Evaluons maintenant le pourcentage de personnes ayant un salaire supérieur à la moyenne. Pour cela, nous allons d'abord calculer le pourcentage de personnes ayant un salaire inférieur à la moyenne, que nous soustrairons ensuite de 100%.

Le pourcentage de personnes ayant un salaire inférieur à 8 573,69 $ est :

Soit $P_{<8573,69}$ le pourcentage cherché, utilisons la formule d'interpolation linéaire en prenant comme base le couple de données $(a_i, f_i \uparrow)$:

$$8\,573{,}69 = a_i + (a_{i+1} - a_i)\frac{\left(P_{<8573,69} - F_i\right)}{(F_{i+1} - F_i)}$$

$$8\,573{,}69 = 8\,000 + (9\,000 - 8\,000)\frac{\left(P_{<8573,69} - 99{,}06\right)}{(99{,}45 - 99{,}06)}$$

$$P_{<8573,69} = 99{,}28\ \%$$

Le pourcentage de personnes ayant un salaire inférieur à 8 573,69 $ est de 99,28 %. On en déduit que le pourcentage de personnes ayant un salaire supérieur à 8 573,69 $ est de 100% − 99,28% = 0,72%.

Les données ci-dessus interprétées montrent l'importance de retirer les valeurs aberrantes de la distribution statistique afin d'éviter de tomber dans une interprétation biaisée.

Après l'élimination des valeurs aberrantes on obtient la distribution suivante:

Classes	x_i	n_i	$n_i x_i$	f_i	$f_i \uparrow$
[0;1000 [	500	380	190000	18.91	18.91
[1000;2000 [	1500	633	949500	31.49	50.40
[2000;3000 [	2500	527	1317500	26.22	76.62
[3000;4000 [	3500	151	528500	7.51	84.13
[4000;5000 [	4500	123	553500	6.12	90.25
[5000;6000 [	5500	85	467500	4.23	94.48
[6000;7000 [	6500	58	377000	2.89	97.36
[7000;8000 [	7500	39	292500	1.94	99.30
[8000;9000 [	8500	8	68000	0.40	99.70
[9000;10000 [	9500	6	57000	0.30	100.00
Total		2010	4801000	100.00	

Calculons le premier quartile (25% de la population) :

$$Q_1 = a_i + (a_{i+1} - a_i)\frac{(25 - F_i)}{(F_{i+1} - F_i)}$$

$$= 1\,000 + (2\,000 - 1\,000)\frac{(25 - 18,91)}{(50,40 - 18,91)}$$

$$= 1\,193,39\ \$$$

Calculons le troisième quartile (75% de la population) :

$$Q_3 = a_i + (a_{i+1} - a_i)\frac{(75 - F_i)}{(F_{i+1} - F_i)}$$

$$= 2\,000 + (3\,000 - 2\,000)\frac{(75 - 50,40)}{(76,62 - 50,40)}$$

$$= 2\,938,21\ \$$$

Calculons le neuvième décile (90% de la population) :

$$D_9 = a_i + (a_{i+1} - a_i)\frac{(90 - F_i)}{(F_{i+1} - F_i)}$$

$$= 4\,000 + (5\,000 - 4\,000)\frac{(90 - 84{,}13)}{(90{,}25 - 84{,}13)}$$

$$= 4\,959{,}15\ \$$$

Evaluons maintenant le pourcentage de personnes ayant un salaire supérieur à la moyenne. Pour cela, nous allons d'abord calculer le pourcentage de personnes ayant un salaire inférieur à la moyenne, que nous soustrairons ensuite de 100%.

Le pourcentage de personnes ayant un salaire inférieur à 2 388,5 $ est :

Soit $P_{<2388}$ le pourcentage cherché, utilisons la formule d'interpolation linéaire en prenant comme base le couple de données $(a_i, f_i \uparrow)$:

$$2\,388{,}5 = a_i + (a_{i+1} - a_i)\frac{(P_{<2388} - F_i)}{(F_{i+1} - F_i)}$$

$$2\,388{,}5 = 2\,000 + (3\,000 - 2\,000)\frac{(P_{<2388} - 50{,}27)}{(76{,}43 - 50{,}27)}$$

$$P_{<2388} = 60{,}43\ \%$$

Le pourcentage de personnes ayant un salaire inférieur à 2 388,5 $ est de 60,43 %. En conséquence, on peut en déduire que le pourcentage de personnes ayant un salaire supérieur à 2 388,5 $ est de 100%− 60,43% = 39,57%.

5.3.2 Ecart interquartile

L'*écart interquartile*, noté $Q_3 - Q_1$, est défini comme la différence entre le premier quartile (Q_1) et le troisième quartile (Q_3) d'un ensemble de données. Il permet de mesurer la dispersion des valeurs autour de la médiane et de fournir des informations sur la variabilité d'un ensemble de données.

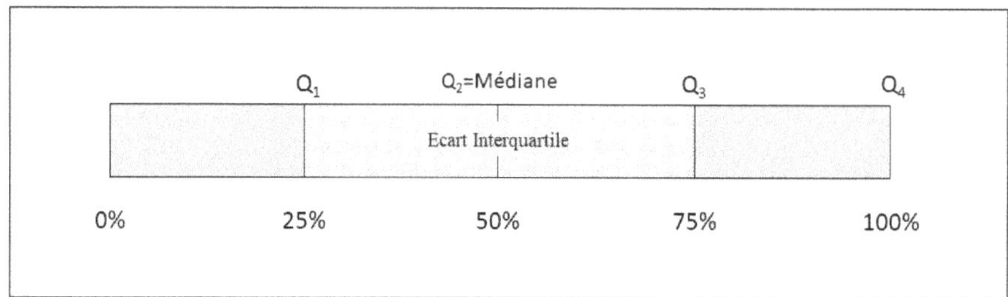

Cette quantité correspond à l'étude d'une série statistique dont l'effectif est la moitié de la série initiale, et centrée sur la médiane. En adoptant ce paramètre, nous éliminons le premier et le dernier quartile de la série, ce qui permet d'exclure les valeurs « *anormales* » et de se concentrer uniquement sur la moitié centrale de la distribution. Cela permet de mettre en évidence l'ampleur de la dispersion dans la moitié médiane de la série.

Exemple 47

Prenons l'**exemple 41** de la **section 4.6.2.1**, qui porte sur la répartition du budget des subventions allouées par l'État aux entreprises d'une ville américaine, exprimé en millions de dollars. Dans cet exemple, les x_i représentent les montants des subventions en millions de dollars, et les n_i représentent le nombre d'entreprises bénéficiaires.

Subventions	x_i	n_i	f_i	$f_i \uparrow$
[0,2 ; 0,6 [	0.4	4	3.96	3.96
[0,6 ; 1 [	0.8	5	4.95	8.91
[1 ; 2 [	1.5	9	8.91	17.82
[2 ; 3 [	2.5	7	6.93	24.75
[3 ; 5 [	4	13	12.87	37.62
[5 ; 8 [	6.5	17	16.83	54.46
[8 ; 10 [	9	12	11.88	66.34
[10 ; 20 [	15	21	20.79	87.13
[20 ; 30 [	25	13	12.87	100.00
Total		101	100.00	

$$Q_1 = 3 + 2\,\frac{(25 - 24{,}75)}{(37{,}62 - 24{,}75)} = 3{,}03885$$

$$Q_3 = 10 + 10\,\frac{(75 - 66{,}34)}{(87{,}13 - 66{,}34)} = 14{,}16546$$

L'écart interquartile vaut :

$$Q_3 - Q_1 = 14{,}16546 - 3{,}03885$$

$$= 11{,}12661 \text{ millions \$}$$

5.4 Variance

Afin de bien comprendre la notion de variance, nous allons utiliser un exemple concret basé sur une situation réelle.

Les données collectées par le radar implanté à l'entrée d'une agglomération fournissent des informations importantes sur le comportement des conducteurs locaux. Les vitesses instantanées enregistrées varient considérablement, allant de 30 km/h à 220 km/h, avec une vitesse moyenne de 80 km/h comme montré dans la série ci-dessous :

$$45 - 30 - 220 - 60 - 50 - 40 - 35 - 55 - 65 - 200$$

Cette information permet de dresser un portrait de la situation de la circulation dans cette agglomération.

Il est intéressant de noter que la vitesse moyenne de 80 km/h peut être utilisée comme indicateur pour évaluer le respect des limitations de vitesse et la sécurité routière dans cette zone urbaine. Si la vitesse moyenne relevée avait été considérablement plus élevée, cela aurait pu indiquer un non-respect généralisé des limites de vitesse, ce qui pourrait nécessiter des mesures supplémentaires pour assurer la sécurité des usagers de la route. En revanche, si la vitesse moyenne était beaucoup plus basse, cela pourrait indiquer un respect strict des limites de vitesse, mais aussi une circulation plus lente et congestionnée, ce qui pourrait nécessiter des améliorations de l'infrastructure routière.

Pour permettre d'évaluer si les conducteurs respectent généralement les limitations de vitesse, ou s'ils ont tendance à conduire à des vitesses extrêmes (trop rapides ou trop lentes) par rapport à la moyenne, les autorités souhaitent apprécier la dispersion de cette série de vitesses par rapport à la moyenne de 80 km/h. Ceci permettra de mieux comprendre la répartition et la variabilité des comportements de conduite des conducteurs dans cette agglomération. Ce qui peut être utile pour prendre des décisions éclairées en matière de sécurité routière et de gestion du trafic. En comprenant la variabilité des comportements de conduite des conducteurs, il sera possible de mettre en place des actions appropriées pour sensibiliser les conducteurs, renforcer les mesures de sécurité routière ou améliorer l'infrastructure routière dans cette agglomération, si nécessaire.

Pour ce faire, il est courant de calculer les écarts de chaque valeur par rapport à la moyenne, puis de prendre leur moyenne. Cependant, comme nous l'avons vu dans la **section 4.5.2**, *la somme des écarts à la moyenne est toujours nulle, quelle que soit la série considérée*, ce qui ne nous fournit aucun renseignement pertinent. Pour remédier à cela, nous pouvons plutôt prendre en compte les écarts en valeur absolue et calculer leur moyenne, ce qui nous donnera l'***écart absolu moyen***.

Exemple 48

Considérons la série de prélèvements de vitesses de voitures suivante, qui totalise 800 km avec une vitesse moyenne de 80 km/h.

											Total	Moyenne
n_i	45	30	220	60	50	40	35	55	65	200	800	80
$|n_i - 80|$	35	50	140	20	30	40	45	25	15	120	520	52

Pour évaluer la dispersion de cette série, l'écart absolu moyen est calculé, ce qui donne une valeur de 52 km/h. Il est important de noter que les valeurs absolues ne sont pas idéales pour le calcul algébrique, car elles ne tiennent pas suffisamment compte des grands écarts qui peuvent augmenter la dispersion.

Dans la pratique, pour mesurer la dispersion d'une série de données, on calcule généralement la ***variance***, qui est la moyenne des carrés des écarts à la moyenne. La variance est également appelée fluctuation et elle est donnée par la formule suivante :

$$V(X) = \frac{\sum_{i=1}^{i=k} n_i(x_i - \bar{x})^2}{\sum_{i=1}^{i=k} n_i} = \sum_{i=1}^{i=k} f_i(x_i - \bar{x})^2$$

$$= \sum_{i=1}^{i=k} f_i x_i^2 - \bar{x}^2$$

Ainsi

$$\boxed{V(X) = \frac{1}{n} \sum_{i=1}^{i=k} n_i x_i^2 - \bar{x}^2}$$

Une variance élevée indique une plus grande dispersion des données, c'est-à-dire qu'elles sont plus éloignées de leur moyenne.

Exemple 49

Considérons l'**exemple 45** de la **section 5.3.1** qui concerne la répartition statistique des travailleurs d'une entreprise en fonction de leur âge :

Classes	x_i	n_i	$n_i x_i$	$n_i x_i^{\ 2}$	$(x_i - \bar{x})$	$n_i(x_i - \bar{x})^2$
[20;25 [	22.5	36	810.00	18,225.00	-9.07	2958.92
[25;30 [	27.5	45	1,237.50	34,031.25	-4.07	743.96
[30;35 [	32.5	27	877.50	28,518.75	0.93	23.55
[35;40 [	37.5	18	675.00	25,312.50	5.93	633.82
[40;45 [	42.5	10	425.00	18,062.50	10.93	1195.52
[45;50 [	47.5	8	380.00	18,050.00	15.93	2031.14
[50;55 [	52.5	3	157.50	8,268.75	20.93	1314.70
[55;60 [	57.5	3	172.50	9,918.75	25.93	2017.72
Total		150	4,735.00	160,387.50	67.47	10,919.33

La moyenne de cette distribution a déjà été calculée à la section **4.4.4.**

$$\bar{x} = 31{,}566 \text{ ans}$$

$$= 31 \text{ ans } 6 \text{ mois et } 23 \text{ jours}$$

Calculons la variance à l'aide de la première formule :

$$V(x) = \frac{1}{n}\sum_{i=1}^{i=8} n_i x_i^2 - \bar{x}^2 = \frac{[36(22{,}5)^2] + [45(27{,}5)^2] + [27(32{,}5)^2]}{150}$$

$$+ \frac{[18(37{,}5)^2] + [10(42{,}5)^2] + [8(47{,}5)^2]}{150}$$

$$+ \frac{[3(52{,}5)^2] + [3(57{,}5)^2]}{150} - (31{,}566)^2$$

$$= \frac{160\ 387{,}50}{150} - (31{,}566)^2$$

$$= 72{,}80$$

Calculons la variance à l'aide de la deuxième formule :

$$V(x) = \frac{\sum_{i=1}^{i=8} n_i(x_i - \bar{x})^2}{\sum_{i=1}^{i=8} n_i} = \frac{[36(22{,}5 - 31{,}566)^2] + [45(27{,}5 - 31{,}566)^2]}{150}$$

$$+ \frac{[27(32{,}5 - 31{,}566)^2] + [18(37{,}5 - 31{,}566)^2]}{150}$$

$$+ \frac{[10(42{,}5 - 31{,}566)^2] + [8(47{,}5 - 31{,}566)^2]}{150}$$

$$+ \frac{[3(52{,}5 - 31{,}566)^2] + [3(57{,}5 - 31{,}566)^2]}{150}$$

$$= \frac{10\,919{,}33}{150}$$

$$= 72{,}80$$

<u>INTERPRETATION DES RESULTATS</u>

La variance de 72,80 indique le degré de dispersion des données autour de la moyenne. Une telle variance élevée signifie que les âges des travailleurs sont répartis sur une large plage, avec des écarts importants par rapport à la moyenne de 31 ans 6 mois et 23 jours. Cela peut suggérer une grande diversité d'âges parmi les travailleurs de l'entreprise, avec certains employés étant plus jeunes et d'autres plus âgés que la moyenne.

Propriété

Comme pour la moyenne, la variance se prête bien au changement d'origine et d'échelle.

En effet,

$$V(x) = \frac{1}{n} \sum_{i=1}^{i=k} n_i(x_i - \bar{x})^2$$

En posant

$$y_i = \frac{x_i - x_0}{a}$$

Alors

$$\bar{y} = \frac{\bar{x} - x_0}{a}$$

150

Où x_0 est une constante et a est un facteur d'échelle, alors la variance $V(y)$ des données transformées y_i peut être exprimée en fonction de la variance $V(x)$ des données d'origine x_i.

En utilisant cette transformation, on obtient l'équation suivante :

$$V(y) = \frac{1}{n}\sum_{i=1}^{i=k} n_i(y_i - \bar{y})^2$$

$$= \frac{1}{n}\sum_{i=1}^{i=k} n_i\left[\left(\frac{x_i - x_0}{a}\right) - \left(\frac{\bar{x} - x_0}{a}\right)\right]^2$$

$$= \frac{1}{a^2}\frac{1}{n}\sum_{i=1}^{i=k} n_i(x_i - \bar{x})^2$$

Or, on sait que

$$V(x) = \frac{1}{n}\sum_{i=1}^{i=k} n_i(x_i - \bar{x})^2$$

Donc, on peut conclure que :

$$V(x) = a^2 V(y)$$

Comme l'a été le cas pour la moyenne, dans les exercices x_0 représentera le mode et a sera l'amplitude des modalités.

En appliquant cette propriété à l'exemple précédent, où x_0 représente le mode et a est l'amplitude des modalités, nous pouvons calculer la variance de la série de données.

Classes	x_i	n_i	$y_i = \dfrac{x_i - 27{,}5}{5}$	$n_i y_i$	$n_i y_i^2$
[20;25 [	22.5	36	-1	-36	36.00
[25;30 [	27.5	45	0	0	0.00
[30;35 [	32.5	27	1	27	27.00
[35;40 [	37.5	18	2	36	72.00
[40;45 [	42.5	10	3	30	90.00
[45;50 [	47.5	8	4	32	128.00
[50;55 [	52.5	3	5	15	75.00
[55;60 [	57.5	3	6	18	108.00
Total		150		122	536.00

Cette moyenne a déjà été calculée à la section **4.4.4**.

$$\bar{y} = \frac{122}{150} = 0,813$$

La variance de cette distribution par rapport au changement d'origine et d'échelle est :

$$V(y) = \frac{1}{n}\sum_{i=1}^{i=8} n_i y_i^2 - \bar{y}^2 = \frac{[36(-1)^2] + [45(0)^2] + [27(1)^2]}{150}$$

$$+ \frac{[18(2)^2] + [10(31)^2] + [8(4)^2]}{150}$$

$$+ \frac{[3(5)^2] + [3(6)^2]}{150} - (0,813\,)^2$$

$$= \frac{536}{150} - (0,813\,)^2$$

$$= 2,911$$

Il s'ensuit que la variance de cette distribution est :

$$V(x) = a^2 V(y) = a^2 \text{x } 2,911$$
$$= 72,8$$

5.5   Ecart type (σ)

L'*écart-type* est défini comme une mesure statistique qui indique la dispersion ou la variabilité des données d'un échantillon par rapport à leur moyenne, c'est-à-dire l'écart entre chaque point et la moyenne. Il est défini comme la racine carrée de la variance.

Il est exprimé par la formule :

$$\sigma_x = \sqrt{\frac{\sum_{i=1}^{i=n} n_i (x_i - \bar{x})^2}{\sum_{i=1}^{i=n} n_i}} = \sqrt{\sum_{i=1}^{i=n} f_i (x_i - \bar{x})^2}$$

$$= \sqrt{\sum_{i=1}^{i=n} f_i x_{i^2} - \bar{x}^2}$$

Ce qui donne :

$$\sigma_x = \sqrt{\frac{1}{n}\sum_{i=1}^{i=n} n_i x_i^2 - \bar{x}^2}$$

Où n_i représente le nombre d'occurrences de chaque valeur dans l'échantillon, x_i est la valeur de chaque observation, $\bar{x}$ est la moyenne de l'échantillon, et $\sum$ symbolise la somme des valeurs pour i allant de 1 à n.

Plus l'écart-type est élevé, plus les données sont dispersées autour de leur moyenne, ce qui signifie que les valeurs de l'échantillon sont plus éloignées les unes des autres. En revanche, un écart-type faible indique que les valeurs sont plus regroupées autour de la moyenne, ce qui signifie une dispersion moindre.

L'écart-type peut être utile dans de nombreux domaines tels que la finance, la science, l'économie, et d'autres domaines de recherche et d'analyse de données.

Exemple 50

Considérons l'**exemple 49** de la **section 5.4** qui concerne la répartition statistique des travailleurs d'une entreprise en fonction de leur âge :

$$\sigma_x = \sqrt{\frac{1}{n}\sum_{i=1}^{i=n} n_i x_i^2 - \bar{x}^2} = \sqrt{\frac{160\,387,5}{150} - (31,566)^2}$$

$$= \sqrt{1\,069,25 - 996,41}$$

$$= 8,53 \text{ ans}$$

INTERPRÉTATION DES RÉSULTATS

La racine carrée de la somme des carrés des déviations des âges des employés par rapport à l'âge moyen de l'entreprise (31 ans 6 mois et 23 jours) est de 8,53 ans. Cette valeur représente le degré de dispersion des données autour de la moyenne.

Exemple 51

Reprenons l'**exemple 47** de la **section 5.3.2** qui porte sur la répartition du budget des subventions allouées par l'État aux entreprises d'une ville américaine, exprimé en millions de dollars. Dans cet exemple, les x_i représentent les montants des subventions en millions de dollars, et les n_i représentent le nombre d'entreprises bénéficiaires.

Classes	x_i	n_i	$n_i x_i$	$n_i x_i^2$
[0,2 ; 0,6 [	0.4	4	1.6	0.64
[0,6 ; 1 [	0.8	5	4	3.2
[1 ; 2 [	1.5	9	13.5	20.25
[2 ; 3 [	2.5	7	17.5	43.75
[3 ; 5 [	4	13	52	208
[5 ; 8 [	6.5	17	110.5	718.25
[8 ; 10 [	9	12	108	972
[10 ; 20 [	15	21	315	4725
[20 ;30 [	25	13	325	8125
Total		101	947.1	14816.09

La moyenne de cette distribution avait déjà été calculée à la section **4.4.1** :

$$\bar{x} = 9{,}37$$

Calculons la variance :

$$V(x) = \frac{1}{n}\sum_{i=1}^{i=9} n_i x_i^2 - \bar{x}^2 = \frac{[4(0{,}4)^2] + [5(0{,}8)^2] + [9(1{,}5)^2]}{101}$$

$$+ \frac{[7(2{,}5)^2] + [13(4)^2] + [17(6{,}5)^2] + [12(9)^2]}{101}$$

$$+ \frac{[21(15)^2] + [13(25)^2]}{101} - (9{,}37)^2$$

$$= \frac{14\,816{,}09}{101} - (9{,}37)^2$$

$$= 58{,}76396$$

Calculons l'écart-type :

$$\sigma = \sqrt{V(x)}$$

$$= \sqrt{58{,}76396}$$

$$= 7{,}66 \text{ M\$}$$

5.6 Correction du coefficient de SHEPPARD

Nous avons vu que la variance mesure la dispersion des données autour de leur moyenne. Cependant, lorsque l'on utilise les centres des classes pour calculer la variance dans le cas de données discrètes ou groupées en classes, une légère erreur peut être introduite car les centres des classes ne représentent pas exactement les valeurs réelles des données. Le ***coefficient de SHEPPARD*** permet de corriger cette erreur en ajustant la formule de la variance.

La formule corrigée de la variance, utilisant le coefficient de SHEPPARD, est la suivante :

$$\sigma^2_{\text{corrigé}} = \sigma^2 - \frac{a^2}{12}$$

Où $\sigma^2_{\text{corrigé}}$ représente la variance corrigée, σ^2 représente la variance calculée sans correction, a représente l'amplitude des classes (c'est-à-dire la différence entre les limites supérieures et inférieures d'une classe), et 12 est une constante fixe.

Cette correction permet d'obtenir une estimation plus précise de la variance, en minimisant l'erreur introduite par l'utilisation des centres des classes.

Il est important de noter que le coefficient de SHEPPARD est généralement utilisé lorsque l'amplitude des classes est relativement grande par rapport à la dispersion des données. Si l'amplitude des classes est petite par rapport à la dispersion des données, l'effet de la correction du coefficient de SHEPPARD peut être négligeable.

Exemple 52

Considérons l'**exemple 50** de la **section 5.5** qui porte sur la répartition statistique des travailleurs d'une entreprise en fonction de leur âge :

$$\sigma^2_{\text{corrigé}} = \sigma^2 - \frac{a^2}{12}$$

$$= (8{,}532)^2 - \frac{25}{12}$$

$$= 70{,}7167$$

Donc

$$\sigma_{\text{corrigé}} = \sqrt{70{,}7167}$$

$$= 8{,}4 \text{ ans}$$

5.7 Coefficient de variation

Le ***coefficient de variation*** (CV) est une quantité sans dimension qui permet d'apprécier le degré d'homogénéité d'une distribution statistique. Il est défini comme le rapport entre l'écart-type (σ) et la moyenne ($|\bar{x}|$), exprimé en pourcentage :

$$\boxed{CV = \frac{\sigma}{|\bar{x}|}\,\text{x}100}$$

Le coefficient de variation est utilisé pour comparer la dispersion relative des données dans des distributions statistiques avec différentes moyennes. Plus le coefficient de variation est faible, plus les données sont homogènes et moins il y a de variation entre les valeurs. À l'inverse, plus le coefficient de variation est élevé, plus les données sont dispersées et plus il y a de variation entre les valeurs.

En ce qui concerne les règles d'interprétation basées sur la valeur du coefficient de variation, il n'existe pas de règles de base strictes. L'interprétation du coefficient de variation (CV) dépend du contexte spécifique de l'application statistique et de la nature des données étudiées. Cependant, en général, un coefficient de variation faible indique une faible dispersion relative des données, tandis qu'un coefficient de variation élevé indique une dispersion relative plus importante des données.

En pratique, le CV est souvent utilisé pour évaluer la stabilité ou la fiabilité de mesures ou de données, notamment dans les domaines de la recherche scientifique, de la finance, de la médecine, de l'économie, de la gestion de la qualité, etc. Puisque chaque industrie peut avoir ses propres seuils spécifiques d'évaluation de la qualité d'un produit ou d'un processus, il est essentiel de prendre en compte le contexte spécifique de l'application statistique et la nature des données étudiées, et d'utiliser le coefficient de variation en conjonction avec d'autres méthodes d'analyse pour obtenir une compréhension complète de la variabilité des données.

Néanmoins, de manière générale, on peut appliquer la règle de base suivante qui fonctionne lorsque les données et le contexte ne sont pas extrêmement spécifiques :

REGLE DE BASE

$CV = 0\%$	:	La distribution est homogène
$0\% < CV < 15\%$	:	La distribution est légèrement dispersée (quasi-homogène)
$15\% \leq CV < 50\%$	:	La distribution est modérément dispersée
$50\% \leq CV < 100\%$	:	La distribution est dispersée
$CV \geq 100\%$	:	La distribution est très dispersée

Exemple 53

Considérons le même **exemple 52** discuté précédemment à la **section 5.6** sur la répartition statistique des travailleurs d'une entreprise en fonction de leur âge :

Le coefficient de variation de cette distribution est :

$$CV = \frac{\sigma}{|\bar{x}|}\,\mathrm{x}100 = \frac{8,53}{31,566}\,\mathrm{x}100$$

$$= 27\%$$

INTERPRÉTATION DES RÉSULTATS

Lorsque l'on observe le coefficient de variation de 27% pour la distribution statistique des ouvriers d'une entreprise en fonction de leur âge, cela signifie que cette distribution présente une variation relative de 27% par rapport à la moyenne. Une valeur de coefficient de variation inférieure à 30% est généralement considérée comme modérée, ce qui indique que la distribution est relativement homogène et que les valeurs sont dispersées de manière modérée autour de la moyenne. Cela peut suggérer que les âges des ouvriers sont répartis de manière relativement équilibrée dans les différentes classes d'âge, sans présenter de variations significatives

Exemple 54

Reprenons l'**exemple 51** de la **section 5.5** qui porte sur la répartition du budget des subventions allouées par l'État aux entreprises d'une ville américaine, exprimé en millions de dollars.

Le coefficient de variation de cette distribution est :

$$CV = \frac{\sigma}{|\bar{x}|}\,\mathrm{x}100 = \frac{7,66}{9,37}\,\mathrm{x}100$$

$$= 80\%$$

INTERPRÉTATION DES RÉSULTATS

Lorsque l'on observe le coefficient de variation de 80% pour la répartition du budget des subventions allouées par l'État aux entreprises d'une ville américaine, exprimé en millions de dollars, cela signifie que cette distribution présente une variation relative élevée de 80% par rapport à la moyenne. Une valeur élevée du coefficient de variation indique une dispersion importante des montants des subventions accordées aux entreprises. Cela peut suggérer que les montants alloués varient considérablement d'une entreprise à l'autre, avec certaines entreprises bénéficiant de montants beaucoup plus importants que d'autres.

Exemple 55 - Effets des valeurs aberrantes

Considérons l'**exemple 46** de la section **5.3.1** concernant une compagnie d'assurance qui souhaite s'implanter sur une île de seulement 2 000 habitants.

Utilisons la distribution avec les valeurs aberrantes

x_i	n_i	$n_i x_i$	$n_i x_i^2$
500	380	190000	95000000
1500	633	949500	1424250000
2500	527	1317500	3293750000
3500	151	528500	1849750000
4500	123	553500	2490750000
5500	85	467500	2571250000
6500	58	377000	2450500000
7500	39	292500	2193750000
8500	8	68000	578000000
9500	6	57000	541500000
2495000	5	12475000	31125125000000
	2015	17276000	31142613500000

$$\sigma = \sqrt{\frac{1}{n}\sum_{i=1}^{i=n} n_i x_{i^2} - \bar{x}^2} = \sqrt{\frac{31\,142\,613\,500\,000}{2\,015} - (8\,573,69)^2}$$

$$= \sqrt{15\,455\,391\,315,13 - 73\,508\,160,2}$$

$$= 124\,023,72\ \$$$

Le coefficient de variation de cette distribution est :

$$CV = \frac{\sigma}{|\bar{x}|}\text{x}100 = \frac{124\,023,72}{8\,573,69}\text{x}100$$

$$= 1\,446\%$$

<u>INTERPRÉTATION DES RÉSULTATS</u>

Dans cet exemple, le coefficient de variation atteint un pourcentage très élevé de 1 446%, ce qui est principalement dû à la présence de cinq valeurs aberrantes dans la série de données. Les valeurs *ni* correspondantes pour ces valeurs aberrantes sont relativement faibles par rapport aux autres valeurs de la distribution, ce qui provoque une dispersion excessive des données. En d'autres termes, ces cinq valeurs atypiques ont un impact significatif sur la variation de la distribution statistique, ce qui explique pourquoi le coefficient de variation est si élevé. Cela indique que la série de données est très hétérogène, avec des valeurs extrêmes qui ont une influence considérable sur la dispersion globale des données.

Maintenant utilisons la distribution après avoir éliminé les valeurs

aberrantes :

x_i	n_i	$n_i x_i$	$n_i x_i^2$
500	380	190000	95000000
1500	633	949500	1424250000
2500	527	1317500	3293750000
3500	151	528500	1849750000
4500	123	553500	2490750000
5500	85	467500	2571250000
6500	58	377000	2450500000
7500	39	292500	2193750000
8500	8	68000	578000000
9500	6	57000	541500000
	2010	4801000	17488500000

$$\sigma = \sqrt{\frac{1}{n}\sum_{i=1}^{i=n} n_i x_{i^2} - \bar{x}^2} = \sqrt{\frac{17\ 488\ 500\ 000}{2\ 010} - (2\ 388,55\ )^2}$$

$$= \sqrt{8\ 700\ 746,26 - 5\ 702\ 544,3}$$

$$= 1\ 731,53\ \$$$

Le coefficient de variation de cette distribution est :

$$CV = \frac{\sigma}{|\bar{x}|}\text{x}100 = \frac{1\ 731,53}{2\ 388}\text{x}100$$

$$= 72,5\%$$

<u>INTERPRETATION DES RESULTATS</u>

Après l'élimination des valeurs aberrantes, le coefficient de variation décroit énormément en passant de 1 446% à 72,5%. La dispersion de la série retourne donc dans une dimension acceptable.

5.8 Loi Normale

La loi normale, également connue sous le nom de courbe de Gauss ou courbe en cloche, est une distribution statistique largement utilisée pour modéliser de nombreux phénomènes du monde réel. Elle est souvent utilisée pour représenter des caractères quantitatifs tels que le quotient intellectuel (QI), les pulsations cardiaques, les poids, les tailles, les résultats d'un concours, et bien d'autres.

La courbe de Gauss possède plusieurs caractéristiques distinctives. Tout d'abord, elle est symétrique et son axe de symétrie passe par la moyenne. Cela signifie que la moyenne, le mode et la médiane de la distribution coïncident, ce qui en fait une distribution parfaitement équilibrée. En outre, la courbe de Gauss est aussi appelée courbe en cloche en raison de sa forme caractéristique qui ressemble à une cloche inversée.

Les règles empiriques de la loi normale sont également très utiles pour comprendre la répartition des données.

Selon ces règles :

- Environ 68,27% des observations se situent dans l'intervalle [moyenne - écart-type ; moyenne + écart-type], ce qui signifie que la grande majorité des données se trouvent près de la moyenne.

- Environ 95,45% des observations se situent dans l'intervalle [moyenne - 2 écarts-types ; moyenne + 2 écarts-types],

- Près de 99,73% des observations se situent dans l'intervalle [moyenne - 3 écarts-types ; moyenne + 3 écarts-types]. Cela montre à quel point la distribution normale est concentrée autour de la moyenne, avec moins de valeurs à mesure que l'on s'éloigne de la moyenne.

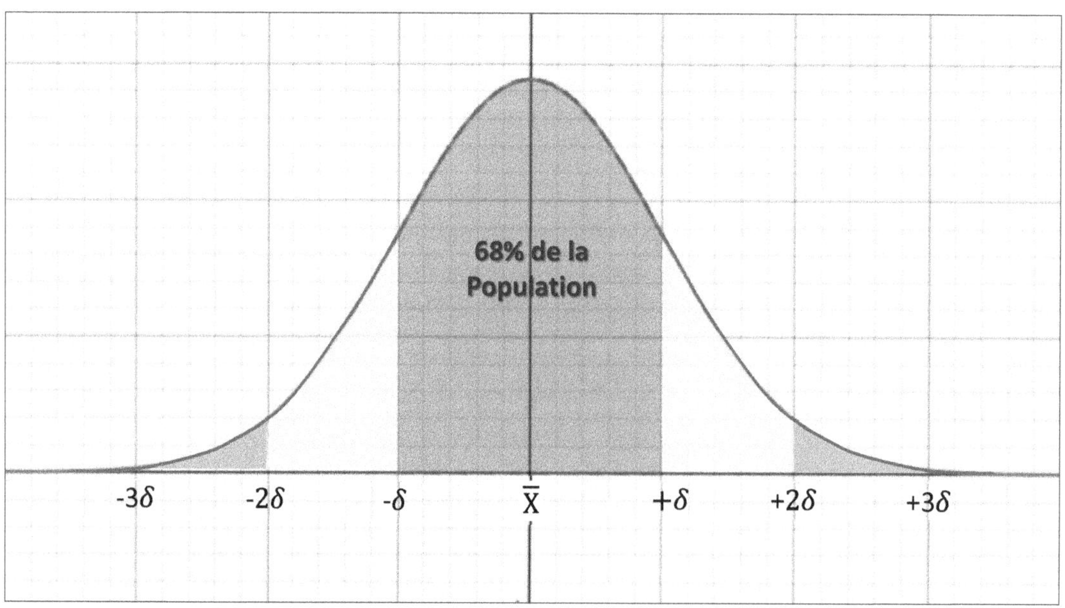

La courbe en forme de cloche montre une forte concentration de valeurs autour de la moyenne, puis de moins en moins de valeurs aux extrémités de la série.

n autre aspect important de la loi normale est l'utilisation des écarts-types pour mesurer la dispersion des données. L'écart-type est une mesure de la dispersion des valeurs autour de la moyenne.

Une grande valeur d'écart-type indique une dispersion plus importante des données, ce qui peut entraîner une distribution plus large (étalée) et moins haute (aplatie) par rapport à la courbe de la loi normale. En d'autres termes, lorsque l'écart-type est grand, les données peuvent être réparties sur une plage plus large autour de la moyenne, ce qui peut entraîner une distribution plus étalée et moins concentrée.

D'un autre côté, un petit écart-type indique une dispersion moins importante des données, ce qui peut entraîner une distribution plus étroite (concentrée) autour de la moyenne, mais cela ne garantit pas nécessairement que la distribution sera plus haute par rapport à la courbe de la loi normale. La hauteur de la distribution dépend de plusieurs autres facteurs, tels que la taille de l'échantillon, la forme de la distribution, etc.

Exemple 56

Considérons le même **exemple 53** discuté précédemment à la **section 5.7** sur la répartition statistique des travailleurs d'une entreprise en fonction de leur âge :

Voyons maintenant comment calculer le pourcentage de travailleurs dont l'âge se situe entre la moyenne moins l'écart-type et la moyenne plus l'écart-type.

Classes	x_i	n_i	f_i	$f_i \uparrow$
[20;25 [	22.5	36	24.00	24.00
[25;30 [	27.5	45	30.00	54.00
[30;35 [	32.5	27	18.00	72.00
[35;40 [	37.5	18	12.00	84.00
[40;45 [	42.5	10	6.67	90.67
[45;50 [	47.5	8	5.33	96.00
[50;55 [	52.5	3	2.00	98.00
[55;60 [	57.5	3	2.00	100.00
Total		150	100.00	

Solution

Les valeurs de la moyenne et de l'écart-type ont déjà été calculées dans la **section 5.7**, avec des valeurs respectives de 31,566 et 8,53.

Calculons le pourcentage de travailleurs dont l'âge se situe entre la moyenne moins l'écart-type et la moyenne plus l'écart-type.

Pour calculer le pourcentage de travailleurs dont l'âge se situe entre la moyenne moins l'écart-type et la moyenne plus l'écart-type, nous allons utiliser les valeurs que nous avons déjà obtenues. Nous soustrayons l'écart-type de la moyenne pour obtenir la limite inférieure, et ajoutons l'écart-type à la moyenne pour obtenir la limite supérieure. Ensuite, nous calculons le pourcentage de travailleurs dont l'âge est inférieur à la limite inférieure, ainsi que le pourcentage de travailleurs dont l'âge est supérieur à la limite supérieure. Enfin, nous allons soustraire ces deux valeurs pour obtenir le pourcentage de travailleurs dont l'âge se situe entre la moyenne moins l'écart-type et la moyenne plus l'écart-type.

La moyenne plus ou moins l'écart-type est: :

$$\bar{x} - \sigma = 31{,}566 - 8{,}53$$
$$= 23{,}036 \text{ ans}$$

$$\bar{x} + \sigma = 31{,}566 + 8{,}53$$
$$= 40{,}096 \text{ ans}$$

Calculons le pourcentage de travailleurs dont l'âge est inférieur à $\bar{x} - \sigma$, c'est-à-dire inférieur à 23,036 ans.

Soit $P_{<\bar{x}-\sigma}$ le pourcentage cherché, utilisons la formule d'interpolation linéaire en prenant comme base le couple de données $(a_i, f_i \uparrow)$:

$$\bar{x} - \sigma = a_i + (a_{i+1} - a_i)\frac{(P_{<\bar{x}-\sigma} - F_i)}{(F_{i+1} - F_i)}$$
$$23{,}036 = 20 + (25 - 20)\frac{(P_{<\bar{x}-\sigma} - 0)}{(24 - 0)}$$
$$P_{<\bar{x}-\sigma} = 14{,}57\%$$

Le pourcentage de travailleurs dont l'âge est inférieur à 23,036 ans est égal à 14,57%

Calculons le pourcentage de travailleurs dont l'âge est inférieur à $\bar{x} + \sigma$, c'est-à-dire inférieur à 40,096 ans.

Soit $P_{<\bar{x}+\sigma}$ le pourcentage cherché, utilisons la formule d'interpolation linéaire en prenant comme base le couple de données $(a_i, f_i \uparrow)$:

$$\bar{x} + \sigma = a_i + (a_{i+1} - a_i)\frac{(P_{<\bar{x}+\sigma} - F_i)}{(F_{i+1} - F_i)}$$
$$40{,}096 = 40 + (45 - 40)\frac{(P_{<\bar{x}+\sigma} - 84)}{(90{,}67 - 84)}$$
$$P_{<\bar{x}+\sigma} = 84{,}12\%$$

Le pourcentage de travailleurs dont l'âge est inférieur à 40,096 ans est égal à 84,12%

Le pourcentage de travailleurs dont l'âge est compris entre $\bar{x} - \sigma$ (23,036 ans) et $\bar{x} + \sigma$ (40,096 ans) est égal à :

$$84{,}12 - 14{,}57 = 69{,}55\%$$

Ce qui représente 102 employés sur 150.

Exemple 57

Reprenons l'**exemple 54** de la **section 5.7** qui porte sur la répartition du budget des subventions allouées par l'État aux entreprises d'une ville américaine, exprimé en millions de dollars. Dans cet exemple, les x_i représentent les montants des subventions en millions de dollars, et les n_i représentent le nombre d'entreprises bénéficiaires.

Calculons le pourcentage d'entreprises ayant reçu une subvention entre la moyenne moins l'écart-type et la moyenne plus l'écart-type.

Subventions	x_i	n_i	f_i	$f_i \uparrow$
[0,2 ; 0,6 [	0.4	4	3.96	3.96
[0,6 ; 1 [	0.8	5	4.95	8.91
[1 ; 2 [	1.5	9	8.91	17.82
[2 ; 3 [	2.5	7	6.93	24.75
[3 ; 5 [	4	13	12.87	37.62
[5 ; 8 [	6.5	17	16.83	54.46
[8 ; 10 [	9	12	11.88	66.34
[10 ; 20 [	15	21	20.79	87.13
[20 ; 30 [	25	13	12.87	100.00
Total		101	100.00	

Solution

La moyenne et l'écart-type ont déjà été calculés à la **section 5.5**. La moyenne est de 9 377 \$ et l'écart-type est de 7,66 millions \$. Maintenant, nous allons calculer le pourcentage d'entreprises ayant reçu une subvention se situant entre la moyenne moins l'écart-type et la moyenne plus l'écart-type.

La moyenne plus ou moins l'écart-type est :

$$\bar{x} - \sigma = 9{,}377 - 7{,}66$$
$$= 1{,}717 \text{ million \$}$$
$$\bar{x} + \sigma = 9{,}377 + 7{,}66$$
$$= 17{,}037 \text{ million \$}$$

Calculons maintenant le pourcentage d'entreprises ayant reçu une subvention inférieure à $\bar{x} - \sigma$, c'est-à-dire inférieure à 1,717 million \$.

Soit $P_{<\bar{x}-\sigma}$ le pourcentage cherché, nous utilisons la formule d'interpolation linéaire en prenant comme base le couple de données $(a_i, f_i \uparrow)$:

$$\bar{x} - \sigma = a_i + (a_{i+1} - a_i)\frac{(P_{<\bar{x}-\sigma} - F_i)}{(F_{i+1} - F_i)}$$
$$1{,}717 = 1 + (2 - 1)\frac{(P_{<\bar{x}-\sigma} - 8{,}91)}{(17{,}82 - 8{,}91)}$$
$$P_{<\bar{x}-\sigma} = 15{,}3\%$$

Le pourcentage d'entreprises ayant reçu une subvention inférieure à 1,717 million \$ est égal à 15,3%.

Calculons le pourcentage d'entreprises ayant reçu une subvention inférieure à $\bar{x} + \sigma$, c'est-à-dire inférieure à 17,037 millions \$.

Soit $P_{<\bar{x}+\sigma}$ le pourcentage cherché, nous utilisons la formule d'interpolation linéaire en prenant comme base le couple de données $(a_i, f_i \uparrow)$:

$$\bar{x} + \sigma = a_i + (a_{i+1} - a_i)\frac{(P_{<\bar{x}+\sigma} - F_i)}{(F_{i+1} - F_i)}$$
$$17{,}037 = 10 + (20 - 10)\frac{(P_{<\bar{x}+\sigma} - 66{,}34)}{(87{,}13 - 66{,}34)}$$
$$P_{<\bar{x}+\sigma} = 80{,}97\%$$

Le pourcentage d'entreprises ayant reçu une subvention inférieure à 17,037 millions \$ est égal à 80,97%.

Le pourcentage d'entreprises ayant reçu une subvention entre $\bar{x} - \sigma = 1{,}717$ million \$ et $\bar{x} + \sigma = 17{,}037$ millions \$ est égal à :

$$80{,}97\% - 15{,}3\% = 65{,}67\%$$

Ce qui représente 66 entreprises sur 101.

Exemple 58 - Effets des valeurs aberrantes

Considérons l'**exemple 56** de la même section concernant une compagnie d'assurance qui souhaite s'implanter sur une île de seulement 2 000 habitants.

Calculons le pourcentage de personnes ayant un salaire entre la moyenne moins l'écart-type et la moyenne plus l'écart-type.

Prenons en compte les valeurs aberrantes dans le calcul de la distribution :

La moyenne plus ou moins l'écart-type est :

$$\bar{x} - \sigma = 8\,573,69\ -\ 124\,023,72$$
$$= -\,115\,450,03\ \$$$
$$\bar{x} + \sigma = 8\,573,69 + 124\,023,72$$
$$= 132\,597,41\$$$

Comme la valeur de $\bar{x} - \sigma$, est négative, il n'est pas possible de calculer le pourcentage de personnes ayant un salaire entre la moyenne moins l'écart-type et la moyenne plus l'écart-type. En effet, cela impliquerait d'inclure des valeurs négatives, ce qui n'est pas applicable dans ce contexte.

Maintenant faisons les calculs sur la distribution après l'élimination des valeurs aberrantes :

La moyenne plus ou moins l'écart-type est:

$$\bar{x} - \sigma = 2\,388,55 - 1\,731,53$$
$$= 657,02\ \$$$

$$\bar{x} + \sigma = 2\,388,55 + 1\,731,53$$
$$= 4\,120,08\$$$

Calculons le pourcentage de personnes ayant un salaire inférieur à $\bar{x} - \sigma$, c'est-à-dire inférieur à 657,02 \$.

Soit $P_{<\bar{x}-\sigma}$ le pourcentage cherché, nous utilisons la formule d'interpolation linéaire en prenant comme base le couple de données $(a_i, f_i \uparrow)$:

$$\bar{x} - \sigma = a_i + (a_{i+1} - a_i)\frac{(P_{<\bar{x}-\sigma} - F_i)}{(F_{i+1} - F_i)}$$
$$657,02 = 0 + (1000 - 0)\frac{(P_{<\bar{x}-\sigma} - 0)}{(18,91 - 0)}$$
$$P_{<\bar{x}-\sigma} = 12,42\%$$

Le pourcentage de personnes ayant un salaire inférieur à 657,02 \$ est égal à 12,42%.

Calculons le pourcentage de personnes ayant un salaire inférieur à $\bar{x} + \sigma$, c'est-à-dire inférieur à 4 120,08 \$.

Soit $P_{<\bar{x}+\sigma}$ le pourcentage cherché, nous utilisons la formule d'interpolation linéaire en prenant comme base le couple de données $(a_i, f_i \uparrow)$:

$$\bar{x} + \sigma = a_i + (a_{i+1} - a_i)\frac{(P_{<\bar{x}+\sigma} - F_i)}{(F_{i+1} - F_i)}$$
$$4\,120,08 = 4\,000 + (5\,000 - 4\,000)\frac{(P_{<\bar{x}+\sigma} - 84,13)}{(90,25 - 84,13)}$$
$$P_{<\bar{x}+\sigma} = 84,86\%$$

Le pourcentage de personnes ayant un salaire inférieur à 4120,08 \$ est égal à 84,86%.

Le pourcentage de personnes ayant un salaire entre la moyenne moins l'écart-type, c'est-à-dire 657,02 \$ et la moyenne plus l'écart-type, c'est-à-dire 4 120,08 \$ est égal à :

$$84,86\% - 12,42\% = 72,44\%$$

Ce qui représente 1456 personnes.

INTERPRÉTATION DES RÉSULTATS

L'analyse révèle que 72,44% des personnes, soit un total de 1456 individus, ont un salaire compris entre 657,02 \$ et 4 120,08 \$, respectivement la moyenne moins l'écart-type et la moyenne plus l'écart-type. Cette proportion significative d'individus dont le salaire se situe dans cette plage indique que si le projet de la compagnie d'assurance cible ce segment de population, il a de bonnes chances de devenir viable. Plus précisément, le projet peut potentiellement attirer 72,44% de la population, en faisant ainsi une opportunité d'investissement prometteuse.

5.9 Moments

Les ***moments d'ordre*** r ($r \in N^*$) par rapport à la valeur q sont un outil statistique utilisé pour quantifier la dispersion et la forme d'une distribution de données. Ils sont définis comme la somme des fréquences f_i, où i varie de 1 à k (k étant le nombre total d'observations), multipliées par la différence entre chaque observation x_i et la valeur de référence q, élevée à la puissance r. Cette somme est ensuite divisée par n, qui représente la taille totale de l'échantillon, pour obtenir la moyenne des moments pondérés par les effectifs n_i.

Mathématiquement, les moments d'ordre r par rapport à la valeur q sont représentés par la formule suivante :

$$m_{r,q} = \sum_{i=1}^{k} f_i(x_i - q)^r = \frac{1}{n}\sum_{i=1}^{k} n_i(x_i - q)^r$$

Les moments d'ordre r par rapport à la valeur q sont utiles pour caractériser la façon dont les données s'écartent de la valeur de référence q et comment cette dispersion varie en fonction de la puissance r. Ils sont couramment utilisés dans divers domaines de la statistique, tels que l'analyse des données, l'estimation des paramètres et la modélisation des distributions de données.

Les ***moments non-centrés*** sont des statistiques utilisées pour quantifier la dispersion et la forme d'une distribution de données par rapport à la valeur de référence $q = 0$. Ils sont définis comme la somme des fréquences f_i multipliées par la puissance r de chaque observation x_i. En d'autres termes, un moment non central est défini comme tout moment pris par rapport à $q = 0$.

La somme de ces produits pour toutes les observations constitue le moment non-centré. Il est appelé "non-centré" car il n'est pas ajusté par rapport à une valeur centrale, comme c'est le cas pour les moments centrés qui sont calculés par rapport à la moyenne ou à une autre valeur de référence.

Mathématiquement, les moments non-centrés sont représentés par la formule suivante :

$$m_r = \sum_{i=1}^{k} f_i x_i^r = \frac{1}{n}\sum_{i=1}^{k} n_i x_i^r$$

Les moments non-centrés sont utiles pour caractériser la façon dont les données s'écartent de la valeur de référence $q = 0$ et comment cette dispersion varie en fonction de la puissance r. Ils sont couramment utilisés dans divers domaines de la statistique, tels que l'analyse des données, l'estimation des paramètres et la modélisation des distributions de données.

Exemple 59

Calculons les moments non-centrés d'ordre 0 à 4 :

$$m_0 = \frac{1}{n}\sum_{i=1}^{k} n_i x_i{}^0 = 1$$

$$m_1 = \frac{1}{n}\sum_{i=1}^{k} n_i x_i{}^1$$

$$m_2 = \frac{1}{n}\sum_{i=1}^{k} n_i x_i{}^2$$

$$m_3 = \frac{1}{n}\sum_{i=1}^{k} n_i x_i{}^3$$

$$m_4 = \frac{1}{n}\sum_{i=1}^{k} n_i x_i{}^4$$

Un ***moment centré*** est défini comme tout moment pris par rapport à la moyenne $q = \bar{x}$:

$$\mu_r = \sum_{i=1}^{k} f_i (x_i - \bar{x})^r$$

On a :

$$\boxed{\mu_r = \frac{1}{n}\sum_{i=1}^{k} n_i (x_i - \bar{x})^r}$$

Exemple 60

Calculons les moments centrés d'ordre 0 à 4 :

$$\mu_0 = \frac{1}{n}\sum_{i=1}^{k} n_i (x_i - \bar{x})^0 = \frac{1}{n}\sum_{i=1}^{k} n_i = m_0 = 1$$

$$\mu_1 = \frac{1}{n}\sum_{i=1}^{k} n_i (x_i - \bar{x})^1 = \frac{1}{n}\sum_{i=1}^{k} (x_i - \bar{x}) = 0$$

$$\mu_2 = \frac{1}{n}\sum_{i=1}^{k} n_i (x_i - \bar{x})^2 = \sum_{i=1}^{k} f_i (x_i - \bar{x})^2$$

$$= \sum_{i=1}^{k} f_i (x_i^2 - 2x_i\bar{x} + \bar{x}^2)$$

$$= \underbrace{\sum_{i=1}^{k} f_i(x_i^2)}_{m_2} - 2\underbrace{\sum_{i=1}^{k} f_i(x_i\bar{x})}_{m_1 m_1 = m_1^2} + \underbrace{\sum_{i=1}^{k} f_i(\bar{x}^2)}_{m_1^2}$$

$$= m_2 - 2m_1^2 + m_1^2$$

$$= m_2 - m_1^2$$

$$\mu_3 = \frac{1}{n}\sum_{i=1}^{k} n_i(x_i - \bar{x})^3 = \sum_{i=1}^{k} f_i(x_i - \bar{x})^3$$

$$= \sum_{i=1}^{k} f_i(x_i^3 - 3x_i^2\bar{x} + 3x_i\bar{x}^2 - \bar{x}^3)$$

$$= \underbrace{\sum_{i=1}^{k} f_i(x_i^3)}_{m_3} - 3\underbrace{\sum_{i=1}^{k} f_i(x_i^2\bar{x})}_{m_2 m_1} + 3\underbrace{\sum_{i=1}^{k} f_i(x_i\bar{x}^2)}_{m_1 m_1^2}$$

$$- \underbrace{\sum_{i=1}^{k} f_i(\bar{x}^3)}_{m_1^3}$$

$$= m_3 - 3m_2 m_1 + 3m_1^2 m_1 - m_1^3$$

$$= m_3 - 3m_2 m_1 + 2m_1^3$$

$$\mu_4 = \frac{1}{n}\sum_{i=1}^{k} n_i(x_i - \bar{x})^4 = \sum_{i=1}^{k} f_i(x_i - \bar{x})^4$$

$$= \sum_{i=1}^{k} f_i(x_i^4 - 4x_i^3\bar{x} + 6x_i^2\bar{x}^2 - 4x_i\bar{x}^3 + \bar{x}^4)$$

$$= \sum_{i=1}^{k} \underbrace{f_i(x_i^4)}_{m_4} - 4 \sum_{i=1}^{k} \underbrace{f_i(x_i^3 \bar{x})}_{m_3 m_1} + 6 \sum_{i=1}^{k} \underbrace{f_i(x_i^2 \bar{x})}_{m_2 m_1^2}$$

$$-4 \sum_{i=1}^{k} \underbrace{f_i(x_i \bar{x}^3)}_{m_1 m_1^3} + \sum_{i=1}^{k} \underbrace{f_i(\bar{x}^4)}_{m_1^4}$$

$$= m_4 - 4m_3 m_1 + 6m_1^2 m_2 - 4m_1^3 m_1 + m_1^4$$

$$= m_4 - 4m_3 m_1 + 6m_1^2 m_2 - 4m_1^4 + m_1^4$$

$$= m_4 - 4m_1 m_3 + 6m_1^2 m_2 - 3m_1^4$$

Exemple 61

Considérons l'**exemple 58** discuté à la **section 5.8** sur la répartition statistique des travailleurs d'une entreprise en fonction de leur âge et calculons tous les moments centrés et non-centrés d'ordre 0 à 4 :

Solution 1

Calculons les moments centrés d'ordre 0 à 4 à partir de la formule de base :

Classes	x_i	n_i	$n_i(x_i - \bar{x})$	$n_i(x_i - \bar{x})^2$	$n_i(x_i - \bar{x})^3$	$n_i(x_i - \bar{x})^4$
[20;25 [	22.5	36	-326.40	2959.32	-26830.94	243265.39
[25;30 [	27.5	45	-183.00	744.18	-3026.26	12306.61
[30;35 [	32.5	27	25.20	23.52	21.96	20.49
[35;40 [	37.5	18	106.80	633.69	3759.96	22309.35
[40;45 [	42.5	10	109.33	1195.39	13069.70	142896.29
[45;50 [	47.5	8	127.47	2030.99	32360.51	515612.96
[50;55 [	52.5	3	62.80	1314.62	27519.50	576076.74
[55;60 [	57.5	3	77.80	2017.62	52323.84	1356935.14
Total		150	0	10919.33	99198.27	2869422.98

Calculons les moments centrés d'ordre 0 à 4 :

$$\mu_0 = \frac{\sum_{i=1}^{i=8} n_i(x_i - \bar{x})^0}{\sum_{i=1}^{i=8} n_i} = \frac{[36(22{,}5 - 31{,}566)^0] + [45(27{,}5 - 31{,}566)^0]}{150}$$

$$+\frac{[27(32{,}5 - 31{,}566)^0] + [18(37{,}5 - 31{,}566)^0]}{150}$$

$$+\frac{[10(42{,}5 - 31{,}566)^0] + [8(47{,}5 - 31{,}566)^0]}{150}$$

$$+\frac{[3(52{,}5 - 31{,}566)^0] + [3(57{,}5 - 31{,}566)^0]}{150}$$

$$=\frac{150}{150}$$

$$= 1$$

$$\mu_1 = \frac{\sum_{i=1}^{i=8} n_i(x_i - \bar{x})}{\sum_{i=1}^{i=8} n_i} = \frac{[36(22{,}5 - 31{,}566)] + [45(27{,}5 - 31{,}566)]}{150}$$

$$+\frac{[27(32{,}5 - 31{,}566)] + [18(37{,}5 - 31{,}566)]}{150}$$

$$+\frac{[10(42{,}5 - 31{,}566)] + [8(47{,}5 - 31{,}566)]}{150}$$

$$+\frac{[3(52{,}5 - 31{,}566)] + [3(57{,}5 - 31{,}566)]}{150}$$

$$=\frac{0}{150}$$

$$= 0$$

$$\mu_2 = \frac{\sum_{i=1}^{i=8} n_i(x_i - \bar{x})^2}{\sum_{i=1}^{i=8} n_i} = \frac{[36(22{,}5 - 31{,}566)^2] + [45(27{,}5 - 31{,}566)^2]}{150}$$

$$+\frac{[27(32{,}5 - 31{,}566)^2] + [18(37{,}5 - 31{,}566)^2]}{150}$$

$$+\frac{[10(42{,}5 - 31{,}566)^2] + [8(47{,}5 - 31{,}566)^2]}{150}$$

$$+ \frac{[3(52,5 - 31,566)^2] + [3(57,5 - 31,566)^2]}{150}$$

$$= \frac{10\,919,33}{150}$$

$$= 72,80$$

$$\mu_3 = \frac{\sum_{i=1}^{i=8} n_i(x_i - \bar{x})^3}{\sum_{i=1}^{i=8} n_i} = \frac{[36(22,5 - 31,566)^3] + [45(27,5 - 31,566)^3]}{150}$$

$$+ \frac{[27(32,5 - 31,566)^3] + [18(37,5 - 31,566)^3]}{150}$$

$$+ \frac{[10(42,5 - 31,566)^3] + [8(47,5 - 31,566)^3]}{150}$$

$$+ \frac{[3(52,5 - 31,566)^3] + [3(57,5 - 31,566)^3]}{150}$$

$$= \frac{99\,198,27}{150}$$

$$= 661,31$$

$$\mu_4 = \frac{\sum_{i=1}^{i=8} n_i(x_i - \bar{x})^4}{\sum_{i=1}^{i=8} n_i} = \frac{[36(22,5 - 31,566)^4] + [45(27,5 - 31,566)^4]}{150}$$

$$+ \frac{[27(32,5 - 31,566)^4] + [18(37,5 - 31,566)^4]}{150}$$

$$+ \frac{[10(42,5 - 31,566)^4] + [8(47,5 - 31,566)^4]}{150}$$

$$+ \frac{[3(52,5 - 31,566)^4] + [3(57,5 - 31,566)^4]}{150}$$

$$= \frac{2\,869\,422,98}{150}$$

$$= 19\,129{,}48$$

Solution 2

Calculons les moments centrés d'ordre 0 à 4 à partir des moments non-centrés d'ordre 0 à 4 (utilisation de la formule développée) :

Classes	x_i	n_i	$n_i x_i$	$n_i x_i^{\,2}$	$n_i x_i^{\,3}$	$n_i x_i^{\,4}$
[20;25)	22.5	36	810.00	18225.00	410062.50	9226406.25
[25;30)	27.5	45	1237.50	34031.25	935859.38	25736132.81
[30;35)	32.5	27	877.50	28518.75	926859.38	30122929.69
[35;40)	37.5	18	675.00	25312.50	949218.75	35595703.13
[40;45)	42.5	10	425.00	18062.50	767656.25	32625390.63
[45;50)	47.5	8	380.00	18050.00	857375.00	40725312.50
[50;55)	52.5	3	157.50	8268.75	434109.38	22790742.19
[55;60)	57.5	3	172.50	9918.75	570328.13	32793867.19
Total		150	4735.00	160387.50	5851468.75	229616484.38

La moyenne $= 31{,}566$ avait déjà été calculée à la section **5.5**.

Calculons les moments non-centrés d'ordre 0 à 4 :

$$m_0 = \frac{1}{n}\sum_{i=1}^{i=8} n_i x_i^0 = \frac{[36(22{,}5)^0] + [45(27{,}5)^0] + [27(32{,}5)^0]}{150}$$

$$+ \frac{[18(37{,}5)^0] + [10(42{,}5)^0] + [8(47{,}5)^0]}{150}$$

$$+ \frac{[3(52{,}5)^0] + [3(57{,}5)^0]}{150}$$

$$= \frac{150}{150}$$

$$= 1$$

$$m_1 = \frac{1}{n}\sum_{i=1}^{i=8} n_i x_i^1 = \frac{[36(22{,}5)^1] + [45(27{,}5)^1] + [27(32{,}5)^1]}{150}$$

$$+ \frac{[18(37{,}5)^1] + [10(42{,}5)^1] + [8(47{,}5)^{12}]}{150}$$

$$+ \frac{[3(52{,}5)^1] + [3(57{,}5)^1]}{150}$$

$$= \frac{4\,735}{150}$$

$$= 31{,}57$$

$$m_2 = \frac{1}{n} \sum_{i=1}^{i=8} n_i x_i^2 = \frac{[36(22{,}5)^2] + [45(27{,}5)^2] + [27(32{,}5)^2]}{150}$$

$$+ \frac{[18(37{,}5)^2] + [10(42{,}5)^2] + [8(47{,}5)^2]}{150}$$

$$+ \frac{[3(52{,}5)^2] + [3(57{,}5)^2]}{150}$$

$$= \frac{160\,387{,}50}{150}$$

$$= 1\,069{,}25$$

$$m_3 = \frac{1}{n} \sum_{i=1}^{i=8} n_i x_i^3 = \frac{[36(22{,}5)^3] + [45(27{,}5)^3] + [27(32{,}5)^3]}{150}$$

$$+ \frac{[18(37{,}5)^3] + [10(42{,}5)^3] + [8(47{,}5)^3]}{150}$$

$$+ \frac{[3(52{,}5)^3] + [3(57{,}5)^3]}{150}$$

$$= \frac{5\,851\,468{,}75}{150}$$

$$= 39\,009{,}79$$

$$m_4 = \frac{1}{n} \sum_{i=1}^{i=8} n_i x_i^4 = \frac{[36(22{,}5)^4] + [45(27{,}5)^4] + [27(32{,}5)^4]}{150}$$

$$+ \frac{[18(37{,}5)^4] + [10(42{,}5)^4] + [8(47{,}5)^4]}{150}$$

$$+ \frac{[3(52{,}5)^4] + [3(57{,}5)^4]}{150}$$

$$= \frac{229\,616\,484{,}38}{150}$$

$$= 1\,530\,776{,}56$$

Calculons les moments centrés d'ordre 0 à 4 :

$$\mu_0 = 1$$
$$\mu_1 = 0$$
$$\mu_2 = 1\,069{,}25 - m_1^2$$
$$= 1\,315{,}25 - (31{,}57)^2$$
$$= 72{,}8$$

$$\mu_3 = m_3 - 3m_2 m_1 + 2m_1^3$$
$$= 39\,009{,}79 - 3(1\,069{,}25)(31{,}57) + 2(31{,}57)^3$$
$$= 661{,}31$$

$$\mu_4 = m_4 - 4m_1 m_3 + 6m_1^2 m_2 - 3m_1^4$$
$$= 1\,530\,776{,}56 - 4(31{,}57)(39\,009{,}79) + 6(31{,}57)^2(1\,069{,}25) - 3(31{,}57)^4$$
$$= 19\,129{,}48$$

5.10 Exercices

5.10.1 Exercices du chapitre

• **Exercice 18 :** Considérons un marchand de journaux qui souhaite connaître les éléments déterminants de ses ventes. Pour cela, il relève le chiffre de vente pendant 21 jours consécutifs et note les résultats suivants :

$$47-52-63-55-41-45-61-47-69-58-46-51-64-59-62-48-40-66-59-49-53$$

a. Construire le tableau statistique répartissant les individus en classe.

b. Tracer l'histogramme de la distribution.

c. Tracer les courbes des fréquences cumulées ascendante et descendante représentant le nombre de jours en fonction du nombre de journaux vendus par jour.

d. Déterminer les paramètres de tendance centrale de cette distribution.

e. Déterminer les paramètres de dispersion de cette distribution.

f. Calculer le pourcentage de jours où la vente est comprise entre la moyenne moins l'écart-type et la moyenne plus l'écart-type.

g. Calculer les moments centrés d'ordre 0 à 4 à partir de la formule développée.

Solution

a : Le tableau statistique répartissant les individus en classe est :

Nombre de journaux vendus par jour	x_i	Nombre de jours n_i
[40;45 [	42.5	2
[45;50 [	47.5	6
[50;55 [	52.5	3
[55;60 [	57.5	4
[60;65 [	62.5	4
[65;70 [	67.5	2
Total		21

b : Traçons l'histogramme de la distribution

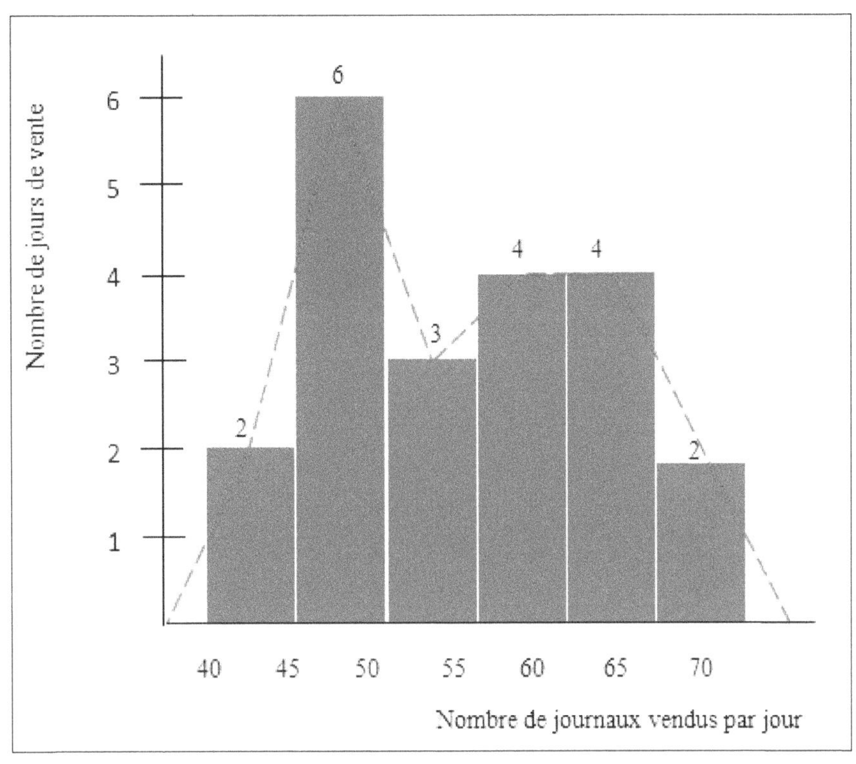

Pour tracer les courbes des fréquences cumulées ascendantes et

descendantes nous aurons besoin des colonnes du tableau suivant:

Nombre de journaux vendus par jour	x_i	n_i	$n_i x_i$	$n_i x_i^2$	f_i	$f_i \uparrow$	$f_i \downarrow$
[40;45 [	42.5	2	85	3612.5	9.52	9.52	100.00
[45;50 [	47.5	6	285	13537.5	28.57	38.10	90.48
[50;55 [	52.5	3	157.5	8268.75	14.29	52.38	61.90
[55;60 [	57.5	4	230	13225	19.05	71.43	47.62
[60;65 [	62.5	4	250	15625	19.05	90.48	28.57
[65;70 [	67.5	2	135	9112.5	9.52	100.00	9.52
Total		21	1142.5	63381.25	100		

c : Courbes des fréquences cumulées ascendantes et descendantes :

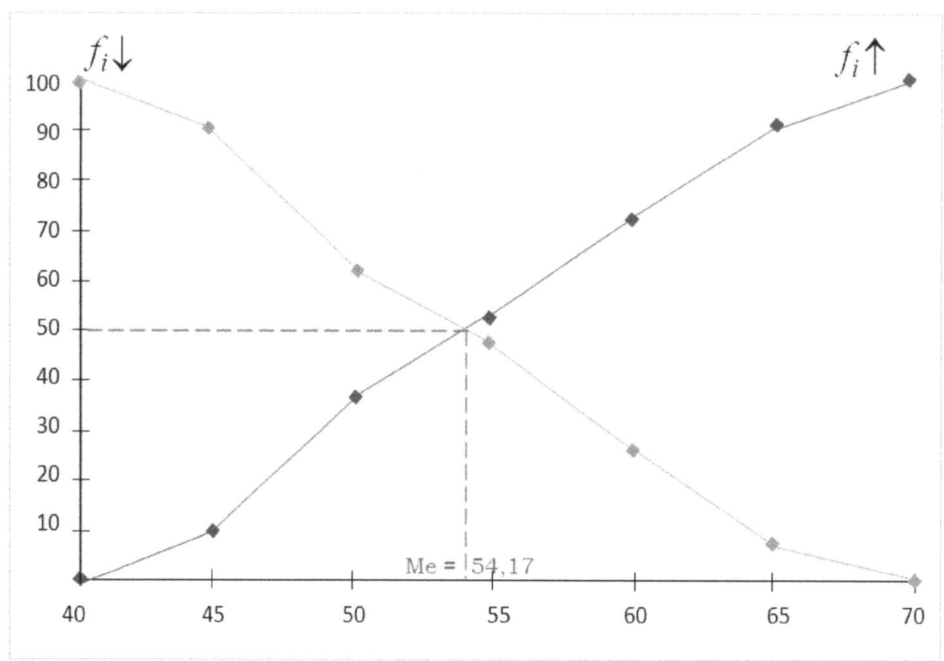

d : Déterminons les caractéristiques de tendance centrale

Le Mode de la distribution est 47, 5 et la classe modale est [45 ; 50[.

La moyenne de la distribution est :

$$\bar{x} = \frac{1}{n}\sum_{i=1}^{i=6} n_i x_i = \frac{1\,142,5}{21}$$

$$= 54,4047 \text{ journaux}$$

La médiane est :

$$M_e = a_i + (a_{i+1} - a_i)\frac{(50 - F_i)}{(F_{i+1} - F_i)}$$

$$= 50 + (55 - 50)\frac{(50 - 38,10)}{(52,38 - 38,10)}$$

$$= 54,17 \text{ journaux}$$

d-3. Il est intéressant de noter que le nombre de jours où le marchand a vendu moins de 54,17 journaux est équivalent au nombre de jours où il en a vendu plus, indiquant ainsi une symétrie dans la distribution des ventes.

Ces résultats suggèrent que les ventes du marchand de journaux sont relativement volatiles, avec une plage de ventes assez large pour chaque jour. Cependant, la moyenne des ventes indique que le marchand de journaux réussit généralement à attirer des clients et à générer des revenus.

e : Déterminons les caractéristiques de dispersion

Calculons la distance interquartile :

$$Q_1 = a_i + (a_{i+1} - a_i)\frac{(25 - F_i)}{(F_{i+1} - F_i)}$$

$$= 45 + (50 - 45)\frac{(25 - 9,52)}{(38,1 - 9,52)}$$

$$= 47,71$$

$$Q_3 = a_i + (a_{i+1} - a_i)\frac{(75 - F_i)}{(F_{i+1} - F_i)}$$

$$= 60 + (65 - 60)\frac{(75 - 71,43)}{(90,48 - 71,43)}$$

$$= 60,94$$

$$\text{Distance Interquartile} = Q_3 - Q_1$$

$$= 60,94 - 47,71$$

$$= 13,23 \text{ journaux}$$

La variance de la distribution est :

$$V(x) = \frac{1}{n}\sum_{i=1}^{i=6} n_i x_i^2 - \bar{x}^2$$

$$= \frac{63\,381,3}{21} - (54,4047)^2$$

$$= 58,28 \text{ journaux}$$

L'écart-type de la distribution est :

$$\sigma = \sqrt{V(x)}$$

$$= \sqrt{58,28}$$

$$= 7,63 \text{ journaux}$$

Le coefficient de variation est :

$$CV = \frac{\sigma}{|\bar{x}|}\text{x}100 = \frac{7,63}{54,4047}\text{x}100$$

$$= 14\%$$

f : Calculons le pourcentage de jours où la vente est comprise entre la moyenne moins l'écart-type et la moyenne plus l'écart-type :

f-1 : La moyenne plus ou moins l'écart-type est:

$$\bar{x} - \sigma = 54{,}4047 \ - 7{,}63$$
$$= 46{,}774 \text{ journaux}$$
$$\bar{x} + \sigma = 54{,}4047 \ + 7{,}63$$
$$= 62{,}034 \text{ journaux}$$

f-2 : Calculons le pourcentage de jours dont la vente est inférieure à $\bar{x} - \sigma$, c'est-à-dire inférieure à 46,774 journaux.

Soit $P_{<\bar{x}-\sigma}$ le pourcentage cherché, nous utilisons la formule d'interpolation linéaire en prenant comme base le couple de données $(a_i, f_i \uparrow)$:

$$\bar{x} - \sigma = a_i + (a_{i+1} - a_i)\frac{(P_{<\bar{x}-\sigma} - F_i)}{(F_{i+1} - F_i)}$$
$$46{,}774 = 45 + (50 - 45)\frac{(P_{<\bar{x}-\sigma} - 9{,}52)}{(38{,}10 - 9{,}52)}$$
$$P_{<\bar{x}-\sigma} = 19{,}66\%$$

Le pourcentage de jours dont la vente est inférieure à 46,774 journaux est égal à 19,66%.

f-3 : Calculons le pourcentage de jours dont la vente est inférieure à $\bar{x} + \sigma$, c'est-à-dire inférieure à 62,034 journaux.

Soit $P_{<\bar{x}+\sigma}$ le pourcentage cherché, nous utilisons la formule d'interpolation linéaire en prenant comme base le couple de données $(a_i, f_i \uparrow)$:

$$\bar{x} + \sigma = a_i + (a_{i+1} - a_i)\frac{(P_{<\bar{x}+\sigma} - F_i)}{(F_{i+1} - F_i)}$$
$$62{,}034 \ = 60 + (65 - 60)\frac{(P_{<\bar{x}+\sigma} - 71{,}43)}{(90{,}48 - 71{,}43)}$$
$$P_{<\bar{x}+\sigma} = 79{,}18\%$$

Le pourcentage de jours dont la vente est inférieure à 62,034 journaux est égal à 79,18%.

f-4 : Le pourcentage de jours dont la vente est comprise entre $\bar{x} - \sigma$ (46,774 journaux) et $\bar{x} + \sigma$ (62,034 journaux) est égal à :

$$79{,}18 - 19{,}66 = 59{,}52\%$$

g : Calculons les moments centrés d'ordre 0 à 4 à partir de la formule développée :

g-1 : Calculons les moments non-centrés d'ordre 0 à 4 :

$$m_0 = 1$$

$$m_1 = \frac{1}{n}\sum_{i=1}^{6} n_i x_i = \frac{1\,142{,}5}{21}$$

$$= 54{,}404$$

$$m_2 = \frac{1}{n}\sum_{i=1}^{6} n_i {x_i}^2 = \frac{63\,381{,}25}{21}$$

$$= 3\,018{,}15$$

$$m_3 = \frac{1}{n}\sum_{i=1}^{6} n_i {x_i}^3 = \frac{3\,582\,765{,}63}{21}$$

$$= 170\,607{,}89$$

$$m_4 = \frac{1}{n}\sum_{i=1}^{6} n_i {x_i}^4 = \frac{206\,138\,945{,}31}{21}$$

$$= 9\,816\,140{,}25$$

g-2 : Calculons les moments centrés d'ordre 0 à 4 :

$$\mu_0 = 1$$

$$\mu_1 = 0$$

$$\mu_2 = m_2 - m_1^2$$

$$= 3\,018{,}15 - (54{,}404)^2$$

$$= 58{,}28$$

$$\mu_3 = m_3 - 3m_1 m_2 + 2m_1^3$$

$$= 170\,607{,}89 - 3(54{,}404)(3\,018{,}15) + 2(54{,}404)^3$$

$$= 64{,}84$$

$$\mu_4 = m_4 - 4m_1 m_3 + 6m_1^2 m_2 - 3m_1^4$$

$$= 9\,816\,140{,}25 - 4(54{,}404)(170\,607{,}89) + 6(54{,}404)^2(3\,018{,}15) - 3(54{,}404)^4$$

$$= 6\,200{,}39$$

e. En triant les ventes par ordre croissant de nombre de journaux vendus, on constate que la plus grande différence de vente dans la moitié centrale de la série est d'environ 13 journaux. Le coefficient de variation est de 14%, ce qui indique que la distribution est peu dispersée autour de la moyenne et donc presque homogène en termes de nombre de journaux vendus par jour. Cela indique qu'il y a relativement peu de variation dans les ventes au sein de cette plage.

f. Nous avons constaté que 59,52% des jours ont enregistré des ventes comprises entre 46,774 et 62,034 journaux vendus. Dans cet intervalle, la distribution est moins peuplée que celle d'une distribution normale, avec seulement 59,52% des données tombant dans cette plage, comparé aux 68,27% attendus pour une distribution normale. Cependant, compte tenu du coefficient de variation relativement faible, les données de ventes suggèrent toujours une tendance stable et cohérente dans les ventes.

En supposant que les données en question reflètent une situation réelle, il est possible que plusieurs facteurs soient responsables du faible pourcentage observé dans cet intervalle entre autres :

- o Les facteurs saisonniers : Les ventes de journaux peuvent être influencées par des facteurs saisonniers tels que les vacances, les jours fériés, ou les variations météorologiques. Si la période d'observation inclut des périodes de faible activité pour la vente de journaux, cela peut expliquer pourquoi seulement 59,52% des jours ont enregistré des ventes dans l'intervalle donné.

- o Les effets spécifiques du marché : Les conditions économiques locales, la concurrence d'autres sources d'information, ou d'autres facteurs spécifiques au marché peuvent également influencer les ventes de journaux. Si le marché dans lequel le marchand de journaux opère connaît des défis particuliers pendant la période d'observation, cela peut expliquer la différence par rapport à une distribution normale.

- o La variabilité naturelle : Les ventes de journaux peuvent naturellement varier d'un jour à l'autre en raison de différents facteurs aléatoires, tels que les comportements d'achat des clients, les événements imprévus ou les fluctuations de la demande. Cette variabilité naturelle peut expliquer pourquoi seulement 59,52% des jours ont enregistré des ventes dans l'intervalle donné.

- o Les erreurs de mesure : Les chiffres de ventes relevés peuvent être sujets à des erreurs de mesure, telles que des erreurs de comptage, des erreurs de saisie de données ou d'autres erreurs humaines. Si ces erreurs sont présentes dans les données collectées, elles peuvent influencer la distribution observée.

• **Exercice 19 :** Le tableau ci-contre présente la répartition des 200 salariés d'une entreprise en fonction de leur ancienneté en années :

Années d'ancienneté (x_i)	Effectifs (n_i)
[0;10 [	30
[10;20 [	100
[20;30 [	40
[30;40 [	20
[40;50 [	10
Total	200

a. Préciser la population observée et le caractère statistique utilisé.

b. Tracer l'histogramme de la distribution pour représenter graphiquement la répartition des valeurs de l'ancienneté des employés et observer la forme de la distribution.

c. Calculer la médiane, Q_1 (premier quartile) et Q_3 (troisième quartile) pour obtenir des mesures de position centrale et d'étalement de la distribution de l'ancienneté des employés.

d. Tracer les courbes des fréquences cumulées ascendantes et descendantes pour analyser la progression des effectifs en fonction de l'ancienneté et retrouver graphiquement les valeurs de la médiane Q_1 et Q_3 sur ces courbes.

e. Calculer le coefficient de variation pour évaluer la variabilité relative de l'ancienneté des employés par rapport à la moyenne et exprimer cette variabilité en pourcentage.

f. Calculer le pourcentage d'employés dont l'ancienneté se situe entre la moyenne moins l'écart-type et la moyenne plus l'écart-type pour évaluer la proportion d'employés dont l'ancienneté se situe dans cet intervalle autour de la moyenne.

g. Calculer les moments centrés d'ordre 0 à 4 à partir de la formule développée pour obtenir des mesures détaillées de tendance et de dispersion de la distribution de l'ancienneté des employés.

Solution

a : La population observée est constituée de 200 employés d'une entreprise, dont l'ancienneté en années est utilisée comme caractère statistique.

b : Traçons l'histogramme de la distribution

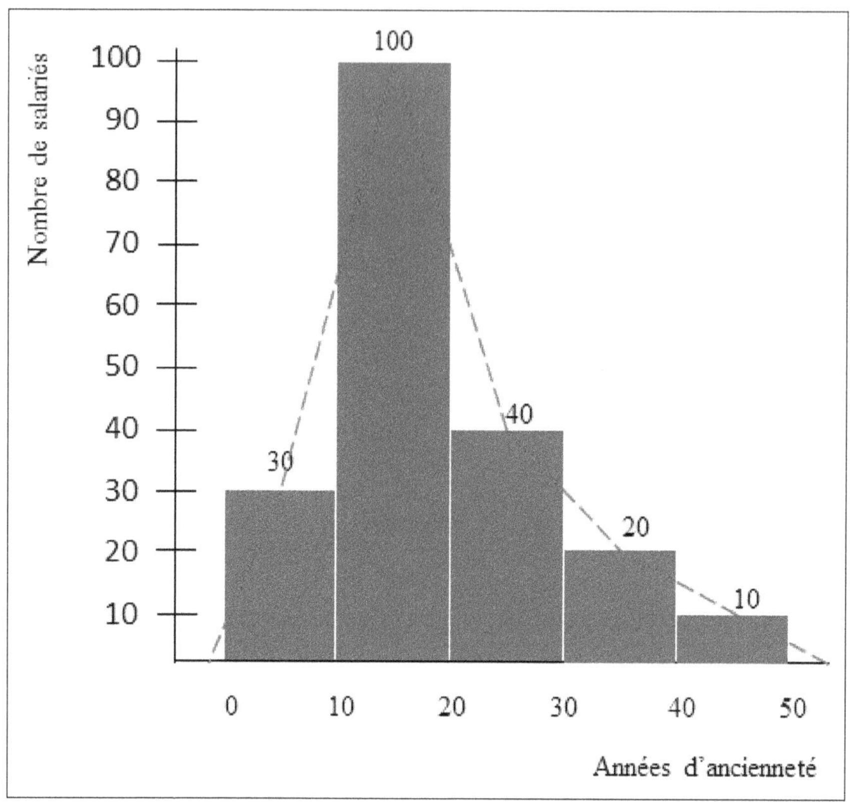

Le tableau suivant montre les données nécessaires pour résoudre cet exercice :

Années d'ancienneté	x_i	n_i	$n_i x_i$	$n_i x_i^2$	f_i	$f_i \uparrow$	$f_i \downarrow$
[0;10 [	5	30	150	750	15.00	15.00	100.00
[10;20 [	15	100	1500	22500	50.00	65.00	85.00
[20;30 [	25	40	1000	25000	20.00	85.00	35.00
[30;40 [	35	20	700	24500	10.00	95.00	15.00
[40;50 [	45	10	450	20250	5.00	100.00	5.00
Total		200	3800	93000			

c : Calculons la médiane Q_1 et Q_3 :

$$Me = a_i + (a_{i+1} - a_i)\frac{(50 - F_i)}{(F_{i+1} - F_i)}$$

$$= 10 + (20 - 10)\frac{(50 - 15)}{(65 - 15)}$$

$$= 17 \text{ ans}$$

$$Q_1 = a_i + (a_{i+1} - a_i)\frac{(25 - F_i)}{(F_{i+1} - F_i)}$$

$$= 10 + (20 - 10)\frac{(25 - 15)}{(65 - 15)}$$

$$= 12 \text{ ans}$$

$$Q_3 = a_i + (a_{i+1} - a_i)\frac{(75 - F_i)}{(F_{i+1} - F_i)}$$

$$= 20 + (30 - 20)\frac{(75 - 65)}{(85 - 65)}$$

$$= 25 \text{ ans}$$

d : Les courbes des fréquences cumulées ascendante et descendante sont les suivantes:

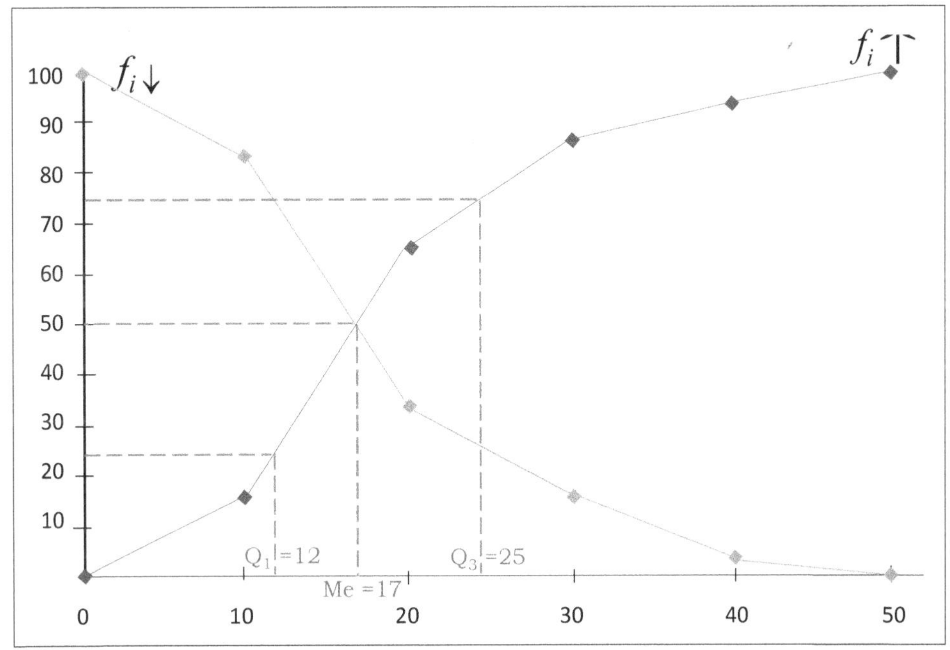

e : Calculons le coefficient de variation :

La moyenne de la distribution est:

$$\bar{x} = \frac{1}{n}\sum_{i=1}^{i=5} n_i x_i = \frac{3\,800}{200}$$

$$= 19 \text{ ans}$$

La variance de la distribution est :

$$V(x) = \frac{1}{n} \sum_{i=1}^{i=5} n_i x_i^2 - \bar{x}^2$$

$$= \frac{93\,000}{200} - (19)^2$$

$$= 104$$

L'écart-type de la distribution est :

$$\sigma = \sqrt{V(x)}$$

$$= \sqrt{104{,}04}$$

$$= 10{,}2 \text{ ans}$$

Le coefficient de variation est :

$$\text{CV} = \frac{\sigma}{|\bar{x}|} \text{x}100 = \frac{10,2}{19}$$

$$= 53{,}68\%$$

f : Calculons le pourcentage de travailleurs ayant une ancienneté comprise entre la moyenne moins l'écart-type et la moyenne plus l'écart-type.

f-1 : Calculons la moyenne plus ou moins l'écart-type :

$$\bar{x} - \sigma = 19 \ - 10{,}2$$
$$= 8{,}8 \text{ ans}$$
$$\bar{x} + \sigma = 19 \ + 10{,}2$$
$$= 29{,}2 \text{ ans}$$

f-2 : Calculons le pourcentage de travailleurs ayant une ancienneté inférieure à $\bar{x} - \sigma$, c'est-à-dire inférieure à 8,8 ans.

Soit $P_{<\bar{x}-\sigma}$ le pourcentage cherché, nous utilisons la formule d'interpolation linéaire en prenant comme base le couple de données $(a_i, f_i \uparrow)$:

$$\bar{x} - \sigma = a_i + (a_{i+1} - a_i)\frac{(P_{<\bar{x}-\sigma} - F_i)}{(F_{i+1} - F_i)}$$

$$8{,}8 = 0 + (10 - 0)\frac{(P_{<\bar{x}-\sigma} - 0)}{(15 - 0)}$$

$$P_{<\bar{x}-\sigma} = 13{,}2\%$$

Le pourcentage de travailleurs ayant une ancienneté inférieure à 8,8 ans est égal à 13,2%.

f-3 : Calculons le pourcentage de travailleurs ayant une ancienneté inférieure à $\bar{x} + \sigma$, c'est-à-dire inférieure à 29,2 ans.

Soit $P_{<\bar{x}+\sigma}$ le pourcentage cherché, nous utilisons la formule d'interpolation linéaire en prenant comme base le couple de données $(a_i, f_i \uparrow)$:

$$\bar{x} + \sigma = a_i + (a_{i+1} - a_i)\frac{(P_{<\bar{x}+\sigma} - F_i)}{(F_{i+1} - F_i)}$$

$$29{,}2 = 20 + (30 - 20)\frac{(P_{<\bar{x}+\sigma} - 65)}{(85 - 65)}$$

$$P_{<\bar{x}+\sigma} = 83{,}4\%$$

Le pourcentage de travailleurs ayant une ancienneté inférieure à 29,2 ans est égal à 83,4%.

f-4 : Le pourcentage de travailleurs ayant une ancienneté comprise entre 8,8 ans et 29,2 ans est égal à :

$$83{,}4 - 13{,}2 = 80{,}2\%$$

Ceci correspond à 160 personnes sur 200.

g : Calculons les moments centrés d'ordre 0 à 4 à partir de la formule développée.

g-1 : Calculons les moments non-centrés d'ordre 0 à 4 :

$$m_0 = 1$$

$$m_1 = \frac{1}{n}\sum_{i=1}^{5} n_i x_i = \frac{3\,800}{200}$$

$$= 19$$

$$m_2 = \frac{1}{n}\sum_{i=1}^{5} n_i x_i{}^2 = \frac{93\,000}{200}$$

$$= 465$$

$$m_3 = \frac{1}{n}\sum_{i=1}^{5} n_i x_i{}^3 = \frac{2\,735\,000}{200}$$

$$= 13\,675$$

$$m_4 = \frac{1}{n}\sum_{i=1}^{5} n_i x_i{}^4 = \frac{91\,725\,000}{200}$$

$$= 458\,625$$

g-2 : Calculons les moments centrés d'ordre 0 à 4 :

$$\mu_0 = 1$$

$$\mu_1 = 0$$

$$\mu_2 = m_2 - m_1^2$$

$$= 465 - (19)^2$$

$$= 104$$

$$\mu_3 = m_3 - 3m_1 m_2 + 2m_1^3$$
$$= 1\,3675 - 3(19)(465) + 2(19)^3$$
$$= 888$$
$$\mu_4 = m_4 - 4m_1 m_3 + 6m_1^2 m_2 - 3m_1^4$$
$$= 458\,625 - 4(19)(13\,675) + 6(19)^2(465) - 3(19)^4$$
$$= 35\,552$$

<u>INTERPRÉTATION DES RÉSULTATS</u>

Dans cette entreprise :

d.

- Les employés ont en moyenne 19 ans d'ancienneté, ce qui indique une certaine stabilité dans la durée de service des employés.
- Il y a autant d'employés qui ont une ancienneté inférieure à 17 ans que ceux qui en ont plus, ce qui montre une distribution équilibrée des valeurs d'ancienneté.
- 25% des employés ont une ancienneté inférieure à 12 ans, ce qui signifie que 75% des employés ont une ancienneté supérieure à 12 ans, mettant en évidence une concentration d'employés avec une longue durée de service.
- 75% des employés ont une ancienneté inférieure à 25 ans, ce qui indique que 25% des employés ont une ancienneté supérieure à 25 ans, montrant une répartition inégale de l'ancienneté des employés, avec certains approchant de l'âge de la retraite et d'autres ayant encore un long chemin à parcourir.

e. Le coefficient de variation est égal à 53,68%, ce qui indique que la distribution est dispersée et montre une variation importante dans les valeurs d'ancienneté des employés.

f. Sur la base de ces résultats, nous pouvons conclure que l'ancienneté des employés dans cette entreprise varie significativement. Cependant, malgré cette répartition dispersée, nous avons constaté que 80,2 % des travailleurs ont une ancienneté comprise entre 8,8 ans et 29,2 ans. Cette plage est plus peuplée que la distribution normale, avec 80,2 % de la population se situant dans cette plage par rapport aux 68,27 % attendus. Cela indique que la plupart des employés ont une ancienneté considérée comme standard et que l'entreprise maintient une main-d'œuvre relativement stable.

Dans une situation réelle, une si forte concentration dans l'intervalle entre la moyenne moins l'écart-type et la moyenne plus l'écart-type peut se justifier par le fait que cette entreprise peut avoir:

- o Une politique de rétention des employés et d'ancienneté stable : Si l'entreprise a une politique de rétention des employés et encourage les employés à rester plus longtemps dans l'entreprise, cela peut entraîner une concentration des valeurs d'ancienneté autour de la moyenne. Les employés qui restent plus longtemps accumuleront une ancienneté plus élevée, ce qui conduira à une concentration des valeurs d'ancienneté dans l'intervalle entre la moyenne moins l'écart-type et la moyenne plus l'écart-type.

- o Un système d'avantages ou d'incitations pour motiver les employés à rester plus longtemps les employés à rester plus longtemps : Si l'entreprise offre des avantages, des incitations ou des récompenses aux employés qui restent plus longtemps dans l'entreprise, cela peut encourager les employés à accumuler une ancienneté plus élevée. Par exemple, des avantages tels que des augmentations de salaire, des promotions, des avantages sociaux ou des avantages liés à l'ancienneté peuvent inciter les employés à rester plus longtemps, ce qui entraînera une concentration des valeurs d'ancienneté dans l'intervalle entre la moyenne moins l'écart-type et la moyenne plus l'écart-type.

• **Exercice 20 :** Dans une centrale d'approvisionnements, pour chaque livraison effectuée, on a relevé le nombre de kilomètres parcourus. Le tableau ci-dessous résume les observations recueillies pendant une semaine, offrant ainsi une vue d'ensemble de la distribution des données :

Parcours en Km	Nombre de livraisons
[0;6 [	6
[6;12 [	36
[12;18 [	52
[18;24 [	62
[24;30 [	71
[30;36 [	78
[36;42 [	65
[42;48 [	60
[48;54 [	40
[54;60 [	10
Total	480

a. Tracer l'histogramme de la distribution pour visualiser la répartition des kilométrages parcourus.

b. Tracer les courbes de fréquences cumulées ascendantes et descendantes pour mieux comprendre l'évolution de la distribution.

c. Déterminer le kilométrage modal de la distribution, c'est-à-dire la valeur la plus fréquemment observée.

d. Calculer le nombre moyen de kilomètres parcourus par livraison pour avoir une idée de la distance typique parcourue.

e. Trouver le nombre médian de kilomètres parcourus par livraison, qui représente la valeur au centre de la distribution et donner une indication sur la tendance centrale des données.

f. Calculer la distance interquartile, qui mesure l'écart entre le $25^{\text{ème}}$ et le $75^{\text{ème}}$ percentile des données, pour évaluer la dispersion des kilométrages parcourus.

g. Calculer le coefficient de variation, qui permet de quantifier la variabilité relative des données par rapport à leur moyenne, pour évaluer la dispersion des données relativement à leur niveau moyen.

h. Déterminer le pourcentage de livraisons nécessitant un parcours dont la distance en kilomètres est inférieure au mode, afin de comprendre la proportion de livraisons avec une faible distance parcourue.

i. Calculer le pourcentage de livraisons nécessitant un parcours dont la distance en kilomètres est inférieure à la moyenne, pour évaluer la proportion de livraisons avec une distance parcourue en deçà de la moyenne.

j. Calculer le parcours total représenté par les 10% des livraisons les plus rentables en termes de kilométrage, pour comprendre l'impact de ces livraisons sur l'ensemble des kilomètres parcourus.

k. Calculer le pourcentage de livraisons nécessitant un parcours dont la distance en kilomètres est comprise entre $\bar{x} - \sigma$ et $\bar{x} + \sigma$, pour évaluer la proportion de livraisons avec une distance parcourue à l'intérieur d'un intervalle centré sur la moyenne et élargi d'un écart-type.

l. Calculer les moments centrés d'ordre 0 à 4 à partir de la formule développée, pour obtenir des mesures de dispersion et d'asymétrie plus détaillées sur la distribution des kilométrages parcourus

Solution

a : Traçons l'histogramme de la distribution :

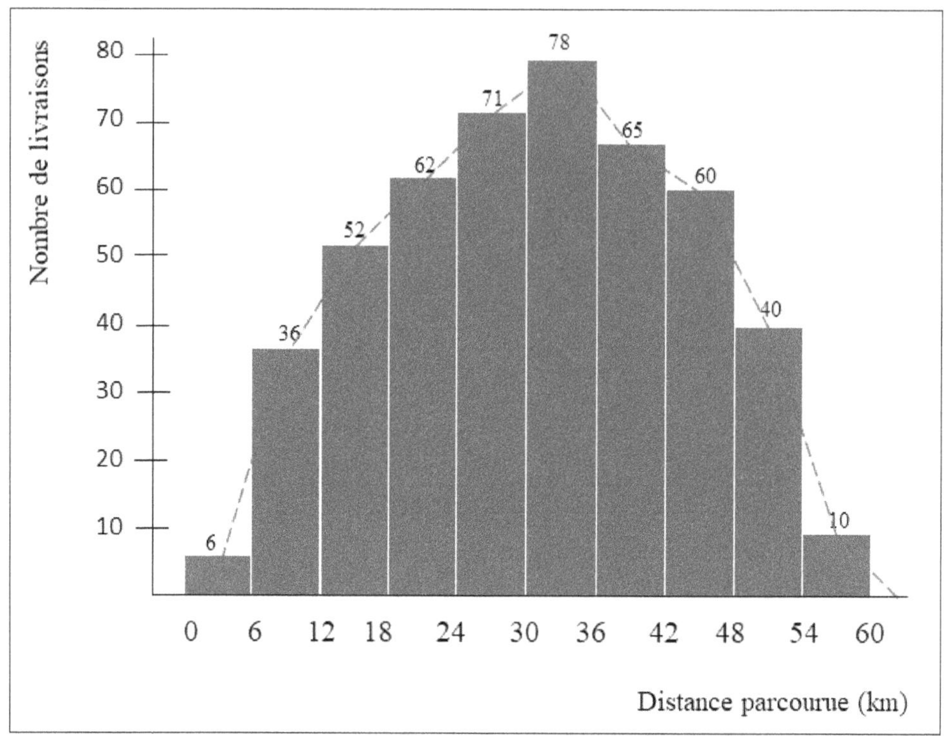

Le tableau suivant montre les données nécessaires pour résoudre cet exercice :

Distance	x_i	n_i	$n_i x_i$	$n_i x_i^2$	$n_i x_i^3$	$n_i x_i^4$	f_i	$f_i\uparrow$
[0;6 [	3	6	18	54	162	486	1.25	1.25
[6;12 [	9	36	324	2916	26244	236196	7.50	8.75
[12;18 [	15	52	780	11700	175500	2632500	10.83	19.58
[18;24 [	21	62	1302	27342	574182	12057822	12.92	32.50
[24;30 [	27	71	1917	51759	1397493	37732311	14.79	47.29
[30;36 [	33	78	2574	84942	2803086	92501838	16.25	63.54
[36;42 [	39	65	2535	98865	3855735	150373665	13.54	77.08
[42;48 [	45	60	2700	121500	5467500	246037500	12.50	89.58
[48;54 [	51	40	2040	104040	5306040	270608040	8.33	97.92
[54;60 [	57	10	570	32490	1851930	105560010	2.08	100.00
Total		480	14760	535608	21457872	917740368		

b : Les courbes des fréquences cumulées ascendantes et descendantes sont les suivantes:

190

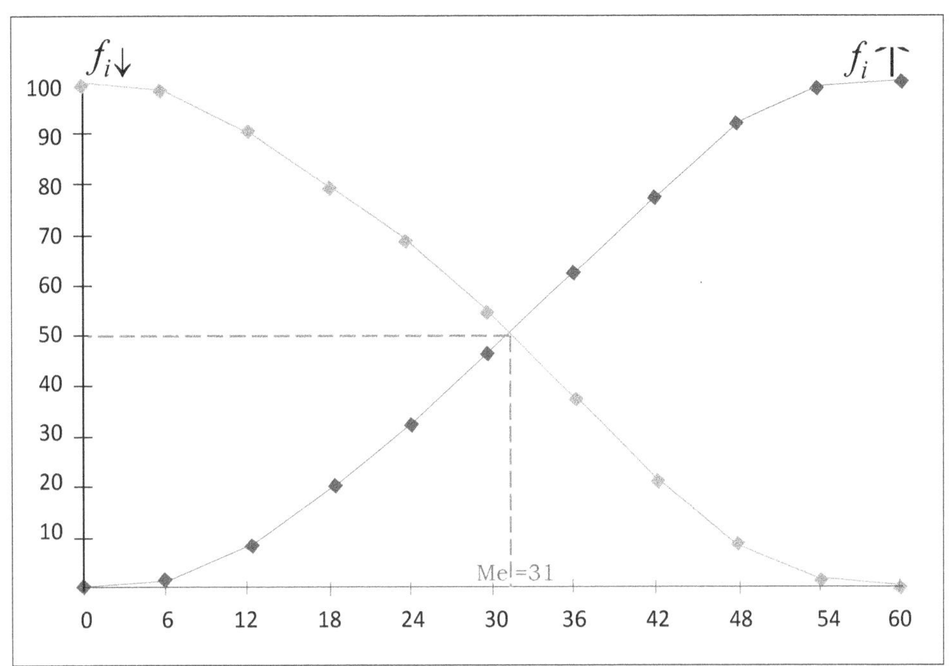

c : La classe modale est [30 ; 36[et le kilométrage modal de la distribution est de 33 Km.

d : Le nombre moyen de kilomètres par livraison est de :

$$\bar{x} = \frac{1}{n} \sum_{i=1}^{i=10} n_i x_i = \frac{14\,760}{480}$$

$$= 30{,}75 \text{ Km}$$

e : Le nombre médian de kilomètres par livraison est égale à :

$$Me = a_i + (a_{i+1} - a_i)\frac{(50 - F_i)}{(F_{i+1} - F_i)}$$

$$= 30 + (36 - 30)\frac{(50 - 47{,}29)}{(63{,}54 - 47{,}29)}$$

$$= 31 \text{ Km}$$

f : Calculons la distance interquartile :

$$Q_1 = a_i + (a_{i+1} - a_i)\frac{(25 - F_i)}{(F_{i+1} - F_i)}$$

$$= 18 + (24 - 18)\frac{(25 - 19{,}58)}{(32{,}5 - 19{,}58)}$$

$$= 20{,}52$$

$$Q_3 = a_i + (a_{i+1} - a_i)\frac{(75 - F_i)}{(F_{i+1} - F_i)}$$

$$= 36 + (42 - 36)\frac{(75 - 63{,}54)}{(77{,}08 - 63{,}54)}$$

$$= 41{,}08$$

$$\text{Distance interquartile} = Q_3 - Q_1$$

$$= 41{,}08 - 20{,}52$$

$$= 20{,}56 \text{ Km}$$

g : Le coefficient de variation de la distribution est :

Calculons d'abord l'écart-type :

$$\sigma = \sqrt{\frac{1}{n}\sum_{i=1}^{i=10} n_i x_i^2 - \bar{x}^2}$$

$$= \sqrt{\frac{535\,608}{480} - (30{,}75)^2}$$

$$= \sqrt{170{,}28749283}$$

$$= 13{,}049425 \text{ Km}$$

Le coefficient de variation est :

$$CV = \frac{\sigma}{|\bar{x}|}$$

$$= \frac{13{,}049425}{30{,}75}\,\text{x}100$$

$$= 42{,}437\%$$

<u>INTERPRÉTATION DES RÉSULTATS</u>

c. La grande majorité des livraisons s'effectuent dans une plage de distances allant de 30 à 36 km, avec une distance modale de 33 km pour les livraisons, ce qui représente le kilométrage le plus fréquent.

d. En moyenne, chaque livraison est effectuée à une distance de 30,75 km, ce qui signifie que si les lieux de livraison étaient répartis de manière équidistante, ils se situeraient tous à une distance d'environ 30,75 km.

h : Calculons le pourcentage de livraisons nécessitant un parcours dont la distance en kilomètres est inférieure au mode, c'est-à-dire inférieure à 33 Km.

Soit $P_{<mode}$ le pourcentage cherché, nous utilisons la formule d'interpolation linéaire en prenant comme base le couple de données $(a_i, f_i \uparrow)$:

$$Mode = a_i + (a_{i+1} - a_i)\frac{(P_{<mode} - F_i)}{(F_{i+1} - F_i)}$$

$$33 = 30 + (36 - 30)\frac{(P_{<mode} - 47{,}29)}{(63{,}54 - 47{,}29)}$$

$$P_{<mode} = 55{,}415\%$$

Le pourcentage de livraisons nécessitant un parcours dont la distance en kilomètres est inférieure à 33 Km est égal à 55,415%. Ce qui représente 266 livraisons.

i : Calculons le pourcentage de livraisons nécessitant un parcours dont la distance en kilomètres est inférieure à la moyenne, c'est-à-dire inférieure à 30,75 Km.

Soit $P_{<\bar{x}}$ le pourcentage cherché, nous utilisons la formule d'interpolation linéaire en prenant comme base le couple de données $(a_i, f_i \uparrow)$:

$$\bar{x} = a_i + (a_{i+1} - a_i)\frac{(P_{<\bar{x}} - F_i)}{(F_{i+1} - F_i)}$$

$$30{,}75 = 30 + (36 - 30)\frac{(P_{<\bar{x}} - 47{,}29)}{(63{,}54 - 47{,}29)}$$

$$P_{<\bar{x}} = 49{,}32\%$$

Le pourcentage de livraisons nécessitant un parcours dont la distance en kilomètres est inférieure à 30,75 Km est égal à 49,32%. Ce qui représente 237 livraisons.

j : Calculons le parcours que représentent les 10% des livraisons les plus rentables (en termes de kilométrage).

Soit D_{10} cette distance, nous utilisons la formule d'interpolation linéaire en prenant comme base le couple de données $(a_i, f_i \uparrow)$:

$$D_{10} = 12 + (18 - 12)\frac{(10 - 8{,}75)}{(19{,}58 - 8{,}75)}$$

$$D_{10} = 12,69 \text{ Km}$$

Les 10% des livraisons les plus rentables sont autour de 12,69 Km.

k : Calculons le pourcentage de livraisons nécessitant un parcours dont la distance en kilomètres est comprise entre $\bar{x} - \sigma$ et $\bar{x} + \sigma$.

k-1 : La moyenne plus ou moins l'écart-type est:

$$\bar{x} - \sigma = 30,75 - 13,049425$$
$$= 17,701 \text{ Km}$$
$$\bar{x} + \sigma = 30,75 + 13,049425$$
$$= 43,799 \text{ Km}$$

k-2 : Calculons le pourcentage de livraisons nécessitant un parcours dont la distance en kilomètres est inférieure à $\bar{x} - \sigma$, c'est-à-dire 17,701 Km.

Soit $P_{<\bar{x}-\sigma}$ le pourcentage cherché, nous utilisons la formule d'interpolation linéaire en prenant comme base le couple de données $(a_i, f_i \uparrow)$:

$$\bar{x} - \sigma = a_i + (a_{i+1} - a_i)\frac{(P_{<\bar{x}-\sigma} - F_i)}{(F_{i+1} - F_i)}$$
$$17,701 = 12 + (18 - 12)\frac{(P_{<\bar{x}-\sigma} - 8,75)}{(19,58 - 8,75)}$$
$$P_{<\bar{x}-\sigma} = 19,04\%$$

Le pourcentage de livraisons nécessitant un parcours dont la distance en kilomètres est inférieure à 17,701 Km est égal à 19,04%, ce qui représente 91 livraisons.

k-3 : Calculons le pourcentage de livraisons nécessitant un parcours dont la distance en kilomètres est inférieure à $\bar{x} + \sigma$, c'est-à-dire 43,799 Km.

Soit $P_{<\bar{x}+\sigma}$ le pourcentage cherché, nous utilisons la formule d'interpolation linéaire en prenant comme base le couple de données $(a_i, f_i \uparrow)$:

$$\bar{x} + \sigma = a_i + (a_{i+1} - a_i)\frac{(P_{<\bar{x}+\sigma} - F_i)}{(F_{i+1} - F_i)}$$
$$43,799 = 24 + (48 - 42)\frac{(P_{<\bar{x}+\sigma} - 32,5)}{(47,29 - 32,5)}$$
$$P_{<\bar{x}+\sigma} = 81,30\%$$

Le pourcentage de livraisons nécessitant un parcours dont la distance en kilomètres est inférieure à 43,799 Km est égal à 81,30%, ce qui représente 390 livraisons.

k-4 : Le pourcentage des livraisons nécessitant un parcours dont la distance en kilomètres est comprise entre $\bar{x} - \sigma = 17,701$ Km et $\bar{x} + \sigma = 43,799$ Km est égal à :

$$81,30 - 19,04 = 62,26\%$$

$$\text{C'est à dire } 390-91=299 \text{ livraisons.}$$

l : Calculons les moments centrés d'ordre 0 à 4 à partir de la formule développée :

l-1 : Calculons les moments non-centrés d'ordre 0 à 4 :

$$m_0 = 1$$

$$m_1 = \frac{1}{n}\sum_{i=1}^{10} n_i x_i = \frac{14\,760}{480}$$

$$= 30{,}75$$

$$m_2 = \frac{1}{n}\sum_{i=1}^{10} n_i x_i{}^2 = \frac{535\,608}{480}$$

$$= 1\,115{,}85$$

$$m_3 = \frac{1}{n}\sum_{i=1}^{10} n_i x_i{}^3 = \frac{21\,457\,872}{480}$$

$$= 44\,703{,}9$$

$$m_4 = \frac{1}{n}\sum_{i=1}^{10} n_i x_i{}^4 = \frac{917\,740\,368}{480}$$

$$= 1\,911\,959{,}10$$

l-2 : Calculons les moments centrés d'ordre 0 à 4 :

$$\mu_0 = 1$$

$$\mu_1 = 0$$

$$\mu_2 = m_2 - m_1^2$$

$$= 1\,115{,}85 - (30{,}75)^2$$

$$= 170{,}29$$

$$\mu_3 = m_3 - 3m_1 m_2 + 2m_1^3$$
$$= 44\,703{,}90 - 3(30{,}75)(1\,115{,}85) + 2(30{,}75)^3$$
$$= -81{,}17$$
$$\mu_4 = m_4 - 4m_1 m_3 + 6m_1^2 m_2 - 3m_1^4$$

$$= 1\,911\,959,10 - 4(30,75)(44\,703,90) + 6(30,75)^2(1\,115,85) - 3(30,75)^4$$
$$= 61\,749,57$$

<u>INTERPRETATION DES RESULTATS</u>

h. Plus de la moitié des livraisons, soit 55,415% du total (soit 266 livraisons), nécessitent un parcours de moins de 33 kilomètres. Cela indique que la distance typique parcourue pour la majorité des livraisons est relativement courte. Cette information peut être utile pour optimiser les itinéraires de livraison, réduire les coûts de transport et améliorer l'efficacité globale du processus d'approvisionnement.

i. Le pourcentage de livraisons nécessitant un parcours de moins de 30,75 km s'élève à 49,32%, ce qui équivaut à un total de 237 livraisons. Cette donnée met en évidence que presque la moitié des livraisons sont effectuées sur de courtes distances, avec moins de 30,75 km à parcourir. Cela montre que la majorité des livraisons sont certainement locales et impliquent des trajets relativement courts.

j. Il est intéressant de noter que la distance moyenne des 10% des livraisons les plus rentables est de 12,69 kilomètres. Cette information met en évidence l'importance de la gestion efficace des itinéraires de livraison pour maximiser la rentabilité des opérations logistiques. En optimisant la planification des trajets sur de courtes distances, il est possible de réduire les coûts de transport, d'améliorer la satisfaction des clients grâce à des délais de livraison plus courts, et de maximiser les profits globaux de l'entreprise.

k. Il est important de noter que parmi l'ensemble des livraisons effectuées, une proportion de 62,26% d'entre elles, soit un total de 299 livraisons, nécessitent un parcours dont la distance se situe entre 17,701 kilomètres et 43,799 kilomètres. Cette plage de distances présente une particularité intéressante, car elle montre une légère différence par rapport à une distribution normale, où l'on s'attendrait généralement à une proportion de 68,27% de la population pour cette plage de distances. Ainsi, cette distribution de livraisons présente une concentration légèrement inférieure dans cet intervalle de distances, avec 62,26% des livraisons concernées.

Dans une situation réelle, cette différence peut être significative et pourrait refléter des variations dans les habitudes de livraison, les préférences des clients ou les conditions géographiques spécifiques de la zone de livraison.

• **Exercice 21 :** Poursuivons l'exercice **13** de la section **4.8.1.** Il s'agit d'un tableau donnant le nombre de personnes guéries d'une pandémie virale dans un pays, ainsi que le temps de séjour à l'hôpital (en jours) avant que la guérison totale ne soit attestée et prononcée par le corps médical, pour une période de temps donnée. Les données sont réparties en intervalles de temps de séjour, allant de moins de 5 jours à plus de 70 jours.

Données venant de l'exercice 13

(x_i) = temps de séjour à l'hôpital		(n_i) = nombre de patients	
Mode = 65 jours		Moyenne = 66,75 jours	Médiane = 69,123 jours

Temps passé à l'hôpital	x_i	n_i	$n_i x_i$	f_i	$f_i \uparrow$
[0;5 [	2.5	12711	31777.5	4.48	4.48
[5;20 [	12.5	3512	43900	1.24	5.72
[20;40 [	30	13024	390720	4.59	10.31
[40;60 [	50	52646	2632300	18.56	28.88
[60;70 [	65	65665	4268225	23.15	52.03
[70;100 [	85	136051	11564335	47.97	100.00
Total		283609	18931257.5	100.00	

a. Calculer le premier et le neuvième décile de la distribution.

b. Calculer l'écart interquartile.

c. Calculer la variance.

d. Calculer l'écart-type.

e. Calculer le coefficient de variation.

f. Calculer le pourcentage de personnes guéries dont le temps de séjour à l'hôpital est compris entre $\bar{x} - \sigma$ et $\bar{x} + \sigma$.

g : Calculer les moments centrés d'ordre 0 à 4 à partir de la formule développée.

Solution

Le tableau suivant montre les données nécessaires pour résoudre cet exercice :

Classes	x_i	n_i	n_ix_i	$n_ix_i^2$	$n_ix_i^3$	$n_ix_i^4$	f_i	$f_i\uparrow$
[0;5 [	2.5	12711	31777.5	79443.75	198609	496523	4.48	4.48
[5;20 [	12.5	3512	43900	548750	6859375	85742188	1.24	5.72
[20;40 [	30	13024	390720	11721600	351648000	10549440000	4.59	10.31
[40;60 [	50	52646	2632300	131615000	6580750000	329037500000	18.56	28.88
[60;70 [	65	65665	4268225	277434625	18033250625	1172161290625	23.15	52.03
[70;100 [	85	136051	11564335	982968475	83552320375	7101947231875	47.97	100.00
Total		283609	18931257.5	1404367894	108525026984	8613781701211	100.00	

a : Calculons le premier et le neuvième décile de la distribution:

$$D_1 = a_i + (a_{i+1} - a_i)\frac{(10 - F_i)}{(F_{i+1} - F_i)}$$

$$= 20 + (40 - 20)\frac{(10 - 5,72)}{(10,31 - 5,72)}$$

$$= 38,65 \text{ jours}$$

$$= 38 \text{ jours et } 15 \text{ heures}$$

$$D_9 = a_i + (a_{i+1} - a_i)\frac{(90 - F_i)}{(F_{i+1} - F_i)}$$

$$= 70 + (100 - 70)\frac{(90 - 52,03)}{(100 - 52,03)}$$

$$= 93,75 \text{ jours}$$

$$= 93 \text{ jours et } 18 \text{ heures}$$

b : Calculons l'écart interquartile de la distribution :

$$Q_1 = a_i + (a_{i+1} - a_i)\frac{(25 - F_i)}{(F_{i+1} - F_i)}$$

$$= 40 + (60 - 40)\frac{(25 - 10,31)}{(28,88 - 10,31)}$$

$$= 55,82 \text{ jours}$$

$$= 55 \text{ jours et } 19 \text{ heures}$$

$$Q_3 = a_i + (a_{i+1} - a_i)\frac{(75 - F_i)}{(F_{i+1} - F_i)}$$

$$= 70 + (100 - 70)\frac{(75 - 52,03)}{(100 - 52,03)}$$

$$= 84,37 \text{ jours}$$

$$= 84 \text{ jours et } 8 \text{ heures}$$

$$\text{L'écart Interquartile} = Q_3 - Q_1$$

$$= 84,37 \text{ jours} - 55,82 \text{ jours}$$

$$= 28,55 \text{ jours}$$

$$= 28 \text{ jours et } 13 \text{ heures}$$

c : La variance de la distribution est :

$$V(x) = \frac{1}{n}\sum_{i=1}^{i=6} n_i x_i^2 - \bar{x}^2$$

$$= \frac{1\,404\,367\,894}{283\,609} - (66,75\,)^2$$

$$= 496,04$$

d : L'écart-type de la distribution est :

$$\sigma = \sqrt{V(x)}$$

$$= \sqrt{496,04}$$

$$= 22,27$$

$$= 22 \text{ jours et } 6 \text{ heures}$$

e : Le coefficient de variation de la distribution est :

$$\text{CV} = \frac{\sigma}{|\bar{x}|}$$

$$= \frac{22,27}{66,75} \times 100$$

$$= 33\%$$

f : Calculons le pourcentage de personnes guéries et dont le temps de séjour à l'hôpital est compris entre $\bar{x} - \sigma$ et $\bar{x} + \sigma$.

f-1 : La moyenne plus ou moins l'écart-type est :

$$\bar{x} - \sigma = 66,75 - 22,27$$

$$= 44,48 \text{ jours}$$

$$\bar{x} + \sigma = 66,75 + 22,27$$

$$= 88,99 \text{ jours}$$

f-2 : Calculons le pourcentage de personnes guéries et dont le temps de séjour à l'hôpital est inférieur à 44,48 jours.

Soit $P_{<\bar{x}-\sigma}$ le pourcentage cherché, nous utilisons la formule d'interpolation linéaire en prenant comme base le couple de données $(a_i, f_i \uparrow)$:

$$\bar{x} - \sigma = a_i + (a_{i+1} - a_i)\frac{(P_{<\bar{x}-\sigma} - F_i)}{(F_{i+1} - F_i)}$$

$$44,48 = 40 + (60 - 40)\frac{(P_{<\bar{x}-\sigma} - 10,31)}{(28,88 - 10,31)}$$

$$P_{<\bar{x}-\sigma} = 14,47\%$$

Le pourcentage de personnes guéries et dont le temps de séjour à l'hôpital est inférieur à 44,48 jours est égal à 14,47%. Ce qui représente 41 038 personnes.

f-3 : Calculons le pourcentage de personnes guéries et dont le temps de séjour à l'hôpital est inférieur à 88,99 jours.

Soit $\square_{<\square+\square}$ le pourcentage cherché, nous utilisons la formule d'interpolation linéaire en prenant comme base le couple de données $(\square\square, \square\square\uparrow)$:

$$\bar{x} + \sigma = a_i + (a_{i+1} - a_i)\frac{(P_{<\bar{x}+\sigma} - F_i)}{(F_{i+1} - F_i)}$$

$$88,99 = 70 + (100 - 70)\frac{(P_{<\bar{x}+\sigma} - 52,03)}{(100 - 52,03)}$$

$$P_{<\bar{x}+\sigma} = 82,39\%$$

Le pourcentage de personnes guéries et dont le temps de séjour à l'hôpital est inférieur à 88,99 jours est égal à 82,39%. Ce qui représente 233 665 personnes.

f-4 : Le pourcentage de personnes guéries et dont le temps de séjour à l'hôpital est entre $\square - \square =$ 44,48 jours et $\square + \square =$ 88,99 jours est égal à :

$$82,39 - 14,47 = 67,92\%$$

C'est-à-dire, 233 665 − 41038 = 192 627 personnes.

g : Calculons les moments centrés d'ordre 0 à 4 à partir de la formule développée :

g-1 : Calculons les moments non-centrés d'ordre 0 à 4 :

$$m_0 = 1$$

$$m_1 = \frac{1}{n}\sum_{i=1}^{i=6} n_i x_i = \frac{18\,931\,257,5}{283\,609}$$

$$= 66,75$$

$$m_2 = \frac{1}{n}\sum_{i=1}^{i=6} n_i x_i{}^2 = \frac{1\,404\,367\,893,75}{283\,609}$$

$$= 4\,951,77$$

$$m_3 = \frac{1}{n}\sum_{i=1}^{i=6} n_i x_i{}^3 = \frac{108\,525\,026\,984,38}{283\,609}$$

$$= 382\,657,20$$

$$m_4 = \frac{1}{n}\sum_{i=1}^{i=6} n_i x_i{}^4 = \frac{8\,613\,781\,701\,210,94}{283\,609}$$

$$= 30\,372\,032,27$$

g-2 : Calcul des moments centrés d'ordre 0 à 4 :

$$\mu_0 = 1$$

$$\mu_1 = 0$$

$$\mu_2 = m_2 - m_1^2$$

$$= 4\,951,77 - (66,75)^2$$

$$= 1,38$$

$$\mu_3 = m_3 - 3m_1 m_2 + 2m_1^3$$

$$= 382\,657,20 - 3(66,75)(4\,951,77) + 2(66,75)^3$$

$$= -14\,103,16$$

$$\mu_4 = m_4 - 4m_1 m_3 + 6m_1^2 m_2 - 3m_1^4$$

$$= 30\,372\,032,27 - 4(66,75)(382\,657,20) + 6(66,75)^2(4\,951,77) - 3(66,75)^4$$

$$= 1\,022\,673,86$$

<u>INTERPRETATION DES RESULTATS</u>

L'analyse des données révèle que :

a. 10% des malades ont été autorisés à quitter l'hôpital avant d'avoir passé un total de 38 jours et 15 heures en période de guérison. Cela indique une évolution rapide de leur état de santé et une guérison précoce. D'autre part, la majorité des patients, soit 90%, ont été autorisés à quitter l'hôpital avant d'avoir passé plus de 93 jours et 18 heures en période de guérison, suggérant une durée de séjour plus longue pour leur rétablissement.

b. En examinant de plus près les données, on constate que la différence maximale entre deux séjours à l'hôpital dans la moitié médiane de la série est d'environ 28 jours et 13 heures. Cette observation souligne le fait que les durées de séjour à l'hôpital sont relativement similaires pour la majorité des patients dans cette partie de la distribution. Cette faible disparité suggère une certaine homogénéité des temps de récupération au sein de cette population.

e. Le coefficient de variation est de 33%. Cette valeur témoigne d'une dispersion modérée des temps de séjour à l'hôpital avant la guérison. En d'autres termes, les durées de récupération varient de manière relativement modérée autour de la moyenne, ce qui indique une certaine homogénéité dans la distribution des données.

f. Les résultats montrent que 67,87% des personnes guéries ont nécessité un temps de séjour à l'hôpital compris entre 44,48 jours et 88,99 jours. Cette plage de temps correspond à la période pendant laquelle ces individus ont été hospitalisés avant d'être considérés comme guéris. Comparée à une distribution normale, cette plage présente une légère disparité, avec une densité de données légèrement moins élevée. En effet, la proportion de personnes guéries dans cette plage, soit 67,87%, est légèrement inférieure à la proportion attendue de 68,27% dans une distribution normale basée sur la population étudiée.

Plusieurs raisons peuvent expliquer cette distribution légèrement moins peuplée dans cette plage de temps. Il est possible que certains patients aient connu des complications médicales ou des traitements plus complexes, ce qui a prolongé leur séjour à l'hôpital. D'autres facteurs tels que l'âge, l'état de santé initial, la réponse au traitement, et les ressources médicales disponibles peuvent également influencer la durée de séjour à l'hôpital. Il est important de prendre en compte ces divers facteurs pour comprendre les variations dans cette distribution spécifique.

• **Exercice 22 :** Poursuivons l'exercice **14** de la section **4.8.1** qui concerne le parc automobile d'une entreprise, composé d'un nombre important de voitures. Pour 100 d'entre elles, les kilométrages au compteur au moment de leur entretien sont donnés dans le tableau suivant :

Données venant de l'exercice 14

(x_i) = kilométrage (en Km)		(n_i) = nombre de voitures	
Mode = 102 500 Km	Moyenne = 100 250 Km		Médiane = 100 800 Km

Kilométrage (en km)	x_i	n_i	$n_i x_i$	$f_i \uparrow$
[80000;85000 [	82500	5	412500	5.00
[85000;90000 [	87500	9	787500	14.00
[90000;95000 [	92500	14	1295000	28.00
[95000;100000 [	97500	18	1755000	46.00
[100000;105000 [	102500	25	2562500	71.00
[105000;110000 [	107500	16	1720000	87.00
[110000;115000 [	112500	7	787500	94.00
[115000;120000 [	117500	6	705000	100.00
Total		100	10025000	

a. Calculer l'écart interquartile.

b. Calculer la variance.

c. Calculer l'écart-type.

d. Calculer le coefficient de variation.

e. Calculer le pourcentage de véhicules qui affichent un kilométrage au compteur compris entre $\square-\square$ et $\square+\square$ au moment de l'entretien.

f. Calculer les moments centrés d'ordre 0 à 4 à partir de la formule développée.

Solution

Le tableau suivant montre les données nécessaires pour résoudre cet exercice :

Classes	x_i	n_i	$n_i x_i$	$n_i x_i^2$	$f_i \uparrow$
[80000;85000 [	82500	5	412500	34031250000	5.00
[85000;90000 [	87500	9	787500	68906250000	14.00
[90000;95000 [	92500	14	1295000	119787500000	28.00
[95000;100000 [	97500	18	1755000	171112500000	46.00
[100000;105000 [	102500	25	2562500	262656250000	71.00
[105000;110000 [	107500	16	1720000	184900000000	87.00
[110000;115000 [	112500	7	787500	88593750000	94.00
[115000;120000 [	117500	6	705000	82837500000	100.00
Total		100	10025000	1012825000000	445

a : L'écart interquartile de la distribution est :

$$Q_1 = a_i + (a_{i+1} - a_i)\frac{(25 - F_i)}{(F_{i+1} - F_i)}$$

$$= 90\,000 + (95\,000 - 90\,000)\frac{(25 - 14)}{(28 - 14)}$$

$$= 93\,928{,}57 \text{ Km}$$

$$Q_3 = a_i + (a_{i+1} - a_i)\frac{(75 - F_i)}{(F_{i+1} - F_i)}$$

$$= 105\,000 + (110\,000 - 105\,000)\frac{(75 - 71)}{(87 - 71)}$$

$$= 106\,250 \text{ Km}$$

L'écart Interquartile $= Q_3 - Q_1$:

$$= 106\,250 \text{ Km} - 93\,928{,}57 \text{ Km}$$

$$= 12\,321{,}43 \text{ Km}$$

b : La variance de la distribution est:

$$V(x) = \frac{1}{n}\sum_{i=1}^{i=8} n_i x_i^2 - \bar{x}^2$$

$$= \frac{1\,012\,825\,000\,000}{100} - (100\,250\,)^2$$

$$= 78\,187\,500$$

c : L'écart-type de la distribution est :

$$\sigma = \sqrt{V(x)}$$

$$= \sqrt{78\,187\,500}$$

$$= 8\,842{,}37 \text{ Km}$$

d : Le coefficient de variation de la distribution est :

$$CV = \frac{\sigma}{|\bar{x}|}\text{x}100$$

$$= \frac{8\,842{,}369}{100\,250}\text{x}100$$

$$= 8{,}82\%$$

e : Calculons le pourcentage de véhicules qui affichent un kilométrage au compteur compris entre $\Box-\Box$ et $\Box+\Box$ au moment de l'entretien :

e-1 : La moyenne plus ou moins l'écart-type est: :

$$\bar{x} - \sigma = 100\,250 - 8\,842{,}369$$

$$= 91\,407{,}631 \text{ Km}$$

$$\bar{x} + \sigma = 100\,250 + 8\,842{,}369$$

$$= 109\,092{,}369 \text{ Km}$$

e-2 : Calculons le pourcentage de véhicules qui affichent un kilométrage au compteur inférieur à $\bar{x} - \sigma$, c'est-à-dire inférieur à 91 407,631 Km

Soit $\Box<\Box-\Box$ le pourcentage cherché, nous utilisons la formule d'interpolation linéaire en prenant comme base le couple de données ($\Box\Box$,$\Box\Box\uparrow$) :

$$\bar{x} - \sigma = a_i + (a_{i+1} - a_i)\frac{(P_{<\bar{x}-\sigma} - F_i)}{(F_{i+1} - F_i)}$$

$$91\,407{,}631 = 90\,000 + (95\,000 - 90\,000)\frac{(P_{<\bar{x}-\sigma} - 14)}{(28 - 14)}$$

$$P_{<\bar{x}-\sigma} = 17{,}9\%$$

Le pourcentage de véhicules qui affichent un kilométrage au compteur inférieur à 91 407 Km est égal à 17,9%. Ce qui représente 18 véhicules.

e-3 : Calculons le pourcentage de véhicules qui affichent un kilométrage au compteur inférieur à $\bar{x} + \sigma$, c'est-à-dire inférieur à 109 092,369 Km.

Soit $P_{<\bar{x}+\sigma}$ le pourcentage cherché, nous utilisons la formule d'interpolation linéaire en prenant comme base le couple de données $(a_i, f_i \uparrow)$:

$$\bar{x} + \sigma = a_i + (a_{i+1} - a_i)\frac{(P_{<\bar{x}+\sigma} - F_i)}{(F_{i+1} - F_i)}$$

$$109\ 092{,}369\ = 105\ 000 + (110\ 000 - 105\ 000)\frac{(P_{<\bar{x}-\sigma} - 71)}{(87 - 71)}$$

$$P_{<\bar{x}+\sigma} = 84{,}09\%$$

Le pourcentage de véhicules qui affichent un kilométrage au compteur inférieur à 109 092,369 Km est égal à 84,09%. Ce qui représente 84 véhicules.

e-4 : Le pourcentage de véhicules qui affichent un kilométrage au compteur compris entre $\square-\square =$ 91 407,631 Km et $\square+\square=$ 109 092,369 Km est égal à :

$$84{,}09 - 17{,}9 = 66{,}19\%$$
$$\text{C'est à dire, } 84-18 = 66 \text{ véhicules.}$$

f : Calculons les moments centrés d'ordre 0 à 4 à partir de la formule développée :

f-1 : Calculons les moments non-centrés d'ordre 0 à 4 :

$$m_0 = 1$$

$$m_1 = \frac{1}{n}\sum_{i=1}^{8} n_i x_i = \frac{10\ 025\ 000}{100}$$

$$= 100\ 250$$

$$m_2 = \frac{1}{n}\sum_{i=1}^{8} n_i {x_i}^2 = \frac{1\ 012\ 825\ 000\ 000}{100}$$

$$= 10\ 128\ 250\ 000$$

$$m_3 = \frac{1}{n}\sum_{i=1}^{8} n_i {x_i}^3 = \frac{103\ 099\ 906\ 250\ 000\ 000}{100}$$

$$= 1\ 030\ 999\ 062\ 500\ 000$$

$$m_4 = \frac{1}{n}\sum_{i=1}^{8} n_i x_i^{\,4} = \frac{10\,571\,981\,406\,250\,000\,000\,000}{100}$$

$$= 105\,719\,814\,062\,500\,000\,000$$

f-2 : Calculons les moments centrés d'ordre 0 à 4 :

$$\mu_0 = 1$$

$$\mu_1 = 0$$

$$\mu_2 = m_2 - m_1^2$$

$$= 10\,128\,250\,000 - (100\,250)^2$$

$$= 78\,187\,500$$

$$\mu_3 = m_3 - 3m_1 m_2 + 2m_1^3$$

$$= 1\,030\,999\,062\,500\,000 - 3(100\,250)(10\,128\,250\,000) + 2(100\,250)^3$$

$$= -34\,593\,750\,000$$

$$\mu_4 = m_4 - 4m_1 m_3 + 6m_1^2 m_2 - 3m_1^4$$

$$= 105\,719\,814\,062\,500\,000\,000 - 4(100\,250)(1\,030\,999\,062\,500\,000)$$

$$+ 6(100\,250)^2(10\,128\,250\,000) - 3(100\,250)^4$$

$$= 15\,194\,332\,031\,287\,300$$

<u>INTERPRETATION DES RESULTATS</u>

a. L'analyse des kilométrages affichés au compteur au moment de l'entretien des voitures permet de constater que, lorsqu'on les range par ordre croissant, l'écart le plus important entre deux voitures dans la moitié médiane de la série est d'environ 12 321,43 km. Cette mesure met en évidence une dispersion limitée des données et une certaine uniformité des kilométrages affichés dans cette plage de la série, ce qui suggère une cohérence des données observées.

d. Le coefficient de variation, qui est de 8,8%, démontre que les kilométrages affichés au moment de l'entretien sont très peu dispersés. Cette faible variation indique une grande homogénéité dans les kilométrages parcourus par les voitures avant leur entretien, ce qui peut suggérer une utilisation cohérente et régulière de ces véhicules.

e. Les résultats montrent que près des deux tiers des véhicules, soit 66,19% d'entre eux, affichent un kilométrage compris entre 91 407,631 Km et 109 092,369 Km au moment de leur entretien. Comparativement à une distribution normale, cette plage de kilométrage est légèrement moins peuplée, avec une différence de 2,08% par rapport à la population attendue de 68,27%. Cela suggère que la distribution des kilométrages des véhicules de l'entreprise présente une légère déviation par rapport à une distribution normale.

Il peut exister plusieurs raisons possibles pour expliquer pourquoi 66,19% des véhicules affichent un kilométrage compris entre 91 407,631 Km et 109 092,369 Km au moment de leur entretien. Nous en donnons quelques hypothèses possibles :

- o La nature de l'utilisation des véhicules : Il est possible que les véhicules de l'entreprise soient utilisés principalement pour des trajets de courte distance, ce qui entraîne une accumulation de kilométrage relativement faible.

- o La politique de gestion de flotte de l'entreprise : L'entreprise peut avoir une politique de remplacement régulier des véhicules lorsqu'ils atteignent un certain kilométrage, ce qui pourrait expliquer pourquoi la majorité des véhicules ont un kilométrage relativement similaire lors de leur entretien.

- o La période d'observation : Les données peuvent avoir été collectées sur une période spécifique, ce qui peut influencer la distribution des kilométrages affichés au moment de l'entretien. Par exemple, si les données ont été collectées pendant une période où l'entreprise a effectué des remplacements massifs de véhicules, cela peut expliquer la concentration des kilométrages dans une plage spécifique.

- o La maintenance préventive : L'entreprise peut avoir une politique de maintenance préventive régulière pour ses véhicules, ce qui permet de maintenir les kilométrages relativement similaires entre les véhicules.

• **Exercice** 23 : Continuons l'exercice **16** de la section **4.8.2** sur le nombre de jours de production de pneus dans une usine. Le tableau suivant donne le nombre de jours par rapport au nombre de pneus produits :

Données venant de l'exercice 16

(x_i) = nombre de pneus		(n_i) = nombre de jours	
	Moyenne=14 216,67 pneus	Médiane = 14 250 pneus	

Nombre de pneus	x_i	n_i	$n_i x_i$	f_i	$f_i\uparrow$
[12500;13000 [	12750	1	12750	6.67	6.67
[13000;13500 [	13250	2	26500	13.33	20.00
[13500;14000 [	13750	3	41250	20.00	40.00
[14000;14500 [	14250	3	42750	20.00	60.00
[14500;15000 [	14750	3	44250	20.00	80.00
[15000;15500 [	15250	3	45750	20.00	100.00
Total		15	213250	100	

a. Calculer l'écart interquartile.

b. Calculer la variance.

c. Calculer l'écart-type.

d. Calculer le coefficient de variation.

e. Calculer le pourcentage de temps nécessaire (en jours) pour fabriquer entre $\square-\square$ et $\square+\square$ pneus.

f. Calculer les moments centrés d'ordre 0 à 4 à partir de la formule développée.

Solution

Le tableau suivant montre les données nécessaires pour résoudre cet exercice :

Nombre de pneus	x_i	n_i	$n_i x_i$	$n_i x_i{}^2$	$n_i x_i{}^3$	$n_i x_i{}^4$	f_i	$f_i\uparrow$
[12500;13000 [	12750	1	12750	162562500	2072671875000	26426566406250000	6.67	6.67
[13000;13500 [	13250	2	26500	351125000	4652406250000	61644382812500000	13.33	20.00
[13500;14000 [	13750	3	41250	567187500	7798828125000	107233886718750000	20.00	40.00
[14000;14500 [	14250	3	42750	609187500	8680921875000	123703136718750000	20.00	60.00
[14500;15000 [	14750	3	44250	652687500	9627140625000	142000324218750000	20.00	80.00
[15000;15500 [	15250	3	45750	697687500	10639734375000	162255949218750000	20.00	100.00
Total		15	213250	3040437500	43471703125000	623264246093750000	100.00	

a : Calculons l'écart interquartile de la distribution :

$$Q_1 = a_i + (a_{i+1} - a_i)\frac{(25 - F_i)}{(F_{i+1} - F_i)}$$

$$= 13\,500 + (14\,000 - 13\,500)\frac{(25 - 20)}{(40 - 20)}$$

$$= 13\,625 \text{ pneus}$$

$$Q_3 = a_i + (a_{i+1} - a_i)\frac{(75 - F_i)}{(F_{i+1} - F_i)}$$

$$= 14\,500 + (15\,000 - 14\,500)\frac{(75 - 60)}{(80 - 60)}$$

$$= 14\,875 \text{ pneus}$$

$$\text{L'écart Interquartile} = Q_3 - Q_1$$

$$= 14\,875 \text{ pneus} - 13\,625 \text{ pneus}$$

$$= 1\,250 \text{ pneus}$$

b : La variance de la distribution est :

$$V(x) = \frac{1}{n}\sum_{i=1}^{i=6} n_i x_i^2 - \bar{x}^2$$

$$= \frac{3\,040\,437\,500}{15} - (14\,216{,}67)^2$$

$$= 582\,127{,}44$$

c : L'écart-type de la distribution est:

$$\sigma = \sqrt{V(x)}$$

$$= \sqrt{582\,127.44}$$

$$= 763 \text{ pneus}$$

d : Le coefficient de variation de la distribution est :

$$CV = \frac{\sigma}{|\bar{x}|}\text{x}100$$

$$= \frac{763}{14\,217}\text{x}100$$

$$= 5{,}37\%$$

e : Calculons le pourcentage de temps nécessaire (en jours) pour fabriquer entre $\square-\square$ et $\square+\square$ pneus.

e-1 : La moyenne plus ou moins l'écart-type est: :

$$\bar{x} - \sigma = 14\,217{,}67 - 763$$

$$= 13\,454{,}67 \text{ tires}$$

$$\bar{x} + \sigma = 14\,217{,}67 + 763$$
$$= 14\,980{,}67 \text{ tires}$$

e-2 : Calculons le pourcentage de temps nécessaire (en jours) pour fabriquer $\square-\square$ pneus (c'est-à-dire 13 454,67 pneus).

Soit $\square<\square-\square$ le pourcentage cherché, nous utilisons la formule d'interpolation linéaire en prenant comme base le couple de données $(\square\square,\square\square\uparrow)$:

$$\bar{x} - \sigma = a_i + (a_{i+1} - a_i)\frac{(P_{<\bar{x}-\sigma} - F_i)}{(F_{i+1} - F_i)}$$

$$13\,454{,}67 = 13\,000 + (13\,500 - 13\,000)\frac{(P_{<\bar{x}-\sigma} - 6.67)}{(20 - 6.67)}$$

$$P_{<\bar{x}-\sigma} = 18{,}79\%$$

Le pourcentage de temps nécessaire (en jours) pour fabriquer $\square+\square$ pneus (c'est-à-dire 13 454,67 pneus) est égal à 18,7%. Ce qui représente 2,8 jours.

e-3 : Calculons le pourcentage de temps nécessaire (en jours) pour fabriquer $\bar{x} + \sigma$ pneus (c'est-à-dire 14 980,03 pneus).

Soit $P_{<\bar{x}+\sigma}$ le pourcentage cherché, nous utilisons la formule d'interpolation linéaire en prenant comme base le couple de données $(a_i, f_i \uparrow)$:

$$\bar{x} + \sigma = a_i + (a_{i+1} - a_i)\frac{(P_{<\bar{x}+\sigma} - F_i)}{(F_{i+1} - F_i)}$$

$$14\,980,67 = 14\,500 + (15\,000 - 14\,500)\frac{(P_{<\bar{x}+\sigma} - 60)}{(80 - 60)}$$

$$P_{<\bar{x}+\sigma} = 79,22\%$$

Le pourcentage de temps nécessaire (en jours) pour fabriquer $\Box+\Box$ pneus (c'est-à-dire 14 980,03 pneus) est égal à 79,22%. Ce qui représente 11,87 jours.

e-4 : Le pourcentage de temps nécessaire (en jours) pour fabriquer une quantité de pneus compris entre $\Box-\Box$ = 13 454,67 pneus et $\Box+\Box$ = 14 980,67 pneus est :

$$79,22 - 18,79 = 60,43\%$$

f : Calculons les moments centrés d'ordre 0 à 4 à partir de la formule développée :

f-1 : Calculons les moments non-centrés d'ordre 0 à 4 :

$$m_0 = 1$$

$$m_1 = \frac{1}{n}\sum_{i=1}^{i=6} n_i x_i = \frac{213\,250}{15}$$

$$= 14\,216,7$$

$$m_2 = \frac{1}{n}\sum_{i=1}^{i=6} n_i x_i^2 = \frac{3\,040\,437\,500}{15}$$

$$= 202\,695\,833$$

$$m_3 = \frac{1}{n}\sum_{i=1}^{i=6} n_i x_i^3 = \frac{43\,471\,703\,125\,000}{15}$$

$$= 2\,898\,113\,541\,666,67$$

$$m_4 = \frac{1}{n}\sum_{i=1}^{l=6} n_i x_i^4 = \frac{623\,264\,246\,093\,750\,000}{15}$$

$$= 41\,550\,949\,739\,583\,300$$

f-2 : Calculons les moments centrés d'ordre 0 à 4 :

$$\mu_0 = 1$$

$$\mu_1 = 0$$

$$\mu_2 = m_2 - m_1^2$$

$$= 202\,695\,833 - (14\,216,7)^2$$

$$= 582\,222$$

$$\mu_3 = m_3 - 3m_1 m_2 + 2m_1^3$$

$$= 2\,898\,113\,541\,666{,}67 - 3(14\,216{,}7)(202\,695\,833) + 2(14\,216{,}7)^3$$

$$= -100\,074\,074$$

$$\mu_4 = m_4 - 4m_1 m_3 + 6m_1^2 m_2 - 3m_1^4$$

$$= 33{,}83 - 4(14\,216{,}7)(10{,}40) + 6(14\,216{,}7)^2(202\,695\,833) - 3(14\,216{,}7)^4$$

$$= 678\,607\,407\,376$$

INTERPRÉTATION DES RÉSULTATS

a. L'écart de 1250 pneus entre les nombres de jours de production dans la moitié médiane de la série peut avoir plusieurs interprétations. Tout d'abord, cela peut indiquer que la production de pneus dans l'usine est relativement stable et constante, avec peu de variations importantes dans les nombres de jours de production. Cela peut également suggérer que les processus de production sont bien contrôlés et optimisés, minimisant ainsi les écarts de production. En outre, cet écart relativement faible peut témoigner d'une bonne gestion de la planification de la production, avec une répartition équilibrée des jours de production entre les différentes plages de nombres de pneus produits.

d. Le coefficient de variation de 5,37% indique une très faible dispersion dans le temps nécessaire pour la production d'un pneu. Cela suggère que les temps de production sont relativement homogènes, avec peu de variation d'un pneu à l'autre. Cette faible dispersion peut témoigner d'une bonne maîtrise des processus de production, avec une constance dans la durée nécessaire pour produire chaque pneu.

e. Il faut environ 60,43% du temps total de fabrication (soit 9 jours) pour produire une quantité de pneus comprise entre 13 454 et 14 980 unités. Cette distribution, située dans l'intervalle entre la moyenne moins l'écart-type et la moyenne plus l'écart-type [13 453,97 ; 14 980,03], présente légèrement moins de pneus que ce que l'on aurait anticipé selon une distribution normale. En effet, seulement 60,43% de la population totale se trouve dans cet intervalle, alors que dans une distribution normale, on s'attendrait à en trouver 68,27%.

Il existe plusieurs raisons possibles qui pourraient expliquer ce faible taux dans cet intervalle, notamment :

- o La variabilité de la production : La fabrication de pneus peut être sujette à des variations dans le processus de production, ce qui peut entraîner des fluctuations dans la quantité produite dans cet intervalle spécifique. Des facteurs tels que la qualité des matières premières, la précision des machines de production, ou les compétences des travailleurs peuvent influencer la variabilité de la production.

- o Les contraintes de capacité : Il est possible que la capacité de production de l'usine ne soit pas optimale dans cette plage de quantités de pneus, ce qui pourrait limiter la production et expliquer pourquoi moins de pneus sont produits dans cet intervalle par rapport à d'autres intervalles.

- o La demande du marché : La production de pneus peut être influencée par la demande du marché, avec des fluctuations dans la demande pour différentes quantités de pneus. Si la demande pour des quantités spécifiques de pneus.

• **Exercice 24 :** Continuons l'exercice **17** de la section **4.8.2.** Le tableau suivant représente les montants enregistrés dans les comptes épargnes de 300 individus.

Données venant de l'exercice 17

(x_i) = solde d'épargne		(n_i) = nombre d'épargnants	
Mode = 2 500 euros	Moyenne = 31 483 euros	Médiane = 19 670 euros	

Solde d'épargne	x_i	n_i	$n_i x_i$	f_i	$f_i \uparrow$
[0;5000 [	2500	48	120000	16.00	16.00
[5000;10000 [	7500	41	307500	13.67	29.67
[10000;15000 [	12500	47	587500	15.67	45.33
[15000;20000 [	17500	15	262500	5.00	50.33
[20000;25000 [	22500	21	472500	7.00	57.33
[25000;30000 [	27500	12	330000	4.00	61.33
[30000;35000 [	32500	13	422500	4.33	65.67
[35000;40000 [	37500	8	300000	2.67	68.33
[40000;45000 [	42500	9	382500	3.00	71.33
[45000;50000 [	47500	9	427500	3.00	74.33
[50000;55000 [	52500	10	525000	3.33	77.67
[55000;60000 [	57500	6	345000	2.00	79.67
[60000;65000 [	62500	9	562500	3.00	82.67
[65000;70000 [	67500	5	337500	1.67	84.33
[70000;75000 [	72500	2	145000	0.67	85.00
[75000;80000 [	77500	13	1007500	4.33	89.33
[80000;85000 [	82500	8	660000	2.67	92.00
[85000;90000 [	87500	7	612500	2.33	94.33
[90000;95000 [	92500	4	370000	1.33	95.67
[95000;100000 [	97500	13	1267500	4.33	100.00
Total		300	9445000	100.00	

a. Calculer l'écart interquartile.

b. Calculer la variance

c. Calculer l'écart-type.

d. Calculer le coefficient de variation.

e. Calculer le pourcentage de personnes ayant une épargne entre $\square - \square$ et $\square + \square$ euros.

f. Calculer les moments centrés d'ordre 0 à 4 à partir de la formule développée.

Solution

Le tableau suivant montre les données nécessaires pour résoudre cet exercice :

Classes	x_i	n_i	$n_i x_i$	$n_i x_i^2$	f_i	$f_i \uparrow$
[0;5000 [	2500	48	120000	300000000	16.00	16.00
[5000;10000 [	7500	41	307500	2306250000	13.67	29.67
[10000;15000 [	12500	47	587500	7343750000	15.67	45.33
[15000;20000 [	17500	15	262500	4593750000	5.00	50.33
[20000;25000 [	22500	21	472500	10631250000	7.00	57.33
[25000;30000 [	27500	12	330000	9075000000	4.00	61.33
[30000;35000 [	32500	13	422500	13731250000	4.33	65.67
[35000;40000 [	37500	8	300000	11250000000	2.67	68.33
[40000;45000 [	42500	9	382500	16256250000	3.00	71.33
[45000;50000 [	47500	9	427500	20306250000	3.00	74.33
[50000;55000 [	52500	10	525000	27562500000	3.33	77.67
[55000;60000 [	57500	6	345000	19837500000	2.00	79.67
[60000;65000 [	62500	9	562500	35156250000	3.00	82.67
[65000;70000 [	67500	5	337500	22781250000	1.67	84.33
[70000;75000 [	72500	2	145000	10512500000	0.67	85.00
[75000;80000 [	77500	13	1007500	78081250000	4.33	89.33
[80000;85000 [	82500	8	660000	54450000000	2.67	92.00
[85000;90000 [	87500	7	612500	53593750000	2.33	94.33
[90000;95000 [	92500	4	370000	34225000000	1.33	95.67
[95000;100000 [	97500	13	1267500	123581250000	4.33	100.00
Total		300	9445000	555575000000	100.00	

a : Calculons l'écart interquartile de la distribution

$$Q_1 = a_i + (a_{i+1} - a_i)\frac{(25 - F_i)}{(F_{i+1} - F_i)}$$

$$= 5\,000 + (10\,000 - 5\,000)\frac{(25 - 16)}{(29,67 - 16)}$$

$$= 8\,291,88 \text{ euros}$$

$$Q_3 = a_i + (a_{i+1} - a_i)\frac{(75 - F_i)}{(F_{i+1} - F_i)}$$

$$= 50\,000 + (55\,000 - 50\,000)\frac{(75 - 74,33)}{(77,67 - 74,33)}$$

$$= 51\,002{,}99 \text{ euros}$$

L'écart Interquartile $= Q_3 - Q_1$

$$= 51\,002{,}99 \text{ euros } - 8\,291{,}88 \text{ euros}$$

$$= 42\,711{,}11 \text{ euros}$$

b : La variance de la distribution est:

$$V(x) = \frac{1}{n} \sum_{i=1}^{i=20} n_i x_i^2 - \bar{x}^2$$

$$= \frac{555\,575\,000\,000}{300} - (31\,483)^2$$

$$= 860\,716\,388{,}9$$

c : L'écart-type de la distribution est:

$$\sigma = \sqrt{V(x)}$$

$$= \sqrt{860\,716\,388{,}9}$$

$$= 29\,337{,}96 \text{ euros}$$

d : Le coefficient de variation de la distribution est:

$$\text{CV} = \frac{\sigma}{|\bar{x}|} \times 100$$

$$= \frac{29\,337{,}96}{31\,483} \times 100$$

$$= 93{,}186\%$$

e : Calculons le pourcentage de personnes ayant une épargne comprise entre $\bar{x} - \sigma$ et $\bar{x} + \sigma$:

e-1 : La moyenne plus ou moins l'écart-type est: :

$$\bar{x} - \sigma = 31\,483 - 29\,337{,}96$$

$$= 2\,145{,}04 \text{ euros}$$

$$\bar{x} + \sigma = 31\,483 + 29\,337{,}96$$

$$= 60\,820{,}96 \text{ euros}$$

e-2 : Calculons le pourcentage de personnes ayant une épargne inférieure à $\bar{x} - \sigma$, c'est-à-dire inférieure à 2 145,04 euros.

Soit $P_{<\bar{x}-\sigma}$ le pourcentage cherché, nous utilisons la formule d'interpolation linéaire en prenant comme base le couple de données $(a_i, f_i \uparrow)$:

$$\bar{x} - \sigma = a_i + (a_{i+1} - a_i)\frac{(P_{<\bar{x}-\sigma} - F_i)}{(F_{i+1} - F_i)}$$

$$2\,145{,}04 = 0 + (5\,000 - 0)\frac{(P_{<\bar{x}-\sigma} - 0)}{(16 - 0)}$$

$$P_{<\bar{x}-\sigma} = 6{,}86\%$$

Le pourcentage de personnes ayant une épargne inférieure à 2 145,04 euros est égal à 6,86%. Ce qui représente 21 personnes.

e-3 : Calculons le pourcentage de personnes ayant une épargne inférieure à $\bar{x} + \sigma$, c'est-à-dire inférieure à 60 820,96 euros.

Soit $P_{<\bar{x}+\sigma}$ le pourcentage cherché, nous utilisons la formule d'interpolation linéaire en prenant comme base le couple de données $(a_i, f_i \uparrow)$:

$$\bar{x} + \sigma = a_i + (a_{i+1} - a_i)\frac{(P_{<\bar{x}-\sigma} - F_i)}{(F_{i+1} - F_i)}$$

$$60\,820{,}96 = 60\,000 + (65\,000 - 60\,000)\frac{(P_{<\bar{x}+\sigma} - 79{,}67)}{(82{,}67\text{-}79{,}67)}$$

$$P_{<\bar{x}+\sigma} = 79{,}72\%$$

Le pourcentage de personnes ayant une épargne inférieure à 60 820,96 euros est égal à 79,72%. Ce qui représente 239 personnes.

e-4 : Calculons le pourcentage de personnes ayant une épargne entre $\bar{x} - \sigma = 2\,104{,}04$ euros et $\bar{x} + \sigma = 60\,820{,}96$ euros :

$$79{,}72 - 6{,}86 = 72{,}86\%$$

C'est à dire $239 - 21 = 218$ personnes.

f : Calculons les moments centrés d'ordre 0 à 4 à partir de la formule développée :

f-1 : Calculons les moments non-centrés d'ordre 0 à 4 :

$$m_0 = 1$$

$$m_1 = \frac{1}{n}\sum_{i=1}^{i=20} n_i x_i = \frac{9\,445\,000}{300}$$

$$= 31\,483{,}33$$

$$m_2 = \frac{1}{n}\sum_{i=1}^{i=20} n_i {x_i}^2 = \frac{555\,575\,000\,000}{300}$$

$$= 1\,851\,916\,666{,}67$$

$$m_3 = \frac{1}{n} \sum_{i=1}^{i=20} n_i x_i{}^3 = \frac{40\ 734\ 531\ 250\ 120\ 000}{300}$$

$$= 135\ 781\ 770\ 833\ 733$$

$$m_4 = \frac{1}{n} \sum_{i=1}^{i=20} n_i x_i{}^4 = \frac{3\ 275\ 906\ 093\ 750\ 300\ 000\ 000}{300}$$

$$= 10\ 919\ 686\ 979\ 167\ 700\ 000$$

f-2 : Calculons les moments centrés d'ordre 0 à 4 :

$$\mu_0 = 1$$

$$\mu_1 = 0$$

$$\mu_2 = m_2 - m_1^2$$

$$= 1\ 851\ 916\ 666{,}67 - (31\ 483{,}33)^2$$

$$= 860\ 716\ 388{,}89$$

$$\mu_3 = m_3 - 3m_1 m_2 + 2m_1^3$$

$$= 135\ 781\ 770\ 833\ 733 - 3(31\ 483{,}33)(1\ 851\ 916\ 666{,}67) + 2(31\ 483{,}33)^3$$

$$= 23\ 280\ 819\ 157\ 807{,}40$$

$$\mu_4 = m_4 - 4m_1 m_3 + 6m_1^2 m_2 - 3m_1^4$$

$$= 10\ 919\ 686\ 979\ 167\ 700\ 000 - 4(31\ 483{,}33)(135\ 781\ 770\ 833\ 733)$$

$$+ 6(31\ 483{,}33)^2(1\ 851\ 916\ 666{,}67) - 3(31\ 483{,}33)^4$$

$$= 1\ 886\ 523\ 886\ 700\ 400\ 000$$

INTERPRETATION DES RESULTATS

a. En analysant les comptes d'épargne de manière plus détaillée, en les rangeant par ordre croissant, on remarque que la différence la plus importante entre les montants d'épargne dans la moitié médiane de la série est d'environ 42 711,11 euros. Cela signifie que les montants d'épargne des individus situés au milieu de la distribution sont très variés, allant de plus de 42 000 euros en dessous de la médiane à plus de 42 000 euros au-dessus de la médiane. Cette disparité importante met en évidence la diversité des niveaux d'épargne parmi les individus de l'échantillon.

d. Le coefficient de variation de 93% signifie que les montants d'épargne enregistrés dans les comptes épargnes des 300 individus présentent une grande diversité, avec des écarts importants entre les valeurs observées. Cela peut être dû à plusieurs facteurs tels que les différences de revenus, de comportements d'épargne, ou de situations économiques et financières personnelles.

e. Il a été observé que 72,86% des individus ont une épargne comprise entre 2 145 euros et 60 821 euros. Cette distribution présente une concentration plus élevée dans l'intervalle [2 145 ; 60 821], avec une proportion plus importante de la population par rapport à celle d'une distribution normale où 68,27% de la population seraient situés dans cette plage. Il est intéressant de noter que cette différence peut indiquer une tendance particulière dans la population étudiée, avec un pourcentage plus élevé d'individus ayant des niveaux d'épargne compris dans cet intervalle spécifique.

Par ailleurs, il peut exister plusieurs raisons probables pour expliquer pourquoi 72,86% des individus dans l'échantillon étudié ont des niveaux d'épargne compris entre 2 145 euros et 60 821 euros :

- o Les comportements d'épargne spécifiques : Dans cette population, les individus dans cette population peuvent avoir des comportements d'épargne particuliers, tels que la préférence pour l'épargne à court terme ou la recherche de sécurité financière, ce qui les conduit à maintenir des niveaux d'épargne dans cet intervalle spécifique.

- o Le niveau de revenu : Cette population peut avoir un niveau de revenu moyen ou médian qui correspond à cette plage d'épargne, ce qui influence les montants d'épargne observés dans l'échantillon.

- o Le profil démographique : Le profil démographique de cette population, tel que l'âge, l'éducation, la profession, peut influencer les niveaux d'épargne. Par exemple, les individus plus jeunes ou ceux avec un revenu plus élevé peuvent avoir tendance à épargner davantage, ce qui peut se refléter dans la concentration observée dans cet intervalle.

- o Le contexte économique : Le contexte économique et les conditions financières globales peuvent également influencer les niveaux d'épargne dans cette population. Par exemple, une période de stabilité économique ou d'incertitude peut inciter les individus à épargner davantage ou à maintenir des niveaux d'épargne plus élevés.

CHAPITRE **6**

Caractéristiques de forme

Ce chapitre aborde les caractéristiques de forme d'une courbe de distribution. Différents coefficients sont aussi présentés, tels que le coefficient d'asymétrie de YULE, le coefficient d'asymétrie de PEARSON, ainsi que le coefficient d'asymétrie de FISHER et le coefficient d'aplatissement de FISHER. Le coefficient d'asymétrie mesure l'écart de la courbe par rapport à une forme symétrique et permet d'identifier où les valeurs sont concentrées par rapport aux valeurs centrales. De plus, le coefficient de kurtosis décrit le degré d'aplatissement ou de pointe de la courbe de distribution par rapport à la courbe normale. Dans l'ensemble, ces coefficients fournissent des informations précieuses sur la forme d'une courbe de distribution de fréquence et peuvent éclairer les analyses statistiques et les processus de prise de décision.

6.1 Symétrie d'une courbe de distribution

La symétrie d'une courbe de distribution est un aspect important dans l'analyse des données statistiques. Une distribution est considérée comme symétrique lorsque les valeurs des variables sont uniformément réparties autour des trois mesures centrales : *la moyenne, le mode* et *la médiane.* Cela signifie que la plupart des valeurs se situent au centre de la distribution, avec une répartition équilibrée des valeurs à gauche et à droite de ces mesures centrales.

Une distribution symétrique peut être représentée par une courbe de distribution qui est parfaitement équilibrée et qui présente une symétrie parfaite par rapport à un axe vertical.

Cependant, dans certains cas, la distribution peut être asymétrique, ce qui signifie qu'il y a une absence totale de symétrie dans la répartition des valeurs. Par exemple, une distribution asymétrique positive est caractérisée par une concentration de valeurs plus élevées du côté droit de la distribution, tandis qu'une distribution asymétrique négative est caractérisée par une concentration de valeurs plus élevées du côté gauche de la distribution.

Dans d'autres cas, la symétrie de la distribution peut être altérée, ce qui conduit à une distribution dissymétrique. La dissymétrie peut être causée par des valeurs extrêmes ou des valeurs manquantes dans la distribution, ce qui modifie la répartition des valeurs par rapport aux mesures centrales.

La détection de la symétrie ou de l'asymétrie d'une distribution est importante dans l'interprétation des données statistiques. Elle peut avoir des implications sur l'utilisation de certaines méthodes statistiques, la compréhension des relations entre les variables et l'interprétation des résultats d'une analyse statistique.

6.1.1   Analyse de la symétrie par les caractéristiques de tendance centrale

La symétrie d'une courbe de distribution permet de décrire la répartition des données observées. Dans une situation idéale, la distribution est parfaitement symétrique. Cela impliquerait que ces trois mesures coïncident presque parfaitement, indiquant une répartition équilibrée des données.

Cependant, dans la pratique, il est rare de trouver une distribution parfaitement symétrique. En réalité, la plupart des distributions présentent une certaine forme d'asymétrie. On distingue généralement trois types d'asymétrie : ***l'asymétrie à droite***, la ***courbe centrée*** et ***l'asymétrie à gauche***.

6.1.1.1   Distribution Asymétrique à droite

L'asymétrie à droite, également appelée asymétrie positive, se manifeste lorsque la courbe est

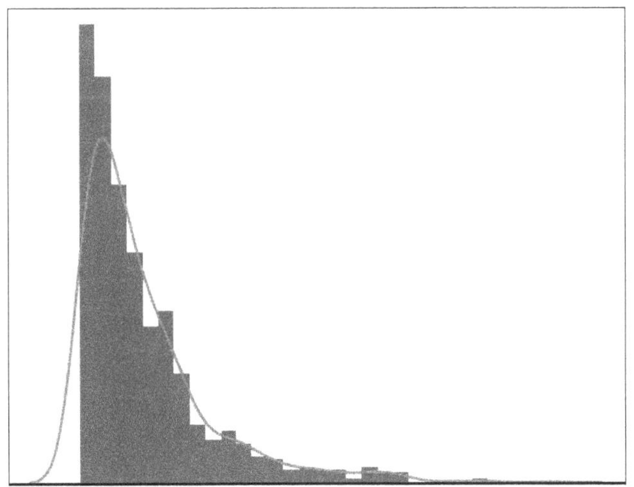

étirée vers la droite, avec une queue droite plus longue contenant des valeurs moins élevées.

Cette distribution apparaît généralement comme une courbe penchée vers la gauche ; d'où sa désignation de distribution oblique à droite, car cette inclinaison à gauche crée une obliquité à droite impliquant ainsi une concentration de valeurs plus élevées du côté gauche de la distribution. Cela signifie que la majorité des données se situent du côté gauche de la distribution.

6.1.1.2 Distribution symétrique

La courbe centrée, également appelée courbe de GAUSS, ou simplement distribution normale, est

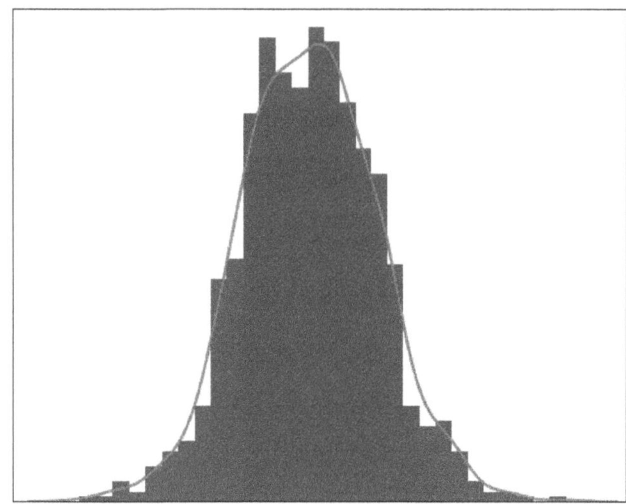

une distribution parfaitement symétrique, dans laquelle les données sont équilibrées autour de la mesure centrale

La courbe de distribution normale forme ainsi une cloche, avec autant de données à gauche et à droite de la mesure centrale d'où sa désignation de courbe en cloche.

6.1.1.3 Asymétrie à gauche

L'asymétrie à gauche, également appelée asymétrie négative, se manifeste lorsque la courbe est étirée vers la gauche, avec une queue gauche plus longue contenant des valeurs moins élevées.

Cette distribution apparaît généralement comme une courbe penchée vers la droite ; d'où sa

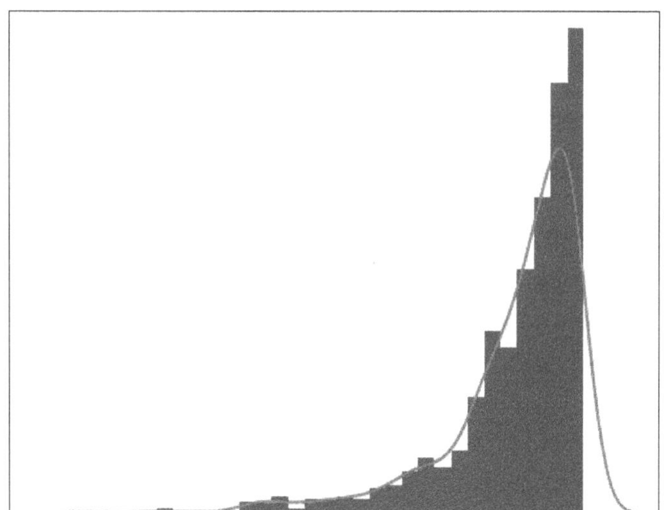

désignation de distribution oblique à gauche, car cette inclinaison à droite crée une obliquité à gauche impliquant ainsi une concentration de valeurs plus élevées du côté droit de la distribution. Cela signifie que la majorité des données se situent du côté droit de la distribution.

La connaissance de la symétrie d'une courbe de distribution est importante dans l'interprétation des données et dans la sélection de la méthode statistique appropriée pour analyser les données. Elle peut également aider à identifier les valeurs aberrantes ou les biais potentiels dans les données.

<u>REGLE DE BASE</u>

Quand il y a asymétrie à gauche, la courbe de distribution est décalée négativement, avec une queue étalée vers la gauche. Les valeurs inférieures sont peu représentées, tandis que les valeurs supérieures sont fortement représentées. Dans ce cas on a:

$$\text{Mode} > \text{Médiane} > \text{Moyenne}$$

Lorsque la courbe de distribution est parfaitement symétrique, on a :
$$\text{Mode} = \text{Médiane} = \text{Moyenne}$$

Quand il y a asymétrie à droite, la courbe de distribution est décalée positivement, avec une queue étalée vers la droite. Les valeurs supérieures sont peu représentées, tandis que les valeurs inférieures sont fortement représentées. Dans ce cas on a :

$$\text{Mode} < \text{Médiane} < \text{Moyenne}$$

Exemple 62

Nous allons maintenant examiner l'**exemple 61** de la **section 5.9**, qui porte sur la répartition statistique des travailleurs d'une entreprise en fonction de leur âge. Dans cet exemple, les valeurs suivantes ont été calculées pour les mesures de tendance centrale : le mode est de 27,5 ans, la médiane est de 29,33 ans et la moyenne est de 31,566 ans. Ensuite, nous interpréterons la position de ces valeurs pour mieux comprendre la répartition des âges dans cette entreprise.

<u>INTERPRÉTATION DES RÉSULTATS</u>

Mode < Médiane < Moyenne

Dans cette entreprise, l'âge modal (27,5 ans) et l'âge moyen (31,56 ans) sont tous les deux rapprochés autour de l'âge médian 29,33 ans (29 ans et 4 mois). Cela signifie que la majorité des travailleurs ont un âge proche de la médiane, avec une légère tendance à la baisse vers le mode et la moyenne.

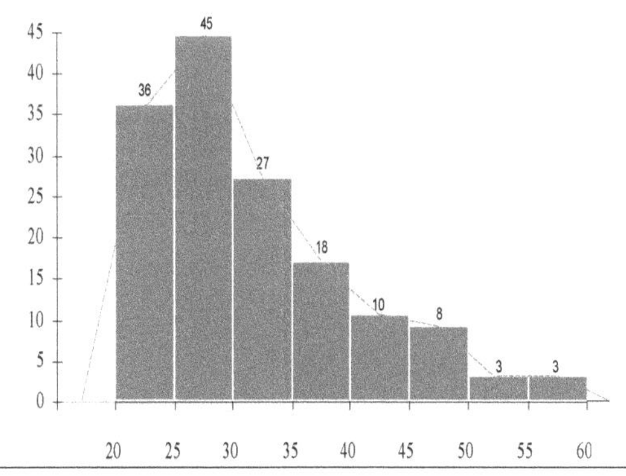

Sur le graphique, on observe bien l'effet de la médiane où le nombre d'employés plus âgés que l'âge médian est identique à ceux dont l'âge est supérieur à l'âge médian. Cela indique une répartition équilibrée des données autour de la médiane.

Ainsi, puisque ces deux quantités sont identiques de part et d'autre de la médiane, mais la plage en âge pour les employés plus âgés (29,33 à 60 ans) est trois fois plus grande que celle pour les employés plus jeunes (20 à 29,33 ans), on peut aisément remarquer une concentration des jeunes dans la partie gauche de la distribution. Cela suggère que la majorité des employés sont plus jeunes, avec une diminution progressive du nombre d'employés à mesure que l'âge augmente.

Quant à la partie de droite de la distribution, elle y est largement étalée, c'est-à-dire qu'il y a un faible nombre d'employés plus âgés, qui sont éparpillés sur une large plage d'âge allant de 29,33 ans à 60 ans. Cela indique une concentration moins importante d'employés plus âgés par rapport aux employés plus jeunes dans cette entreprise.

6.1.2 Analyse de la symétrie par les coefficients d'asymétrie

6.1.2.1 Coefficient d'asymétrie de YULE-KENDALL

Dans l'étude des distributions statistiques, l'analyse de la symétrie est un aspect important pour comprendre la répartition des données. Le coefficient d'asymétrie de YULE-KENDALL, également connu sous le nom de coefficient d'asymétrie de YULE est un indicateur couramment utilisé pour quantifier l'asymétrie d'une distribution. Ce coefficient est calculé en se basant sur les positions relatives des quartiles Q_1 et Q_3 par rapport à la médiane, qui est équivalente à Q_2.

En général, dans une distribution symétrique, les valeurs des quartiles Q_1, Q_2 et Q_3 sont équidistantes les unes des autres, ce qui signifie que la médiane divise la distribution en deux parties égales. Le coefficient d'asymétrie de YULE est alors égal à zéro, indiquant une parfaite symétrie de la distribution. Cependant, lorsque la distribution présente une asymétrie, les valeurs des quartiles ne sont plus équidistantes et le coefficient d'asymétrie de YULE prend une valeur différente de zéro.

La formule du coefficient d'asymétrie de YULE-KENDALL est la suivante :

$$C_Y = \frac{Q1 - 2Q2 + Q3}{Q3 - Q1}$$

Le coefficient d'asymétrie de YULE peut prendre différentes valeurs pour indiquer le sens et le degré d'asymétrie de la distribution. Un coefficient de 0 signifie que la distribution est parfaitement symétrique. Un coefficient positif indique une asymétrie à droite, où la queue de la distribution est étalée vers la droite et les valeurs supérieures sont plus éloignées de la médiane que les valeurs inférieures. En revanche, un coefficient négatif indique une asymétrie à gauche, avec une queue étalée vers la gauche et les valeurs inférieures plus éloignées de la médiane que les valeurs supérieures.

Exemple 63

Poursuivons l'**exemple 62** en passant à une étape suivante, où nous allons calculer le coefficient d'asymétrie de YULE à partir des données numériques de cet exemple précédemment étudié sur la distribution statistique des âges des ouvriers d'une entreprise. Ensuite, nous interpréterons la valeur obtenue pour mieux comprendre la répartition des âges dans cette entreprise.

Solution

Les valeurs de Q_1, Q_2 et Q_3 ont été calculées dans la section **5.3.1** et sont égales à 25,17 ans, 29,33 ans et 36,25 ans, respectivement. Ces valeurs représentent les quartiles de la distribution étudiée.

Calculons le coefficient d'asymétrie de YULE :

$$C_Y = \frac{Q1 - 2Q2 + Q3}{Q3 - Q1}$$

$$= \frac{25{,}17 - 2(29{,}33) + 36{,}25}{36{,}25 - 25{,}17}$$

$$= \frac{2{,}76}{11{,}08}$$

INTERPRETATION DES RESULTATS

$C_Y > 0$, Ceci indique une asymétrie à droite dans la distribution des données. Cela signifie que la courbe de distribution est étalée vers la droite, ce qui peut être visualisé sur le graphique ci-contre.

Dans cette entreprise, on observe une forte représentation des jeunes, avec une concentration de données du côté gauche du graphique.

En revanche, la présence des personnes âgées est moins importante, avec une dispersion des données du côté droit du graphique.

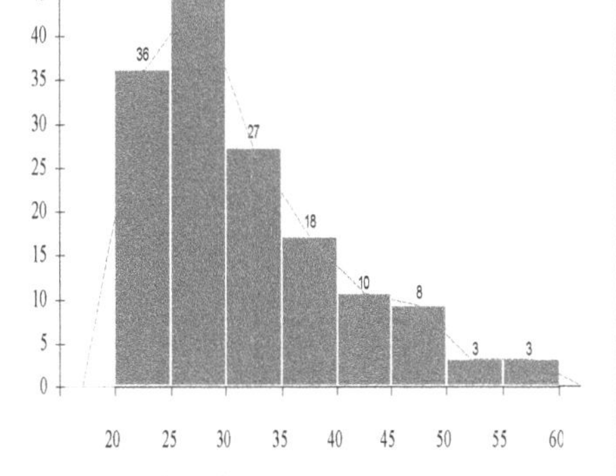

Cette asymétrie à droite peut être interprétée comme une prédominance des jeunes dans cette entreprise, avec moins de représentation des personnes âgées.

6.1.2.2 Coefficient d'Asymétrie de PEARSON

Le coefficient d'asymétrie de PEARSON est une mesure statistique qui permet d'évaluer l'asymétrie d'une distribution de données. Il s'appuie sur la comparaison entre les valeurs de la moyenne (représentant la tendance centrale) et celles du mode (représentant la valeur la plus fréquemment observée). En d'autres termes, le coefficient d'asymétrie de PEARSON permet de quantifier la différence entre la moyenne et le mode, et ainsi d'estimer l'asymétrie de la distribution.

La formule du coefficient d'asymétrie de PEARSON est la suivante :

$$\beta_1 = \frac{(\bar{x} - \text{Mode})}{\sigma}$$

Dans cette formule l'écart-type permet de normaliser la différence entre la moyenne et le mode et ainsi d'obtenir une mesure relative de l'asymétrie indépendante de l'unité de mesure.

Le coefficient d'asymétrie de PEARSON peut prendre différentes valeurs pour indiquer le sens et le degré d'asymétrie de la distribution. Un coefficient de 0 signifie que la distribution est parfaitement symétrique. Un coefficient positif indique une asymétrie à droite, où la queue de la distribution est étalée vers la droite et les valeurs supérieures sont plus éloignées de la médiane que les valeurs inférieures. En revanche, un coefficient négatif indique une asymétrie à gauche, avec une queue étalée vers la gauche et les valeurs inférieures plus éloignées de la médiane que les valeurs supérieures.

<u>REGLE DE BASE</u>

Si on obtient :

$\beta_1 = 0$: La courbe est centrée, il y a symétrie
$\beta_1 < 0$: L'asymétrie est à gauche, il y a étalement de la queue à gauche
$\beta_1 > 0$: L'asymétrie est à droite, il y a étalement de la queue à droite

Exemple 64

Poursuivons l'**exemple 63** en passant à une étape suivante, où nous allons calculer le coefficient d'asymétrie de PEARSON à partir des données numériques de cet exemple précédemment étudié sur la distribution statistique des âges des ouvriers d'une entreprise. Ensuite, nous interpréterons la valeur obtenue pour mieux comprendre la répartition des âges dans cette entreprise.

Solution

Les statistiques du mode, de la moyenne et de l'écart-type, avec des valeurs respectives de 27,5 ; 31,566 et 8,53, ont déjà été calculées dans les **sections 4.3.2, 4.4.4** et **5.5.**

Calculons le coefficient d'asymétrie de Pearson :

$$\beta_1 = \frac{(\bar{x} - \text{Mode})}{\sigma} = \frac{(31,566 - 27,5)}{8,53}$$

$$= \frac{4,06}{8,53}$$

$$= 0,47667$$

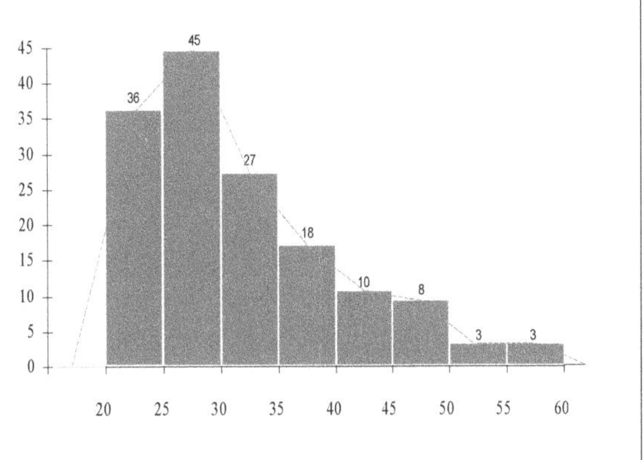

6.1.3 Analyse de la symétrie par l'utilisation des moments

6.1.3.1 Coefficient d'asymétrie de FISHER

Les moments centrés d'ordre impair, tels que le moment d'ordre 1 (μ_1), le moment d'ordre 3 (μ_3), et ainsi de suite, sont souvent utilisés pour quantifier la symétrie d'une distribution. Dans une distribution symétrique unimodale, telle qu'une distribution normale, tous les moments centrés d'ordre impair sont égaux à zéro, à l'exception du moment d'ordre 1 (μ_1) qui est nul par définition.

Pour mesurer la symétrie d'une distribution, on peut utiliser le coefficient d'asymétrie de FISHER. Ce coefficient est défini comme le rapport du moment centré d'ordre 3 (μ_3), divisé l'écart-type (σ) élevé à la puissance 3.

Mathématiquement, le coefficient d'asymétrie de FISHER se calcule comme suit :

$$\gamma_1 = \frac{\mu_3}{\sigma^3}$$

Le coefficient d'asymétrie de FISHER peut prendre différentes valeurs pour indiquer le sens et le degré d'asymétrie de la distribution. Un coefficient de 0 signifie que la distribution est parfaitement symétrique. Un coefficient positif indique une asymétrie à droite, où la queue de la distribution est étalée vers la droite et les valeurs supérieures sont plus éloignées de la médiane que les valeurs inférieures. En revanche, un coefficient négatif indique une asymétrie à gauche, avec une queue étalée vers la gauche et les valeurs inférieures plus éloignées de la médiane que les valeurs supérieures.

Selon la valeur de γ_1 on distinguera trois cas qui détermineront trois formes de courbes différentes.

Exemple 65

Poursuivons l'**exemple 64** en passant à une étape suivante, où nous allons calculer le coefficient d'asymétrie de FISHER à partir des données numériques de cet exemple précédemment étudié sur la distribution statistique des âges des ouvriers d'une entreprise. Ensuite, nous interpréterons la valeur obtenue pour mieux comprendre la répartition des âges dans cette entreprise.

Solution

Dans les sections **5.5** et **5.9**, l'écart-type (σ) et le moment centré d'ordre 3 (μ_3) ont été calculés et trouvent leurs valeurs respectives à 8,53 et 19,129.48.

Calculons le coefficient d'asymétrie de FISHER :

$$\gamma_1 = \frac{\mu_3}{\sigma^3} = \frac{661,31}{(8,53)^3}$$

$$= 1,0655$$

INTERPRETATION DU RESULTAT

$\gamma_1 > 0$, le constat est identique à ce qui a été observé précédemment. Dans cette entreprise, il y a davantage de jeunes employés âgés de moins de 29,33 ans (soit 29 ans 3 mois et 29 jours) que d'employés plus âgés.

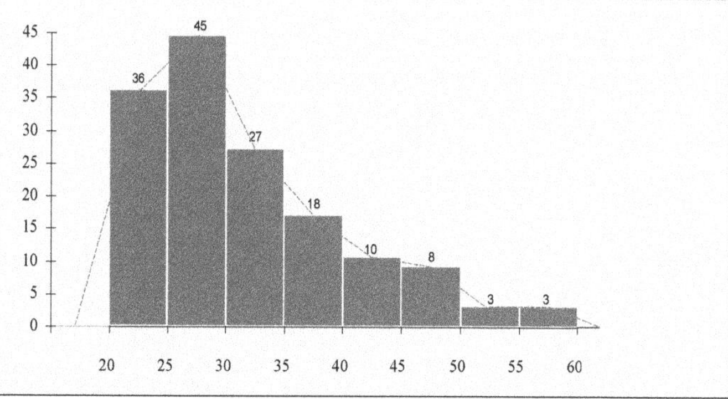

226

6.2 Aplatissement d'une distribution

La forme d'une distribution est également caractérisée par son degré d'aplatissement par rapport à la distribution de la loi normale. En d'autres termes, l'aplatissement d'une distribution mesure à quel point sa courbe s'écarte de la forme de la courbe d'une distribution normale. Une distribution est considérée comme ***mésokurtique*** lorsque sa courbe présente une forme similaire à celle de la loi normale, avec une kurtosis proche de zéro. Cela signifie que les valeurs sont relativement concentrées autour de la moyenne, sans trop de valeurs extrêmes.

En revanche, une distribution est qualifiée de ***platykurtique*** ou ***hyponormale*** lorsque sa courbe est plus aplatie que celle de la loi normale. Cela signifie que les valeurs sont moins concentrées autour de la moyenne et que les queues de distribution sont plus étalées. En conséquence, la distribution présente moins de valeurs extrêmes par rapport à une distribution normale.

D'un autre côté, une distribution est considérée comme ***leptokurtique*** ou ***hypernormale*** lorsque sa courbe est plus pointue que celle de la loi normale. Cela signifie que les valeurs sont plus concentrées autour de la moyenne et que les queues de distribution sont plus courtes. En conséquence, la distribution présente plus de valeurs extrêmes par rapport à une distribution normale.

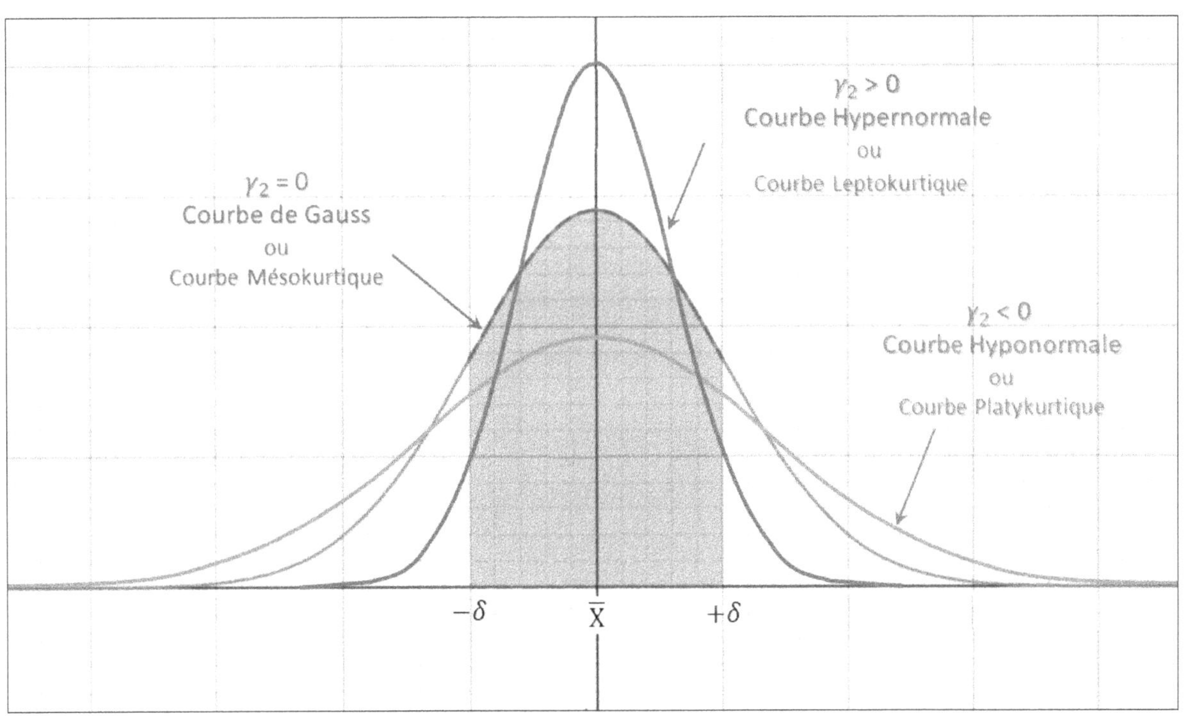

6.2.1   Coefficient d'aplatissement de FISHER

Le coefficient d'aplatissement de FISHER est un indicateur statistique qui permet d'évaluer la forme de la distribution par rapport à une distribution normale. Il est défini à partir du moment d'ordre 4 de la distribution.

Initialement, FISHER a proposé la quantité $\beta_2 = \frac{\mu_4}{\sigma^4}$ comme coefficient d'aplatissement. Dans le cas d'une distribution parfaitement normale, ce coefficient vaut 3. Ainsi, si β_2 est supérieur à 3, cela signifie que la distribution a des queues plus épaisses et est plus pointue que la distribution normale. En revanche, si β_2 est inférieur à 3, cela indique que la distribution a des queues plus minces et est plus aplatie que la distribution normale.

Cependant, pour maintenir la cohérence avec le coefficient d'asymétrie de FISHER, qui mesure la symétrie d'une distribution par rapport à une distribution normale, FISHER a proposé de décaler le référentiel de zéro à 3. Ainsi, il a introduit la formule suivante pour le coefficient d'aplatissement :

$$\boxed{\gamma_2 = \frac{\mu_4}{\sigma^4} - 3}$$

Cela permet d'avoir un coefficient d'aplatissement nul pour une distribution parfaitement normale, et des valeurs positives ou négatives pour indiquer un aplatissement ou une pointe excessive de la distribution par rapport à la distribution normale.

Plus précisément, le coefficient d'aplatissement de FISHER est utilisé pour évaluer si la distribution a des queues plus épaisses (kurtosis positif) ou plus minces (kurtosis négatif) par rapport à une distribution normale.

Un kurtosis positif ($\gamma_2 > 0$) indique que la distribution a une concentration relativement plus élevée des données autour de la moyenne et des queues plus épaisses, ce qui signifie que la distribution a des valeurs extrêmes plus fréquentes que dans une distribution normale. En revanche, un kurtosis négatif ($\gamma_2 < 0$) indique que la distribution a une concentration relativement plus faible des données autour de la moyenne et des queues plus minces, ce qui signifie que la distribution a des valeurs extrêmes moins fréquentes que dans une distribution normale.

Il est important de souligner que du point de vue de la terminologie, les termes « queue épaisse » et « queue longue » sont souvent utilisés pour décrire les caractéristiques d'une distribution. Ces termes se réfèrent à une distribution qui a des valeurs en dehors de la plage centrale (c'est-à-dire loin de la moyenne ou du centre de la distribution). En d'autres termes, ces valeurs se situent loin de la moyenne, ce qui signifie que la distribution a des valeurs extrêmes.

Ce coefficient est largement utilisé dans les domaines de la statistique, de la finance, de l'économie et d'autres disciplines pour caractériser la forme des distributions de données et comprendre leur comportement.

Comme pour le coefficient d'asymétrie on a 3 cas possibles :

Exemple 66

Poursuivons l'**exemple 65** en passant à une étape suivante, où nous allons calculer le coefficient d'aplatissement de FISHER à partir des données numériques de cet exemple précédemment étudié sur la distribution statistique des âges des ouvriers d'une entreprise. Ensuite, nous interpréterons la valeur obtenue pour mieux comprendre la répartition des âges dans cette entreprise.

Solution

Dans les sections **5.5** et **5.9**, l'écart-type (σ) et le moment centré d'ordre 4 (μ_4) ont été calculés et trouvent leurs valeurs respectives à 8,53 et 19 129,48.

Calculons le coefficient d'aplatissement de FISHER :

$$\gamma_2 = \frac{\mu_4}{\sigma^4} - 3 = \frac{19\ 129,48}{(8,53)^4} - 3$$

$$= 3,613 - 3$$

$$= 0,613$$

Exemple 67 - Effet des valeurs aberrantes

Poursuivons l'**exemple 58** de la section **5.8** en passant à une étape suivante, où nous allons calculer les coefficients de forme à partir des données numériques de cet exemple portant sur une compagnie d'assurance qui souhaite s'implanter sur une île de seulement 2 000 habitants. Ensuite, nous interpréterons la valeur obtenue pour mieux comprendre la répartition des salaires sur cette île.

Considérons la distribution avec les valeurs aberrantes.

x_i	n_i	$n_i x_i$	$n_i x_i^2$
500	380	190000	95000000
1500	633	949500	1424250000
2500	527	1317500	3293750000
3500	151	528500	1849750000
4500	123	553500	2490750000
5500	85	467500	2571250000
6500	58	377000	2450500000
7500	39	292500	2193750000
8500	8	68000	578000000
9500	6	57000	541500000
2495000	5	12475000	31125125000000
Total	2015	17276000	31142613500000

Calculons le coefficient d'asymétrie de YULE :

Q_1, Q_2 et Q_3 ont déjà été calculés aux sections **4.7.2** et **5.3.1**, qui sont respectivement 1 195,4\$, 1 991,4\$ et 2 945,3\$.

$$C_Y = \frac{Q1 - 2Q2 + Q3}{Q3 - Q1}$$

$$= \frac{1\,195,4 - 2(1\,991,4) + 2\,945,3}{2\,945,3 - 1\,195,4}$$

$$= \frac{156,9}{1\,750,9}$$

$$= 0,0864$$

Calculons le coefficient d'asymétrie de Pearson :

Le mode vaut 1500$ et la moyenne vaut 8 573,69 $. Ces valeurs ont déjà été déterminés dans la section **4.7.** Quant à l'écart-type qui vaut 124 023,72 $, il a déjà été calculé dans la section **5.7.**

$$\beta_1 = \frac{(\bar{x} - \text{Mode})}{\sigma} = \frac{(8\,573,69 - 1\,500)}{124\,023,72}$$

$$= \frac{7\,073,69}{124\,023,72}$$

$$= 0{,}057$$

Le tableau suivant montre les données nécessaires pour résoudre cet exercice :

x_i	n_i	$n_i x_i$	$n_i(x_i - \bar{x})^3$	$n_i(x_i - \bar{x})^4$
500	380	190000	-199986638300203.00	16146315757751100000.00
1500	633	949500	-224049056193295.00	15848551972462200000.00
2500	527	1317500	-118078285983896.00	7171717632823370000.00
3500	151	528500	-19721983895605.70	1000633758594170000.00
4500	123	553500	-8315174498814.19	338735036593133000.00
5500	85	467500	-2468324193844.87	75868813372596500.00
6500	58	377000	-517206604081.47	10725299231535700.00
7500	39	292500	-48273651875.12	518312882540109.00
8500	8	68000	-3202168.61	235991086.46
9500	6	57000	4768810683.20	4417362352454.76
2495000	5	12475000	76859362573606200000.00	191105140714040000000000000.00
	2015	17276000	76858789393428500000	191105144773351000000000000

Calculons le coefficient d'asymétrie de Fisher:

$$\mu_3 = \frac{\sum_{i=1}^{i=11} n_i(x_i - \bar{x})^3}{\sum_{i=1}^{i=11} n_i} = \frac{76\,858\,789\,393\,428\,500\,000}{2015}$$

$$= 38\,143\,319\,798\,227\,543{,}42$$

$$\gamma_1 = \frac{\mu_3}{\sigma^3} = \frac{38\,143\,319\,798\,227\,543{,}42}{(124\,023{,}72)^3}$$

$$= 19{,}99$$

Calculons le coefficient d'aplatissement de FISHER:

$$\mu_4 = \frac{\sum_{i=1}^{i=11} n_i(x_i - \bar{x})^4}{\sum_{i=1}^{i=11} n_i} = \frac{191\,105\,144\,773\,351\,000\,000\,000\,000}{2\,015}$$

$$= 94\,841\,262\,914\,814\,400\,000\,000$$

$$\gamma_2 = \frac{\mu_4}{\sigma^4} - 3 = \frac{94\,841\,262\,914\,814\,400\,000\,000}{(124\,023{,}72)^4} - 3$$

$$= 397{,}84$$

<u>INTERPRÉTATION DES RÉSULTATS</u>

$$\underbrace{M_0}_{1\,500} < \underbrace{M_e}_{1\,991} < \underbrace{\bar{x}}_{8\,573}$$

$$\left.\begin{array}{l} C_Y > 0 \\ \beta_1 > 0 \\ \gamma_1 > 0 \end{array}\right\}$$

La distribution des salaires sur cette île est asymétrique à droite, ce qui signifie que la majorité des habitants gagnent des salaires relativement bas. La queue de distribution étalée vers la droite indique qu'il y a quelques individus qui gagnent des salaires très élevés, notamment les cinq entrepreneurs milliardaires qui se versent chacun un salaire mensuel d'environ quatre millions de dollars. Cela est souligné par la forte valeur de γ_1, qui mesure le degré d'asymétrie de la distribution. La présence de ces salaires élevés accentue l'étalement à droite de la distribution.

$\gamma_2 > 0$, indique que la courbe de cette distribution est plus pointue que celle d'une distribution normale. Cela signifie que les faibles salaires sont très fréquents sur cette île, ce qui fait rapidement monter la distribution, mais celle-ci retombe rapidement lorsque les décomptes passent aux salaires les plus élevés. Cependant, la distribution retombe rapidement lorsque l'on passe aux salaires les plus élevés, ce qui indique que les salaires élevés sont moins fréquents.

Conclusion

Ces résultats suggèrent que la population de l'île est majoritairement composée de personnes gagnant des salaires relativement bas, avec une concentration de faibles valeurs. Les salaires élevés des cinq entrepreneurs milliardaires ont un impact significatif sur la distribution des salaires sur l'île, en accentuant l'étalement à droite de la distribution.

Considérons la distribution après élimination des valeurs aberrantes.

x_i	n_i	$n_i x_i$	$n_i x_i^2$
500	380	190000	95000000
1500	633	949500	1424250000
2500	527	1317500	3293750000
3500	151	528500	1849750000
4500	123	553500	2490750000
5500	85	467500	2571250000
6500	58	377000	2450500000
7500	39	292500	2193750000
8500	8	68000	578000000
9500	6	57000	541500000
	2010	4801000	17488500000

Calculons le coefficient d'asymétrie de YULE :

Q_1, Q_2 et Q_3 ont déjà été calculés aux **sections 4.7.2** et **5.3.1** et, valent respectivement 1 193,39, 1 987,30 et 2 938,21\$.

$$C_Y = \frac{Q1 - 2Q2 + Q3}{Q3 - Q1}$$

$$= \frac{1\,193,39 - 2(1987,30) + 2\,938,21}{2\,938,21 - 1\,193,39}$$

$$= \frac{157}{1\,744,82}$$

$$= 0,0899$$

Calculons le coefficient d'asymétrie de PEARSON :

Le Mode est de 1500\$ et la moyenne a déjà été calculée à la **section 4.7**, qui est 2 388,55 \$ \$.

$$\beta_1 = \frac{(\bar{x} - \text{Mode})}{\sigma} = \frac{(2\,388,55 - 1\,500)}{1\,731,53}$$

$$= \frac{888,55}{1\,731,53}$$

$$= 0,513$$

Le tableau suivant montre les données nécessaires pour résoudre cet exercice :

x_i	n_i	$n_i x_i$	$n_i(x_i - \bar{x})^3$	$n_i(x_i - \bar{x})^4$
500	380	190000	-2559611399166.15	4833972572753570.00
1500	633	949500	-444078657509.22	394589294682318.00
2500	527	1317500	729401241.12	81286506472.52
3500	151	528500	207318606652.88	230422769782357.00
4500	123	553500	1157825378987.59	2444682043991710.00
5500	85	467500	2560379752735.05	7966475111246270.00
6500	58	377000	4030980960294.94	16573147589988700.00
7500	39	292500	5208289532035.38	26621873956284300.00
8500	8	68000	1826086046886.43	11160020397986500.00
9500	6	57000	2157865698007.33	15345538451401400.00
Total	2010	4801000	14145785320165	85570803474623600

Calculons le coefficient d'asymétrie de FISHER:

$$\mu_3 = \frac{\sum_{i=1}^{i=10} n_i(x_i - \bar{x})^3}{\sum_{i=1}^{i=10} n_i} = \frac{14\ 145\ 785\ 320\ 165}{2\ 010}$$

$$= 7\ 037\ 704\ 139,38$$

$$\gamma_1 = \frac{\mu_3}{\sigma^3} = \frac{7\ 037\ 704\ 139,38}{(1\ 731,53)^3}$$

$$= 1,35$$

Calculons le coefficient d'aplatissement de FISHER:

$$\mu_4 = \frac{\sum_{i=1}^{i=10} n_i(x_i - \bar{x})^4}{\sum_{i=1}^{i=10} n_i} = \frac{85\ 570\ 803\ 474\ 623\ 600}{2\ 010}$$

$$= 42\ 572\ 539\ 042\ 101,29$$

$$\gamma_2 = \frac{\mu_4}{\sigma^4} - 3 = \frac{42\ 572\ 539\ 042\ 101,29}{(1\ 731,53)^4} - 3$$

$$= 1,744$$

$$M_0 \underset{1\,500}{} < M_e \underset{1\,987}{} < \bar{x} \underset{2\,388}{}$$

$$C_Y > 0$$
$$\beta_1 > 0$$
$$\gamma_1 > 0$$

La distribution des salaires des habitants de l'île est asymétrique à droite, avec une queue de distribution étalée vers la droite. Cette asymétrie suggère qu'il y a une forte concentration de faibles valeurs de salaires, ce qui signifie que la majorité de la population de l'île a des salaires relativement bas.

$\gamma_2 > 0$, la courbe de distribution des salaires est plus pointue que celle d'une loi normale. Cela signifie que les salaires faibles font rapidement monter la distribution, mais celle-ci retombe rapidement lorsque les décomptes passent aux salaires les plus élevés. Malgré tout, la distribution des salaires de l'île ne présente pas de valeurs aberrantes importantes, bien que des disparités subsistent, mais à des proportions réduites par rapport au précédent cas.

Conclusion

L'analyse des résultats montre que la population de l'île est majoritairement composée de personnes percevant des salaires relativement bas, avec une concentration importante de faibles valeurs de salaires. La distribution des salaires présente une asymétrie à droite et une distribution plus pointue que celle d'une loi normale.

6.3 Exercices

6.3.1 Exercices du chapitre

• **Exercice 25 :** Le tableau suivant donne la répartition des rémunérations par tranches de salaires mensuels dans une entreprise.

Tranches de salaires	Effectifs (n_i)
[0;2000[	183
[2000;4000[	319
[4000;6000[	69
[6000;8000[	41
[8000;10000[	24
[10000;12000[	19
[12000;14000[	12
[14000;16000[	7
[16000;18000[	3
[18000;20000[	1
Total	678

a. Tracer l'histogramme de la distribution.

b. Tracer les courbes de fréquences cumulées ascendantes et descendantes de cette distribution.

c. Calculer les caractéristiques de tendance centrale suivantes : (mode, moyenne, médiane).

d. Calculer les caractéristiques de dispersion suivantes : (écart-type et coefficient de variation).

e. Calculer le pourcentage des salaires inférieurs au mode.

f. Calculer le pourcentage des salaires inférieurs à la moyenne.

g. Calculer le salaire minimum des 10% des plus hauts salaires.

h. Calculer le pourcentage des salaires compris entre $\bar{x} - \sigma$ et $\bar{x} + \sigma$.

i. Calculer les caractéristiques de forme.

Solution

a : Traçons l'histogramme de la distribution :

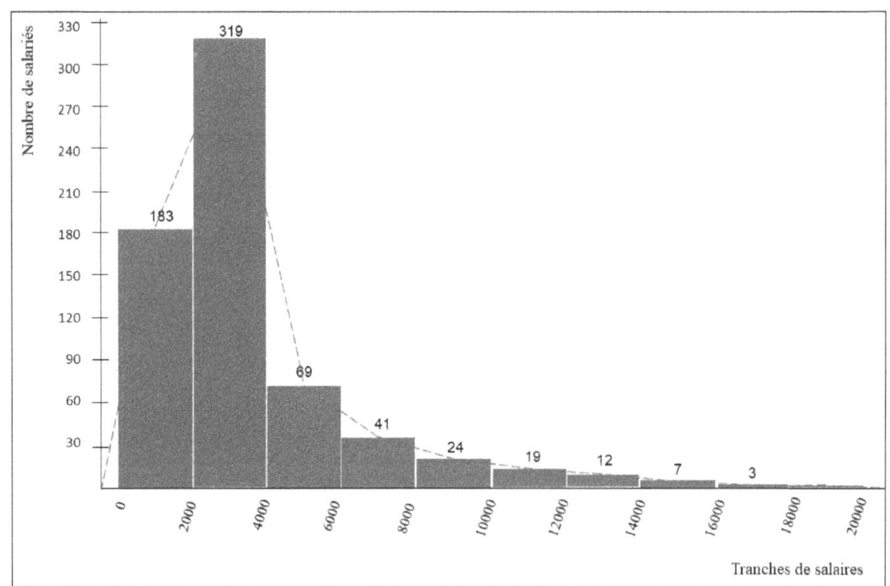

Le tableau suivant montre les données nécessaires pour résoudre cet exercice :

Classes	x_i	n_i	$n_i x_i$	$n_i x_i^2$	$n_i(x_i-\bar{x})^3$	$n_i(x_i-\bar{x})^4$	f_i	$f_i\uparrow$	$f_i\downarrow$
[0;2000[	1000	183	183000	183000000	-2071802410213	4652082580101740	26.99	26.99	100.00
[2000;4000[	3000	319	957000	2871000000	-4715867206	1157404576848	47.05	74.04	73.01
[4000;6000[	500	69	34500	17250000	-1427838663866	3920027859764830	10.18	84.22	25.96
[6000;8000[	7000	41	287000	2009000000	2170027622321	8147525538909170	6.05	90.27	15.78
[8000;10000[	9000	24	216000	1944000000	4573517949275	26318639573586300	3.54	93.81	9.73
[10000;12000[	11000	19	209000	2299000000	8859865818752	68704469806301300	2.80	96.61	6.19
[12000;14000[	13000	12	156000	2028000000	11137967294788	108646106933347000	1.77	98.38	3.39
[14000;16000[	15000	7	105000	1575000000	11368902227726	1333636582882133000	1.03	99.41	1.62
[16000;18000[	17000	3	51000	867000000	7806610717894	107376591313851000	0.44	99.85	0.59
[18000;20000[	1900	1	1900	3610000	-2435460679	3276736328875	0.15	100.00	0.15
Total		678	2,200,400	13,796,860,000	42,410,099,228,792	461,406,460,628,900,000	100		

b : Les courbes des fréquences cumulées ascendantes et descendantes sont les suivantes :

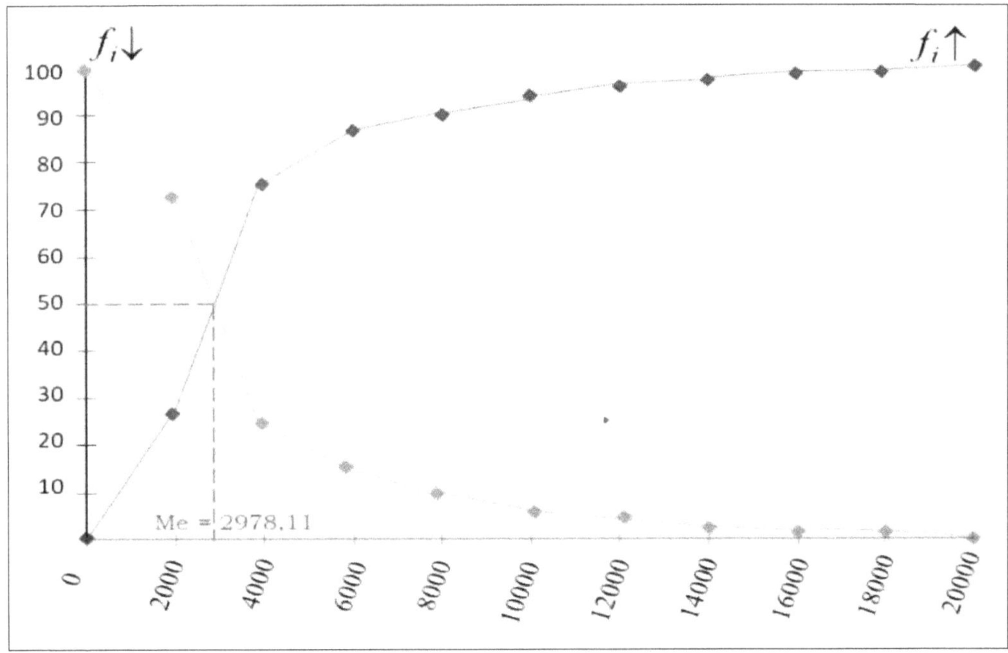

c : Calculons les caractéristiques de tendance centrale

La classe modale est [2000 ; 4000[et le salaire modal est de 3000 euros :

Le salaire moyen est de :

$$\bar{x} = \frac{1}{n} \sum_{i=1}^{i=10} n_i x_i = \frac{2\,200\,400}{678}$$

$$= 3\,245{,}427 \text{ euros}$$

Le salaire médian est de :

$$Me = a_i + (a_{i+1} - a_i)\frac{(50 - F_i)}{(F_{i+1} - F_i)}$$

$$= 2\,000 + (4\,000 - 2\,000)\frac{(50 - 26{,}99)}{(74{,}04 - 26{,}99)}$$

$$= 2\,978{,}11 \text{ euros}$$

d : Calculons les caractéristiques de dispersion :

d-1 : Calculons la distance interquartile :

$$Q_1 = a_i + (a_{i+1} - a_i)\frac{(25 - F_i)}{(F_{i+1} - F_i)}$$

$$= 0 + (2\,000 - 0)\frac{(25 - 0)}{(26{,}99 - 0)}$$

$$= 1\,852{,}5 \text{ euros}$$

$$Q_3 = a_i + (a_{i+1} - a_i)\frac{(75 - F_i)}{(F_{i+1} - F_i)}$$

$$= 4\,000 + (6\,000 - 4\,000)\frac{(75 - 74{,}04)}{(84{,}22 - 74{,}04)}$$

$$= 4\,188{,}6 \text{ euros}$$

$$\text{Distance Interquartile} = Q_3 - Q_1$$

$$= 4\,188{,}6 - 1\,852{,}5$$

$$= 2\,336{,}1 \text{ euros}$$

d-2 : L'écart-type est :

$$\sigma = \sqrt{\frac{1}{n} \sum_{i=1}^{i=10} n_i x_i^2 - \bar{x}^2}$$

$$= \sqrt{\frac{13\,796\,860\,000}{678} - (3\,245{,}427)^2}$$

$$= \sqrt{9816549{,}89}$$

$$= 3\,133{,}13 \text{ euros}$$

d-3 : Le coefficient de variation est :

$$CV = \frac{\sigma}{|\bar{x}|}\text{x}100 = \frac{3\,133{,}13}{3\,245{,}427}\text{x}100$$

$$= 96{,}54\%$$

e : Calculons le pourcentage de personnes ayant un salaire inférieur au mode, c'est-à-dire inférieur à 3 000 euros.

Soit $P_{<mode}$ ce pourcentage, nous utilisons la formule d'interpolation linéaire en prenant comme base le couple de données $(a_i, f_i \uparrow)$:

$$Mode = a_i + (a_{i+1} - a_i)\frac{(P_{<mode} - F_i)}{(F_{i+1} - F_i)}$$

$$3\,000 = 2\,000 + (4\,000 - 2\,000)\frac{(P_{<mode} - 26{,}99)}{(74{,}04 - 26{,}99)}$$

$$P_{<mode} = 50{,}515\%$$

Ce qui représente 343 employés

f : Calculons le pourcentage de personnes ayant un salaire inférieur à la moyenne, soit 3 245,427 euros

Soit $P_{<\bar{x}}$ ce pourcentage, nous utilisons la formule d'interpolation linéaire en prenant comme base le couple de données $(a_i, f_i \uparrow)$:

$$\bar{x} = a_i + (a_{i+1} - a_i)\frac{(P_{<\bar{x}} - F_i)}{(F_{i+1} - F_i)}$$

$$3\,245{,}427 = 2\,000 + (4\,000 - 2\,000)\frac{(P_{<\bar{x}} - 26{,}99)}{(74{,}04 - 26{,}99)}$$

$$P_{<\bar{x}} = 56{,}28\%$$

Ce qui représente 382 employés.

g : Pour calculer le salaire minimum des 10% des plus hauts salaires, nous allons calculer le salaire maximum des 90% des plus bas salaires car les deux salaires sont équivalents.

Soit $S_{<90}$ le salaire maximum des 90% des plus bas salaires, nous utilisons la formule d'interpolation linéaire en prenant comme base le couple de données $(a_i, f_i \uparrow)$:

$$S_{<90} = a_i + (a_{i+1} - a_i)\frac{(90 - F_i)}{(F_{i+1} - F_i)}$$

$$= 6\,000 + (8\,000 - 6\,000)\,\frac{(90 - 84{,}22)}{(90{,}27 - 84{,}22)}$$

$$S_{<90} = 7\,910{,}74 \text{ euros}$$

Le même résultat peut directement être obtenu en utilisant les fréquences cumulées descendantes, c'est-à-dire l'indice des F_i sera décalé de 1.

Soit $S_{>10}$ le salaire minimum des 10% des plus hauts salaires, nous utilisons la formule d'interpolation linéaire en prenant comme base le couple de données $(a_i, f_i \uparrow)$:

$$S_{>10} = a_i + (a_{i+1} - a_i)\,\frac{(10 - F_{i+1})}{(F_{i+2} - F_{i+1})}$$

$$= 6\,000 + (8\,000 - 6\,000)\,\frac{(10 - 15{,}78)}{(9{,}73 - 15{,}78)}$$

$$S_{>10} = 7\,910{,}74 \text{ euros}$$

10% des employés (67 personnes) ont un salaire supérieur à 7 910,74 euros.

h : Calculons le pourcentage des salaires compris entre $\bar{x} - \sigma$ et $\bar{x} + \sigma$:

h-1 : L'écart-type plus ou moins la moyenne vaut :

$$\bar{x} - \sigma = 3\,245{,}427 - 3\,133{,}13$$
$$= 112{,}297 \text{ euros}$$
$$\bar{x} + \sigma = 3\,245{,}427 + 3\,133{,}13$$
$$= 6\,378{,}557 \text{ euros}$$

h-2 : Calculons le pourcentage des salaires inférieurs à $\bar{x} - \sigma$, soit inférieurs à 112,297 euros.

Soit $P_{<\bar{x}-\sigma}$ le pourcentage cherché, nous utilisons la formule d'interpolation linéaire en prenant comme base le couple de données $(a_i, f_i \uparrow)$:

$$\bar{x} - \sigma = a_i + (a_{i+1} - a_i)\,\frac{(P_{<\bar{x}-\sigma} - F_i)}{(F_{i+1} - F_i)}$$

$$112{,}297 = 0 + (2\,000 - 0)\,\frac{(P_{<\bar{x}-\sigma} - 0)}{(26{,}99 - 0)}$$

$$P_{<\bar{x}-\sigma} = 1{,}5\%$$

h-3 : Calculons le pourcentage des salaires inférieurs à $\bar{x} + \sigma$, soit inférieurs à 6 378,557 euros.

Soit $P_{<\bar{x}+\sigma}$ le pourcentage cherché, nous utilisons la formule d'interpolation linéaire en prenant comme base le couple de données $(a_i, f_i \uparrow)$:

$$\bar{x} + \sigma = a_i + (a_{i+1} - a_i)\,\frac{(P_{<\bar{x}+\sigma} - F_i)}{(F_{i+1} - F_i)}$$

$$6\,378{,}557 = 6\,000 + (8\,000 - 6\,000)\,\frac{(P_{<\bar{x}+\sigma} - 84{,}22)}{(90{,}27 - 84{,}22)}$$

$$P_{<\bar{x}+\sigma} = 85{,}36\%$$

h-4 : Le pourcentage des salaires compris entre $\bar{x} - \sigma = 112{,}297$ euros et $\bar{x} + \sigma = 6\,378{,}557$ euros est :

$$85{,}36\% - 1{,}5\% = 83{,}86\%$$

Ce qui représente 569 salaires

<u>INTERPRÉTATION DES RÉSULTATS</u>

c-1. La majorité des salaires dans cette entreprise se situent dans la fourchette de 2 000 à 4 000 euros, avec un salaire modal de 3 000 euros, ce qui signifie que c'est la valeur la plus fréquemment observée parmi les salariés.

c-2. Le salaire moyen dans cette entreprise est de 3 245,427 euros, ce qui signifie que si la masse salariale était distribuée de manière équitable entre tous les salariés, chaque employé toucherait en moyenne 3 245,427 euros.

c-3. Il y a autant de salaires supérieurs à 2 978,11 euros que de salaires inférieurs, indiquant une distribution relativement équilibrée des salaires entre les employés de l'entreprise.

d. Le coefficient de variation est de 96,54%, ce qui est proche de 100%, ce qui indique que la distribution des salaires est très dispersée autour de la moyenne. Cela reflète de grands écarts de salaire entre les différents salariés de l'entreprise. Ce qui peut suggérer que les salaires sont inégalement répartis dans l'entreprise, avec des différences importantes entre les employés en termes de rémunération.

e. Environ 50,51% des salariés, soit 343 personnes, ont un salaire inférieur à 3 000 euros, qui est le salaire de la majorité des salariés de l'entreprise.

f. Environ 70,199% des salariés, soit 382 personnes, ont un salaire inférieur au salaire moyen de 3 245,43 euros.

g. Environ 10% des salariés, soit 67 personnes, ont un salaire supérieur ou égal à 7 910,74 euros, ce qui les classe parmi les 10% des salariés les mieux rémunérés de l'entreprise.

h. Environ 83,86% des salariés ont un salaire compris entre 112,29 et 6 378,557 euros. Cet intervalle est plus peuplé que celui d'une loi normale, indiquant une concentration des salaires autour de la moyenne. Comparativement à une distribution normale, cette plage de salaire est nettement plus peuplée que celle de la loi normale qui est autour de 68,27%. Cette forte concentration dans l'intervalle entre la moyenne moins l'écart-type et la moyenne plus l'écart-type peut avoir plusieurs raisons possibles:

- o Les politiques de rémunération : L'entreprise peut avoir mis en place des politiques de rémunération spécifiques qui ont entraîné une concentration des salaires autour de la moyenne plus ou moins l'écart-type. Cela peut inclure des augmentations de salaires régulières, des plafonnements de salaires, ou des avantages sociaux et financiers accordés à un grand nombre d'employés.

- o La structure organisationnelle : La structure de l'entreprise, telle que la répartition des postes et des niveaux hiérarchiques, peut influencer la distribution des salaires. Si l'entreprise a une structure organisationnelle relativement homogène avec des salaires similaires pour un grand nombre d'employés, cela peut entraîner une concentration des salaires dans cet intervalle spécifique.

- o Le niveau d'expérience et d'ancienneté : Il est possible que la majorité des employés aient un niveau d'expérience et d'ancienneté similaire, ce qui peut entraîner des salaires relativement similaires et donc une concentration des salaires dans cet intervalle.

- o Le secteur d'activité : Le secteur d'activité dans lequel l'entreprise opère peut également influencer la distribution des salaires. Certains secteurs peuvent avoir des normes de rémunération spécifiques ou des contraintes légales qui peuvent entraîner une concentration des salaires dans un intervalle donné.

i : Calculons les caractéristiques de forme :

i-1 : Le coefficient d'asymétrie de PEARSON est :

$$\beta_1 = \frac{(\bar{x} - \text{Mode})}{\sigma}$$

$$= \frac{(3\,245{,}427 - 3\,000)}{3\,133{,}13}$$

$$= 0{,}07833$$

i-2 : Le coefficient d'asymétrie de FISHER est :

$$\mu_3 = \frac{\sum_{i=1}^{i=10} n_i(x_i - \bar{x})^3}{\sum_{i=1}^{i=10} n_i} = \frac{42\,410\,099\,228\,792}{678}$$

$$= 62\,551\,768\,774\,029$$

$$\gamma_1 = \frac{\mu_3}{\sigma^3} = \frac{62\,551\,768\,774{,}029}{(3\,133{,}13)^3}$$

$$= 2{,}033767$$

i-3 : Le coefficient d'aplatissement de FISHER est :

$$\mu_4 = \frac{\sum_{i=1}^{i=10} n_i(x_i - \bar{x})^4}{\sum_{i=1}^{i=10} n_i} = \frac{461\,406\,460\,628\,900\,000}{678}$$

$$= 680\,540\,502\,402\,508$$

$$\gamma_2 = \frac{\mu_4}{\sigma^4} - 3 = \frac{680\,540\,502\,402\,508}{(3\,133{,}13)^4} - 3$$

$$= 4{,}0621$$

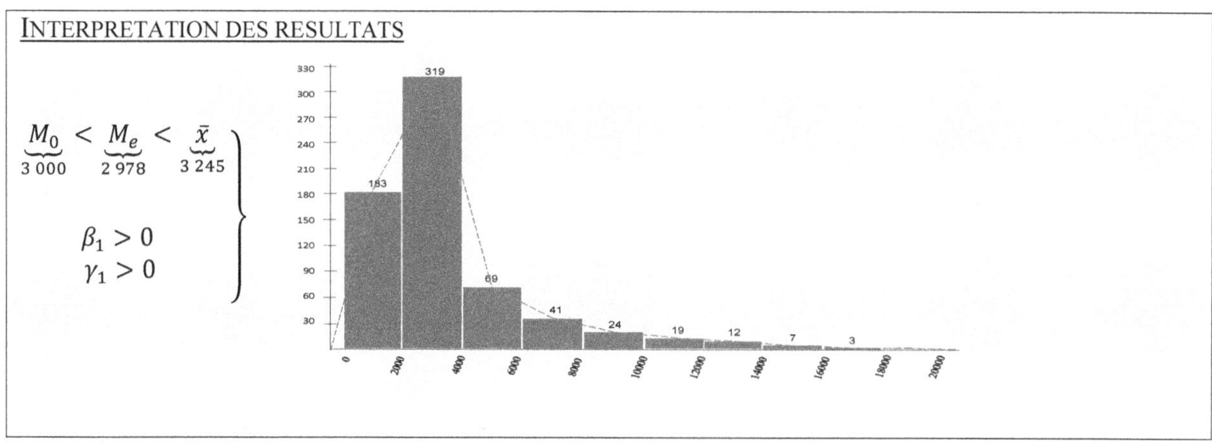

La distribution des salaires dans cette entreprise présente une asymétrie à droite, avec une queue de distribution étalée vers la droite, ce qui signifie que la majorité des employés ont des salaires bas.

$\gamma_2 > 0$, La courbe de cette distribution est plus pointue que celle d'une loi normale. En d'autres termes, il y a une concentration plus marquée des salaires autour de la moyenne, avec une chute rapide des salaires à mesure qu'ils deviennent plus élevés.

Conclusion

La distribution bien que dispersée avec un coefficient de variation de 96,54%, a une très forte prépondérance de la population dans l'intervalle de la moyenne plus ou moins l'écart-type. Cette prépondérance massive est due au fait que la majorité des salariés ont des salaires bas, et que le nombre négligeable de personnes qui ont des salaires très élevés étend considérablement la queue de la distribution vers la droite. La forte concentration des bas salaires dans l'intervalle de la moyenne moins l'écart-type et la moyenne plus l'écart-type qui est de l'ordre de 83,86% est justifiée par la valeur de γ_2 qui est nettement au-dessus de zéro. Cette majorité d'individus se situe en haut de la courbe de distribution.

• **Exercice 26 :** Continuons l'exercice **18** de la section **5.10.1** portant sur le marchand de journaux qui désirait connaitre le nombre de journaux vendus par jour et dont le tableau de distribution est représenté ci-dessous.

Données venant de l'exercice 18

(x_i) = nombre de journaux vendus par jour		(n_i) = nombre de jours	
Moyenne = 54,404 journaux		Ecart-type = 7,63 journaux	
Q₁ = 47,71 journaux	Q₂ = 54,17 journaux	Q₃ = 60,94 journaux	
% Population dans $[\bar{x} - \sigma, \bar{x} + \sigma]$ = 59,52%		CV = 14%	

Nombre de journaux vendus par jour	x_i	Nombre de jours (n_i)
[40;45 [	42.5	2
[45;50 [	47.5	6
[50;55 [	52.5	3
[55;60 [	57.5	4
[60;65 [	62.5	4
[65;70 [	67.5	2
Total		21

Calculer les caractéristiques de forme suivantes :

a. Le coefficient d'asymétrie de YULE.

b. Le coefficient d'asymétrie PEARSON.

c. Le coefficient d'asymétrie de FISHER.

d. Le coefficient d'aplatissement de FISHER.

Solution

Le tableau suivant montre les données nécessaires pour résoudre cet exercice :

x_i	n_i	$n_i x_i$	$n_i(x_i - \bar{x})^3$	$n_i(x_i - \bar{x})^4$
42.5	2	85	-3374.37	40171.02
47.5	6	285	-1975.14	13637.86
52.5	3	157.5	-20.73	39.49
57.5	4	230	118.62	367.14
62.5	4	250	2122.02	17178.23
67.5	2	135	4491.28	58814.39
	21	1142.5	1361.678005	130208.1309

a : Calculons le coefficient d'asymétrie de YULE :

$$C_Y = \frac{Q1 - 2Q2 + Q3}{Q3 - Q1}$$

$$= \frac{47,71 - 2(54,17) + 60,94}{60,94 - 47,71}$$

$$= 0,02343$$

b : Calculons le coefficient d'asymétrie de PEARSON :

$$\beta_1 = \frac{(\bar{x} - \text{Mode})}{\sigma}$$

$$= \frac{(54,404 - 47,5)}{7,63}$$

$$= 0,904849$$

c : Calculons le coefficient d'asymétrie de FISHER :

$$\mu_3 = \frac{\sum_{i=1}^{i=6} n_i(x_i - \bar{x})^3}{\sum_{i=1}^{i=6} n_i} = \frac{1.361,67}{21}$$

$$= 64,84$$

$$\gamma_1 = \frac{\mu_3}{\sigma^3} = \frac{64,84}{(7,63)^3}$$

$$= 0{,}145$$

d : Calculons le coefficient d'aplatissement de FISHER :

$$\mu_4 = \frac{\sum_{i=1}^{i=6} n_i (x_i - \bar{x})^4}{\sum_{i=1}^{i=6} n_i} = \frac{130\ 208{,}131}{21}$$

$$= 6\ 200{,}39$$

$$\gamma_2 = \frac{\mu_4}{\sigma^4} - 3 = \frac{6\ 200{,}39}{(7{,}63)^4} - 3$$

$$= -1{,}170$$

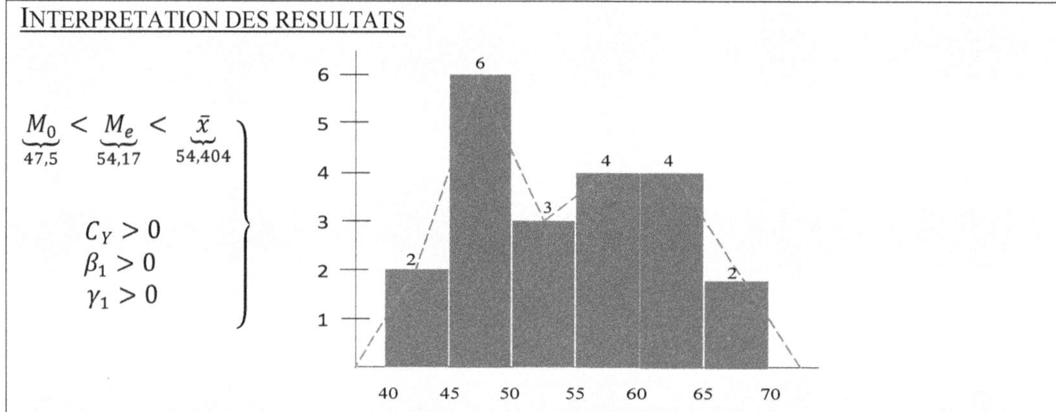

La distribution des données est asymétrique à droite. Cela signifie que la queue de la distribution est légèrement étalée vers la droite, indiquant qu'il y a une concentration de faibles valeurs. En d'autres termes, le marchand de journaux a vendu un grand nombre de journaux sur seulement quelques jours, tandis que sur les autres jours, les ventes étaient moins élevées.

$\gamma_2 < 0$, En ce qui concerne l'aplatissement de la distribution, elle est plus aplatie que celle d'une loi normale. Cela indique que la distribution présente moins de valeurs extrêmes et que les valeurs sont plus concentrées autour de la moyenne. Cependant, malgré cet aplatissement, la distribution reste modérément dispersée avec un coefficient de variation de 14%.

Conclusion

Bien que la distribution présente une concentration de faibles valeurs avec une queue étalée vers la droite, elle est tout de même modérément dispersée avec une concentration relativement élevée de valeurs autour de la moyenne. Seulement 59,52% de la population se trouve dans l'intervalle de la moyenne plus ou moins l'écart-type, ce qui suggère que la distribution peut présenter des variations significatives.

- **Exercice 27 :** Continuons l'exercice **19** de la section **5.10.1** sur la répartition des 200 salariés d'une entreprise selon leur ancienneté en années dont le tableau est donné ci-contre.

Années d'ancienneté	x_i	n_i
[0;10 [	5	30
[10;20 [	15	100
[20;30 [	25	40
[30;40 [	35	20
[40;50 [	45	10
Total		200

Calculer les caractéristiques de forme suivantes :

a. Le coefficient d'asymétrie de YULE.

b. Le coefficient d'asymétrie de PEARSON.

c. Le coefficient d'asymétrie de FISHER.

d. Le coefficient d'aplatissement de FISHER.

Données venant de l'exercice 19

(x_i) = années d'ancienneté		(n_i) = nombre d'employés	
Moyenne = 19 ans		Ecart-type = 10,2 ans	
Q_1 = 12 ans	Q_2 = 17 ans	Q_3 = 25 ans	
% Population dans $[\bar{x} - \sigma, \bar{x} + \sigma]$ = 80,2%		CV = 53,68%	

Solution

Le tableau suivant montre les données nécessaires pour résoudre cet exercice :

x_i	n_i	$n_i x_i$	$n_i(x_i-\bar{x})^3$	$n_i(x_i-\bar{x})^4$
5	30	150	-82320.00	1152480.00
15	100	1500	-6400.00	25600.00
25	40	1000	8640.00	51840.00
35	20	700	81920.00	1310720.00
45	10	450	175760.00	4569760.00
	200	3800	177600	7110400

a : Calculons le coefficient d'asymétrie de YULE :

$$C_Y = \frac{12 - 2(17) + 25}{25 - 12}$$
$$= \frac{37 - 34}{13}$$
$$= 0,230$$

b : Calculons le coefficient d'asymétrie de PEARSON :

$$\beta_1 = \frac{(\bar{x} - \text{Mode})}{\sigma}$$

247

$$= \frac{(19 - 15)}{10,20}$$
$$= 0,3921$$

c : Calculons le coefficient d'asymétrie de FISHER :

$$\mu_3 = \frac{\sum_{i=1}^{i=5} n_i(x_i - \bar{x})^3}{\sum_{i=1}^{i=5} n_i} = \frac{177\ 600}{200}$$

$$= 888$$

$$\gamma_1 = \frac{\mu_3}{\sigma^3} = \frac{888}{(10,20)^3}$$

$$= 0,837265$$

d : Calculons le coefficient d'aplatissement de FISHER :

$$\mu_4 = \frac{\sum_{i=1}^{i=5} n_i(x_i - \bar{x})^4}{\sum_{i=1}^{i=5} n_i} = \frac{7\ 110\ 400}{200}$$

$$= 35\ 552$$

$$\gamma_2 = \frac{\mu_4}{\sigma^4} - 3 = \frac{35\ 552}{(10,20)^4} - 3$$

$$= 0,2869822$$

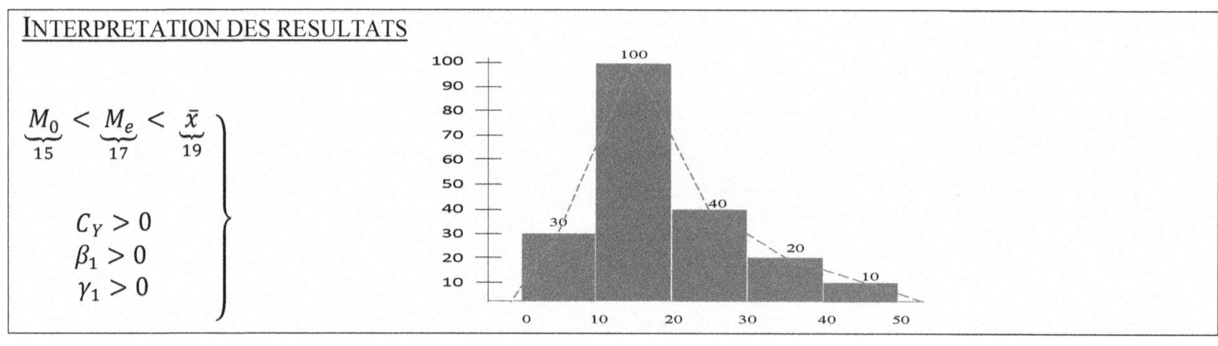

$$\underbrace{M_0}_{15} < \underbrace{M_e}_{17} < \underbrace{\bar{x}}_{19}$$

$$C_Y > 0$$
$$\beta_1 > 0$$
$$\gamma_1 > 0$$

La distribution des années d'ancienneté des salariés de cette entreprise est asymétrique à droite, ce qui signifie qu'elle est étalée vers la droite et qu'il y a une concentration de faibles valeurs. Cela suggère que l'entreprise est principalement composée de salariés ayant une ancienneté relativement courte, c'est-à-dire principalement des juniors plutôt que des seniors.

$\gamma_2 > 0$, la courbe de distribution est plus pointue que celle d'une loi normale. En d'autres termes, la distribution est plus étroite et plus élevée que la distribution d'une loi normale. Cela peut être dû au fait que la jeune population, avec une ancienneté relativement courte, fait monter rapidement la distribution à un niveau élevé, mais que la distribution retombe rapidement lorsque l'on atteint les employés les plus anciens.

Conclusion

En termes de dispersion, la distribution des années d'ancienneté est quelque peu dispersée, mais reste concentrée autour de la moyenne. Cela est indiqué par le fait que plus de 80% de la population se situe dans l'intervalle de la moyenne plus ou moins un écart-type, ce qui montre une concentration autour de la moyenne. Cependant, le coefficient de variation de 53,68% indique une certaine variabilité dans les données, ce qui peut être attribué à la différence d'ancienneté entre les juniors et les seniors.

• **Exercice 28 :** Poursuivons l'exercice **20** de la section **5.10.1** qui porte sur le kilométrage parcouru pour chaque livraison de la centrale d'approvisionnements. Le tableau ci-dessous résume les observations.

Calculer les caractéristiques de forme suivantes :

a. Le coefficient d'asymétrie de YULE.

b. Le coefficient d'asymétrie de PEARSON.

c. Le coefficient d'asymétrie de FISHER.

d. Le coefficient d'aplatissement de FISHER.

e. Donner votre interprétation.

x_i	n_i
3	6
9	36
15	52
21	62
27	71
33	78
39	65
45	60
51	40
57	10
Total	480

Données venant de l'exercice 20

(x_i) = kilométrage		(n_i) = nombre de livraisons	
Moyenne = 30,75 Km		Ecart-type = 13,049425 Km	
Q_1 = 20,52 Km	Q_2 = 31 Km		Q_3 = 41,08 Km
% Population dans $[\bar{x} - \sigma, \bar{x} + \sigma]$ = 62,26%		CV = 42,437%	

Solution

Le tableau suivant montre les données nécessaires pour résoudre cet exercice :

x_i	n_i	$n_i x_i$	$n_i(x_i - \bar{x})^3$	$n_i(x_i - \bar{x})^4$
3	6	18	-128215.41	3557977.52
9	36	324	-370407.94	8056372.64
15	52	780	-203163.19	3199820.20
21	62	1302	-57465.28	560286.49
27	71	1917	-3744.14	14040.53
33	78	2574	888.47	1999.05
39	65	2535	36498.52	301112.75
45	60	2700	173618.44	2474062.73
51	40	2040	332150.63	6726050.16
57	10	570	180878.91	4748071.29
	480	14760	-38961	29639793.38

a : Calculons le coefficient d'asymétrie de YULE :

$$C_Y = \frac{Q1 - 2Q2 + Q3}{Q3 - Q1}$$

$$= \frac{20{,}52 - 2(31) + 41{,}08}{41{,}08 - 20{,}52}$$

$$= -0{,}019455$$

b : Calculons le coefficient d'asymétrie de PEARSON :

$$\beta_1 = \frac{(\bar{x} - \text{Mode})}{\sigma}$$

$$= \frac{(30{,}75 - 33)}{13{,}049425}$$

$$= -0{,}17242$$

c : Calculons le coefficient d'asymétrie de FISHER :

$$\mu_3 = \frac{\sum_{i=1}^{i=10} n_i(x_i - \bar{x})^3}{\sum_{i=1}^{i=10} n_i} = \frac{-38\,961}{480}$$

$$= -81{,}168$$

$$\gamma_1 = \frac{\mu_3}{\sigma^3} = \frac{-81{,}168}{(13{,}049425)^3}$$

$$= -0{,}036527$$

d : Calculons le coefficient d'aplatissement de FISHER :

$$\mu_4 = \frac{\sum_{i=1}^{i=10} n_i (x_i - \bar{x})^4}{\sum_{i=1}^{i=10} n_i} = \frac{29\ 639\ 793{,}38}{480}$$

$$= 61\ 749{,}569$$

$$\gamma_2 = \frac{\mu_4}{\sigma^4} - 3 = \frac{61\ 749{,}569}{(13{,}049425)^4} - 3$$

$$= -0{,}8705454$$

<u>INTERPRETATION DES RESULTATS</u>

$$\underbrace{M_0}_{33} > \underbrace{M_e}_{31} > \underbrace{\bar{x}}_{30,75}$$

$$C_Y < 0$$
$$\beta_1 < 0$$
$$\gamma_1 < 0$$

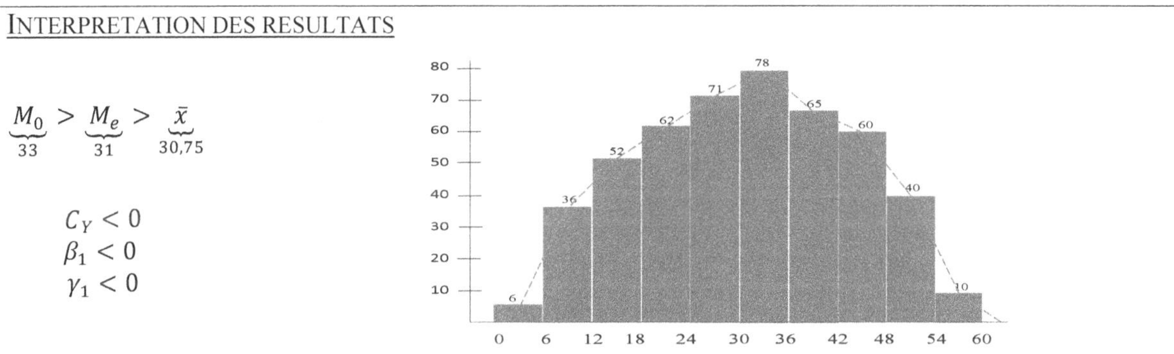

La distribution des données présente une légère asymétrie à gauche, ce qui signifie que la majorité des valeurs sont concentrées du côté droit de la distribution et que la queue de la distribution est étalée faiblement vers la gauche. Cela suggère qu'il y a une petite prépondérance de longs trajets dans les données étudiées.

$\gamma_2 < 0$, la courbe de cette distribution est très légèrement plus aplatie que celle d'une loi normale. Cela indique que la distribution des données est légèrement moins étirée et plus concentrée autour de la moyenne par rapport à une distribution normale.

Conclusion

En ce qui concerne la dispersion des données, le coefficient de variation de 42,43% indique que la distribution est modérément dispersée, ce qui signifie que les valeurs sont relativement proches les unes des autres et que la variation entre les valeurs n'est pas trop élevée. La distribution est quasi-symétrique, avec un étalement négligeable à gauche, ce qui signifie que les valeurs sont globalement équilibrées entre les deux côtés de la moyenne. Cela est confirmé par le fait que la population étudiée accumule environ 62,26% des valeurs dans l'intervalle de la moyenne plus ou moins l'écart-type, ce qui suggère une répartition presque égalitaire à gauche et à droite de la moyenne.

Ceci peut être observé aussi bien par la presqu'équivalence des trois caractéristiques de tendance centrale (mode, moyenne et médiane) et par la presqu'absence d'étalement car le coefficient d'asymétrie de FISHER est à -0,03.

• **Exercice 29 :** Poursuivons l'exercice **21** de la section **5.10.2.** Le tableau ci-dessous présente le nombre de personnes guéries d'une pandémie virale dans un pays, ainsi que le temps de séjour à l'hôpital (en jours) avant que la guérison totale ne soit confirmée et prononcée par le corps médical, pour une période de temps donnée.

Calculer les caractéristiques de forme suivantes :
a. Le coefficient d'asymétrie de YULE.
b. Le coefficient d'asymétrie de PEARSON.
c. Le coefficient d'asymétrie de FISHER.
d. Le coefficient d'aplatissement de FISHER.
e. Donner votre interprétation.

x_i	n_i
2.5	12711
12.5	3512
30	13024
50	52646
65	65665
85	136051
Total	283609

Données venant de l'exercice 21

(x_i) = temps passé à l'hôpital		(n_i) = nombre de patients	
Moyenne = 66,75 jours		Ecart-type = 22,27 jours	
Q_1 = 55,82 jours	Q_2 = 69,123 jours	Q_3 = 84,37 jours	
% Population dans $[\bar{x} - \sigma, \bar{x} + \sigma]$ = 67,92%		CV = 33%	

Solution

Le tableau suivant montre les données nécessaires pour résoudre cet exercice :

x_i	n_i	$n_i x_i$	$n_i(x_i-\bar{x})^3$	$n_i(x_i-\bar{x})^4$
2.5	12711	31777.50	-3371511322.35	216623843464.11
12.5	3512	43900.00	-560768931.68	30422419931.62
30	13024	390720.00	-646488810.79	23759277010.92
50	52646	2632300.00	-247461507.35	4145291528.46
65	65665	4268225.00	-352682.79	617638.52
85	136051	11564335.00	826800136.05	15088062456.14
	283609	18931257.50	-3999783118.92	290039512029.76

a : Calculons le coefficient d'asymétrie de YULE :

$$C_Y = \frac{Q1 - 2Q2 + Q3}{Q3 - Q1}$$

$$= \frac{55{,}82 - 2(69{,}12) + 84{,}37}{84{,}37 - 55{,}82}$$

$$= 0{,}0683$$

b : Calculons le coefficient d'asymétrie de PEARSON:

$$\beta_1 = \frac{(\bar{x} - \text{Mode})}{\sigma}$$

$$= \frac{(66{,}75 - 85)}{22{,}27}$$

$$= -0{,}819$$

c : Calculons le coefficient d'asymétrie de FISHER :

$$\mu_3 = \frac{\sum_{i=1}^{i=6} n_i (x_i - \bar{x})^3}{\sum_{i=1}^{i=6} n_i} = \frac{-3\,999\,783\,118{,}92}{283\,609}$$

$$= -14\,103{,}16$$

$$\gamma_1 = \frac{\mu_3}{\sigma^3} = \frac{-14\,103{,}16}{(22{,}27)^3}$$

$$= -1{,}276544$$

d : Calculons le coefficient d'aplatissement de FISHER :

$$\mu_4 = \frac{\sum_{i=1}^{i=6} n_i (x_i - \bar{x})^4}{\sum_{i=1}^{i=6} n_i} = \frac{290\,039\,512\,029{,}76}{283{,}609}$$

$$= 1\,022\,673{,}86$$

$$\gamma_2 = \frac{\mu_4}{\sigma^4} - 3 = \frac{1\,022\,673{,}86}{(22{,}27)^4} - 3$$

$$= 1{,}1561972$$

$$\mu_4 = \frac{\sum_{i=1}^{i=6} n_i (x_i - \bar{x})^4}{\sum_{i=1}^{i=6} n_i} = \frac{290\,039\,512\,029{,}76}{283\,609}$$

$$= 1\ 022\ 673{,}86$$

$$\gamma_2 = \frac{\mu_4}{\sigma^4} - 3 = \frac{1\ 022\ 673{,}86}{(22{,}27)^4} - 3$$

$$= 1{,}1561972$$

INTERPRETATION DES RESULTATS

$$\underbrace{M_0}_{85} > \underbrace{M_e}_{69,123} > \underbrace{\bar{x}}_{66,75}$$

$$C_Y \approx 0$$
$$\beta_1 < 0$$
$$\gamma_1 < 0$$

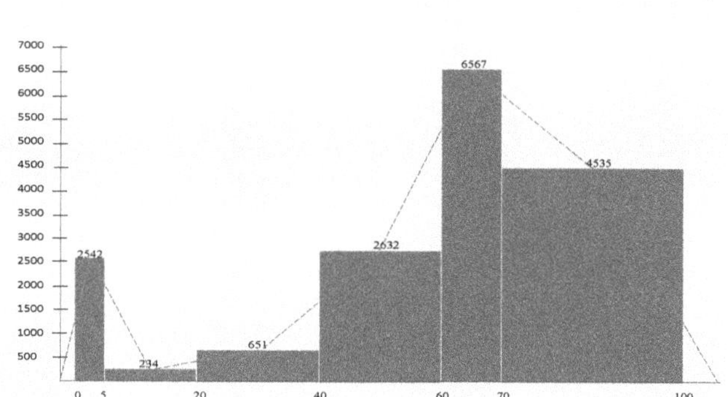

La distribution du temps de séjour à l'hôpital montre une asymétrie à gauche, ce qui indique que la majorité des patients ont des séjours plus courts à l'hôpital. Cependant, la queue de distribution est étalée vers la gauche, ce qui signifie qu'il y a un nombre significatif de patients ayant des séjours plus longs à l'hôpital.

$\gamma_2 > 0$, Ceci suggère que la courbe de cette distribution est plus pointue que celle d'une distribution normale. Cela peut être dû à la concentration de fortes valeurs dans la queue de distribution, ce qui indique une prédominance des patients ayant des séjours plus longs à l'hôpital. Les personnes ayant des séjours plus courts et moyens contribuent à faire monter rapidement la distribution, mais elle retombe abruptement lorsque le décompte passe aux patients ayant des séjours plus longs.

Conclusion

La distribution du temps de séjour à l'hôpital est modérément dispersée, avec un coefficient de variation de 33%. Cependant, les fortes valeurs dans la queue de distribution, correspondant aux patients ayant des séjours plus longs, sont celles qui constituent majoritairement l'intervalle de la moyenne plus ou moins l'écart-type, avec un taux s'élevant à 67,92%. Bien qu'inferieur au pourcentage attendu de la loi normale, ceci indique qu'un pourcentage plutôt considérable de patients guéris ont passé un temps relativement long à l'hôpital avant d'être confirmés comme totalement guéris.

• **Exercice 30 :** Continuons l'exercice **22** de la section **5.10.2** portant sur le charroi automobile d'une entreprise qui est composé d'un nombre important de voitures. Pour 100 d'entre elles, les kilométrages au compteur au moment de leur entretien sont donnés par le tableau suivant .

x_i	n_i
82500	5
87500	9
92500	14
97500	18
102500	25
107500	16
112500	7
117500	6
	100

Calculer les caractéristiques de forme suivantes :
a. Le coefficient d'asymétrie de YULE.
b. Le coefficient d'asymétrie de PEARSON.
c. Le coefficient d'asymétrie de FISHER.
d. Le coefficient d'aplatissement de FISHER.
e. Donner votre interprétation.

Données venant de l'exercice 22

(x_i) = kilométrage (en Km)		(n_i) = nombre de voitures	
Moyenne = 100 250 Km		Ecart-type = 8 842,37 Km	
Q_1 = 93 928,57 Km	Q_2 = 100 800 Km		Q_3 = 106 250 Km
% Population dans $[\bar{x} - \sigma, \bar{x} + \sigma]$ = 66,19%		CV = 8,82%	

Solution

Le tableau suivant montre les données nécessaires pour résoudre cet exercice :

x_i	n_i	$n_i x_i$	$n_i(x_i - \bar{x})^3$	$n_i(x_i - \bar{x})^4$
82500	5	412500.00	-27961796875000.00	496321894531250000.00
87500	9	787500.00	-18654046875000.00	237839097656250000.00
92500	14	1295000.00	-6516781250000.00	50505054687500000.00
97500	18	1755000.00	-374343750000.00	1029445312500000.00
102500	25	2562500.00	284765625000.00	640722656250000.00
107500	16	1720000.00	6097250000000.00	44205062500000000.00
112500	7	787500.00	12867859375000.00	157631277343750000.00
117500	6	705000.00	30797718750000.00	531260648437500000.00
	100	10025000.00	-3459375000000.00	1519433203125000000.00

255

a : Calculons le coefficient d'asymétrie de YULE :

$$C_Y = \frac{Q1 - 2Q2 + Q3}{Q3 - Q1}$$

$$= \frac{93\,928{,}57 - 2(100\,800) + 106\,250}{106\,250 - 93\,929}$$

$$= -0{,}115331$$

b : Calculons le coefficient d'asymétrie de PEARSON :

$$\beta_1 = \frac{(\bar{x} - \text{Mode})}{\sigma}$$

$$= \frac{(100\,250 - 102\,500)}{8\,842{,}37}$$

$$= -0{,}254456$$

c : Calculons le coefficient d'asymétrie de FISHER :

$$\mu_3 = \frac{\sum_{i=1}^{i=8} n_i(x_i - \bar{x})^3}{\sum_{i=1}^{i=8} n_i} = \frac{-3\,459\,375\,000\,000}{100}$$

$$= -34\,593\,750\,000$$

$$\gamma_1 = \frac{\mu_3}{\sigma^3} = \frac{-34\,593\,750\,000}{(8\,842{,}37)^3}$$

$$= -0{,}0500$$

d : Calculons le coefficient d'aplatissement de FISHER :

$$\mu_4 = \frac{\sum_{i=1}^{i=8} n_i(x_i - \bar{x})^4}{\sum_{i=1}^{i=60} n_i} = \frac{1\,519\,433\,203\,125\,000\,000}{100}$$

$$= 15\,194\,332\,031\,250\,000$$

$$\gamma_2 = \frac{\mu_4}{\sigma^4} - 3 = \frac{15\,194\,332\,031\,250\,000}{(8\,842{,}37)^4} - 3$$

$$= -0{,}5145$$

$$\mu_4 = \frac{\sum_{i=1}^{i=8} n_i(x_i - \bar{x})^4}{\sum_{i=1}^{i=60} n_i} = \frac{1\ 519\ 433\ 203\ 125\ 000\ 000}{100}$$

$$= 15\ 194\ 332\ 031\ 250\ 000$$

$$\gamma_2 = \frac{\mu_4}{\sigma^4} - 3 = \frac{15{,}194{,}332{,}031{,}287{,}300}{(8{,}842.37)^4} - 3$$

$$= -0.5145390$$

$$= 1{,}1561972$$

INTERPRETATION DES RESULTATS

$$\left.\begin{array}{c} \underbrace{M_0}_{33} > \underbrace{M_e}_{31} > \underbrace{\bar{x}}_{30.75} \\[2ex] C_Y < 0 \\ \beta_1 < 0 \\ \gamma_1 < 0 \end{array}\right\}$$

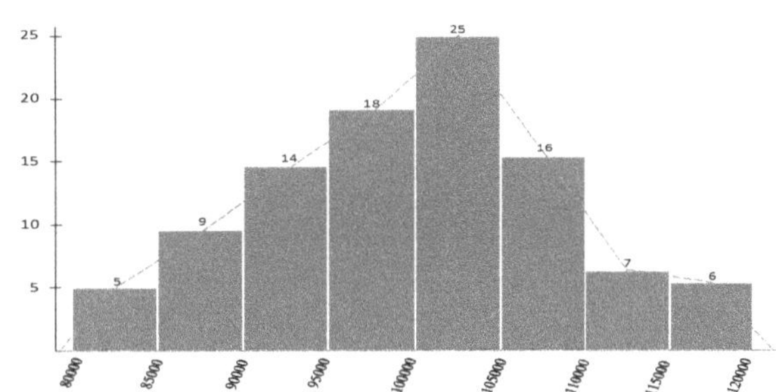

La distribution est asymétrique à gauche, ce qui signifie qu'elle est étirée vers la droite et que la majorité des valeurs sont concentrées du côté gauche de la distribution. La queue de distribution est faiblement étalée vers la gauche, ce qui indique qu'il y a peu de voitures avec des kilométrages très élevés par rapport à la moyenne.

On observe cependant une légère concentration de fortes valeurs, ce qui suggère qu'il y a une petite prépondérance de longs trajets parmi les voitures du parc automobile.

$\gamma_2 < 0$, la courbe de cette distribution est très légèrement plus aplatie que celle de la loi normale. Cela suggère que la distribution des kilométrages des voitures avant l'entretien est légèrement moins étalée que la distribution normale, avec une légère concentration de valeurs autour de la moyenne.

Conclusion

La distribution des kilométrages des véhicules avant leur entretien semble être presque identique pour toutes les voitures, avec de légères différences. Cette distribution a un coefficient de variation de 8,82%, ce qui indique qu'elle est relativement homogène. Elle est quasi-symétrique, avec un étalement négligeable à gauche, ce qui signifie que les valeurs sont plutôt regroupées autour de la moyenne. Environ 66,19% de la population se situe dans l'intervalle de la moyenne plus ou moins l'écart-type, et cette population est répartie de manière presque équitable à gauche et à droite de la moyenne. Cela peut être observé à travers la quasi-équivalence des trois caractéristiques de tendance centrale (mode, moyenne et médiane), ainsi que par la faible valeur du coefficient d'asymétrie de FISHER (-0,05) indiquant l'absence d'étalement. La forme de cette distribution est très similaire à celle d'une loi normale, mais avec une légère asymétrie à gauche et une concentration de valeurs autour de la moyenne.

• **Exercice 31 :** Continuons l'exercice **23** de la section **5.10.2** sur le nombre de jours de production des pneus. Le tableau suivant donne le nombre de jours par rapport au nombre de pneus produits.

x_i	n_i
12750	1
13250	2
13750	3
14250	3
14750	3
15250	3
Total	15

Calculer les caractéristiques de forme suivantes :
a. Le coefficient d'asymétrie de YULE.
b. Le coefficient d'asymétrie de PEARSON.
c. Le coefficient d'asymétrie de FISHER.
d. Le coefficient d'aplatissement de FISHER.
e. Donner votre interprétation.

Données venant de l'exercice 23

(x_i) = nombre de pneus		(n_i) = nombre de jours	
Moyenne = 14 216,67 pneus		Ecart-type = 763,03 pneus	
Q_1 = 13 625 pneus	Q_2 = 14 250 pneus	Q_3 = 14 875 pneus	
% Population dans $[\bar{x} - \sigma, \bar{x} + \sigma]$ = 60,43%		CV = 5,37%	

Solution

Le tableau suivant montre les données nécessaires pour résoudre cet exercice :

x_i	n_i	$n_i x_i$	$n_i(x_i - \bar{x})^3$	$n_i(x_i - \bar{x})^4$
12750	1	12750.00	-3154962962.96	4627279012345.67
13250	2	26500.00	-1806592592.59	1746372839506.17
13750	3	41250.00	-304888888.89	142281481481.48
14250	3	42750.00	111111.11	3703703.70
14750	3	44250.00	455111111.11	242725925925.93
15250	3	45750.00	3310111111.11	3420448148148.16
	15	213250.00	-1501111111.11	101791111111111.10

a : Calculons le coefficient d'asymétrie de YULE :

$$C_Y = \frac{Q1 - 2Q2 + Q3}{Q3 - Q1}$$

$$= \frac{13\,625 - 2(14\,250) + 14\,875}{14\,875 - 13\,625}$$

$$= 0$$

b : Calculons le coefficient d'asymétrie de PEARSON :

$$\beta_1 = \frac{(\bar{x} - \text{Mode})}{\sigma}$$

$$= \frac{(14\ 216,67 - \ 15\ 250)}{763,03}$$

$$= -1,353$$

c : Calculons le coefficient d'asymétrie de FISHER :

$$\mu_3 = \frac{\sum_{i=1}^{i=6} n_i(x_i - \bar{x})^3}{\sum_{i=1}^{i=6} n_i} = \frac{-1\ 501\ 111\ 111,11}{15}$$

$$= -100\ 074\ 074,07$$

$$\gamma_1 = \frac{\mu_3}{\sigma^3} = \frac{-100\ 074\ 074}{(763,03)^3}$$

$$= -0,225262$$

d : Calculons le coefficient d'aplatissement de FISHER :

$$\mu_4 = \frac{\sum_{i=1}^{i=6} n_i(x_i - \bar{x})^4}{\sum_{i=1}^{i=6} n_i} = \frac{10\ 179\ 111\ 111\ 111,10}{15}$$

$$= 678\ 607\ 407\ 376$$

$$\gamma_2 = \frac{\mu_4}{\sigma^4} - 3 = \frac{678\ 607\ 407\ 376}{(763,03)^4} - 3$$

$$= -0,9981062$$

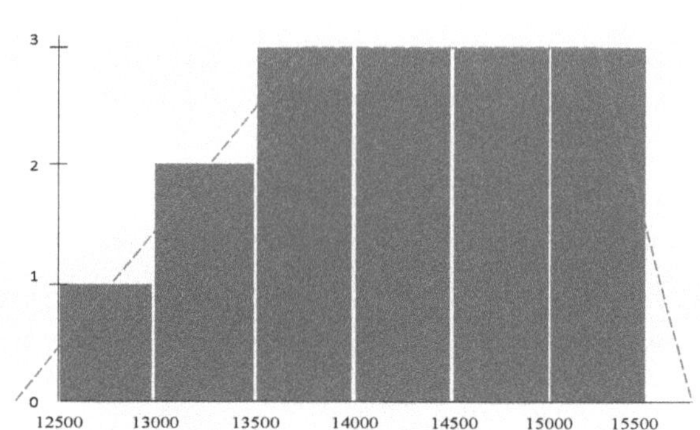

$$\underbrace{M_0}_{15\,250} > \underbrace{M_e}_{14\,250} > \underbrace{\bar{x}}_{14\,216}$$

$$\left.\begin{array}{c} C_Y = 0 \\ \beta_1 < 0 \\ \gamma_1 < 0 \end{array}\right\}$$

$C_Y = 0$ en raison de l'équidistance entre le troisième quartile (Q_3) et le premier quartile (Q_1) par rapport à la médiane. Par conséquent, elle ne fournit pas d'information utile dans l'interprétation de la distribution. Cependant, les coefficients β_1 et γ_1 peuvent être utilisés pour comprendre davantage la forme de la distribution.

Les coefficients β_1 et $\gamma_1 < 0$, ce qui signifie que la distribution est asymétrique à gauche. Cela confirme que la queue de distribution est étalée vers la gauche, ce qui implique qu'il y a une forte concentration de jours de production élevés, c'est-à-dire que la production de pneus est intense pendant quelques jours spécifiques.

$\gamma_2 < 0$, la courbe de cette distribution est plus aplatie que celle de la loi normale.

Conclusion
Avec un coefficient de variation extrêmement faible de 5,37%, elle est donc homogène avec un faible étalement à droite, ce qui engendre une queue de distribution étalée vers la gauche. Il existe une forte concentration des valeurs autour de la moyenne, laquelle est très proche de la médiane qui est presque confondue au mode. De plus, son caractère multimodal vient amplifier la concentration autour de ces valeurs centrales. Cette concentration s'aperçoit dans le volume de la population dans l'intervalle de la moyenne plus ou moins l'écart-type qui s'élève à 60,43%, ce qui montre une certaine stabilité dans la production de pneus.

• **Exercice 32** : Poursuivons l'**exercice 24** de la **section 5.10.2.** Le tableau ci-dessous présente les soldes enregistrés dans les comptes d'épargne de 300 individus.

x_i	n_i
2500	48
7500	41
12500	47
17500	15
22500	21
27500	12
32500	13
37500	8
42500	9
47500	9
52500	10
57500	6
62500	9
67500	5
72500	2
77500	13
82500	8
87500	7
92500	4
97500	13
	300

Calculer les caractéristiques de forme suivantes :

a. Le coefficient d'asymétrie de YULE.

b. Le coefficient d'asymétrie de PEARSON.

c. Le coefficient d'asymétrie de FISHER.

d. Le coefficient d'aplatissement de FISHER.

e. Donner votre interprétation.

Données venant de l'exercice 24

(x_i) = solde d'épargne		(n_i) = nombre d'épargnant	
Moyenne = 31 483 euros		Ecart-type = 29 337,96 euros	
Q_1 = 8 291,88 euros	Q_2 = 19 670 euros	Q_3 = 51 002,99 euros	
% Population dans $[\bar{x} - \sigma, \bar{x} + \sigma]$ = 72,86%		CV = 93,18%	

Solution

Le tableau suivant montre les données nécessaires pour résoudre cet exercice :

x_i	n_i	$n_i x_i$	$n_i(x_i-\bar{x})^3$	$n_i(x_i-\bar{x})^4$
2500	48	120000.00	-1168654759777780.00	33871510454225900000.00
7500	41	307500.00	-565604019810185.00	13565069741780900000.00
12500	47	587500.00	-321525393949074.00	6103623728466590000.00
17500	15	262500.00	-41013174930555.50	573500896112268000.00
22500	21	472500.00	-15224107402777.80	136763231501620000.00
27500	12	330000.00	-758439944444.44	3021119112037030.00
32500	13	422500.00	13660893518.52	13888575077160.60
37500	8	300000.00	1742440037037.04	10483680889506200.00
42500	9	382500.00	12033532541666.70	132569416834028000.00
47500	9	427500.00	36979320041666.70	592285442667361000.00
52500	10	525000.00	92830675046296.30	1950991353889660000.00
57500	6	345000.00	105658930027778.00	2748893162889350000.00
62500	9	562500.00	268551682541667.00	8329578020167360000.00
67500	5	337500.00	233604150023148.00	8413642803333720000.00
72500	2	145000.00	138010168342593.00	5660717071518680000.00
77500	13	1007500.00	1266743898393520.00	58291331724408400000.00
82500	8	660000.00	1062248740037040.00	54192389887556200000.00
87500	7	612500.00	1230409926699070.00	68923462727259800000.00
92500	4	370000.00	908668403351852.00	55443917077852200000.00
97500	13	1267500.00	3740280115060190.00	246920825595890000000.00
	300	9445000.00	6984995747222220.00	565864591024931000000.00

a : Calculons le coefficient d'asymétrie de YULE :

$$C_Y = \frac{Q1 - 2Q2 + Q3}{Q3 - Q1}$$

$$= \frac{8\,291,88 - 2(19\,670) + 51\,002,99}{51\,002,99 - 8\,291,88}$$

$$= 0,4672$$

b : Calculons le coefficient d'asymétrie de PEARSON :

$$\beta_1 = \frac{(\bar{x} - \text{Mode})}{\sigma}$$

$$= \frac{(31\,483 - 2\,500)}{29\,337,97}$$

$$= 0,987910888$$

c : Calculons le coefficient d'asymétrie de FISHER :

$$\mu_3 = \frac{\sum_{i=1}^{i=20} n_i (x_i - \bar{x})^3}{\sum_{i=1}^{i=20} n_i} = \frac{6\,984\,995\,747\,222\,220}{300}$$

$$= 23\,283\,319\,157\,407,40$$

$$\gamma_1 = \frac{\mu_3}{\sigma^3} = \frac{23\,283\,319\,157\,407,40}{(29\,337,97)^3}$$

$$= 0,921952$$

d : Calculons le coefficient d'aplatissement de FISHER :

$$\mu_4 = \frac{\sum_{i=1}^{i=20} n_i (x_i - \bar{x})^4}{\sum_{i=1}^{i=20} n_i} = \frac{565\,864\,591\,024\,931\,000\,000}{300}$$

$$= 1\,886\,215\,303\,416\,440\,000$$

$$\gamma_2 = \frac{\mu_4}{\sigma^4} - 3 = \frac{1\,886\,215\,303\,416\,440\,000}{(29\,337,97)^4} - 3$$

$$= -0,453$$

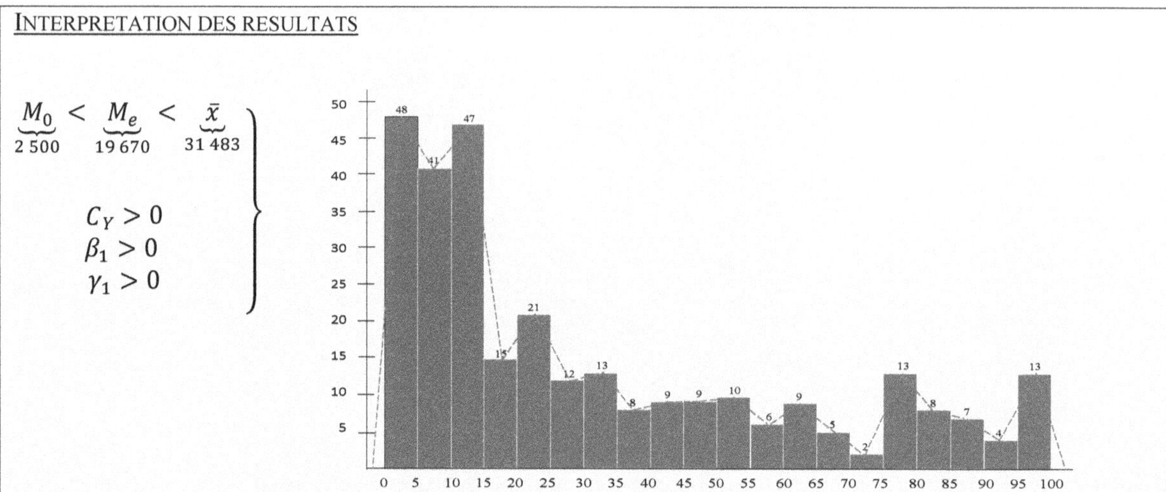

$$\underbrace{M_0}_{2\,500} < \underbrace{M_e}_{19\,670} < \underbrace{\bar{x}}_{31\,483} \Bigg)$$

$$C_Y > 0$$
$$\beta_1 > 0$$
$$\gamma_1 > 0$$

La distribution des soldes d'épargne est asymétrique à droite, avec une queue de distribution étalée vers la droite. Cela indique une concentration de faibles valeurs, ce qui signifie que la majorité des individus ont une épargne très limitée dans leur compte d'épargne.

$\gamma_2 < 0$, la courbe de cette distribution présente donc une forme plus large et aplatie par rapport à une distribution normale. Cela signifie que les valeurs des soldes d'épargne sont moins concentrées autour de la moyenne et sont plus étalées, ce qui indique une dispersion plus importante des données.

Conclusion

La distribution des épargnes présente une dispersion importante avec un coefficient de variation de 93,18%. On peut observer une concentration de la population dans l'intervalle de la moyenne plus ou moins l'écart-type, alignée à celle de la loi normale qui est d'environ 68,18%. Cependant, on remarque également une longue étendue de la distribution vers la droite, entraînant une épaisse queue d'étalement, car il y a une proportion quasi-constante du nombre d'épargnants lorsque le montant d'épargne augmente. La concentration quasi-identique à celle de la loi normale du nombre d'épargnants dans l'intervalle de la moyenne moins l'écart-type et la moyenne plus l'écart-type est principalement constituée de faibles épargnes, comme en témoigne la hauteur de la courbe de distribution. Cela révèle une forme d'inégalité dans les épargnes des individus de cette population, qui est également clairement visible dans la comparaison des valeurs de tendance centrale.

Il est évident de constater que la majorité des épargnants ont seulement 2 500 euros dans leur compte d'épargne, tandis que si on range ces comptes du moins approvisionné au plus approvisionné, le compte du milieu se situe à 19 670 euros, soit un écart de 17 170 euros entre ce que la majorité des personnes ont en épargne et ce que le compte du milieu possède. En d'autres termes, le compte du milieu est 7,8 fois plus approvisionné que ceux de la majorité des épargnants. Par ailleurs, l'individu se trouvant dans cette classe majoritaire est 7,8 fois moins aisé que celui dont le compte est au milieu de la population (en les rangeant du moins aisé au plus aisé).

De plus, si toutes les personnes disposaient des mêmes capacités financières et que tous les comptes étaient approvisionnés de manière identique, chaque personne aurait 31 483 euros dans son compte d'épargne. En d'autres termes, si toute la somme d'argent déposée en épargne, soit 9 445 000 euros, était répartie de manière équitable entre tous les épargnants, chacun d'eux aurait 31 483 euros en épargne. Cela signifie que même l'individu se trouvant au milieu de la distribution (avec ses 19 670 euros d'épargne) ne se situe pas dans la moyenne des épargnes. Il se trouve seulement à la moitié du niveau moyen de richesse des épargnants. Quant aux moins aisés, qui ont en majorité 2 500 euros d'épargne, ils ne disposent que de 7,9% de ce que représente la moyenne des épargnes.

Si l'on considère que la notion d'épargne est liée à celle de richesse, on peut conclure que dans ce cas, la majorité des individus de cette population est 7,8 fois plus pauvre que ceux se situant au milieu de la population (en les rangeant du moins aisé au plus aisé) et 12,5 fois plus pauvre que le niveau moyen de richesse, qui est de 31 291 euros. En ce qui concerne la personne dont l'épargne se situe à la médiane, bien qu'elle soit au niveau médian de la population, sa richesse n'est que la moitié de la richesse moyenne.

264

CHAPITRE **7**

Caractéristiques de concentration

Ce chapitre propose une analyse complète des caractéristiques de concentration en examinant la courbe de concentration de LORENZ et l'indice de concentration de GINI. Pour interpoler la courbe de LORENZ comme une fonction continue dans la plage de zéro à cent, le chapitre explique et utilise deux méthodes : la méthode de Newton et la méthode de Lagrange. De plus, le chapitre introduit et utilise deux méthodes pour déterminer l'indice de GINI en calculant l'aire sous la courbe de LORENZ: la méthode des trapèzes, qui consiste à sommer les aires des trapèzes, et la méthode de quadrature numérique, qui évalue l'intégrale définie de la fonction interpolée dans la plage de zéro à cent. En couvrant ces méthodes et concepts en détail, le chapitre offre une compréhension complète de l'analyse de la concentration et de son application dans divers domaines.

7.1 Introduction

De manière générale, la notion de concentration est utilisée dans différents domaines, avec des contours, des importances et des objectifs différents. On la retrouve aussi bien dans les sciences exactes que dans les sciences humaines et sociales, voire dans les sciences environnementales.

Dans les sciences exactes, la concentration est utilisée dans plusieurs domaines. Par exemple, en chimie, elle désigne la proportion d'un soluté dans une solution. Cette concentration peut être exprimée en termes de masse (lorsqu'on compare une masse à un volume) ou en termes molaires (lorsqu'on compare la quantité de matière à un volume). En radiocommunication ou en communication IP (Internet Protocol), on parle de la concentration de trafic pour décrire la proportion de communications sur l'interface radio ou la proportion de paquets IP par rapport au trafic habituel et/ou à la capacité du support de transmission. Parfois, pour optimiser l'utilisation des canaux de transmission, cette concentration de trafic peut être organisée de manière ordonnancée.

Dans les sciences sociales, la notion de concentration est également largement utilisée. C'est notamment le cas dans le domaine du marketing, où une entreprise peut définir son domaine d'activité stratégique (DAS) en se concentrant sur un segment de marché peu concurrentiel. En économie, la concentration du marché est évoquée lorsque le marché quitte sa forme naturelle oligopolistique ou concurrentielle pour évoluer vers une forme plus monopolistique.

En statistique descriptive, la notion de concentration est principalement utilisée pour mesurer l'hétérogénéité des caractères d'une population et comprendre les éventuelles inégalités à l'intérieur de celle-ci. Ici, le terme "population" est utilisé dans son sens statistique. Ces données relatives permettent de se rendre compte de la concentration ou non de la distribution sur un petit nombre d'individus statistiques. Cette notion de concentration a été introduite par Corrado GINI, statisticien italien, pour les distributions des salaires et des revenus. Elle s'applique généralement à la description d'unités économiques en fonction de leur taille (par exemple, une entreprise en fonction de son chiffre d'affaires, du nombre de salariés, etc.), mais peut également être extrapolée dans d'autres domaines lorsque la répartition d'une richesse collective (souvent monétaire) est impliquée. Pour mesurer cette hétérogénéité, deux caractéristiques de concentration sont utilisées : l'indice de GINI et la médiale.

Aujourd'hui, l'importance de ces caractéristiques est observée dans différents domaines d'activité. Par exemple, des organisations internationales telles que les Nations Unies, l'Organisation de coopération et de développement économiques (OCDE) et d'autres publient des rapports annuels sur la répartition des richesses dans différents pays du monde. Ces rapports présentent les indices de GINI de tous les pays, ce qui reflète la manière dont la richesse est distribuée dans ces pays. Dans la même veine, en octobre 2020, le Crédit Suisse a déclaré que "*1% de la population possède près de la moitié de la fortune mondiale*".

7.2 Médiale d'une distribution

La ***médiale*** est un concept statistique qui permet de déterminer la valeur médiane d'une masse dans une distribution de variables. Ainsi, elle permet de mesurer la position médiane d'une distribution de données, en prenant en compte la masse de chaque valeur, ce qui peut être utile pour comprendre la répartition des valeurs dans une population donnée. Contrairement à la médiane classique qui est calculée sur la base de l'effectif ou de la fréquence de chaque valeur, la médiale se réfère à la fonction cumulative du moment non-centré d'ordre zéro ($n_i x_i$). En d'autres termes, elle prend en compte la masse de chaque valeur, plutôt que leur fréquence d'apparition.

La médiale a pour particularité de diviser la masse d'une variable en deux sous-ensembles de masses égales. Elle représente ainsi le point de coupure qui sépare la distribution en deux parties de poids équivalent. Elle est notée sous la forme $\left(\tilde{\tilde{M}}_e \right)$ pour symboliser cette division équilibrée de la masse.

La médiale peut être utilisée dans différents domaines de la statistique, tels que l'économie, la démographie, la biostatistique, etc.

Exemple 68

Reprenons l'**exemple 57** de la **section 5.8** qui porte sur la répartition du budget des subventions allouées par l'État aux entreprises d'une ville américaine, exprimé en millions de dollars. Dans cet exemple, les x_i représentent les montants des subventions en millions de dollars, et les n_i représentent le nombre d'entreprises bénéficiaires.

Subventions (En Millions USD)	Centres des classes (x_i)	Effectifs (n_i)	f_i	Budget Total par classe $S_i = n_i x_i$	$q_i = \dfrac{S_i}{\sum\limits_{Total} S_i}$	$f_i \uparrow$	$q_i \uparrow$
[0,2 ; 0,6 [	0.4	4	3.96	1.60	0.17	3.96	0.17
[0,6 ; 1 [	0.8	5	4.95	4.00	0.42	8.91	0.59
[1 ; 2 [	1.5	9	8.91	13.50	1.43	17.82	2.02
[2 ; 3 [	2.5	7	6.93	17.50	1.85	24.75	3.86
[3 ; 5 [	4	13	12.87	52.00	5.49	37.62	9.35
[5 ; 8 [	6.5	17	16.83	110.50	11.67	54.46	21.02
[8 ; 10 [	9	12	11.88	108.00	11.40	66.34	32.43
[10 ; 20 [	15	21	20.79	315.00	33.26	87.13	65.68
[20 ; 30 [	25	13	12.87	325.00	34.32	100.00	100.00
Total		101		947.10			

Dans ce cas-ci, la médiale de la distribution du budget des subventions aux entreprises est un indicateur important dans le contexte de la répartition des fonds. Elle garantit que les entreprises qui ont reçu individuellement moins que la médiale ont globalement reçu autant que celles qui ont reçu davantage. En d'autres termes, elle assure une certaine équité dans la répartition des subventions, en s'assurant que la moitié du budget est allouée aux subventions inférieures à la médiale et l'autre moitié aux subventions supérieures à la médiale. Cela permet d'éviter que certaines entreprises ne reçoivent une part disproportionnée des fonds, tandis que d'autres en reçoivent très peu.

Si la distribution des subventions est relativement régulière, la subvention médiale devrait être très proche de la subvention médiane. La subvention médiane, quant à elle, est la valeur qui divise la distribution des subventions en deux parties égales : 50% des entreprises ont reçu une subvention inférieure à la médiane et 50% des entreprises ont reçu une subvention supérieure à la médiane. Ainsi, la médiale est un indicateur clé pour s'assurer que la répartition des subventions est équilibrée et que les entreprises bénéficiaires ont reçu une part juste et équitable des fonds alloués par l'État.

Introduisons ainsi la notion de la masse budgétaire correspondant à chaque classe, qui représente la somme totale des subventions reçues par les n_i entreprises appartenant à cette classe.

Pour être plus précis, pour la $i^{\text{ème}}$ classe, appelons S_i le total des subventions reçues par ces entreprises, où chaque subvention est comprise entre les extrémités a_{i-1} et a_i de cette classe. Par exemple, si nous considérons les 13 entreprises qui ont reçu entre 3 et 5 millions de dollars, elles ont collectivement reçu un total de 52 millions de dollars en subventions.

Exprimons la colonne des fréquences du budget total d'une classe par rapport au budget total, que nous appellerons q_i, en pourcentage. En conséquence, nous allons introduire une nouvelle notion des fréquences cumulées croissantes des budgets totaux, que nous noterons $q_i \uparrow$, également en pourcentage. Par exemple, les 13 entreprises qui ont chacune reçu entre 3 et 5 millions de dollars représentent 12,87% des entreprises et se partagent 5,49% du budget total, ce qui équivaut à 52 millions de dollars. De plus, 66,34% des entreprises ont chacune perçu moins de 10 millions de dollars, représentant 32,43% du budget total.

Le calcul de la médiale s'apparente à celui de la médiane. Il s'agit de trouver la valeur qui divise la distribution en deux parties égales, de telle sorte que 50% des données se situent en dessous et 50% au-dessus de cette valeur.

La formule pour le calcul de la médiale dans ce cas précis est la suivante :

$$\boxed{\overset{\approx}{M_e} = a_i + (a_{i+1} - a_i)\frac{(50 - q_i)}{(q_{i+1} - q_i)}}$$

Où a_i représente la valeur de la subvention pour la $i^{\text{ème}}$ entreprise, a_{i+1} représente la valeur de la subvention pour la $(i+1)^{\text{ème}}$ entreprise, q_i est le pourcentage cumulé des entreprises ayant reçu moins que la médiale jusqu'à la $i^{\text{ème}}$ entreprise, et q_{i+1} est le pourcentage cumulé des entreprises ayant reçu moins que la médiale jusqu'à la $(i+1)^{\text{ème}}$ entreprise.

On a donc :

$$\overset{\approx}{M_e} = 10 + (20 - 10)\frac{(50 - 32{,}43)}{(65{,}68 - 32{,}43)}$$

$$= 15{,}28 \text{ millions \$}$$

La médiale, dans cet exemple, est calculée à 15,28 millions de dollars. Cela signifie que la moitié des entreprises ont reçu des subventions inférieures à 15,28 millions de dollars et l'autre moitié a reçu des subventions supérieures à cette valeur. En d'autres termes, les entreprises qui ont individuellement reçu moins de 15,28 millions de dollars ont globalement reçu autant que celles qui ont reçu plus de 15,28 millions de dollars.

La détermination de la médiale peut être effectuée à l'aide d'une méthode graphique, similaire à celle utilisée pour calculer la médiane.

7.3   Courbe de concentration de Lorenz

La courbe de concentration de LORENZ est un outil graphique largement utilisé en économie et en statistique pour analyser la répartition de la richesse dans une population donnée. Elle permet de représenter visuellement la proportion de la richesse détenue par un certain pourcentage inférieur de la population, généralement en ordonnée, en fonction du pourcentage cumulé de la population, généralement en abscisse.

La courbe de concentration de LORENZ est construite à partir des données de distribution de la richesse, sous forme de couples de points $(f_i \uparrow, q_i \uparrow)$, où $f_i \uparrow$ représente la proportion cumulée de la richesse détenue par les $i\%$ les plus pauvres de la population et $q_i \uparrow$ représente le pourcentage cumulé de la population jusqu'à $i\%$. Ainsi, elle permet de visualiser rapidement les inégalités de répartition de la richesse dans une population donnée et de comparer différentes distributions.

Exemple 69

En poursuivant l'**exemple 68** qui porte sur la répartition du budget des subventions allouées par l'État aux entreprises d'une ville américaine, exprimé en millions de dollars, la courbe de concentration de la distribution des subventions est la courbe représentative de $q_i \uparrow$ en fonction de $f_i \uparrow$. Elle est tracée en reliant les points représentant les extrémités de classe a_i.

En raison du fait que nous manipulons deux fréquences cumulées exprimées en pourcentage ($f_i \uparrow$ et $q_i \uparrow$), la courbe de concentration sera tracée à l'intérieur d'un carré de côté 100, car les pourcentages varient entre 0 et 100. Lorsque $f_i \uparrow$ et $q_i \uparrow$ atteignent tous les deux 100, la courbe passera par les sommets opposés du carré, marquant ainsi une concentration maximale. Cela signifie que tous les éléments étudiés sont présents dans les deux fréquences cumulées à leur niveau maximal. La courbe sera donc située en dessous de la diagonale du carré, car une valeur donnée de $q_i \uparrow$, qui représente la fréquence cumulée relative, est toujours inférieure à son équivalent $f_i \uparrow$, qui représente la fréquence cumulée absolue.

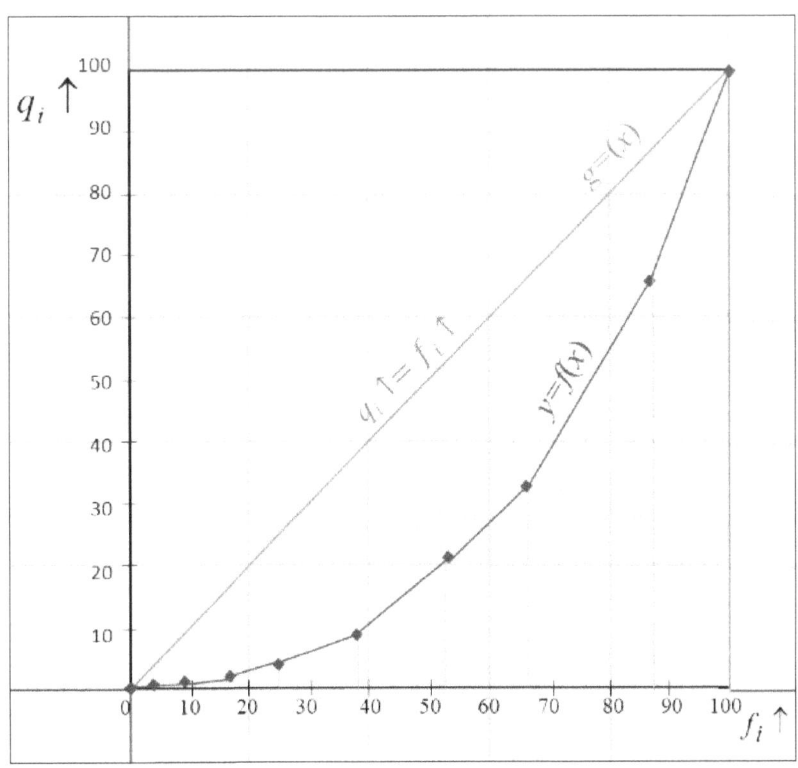

7.4   Calcul de la surface sous la courbe de LORENZ

Le calcul de la surface sous la courbe de LORENZ utilisé pour mesurer l'inégalité de la répartition des richesses ou des revenus dans une population donnée, peut se faire soit graphiquement par la méthode des trapèzes soit analytiquement en utilisant le calcul des intégrales définies.

La première méthode consiste à utiliser une approche graphique, appelée méthode des trapèzes. Cette méthode implique de diviser la zone sous la courbe de LORENZ en une série de trapèzes, en utilisant les points de la courbe et les axes de coordonnées. Ensuite, on calcule l'aire de chaque trapèze en multipliant la moyenne des côtés par la différence entre les valeurs d'abscisses adjacentes. Enfin, on additionne les aires de tous les trapèzes pour obtenir la surface totale sous la courbe.

La deuxième méthode est une approche analytique, qui utilise le calcul des intégrales définies. Elle nécessite de connaître l'équation mathématique de la courbe de LORENZ et d'intégrer cette équation sur l'intervalle d'intérêt, généralement de 0 à 1.

Les deux méthodes ont leurs avantages et leurs inconvénients. La méthode des trapèzes est plus simple à comprendre et à mettre en œuvre, mais elle peut être moins précise pour les courbes de LORENZ complexes. D'un autre côté, l'approche analytique basée sur les intégrales définies peut être plus précise pour les courbes de LORENZ complexes, mais elle peut être plus complexe mathématiquement. Il est important de choisir la méthode appropriée en fonction des besoins spécifiques de l'analyse et des données disponibles.

7.4.1   Méthode graphique du calcul de la surface sous la courbe de LORENZ

Le calcul de la surface sous la courbe de LORENZ par la méthode graphique (méthode des trapèzes) est obtenu en exécutant les trois étapes suivantes :

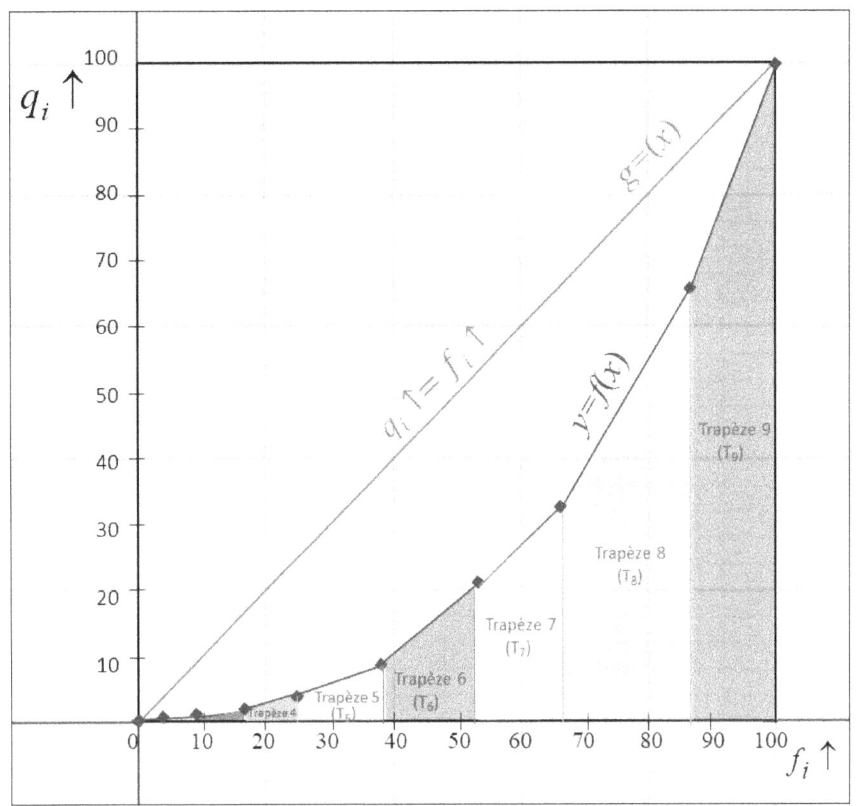

Le calcul de la surface sous la courbe de LORENZ par la méthode graphique (méthode des trapèzes) permet d'estimer cette surface en suivant les étapes détaillées ci-dessous :

1. La courbe de LORENZ représente graphiquement la distribution cumulative d'une variable sur l'axe horizontal (généralement la fréquence de la population) en fonction de l'axe vertical (généralement la fréquence cumulée de la variable). Pour calculer la surface sous la courbe de LORENZ, on la divise en petits trapèzes verticaux, numérotés de 0 à n, où n est le nombre de points de données sur la courbe.

2. Chaque trapèze a pour hauteur la différence entre les valeurs de la fonction de LORENZ $q_i \uparrow$ et $q_{i+1} \uparrow$, qui représentent la proportion cumulée de la variable à deux points de données successifs. La base du trapèze est formée par les deux côtés verticaux $f_i \uparrow$ et $f_{i+1} \uparrow$, de la courbe de LORENZ qui sont sous-tendus par la portion de la courbe entre les deux points de données.

3. La surface de chaque trapèze T_i est calculée individuellement en utilisant la formule suivante :

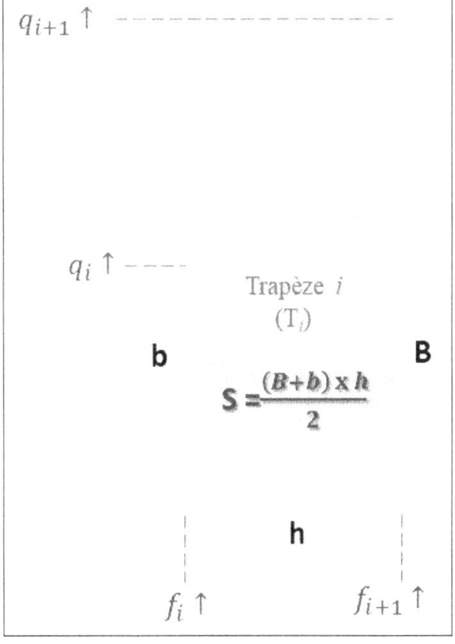

271

$$\text{Surface}(Ti) = (f_{i+1}\uparrow - f_i\uparrow)\frac{(q_i\uparrow + q_{i+1}\uparrow)}{2}$$

4. Cette formule représente l'aire d'un trapèze, où la hauteur est la différence entre les valeurs de la fonction de LORENZ et la base est la somme des côtés verticaux de la courbe de LORENZ entre les deux points de données.

5. Enfin, pour obtenir la surface totale sous la courbe de LORENZ, on calcule la somme des surfaces de tous les trapèzes à partir de $i = 0$ jusqu'à $i = n$:

$$\text{Surface Totale} = \sum_{i=0}^{n} \text{Surface}(T_i)$$

$$\boxed{\text{Surface Totale} = \sum_{i=1}^{n} (f_{i+1}\uparrow - f_i\uparrow)\frac{(q_i\uparrow + q_{i+1}\uparrow)}{2}}$$

Exemple 70

Poursuivant l'**exemple 69** qui porte sur la répartition du budget des subventions allouées par l'État aux entreprises d'une ville américaine, insérons les rubriques listées dans le tableau suivant (les trois dernières colonnes) :

$f_i\uparrow$	$q_i\uparrow$	$H_i = f_{i+1}\uparrow - f_i\uparrow$	$B_i = \dfrac{q_i\uparrow + q_{i+1}\uparrow}{2}$	Aire Trapèze (T_i) $T_i = B_i \times H_i$
3.96	0.17	4.95	0.38	1.88
8.91	0.59	8.91	1.30	11.62
17.82	2.02	6.93	2.94	20.38
24.75	3.86	12.87	6.61	85.07
37.62	9.35	16.83	15.19	255.65
54.46	21.02	11.88	26.72	317.51
66.34	32.43	20.79	49.06	1019.96
87.13	65.68	12.87	82.84	1066.29
100.00	100.00			
Total				2778.36

Solution

a : Décomposons la surface sous la courbe de LORENZ en T_i.

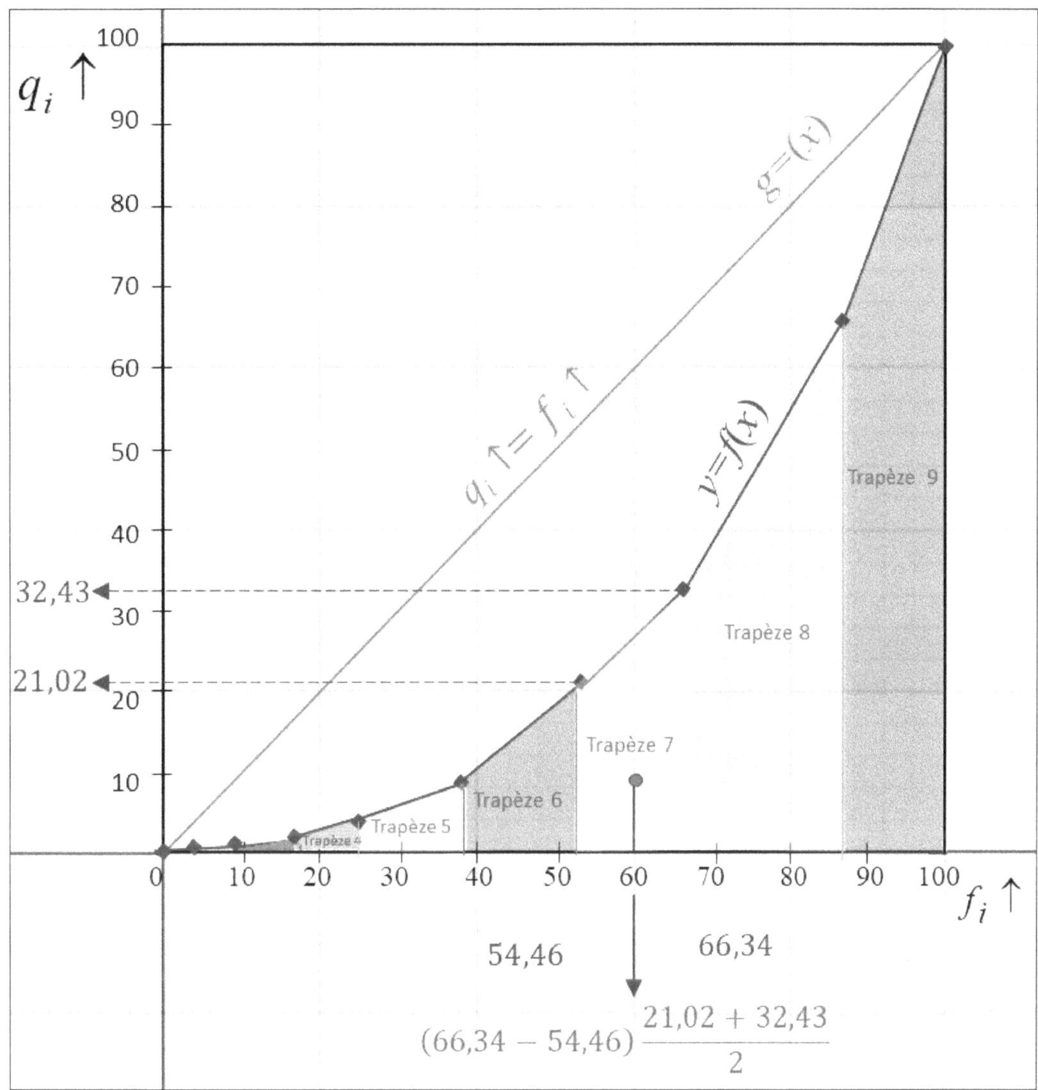

b : Procédons à l'évaluation et à la sommation des surfaces des T_i.

La surface sous la courbe de LORENZ est :

$$\sum_{i=1}^{i=8}(f_{i+1}\uparrow - f_i\uparrow)\frac{(q_i\uparrow + q_{i+1}\uparrow)}{2} = (8,91 - 3,6)\frac{(0,17 + 0,59)}{2}$$

$$+(17,82 - 8,91)\frac{(0,59 + 2,02)}{2}$$

$$+(24{,}75 - 17{,}82)\frac{(2{,}02 + 3{,}86)}{2}$$

$$+(37{,}62 - 24{,}75)\frac{(3{,}86 + 9{,}35)}{2}$$

$$+(54{,}46 - 37{,}62)\frac{(9{,}35 + 21{,}02)}{2}$$

$$+(66{,}34 - 54{,}46)\frac{(21{,}02 + 32{,}43)}{2}$$

$$+(87{,}13 - 66{,}34)\frac{(32{,}43 + 65{,}68)}{2}$$

$$+(100 - 87{,}13)\frac{(65{,}68 + 100)}{2}$$

$$= 2\,778$$

Si les données sont bien organisées dans le tableau (comme indiqué dans le tableau ci-dessus), ce résultat (la surface sous la courbe de LORENZ) peut être obtenu directement à partir de la dernière colonne du tableau.

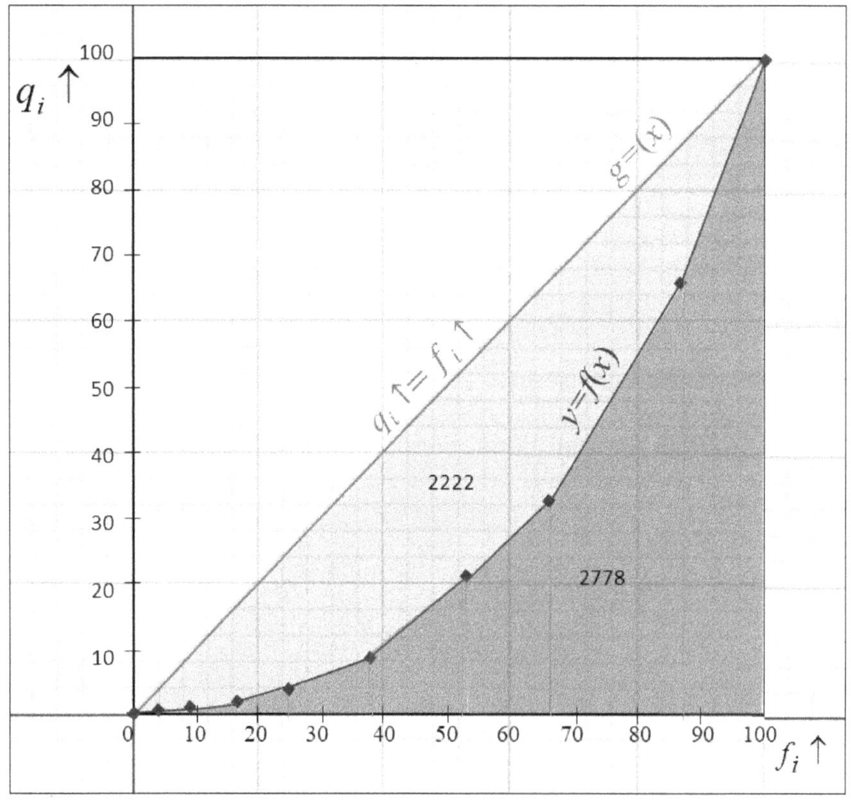

7.4.2   Méthode analytique pour le calcul de l'aire sous la courbe de LORENZ

Le calcul de la surface sous la courbe de LORENZ par la méthode analytique est une approche en trois étapes détaillées.

1. Tout d'abord, la courbe de LORENZ est considérée comme une fonction continue dans l'intervalle de 0 à 100.

2. Ensuite, la fonction d'interpolation de cette courbe est calculée aux points $(f_i \uparrow, q_i \uparrow)$ en utilisant un polynôme d'interpolation, qui peut être déterminé soit par la méthode d'interpolation de NEWTON, soit par la méthode d'interpolation de LAGRANGE. Cette étape permet de trouver une fonction mathématique qui décrit la courbe de LORENZ de manière lisse et continue.

3. Enfin, la surface sous la courbe de LORENZ est calculée en effectuant une intégration définie de cette fonction entre les bornes de 0 et 100. Cela permet de quantifier la mesure d'inégalité dans la distribution des données, où une surface plus grande sous la courbe de LORENZ indique une plus grande inégalité dans la distribution des données.

Remarque

Pour le calcul du polynôme d'interpolation, nous choisissons soigneusement les points $(f_i \uparrow, q_i \uparrow)$ qui sont significatifs pour représenter la courbe de LORENZ. Ces points peuvent être sélectionnés en fonction des caractéristiques spécifiques des données ou de l'objectif de l'analyse. Par exemple, on peut choisir les points d'extrémités pour capturer les valeurs maximales et minimales de la fonction de LORENZ, ainsi que des points intermédiaires pour mieux représenter les variations de la courbe.

En outre, pour améliorer la lisibilité de la courbe de LORENZ, nous pouvons introduire des points milieux entre deux points de données existants. Ces points intermédiaires peuvent être calculés à partir d'une interpolation linéaire ou d'une interpolation basée sur d'autres méthodes, selon les besoins de l'analyse.

Le polynôme d'interpolation ainsi obtenu permet de créer une approximation continue de la courbe de LORENZ, ce qui facilite le calcul de la surface sous la courbe en utilisant des techniques d'intégration.

7.4.1.1 Méthode d'interpolation de Lagrange

Le polynôme de Lagrange P_n est utilisé en interpolation pour obtenir une approximation polynomiale de la fonction $f(x)$ aux points donnés $x_0, x_1, \ldots, x_n$.

Le polynôme P_n^i associé au point x_i est obtenu en utilisant une formule spécifique qui prend en compte les différences entre les points d'interpolation.

Plus précisément, le polynôme P_n^i est le résultat de la division de la forme polynomiale $(x - x_0)(x - x_1)\ldots\ldots\ldots(x - x_{i-1})(x - x_{i+1})\ldots\ldots\ldots(x - x_n)$ par le produit des différences entre x_i et les autres points d'interpolation, soit $(x_i - x_0)(x_i - x_1)\ldots\ldots\ldots(x_i - x_{i-1})(x_i - x_{i+1})\ldots\ldots\ldots(x_i - x_n)$.

$$P_n^i = \frac{(x - x_0)(x - x_1)\ldots\ldots\ldots(x - x_{i-1})(x - x_{i+1})\ldots\ldots\ldots(x - x_n)}{(x_i - x_0)(x_i - x_1)\ldots\ldots\ldots(x_i - x_{i-1})(x_i - x_{i+1})\ldots\ldots\ldots(x_i - x_n)}$$

Cette division permet de normaliser le polynôme et de le rendre équivalent à 1 au point x_i, et égal à 0 aux autres points d'interpolation.

Ainsi, pour obtenir le polynôme de Lagrange P_n qui interpole $f(x)$ aux points $x_0, x_1, \ldots, x_n$, on multiplie la fonction $f(x_i)$ par le polynôme P_n^i associé à chaque point d'interpolation, et on somme ces termes pour tous les i de 0 à n. Cela permet d'obtenir une approximation polynomiale de $f(x)$ qui passe exactement par les points d'interpolation.

Ainsi donc,

$$P_n f(x) = \sum_{i=0}^{n} f(x_i) P_n^i(x)$$

Exemple 71

Calculer le polynôme d'interpolation aux quatre points suivants :

$$x_0 = 0 \Rightarrow y_0 = 0$$
$$x_1 = 1 \Rightarrow y_1 = 1$$
$$x_2 = 3 \Rightarrow y_2 = 27$$
$$x_3 = 4 \Rightarrow y_3 = 64$$

Calculons les P_n^i :

$$P_3^0(x) = \frac{(x-x_1)(x-x_2)(x-x_3)}{(x_0-x_1)(x_0-x_2)(x_0-x_3)}$$

$$P_3^0(x) = \frac{(x-1)(x-3)(x-4)}{(0-1)(0-3)(0-4)}$$

$$P_3^0(x) = \frac{(x-1)(x-3)(x-4)}{-12}$$

$$P_3^1(x) = \frac{(x-x_0)(x-x_2)(x-x_3)}{(x_1-x_0)(x_1-x_2)(x_1-x_3)}$$

$$P_3^1(x) = \frac{x(x-3)(x-4)}{(1-0)(1-3)(1-4)}$$

$$P_3^1(x) = \frac{x(x-3)(x-4)}{6}$$

$$P_3^2(x) = \frac{(x-x_0)(x-x_1)(x-x_3)}{(x_2-x_0)(x_2-x_1)(x_2-x_3)}$$

$$P_3^2(x) = \frac{x(x-1)(x-4)}{(3-0)(3-1)(3-4)}$$

$$P_3^2(x) = \frac{x(x-1)(x-4)}{-6}$$

$$P_3^3(x) = \frac{(x-x_0)(x-x_1)(x-x_2)}{(x_3-x_0)(x_3-x_1)(x_3-x_2)}$$

$$P_3^3(x) = \frac{x(x-1)(x-3)}{(4-0)(4-1)(4-3)}$$

$$P_3^3(x) = \frac{x(x-1)(x-3)}{12}$$

$$P_3 f(x) = y_0 P_3^0(x) + y_1 P_3^1(x) + y_2 P_3^2(x) + y_3 P_3^3(x)$$

$$P_3 f(x) = (0)P_3^0(x) + (1)P_3^1(x) + (27)P_3^2(x) + (64)P_3^3(x)$$

$$= \frac{(0)(x-1)(x-3)(x-4)}{-12} + \frac{(1)x(x-3)(x-4)}{6} + \frac{(27)x(x-1)(x-4)}{-6}$$

$$+ \frac{(64)x(x-1)(x-3)}{12}$$

$$= \frac{x(x^2-7x+12)}{6} + \frac{27x(x^2-5x+4)}{-6} + \frac{64x(x^2-4x+3)}{12}$$

$$= \frac{x^3-7x^2+12x}{6} + \frac{27(x^3-5x^2+4x)}{-6} + \frac{64(x^3-4x^2+3x)}{12}$$

$$= \frac{2x^3-14x^2+24x-54x^3+270x^2-216x+64x^3-256x^2}{12}$$

$$+ \frac{192x}{12}$$

$$= x^3$$

On a donc :

$$P_3 f(x) = x^3$$

$$y = x^3$$

7.4.1.2   Méthode d'interpolation de Newton

Cette méthode, également appelée méthode de différence divisée, est utilisée pour interpoler une fonction f aux points $x_0, x_1, \ldots, x_{k-1}$ et $x_0, x_1, \ldots, x_k$ à l'aide de polynômes respectifs P_{k-1} et P_k.

Considérons les polynômes P_{k-1} qui interpole la fonction f aux points $x_0, x_1, \ldots, x_{k-1}$ et P_k qui interpole la fonction f aux points $x_0, x_1, \ldots, x_{k-1}, x_k$.

La différence $q_k(x) = p_k(x) - p_{k-1}(x)$ est un polynôme de degré k qui s'annule aux k points $x_0, x_1, \ldots, x_{k-1}$.

Ainsi on peut écrire $q_k(x)$ comme suit :

$$q_k(x) = A_k(x - x_0)(x - x_1)\ldots\ldots(x - x_{k-1})$$

$$q_k(x) = A_k \prod_{i=0}^{k-1}(x - x_i)$$
$$\text{où } A_k \text{ est une constante réelle.}$$

Pour déterminer A_k, on peut utiliser la formule suivante :

$$A_k = \frac{p_k(x) - p_{k-1}(x)}{\prod_{i=0}^{k-1}(x - x_i)}$$

En particulier lorsque $x = x_k$, c'est-à-dire lorsque l'on évalue le polynôme A_k en x_k on a :

$$A_k = \frac{f(x_k) - p_{k-1}(x_k)}{\prod_{i=0}^{k-1}(x - x_i)}$$

En posant $A_0 = f(x_0)$, on obtient l'expression suivante pour le polynôme $q_k(x)$:

En utilisant les valeurs de A_i, on peut construire les polynômes P_k à partir de P_0 jusqu'à P_k pour interpoler la fonction f :

$$q_k(x) = A_0 + A_1(x - x_0) + A_2(x - x_0)(x - x_1) + \ldots + A_k(x - x_0)(x - x_1)\ldots(x - x_{k-1})$$

$$P_1 f(x) = P_0 f(x) + A_1(x - x_0)$$
$$P_2 f(x) = P_1 f(x) + A_2(x - x_0)(x - x_1)$$
$$P_3 f(x) = P_2 f(x) + A_3(x - x_0)(x - x_1)(x - x_2)$$
$$\ldots\ldots\ldots = \ldots\ldots\ldots\ldots\ldots\ldots\ldots\ldots\ldots\ldots\ldots\ldots\ldots\ldots\ldots$$
$$\ldots\ldots\ldots = \ldots\ldots\ldots\ldots\ldots\ldots\ldots\ldots\ldots\ldots\ldots\ldots\ldots\ldots$$
$$P_k f(x) = P_{k-1} f(x) + A_k(x - x_0)(x - x_1)\ldots\ldots(x - x_{k-1})$$

Par convention on pose

$$A_i = f[x_0, \ldots, x_i]$$

Cette expression est appelée ***différence divisée*** de f aux points $x_0, \ldots, x_i$

$$f[x_0, x_1, \ldots, x_k] = \frac{f[x_0, x_1, \ldots x_k]}{x_0 - x_k}$$

Exemple 72

Reprenons le même **exemple 71** de la **section 7.4.2.1**:

$$x_0 = 0 \quad f[x_0] = 0$$
$$f[x_0, x_1] = 1$$
$$x_1 = 1 \quad f[x_1] = 1 \qquad f[x_0, x_1, x_2] = 4$$
$$f[x_1, x_2] = 13 \qquad\qquad f[x_0, x_1, x_2, x_3] = 1$$
$$x_2 = 3 \quad f[x_2] = 27 \qquad f[x_1, x_2, x_3] = 8$$
$$f[x_2, x_3] = 37$$
$$x_3 = 4 \quad f[x_3] = 64$$

$$P_3(x) = 0 \quad + (x - x_0)(1) + (x - x_0)(x - x_1)(4) + (x - x_0)(x - x_1)(x - x_2)(1)$$

$$P_3(x) = 0 + (1)x + x(x-1)(4) + x(x-1)(x-3)(1)$$

$$P_3(x) = x^3$$

Exemple 73

Poursuivant l'**exemple 70** de la **section 7.4.1** qui porte sur la répartition du budget des subventions allouées par l'État aux entreprises d'une ville américaine, calculons maintenant l'aire sous la courbe de LORENZ :

f_i ↑	q_i ↑
3.96	0.17
8.91	0.59
17.82	2.02
24.75	3.86
37.62	9.35
54.46	21.02
66.34	32.43
87.13	65.68
100.00	100.00
Total	

Solution

a : Admettons la courbe de LORENZ comme continue dans l'intervalle [0 ; 100].

b : Calculons la fonction d'interpolation de cette courbe aux points $(f_i \uparrow, q_i \uparrow)$:

Nous allons prendre en compte les points critiques $(f_i \uparrow, q_i \uparrow)$ suivants :

$$(0,0) - (18,2) - (38,10) - (54,21) - (66,32) - (87,66) - (100,100)$$

Après les calculs, le polynôme d'interpolation obtenu est :

$$y = -\frac{459919879}{421264237693178880}x^6 + \frac{9309857477}{28084282512878592}x^5 - \frac{1539492468845}{42126423769317888}x^4 + \frac{480535464947}{260039652897024}x^3$$
$$-\frac{18549046730563}{531899290016640}x^2 + \frac{10417551663763}{32504956612128}x$$

c : Evaluons l'aire comprise entre la courbe $q_i \uparrow$ et l'axe des $f_i \uparrow$ dans l'intervalle [0 ; 100] :

$$\text{Aire} = \int_0^{100} -\frac{459919879}{421264237693178880}x^6 dx + \int_0^{100} \frac{9309857477}{28084282512878592}x^5 dx - \int_0^{100} \frac{1539492468845}{42126423769317888}x^4 dx$$
$$+ \int_0^{100} \frac{480535464947}{260039652897024}x^3 dx - \int_0^{100} \frac{18549046730563}{531899290016640}x^2 dx + \int_0^{100} \frac{10417551663763}{32504956612128}x\,dx$$

Après intégration,

$$\text{Aire} = \left[-\frac{459919879}{421264237693178880}\left(\frac{x^7}{7}\right) + \frac{9309857477}{28084282512878592}\left(\frac{x^6}{6}\right) - \frac{1539492468845}{42126423769317888}\left(\frac{x^5}{5}\right) + \frac{480535464947}{260039652897024}\left(\frac{x^4}{4}\right) \right.$$
$$\left. -\frac{18549046730563}{531899290016640}\left(\frac{x^3}{3}\right) + \frac{10417551663763}{32504956612128}\left(\frac{x^2}{2}\right) \right]_0^{100}$$

En appliquant les bornes de l'intégrale, on a :

$$\text{Aire} = -\frac{459919879}{421264237693178880}\left(\frac{10^{14}}{7}\right) + \frac{9309857477}{28084282512878592}\left(\frac{10^{12}}{6}\right) - \frac{1539492468845}{42126423769317888}\left(\frac{10^{10}}{5}\right)$$
$$+\frac{480535464947}{260039652897024}\left(\frac{10^8}{4}\right) - \frac{18549046730563}{531899290016640}\left(\frac{10^6}{3}\right) + \frac{10417551663763}{32504956612128}\left(\frac{10^4}{2}\right)$$

$$\text{Aire} = 2741$$

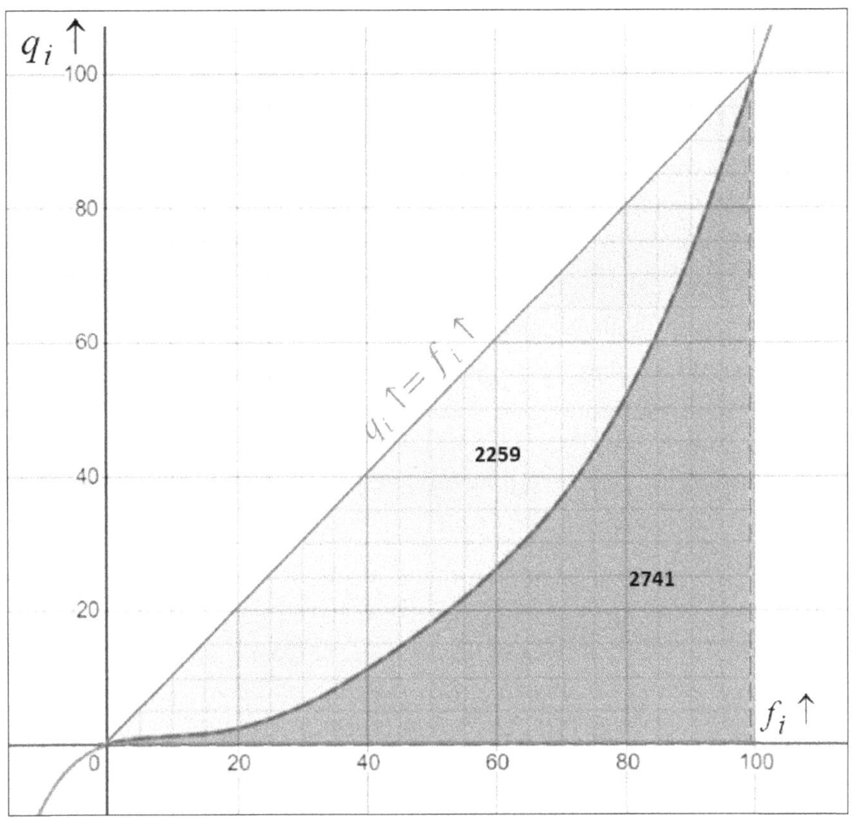

7.4.3 Comparaison entre les méthodes Graphique et Analytique

La comparaison entre les méthodes graphique (méthode des trapèzes) et analytique (utilisant les intégrales définies) montre que les deux méthodes donnent des résultats similaires, avec une précision jusqu'au centième près. Afin de réduire au minimum les écarts entre les deux méthodes, il est recommandé d'utiliser le maximum de points significatifs possibles dans la méthode d'interpolation. Par ailleurs, comme souligné plus haut, la méthode analytique basée sur les intégrales définies peut être plus précise pour les courbes de LORENZ complexes.

7.5 Indice de concentration ou Indice de GINI

L'*indice de concentration*, aussi appelé *indice de GINI*, est un outil statistique largement utilisé pour mesurer l'inégalité ou la concentration d'une distribution. Il est largement utilisé dans divers domaines, tels que l'économie, la sociologie, la démographie et d'autres sciences sociales.

Un avantage important de l'indice de GINI est qu'il est sans dimension, ce qui signifie qu'il est indépendant de l'unité de mesure choisie pour les données. Cela permet de comparer facilement l'inégalité entre différentes distributions, même si elles ont des unités de mesure différentes. Par exemple, l'indice de GINI peut être utilisé pour comparer l'inégalité des revenus entre différents pays ou pour évaluer l'inégalité de la répartition des richesses au sein d'une population donnée.

7.5.1 Interprétation de l'indice de GINI

L'interprétation de l'indice de GINI repose sur la comparaison entre la courbe de concentration, qui représente la répartition cumulative de la variable étudiée, et la droite de 45 degrés, qui représente une distribution parfaitement égale. Si la courbe de concentration est très proche de la droite de 45 degrés, alors l'indice de GINI sera proche de zéro, indiquant une distribution presque égalitaire. En revanche, plus la courbe de concentration s'éloigne de la droite de 45 degrés, plus l'indice de GINI sera élevé, témoignant d'une inégalité croissante dans la distribution de la variable.

Ainsi, un coefficient de GINI proche de zéro indique une distribution très équilibrée, où chaque individu ou groupe possède une part égale des ressources, tandis qu'un coefficient de GINI élevé indique une concentration importante des ressources entre certains individus ou groupes, reflétant des inégalités majeures dans la distribution. L'indice de GINI peut varier de 0 à 1, où 0 représente une distribution parfaitement égale et 1 représente une distribution totalement inégale, où une seule personne ou groupe possède toutes les ressources.

L'interprétation de l'indice de GINI peut avoir des implications importantes pour les politiques publiques et les décisions politiques. Un indice de GINI élevé peut indiquer une concentration excessive des ressources, ce qui peut nécessiter des interventions pour réduire les inégalités, telles que des politiques de redistribution des revenus, des programmes de protection sociale, ou des mesures visant à favoriser l'accès à l'éducation et à la formation professionnelle. En revanche, un indice de GINI bas peut être interprété comme un signe d'égalité sociale et économique, mais peut également indiquer une faible mobilité sociale ou une stagnation économique, nécessitant des politiques de stimulation de la croissance économique et de la promotion de l'emploi.

7.5.2 Calcul de l'indice de concentration de GINI

L'indice de concentration de GINI est défini comme le rapport entre, d'une part, le double de l'aire comprise entre la droite de 45 degrés et la courbe de LORENZ, et d'autre part, l'aire du carré de 100 unités de côté. Cette mesure exprime ainsi la proportion de la surface située entre la courbe de LORENZ et la droite de 45 degrés par rapport à la surface totale du carré, ce qui permet d'évaluer le degré d'inégalité dans la distribution de la variable.

Une autre façon de calculer l'indice de GINI est de le définir comme le rapport entre l'aire comprise entre la droite de 45 degrés et la courbe de LORENZ, et la moitié de l'aire du carré de 100 unités de côté. Cette définition permet également de mesurer l'écart entre la distribution observée et une distribution parfaitement égale.

La formule de l'indice de GINI est définie en utilisant les surfaces A et B, où A représente la surface entre la bissectrice et la courbe de LORENZ, et B représente la surface sous la courbe de LORENZ. L'indice de GINI (IG) est calculé comme le rapport entre A et la somme de A et B, soit :

$$\text{l'indice de GINI (IG)} = \frac{A}{A + B}$$

Puisque les valeurs $f_i \uparrow$ et $q_i \uparrow$ sont définies dans l'intervalle [0 ; 100], la demi-surface du carré de côté 100 est de 5 000 unités. Par conséquent, on peut écrire :

$$A + B = 5\,000 \quad \Rightarrow \quad A = 5000 - B$$

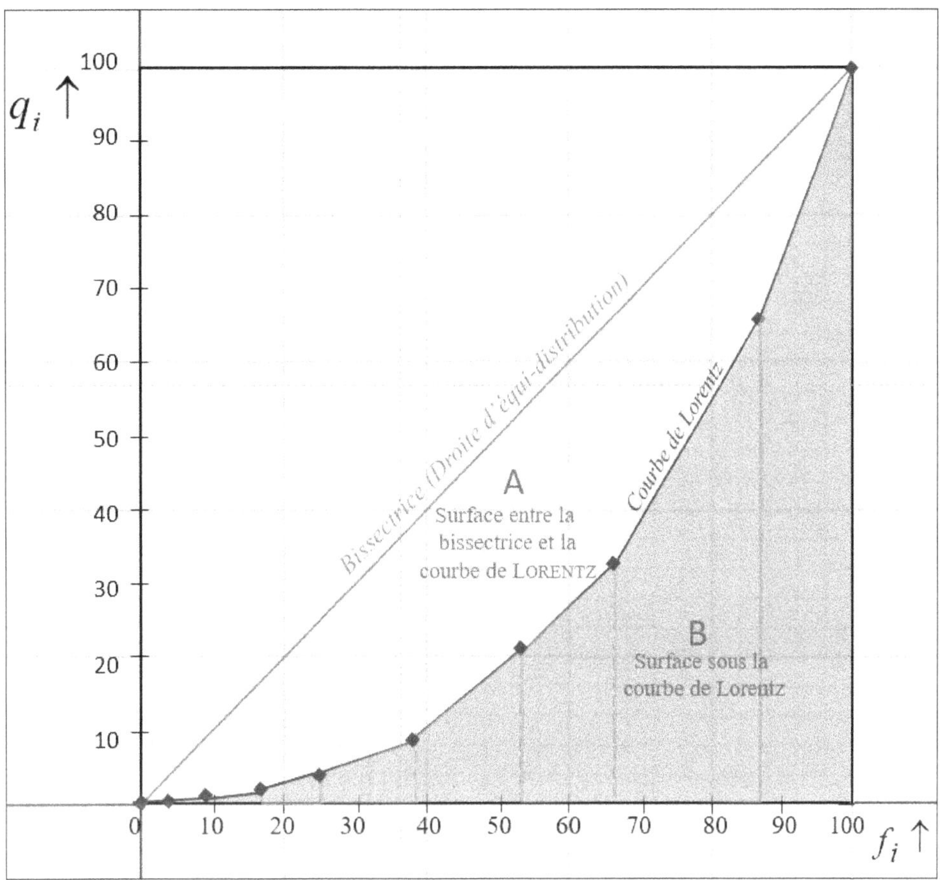

La formule de l'indice de GINI peut également être exprimée comme suit :

$$\text{l'indice de GINI (IG)} = \frac{5\,000 - B}{5\,000}$$
$$= 1 - \frac{B}{5\,000}$$

Ce rapport s'exprime en pourcentage.

$$\boxed{\text{l'indice de GINI (IG)} = 100 - \left(\frac{B}{5\,000}\right) \times 100}$$

Exemple 74

Poursuivons l'**exemple 73** qui porte sur la répartition du budget des subventions allouées par l'État aux entreprises d'une ville américaine, passons à une étape suivante où nous allons calculer l'indice de GINI de cette distribution :

Indice de GINI par les Trapèzes	Indice de GINI par les Intégrales
l'indice de GINI (IG) $= 1 - \dfrac{B}{5\,000}$ $= 1 - \dfrac{2\,741}{5\,000}$ $= 45{,}18\%$	l'indice de GINI (IG) $= 1 - \dfrac{B}{5\,000}$ $= 1 - \dfrac{2\,778}{5\,000}$ $= 44{,}44\%$

Dans cet exemple, l'écart entre les deux méthodes de calcul de l'indice de GINI est très faible, de l'ordre de 0,7%, soit moins de 1%. Cela signifie que les deux méthodes produisent des résultats similaires et que la différence entre les surfaces A et B, utilisées pour calculer l'indice de GINI, est très minime. Cette petite différence souligne la robustesse et la cohérence de l'indice de GINI dans l'évaluation de l'inégalité de répartition d'une variable.

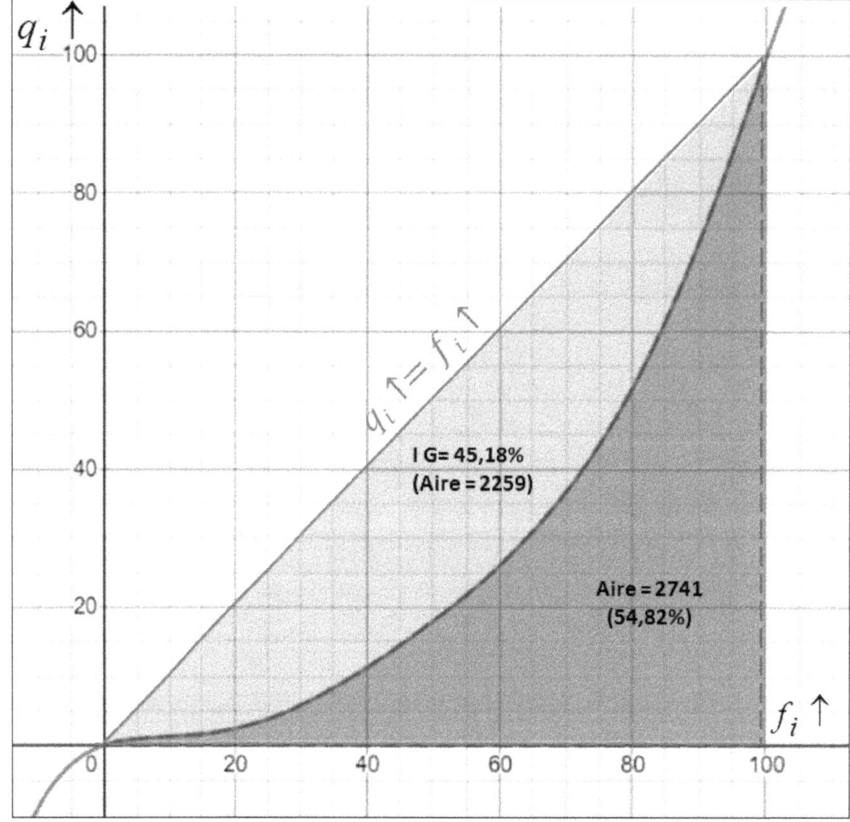

Exemple 75 présentant l'indice de GINI avec et sans valeurs aberrantes

Poursuivons l'**exemple 67** de la section **6.2.1** en passant à une étape suivante, où nous allons calculer les coefficients de forme à partir des données numériques de cet exemple portant sur une compagnie d'assurance qui souhaite s'implanter sur une île de seulement 2 000 habitants. Nous allons calculer l'indice de GINI dans les deux cas ; avec et sans valeurs aberrantes.

1. Cas contenant des valeurs aberrantes :

x_i	n_i	$n_i x_i$	$n_i x_i^2$
500	380	190000	95000000
1500	633	949500	1424250000
2500	527	1317500	3293750000
3500	151	528500	1849750000
4500	123	553500	2490750000
5500	85	467500	2571250000
6500	58	377000	2450500000
7500	39	292500	2193750000
8500	8	68000	578000000
9500	6	57000	541500000
2495000	5	12475000	31125125000000
	2015	17276000	31142613500000

a : Calculons l'indice de GINI par la méthode des trapèzes

Le tableau suivant montre les données nécessaires pour résoudre cet exercice :

x_i	n_i	$n_i x_i$	f_i	q_i	$f_i \uparrow$	$q_i \uparrow$	$H_i = f_{i+1} \uparrow - f_i \uparrow$	$B_i = \dfrac{q_i \uparrow + q_{i+1} \uparrow}{2}$	Aire Trapèze (T_i) $T_i = B_i \times H_i$
500	380	190000	18.86	1.10	18.86	1.10	31.41	3.85	120.88
1500	633	949500	31.41	5.50	50.27	6.60	26.15	10.41	272.23
2500	527	1317500	26.15	7.63	76.43	14.22	7.49	15.75	118.04
3500	151	528500	7.49	3.06	83.92	17.28	6.10	18.88	115.27
4500	123	553500	6.10	3.20	90.02	20.49	4.22	21.84	92.12
5500	85	467500	4.22	2.71	94.24	23.19	2.88	24.28	69.89
6500	58	377000	2.88	2.18	97.12	25.37	1.94	26.22	50.75
7500	39	292500	1.94	1.69	99.06	27.07	0.40	27.26	10.82
8500	8	68000	0.40	0.39	99.45	27.46	0.30	27.63	8.23
9500	6	57000	0.30	0.33	99.75	27.79	0.25	63.89	15.85
2495000	5	12475000	0.25	72.21	100.00	100.00			
Total	2015	17276000	100				81.14143921	240.0150498	874.0855657

La surface sous la courbe est :

$$\sum_{i=1}^{i=11} (f_{i+1}\uparrow - f_i \uparrow)\frac{(q_i\uparrow + q_{i+1}\uparrow)}{2} = (50{,}27 - 18{,}86)\frac{(1{,}1 + 6{,}6)}{2}$$

$$+(76{,}43 - 50{,}27)\frac{(6{,}6 + 14{,}22)}{2}$$

$$+(83{,}92 - 76{,}43)\frac{(14{,}22 + 17{,}28)}{2}$$

$$+(90{,}02 - 83{,}92)\frac{(17{,}28 + 20{,}49)}{2}$$

$$+(94{,}24 - 90{,}02)\frac{(20{,}49 + 23{,}19)}{2}$$

$$+(97{,}12 - 94{,}24)\frac{(23{,}19 + 25{,}37)}{2}$$

$$+(99{,}06 - 97{,}12)\frac{(25{,}37 + 27{,}07)}{2}$$

$$+(99{,}45 - 99{,}06)\frac{(27{,}07 + 27{,}46)}{2}$$

$$+(99{,}75 - 99{,}45)\frac{(27{,}46 + 27{,}79)}{2}$$

$$+(100 - 99{,}75)\frac{(27{,}79 + 100)}{2}$$

$$= 874{,}08$$

Il s'ensuit que :

$$\text{Indice de Gini} = 100\% - \left(\frac{874{,}08}{5\,000}\right)\text{x}100$$

$$= 100\% - 17{,}48\%$$

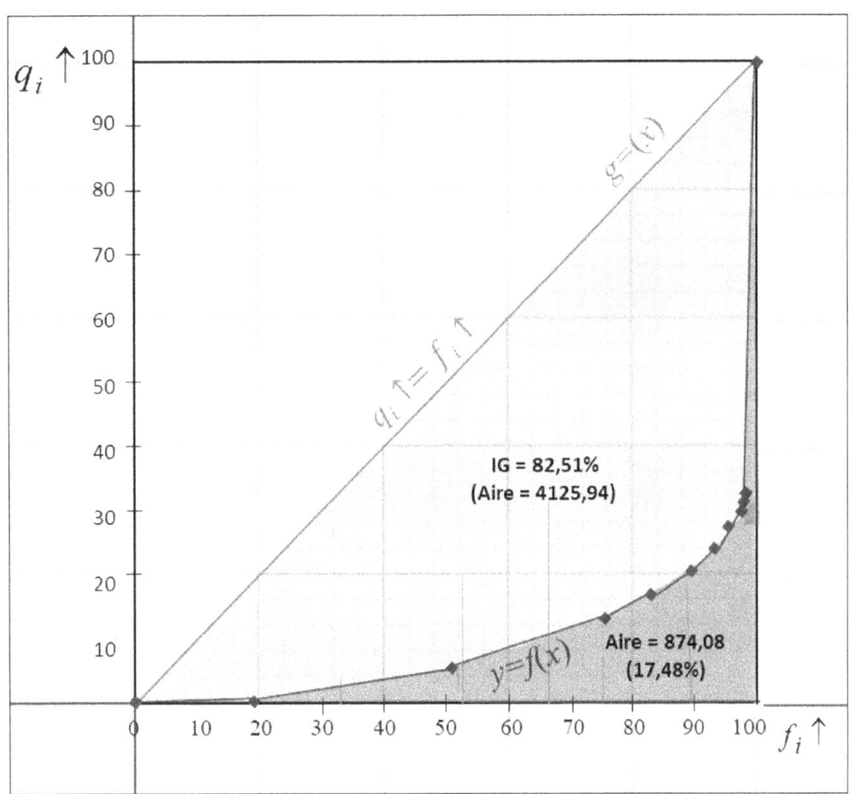

b : Calculons l'indice de GINI par la méthode des intégrales définies

Nous allons prendre en compte les points critiques $(f_i \uparrow, q_i \uparrow)$ suivants :

$$(5,0) - (10,0) - (15,0) - (19,1) - (30,3) - (40,5) - (50,7) - (76,14) - (84,17) - (90,20) - (97,25) - (100,100)$$

Après le calcul, nous obtenons le polynôme d'interpolation :

$$
\begin{aligned}
y(x) = {} & \frac{40769353685608759 09147}{6958855166395565125608816700800000000}x^{11} - \frac{5269226679586028354659}{17056017564695012562766707600000000}x^{10} \\
& + \frac{2461696383711440854755 74657}{347942758319778256280440835040000000 0}x^{9} - \frac{80399972216927120118663 95141}{8698568957994456407011020876000000 00}x^{8} \\
& + \frac{17088945525257460903562532206 9}{22447919891598597179383279680000000 0}x^{7} - \frac{11768129164214484656072633971}{285198982229326439574131832000000}x^{6} \\
& + \frac{5768233286072972827031715175493}{386603064799753618089378705600000 0}x^{5} - \frac{13216794924438801702443096326 67}{3701518705529555917877030160000 0}x^{4} \\
& + \frac{3438238525495146991163366379649}{626923888864465326631424928000 0}x^{3} - \frac{185106220350909400931635667 3}{3652022150007119007078960 00}x^{2} \\
& + \frac{16030318947082522846527644 92031}{6443384413329226968156311760 0}x - \frac{12916333194490645224048979}{2691472186018891799564 04}
\end{aligned}
$$

Evaluons l'aire comprise entre $q_i \uparrow$ et $f_i \uparrow$ dans l'intervalle [0 ; 100]:

$$\text{Aire} = \int_0^{100} y\,dx = \frac{4076935368560875909147}{6958855166395565125608816700800000000}\left(\frac{10^{24}}{8}\right) - \frac{5269226679586028354659}{17056017564695012562766707600000000}\left(\frac{10^{22}}{7}\right)$$

$$+ \frac{2461696383711440854755746 57}{34794275831977825628044083504000000000}\left(\frac{10^{20}}{6}\right) - \frac{8039997221692712011866395141}{86985689579944564070110208760000 0000}\left(\frac{10^{18}}{5}\right)$$

$$+ \frac{17088945525257460903562532 2069}{22447919891598597179383279680000 0000}\left(\frac{10^{16}}{4}\right) - \frac{11768129164214484656072633971}{28519898222932643957413183200 0000}\left(\frac{10^{14}}{3}\right)$$

$$+ \frac{5768233286072972827031715175493}{38660306479975361808937870560000 00}\left(\frac{10^{12}}{2}\right) - \frac{1321679492443880170244309632667}{37015187055295559178770301600000}\left(\frac{10^{10}}{6}\right)$$

$$+ \frac{3438238525495146991163366379649}{6269238888644653266314249280000}\left(\frac{10^{8}}{5}\right) - \frac{1851062203509094009316356673}{36520221500071190070789600 0}\left(\frac{10^{6}}{4}\right)$$

$$+ \frac{1603031894708252284652764492031}{64433844133292269681563117600}\left(\frac{10^{4}}{3}\right) - \frac{1291633319449064522404897 9}{2691472186018891799564 04}(10^{2})$$

$$\text{Aire} = 941{,}8$$

Il s'ensuit que :

$$\text{Indice de Gini} = 100\% - \left(\frac{\int_0^{100} f(x)\,dx}{5\,000}\right) \times 100$$

$$= 100\% - \left(\frac{941{,}8}{5\,000}\right) \times 100$$

$$= 100\% - 18{,}84\%$$

$$= 81{,}16\%$$

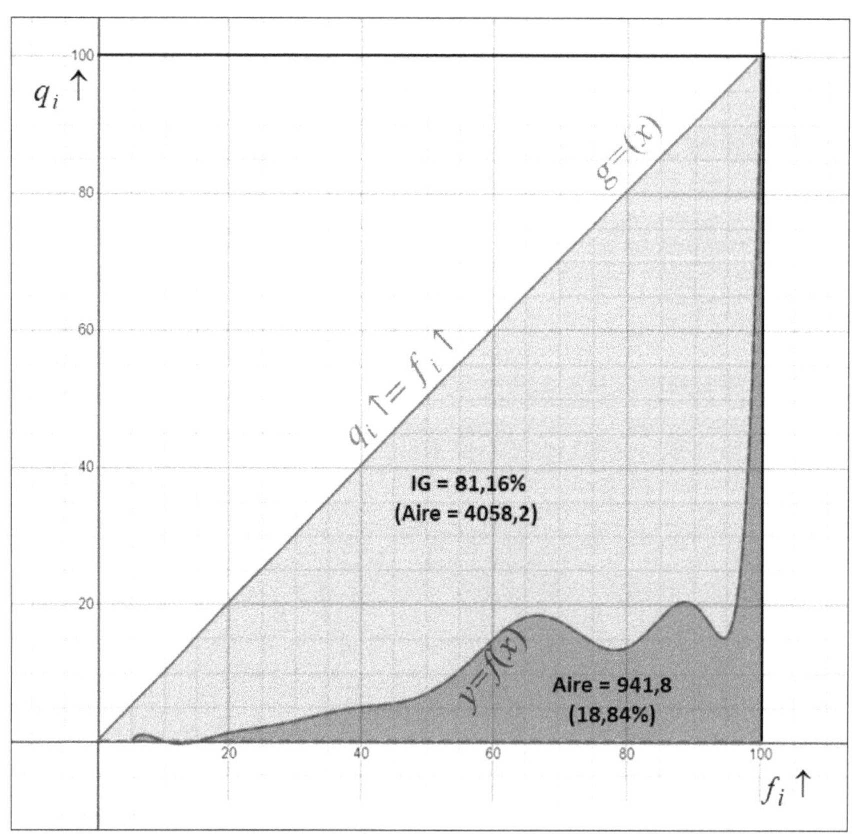

2. Cas ne contenant pas des valeurs aberrantes :

x_i	n_i	$n_i x_i$	$n_i x_i^2$
500	380	190000	95000000
1500	633	949500	1424250000
2500	527	1317500	3293750000
3500	151	528500	1849750000
4500	123	553500	2490750000
5500	85	467500	2571250000
6500	58	377000	2450500000
7500	39	292500	2193750000
8500	8	68000	578000000
9500	6	57000	541500000
	2010	4801000	17488500000

a : Calculons l'indice de GINI par les trapèzes

Le tableau suivant montre les données nécessaires pour résoudre cet exercice :

x_i	n_i	$n_i x_i$	f_i	q_i	$f_i \uparrow$	$q_i \uparrow$	$H_i = f_{i+1} \uparrow - f_i \uparrow$	$B_i = \dfrac{q_i \uparrow + q_{i+1} \uparrow}{2}$	Aire Trapèze (T_i) $T_i = B_i \times H_i$
500	380	190000	18.91	3.96	18.91	3.96	31.49	13.85	436.05
1500	633	949500	31.49	19.78	50.40	23.73	26.22	37.46	982.05
2500	527	1317500	26.22	27.44	76.62	51.18	7.51	56.68	425.81
3500	151	528500	7.51	11.01	84.13	62.18	6.12	67.95	415.81
4500	123	553500	6.12	11.53	90.25	73.71	4.23	78.58	332.31
5500	85	467500	4.23	9.74	94.48	83.45	2.89	87.38	252.13
6500	58	377000	2.89	7.85	97.36	91.30	1.94	94.35	183.07
7500	39	292500	1.94	6.09	99.30	97.40	0.40	98.10	39.05
8500	8	68000	0.40	1.42	99.70	98.81	0.30	99.41	29.67
9500	6	57000	0.30	1.19	100.00	100.00			
Total	2010	4801000	100				81.09452736	633.7533847	3095.954305

La surface sous la courbe est :

$$\sum_{i=1}^{i=11} (f_{i+1} \uparrow - f_i \uparrow) \frac{(q_i \uparrow + q_{i+1} \uparrow)}{2} = (50,40 - 18,91)\frac{(3,96 + 23,73)}{2}$$

$$+ (76,62 - 50,40)\frac{(23,73 + 51,18)}{2}$$

$$+ (84,13 - 76,62)\frac{(51,18 + 62,18)}{2}$$

$$+ (90,25 - 84,13)\frac{(62,18 + 73,71)}{2}$$

$$+ (94,48 - 90,25)\frac{(73,71 + 83,45)}{2}$$

$$+ (97,36 - 94,48)\frac{(83,45 + 91,30)}{2}$$

$$+ (99,30 - 97,12)\frac{(91,30 + 97,40)}{2}$$

$$+ (99,70 - 99,30)\frac{(97,40 + 98,81)}{2}$$

$$+ (100 - 99,70)\frac{(98,81 + 100)}{2}$$

$$= 3095,95$$

Il s'ensuit que :

$$\text{Indice de GINI} = 100\% - \left(\frac{3\,095,95}{5\,000}\right) \times 100$$

$$= 100\% - 61{,}92\%$$
$$= 38{,}08\%$$

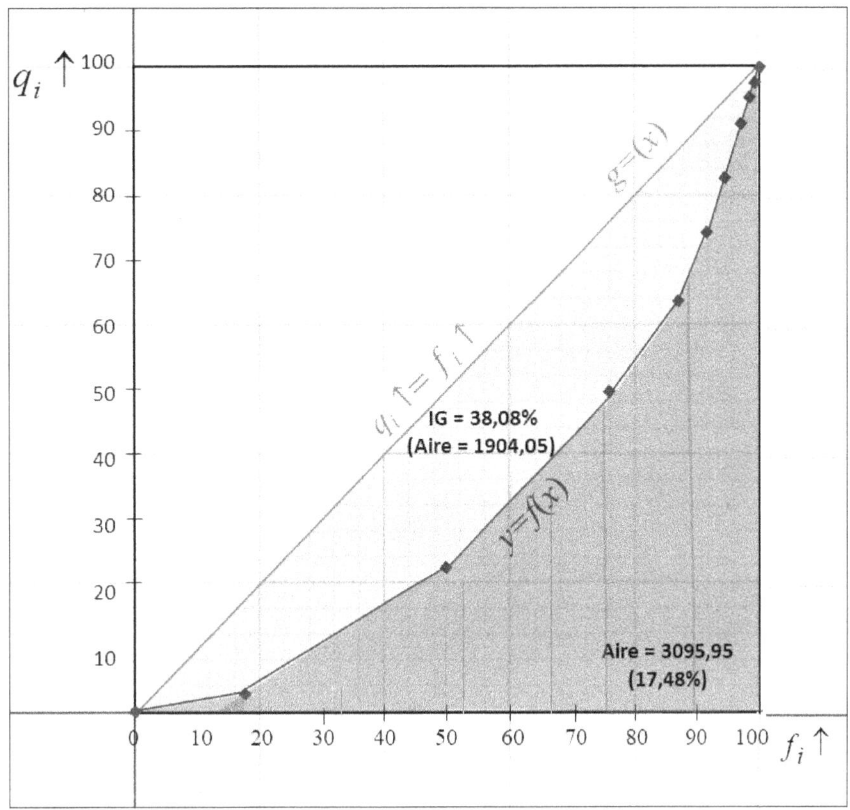

b : Calculons l'indice de GINI par le calcul des intégrales définies

x_i	n_i	$n_i x_i$	f_i	q_i	f_i ↑	q_i ↑	$H_i = f_{i+1}$ ↑ $- f_i$ ↑	$B_i = \dfrac{q_i\,\uparrow + q_{i+1}\,\uparrow}{2}$	Aire Trapèze (T_i) $T_i = B_i \times H_i$
500	380	190000	18.91	3.96	18.91	3.96	31.49	13.85	436.05
1500	633	949500	31.49	19.78	50.40	23.73	26.22	37.46	982.05
2500	527	1317500	26.22	27.44	76.62	51.18	7.51	56.68	425.81
3500	151	528500	7.51	11.01	84.13	62.18	6.12	67.95	415.81
4500	123	553500	6.12	11.53	90.25	73.71	4.23	78.58	332.31
5500	85	467500	4.23	9.74	94.48	83.45	2.89	87.38	252.13
6500	58	377000	2.89	7.85	97.36	91.30	1.94	94.35	183.07
7500	39	292500	1.94	6.09	99.30	97.40	0.40	98.10	39.05
8500	8	68000	0.40	1.42	99.70	98.81	0.30	99.41	29.67
9500	6	57000	0.30	1.19	100.00	100.00			
Total	2010	4801000	100				81.09452736	633.7533847	3095.954305

Nous allons prendre en compte les points critiques $(f_i \uparrow, q_i \uparrow)$ suivants :

$$(5,0) - (10,0) - (15,0) - (19,1) - (30,3) - (40,5) - (50,24) - (76,51) - (84,62) - (90,74) - (97,91) - (100,100)$$

Après les calculs, le polynôme d'interpolation obtenu est :

$$y(x) = \frac{477408180948827347343}{1174871825467319386416489480000000000} x^{11} - \frac{2283287985901577766499}{97905985455609948868040790000000000} x^{10}$$
$$+ \frac{84866301045267789000000817}{1468589781834149233020611185000000000} x^{9} - \frac{475187080854195944963686296 1}{587435912733659693208244740000000000} x^{8}$$
$$+ \frac{90761403739518358426693030 31}{1291067940073977347710428000000000} x^{7} - \frac{90761403739518358426693030 31}{1291067940073977347710428000000000} x^{6}$$
$$+ \frac{659233163605271472317574668867}{167838832209617055202355640000000000} x^{5} - \frac{2278704574681563091133931446 7}{16116211597631267303381200000000} x^{4}$$
$$+ \frac{375643221930005896652361767251 43}{1174871825467319386416489480000000} x^{3} - \frac{696415931450982253834781514517}{1631766424260165814467346500000} x^{2}$$
$$+ \frac{95886158851446149655157783333}{326353284852033162893469300 00} x - \frac{359203814943547577918849}{4957139589155208671580 0}$$

Evaluons l'aire comprise entre $q_i \uparrow$ et $f_i \uparrow$ dans l'intervalle $[0 ; 100]$:

$$\text{Aire} = \int_0^{100} y\,dx = \frac{477408180948827347343}{1174871825467319386416489480000000000}\left(\frac{10^{24}}{8}\right) - \frac{2283287985901577766499}{97905985455609948868040790000000000}\left(\frac{10^{22}}{7}\right)$$
$$+ \frac{84866301045267789000000817}{1468589781834149233020611185000000000}\left(\frac{10^{20}}{6}\right) - \frac{475187080854195944963686296 1}{587435912733659693208244740000000000}\left(\frac{10^{18}}{5}\right)$$
$$+ \frac{90761403739518358426693030 31}{1291067940073977347710428000000000}\left(\frac{10^{16}}{4}\right) - \frac{90761403739518358426693030 31}{1291067940073977347710428000000000}\left(\frac{10^{14}}{3}\right)$$
$$+ \frac{659233163605271472317574668867}{167838832209617055202355640000000000}\left(\frac{10^{12}}{2}\right) - \frac{2278704574681563091133931446 7}{16116211597631267303381200000000}\left(\frac{10^{10}}{6}\right)$$
$$+ \frac{375643221930005896652361767251 43}{1174871825467319386416489480000000}\left(\frac{10^{8}}{5}\right) - \frac{696415931450982253834781514517}{1631766424260165814467346500000}\left(\frac{10^{6}}{4}\right)$$
$$+ \frac{95886158851446149655157783333}{326353284852033162893469300 00}\left(\frac{10^{4}}{3}\right) - \frac{359203814943547577918849}{4957139589155208671580 0}(10^{2})$$

$$\text{Aire} = 3102$$

Il s'ensuit que :

$$\text{Indice de G\scriptsize INI}\normalsize = 100\% - \left(\frac{\int_0^{100} f(x)\,dx}{5\,000}\right) \times 100$$
$$= 100\% - \left(\frac{3\,102}{5\,000}\right) \times 100$$
$$= 100\% - 62{,}04\%$$
$$= 37{,}96\%$$

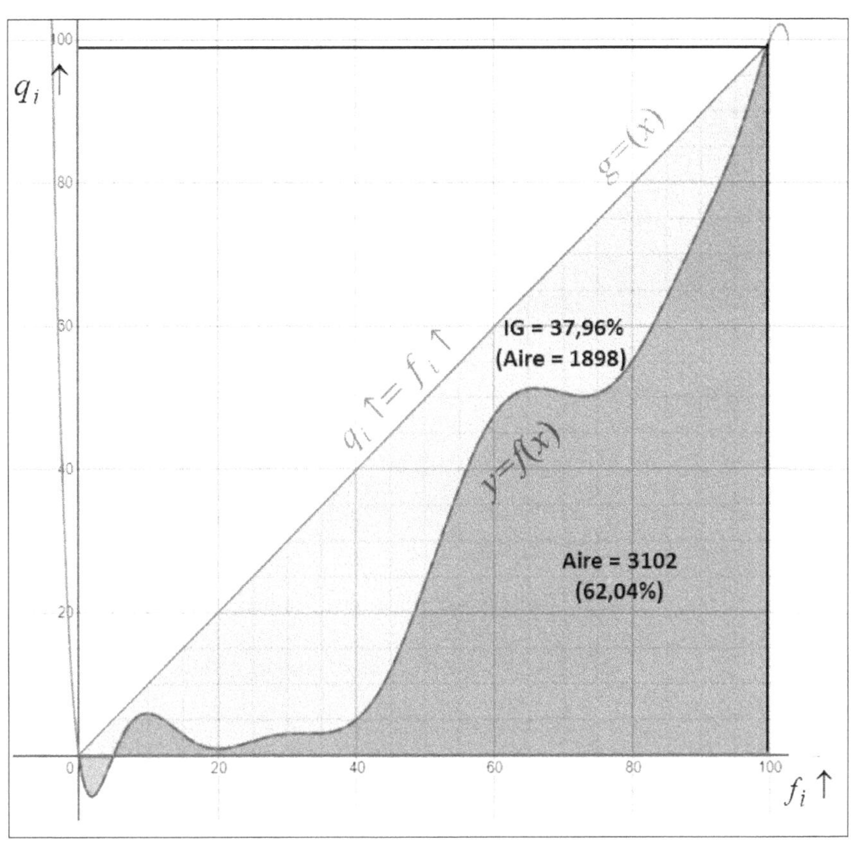

<u>INTERPRETATION DES RESULTATS</u>

Après avoir exclu les cinq milliardaires de la liste des travailleurs de l'île, les valeurs aberrantes de la distribution statistique ont été retirées afin d'obtenir une vision plus précise de la situation salariale de la population.

Ainsi, l'indice de GINI, calculé à l'aide de deux méthodes différentes a montré un indice d'environ 37%, ce qui indique une distribution des salaires considérée comme acceptable d'un point de vue statistique.

Bien que cet indice de GINI révèle certaines inégalités dans la distribution des salaires, elles ne sont pas si criantes au point de susciter des préoccupations majeures quant à la décision de la compagnie d'assurance de s'implanter sur l'île. En d'autres termes, la situation salariale de la population semble relativement stable et équilibrée, malgré quelques disparités. Cela suggère que la compagnie peut envisager de poursuivre son projet d'implantation sur l'île sans être confrontée à des défis socio-économiques majeurs liés à la distribution des salaires.

Ces résultats sont en ligne avec les interprétations de la section 5.7 de l'étude, qui mettent en évidence un retour vers une distribution des salaires présentant un coefficient de variation de 72,5%. Cela signifie que malgré les inégalités révélées par l'indice de GINI, la variation des salaires reste relativement stable, ce qui peut être considéré comme un élément positif dans l'évaluation de la situation socio-économique de l'île. Cela indique que bien que des inégalités subsistent, elles ne semblent plus être de nature à compromettre de manière significative la viabilité économique et sociale de l'île.

7.6 Exercices

7.6.1 Exercice du chapitre

• **Exercice 33 :** Le tableau suivant donne la distribution des salaires mensuels (en dollars) dans une entreprise Canadienne de 212 salariés.

Tranches de salaires	Effectifs
[0,1000 [	29
[1000,2000 [	34
[2000,3000 [	44
[3000,4000 [	36
[4000,6000 [	29
[6000,9000 [	18
[9000,15000 [	13
[15000,25000 [	7
[25000,50000 [	2
Total	212

a. Tracer l'histogramme de la distribution

b. Tracer les courbes des fréquences cumulées ascendantes et descendantes.

c. Calculer les caractéristiques de tendance centrale de la distribution.

d. Calculer les caractéristiques de dispersion de la distribution.

e. Calculer les caractéristiques de forme de la distribution.

f. Calculer la médiale de la distribution.

g. Calculer l'indice de GINI par la méthode graphique (méthode des trapèzes).

h. Calculer l'indice de GINI par la méthode analytique (méthode des intégrales).

Solution

Le tableau suivant montre les données nécessaires pour résoudre cet exercice :

Classes	x_i	n_i	$n_i x_i$	$n_i x_i^2$	$n_i(x_i-\bar{x})^3$	$n_i(x_i-\bar{x})^4$	f_i	$f_i\uparrow$	$f_i\downarrow$
[0;1000 [	500	29	14500	7250000	-1846168354804	7371610907272920	13.68	13.68	100.00
[1000;2000 [	1500	34	51000	76500000	-911520024002	2728110637872610	16.04	29.72	86.32
[2000;3000 [	2500	44	110000	275000000	-348277351805	694090477064405	20.75	50.47	70.28
[3000;4000 [	3500	36	126000	441000000	-35241243033	34991894615571	16.98	67.45	49.53
[4000;6000 [	5000	29	145000	725000000	3781079492	1917292666777	13.68	81.13	32.55
[6000;9000 [	7500	18	135000	1012500000	489446795714	1471803454091910	8.49	89.62	18.87
[9000;15000 [	12000	13	156000	1872000000	5499911463865	41288250446893700	6.13	95.75	10.38
[15000;25000 [	20000	7	140000	2800000000	26102838821343	404778691628137000	3.30	99.06	4.25
[25000;50000 [	37500	2	75000	2812500000	71920241045119	2373876824118970000	0.94	100.00	0.94
Total		212	952,500	10,021,750,000	100,875,012,231,889	2,832,246,290,857,590,000	100		

a : Traçons l'histogramme de la distribution :

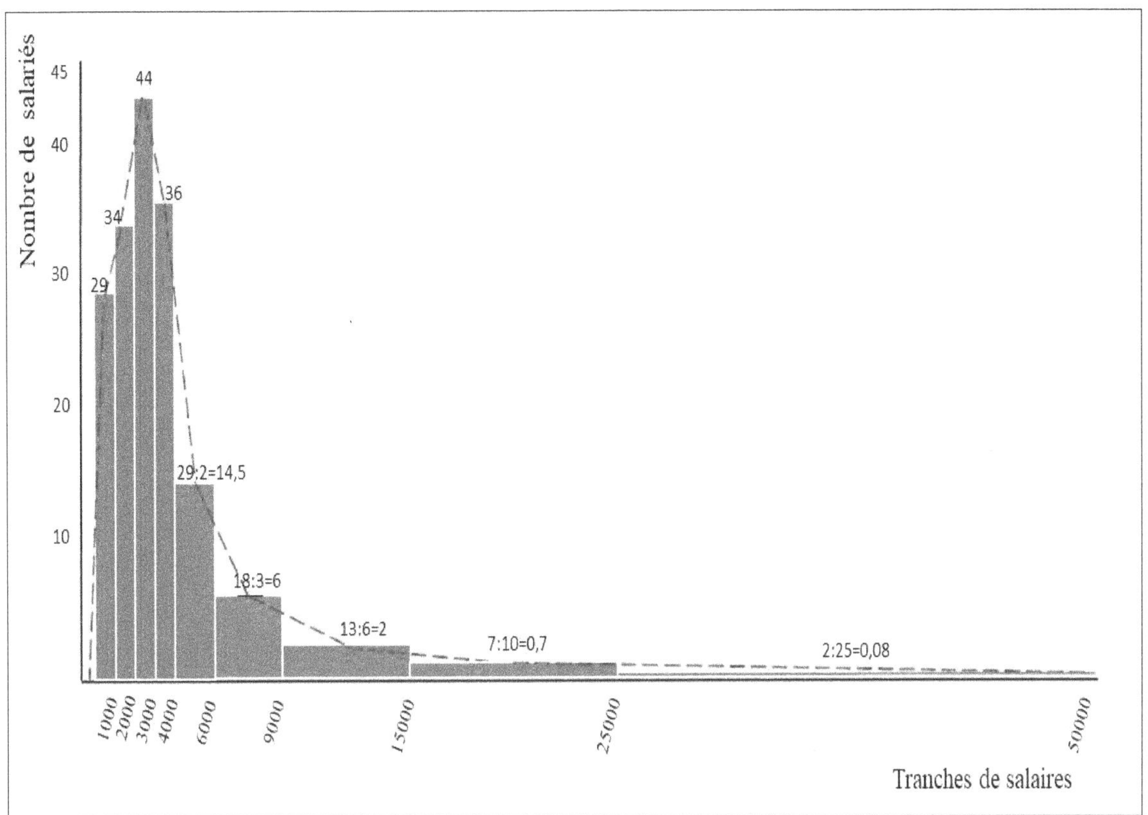

b : Les courbes des fréquences cumulées ascendantes et descendantes sont les suivantes:

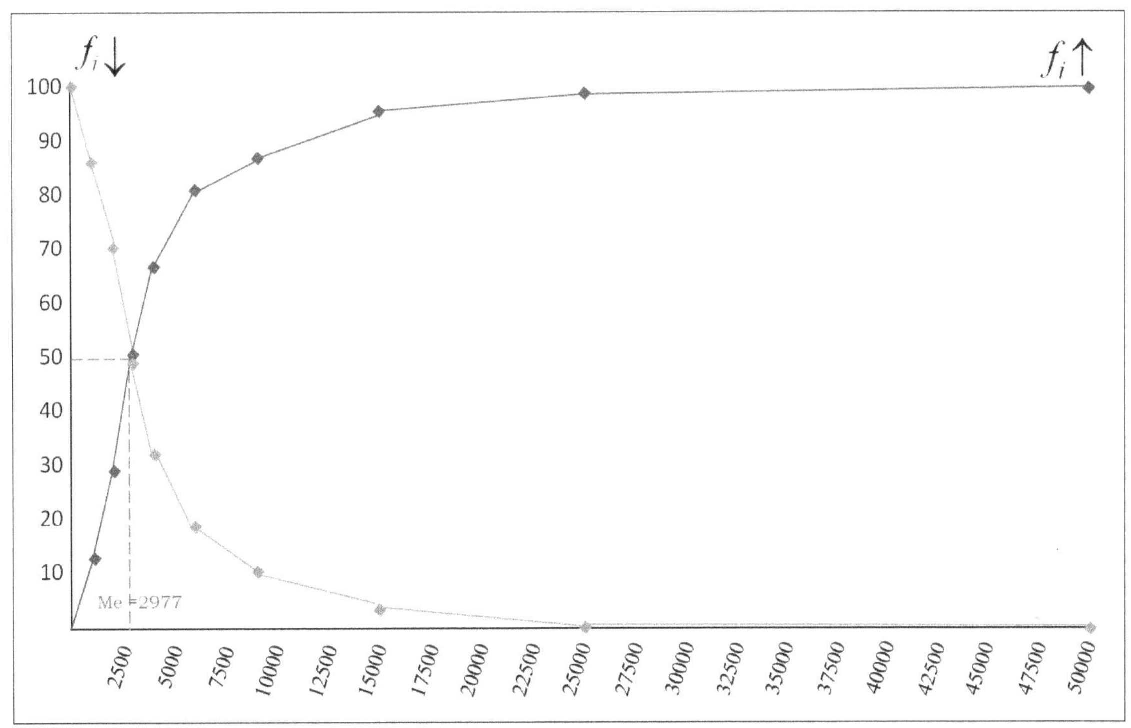

c : Calculons les caractéristiques de tendance centrale

Classes	x_i	n_i	Amplitude	Densité
[0;1000 [	500	29	1000	0.029
[1000;2000 [	1500	34	1000	0.034
[2000;3000 [	2500	44	1000	0.044
[3000;4000 [	3500	36	1000	0.036
[4000;6000 [	5000	29	2000	0.015
[6000;9000 [	7500	18	3000	0.006
[9000;15000 [	12000	13	6000	0.002
[15000;25000 [	20000	7	10000	0.001
[25000;50000 [	37500	2	25000	0.000
Total		212		

Le Mode de la distribution est 2 500 euros et la classe modale est [2000 ; 3000[.

Le salaire moyen est de :

$$\bar{x} = \frac{1}{n}\sum_{i=1}^{i=9} n_i x_i = \frac{952{,}500}{212}$$

$$= 4\ 492{,}92 \text{ euros}$$

Le salaire médian est de :

$$M_e = a_i + (a_{i+1} - a_i)\frac{(50 - F_i)}{(F_{i+1} - F_i)}$$

$$= 2\ 000 + (3\ 000 - 2\ 000)\frac{(50 - 29{,}72)}{(50{,}47 - 29{,}72)}$$

$$= 2\ 977{,}35 \text{ euros}$$

<u>INTERPRETATION DES RESULTATS</u>

c-1. La classe modale est [2 000 ; 3 000[, ce qui indique que la majorité des salariés dans cette entreprise canadienne ont un salaire compris entre 2 000 et 3 000 dollars. Cela peut être interprété comme un regroupement important des salaires autour de cette plage, avec un pic de fréquence à cette classe modale.

c-2. Le salaire moyen est de 4 492,92 dollars, ce qui signifie que si les salaires dans cette entreprise étaient répartis de manière équitable entre les salariés, chaque employé aurait un salaire moyen de 4 492,92 dollars.

c-3. La médiane des salaires est de 2 977,35 dollars, ce qui signifie qu'il y a autant de personnes gagnant un salaire inférieur à 2 977,35 dollars que de personnes en gagnant davantage dans cette entreprise. Cela indique que la distribution des salaires est relativement symétrique autour de la médiane, avec une répartition équitable des salaires inférieurs et supérieurs à cette valeur.

d : Déterminons les caractéristiques de dispersion :

La distance interquartile de la distribution est :

$$Q_1 = a_i + (a_{i+1} - a_i)\frac{(25 - F_i)}{(F_{i+1} - F_i)}$$

$$= 1\,000 + (2\,000 - 1\,000)\frac{(25 - 13{,}68)}{(29{,}72 - 13{,}68)}$$

$$= 1\,705{,}74 \text{ euros}$$

$$Q_3 = a_i + (a_{i+1} - a_i)\frac{(75 - F_i)}{(F_{i+1} - F_i)}$$

$$= 4\,000 + (6\,000 - 4\,000)\frac{(75 - 67{,}45)}{(81{,}13 - 67{,}45)}$$

$$= 5\,103{,}80 \text{ euros}$$

$$\text{Distance Interquartile} = Q_3 - Q_1$$

$$= 5\,103{,}80 - 1\,705{,}74$$

$$= 3\,398{,}06 \text{ euros}$$

La variance de la distribution est :

$$V(x) = \frac{1}{n}\sum_{i=1}^{i=9} n_i x_i^2 - \bar{x}^2$$

$$= \frac{10\,021\,750\,000}{212} - (4\,492{,}92\,)^2$$

$$= 27\,086\,034{,}84$$

L'écart-type de la distribution est :

$$\sigma = \sqrt{V(x)}$$

$$= \sqrt{27\,086\,034{,}84}$$

$$= 5\,204{,}42 \text{ euros}$$

Le coefficient de variation de la distribution est :

$$CV = \frac{\sigma}{|\bar{x}|}\text{x}100 = \frac{5\,204{,}42}{4\,492{,}92}\text{x}100$$

$$= 115{,}8\%$$

d-1. La distance interquartile de la distribution qui est de 3 398,06. Ceci indique qu'il y a de grands écarts de salaires dans la moitié centrale de la distribution, c'est-à-dire que la répartition des salaires entre Q1 et Q3 est étalée sur une large plage de valeurs. Cela suggère qu'il existe une grande variabilité des salaires entre les employés, avec certains salariés percevant des salaires beaucoup plus élevés que d'autres.

d-2. L'écart-type de la distribution est de 5 204,42 euros. Cet écart-type étant largement supérieur à la moyenne, cela montre qu'il y a une grande variation dans les salaires de cette entreprise, avec certains salariés ayant des salaires très éloignés de la moyenne. Cela peut être le signe de disparités salariales importantes entre les employés, avec des écarts significatifs entre les salaires les plus bas et les plus élevés.

d-3. Le coefficient de variation est de 115,8%. Ce coefficient de variation supérieur à 100% indique une dispersion excessive des données. Ceci confirme la présence d'une grande variabilité des salaires dans cette distribution, avec des salaires qui s'écartent considérablement de la moyenne.

e : Calculons les caractéristiques de forme :

e-1 : Calculons le coefficient d'asymétrie de YULE :

$$C_Y = \frac{Q_1 - 2Q_2 + Q_3}{Q_3 - Q_1}$$

$$= \frac{1\,705,74 - 2(2\,977,35) + 5\,103,80}{5\,103,80 - 1\,705,74}$$

$$= 0,251567071$$

e-2 : Calculons le coefficient d'asymétrie de PEARSON :

$$\beta_1 = \frac{(\bar{x} - \text{Mode})}{\sigma}$$

$$= \frac{(4\,492,92 - 2\,500)}{5\,204,42}$$

$$= 0,38$$

e-3 : Calculons le coefficient d'asymétrie de FISHER :

$$\mu_3 = \frac{\sum_{i=1}^{i=9} n_i(x_i - \bar{x})^3}{\sum_{i=1}^{i=9} n_i} = \frac{100\,875\,012\,231\,889}{212}$$

$$= 475\,825\,529\,395,70$$

$$\gamma_1 = \frac{\mu_3}{\sigma^3} = \frac{475\,825\,529\,395,70}{(5\,204,42)^3}$$

$$= 3{,}375$$

e-4 : Calculons le coefficient d'aplatissement de FISHER :

$$\mu_4 = \frac{\sum_{i=1}^{i=9} n_i (x_i - \bar{x})^4}{\sum_{i=1}^{i=9} n_i} = \frac{2\,832\,246\,290\,857\,590\,000}{212}$$

$$= 13\,359\,652\,315\,366{,}00$$

$$\gamma_2 = \frac{\mu_4}{\sigma^4} - 3 = \frac{13\,359\,652\,315\,366{,}00}{(5\,204{,}42)^4} - 3$$

$$= 15{,}209$$

<u>INTERPRÉTATION DES RESULTATS</u>

$$\underbrace{M_0}_{2\,500} < \underbrace{M_e}_{2\,977} < \underbrace{\bar{x}}_{4\,492}$$

$$C_Y > 0$$
$$\beta_1 > 0$$
$$\gamma_1 > 0$$

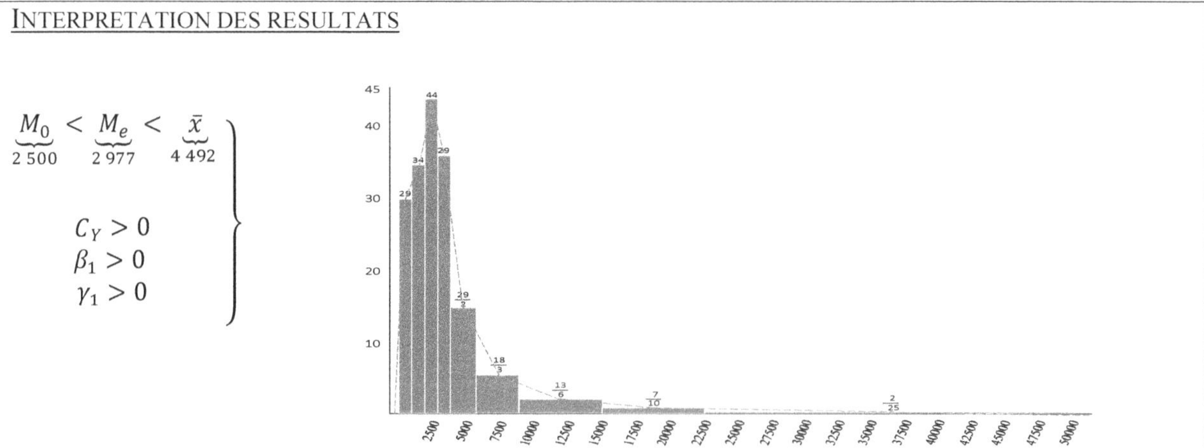

L'interprétation des résultats montre que la distribution des salaires est asymétrique à droite, avec une queue étalée vers la droite. Cela signifie qu'il y a une forte concentration de faibles valeurs de salaires, indiquant que la majorité des employés ont des salaires relativement bas.

$\gamma_2 > 0$, la courbe de distribution est plus pointue que celle d'une loi normale.

On observe que les salaires augmentent rapidement pour les employés ayant des salaires plus bas, mais diminuent rapidement pour ceux ayant des salaires plus élevés. En d'autres termes, il y a une augmentation brusque de la distribution des salaires pour les faibles salaires, suivie d'une décroissance rapide à mesure que l'on se rapproche des employés ayant les salaires les plus élevés.

f : Calculons les caractéristiques de concentration

Le tableau suivant montre les données nécessaires pour résoudre cet exercice :

Classes	x_i	n_i	f_i	$S_i = n_i x_i$	$q_i = \dfrac{S_i}{\sum\limits_{Total} S_i}$	$f_i \uparrow$	$q_i \uparrow$
[0;1000 [	500	29	13.68	14,500	1.52	13.68	1.52
[1000;2000 [	1500	34	16.04	51,000	5.35	29.72	6.88
[2000;3000 [	2500	44	20.75	110,000	11.55	50.47	18.43
[3000;4000 [	3500	36	16.98	126,000	13.23	67.45	31.65
[4000;6000 [	5000	29	13.68	145,000	15.22	81.13	46.88
[6000;9000 [	7500	18	8.49	135,000	14.17	89.62	61.05
[9000;15000 [	12000	13	6.13	156,000	16.38	95.75	77.43
[15000;25000 [	20000	7	3.30	140,000	14.70	99.06	92.13
[25000;50000 [	37500	2	0.94	75,000	7.87	100.00	100.00
Total		212		952,500			

La médiale de cette distribution est :

$$\overset{\approx}{M_e} = a_i + (a_{i+1} - a_i)\frac{(50 - Q_i)}{(Q_{i+1} - Q_i)}$$

$$= 6\,000 + (9\,000 - 6\,000)\frac{(50 - 46{,}88)}{(61{,}05 - 46{,}88)}$$

$$= 6\,660{,}55 \text{ euros}$$

<u>INTERPRÉTATION DES RÉSULTATS</u>

f. Ces données mettent en évidence une répartition équilibrée de la masse salariale entre les travailleurs gagnant des salaires inférieurs et supérieurs à 6 660,55 euros. Cela signifie que la moitié de la masse salariale de l'entreprise est attribuée aux travailleurs dont les salaires sont inférieurs à ce seuil, tandis que l'autre moitié est attribuée aux travailleurs dont les salaires sont supérieurs. Cette répartition égale indique que l'entreprise accorde une importance équivalente aux travailleurs gagnant des salaires plus bas et à ceux gagnant des salaires plus élevés dans sa structure salariale.

g : Calculons l'indice de GINI par la méthode des trapèzes

Le tableau suivant montre les données nécessaires pour cet exercice :

$f_i \uparrow$	$q_i \uparrow$	$H_i = f_{i-1} \uparrow - f_i \uparrow$	$B_i = \dfrac{q_i \uparrow + q_{i+1} \uparrow}{2}$	Aire Trapèze (T_i) $T_i = B_i \times H_i$
13.68	1.52	16.04	4.20	67.35
29.72	6.88	20.75	12.65	262.57
50.47	18.43	16.98	25.04	425.20
67.45	31.65	13.68	39.27	537.12
81.13	46.88	8.49	53.96	458.18
89.62	61.05	6.13	69.24	424.58
95.75	77.43	3.30	84.78	279.92
99.06	92.13	0.94	96.06	90.63
100.00	100.00			
Total				2545.54

La surface sous la courbe est :

$$\sum_{i=1}^{i=9} (f_{i+1} \uparrow - f_i \uparrow) \frac{(q_i \uparrow + q_{i+1} \uparrow)}{2} = 2\,545,54$$

Il s'ensuit que :

$$\text{Indice de GINI} = 100\% - \left(\frac{2\,545,54}{5\,000}\right) \times 100$$
$$= 100\% - 50,91\%$$
$$= 49,08\%$$

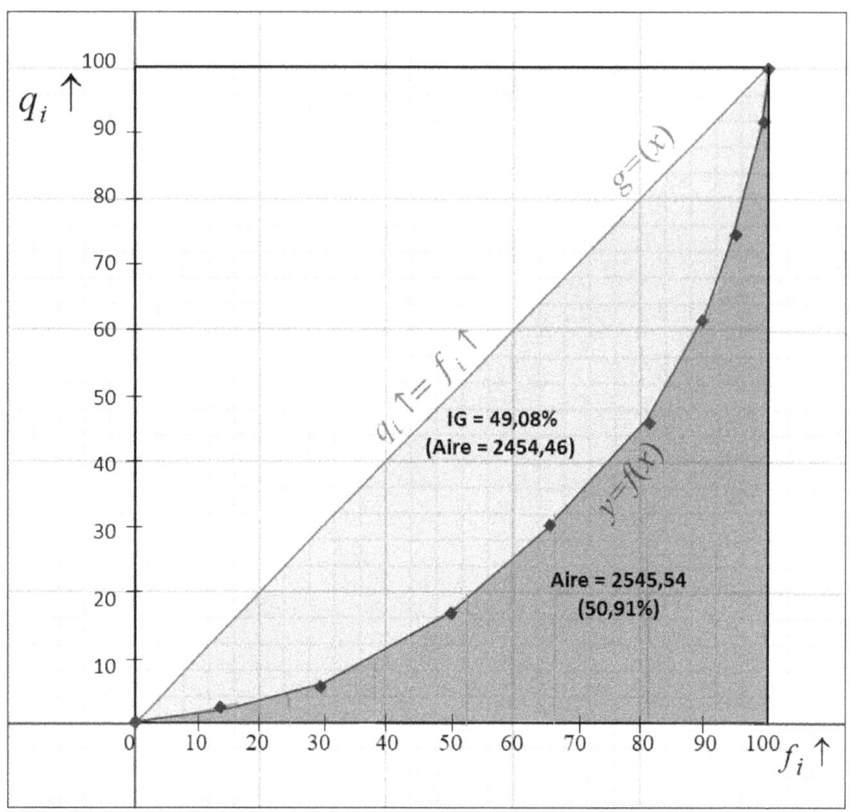

h : Calculons l'indice de GINI par le calcul des intégrales définies

Nous allons prendre en compte les points critiques $(f_i↑, q_i↑)$ suivants :

$$(0,0) - (14,1) - (30,7) - (50,18) - (67,32) - (81,47) - (90,61) - (96,77) - (99,92) - (100,100)$$

Après les calculs, le polynôme d'interpolation obtenu est :

$$y(x) = \frac{30681740552358143}{27788364735430762330560000}x^7 - \frac{2852427599569133}{79440722514095947200000}x^6 + \frac{1281850856464148366513}{27788364735430762330560000}x^5$$
$$- \frac{594633981355530129257}{20136496185094755312000000}x^4 + \frac{675577818819660192625841}{69470911838576905826400000}x^3$$
$$- \frac{111301912121943241051147}{7718990204286322869600000}x^2 + \frac{586415131758351318887}{701726382207847533600}x$$

Evaluons l'aire comprise entre la courbe q_i ↑ et l'axe des f_i ↑ dans l'intervalle $[0 ; 100]$:

$$\text{Aire} = \int_0^{100} y\,dx = \frac{30681740552358143}{2778836473543076233305600000}\left(\frac{10^{16}}{8}\right) - \frac{30681740552358143}{79440722514095947200000}\left(\frac{10^{14}}{7}\right)$$

$$+ \frac{128185085646414 8366513}{2778836473543076233305600000}\left(\frac{10^{12}}{6}\right) - \frac{594633981355530129257}{2013649618509475531200000}\left(\frac{10^{10}}{5}\right)$$

$$+ \frac{67557781881966 0192625841}{6947091183857690 5826400000}\left(\frac{10^{8}}{4}\right) - \frac{111301912121943241051147}{7718990204286322869 60000}\left(\frac{10^{6}}{3}\right)$$

$$+ \frac{586415131758351318887}{70172638220784 7533600}\left(\frac{10^{4}}{2}\right)$$

$$\text{Aire} = 2{,}511$$

Il s'ensuit que :

$$\text{Indice de G\textsc{ini}} = 100\% - \left(\frac{\int_0^{100} f(x)\,dx}{5\,000}\right) \text{x} 100$$

$$= 100\% - \left(\frac{2\,511}{5\,000}\right) \text{x} 100$$

$$= 100\% - 50{,}22\%$$

$$= 49{,}78\%$$

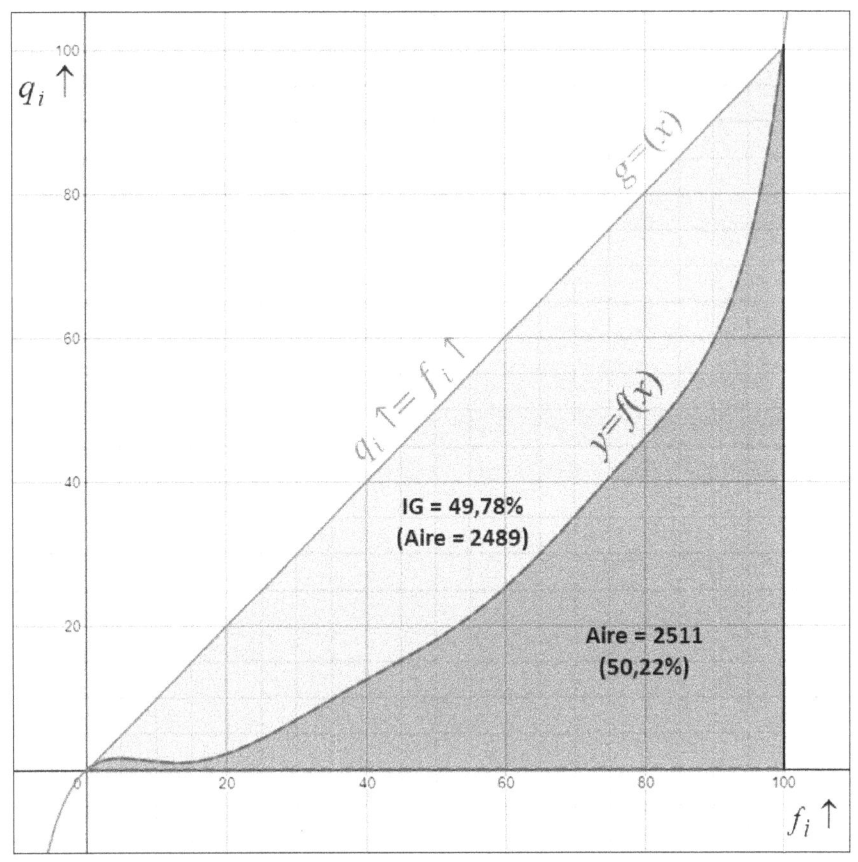

<u>INTERPRÉTATION DES RÉSULTATS</u>

L'indice de GINI a atteint un niveau proche de 50%, mettant en évidence une disparité significative dans la répartition des revenus au sein de cette entreprise. Cela signifie que la différence entre les salaires des employés est importante, avec une concentration des revenus chez une minorité et une répartition plus étalée chez la majorité des employés.

Ces résultats viennent corroborer les observations faites dans l'étude, notamment en réponse à la question portant sur le coefficient de variation qui était exceptionnellement élevé à 115,8%. Cela indique que les écarts entre les salaires sont particulièrement importants, ce qui contribue à une inégalité marquée dans la rémunération des employés.

De plus, les résultats de la question **e** soulignent également cette disparité salariale, avec une grande majorité des employés percevant des salaires relativement bas, tandis qu'un petit groupe de personnes bénéficie de salaires extrêmement élevés. Cela met en évidence une concentration des revenus chez une minorité restreinte d'individus, tandis que la majorité des employés se situe dans une fourchette salariale inférieure.

• **Exercice 34 :** Poursuivons l'exercice **24** de la section **6.4.2** qui porte sur les soldes enregistrés sur les comptes épargne de 300 individus.

Classes	x_i	n_i	$n_i x_i$	f_i	q_i	$f_i\uparrow$	$q_i\uparrow$
[0;5000 [	2500	48	120000	16.00	1.27	16.00	1.27
[5000;10000 [	7500	41	307500	13.67	3.26	29.67	4.53
[10000;15000 [	12500	47	587500	15.67	6.22	45.33	10.75
[15000;20000 [	17500	15	262500	5.00	2.78	50.33	13.53
[20000;25000 [	22500	21	472500	7.00	5.00	57.33	18.53
[25000;30000 [	27500	12	330000	4.00	3.49	61.33	22.02
[30000;35000 [	32500	13	422500	4.33	4.47	65.67	26.50
[35000;40000 [	37500	8	300000	2.67	3.18	68.33	29.67
[40000;45000 [	42500	9	382500	3.00	4.05	71.33	33.72
[45000;50000 [	47500	9	427500	3.00	4.53	74.33	38.25
[50000;55000 [	52500	10	525000	3.33	5.56	77.67	43.81
[55000;60000 [	57500	6	345000	2.00	3.65	79.67	47.46
[60000;65000 [	62500	9	562500	3.00	5.96	82.67	53.41
[65000;70000 [	67500	5	337500	1.67	3.57	84.33	56.99
[70000;75000 [	72500	2	145000	0.67	1.54	85.00	58.52
[75000;80000 [	77500	13	1007500	4.33	10.67	89.33	69.19
[80000;85000 [	82500	8	660000	2.67	6.99	92.00	76.18
[85000;90000 [	87500	7	612500	2.33	6.48	94.33	82.66
[90000;95000 [	92500	4	370000	1.33	3.92	95.67	86.58
[95000;100000 [	97500	13	1267500	4.33	13.42	100.00	100.00
Total		300	9445000	100	100		

a. Calculer la médiale et le pourcentage des personnes ayant une épargne inférieure à la médiale.

b. Calculer l'indice de GINI par la méthode d'interpolation polynomiale.

Solution

a : Calculons la médiale et le pourcentage des personnes ayant une épargne inférieure à la médiale.

a-1 : Calculons la médiale :

$$\widetilde{\widetilde{M}}_e = a_i + (a_{i+1} - a_i)\frac{(50 - Q_i)}{(Q_{i+1} - Q_i)}$$

$$= 60\,000 + (65\,000 - 60\,000)\frac{(50 - 47{,}46)}{(53{,}41 - 47{,}46)}$$

$$= 62\,134{,}45 \text{ euros}$$

a-2 : Le pourcentage des personnes qui ont une épargne inférieure à la médiale est :

Soit $P_{<\text{médiale}}$ le pourcentage des personnes qui ont une épargne inférieure à la médiale, utilisons la formule d'interpolation linéaire en prenant comme base le couple de données $(f_i \uparrow, q_i \uparrow)$:

$$P_{<\text{médiale}} = f_i + (f_{i+1} - f_i)\frac{(50 - Q_i)}{(Q_{i+1} - Q_i)}$$

$$= 79{,}67 + (82{,}67 - 79{,}67)\frac{(50 - 47{,}46)}{(53{,}41 - 47{,}46)}$$

$$= 80{,}95\%$$

b : Calculons l'indice de GINI

b-1 : Calculons l'indice de GINI par la Méthode des Trapèzes :

La résolution de la suite de cet exercice nécessite les rubriques dans le tableau suivant :

$f_i \uparrow$	$q_i \uparrow$	$H_i = f_{i+1}\uparrow - f_i \uparrow$	$B_i = \dfrac{q_i\uparrow + q_{i+1}\uparrow}{2}$	Aire Trapèze (T_i) $T_i = B_i \times H_i$
16.00	1.27	13.67	24.36	332.98
29.67	4.53	15.67	28.97	453.87
45.33	10.75	5.00	33.87	169.34
50.33	13.53	7.00	36.02	252.17
57.33	18.53	4.00	43.86	175.44
61.33	22.02	4.33	49.10	212.77
65.67	26.50	2.67	54.58	145.54
68.33	29.67	3.00	58.13	174.38
71.33	33.72	3.00	66.86	200.58
74.33	38.25	3.33	19.12	63.75
77.67	43.81	2.00	21.90	43.81
79.67	47.46	3.00	23.73	71.19
82.67	53.41	1.67	26.71	44.51
84.33	56.99	0.67	28.49	19.00
85.00	58.52	4.33	29.26	126.80
89.33	69.19	2.67	34.60	92.25
92.00	76.18	2.33	38.09	88.87
94.33	82.66	1.33	41.33	55.11
95.67	86.58	4.33	43.29	187.59
100.00	100.00			
Total				2909.94

La surface sous la courbe de LORENZ est :

$$\sum_{i=1}^{i=20} (f_{i+1}\uparrow - f_i\uparrow)\frac{(q_i\uparrow + q_{i+1}\uparrow)}{2} = 2\,910$$

Il s'ensuit que :

$$\text{Indice de GINI} = 100\% - \left(\frac{2\,545}{5\,000}\right)\text{x}100$$

$$= 100\% - 50,9\%$$

$$= 49,1\%$$

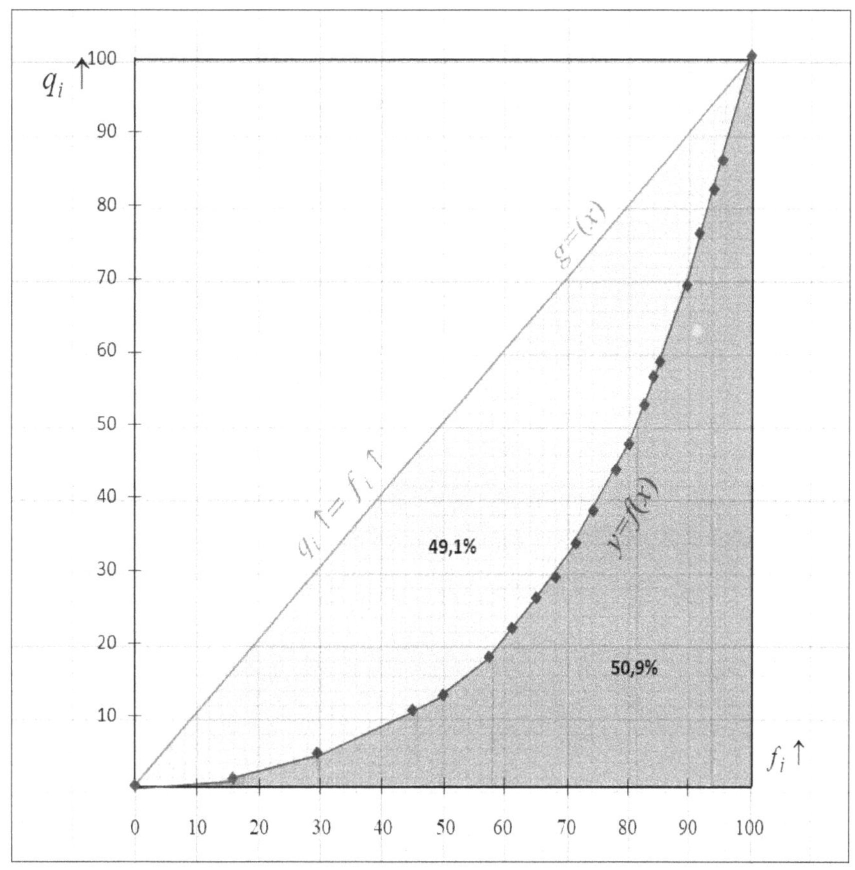

b-2 : Calculons l'indice de GINI par les intégrales finies:

Nous allons prendre en compte les points critiques $(f_i\uparrow, q_i\uparrow)$ suivants :

$$(0,0) - (8,0) - (16,1) - (30,5) - (45,11) - (61,22) - (74,38) - (83,53) - (92,76) - (100,100)$$

Après les calculs, le polynôme d'interpolation obtenu est :

$$y(x) = -\frac{2457899533248453868247}{46803928659276767954855896912896000}x^9 + \frac{11928061198454055471469}{53797619148593986155006778060800}x^8$$
$$-\frac{9719204680995749813278 7}{2512288172800685343792587059200}x^7 + \frac{40263486679764918882746 3}{11171721842529363397745768448 00}x^6$$
$$-\frac{17128536504742306940381363}{8858340650177297288753103360 00}x^5 + \frac{11196958886902579154676282622 1}{185729875632050666487523400448000}x^4$$
$$-\frac{15417049365135937413145066222697}{14626227706023899985892467785280 00}x^3 + \frac{4910559790161791726878878786407}{4875409235341329995297489261760 0}x^2$$
$$-\frac{3353831960041346913213886229}{9028535621002462954254609744}x$$

Evaluons l'aire comprise entre la courbe $q_i \uparrow$ et l'axe des $f_i \uparrow$ dans l'intervalle $[0\,;100]$:

$$\text{Aire} = \int_0^{100} y\,dx = -\frac{2457899533248453868247}{46803928659276767954855896912896000}\left(\frac{10^{20}}{8}\right) + \frac{11928061198454055471469}{53797619148593986155006778060800}\left(\frac{10^{18}}{8}\right)$$
$$-\frac{9719204680995749813278 7}{2512288172800685343792587059200}\left(\frac{10^{16}}{8}\right) + \frac{40263486679764918882746 3}{11171721842529363397745768448 00}\left(\frac{10^{14}}{7}\right)$$
$$-\frac{17128536504742306940381363}{8858340650177297288753103360 00}\left(\frac{10^{12}}{6}\right) + \frac{11196958886902579154676282622 1}{185729875632050666487523400448000}\left(\frac{10^{10}}{5}\right)$$
$$-\frac{15417049365135937413145066222697}{14626227706023899985892467785280 00}\left(\frac{10^{8}}{4}\right) + \frac{4910559790161791726878878786407}{4875409235341329995297489261760 0}\left(\frac{10^{6}}{3}\right)$$
$$-\frac{3353831960041346913213886229}{9028535621002462954254609744}\left(\frac{10^{4}}{2}\right)$$
$$= 2\,482{,}13$$

Il s'ensuit que

$$\text{Indice de Gini} = 100\% - \left(\frac{\int_0^{100} f(x)\,dx}{5\,000}\right)\times 100$$
$$= 100\% - \left(\frac{2\,482}{5\,000}\right)\times 100$$
$$= 100\% - 50{,}22\%$$
$$= 50{,}36\%$$

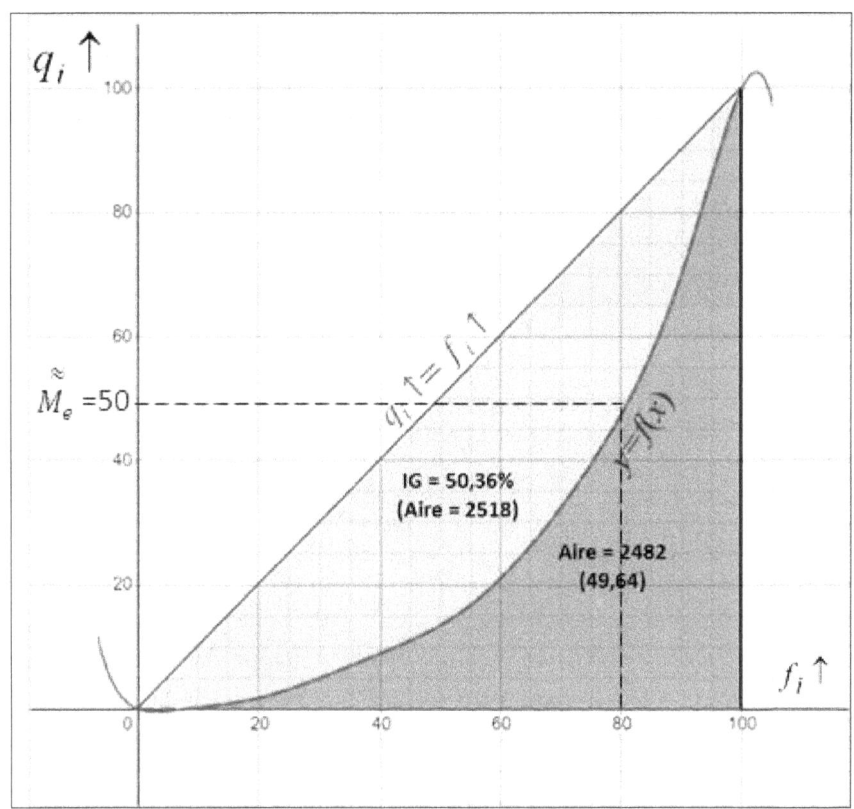

<u>INTERPRETATION DES RESULTATS</u>

Plusieurs constats interpellant peuvent être relevés. Tout d'abord, il est remarquable que la somme des épargnes individuelles inférieures à 62 134,45 euros soit équivalente à la somme des épargnes individuelles supérieures à ce montant. Autrement dit, les personnes ayant épargné moins de 62 134,45 euros ont accumulé autant d'épargne que celles ayant épargné davantage. Cette constatation souligne une certaine disparité dans la répartition des épargnes au sein de l'échantillon étudié.

Par ailleurs, il est également intéressant de noter que le pourcentage de personnes dont l'épargne est inférieure à la médiale s'élève à 80,95%. Cela signifie que près de 20% des personnes (soit 60 individus) ont accumulé autant d'épargne que 80% des autres personnes (soit 240 individus). Cette disparité dans la répartition des épargnes est frappante et met en évidence le fait que la majorité des épargnes sont concentrées entre les mains d'un petit groupe de personnes.

Enfin, ces constats permettent de tirer une conclusion percutante : dans cet échantillon statistique, 20% des épargnants détiennent autant de richesse que les 80% restants. C'est-à-dire que la richesse est fortement concentrée entre les mains d'un petit groupe de personnes, ce qui souligne une inégalité marquée dans la répartition des richesses au sein de cette société.

CHAPITRE 8

Séries statistiques à deux caractères

Ce chapitre constitue une étude approfondie des statistiques à deux caractères, abordant en détail plusieurs notions clés. Il s'attarde sur les distributions statistiques marginales, qui permettent d'examiner les propriétés individuelles de chaque caractère, ainsi que sur les distributions statistiques conditionnelles, qui étudient les relations entre les caractères en fonction de certaines conditions. De plus, les caractéristiques marginales et conditionnelles, telles que les moyennes et les variances, sont analysées en profondeur pour mieux comprendre leur comportement dans le contexte de l'étude de deux caractères. Les relations complexes entre ces caractéristiques marginales et conditionnelles sont également explorées, mettant en évidence les liens et les dépendances potentielles entre les variables. Enfin, le concept d'indépendance des caractères est discuté en détail pour évaluer la manière dont les caractères peuvent influencer mutuellement leurs distributions statistiques.

8.1 Tableau de contingence

Le tableau de contingence permet de faire l'analyse statistique des relations entre deux caractères au sein d'une population donnée et d'examiner en détail la fréquence des combinaisons de modalités des caractères X et Y. Plus spécifiquement, pour une population de n individus, il permet de recueillir des données sur le nombre d'individus qui présentent une modalité particulière du caractère X conjointement avec une modalité spécifique du caractère Y, représentés respectivement par les variables x_i et y_i. En regroupant ces données dans un tableau de contingence, il devient possible d'obtenir une représentation claire et structurée des associations potentielles entre les deux caractères, ce qui facilite leur analyse et leur interprétation.

Le tableau de contingence peut être utilisé pour calculer diverses mesures d'association et de dépendance entre les variables X et Y, telles que les fréquences marginales, les fréquences conditionnelles, les ratios de chances, et bien d'autres. Il est également utile pour la réalisation de tests statistiques et l'exploration de la significativité des associations observées.

Si l'on considère une population de n individus décrits simultanément en fonction de deux caractères, X et Y, où x_i représente les p modalités du caractère X et y_j représente les q modalités du caractère Y, on peut utiliser n_{ij} pour décrire le nombre d'individus de la population qui présentent à la fois la modalité x_i du caractère X et la modalité y_j du caractère Y. Un tableau de contingence est souvent utilisé pour représenter ces informations.

X \ Y	y_1	y_2	....	y_j	....	y_q	Totaux Horizontaux
x_1	n_{11}	n_{12}	....	n_{1j}	....	n_{1q}	n_{1*}
x_2	n_{21}	n_{22}	....	n_{2j}	....	n_{2q}	n_{2*}
....	....	....	....	....	....	....	....
x_i	n_{i1}	n_{i2}	....	n_{ij}	....	n_{iq}	n_{i*}
....	....	....	....	....	....	....	....
x_p	n_{p1}	n_{p2}	....	n_{pj}	....	n_{pq}	n_{p*}
Totaux Verticaux	n_{*1}	n_{*2}	....	n_{*j}	....	n_{*q}	n_{**}

Les points désignent la totalisation suivant l'indice i ou l'indice j. Ainsi,

- n_{i*} correspond à la somme des fréquences n_{ij} pour chaque index j, ce qui représente le nombre d'individus de la population qui présentent la modalité x_i du caractère X indépendamment des modalités du caractère Y qu'ils présentent.

- n_{*j} correspond à la somme des fréquences n_{ij} pour chaque index i, ce qui représente le nombre d'individus de la population qui présentent la modalité y_j du caractère Y indépendamment des modalités du caractère X qu'ils présentent.

On a :

$$n_{i*} = \sum_{j=1}^{j=q} n_{ij} \text{ et } n_{*j} = \sum_{i=1}^{i=p} n_{ij}$$

$$n_{ij} = \sum_{i=1}^{i=p} \sum_{j=1}^{j=q} n_{ij} = \sum_{i=1}^{i=p} n_{i*} = \sum_{j=1}^{j=q} n_{*j} = n$$

Exemple 76

Le tableau ci-dessous présente les valeurs du poids en fonction de la taille de 10 470 individus dans une ville donnée. Les mesures de taille sont exprimées en centimètres (cm) et les mesures de poids en kilogrammes (kg). Cette étude a été réalisée dans le but de comprendre la distribution des poids en fonction des tailles au sein de cette population. L'analyse de cette distribution permettra de mieux comprendre les facteurs qui influencent le poids et la santé de cette population. Dans une situation réelle, les résultats de cette étude pourront également être utilisés pour mettre en place des programmes de santé et de nutrition adaptés à cette population.

Y(Poids) / X(Taille)	[0;30[	[30;60[	[60;90[	[90;120[	[120;150[	[150;180[	[180;210[	Total
[0;20 [	13	1	0	0	0	0	0	14
[20;40 [	27	2	0	0	0	0	0	29
[40;60 [	34	12	**3**	0	0	0	0	49
[60;80 [	32	19	8	5	2	1	**0**	67
[80;100 [	2	**556**	113	9	4	1	0	685 n_{5*}
[100;120 [	0	1634	148	9	7	2	0	1800
[120;140 [	0	1073	384	27	5	2	1	1492
[140;160 [	0	467	643	112	49	**11**	2	1284
[160;180 [	0	215	986	1003	234	53	8	2499
[180;200 [	0	111	843	672	312	21	4	1963
[200;220 [	0	41	347	165	31	3	1	588
Total	108	4131	3475	2002	644	94	16 n_{*7}	10470

<u>INTERPRÉTATION DES TABLEAUX</u>

L'analyse approfondie des données du tableau révèle plusieurs informations intéressantes :
- o 556 personnes ont une taille comprise entre 80 et 100 cm et un poids compris entre 30 et 60 kg. Cela suggère que dans cette ville, il y a un groupe significatif d'individus avec une taille relativement petite et un poids modéré.
- o 3 personnes seulement ont une taille comprise entre 40 et 60 cm, ce qui est assez rare et inhabituel, et un poids compris entre 60 et 90 kg. Cette constatation peut nécessiter une enquête plus approfondie pour comprendre les raisons de cette particularité.
- o 11 personnes ont une taille comprise entre 140 et 160 cm et un poids compris entre 150 et 180 kg. Ce groupe d'individus présente une combinaison de taille relativement élevée et de poids élevé, ce qui peut indiquer une population avec une prévalence de surpoids ou d'obésité.
- o Il est intéressant de noter qu'aucune personne n'a été enregistrée avec une taille comprise entre 60 et 80 cm et un poids compris entre 180 et 210 kg. Cela peut suggérer qu'une telle combinaison de taille et de poids est rare dans cette population donnée.

De plus, les données supplémentaires extraites du tableau sont également pertinentes :

1. $n_{5*} = \sum_{j=1}^{j=7} n_{5j} = 2 + 556 + 113 + 9 + 4 + 1 + 0 = 685$

Ceci signifie qu'il y a 685 individus dans la population totale de 10 470 individus qui présentent la modalité x_5 du caractère X, c'est-à-dire qu'ils ont une taille comprise entre 80 et 100 Cm de taille indépendamment des modalités du caractère Y qu'ils présentent, c'est-à-dire indépendamment de leur poids.

2. $n_{*7} = \sum_{i=1}^{i=11} n_{i7} = 0 + 0 + 0 + 0 + 0 + 0 + 1 + 2 + 8 + 4 + 1 = 16$

Ceci signifie qu'il y a 16 individus dans la population de 10 470 individus qui présentent la modalité y_7 du caractère Y, c'est-à-dire qu'ils ont un poids compris entre 180 et 210 Kg indépendamment des modalités du caractère X qu'ils présentent, c'est-à-dire indépendamment de leur taille.

Pour chaque paire de modalités x_i et y_j, la fréquence f_{ij} est calculée comme le rapport entre le nombre d'individus qui présentent simultanément les modalités x_i et y_j :

On écrit :

$$f_{ij} = \frac{n_{ij}}{n}$$

On en déduit :

$$f_{i*} = \sum_{j=1}^{j=q} f_{ij} = \frac{n_{i*}}{n} \quad \text{et} \quad f_{*j} = \sum_{i=1}^{i=p} f_{ij} = \frac{n_{*j}}{n}$$

Et

$$\sum_{i=1}^{p} f_{ij} = \sum_{j=1}^{q} f_{ij} = \sum_{i=1}^{p}\sum_{j=1}^{q} f_{ij} = 1$$

De plus, il est important de noter que la somme des fréquences f_{ij} pour chaque modalité x_i sur l'ensemble des modalités y_j possibles est égale à 1, ce qui signifie que la totalité des individus de la population est prise en compte.

De manière similaire, la somme des fréquences f_{ij} pour chaque modalité y_j sur l'ensemble des modalités x_i possibles vaut également 1, ce qui garantit que toutes les combinaisons possibles des caractéristiques x_i et y_j sont couvertes.

Exemple 77

Prenons en considération le même tableau que dans l'exemple précédent, nous aurons le tableau suivant de fréquences :

X(Taille) \ Y(Poids)	[0;30[	[30;60[	[60;90[	[90;120[	[120;150[	[150;180[	[180;210[	Total (%)	
[0;20 [	0.12	0.01	0.00	0.00	0.00	0.00	0.00	0.13	
[20;40 [	0.26	0.02	0.00	0.00	0.00	0.00	0.00	0.28	
[40;60 [	0.32	0.11	0.03	0.00	0.00	0.00	0.00	0.47	
[60;80 [	0.31	0.18	0.08	0.05	0.02	0.01	0.00	0.64	
[80;100 [	0.02	5.31	**1.08**	0.09	0.04	0.01	0.00	6.54	f_{5*}
[100;120 [	0.00	15.61	1.41	0.09	0.07	0.02	0.00	17.19	
[120;140 [	0.00	10.25	3.67	0.26	0.05	0.02	0.01	14.24	
[140;160 [	0.00	4.46	6.14	1.07	0.47	0.11	0.02	12.24	
[160;180 [	0.00	**2.05**	9.42	9.58	2.23	0.51	0.08	23.79	
[180;200 [	0.00	1.06	8.05	6.42	2.98	0.20	**0.04**	18.71	
[200;220 [	0.00	0.39	3.31	1.58	0.30	0.03	0.01	5.61	
Total	1.03	39.46	33.19	19.12	6.15	0.90	0.16	100	
							f_{*7}		

<u>INTERPRÉTATION DES TABLEAUX</u>

On peut observer à partir des données fournies que dans la population étudiée :

- 2,05% de la population étudiée se situe dans une fourchette de taille comprise entre 160 et 180 cm et de poids compris entre 30 et 60 kg. Ces plages de tailles et de poids se situent dans une fourchette d'indice de masse corporelle (IMC) allant de 11,5 à 18,5. Un IMC inférieur à 18,5 est considéré comme un indicateur de maigreur ou d'une insuffisance pondérale.
- Cette donnée peut être interprétée comme indiquant la présence d'une petite proportion de personnes présentant un poids faible par rapport à leur taille, pouvant être associé à un risque de malnutrition ou de problèmes de santé liés à une insuffisance pondérale. Cela peut être dû à plusieurs facteurs tels que des troubles alimentaires, des conditions médicales sous-jacentes ou un mode de vie insalubre.
- 1,08% des personnes ont une taille comprise entre 80 et 100 cm et un poids compris entre 60 et 90 kg. Ce groupe pourrait inclure des individus de taille moyenne à grande avec un poids plus élevé, tels que des adultes de corpulence moyenne à robuste.
- 0,04% des personnes ont une taille comprise entre 180 et 200 cm et un poids compris entre 180 et 210 kg. Ce groupe représente une petite proportion de la population et pourrait inclure des individus très grands et très lourds, tels que des athlètes professionnels ou des personnes souffrant d'obésité sévère.

De plus, les données supplémentaires extraites du tableau sont également pertinentes :

1. $f_{5*} = \sum_{j=1}^{j=7} f_{5j} = 0{,}02 + 5{,}31 + 1{,}08 + 0{,}09 + 0{,}04 + 0{,}01 + 0 = 6{,}54$

Ceci signifie que dans cette population de 10 470 individus, il y en a 6,54% qui présentent la modalité x_5 du caractère X, c'est-à-dire qu'ils ont une taille comprise entre 80 et 100 Cm indépendamment des modalités du caractère Y qu'ils présentent, c'est-à-dire indépendamment de leur poids.

2. $f_{*7} = \sum_{i=1}^{i=11} n_{i7} = 0 + 0 + 0 + 0 + 0 + 0 + 0{,}01 + 0{,}02 + 0{,}08 + 0{,}04 + 0{,}01 = 0.16$

Ceci signifie que dans cette population de 10 470 individus, il y en a 0,16% qui présentent la modalité y_7 du caractère Y, c'est-à-dire qu'ils ont un poids compris entre 180 et 210 Kg indépendamment des modalités du caractère X qu'ils présentent, c'est-à-dire indépendamment de leur taille.

8.2 Distributions statistiques marginales

On appelle distribution statistique marginale du caractère X le tableau associant à toute modalité x_i de X son effectif n_{ij}. Elle représente la fréquence d'apparition de chaque valeur ou modalité x_i du caractère X dans un ensemble de données. Elle est généralement présentée sous forme de tableau ou de graphique, où chaque modalité x_i est associée à son effectif n_{ij}, c'est-à-dire le nombre de fois qu'elle apparaît dans l'ensemble de données.

La distribution statistique marginale permet d'examiner la répartition des valeurs d'un caractère individuel sans tenir compte des autres caractères de l'ensemble de données. Elle peut être utilisée pour étudier la fréquence d'occurrence de chaque modalité, détecter d'éventuelles valeurs aberrantes, évaluer la variabilité ou la dispersion des données, ou encore pour construire des modèles statistiques.

Il est important de noter que la distribution statistique marginale peut être calculée pour n'importe quel caractère X, qu'il s'agisse d'une variable qualitative ou quantitative. Dans le cas d'une variable qualitative, la distribution marginale représentera simplement la fréquence d'apparition de chaque modalité. Dans le cas d'une variable quantitative, la distribution marginale peut être obtenue en regroupant les valeurs en classes ou en utilisant d'autres méthodes de discrétisation.

X	Effectifs	Fréquences
x_1	n_{1*}	f_{1*}
x_2	n_{2*}	f_{2*}
....	....	....
x_i	n_{i*}	f_{i*}
....	....	....
x_p	n_{p*}	
Total	n_{**}	1

De manière similaire, la distribution statistique marginale du caractère Y peut être définie. Cette distribution représente la fréquence d'apparition de chaque valeur ou modalité y_i du caractère Y dans un ensemble de données. Elle peut être présentée sous forme de tableau ou de graphique, où chaque modalité y_i est associée à son effectif n_{ij}, c'est-à-dire le nombre de fois qu'elle apparaît dans l'ensemble de données.

Exemple 78

En prenant en compte le même tableau que dans l'exemple précédent, on peut obtenir les tableaux de distribution marginale suivants :

Distribution marginale des Tailles (X)		
Taille	Effectifs	Fréquences
[0;20 [	14	0.13
[20;40 [	29	0.28
[40;60 [	49	0.47
[60;80 [	67	0.64
[80;100 [	685	6.54
[100;120 [	1800	17.19
[120;140 [	1492	14.25
[140;160 [	1284	12.26
[160;180 [	2499	23.87
[180;200 [	1963	18.75
[200;220 [	588	5.62
Total	10470	100

Distribution marginale des Poids (Y)		
Poids	Effectifs	Fréquences
[0;30 [	108	1.03
[30;60 [	4131	39.46
[60;90 [	3475	33.19
[90;120 [	2002	19.12
[120;150 [	644	6.15
[150;180 [	94	0.90
[180;210 [	16	0.15
Total	10470	100

<u>INTERPRÉTATION DES TABLEAUX</u>

En examinant les exemples donnés, on peut noter les informations suivantes pour chaque modalité :
- o Pour la modalité de mesure entre 160 cm et 180 cm du caractère X, on peut observer qu'il y a un total de 2499 personnes dans la population totale qui se situent dans cette plage de valeurs. Cela représente 23,87% de la population totale, ce qui indique que cette plage de valeurs est très représentée dans l'ensemble des données.
- o Pour la modalité de poids entre 60 kg et 90 kg du caractère Y, on peut constater qu'il y a un total de 3475 personnes dans la population totale qui se situent dans cette plage de valeurs. Cela représente 33,19% de la population totale, ce qui montre que cette plage de valeurs est également bien représentée dans les données.

Ces informations permettent de mieux comprendre la proportion de la population totale qui se situe dans chaque plage de valeurs pour les caractères X et Y, et ainsi d'évaluer leur distribution et leur représentativité dans l'ensemble des données

8.3 Distributions statistiques conditionnelles

Les distributions statistiques conditionnelles permettent d'étudier les relations entre différentes variables dans un ensemble de données en se concentrant sur une colonne spécifique en fonction d'une ligne donnée, ou vice versa. Elles sont utilisées pour analyser comment la distribution d'une variable peut varier en fonction des valeurs d'une autre variable. Par exemple, dans une étude sur les performances académiques des étudiants, on peut s'intéresser à la distribution des notes en Statistiques Descriptives uniquement pour les étudiants de genre masculin.

La notation $n_{i/j}$ est utilisée pour représenter l'effectif de la variable i conditionnellement à la variable j. Elle indique combien de fois la variable i apparaît dans les données lorsque la variable j prend une valeur spécifique. Cette approche permet d'explorer les relations conditionnelles entre différentes variables et d'identifier des tendances ou des schémas spécifiques qui pourraient ne pas être apparents dans la distribution globale des données.

Exemple 79

Prenons l'exemple de la distribution de la couleur des yeux en fonction de la couleur des cheveux. Cette étude statistique vise à analyser comment la couleur des yeux varie en fonction de la couleur des cheveux dans un ensemble spécifique de données. On peut ainsi examiner les proportions relatives de différentes combinaisons possibles, telles que la fréquence des yeux bleus chez les individus aux cheveux blonds, châtain, noir ou roux, etc. Cette approche permet de visualiser et d'explorer les relations potentielles entre ces deux caractéristiques et d'identifier des tendances ou des schémas spécifiques qui pourraient exister dans la population étudiée.

		Cheveux				
		Blond	châtain	Noir	Roux	Totaux Horizontaux
	Bleu	1768	807	189	47	2811
Yeux	Gris-Vert	946	1387	746	53	3132
	Brun	115	438	288	16	857
	Totaux Verticaux	2829	2638	1223	116	6800

La distribution conditionnelle s'intéressant à la couleur des cheveux sachant que les yeux sont bleus est :

		Cheveux				
		Blond	châtain	Noir	Roux	Total
Yeux	Bleu	1768	807	189	47	2811

On a donc autant de distributions conditionnelles que de modalités.

8.4 Caractéristiques marginales et conditionnelles

8.4.1 Moyenne marginale et Variance marginale

8.4.1.1 Moyenne Marginale du caractère X

La moyenne marginale du caractère X, notée $\bar{\bar{x}}$, est calculée en prenant en compte la fréquence d'occurrence de chaque valeur x_i de X dans le tableau. On multiplie chaque valeur x_i par son effectif n_{i*} pour obtenir la somme des produits. Cette somme est ensuite divisée par le nombre total d'individus n_{**} pour obtenir la moyenne marginale $\bar{\bar{x}}$.

Ainsi, la moyenne marginale permet de donner une estimation de la valeur moyenne de X dans la population étudiée, en tenant compte de l'effectif de chaque valeur spécifique.

$$\text{Moyenne } (x) = \bar{\bar{x}} = \frac{1}{n_{**}} \sum_{i=1}^{i=p} n_{i*} x_i = \sum_{i=1}^{i=p} f_{i*} x_i$$

8.4.1.2 Variance Marginale du caractère X

La variance marginale du caractère X, notée $V(X)$, mesure la dispersion des valeurs de X autour de sa moyenne marginale $\bar{\bar{x}}$. Pour la calculer, on soustrait la moyenne marginale $\bar{\bar{x}}$ de chaque valeur x_i de X, on élève au carré cette différence, puis on multiplie le résultat par l'effectif n_{i*} de chaque valeur, et on fait la somme de ces produits. Enfin, cette somme est divisée par le nombre total d'individus n_{**} pour obtenir la variance marginale $V(X)$.

Ainsi, la variance marginale permet d'évaluer la variabilité des valeurs de X dans la population étudiée, en tenant compte de l'effectif de chaque valeur spécifique et de la distance entre chaque valeur et la moyenne marginale.

$$\text{Variance } (X) = V(X) = \frac{1}{n_{**}} \sum_{i=1}^{i=p} n_{i*} (x_i - \bar{\bar{x}})^2 = \sum_{i=1}^{i=p} f_{i*} (x_i - \bar{\bar{x}})^2$$

Exemple 80

Reprenons l'exemple du même tableau qui présente la distribution marginale des tailles, comme dans l'**exemple 78**:

Taille	x_i	n_i	$n_i x_i$	$n_i(x_i - \bar{\bar{x}})^2$
[0;20 [	10	14	140	276328
[20;40 [	30	29	870	26100
[40;60 [	50	49	2450	122500
[60;80 [	70	67	4690	328300
[80;100 [	90	685	61650	5548500
[100;120 [	110	1800	198000	21780000
[120;140 [	130	1492	193960	25214800
[140;160 [	150	1284	192600	28890000
[160;180 [	170	2499	424830	72221100
[180;200 [	190	1963	372970	70864300
[200;220 [	210	588	123480	25930800
Total		10470	1575640	251202728

$$\bar{\bar{x}} = \frac{1}{n} \sum_{i=1}^{i=11} n_i x_i = \frac{1\,575\,640}{10\,470}$$

$$= 150,5 \text{ Cm}$$

$$V(X) = \frac{1}{n} \sum_{i=1}^{i=p} n_i (x_i - \bar{\bar{x}})^2 = \frac{251\,202\,728}{10\,470}$$

$$= 23\,992,62$$

INTERPRÉTATION DES TABLEAUX

L'interprétation des tableaux offre une vision approfondie de la situation de la taille dans cette ville en particulier. La taille moyenne marginale de la population de 150,5 cm indique que cette valeur est celle qui est la plus fréquemment observée dans la population étudiée. Elle peut servir de repère pour comprendre la tendance générale de la distribution des tailles dans cette ville.

La variance marginale de 23 992,5 indique la dispersion des tailles individuelles autour de la moyenne pour chaque modalité. Cette variance élevée indique une plus grande variabilité des tailles individuelles, avec des écarts plus importants par rapport à la moyenne pour certaines modalités. Cela peut suggérer qu'il existe des différences significatives dans les tailles individuelles au sein de cette population, avec certains groupes présentant des variations plus marquées par rapport à la moyenne que d'autres.

Dans une situation réelle, ces informations peuvent être utilisées pour explorer davantage la distribution des tailles dans cette population spécifique et pour formuler des hypothèses sur les facteurs qui pourraient influencer les variations observées. Par exemple, elles peuvent être utilisées pour étudier les facteurs environnementaux, génétiques, socio-économiques ou autres qui pourraient contribuer à la variabilité des tailles observées dans cette ville. Elles peuvent également servir de base pour des études comparatives avec d'autres populations ou pour évaluer l'efficacité de politiques de santé ou d'autres interventions visant à améliorer la santé et le bien-être des habitants de cette ville.

8.4.1.3 Moyenne Marginale du caractère Y

La moyenne marginale du caractère Y, notée $\bar{\bar{y}}$, est calculée en prenant en compte la fréquence d'occurrence de chaque valeur y_i de Y dans le tableau. On multiplie chaque valeur y_i par son effectif n_{*j} pour obtenir la somme des produits. Cette somme est ensuite divisée par le nombre total d'individus n_{**} pour obtenir la moyenne marginale $\bar{\bar{y}}$.

Ainsi, la moyenne marginale permet de donner une estimation de la valeur moyenne de Y dans la population étudiée, en tenant compte de l'effectif de chaque valeur spécifique.

$$\text{Moyenne } (Y) = \bar{\bar{y}} = \frac{1}{n_{**}} \sum_{j=1}^{j=q} n_{*j} y_j = \sum_{j=1}^{j=q} f_{*j} y_j$$

8.4.1.4 Variance Marginale du caractère Y

La variance marginale du caractère Y, notée $V(Y)$, mesure la dispersion des valeurs de Y autour de sa moyenne marginale $\bar{\bar{y}}$. Pour la calculer, on soustrait la moyenne marginale $\bar{\bar{y}}$ de chaque valeur y_i de Y, on élève au carré cette différence, puis on multiplie le résultat par l'effectif n_{*j} de chaque valeur, et on fait la somme de ces produits. Enfin, cette somme est divisée par le nombre total d'individus n_{**} pour obtenir la variance marginale $V(y)$.

Ainsi, la variance marginale permet d'évaluer la variabilité des valeurs de Y dans la population étudiée, en tenant compte de la fréquence de chaque valeur spécifique et de la distance entre chaque valeur et la moyenne marginale.

$$\text{Variance } (Y) = V(Y) = \frac{1}{n_{**}} \sum_{j=1}^{j=q} n_{*j} (y_j - \bar{\bar{y}})^2 = \sum_{j=1}^{j=q} f_{*j} (y_j - \bar{\bar{y}})^2$$

Exemple 81
Prenons l'exemple du même tableau qui présente la distribution marginale des poids, comme dans **l'exemple 78**:

Poids	y_i	n_i	$n_i y_i$	$n_j(y_j - \bar{\bar{y}})^2$
[0;30 [	15	108	1620	24300
[30;60 [	45	4131	185895	8365275
[60;90 [	75	3475	260625	19546875
[90;120 [	105	2002	210210	22072050
[120;150 [	135	644	86940	11736900
[150;180 [	165	94	15510	2559150
[180;210 [	195	16	3120	608400
Total		10470	763920	64912950

$$\bar{\bar{y}} = \frac{1}{n}\sum_{j=1}^{j=7} n_i y_j = \frac{763\,920}{1\,0470}$$

$$= 72,96 \ \text{Cm}$$

$$V(\bar{y}) = \frac{1}{n}\sum_{j=1}^{j=7} n_j\left(y_j - \bar{\bar{y}}\right)^2 = \frac{64\,912\,950}{10\,470}$$

$$= 6\,199,90$$

<u>INTERPRETATION DES TABLEAUX</u>

En analysant les tableaux, on peut en tirer plusieurs conclusions importantes. Tout d'abord, le poids marginal moyen de la population est de 72,96 Kg. Cela signifie que, en prenant en compte uniquement la variable du poids, la moyenne pondérée des poids de la population est d'environ 72,96 Kg. Cette information peut être utile pour comprendre la tendance générale du poids des individus dans cette ville.

En ce qui concerne la variance marginale, qui est une mesure de la dispersion des valeurs autour de la moyenne, elle est de 6 199,90. Dans le cas présent, une variance marginale de 6 199,90 peut indiquer que les poids des individus dans cette population sont relativement dispersés, avec des variations importantes autour de la moyenne.

Dans une situation réelle, cela peut avoir des implications importantes dans divers contextes, tels que la santé publique, la nutrition ou la planification des ressources médicales.

8.4.2 Moyenne et Variance conditionnelles

En considérant un tableau de contingence statistique, la $j^{ème}$ colonne représente les n_{*j} individus qui présentent la valeur y_j de la variable Y en fonction de la variable X. Cette colonne décrit la variable conditionnelle à une dimension, c'est-à-dire la variable X considérée de manière marginale.

8.4.2.1 Moyenne conditionnelle du caractère X

La moyenne conditionnelle de X, notée $\bar{x}_j$ est calculée en prenant la somme des produits des valeurs de X (x_i) avec leurs effectifs n_{ij}, pour i allant de 1 à p, où p est le nombre total de valeurs possibles pour X. Ensuite, cette somme est divisée par le nombre total d'individus n_{*j}, représentant le nombre d'observations de la variable Y pour la valeur y_j de Y. Mathématiquement, la moyenne conditionnelle de X peut être exprimée comme suit :

$$\text{Moyenne } (X) = \bar{x}_j = \frac{1}{n_{*j}} \sum_{i=1}^{i=p} n_{ij} x_i = \sum_{i=1}^{i=p} f_{ij} x_i$$

8.4.2.2 Variance conditionnelle du caractère X

La variance conditionnelle de X, notée Variance (X), est calculée en prenant la somme des produits des carrés des écarts entre les valeurs de X (x_i) et la moyenne conditionnelle de X $(\bar{x}_j)$, pondérée par leurs effectifs n_{ij}, pour i allant de 1 à p. Ensuite, cette somme est divisée par le nombre total d'individus n_{*j}.

Mathématiquement, la variance conditionnelle de X peut être exprimée comme suit .

$$\text{Variance } (X) = V_j (X) = \frac{1}{n_{*j}} \sum_{i=1}^{i=p} n_j \left(x_i - \bar{x}_j \right)^2 = \sum_{i=1}^{i=p} f_{ij} \left(x_i - \bar{x}_j \right)^2$$

8.4.2.3 Moyenne conditionnelle du caractère Y

La moyenne conditionnelle de Y, notée $\bar{y}_i$ est calculée en prenant la somme des produits des valeurs de Y (y_j) avec leurs effectifs n_{ij}, pour j allant de 1 à q, où q est le nombre total de valeurs possibles pour Y. Ensuite, cette somme est divisée par le nombre total d'individus n_{i*}, représentant le nombre d'observations de la variable X pour la valeur x_i de X. Mathématiquement, la moyenne conditionnelle de Y peut être exprimée comme suit :

$$\boxed{\text{Moyenne } (Y) = \bar{y}_i = \frac{1}{n_{i*}} \sum_{j=1}^{i=q} n_{ij} y_j = \sum_{j=1}^{i=q} f_{ij} y_j}$$

8.4.2.4 Variance conditionnelle du caractère Y

La variance conditionnelle de Y, notée Variance (Y), est calculée en prenant la somme des produits des carrés des écarts entre les valeurs de $Y\left(y_j\right)$ et la moyenne conditionnelle de $Y(\bar{y}_i)$, pondérée par leurs effectifs n_{ij}, pour j allant de 1 à q. Ensuite, cette somme est divisée par le nombre total d'individus n_{i*}.

Mathématiquement, la variance conditionnelle de Y peut être exprimée comme suit .

$$\boxed{\text{Variance } (Y) = V_i \, (Y) = \frac{1}{n_{i*}} \sum_{j=1}^{i=q} n_i \left(y_j - \bar{y}_i\right)^2 = \sum_{j=1}^{i=q} f_{ij} \left(y_j - \bar{y}_i\right)^2}$$

Exemple 82

Le tableau suivant présente les valeurs de la taille par rapport à l'âge de 10 470 individus résidant dans la même ville que dans l'**exemple 76**. Les mesures de taille sont exprimées en centimètres (cm) et les mesures d'âge en années. Cette étude a été menée dans le but de comprendre la distribution des tailles en fonction de l'âge dans cette population. L'analyse de cette distribution permettra de mieux comprendre les facteurs qui influencent la croissance et le développement de cette population. Dans une situation réelle, les résultats d'une pareille étude peuvent être utilisés pour améliorer les politiques de santé et les programmes de nutrition destinés à cette population.

y_i	[18 ; 20 [		[20 ; 25 [		[25 ; 30 [		[30 ; 40 [		[40 ; 50 [		[50 ; 60 [		[60 ; 70 [	
x_i	n_1	$n_1 x_i$	n_2	$n_2 x_i$	n_3	$n_3 x_i$	n_4	$n_4 x_i$	n_5	$n_5 x_i$	n_6	$n_6 x_i$	n_7	$n_7 x_i$
10	13	130	1	10	0	0	0	0	0	0	0	0	0	0
30	27	810	2	60	0	0	0	0	0	0	0	0	0	0
50	34	1700	12	600	3	150	0	0	0	0	0	0	0	0
70	32	2240	19	1330	8	560	5	350	2	140	1	70	0	0
90	2	180	556	50040	113	10170	9	810	4	360	1	90	0	0
110	0	0	1634	179740	148	16280	9	990	7	770	2	220	0	0
130	0	0	1073	139490	384	49920	27	3510	5	650	2	260	1	130
150	0	0	467	70050	643	96450	112	16800	49	7350	11	1650	2	300
170	0	0	215	36550	986	167620	1003	170510	234	39780	53	9010	8	1360
190	0	0	111	21090	843	160170	672	127680	312	59280	21	3990	4	760
210	0	0	41	8610	347	72870	165	34650	31	6510	3	630	1	210
	108	5060	4131	507570	3475	574190	2002	355300	644	114840	94	15920	16	2760
	$\bar{x}_1 = 47$		$\bar{x}_2 = 123$		$\bar{x}_3 = 165$		$\bar{x}_4 = 177$		$\bar{x}_5 = 178$		$\bar{x}_6 = 169$		$\bar{x}_7 = 173$	
	$V_1(X) = 2625.9259$		$V_2(X) = 15751.61$		$V_2(X) = 28184.259$		$V_4(X) = 31820.679$		$V_5(X) = 32153.416$		$V_6(X) = 29155.319$		$V_7(X) = 30100$	

<u>INTERPRÉTATION DES TABLEAUX</u>

L'analyse de ces tableaux met en lumière des différences de tailles significatives selon l'âge des individus résidant dans cette ville :

- o Les jeunes qui ont entre 18 et 20 ans ont une taille moyenne de 47 cm.
- o Les personnes qui ont entre 20 et 25 ans ont une taille moyenne de 123 cm.
- o Les personnes qui ont entre 25 et 30 ans ont une taille moyenne de 165 cm.
- o Les personnes qui ont entre 30 et 40 ans ont une taille moyenne de 177 cm.
- o Les personnes qui ont entre 40 et 50 ans ont une taille moyenne de 178 cm.
- o Les personnes qui ont entre 50 et 60 ans ont une taille moyenne de 169 cm.
- o Les personnes qui ont entre 60 et 70 ans ont une taille moyenne de 173 cm.

Ces résultats suggèrent que la croissance en hauteur se poursuit après l'âge de 18 ans, avec une augmentation notable de la taille jusqu'à l'âge de 30 ans. Cependant, après cet âge, la croissance en hauteur ralentit et devient presque négligeable. De plus, il semble y avoir une variation significative de la taille moyenne entre les différents groupes d'âge. Par exemple, les jeunes adultes âgés de 18 à 20 ans ont une taille moyenne bien inférieure à celle des personnes âgées de 30 à 40 ans, avec une différence de 30 cm en moyenne. Cette différence est encore plus prononcée lorsqu'on compare les jeunes adultes de 18 à 20 ans avec les personnes âgées de 40 à 50 ans, qui ont une taille moyenne supérieure de 31 cm.

Ces résultats pourraient être influencés par plusieurs facteurs, notamment la génétique, la nutrition, le mode de vie et l'environnement. Il est possible que les habitudes alimentaires et l'exposition à différents produits chimiques et polluants puissent affecter la croissance en hauteur, en particulier chez les jeunes adultes. De plus, des facteurs tels que la qualité du sommeil et le niveau d'activité physique pourraient également jouer un rôle dans le développement de la taille.

8.4.3 Relations entre caractéristiques marginales et conditionnelles

8.4.3.1 Variable de liaison

La variable de liaison est une variable qui permet d'étudier les relations entre deux autres variables en éliminant l'effet possible d'autres facteurs qui pourraient influencer la relation. Cette variable est utilisée dans les analyses statistiques pour contrôler les facteurs confondants, c'est-à-dire les variables qui peuvent fausser les résultats en influençant la relation étudiée. En incluant une variable de liaison dans l'analyse, on peut éliminer l'effet possible de ces facteurs confondants et mieux comprendre la relation entre les deux autres variables.

Dans la recherche médicale, par exemple, la variable de liaison peut être utilisée pour contrôler les effets de l'âge, du sexe, du régime alimentaire ou d'autres facteurs qui peuvent influencer la relation entre deux variables telles que la maladie et le traitement. De même, en économie, la variable de liaison peut être utilisée pour éliminer l'influence des facteurs tels que le niveau d'éducation, l'âge, le sexe ou la profession sur la relation entre le revenu et la consommation.

8.4.3.2 Relation entre moyenne marginale et moyenne conditionnelle

Lorsque les moyennes marginales et conditionnelles sont liées par une variable de liaison, la moyenne marginale est égale à la moyenne pondérée des moyennes conditionnelles, pondérée par les fréquences marginales de la variable de liaison. En d'autres termes, la moyenne marginale est une combinaison pondérée des moyennes conditionnelles, en fonction de la proportion de chaque sous-population.

De manière plus claire, la moyenne d'une population mixée est calculée en faisant la moyenne pondérée des moyennes conditionnelles par les proportions du mélange. Ou tout simplement, les moyennes marginales sont égales aux moyennes des moyennes conditionnelles pondérées par les fréquences marginales de la variable de liaison.

Cette formule mathématique permet de mieux comprendre comment ces différentes moyennes sont liées entre elles et comment une variable de liaison affecte la moyenne de la population mixte.

$$\bar{\bar{x}} = \frac{\sum_{j=1}^{q} f_{*j}\bar{x}_j}{\sum_{j=1}^{q} f_{*j}} = \sum_{j=1}^{q} f_{*j}\bar{x}_j$$

Exemple 83

Prenons l'exemple du même tableau, comme dans l'exemple précédent, et calculons la moyenne et la variance conditionnelles :

	y_i													
	[18;20[		[20;25[		[25;30[		[30;40[		[40;50[		[50;60[		[60;70[	
x_i	n_1	$n_1 x_i$	n_2	$n_2 x_i$	n_3	$n_3 x_i$	n_4	$n_4 x_i$	n_5	$n_5 x_i$	n_6	$n_6 x_i$	n_7	$n_7 x_i$
10	13	130	1	10	0	0	0	0	0	0	0	0	0	0
30	27	810	2	60	0	0	0	0	0	0	0	0	0	0
50	34	1700	12	600	3	150	0	0	0	0	0	0	0	0
70	32	2240	19	1330	8	560	5	350	2	140	1	70	0	0
90	2	180	556	50040	113	10170	9	810	4	360	1	90	0	0
110	0	0	1634	179740	148	16280	9	990	7	770	2	220	0	0
130	0	0	1073	139490	384	49920	27	3510	5	650	2	260	1	130
150	0	0	467	70050	643	96450	112	16800	49	7350	11	1650	2	300
170	0	0	215	36550	986	167620	1003	170510	234	39780	53	9010	8	1360
190	0	0	111	21090	843	160170	672	127680	312	59280	21	3990	4	760
210	0	0	41	8610	347	72870	165	34650	31	6510	3	630	1	210
	108	5060	4131	507570	3475	574190	2002	355300	644	114840	94	15920	16	2760
$f_{.j}$	1.03%		39.45%		33.19%		19.12%		6.15%		0.89%		0.15%	
	$\bar{x}_1=$ 47		$\bar{x}_2=$ 123		$\bar{x}_3=$ 165		$\bar{x}_4=$ 177		$\bar{x}_5=$ 178		$\bar{x}_6=$ 169		$\bar{x}_7=$ 173	
$f_{.j}\bar{x}_j$	0.48		48.47		54.84		33.93		10.97		1.51		0.26	
	$\bar{\bar{x}}=$ 150													

Ainsi, on observe aisément que la moyenne marginale est égale à la moyenne des moyennes conditionnelles pondérées par les fréquences marginales de la variable de liaison.

En effet,

$$\bar{\bar{x}} = \frac{(47 \times 1,03) + (123 \times 39,45) + (165 \times 33,19)}{100}$$

$$+ \frac{(177 \times 19,12) + (178 \times 6,15) + (169 \times 0,89) + (1,73 \times 0,15)}{100}$$

$$= 150,46$$

INTERPRÉTATION DES TABLEAUX

Le tableau ci-dessus permet de lire plusieurs informations concernant les tailles et les poids dans cette ville:
- o Tout d'abord, nous pouvons voir que la population la plus nombreuse se situe dans la tranche d'âge de 20 à 30 ans, avec un total de 72,64% de la population totale. Nous pouvons également constater que la tranche d'âge des 60 à 70 ans est la moins représentée, avec seulement 0,15% de la population totale.
- o En outre, si nous regardons la colonne f*j, nous pouvons voir que la tranche d'âge la plus lourde est celle des 20 à 25 ans, représentant 39,45% de la population totale et contribuant à hauteur de 48,47% dans la moyenne globale.

- o En revanche, la tranche d'âge la moins représentée est celle des 60 à 70 ans, contribue à hauteur de seulement 0,26% dans la moyenne globale.
- o Nous pouvons également remarquer que la moyenne des tailles est de 150,5 cm, mais cela ne signifie pas que la majorité des personnes mesurent 150,5 cm. En effet, la répartition des tailles est différente selon les tranches d'âge, ce qui est mis en évidence par les moyennes conditionnelles dans chaque tranche d'âge.

De même on aura :

$$\bar{\bar{y}} = \frac{\sum_{i=1}^{p} f_{i*} x_i}{\sum_{i=1}^{p} f_{i*}} = \sum_{i=1}^{p} f_{i*} \bar{y}_i$$

En utilisant ces deux précédentes formules, on peut déduire que la moyenne marginale est toujours comprise entre les moyennes conditionnelles minimale et maximale.

Ainsi, si on calcule la moyenne de x pour chaque sous-ensemble de données, on obtiendra une série de moyennes conditionnelles. L'intervalle de valeurs entre la moyenne conditionnelle minimale et maximale représente l'étendue de la moyenne marginale de x.

De même, si on calcule la moyenne de y pour chaque sous-ensemble de données, on obtiendra une série de moyennes conditionnelles. L'intervalle de valeurs entre la moyenne conditionnelle minimale et maximale représente l'étendue de la moyenne marginale de y.

En d'autres termes, la moyenne de x se situe dans l'intervalle délimité par les valeurs minimale et maximale de x et la moyenne de y se situe dans l'intervalle délimité par les valeurs minimale et maximale de y.

$$\bar{\bar{x}} \in \left[Min(\bar{x}_j) \, ; \, Max(\bar{x}_j) \right]$$

$$\bar{\bar{y}} \in \left[Min(\bar{y}_i) \, ; \, Max(\bar{y}_i) \right]$$

Exemple 84

Prenons l'exemple d'un tableau de données similaire à celui de l'exemple précédent. La valeur 150,46 se situe dans l'intervalle borné par les valeurs moyennes minimale et maximale, c'est-à-dire entre 47 et 178.

8.4.3.3 Relation entre Variance marginale et moyenne conditionnelle

La variance d'un mélange est égale à la variance pondérée des variances augmentée de la moyenne pondérée des moyennes. Elle est obtenue en calculant la variance pondérée des variances de chaque sous-ensemble de données et en ajoutant à cela la moyenne pondérée des écarts à la moyenne pour chaque sous-ensemble. Les poids associés à chaque sous-ensemble sont représentés par les fréquences relatives, c'est-à-dire la proportion de données dans chaque sous-ensemble.

Formule pour calculer la Variance de X :

$$V(X) = \sum_{j=1}^{q} f_{*j} V_j(X) + \sum_{j=1}^{q} f_{*j} (\bar{x}_j - \bar{\bar{x}})^2$$

Formule pour calculer la Variance de Y :

$$V(Y) = \sum_{i=1}^{p} f_{i*} V_i(Y) + \sum_{i=1}^{p} f_{i*} (\bar{y}_i - \bar{\bar{y}})^2$$

La première partie de la formule calcule la variance pondérée des variances des sous-ensembles. La variance pondérée mesure la variabilité de chaque sous-ensemble par rapport à sa moyenne pondérée, en prenant en compte la taille de chaque sous-ensemble.

La seconde partie de la formule calcule la moyenne pondérée des écarts à la moyenne pour chaque sous-ensemble. Cette partie mesure la contribution de chaque sous-ensemble à la variabilité globale de l'ensemble des données mixtes.

En combinant ces deux parties de la formule, on obtient la variance totale de l'ensemble des données mixtes. Cette variance mesure la dispersion globale des données autour de la moyenne pondérée de l'ensemble des données. Cette formule est particulièrement utile dans les cas où les données sont regroupées en plusieurs sous-ensembles de fréquences relatives différentes, tels que des données provenant de différentes sources ou d'échantillons différents.

Plus généralement, cette formule permet de calculer la variance d'un ensemble des données mixtes, c'est-à-dire une combinaison de sous-ensembles de données distincts. Ainsi, elle permet de mieux comprendre la répartition de la variance dans un ensemble des données mixtes, en tenant compte de la variance de chaque sous-ensemble et de la contribution de chaque sous-ensemble à la moyenne globale.

8.5 Indépendance des variables

La notion d'indépendance est très utile dans de nombreux domaines, notamment en statistique et en probabilités. Elle permet d'effectuer des analyses plus simples et de mieux comprendre les relations entre différentes variables. Par exemple, si l'on sait que deux variables sont indépendantes, il est possible d'utiliser des méthodes statistiques plus simples pour les analyser, car on n'a pas besoin de prendre en compte les interactions entre elles.

Si le caractère X est indépendant du caractère Y, cela signifie que la distribution de la variable X reste la même, indépendamment des différentes modalités de la variable Y. De même, la distribution de la variable Y reste la même, indépendamment des différentes modalités de la variable X. Autrement dit, la connaissance de la modalité de l'un des caractères ne permet pas de prédire la modalité de l'autre caractère.

En outre, il est important de noter que l'indépendance est une notion symétrique. Cela signifie que si X est indépendant de Y, alors Y est également indépendant de X. Autrement dit, l'ordre dans lequel on considère les variables n'a pas d'importance.

Enfin, lorsque l'on parle de l'indépendance entre deux variables, on peut également examiner la proportionnalité entre les différentes modalités de ces variables. Ainsi, si les deux variables sont indépendantes, toutes les lignes et toutes les colonnes du tableau de contingence seront proportionnelles, ce qui peut être vérifié en comparant les différentes fréquences.

Il s'ensuit que l'on peut déterminer si deux caractères sont indépendants en comparant les fréquences conditionnelles et la distribution marginale. Si toutes les fréquences conditionnelles sont égales à la distribution marginale, cela indique que les deux caractères sont indépendants. En effet, on dira que le caractère X est indépendant du caractère Y si toutes les fréquences conditionnelles sont telles que :

$$f_{i/y_1} = f_{i/y_2} = f_{i/y_3} = \ldots\ldots\ldots = f_{i/y_q}$$

$$\frac{n_{i1}}{n_{*1}} = \frac{n_{i2}}{n_{*2}} = \ldots\ldots = \frac{n_{iq}}{n_{*q}} = \frac{n_{i1} + n_{i2} + \ldots\ldots n_{iq}}{n_{*1} + n_{*2} + \ldots\ldots n_{*q}} = \frac{n_{i*}}{n} = f_{i*}$$

C'est-à-dire que toutes les distributions conditionnelles sont égales à la distribution marginale. A l'indépendance :

$$\boxed{f_{ij} = f_{i*} f_{*j}}$$

8.6 Exercice

• **Exercice 35 :** Continuons l'**exercice 33** de la **section 7.7.1** sur la distribution des salaires mensuels (en euros) dans une entreprise de 212 salariés. Dans cet exercice, nous allons étudier la relation entre les salaires mensuels des salariés de cette entreprise et leur âge. Pour ce faire, la composante de l'âge des employés va y être rajoutée. Nous allons donc avoir deux variables statistiques, X pour le salaire mensuel et Y pour l'âge.

L'objectif de cet exercice est d'analyser la répartition des salaires en fonction de l'âge des employés. Nous pourrons ainsi déterminer s'il existe une corrélation entre l'âge et le salaire des employés. Nous pourrons ainsi identifier les tranches d'âge pour lesquelles les salaires sont les plus élevés et celles pour lesquelles ils sont les plus bas. Cette analyse nous permettra de mieux comprendre la dynamique salariale de l'entreprise en question.

X(Salaire) \ Y(Age)	[18;20[	[20;25[	[25;30[	[30;40[	[40;50[	[50;60[	[60;70[
[0;1000 [	23	6	0	0	0	0	0
[1000;2000 [	2	15	9	3	2	1	1
[2000;3000 [	1	6	9	15	7	2	4
[3000;4000 [	0	4	7	8	8	5	4
[4000;6000 [	0	3	4	7	7	5	3
[6000;9000 [	0	0	2	5	7	2	3
[9000;15000 [	0	0	1	3	5	2	2
[15000;25000 [	0	0	0	0	2	3	2
[25000;50000 [	0	0	0	0	1	1	0
Total	26	34	32	41	39	21	19

Nous souhaitons maintenant étudier la répartition des salaires mensuels (en euros) dans cette entreprise de 212 salariés en fonction de l'âge des employés.

1. Pour cela, nous allons élaborer les tableaux de contingence des effectifs et des fréquences relatifs à cette série.

2. Nous allons ensuite donner le tableau de la distribution marginale des salaires ainsi que le tableau de la distribution marginale de l'âge, afin de mieux comprendre la répartition des salaires et de l'âge dans notre échantillon de 212 salariés.

3. Nous allons également donner la loi conditionnelle de l'âge sachant que le salaire est compris entre 3 000 et 4 000 euros, afin d'étudier la relation entre l'âge et le salaire dans cette tranche de salaire.

4. De même, nous allons donner la loi conditionnelle du salaire sachant que l'âge est compris entre 40 et 50 ans, pour mieux comprendre la répartition des salaires dans cette tranche d'âge.

5. Nous allons ensuite calculer les caractéristiques marginales des salaires, à savoir la moyenne et la variance, afin de mieux comprendre la répartition des salaires dans notre échantillon.

6. Nous allons également calculer les caractéristiques marginales de l'âge des employés, à savoir la moyenne et la variance, pour mieux comprendre la répartition de l'âge dans notre échantillon.

7. Enfin, nous allons vérifier que les moyennes marginales sont égales aux moyennes des moyennes conditionnelles pondérées par les fréquences marginales de la variable de liaison, afin de s'assurer de la cohérence de notre analyse.

Solution

1 : Elaborons les tableaux de contingence des effectifs et des fréquences relatifs à cette série.

1-a : Le tableau de contingence des effectifs est le suivant :

Y(Age) *X(Salaire)*	[18;20[	[20;25[	[25;30[	[30;40[	[40;50[	[50;60[	[60;70[	Total
[0;1000 [	23	6	0	0	0	0	0	29
[1000;2000 [	2	15	9	3	2	1	1	33
[2000;3000 [	1	6	9	15	7	2	4	44
[3000;4000 [	0	4	7	8	8	5	4	36
[4000;6000 [	0	3	4	7	7	5	3	29
[6000;9000 [	0	0	2	5	7	2	3	19
[9000;15000 [	0	0	1	3	5	2	2	13
[15000;25000 [	0	0	0	0	2	3	2	7
[25000;50000 [	0	0	0	0	1	1	0	2
Total	26	34	32	41	39	21	19	212

<u>INTERPRÉTATION DES TABLEAUX</u>

L'analyse des données révèle qu'il y a:

- o 23 employés âgés entre 18 et 20 ans qui gagnent moins de 1000 euros
- o 15 employés âgés entre 20 et 25 ans qui perçoivent un salaire compris entre 1 000 et 2 000 euros.
- o 5 employés âgés entre 40 et 50 ans qui perçoivent un salaire compris entre 9 000 et 15 000 euros.
- o Aucun employé âgé entre 30 et 40 ans qui perçoivent un salaire compris entre 15 000 et 25 000 euros.

De plus, les données supplémentaires extraites du tableau sont également pertinentes :

1. $n_{7*} = \displaystyle\sum_{j=1}^{j=7} n_{7j} = 0 + 0 + 1 + 3 + 5 + 2 + 2 = \mathbf{13}$

Ceci signifie que dans cette entreprise de 212 salariés, il y en a 13 qui présentent la modalité x_7 du caractère X, c'est-à-dire qu'ils ont un salaire compris entre 9 000 et 15 000 euros indépendamment des modalités du caractère Y qu'ils présentent, c'est-à-dire indépendamment de leur âge.

$$2. \quad n_{*6} = \sum_{i=1}^{i=9} n_{i6} = 0 + 1 + 2 + 5 + 5 + 2 + 2 + 3 + 1 = \mathbf{21}$$

Ceci signifie que dans cette entreprise de 212 salariés, il y en a 21 qui présentent la modalité y_6 du caractère Y, c'est-à-dire qu'ils ont entre 50 et 60 ans indépendamment des modalités du caractère X qu'ils présentent, c'est-à-dire indépendamment de leur salaire.

1-b : Le tableau de contingence des fréquences est :

Y(Age) X(Salaire)	[18;20[	[20;25[	[25;30[	[30;40[	[40;50[	[50;60[	[60;70[	Total
[0;1000 [	10.85	2.83	0.00	0.00	0.00	0.00	0.00	13.68
[1000;2000 [	0.94	7.08	4.25	1.42	0.94	0.47	**0.47**	15.57
[2000;3000 [	0.47	2.83	4.25	7.08	3.30	0.94	1.89	20.75
[3000;4000 [	0.00	1.89	3.30	**3.77**	3.77	2.36	1.89	16.98
[4000;6000 [	0.00	1.42	1.89	3.30	3.30	2.36	1.42	13.68
[6000;9000 [	0.00	**0.00**	0.94	2.36	3.30	**0.94**	1.42	8.96
[9000;15000 [	0.00	0.00	0.47	1.42	2.36	0.94	0.94	6.13
[15000;25000 [	0.00	0.00	0.00	0.00	0.94	1.42	0.94	3.30
[25000;50000 [	0.00	0.00	0.00	0.00	0.47	0.47	0.00	0.94
Total	12.26	16.04	15.09	19.34	18.40	9.91	8.96	100.00

<u>INTERPRÉTATION DES TABLEAUX</u>

L'analyse des tableaux de contingence et des distributions marginales a permis de dresser un portrait de la répartition des salaires en fonction de l'âge des employés dans cette entreprise. Par exemple, on peut observer que la majorité des employés gagnent entre 2 000 et 3 000 euros par mois, et que cette proportion diminue progressivement avec l'augmentation du salaire. De même, on peut remarquer que la répartition des salaires varie considérablement en fonction de l'âge des employés. Les employés les plus jeunes ont tendance à gagner moins, tandis que les employés les plus âgés ont une plus grande proportion de salaires élevés.

En effet,

- o 3,77% des employés sont âgés entre 30 et 40 ans et perçoivent un salaire compris entre 3 000 et 4 000 euros.
- o 0,47% des employés sont âgés entre 60 et 70 ans et perçoivent un salaire compris entre 1 000 et 2 000 euros.
- o 0,94% des employés sont âgés entre 50 et 60 ans et perçoivent un salaire compris entre 6 000 et 9 000 euros.
- o Aucun employé n'est âgé entre 20 et 25 ans et ne perçoit un salaire compris entre 6 000 et 9 000 euros.

2 : Dressons le tableau de la distribution marginale des salaires ainsi que le tableau de la distribution marginale de l'âge.

2-a:

Distribution marginale des Salaires (X)		
Salaire	Effectifs	Fréquences
[0;1000 [	29	13.68
[1000;2000 [	33	15.57
[2000;3000 [	44	20.75
[3000;4000 [	36	16.98
[4000;6000 [	29	13.68
[6000;9000 [	19	8.96
[9000;15000 [	13	6.13
[15000;25000 [	7	3.30
[25000;50000 [	2	0.94
Total	212	100

2-b:

Distribution marginale de l'âge (Y)		
Age	Effectifs	Fréquences
[18;20 [	26	12.26
[20;25 [	34	16.04
[25;30 [	32	15.09
[30;40 [	41	19.34
[40;50 [	39	18.40
[50;60 [	21	9.91
[60;70 [	19	8.96
Total	212	100

INTERPRÉTATION DES TABLEAUX

A partir des tableaux ci-dessus, nous pouvons lire les informations suivantes :
- o Il y a un total de 19 personnes qui ont un salaire compris entre 6 000 et 9 000 euros, représentant 8,96 % de la population totale.
- o Il y a un total de 34 personnes âgées de 20 à 25 ans, représentant 16,04 % de la population totale.

En analysant ces tableaux de contingence et les distributions marginales, nous pouvons observer des tendances et des relations intéressantes entre les salaires et les âges des employés de l'entreprise. Par exemple, nous pouvons voir qu'il y a un nombre important d'employés gagnant des salaires compris entre 2 000 et 4 000 euros, et qu'il y a une forte concentration d'employés âgés de 25 à 30 ans dans cette plage salariale. En outre, nous pouvons constater qu'il y a très peu d'employés gagnant plus de 10 000 euros, et qu'ils sont tous âgés de 40 ans ou plus.

En supposant que les données en question reflètent la situation d'une entreprise réelle, ces informations peuvent aider cette entreprise à mieux comprendre la distribution des salaires et des âges dans l'entreprise. Elles peuvent aider les décideurs à prendre des décisions éclairées en matière de gestion des ressources humaines et de politique salariale. Par exemple, en observant que les personnes âgées de 30 à 40 ans représentent un pourcentage important de la population de l'entreprise, les dirigeants peuvent décider de mettre en place des programmes de formation et de développement professionnel pour cette tranche d'âge. De même, en remarquant que le salaire moyen des personnes qui ont entre 18 et 25 ans est inférieur à celui des autres groupes d'âge, les décideurs peuvent envisager des ajustements salariaux pour cette catégorie de salariés.

3 : La loi conditionnelle de l'âge des employés sachant que le salaire est compris entre 3 000 et 4 000 euros est :

Age	[3000,4000[
[18;20 [	0
[20;25[	4
[25;30[	7
[30;40[	8
[40;50[	8
[50;60[	5
[60;70[	4
Total	36

INTERPRETATION DES TABLEAUX

On dénombre :
- o Aucun salarié dont l'âge est compris entre 18 et 20 ans.
- o 4 salariés ont entre 20 et 25 ans.
- o 7 salariés ont entre 25 et 30 ans.
- o 8 salariés ont entre 30 et 40 ans.
- o 8 salariés ont entre 40 et 50 ans.
- o 5 salariés ont entre 50 et 60 ans.
- o 4 salariés ont entre 60 et 70 ans.

On peut ainsi constater qu'en fixant le salaire entre 3 000 et 4 000 euros, il y a une majorité de salariés entre 30 et 50 ans, avec un pic chez les 30-40 ans. Cependant, on remarque également la présence de salariés plus âgés, avec 5 salariés entre 50 et 60 ans et 4 salariés entre 60 et 70 ans, ce qui peut être interprété comme un signe de stabilité de l'emploi dans cette entreprise.

4 : La loi conditionnelle du salaire des employés sachant que l'âge est compris entre 40 et 50 ans est :

Salaire	[40,50[
[0;1000 [	0
[1000;2000 [	2
[2000;3000 [	7
[3000;4000 [	8
[4000;6000 [	7
[6000;9000 [	7
[9000;15000 [	5
[15000;25000 [	2
[25000;50000 [	1
Total	39

5 : Dressons le tableau suivant pour calculer les caractéristiques marginales des salaires :

Salaire	x_i	n_i	$n_i x_i$	$n_i x_i^2$
[0;1000 [	500	29	14,500	7,250,000.00
[1000;2000 [	1500	33	49,500	74,250,000.00
[2000;3000 [	2500	44	110,000	275,000,000.00
[3000;4000 [	3500	36	126,000	441,000,000.00
[4000;6000 [	5000	29	145,000	725,000,000.00
[6000;9000 [	7500	19	142,500	1,068,750,000.00
[9000;15000 [	12000	13	156,000	1,872,000,000.00
[15000;25000 [	20000	7	140,000	2,800,000,000.00
[25000;50000 [	37500	2	75,000	2,812,500,000.00
Total	Total	212	958,500	10,075,750,000.00

5-a : Calculons la moyenne marginale des salaires :

$$\bar{\bar{x}} = \frac{1}{n} \sum_{i=1}^{i=9} n_i x_i = \frac{958\,500}{212}$$

$$= 4\ 521{,}61 \text{ euros}$$

5-b : Calculons la variance marginale des salaires :

$$V(x) = \frac{1}{n}\sum_{i=1}^{i=9} n_i x_{i^2} - \bar{x}^2$$

$$= \frac{10\ 075\ 750\ 000}{212} - (4\ 474{,}06\ )^2$$

$$= 27\ 509\ 909{,}75$$

INTERPRETATION DES RESULTATS

En examinant les résultats, nous constatons que la moyenne marginale de x, c'est-à-dire la moyenne des salaires, est égale à 4 521,61 euros. Cette valeur représente la moyenne des salaires de l'ensemble des employés de l'entreprise, toutes tranches d'âge confondues. De même, la variance marginale de x, qui mesure l'écart moyen entre chaque salaire et la moyenne des salaires, est équivalente à 27 509 909,75.

Il est intéressant de noter que ces résultats correspondent parfaitement aux valeurs obtenues à l'exercice 33 de la section 7.6.1, ce qui témoigne de la fiabilité des calculs et de la pertinence des données recueillies.

L'analyse de ces résultats permet de mieux comprendre la situation salariale de cette entreprise. En effet, les informations recueillies fournissent une vue d'ensemble sur les salaires versés à tous les employés. De plus, la valeur de la variance obtenue est un indicateur important pour l'établissement de politiques de rémunération et pour la gestion des ressources humaines.

6 : De la même manière, calculons les caractéristiques marginales de l'âge :

Age	y_i	n_i	$n_i y_i$	$n_i y_i^2$
[18;20 [	19	26	494	9,386
[20;25[	23	34	765	17,213
[25;30[	28	32	880	24,200
[30;40[	35	41	1,435	50,225
[40;50[	45	39	1,755	78,975
[50;60[	55	21	1,155	63,525
[60;70[	65	19	1,235	80,275
Total	Total	212	7,719	323,799

6-a : Calculons la moyenne marginale de y :

$$\bar{\bar{y}} = \frac{1}{n} \sum_{i=1}^{i=7} n_i y_i = \frac{7\,719}{212}$$

$$= 36{,}41 \text{ ans}$$

6-b : Calculons la variance marginale de y :

$$V(y) = \frac{1}{n} \sum_{i=1}^{i=7} n_i y_{i^2} - y^2$$

$$= \frac{323\,799}{212} - (36{,}41)^2$$

$$= 201{,}64 \text{ ans}$$

7 : Vérifions que les moyennes marginales sont égales aux moyennes des moyennes conditionnelles pondérées par les fréquences marginales de la variable de liaison.

Nous allons le vérifier pour la variable X et ceci sera aussi valable pour la variable Y.

Nous savons que la moyenne marginale calculée plus haut était égale à 4474,06 et vérifions que la moyenne des moyennes conditionnelles pondérées équivaut à la même valeur.

x_i	y_i													
	[18 ; 20 [		[20 ; 25 [		[25 ; 30 [		[30 ; 40 [		[40 ; 50 [		[50 ; 60 [		[60 ; 70 [	
	n_1	$n_1 x_i$	n_2	$n_2 x_i$	n_3	$n_3 x_i$	n_4	$n_4 x_i$	n_5	$n_5 x_i$	n_6	$n_6 x_i$	n_7	$n_7 x_i$
500	23	11500	6	3000	0	0	0	0	0	0	0	0	0	0
1,500	2	3000	15	22500	9	13500	3	4500	2	3000	1	1500	1	1500
2,500	1	2500	6	15000	9	22500	15	37500	7	17500	2	5000	4	10000
3,500	0	0	4	14000	7	24500	8	28000	8	28000	5	17500	4	14000
5,000	0	0	3	15000	4	20000	7	35000	7	35000	5	25000	3	15000
7,500	0	0	0	0	2	15000	5	37500	7	52500	2	15000	3	22500
12,000	0	0	0	0	1	12000	3	36000	5	60000	2	24000	2	24000
20,000	0	0	0	0	0	0	0	0	2	40000	3	60000	2	40000
37,500	0	0	0	0	0	0	0	0	1	37500	1	37500	0	0
	26	17000	34	69500	32	107500	41	178500	39	273500	21	185500	19	127000
$f_{\bullet i}$	12.26%		16.04%		15.09%		19.34%		18.40%		9.91%		8.96%	
	$\bar{x}_1 =$ 654		$\bar{x}_2 =$ 2044		$\bar{x}_3 =$ 3359		$\bar{x}_4 =$ 4354		$\bar{x}_5 =$ 7013		$\bar{x}_6 =$ 8833		$\bar{x}_7 =$ 6684	
	80.16		327.88		506.93		842.00		1290.36		875.38		598.91	
	$\bar{\bar{X}} =$ 4521.61													

Dans cette ville, la moyenne des salaires est de 4 521 euros.

- o Les personnes qui ont entre 18 et 20 ans gagnent en moyenne 654 euros. Cette population représente 12,26% de la population totale.
- o Les personnes qui ont entre 20 et 25 ans gagnent en moyenne 2 044 euros. Cette population représente 16,04% de la population totale.

De plus, on observe bien que la moyenne marginale est égale à la moyenne des moyennes conditionnelles pondérées par les fréquences marginales de la variable de liaison, ce qui est égale à 4 474,06, (calculée aussi à la **question 5.a**). Mais, comme celle-ci est exprimée en milliers d'euros, on retrouve l'égalité de ces deux valeurs. En effet,

$$\bar{\bar{x}} = \frac{(654 \times 12,26) + (2\,044 \times 16,04) + (3\,359 \times 15,09)}{100}$$
$$+ \frac{(4\,354 \times 19,34) + (7\,013 \times 18,4) + (8\,833 \times 9,91) + (6\,684 \times 8,96)}{100}$$

$$\bar{\bar{x}} = \frac{(654 \times 12.26) + (2,044 \times 16.04) + (3,359 \times 15.09)}{100}$$
$$+ \frac{(4,354 \times 19.34) + (7,013 \times 18.4) + (8,833 \times 9.91) + (6,684 \times 8.96)}{100}$$

$$= 4,521.61$$

CHAPITRE **9**

Ajustement linéaire et Corrélation

Ce chapitre expose la notion d'ajustement linéaire et présente deux cas différents : le premier où l'un des caractères est contrôlé et le second où les deux caractères ne le sont pas. Pour réaliser un ajustement linéaire, plusieurs méthodes ont été présentées, telles que la méthode empirique, la méthode des moyennes mobiles, la méthode de Mayer et la méthode des moindres carrés. Ces méthodes ont été mises en pratique pour illustrer la détermination prévisionnelle des valeurs futures et permettre une meilleure compréhension de la notion d'ajustement linéaire.

9.1 Introduction

Dans une population statistique les individus présentent un ou plusieurs traits communs bien définis nommés « caractère ». Il existe des individus mono-caractères et des individus pluri-caractères. Dans la pratique, beaucoup d'études réalisées sont multi-caractéristiques, c'est-à-dire qu'elles font intervenir plusieurs caractères à la fois.

Dans une population statistique, les individus ont des caractéristiques communes qui sont appelées « caractères ». Ces caractères peuvent être uniques ou multiples. Dans les études statistiques, il est fréquent d'avoir des données avec plusieurs caractéristiques simultanément. Les caractères peuvent être liés entre eux et leur analyse peut permettre de comprendre les relations qui existent entre eux.

Pour étudier ces relations, plusieurs outils et techniques statistiques sont utilisés, comme l'analyse de corrélation et la régression. Ces méthodes permettent de déterminer s'il y a une corrélation entre les caractéristiques et d'identifier les relations de cause à effet entre elles.

Exemple 85

Pour étudier la population statistique des malades d'un hôpital, il est souvent souhaitable d'étudier une population statistique à partir de plusieurs caractères afin de mieux comprendre les relations entre ces caractéristiques et leur impact sur la population étudiée. Dans le cas de l'étude des malades d'un hôpital, il est pertinent d'inclure des caractères tels que la taille, le poids, l'âge et l'état civil pour avoir une vue complète de la situation. Cependant, dans ce livre, nous nous concentrerons sur l'étude de deux caractères statistiques.

Il est important de noter que deux situations distinctes peuvent se présenter lors de l'étude de deux caractères statistiques. Dans le premier cas, au moins l'un des caractères est contrôlé par l'expérimentateur, ce qui permet de déterminer l'effet de ce caractère sur l'autre. Dans le deuxième cas, l'expérimentateur n'a aucun contrôle sur les deux caractères, ce qui rend l'étude plus complexe car il est difficile de déterminer la cause et l'effet entre les deux caractéristiques.

9.2   Cas où au moins l'un des caractères est contrôlé

Dans le cadre d'une étude statistique, lorsque l'expérimentateur contrôle au moins l'un des caractères, il a le pouvoir de déterminer ses valeurs. Cela peut se faire en fixant la valeur de ce paramètre à un certain niveau ou en le faisant varier selon un plan expérimental prédéfini. Ce caractère peut prendre différentes formes telles qu'une vitesse, une taille, une date, une température, etc.

Pour approfondir ce point, il est important de comprendre que le contrôle d'un paramètre dans une étude statistique permet de mieux cerner son impact sur les autres caractéristiques de la population étudiée. Par exemple, en contrôlant la température, on peut étudier son influence sur la croissance de certaines. Plus précisément, si l'on étudie l'effet de la température sur la croissance des plantes, l'expérimentateur peut choisir de maintenir la température à un niveau constant ou de la faire varier selon une série de valeurs prédéfinies. Dans tous les cas, le contrôle d'au moins l'un des caractères permet à l'expérimentateur de mieux comprendre les relations entre les différents paramètres étudiés et d'obtenir des résultats plus précis et significatifs.

Exemple 86

Pour étudier la relation entre la consommation de carburant et la vitesse d'une voiture, on cherche à déterminer si ces deux variables sont liées par une fonction mathématique de type $y = f(x)$. En d'autres termes, on cherche à savoir si la consommation de carburant varie en fonction de la vitesse de la voiture, elle-même influencée par l'accélération de la voiture. Dans cette étude, nous nous intéressons particulièrement au cas où la relation entre ces deux variables est linéaire.

Pour approfondir cette notion, il est important de comprendre que la recherche d'une relation linéaire entre la consommation de carburant et la vitesse d'une voiture est courante dans de nombreuses études en mécanique et en ingénierie automobile. En effet, cette relation peut aider à déterminer l'efficacité énergétique d'une voiture à différentes vitesses et à identifier les facteurs qui influencent la consommation de carburant.

9.3   Cas où aucun des caractères n'est contrôlé

Lorsque l'expérimentateur n'a aucun contrôle sur les deux caractères, l'étude statistique devient plus complexe car il est difficile de déterminer la relation causale entre ces variables. Dans cette situation, les variables ne sont pas fixées par l'expérimentateur et leur évolution est libre, il est par conséquent souvent nécessaire de recueillir des données à partir d'observations naturelles ou de données existantes. Par exemple, si l'on étudie la relation entre l'âge et la santé mentale, on peut recueillir des données à partir de questionnaires ou d'entrevues pour évaluer l'état mental des individus de différents âges.

Il est important de noter que cette méthode présente des limites, car les données collectées peuvent être influencées par de nombreux facteurs extérieurs qui ne sont pas contrôlés par l'expérimentateur. Néanmoins, cette méthode peut être utile pour identifier des corrélations entre les variables et pour formuler des hypothèses qui pourront être testées ultérieurement à l'aide d'autres méthodes expérimentales.

Exemple 87

Lorsqu'on étudie deux variables simultanément, comme la population et la superficie des communes d'un pays, il est important de déterminer s'il y a une corrélation entre ces variables. Si l'une des variables dépend de l'autre, alors elles sont corrélées. Dans ce cas, on peut représenter les données sous forme d'un nuage de points, où chaque point représente une paire de données (x, y).

Dans le cas où il n'est pas possible de fixer l'une des variables, on ne peut pas étudier la relation fonctionnelle entre les variables. Cependant, on peut toujours déterminer s'il y a une relation linéaire ou non entre les variables. Pour cela, on utilise le coefficient de corrélation linéaire, qui mesure la force et la direction de la relation linéaire entre les variables.

Il y a trois cas majeurs à considérer lorsqu'on étudie la corrélation entre deux variables. Le premier cas est celui où le nuage de points ne présente aucune forme particulière, ce qui signifie qu'il n'y a pas de relation linéaire entre les variables. Dans le deuxième cas, le nuage de points est rectiligne mais pas parallèle aux axes, ce qui indique une corrélation linéaire mais avec une pente différente de zéro. Enfin, dans le troisième cas, le nuage de points n'est pas rectiligne, ce qui suggère une relation non linéaire entre les variables.

En effet, l'étude de la corrélation entre deux variables permet de comprendre comment ces variables sont liées entre elles. Si les variables sont corrélées, on peut utiliser cette information pour prédire une variable à partir de l'autre ou pour comprendre comment les changements dans une variable affectent l'autre variable.

9.3.1 Le nuage est sans forme particulière

Lorsqu'un nuage de points ne présente pas de forme particulière, cela signifie que les points sont dispersés de manière aléatoire sans suivre une tendance ou une direction spécifique. Ainsi, il est

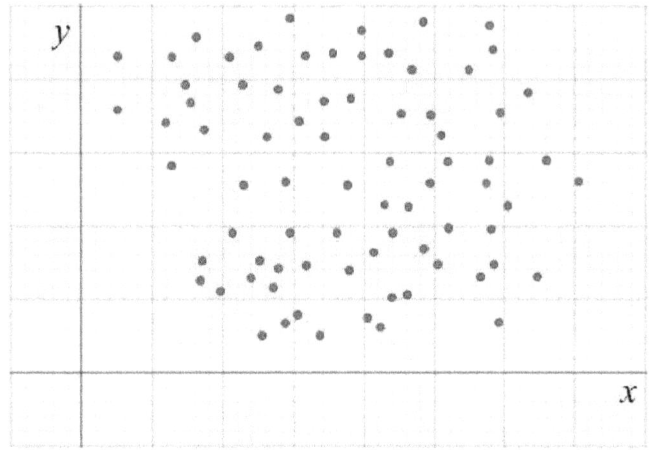

difficile de trouver une relation entre les variables x et y. En effet, l'absence de forme particulière peut être due à plusieurs raisons, telles que la présence de données aberrantes, la non-linéarité de la relation entre les variables, ou encore la variabilité aléatoire.

Dans ce cas, on peut conclure que les variables x et y sont indépendantes les unes des autres. Autrement dit, les variations de la variable x n'ont aucun effet sur la variable y et vice versa.

Cependant, il est important de noter que l'absence de relation linéaire ne signifie pas nécessairement l'absence de relation entre les variables. Il est possible qu'il y ait une relation non linéaire entre les variables, ou encore que d'autres variables influencent leur relation.

Retenons que lorsque le nuage de points ne présente aucune forme particulière, il n'y a pas de corrélation entre les variables x et y. Ce résultat peut être utilisé pour éliminer certaines hypothèses et orienter les analyses statistiques ultérieures.

9.3.2 Le nuage est rectiligne et non parallèle aux axes

Lorsque le nuage de points est rectiligne mais non parallèle aux axes, cela indique une corrélation linéaire entre les variables x et y. En d'autres termes, il y a une relation fonctionnelle entre les deux

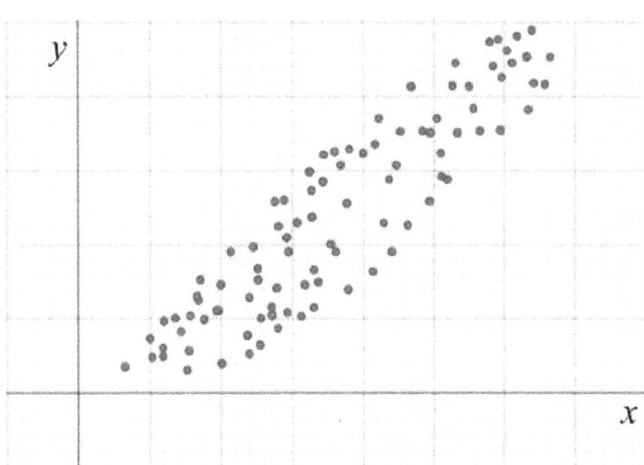

variables. Cela signifie que lorsque la variable x augmente, la variable y a tendance à augmenter (ou à diminuer, selon le sens de la corrélation). Cette relation peut être positive ou négative, selon la direction de la pente du nuage de points.

Plus précisément, la pente du nuage de points représente l'intensité de la relation linéaire entre les variables. Si la pente a une forte inclinaison, cela indique une forte corrélation, alors que si la pente est

faible, cela indique une corrélation plus faible. De même, la direction de la pente (vers le haut ou vers le bas) indique si la corrélation est positive ou négative.

Il est important de noter que même dans ce cas, il peut y avoir des variations aléatoires dans les données, qui peuvent créer du bruit dans le nuage de points. Cependant, si la relation linéaire est suffisamment forte, elle peut être utilisée pour prédire les valeurs de l'une des variables à partir de l'autre. Par exemple, si la corrélation est positive, on peut s'attendre à ce que la variable y augmente lorsque la variable x augmente.

Retenons que lorsqu'un nuage de points est rectiligne mais non parallèle aux axes, cela indique une corrélation linéaire entre les variables x et y, avec une direction et une force qui peuvent être évaluées à partir de la pente du nuage.

9.3.3 Le nuage est non rectiligne

Lorsque le nuage de points n'est pas rectiligne, cela indique que la relation entre les variables x et y n'est pas linéaire. Autrement dit, les variations de la variable x ne sont pas proportionnelles aux

variations de la variable y. Dans ce cas, il est important d'étudier la forme du nuage de points pour déterminer la nature de la relation entre les variables.

Il existe plusieurs formes de nuages de points non rectilignes, telles que les nuages en forme de U, de J, de S, ou encore les nuages présentant une courbe en cloche. Dans ces cas, il est possible qu'une transformation mathématique des variables (comme l'introduction des logarithmes, des puissances ou des racines) permette de trouver une relation fonctionnelle entre x et y.

Cependant, il est important de noter que l'absence de relation linéaire ne signifie pas nécessairement l'absence de relation entre les variables. Il est possible qu'il y ait une relation non linéaire complexe entre les variables, qui nécessite des méthodes statistiques plus avancées pour être identifiée et analysée.

Retenons que lorsque le nuage de points n'est pas rectiligne, il est nécessaire d'explorer plus en détail la relation entre les variables x et y en utilisant des outils mathématiques et statistiques appropriés.

9.4   Ajustement linéaire

L'ajustement linéaire est une méthode très utile pour modéliser la relation entre deux variables quantitatives. Cette méthode est particulièrement adaptée lorsque le nuage de points présente une forme qui suggère une relation linéaire entre les variables. En effet, dans ce cas, il est possible de tracer une droite qui passe au plus près de tous les points, ce qui permet de représenter de manière simplifiée la relation entre les variables.

Il existe plusieurs méthodes pour obtenir un ajustement linéaire. La méthode empirique consiste à tracer une droite qui passe au plus près des points, en se basant sur l'intuition visuelle plutôt que sur une méthode mathématique rigoureuse. La méthode des moyennes mobiles, quant à elle, consiste à calculer des moyennes sur des sous-ensembles de points voisins pour obtenir une droite qui représente la tendance globale du nuage de points. La méthode de MAYER est une méthode plus sophistiquée qui permet d'obtenir une droite en minimisant une fonction de coût spécifique. Enfin, la méthode des moindres carrés est une méthode très répandue pour obtenir un ajustement linéaire. Elle consiste à minimiser la somme des carrés des écarts entre les points et la droite d'ajustement.

9.4.1   Méthodes des moyennes mobiles

La méthode des moyennes mobiles est une technique couramment utilisée pour atténuer les variations accidentelles dans un nuage de points et pour mettre en évidence une tendance générale. Cette méthode est particulièrement utile lorsqu'on observe un bruit important dans les données ou des fluctuations importantes autour de la tendance générale.

Le principe de la méthode des moyennes mobiles consiste à remplacer certains termes de la série par la moyenne arithmétique d'un groupe de n termes. Autrement dit, on calcule la moyenne de chaque groupe de n termes consécutifs et on la remplace par la valeur centrale de ces termes. Le choix de la taille du groupe n dépend de la fréquence de variation des données et de la précision souhaitée pour la tendance générale.

Le résultat de la méthode des moyennes mobiles est une série lissée qui permet de mieux visualiser la tendance générale des données en éliminant les fluctuations aléatoires. Cette technique est particulièrement utile pour analyser des séries temporelles, où les fluctuations aléatoires peuvent rendre difficile la détection de tendances à plus long terme.

Exemple 88

Considérons le tableau ci- contre qui présente les expertises mensuelles d'Or déclarées en dollars américains pour l'année 2021 par les comptoirs nationaux d'un pays africain.

Mois	Valeurs en $
Janvier	624,578
Février	107,077
Mars	646,409
Avril	586,660
Mai	886,767
Juin	1,181,417
Juillet	1,060,053
Août	1,116,891
Septembre	880,692
Octobre	867,777
Novembre	361,990
Décembre	242,199
Total	8,562,510

Considérons la moyenne arithmétique correspondant à un trimestre, soit trois mois (janvier, février, mars), puis celle correspondant aux mois (février, mars, avril) ensuite celle correspondant aux mois (mars, avril, mais), etc... On obtient le tableau suivant.

Pour mettre en évidence la tendance générale de ces données, nous pouvons utiliser la méthode des moyennes mobiles en calculant la moyenne arithmétique pour chaque groupe de trois mois. Nous pouvons ensuite tracer le graphique de la série lissée pour mieux visualiser la tendance.

En utilisant cette méthode, nous obtenons le tableau suivant :

Mois	Valeurs en $	Moyennes mobiles
Janvier	624,578	
Février	107,077	459,354.67
Mars	646,409	446,715.33
Avril	586,660	706,612.00
Mai	886,767	884,948.00
Juin	1,181,417	1,042,745.67
Juillet	1,060,053	1,119,453.67
Août	1,116,891	1,019,212.00
Septembre	880,692	955,120.00
Octobre	867,777	703,486.33
Novembre	361,990	490,655.33
Décembre	242,199	
Total	8,562,510	

En traçant le graphique de la série lissée, nous pouvons constater une tendance générale à la hausse des expertises d'Or au milieu de l'année 2021, spécialement entre les mois de mai, juin et juillet.

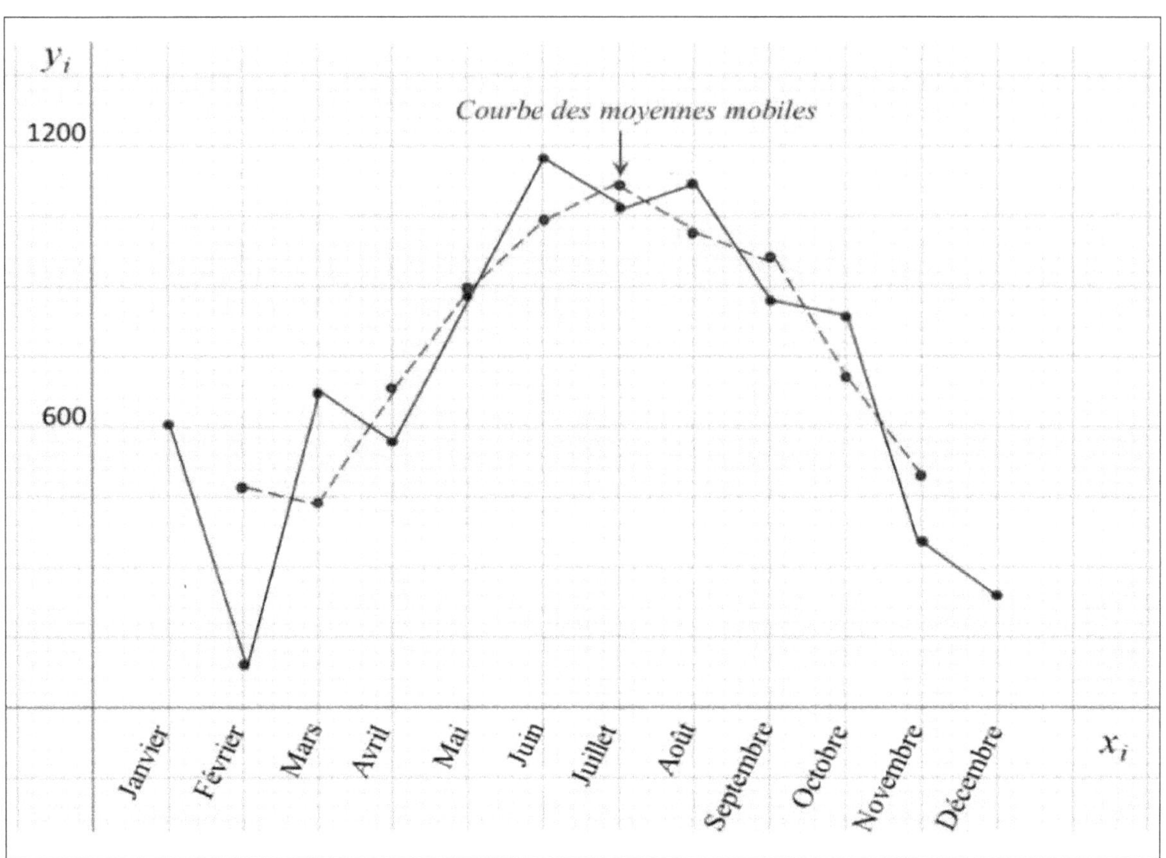

9.4.2   Méthode empirique

La méthode empirique est une technique couramment utilisée en statistiques et en sciences sociales pour étudier des phénomènes complexes. Bien que considérée comme moins rigoureuse que d'autres méthodes, elle peut néanmoins être très utile pour donner un aperçu général d'un phénomène.

La méthode empirique consiste à tracer une droite d qui représente le mieux le phénomène étudié. Pour ce faire, il est important de choisir judicieusement la position de la droite pour qu'elle reflète au mieux la tendance des données. Ensuite, on relève deux points A et B de coordonnées respectives (x_1, y_1) et (x_2, y_2), où les x_1 représentent les années et les y_1 représentent les valeurs du phénomène. En utilisant ces points, on peut écrire l'équation de la droite correspondante :

$$y - y_1 = \frac{y_2 - y_1}{x_2 - x_1}(x - x_1)$$

Cette équation peut ensuite être utilisée pour prédire les valeurs du phénomène à partir des années correspondantes.

Bien que la méthode empirique ne soit pas aussi précise que d'autres méthodes plus avancées, elle peut fournir des résultats satisfaisants pour des données relativement simples. Elle est également utile pour avoir une idée générale de la tendance des données et peut être utilisée pour déterminer si des données doivent être analysées plus en détail à l'aide de méthodes plus avancées.

Exemple 89

Dans cet exemple, nous avons les données de la population d'une grande ville de 2001 à 2020. En utilisant la méthode empirique, nous allons tracer la droite de régression en choisissant deux points sur la courbe. Ces points seront choisis de manière arbitraire, mais nous choisirons des points qui représentent bien la tendance de la courbe.

Ensuite, nous utiliserons l'équation de la droite de régression pour prédire la valeur de la population pour les années manquantes.

Année (x_i)	Population (y_i) (En milliers)
2001	22.30
2002	26.60
2003	30.00
2004	31.50
2005	36.60
2006	38.50
2007	40.30
2008	43.30
2009	50.00
2010	51.60
2011	54.60
2012	61.50
2013	62.50
2014	63.30
2015	66.20
2016	68.30
2017	70.80
2018	71.00
2019	74.80
2020	78.20
Total	1041.00

a. Le nuage des points correspondant à l'évolution de la population de la grande ville de 2001 à 2020 est:

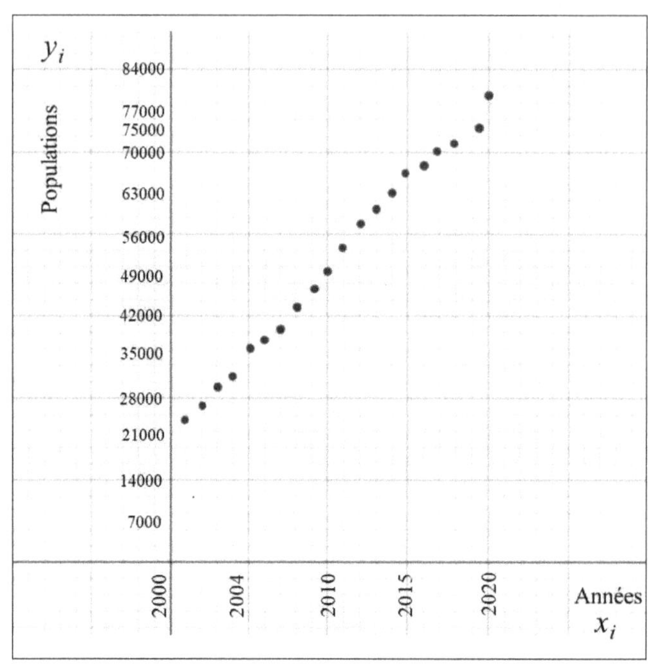

En examinant le nuage de points, nous pouvons observer que les points ne sont pas répartis de manière aléatoire, mais qu'ils suivent une tendance claire en formant une ligne. Cette observation indique une augmentation ou une diminution progressive de la population de la ville au fil des années.

b. Détermination de la droite de régression du nuage de points

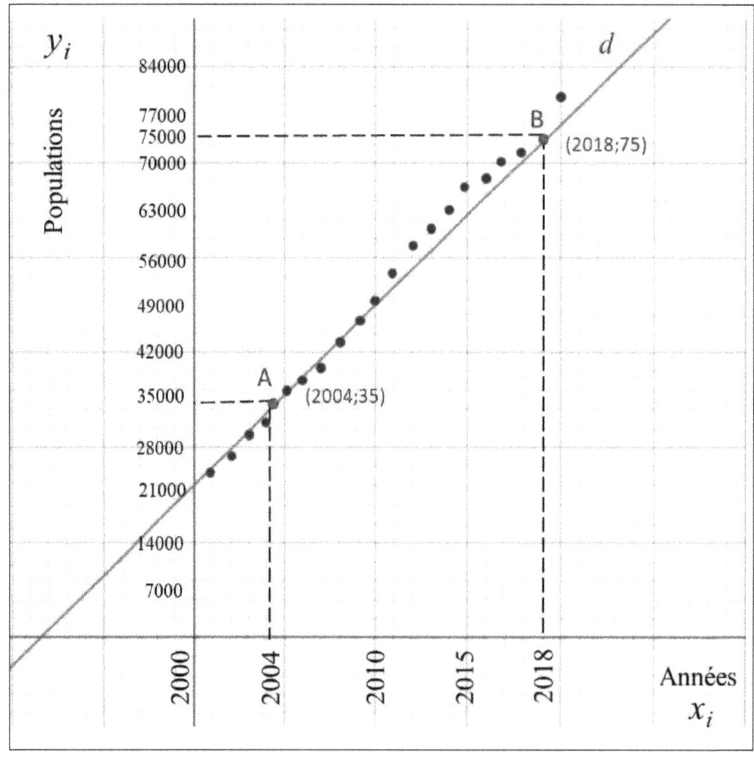

Après avoir représenté les points du nuage de points et tracé la droite de régression qui reflète le mieux l'évolution des événements, nous allons déterminer l'équation de cette droite en utilisant deux points A et B de coordonnées respectives (2004 ; 35) et (2018 ; 75). Cette équation permet de modéliser la relation entre les années et la population de la ville, et ainsi de mieux comprendre la tendance générale.

$$y - y_1 = \frac{y_2 - y_1}{x_2 - x_1}(x - x_1)$$

$$y - 35 = \frac{75 - 35}{2018 - 2004}(x - 2004)$$

$$y = \frac{20}{7}(x - 2004) + 35$$

$$= \frac{20x}{7} - \frac{39\,835}{7}$$

c. Projection de la population

La projection de la population de cette ville à une année spécifique donnée peut être obtenue à partir de l'équation de la droite d'ajustement tracée sur le nuage de points. En utilisant cette équation, nous pouvons estimer la population future de la ville en fonction du temps, sans avoir besoin de mener de nouvelles expériences.

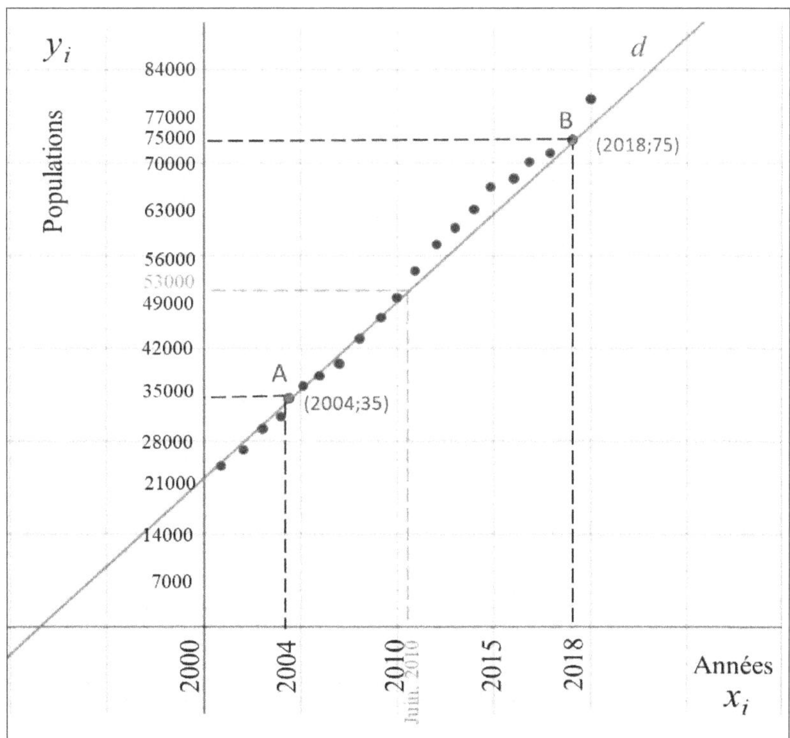

Ainsi, au milieu de l'année (juin) 2010 la population était de :

$$y = \frac{20(2\,010{,}5)}{7} - \frac{39\,835}{7}$$

$$= 53\,571$$

On avait donc 53 571 personnes dans cette ville (car il y a un rapport de 1000)

Prédiction de la population à l'an 2 050 :

$$y = \frac{20(2\,050)}{7} - \frac{39\,835}{7}$$
$$= 166{,}428$$

A l'an 2 050 la population de cette ville sera de 166 428 personnes

La méthode empirique a été utilisée pour prédire la population de la ville en 2050. Selon l'équation de la droite de régression, la population de la ville atteindra environ 166 428 personnes en 2050. Cependant, il est important de garder à l'esprit que la méthode empirique est moins précise que d'autres méthodes de modélisation plus avancées. Elle ne doit donc être utilisée que pour donner une idée générale de la tendance des données.

9.4.3   Méthode de Mayer

La méthode de MAYER, également appelée la méthode des moitiés de MAYER, est un outil utile pour visualiser la corrélation entre deux variables dans un nuage de points. Elle peut être utilisée pour prédire les valeurs de la variable dépendante pour les valeurs de la variable indépendante qui ne sont pas présentes dans le nuage de points, c'est-à-dire, étudier l'évolution d'une variable en fonction d'une autre.

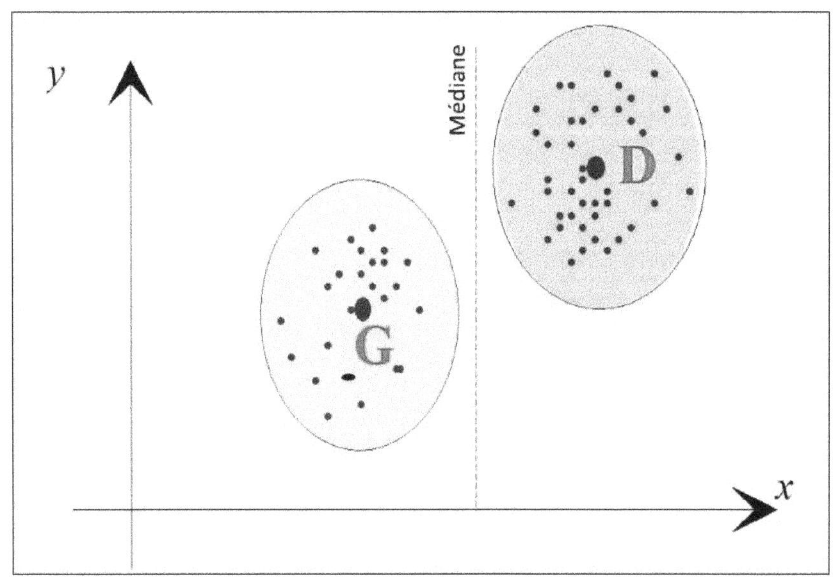

C'est en effet une technique de représentation graphique permettant de diviser un nuage de points en deux sous-nuages d'égale importance. Cette division du nuage en deux sous-nuages se fait selon la position des abscisses des points. Les points situés à droite de la ligne verticale médiane (*D*) ont une abscisse supérieure à celle des points situés à gauche de cette ligne (*G*). Ainsi, on peut diviser le nuage en deux sous-nuages égaux contenant chacun la même proportion de points, mais avec une répartition différente selon les abscisses.

La méthode de MAYER permet d'étudier la corrélation entre les deux variables représentées sur les axes du graphique en évaluant la pente des droites de régression pour chaque sous-nuage. En effet, les coefficients de corrélation calculés sur chacun des deux sous-nuages peuvent être comparés pour évaluer l'homogénéité de la corrélation dans l'ensemble du nuage.

La droite d'ajustement de MAYER est une droite qui passe par les points G et D, ayant des coordonnées respectives $(\bar{x}_G, \bar{y}_G)$ et $(\bar{x}_D, \bar{y}_D)$. Cette droite est calculée en utilisant les valeurs moyennes des coordonnées des points du sous-nuage de gauche et du sous-nuage de droite. Elle est calculée en utilisant la formule suivante :

$$\boxed{\; y - \bar{y}_G = \frac{\bar{y}_D - \bar{y}_G}{\bar{x}_D - \bar{x}_G}\,(x - \bar{x}_G) \;}$$

Il est important de noter que la méthode de MAYER peut être moins précise que d'autres méthodes plus avancées pour analyser la corrélation, telles que les méthodes basées sur les modèles linéaires généralisés. Cependant, cette méthode reste utile pour obtenir une idée générale de la distribution des données dans un nuage de points et pour étudier les tendances globales de la corrélation.

Exemple 90

Considérons l'**exemple 89** de la **section 9.4.2**, qui porte sur l'évolution de la population d'une grande ville entre 2001 et 2020, exprimée en milliers de personnes. Pour appliquer la méthode de MAYER, nous allons d'abord tracer le nuage de points représentant les données de la population en fonction du temps. Ensuite, nous allons diviser le nuage en deux sous-nuages d'égale importance en traçant une ligne verticale à travers le milieu du nuage. Les points situés à droite de cette ligne appartiendront au sous-nuage (D) tandis que les points situés à gauche appartiendront au sous-nuage (G). En utilisant les valeurs moyennes des coordonnées de chaque sous-nuage, nous allons enfin calculer la droite d'ajustement de MAYER.

a. Traçons le nuage de points représentant les données de la population en fonction du temps et divisons le nuage en deux sous-nuages égaux, ainsi obtenons les deux sous-nuage D et G.

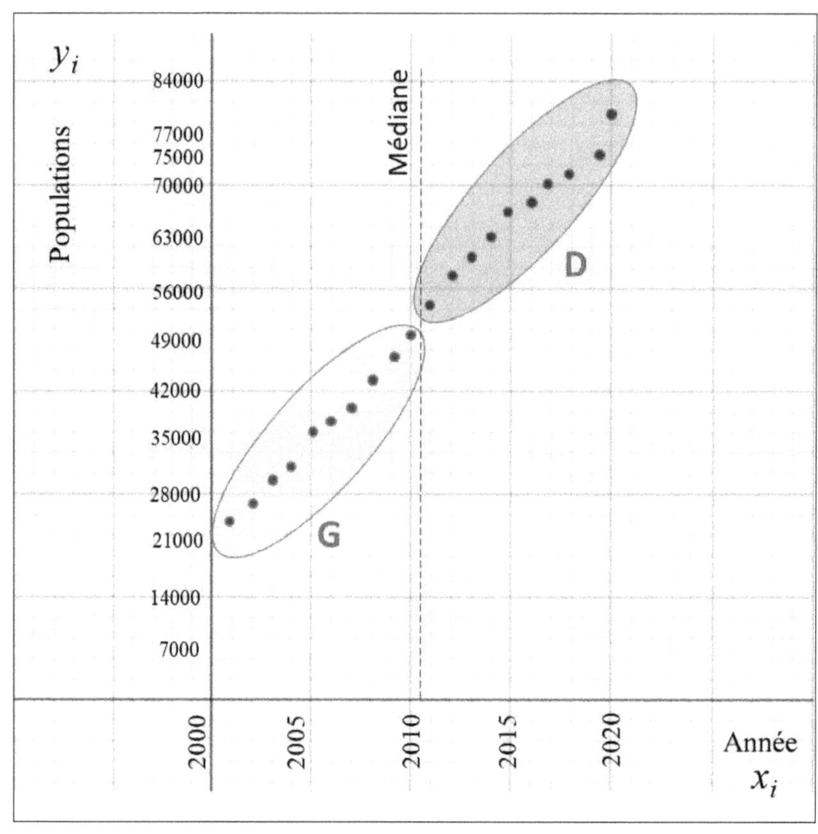

Calculons les coordonnées de G et D en calculant les valeurs moyennes des coordonnées de chaque sous-nuage :

<table>
<tr><td colspan="3" align="center">Point G</td></tr>
<tr><td></td><td>Année</td><td>Population</td></tr>
<tr><td></td><td>2001</td><td>22.30</td></tr>
<tr><td></td><td>2002</td><td>26.60</td></tr>
<tr><td></td><td>2003</td><td>30.00</td></tr>
<tr><td></td><td>2004</td><td>31.50</td></tr>
<tr><td></td><td>2005</td><td>36.60</td></tr>
<tr><td></td><td>2006</td><td>38.50</td></tr>
<tr><td></td><td>2007</td><td>40.30</td></tr>
<tr><td></td><td>2008</td><td>43.30</td></tr>
<tr><td></td><td>2009</td><td>50.00</td></tr>
<tr><td></td><td>2010</td><td>51.60</td></tr>
<tr><td>Moyenne</td><td>2005.5</td><td>37.07</td></tr>
</table>

<table>
<tr><td colspan="3" align="center">Point D</td></tr>
<tr><td></td><td>Année</td><td>Population</td></tr>
<tr><td></td><td>2011</td><td>54.60</td></tr>
<tr><td></td><td>2012</td><td>61.50</td></tr>
<tr><td></td><td>2013</td><td>62.50</td></tr>
<tr><td></td><td>2014</td><td>63.30</td></tr>
<tr><td></td><td>2015</td><td>66.20</td></tr>
<tr><td></td><td>2016</td><td>68.30</td></tr>
<tr><td></td><td>2017</td><td>70.80</td></tr>
<tr><td></td><td>2018</td><td>71.00</td></tr>
<tr><td></td><td>2019</td><td>74.80</td></tr>
<tr><td></td><td>2020</td><td>78.20</td></tr>
<tr><td>Moyenne</td><td>2015.5</td><td>67.12</td></tr>
</table>

$$(\bar{x}_G = 2005,5 \; ; \; \bar{y}_G = 37{,}07) \qquad (\bar{x}_D = 2015,5 \; ; \; \bar{y}_D = 67{,}12)$$

b. Calculons maintenant la droite d'ajustement de MAYER qui passe par les points $(\bar{x}_G, \bar{y}_G)$ et $(\bar{x}_D, \bar{y}_D)$:

$$y - 37,07 = \frac{67,12 - 37,07}{2015,5 - 2005,5}(x - 2005,5)$$

$$y = 3,005(x - 2005,5) + 37,07$$

$$y = 3,005x - 5\,989,4575$$

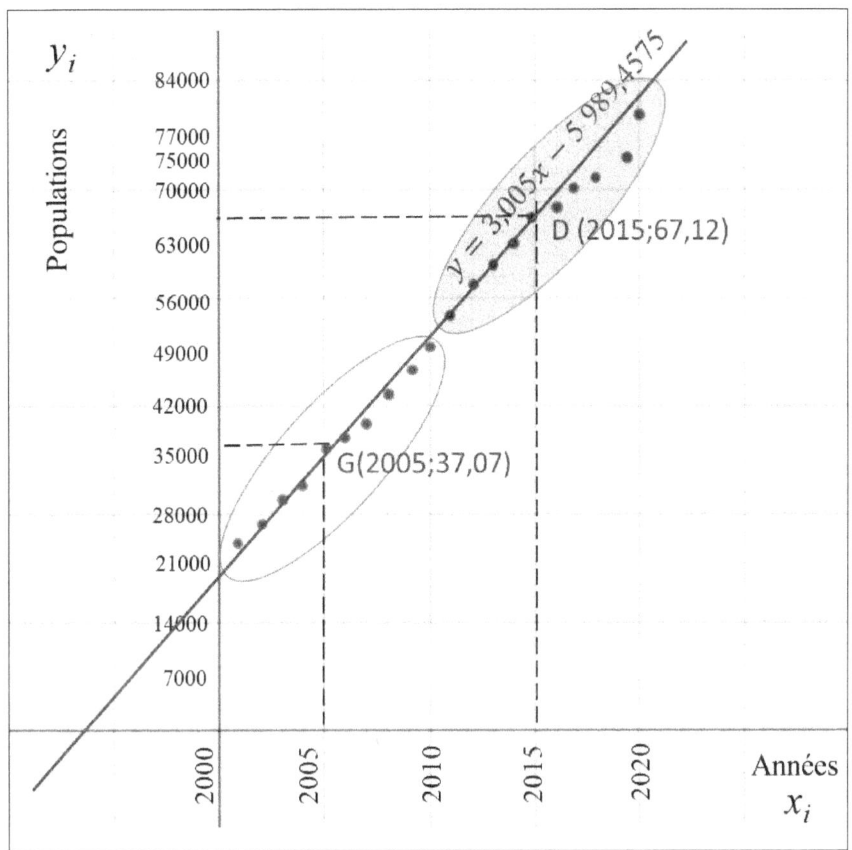

c. Faisons une projection de la population future de la ville :

Recalculons la population pour le milieu de l'année (juin) 2010

$$y = 3,005(2\,010,5) - 5\,989,4575 = 52,095$$

Selon méthode de MAYER, la population de la ville en juin 2010 était de 52 095 personnes. En utilisant cette donnée et la tendance linéaire de la droite d'ajustement, nous pouvons estimer que la population de la ville en 2050 sera de 170 925 personnes.

9.4.4 Méthode des moindres carrés

9.4.4.1 Droite de régression des moindres carrés

La droite de régression des moindres carrés une est méthode statistique utilisée pour trouver la meilleure approximation linéaire des données dans un nuage de points. Ceci revient à trouver la meilleure droite possible pour un ensemble de données. Cette droite est obtenue en minimisant la somme des carrés des différences entre les valeurs observées et les valeurs prédites par la droite, c'est-à-dire, les valeurs prédites de la variable dépendante y, en fonction de la variable indépendante x.

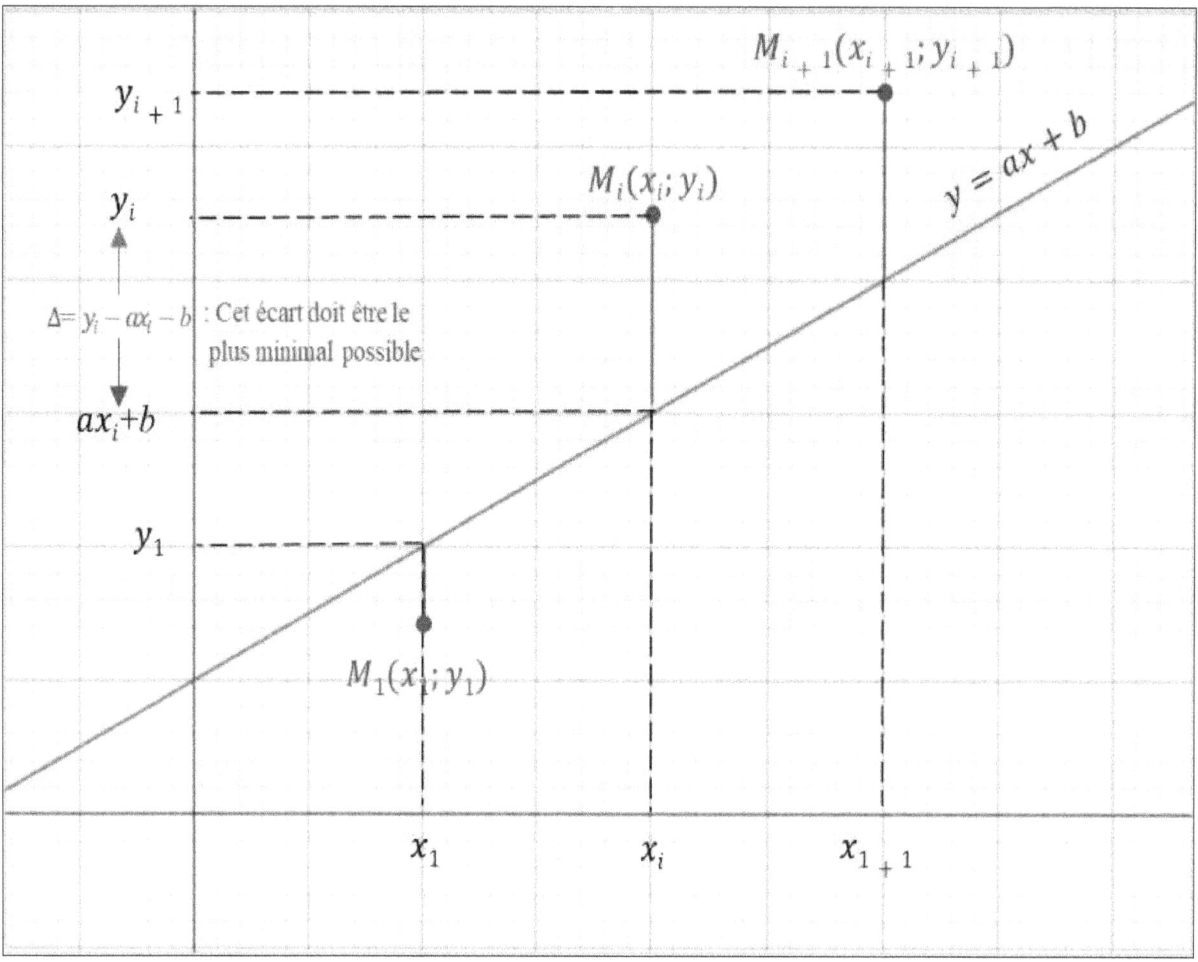

En effet, soit un nuage de points donnés, la droite des moindres carrés, considérée comme la meilleure droite du plan le représentant est la droite de régression de la forme $y = ax + b$, où a et b sont des coefficients déterminés

de manière à rendre minimale la somme des carrés des différences des valeurs y_i observées aux points $ax_i + b$ lui appartenant.

Plus précisément, les coefficients a et b sont déterminés de manière à minimiser la quantité suivante :

$$\varphi(a,b) = \sum_i^p \sum_j^q f_{ij}(y_j - ax_i - b)^2$$

Pour trouver les valeurs optimales de a et b, nous allons calculer les dérivées partielles de la fonction $\varphi(a,b)$ par rapport à a et b, et nous allons les égaler à zéro.

Utilisons la dérivée par rapport à b

$$\frac{d}{db}[\varphi(a,b)] = -2 \sum_i^p \sum_j^q f_{ij}(y_j - ax_i - b)$$

$$= -2\left(\sum_i^p \sum_j^q f_{ij}y_j - a \sum_i^p \sum_j^q f_{ij}x_i - b \sum_i^p \sum_j^q f_{ij} \right)$$

Or on sait que :

$$\sum_i^p \sum_j^q f_{ij}x_i = \bar{\bar{x}}, \quad \sum_i^p \sum_j^q f_{ij}y_j = \bar{\bar{y}} \quad \text{et} \quad \sum_i^p \sum_j^q f_{ij} = 1$$

On a donc

$$\frac{d}{db}[\varphi(a,b)] = -2(\bar{\bar{y}} - a\bar{\bar{x}} - b) = 0$$

Pour que cette expression soit nulle, il faut avoir :

$$\bar{\bar{y}} - a\bar{\bar{x}} - b = 0$$

Ainsi

$$b = \bar{\bar{y}} - a\bar{\bar{x}}$$
$$\text{avec}$$
$$\bar{\bar{x}} = \text{moyenne marginale de } x$$
$$\bar{\bar{y}} = \text{moyenne marginale de } y$$

Utilisons maintenant la dérivée par rapport à a.

$$\frac{d}{da}[\varphi(a,b)] = -2 \sum_i^p \sum_j^q f_{ij}x_i(y_j - ax_i - b) = 0$$

$$= -2\left(\sum_i^p \sum_j^q f_{ij} x_i y_j - a \sum_i^p \sum_j^q f_{ij} x_i^2 - b \sum_i^p \sum_j^q f_{ij} x_i\right)$$

Pour que cette expression soit nulle, il faut avoir :

$$\sum_i^p \sum_j^q f_{ij} x_i y_j - a \sum_i^p \sum_j^q f_{ij} x_i^2 - b\bar{\bar{x}} = 0$$

Remplaçons b par sa valeur $\bar{\bar{y}} - a\bar{\bar{x}}$ obtenue en annulant la dérivée de $\varphi(a,b)$ par rapport à b :

$$\sum_i^p \sum_j^q f_{ij} x_i y_j - a \sum_i^p \sum_j^q f_{ij} x_i^2 - (\bar{\bar{y}} - a\bar{\bar{x}})\bar{\bar{x}} = 0$$

$$\sum_i^p \sum_j^q f_{ij} x_i y_j - a \sum_i^p \sum_j^q f_{ij} x_i^2 - \bar{\bar{x}}\bar{\bar{y}} - a\bar{\bar{x}}^2 = 0$$

$$\sum_i^p \sum_j^q f_{ij} x_i y_j - \bar{\bar{x}}\bar{\bar{y}} - a\left(\sum_i^p \sum_j^q f_{ij} x_i^2 - \bar{\bar{x}}^2\right) = 0$$

Ce qui donne,

$$\boxed{a = \frac{\sum_i^p \sum_j^q f_{ij} x_i y_j - \bar{\bar{x}}\bar{\bar{y}}}{\sum_i^p \sum_j^q f_{ij} x_i^2 - \bar{\bar{x}}^2}}$$

Calculons la covariance qui est une mesure de la façon dont deux variables varient ensemble :

$$\mathrm{COV}(X,X) = V(X) = \sum_i^p \sum_j^q f_{ij} x_i^2 - \bar{\bar{x}}^2$$

$$\mathrm{COV}(X,Y) = \sum_i^p \sum_j^q f_{ij}(x_i - \bar{\bar{x}})(y_j - \bar{\bar{y}})$$

$$= \sum_i^p \sum_j^q f_{ij} x_i y_j - \bar{\bar{x}}\bar{\bar{y}}$$

Il s'ensuit que :

$$
\begin{cases}
a = \dfrac{\text{COV}(X,Y)}{V(X)} \\[3em]
b = \bar{\bar{y}} - \left(\dfrac{\text{COV}(X,Y)}{V(X)}\right) \bar{\bar{x}}
\end{cases}
$$

Ainsi, la droite d'ajustement linéaire par la méthode des moindres carrés a pour équation :

$$
\boxed{\; y = \left(\dfrac{\text{COV}(X,Y)}{V(X)}\right) x + \left[\bar{\bar{y}} - \left(\dfrac{\text{COV}(X,Y)}{V(X)}\right) \bar{\bar{x}}\right] \;}
$$

Avec

$$
\begin{cases}
\text{COV}(X,Y) = \dfrac{1}{n}\displaystyle\sum_{i=1}^{i=n} x_i y_i - \bar{\bar{x}}\,\bar{\bar{y}} \\[3em]
V(X) = \text{COV}(X,X) = \dfrac{1}{n}\displaystyle\sum_{i=1}^{i=n} x_i^2 - \bar{\bar{x}}^2
\end{cases}
\quad \text{et} \quad
\begin{cases}
\bar{\bar{x}} = \dfrac{1}{n}\displaystyle\sum_{i=1}^{i=n} x_i \\[3em]
\bar{\bar{y}} = \dfrac{1}{n}\displaystyle\sum_{i=1}^{i=n} y_i
\end{cases}
$$

Exemple 91

Reprenons l'**exemple 90** de la **section 9.4.3** 3 qui porte sur l'évolution de la population d'une grande ville de 2001 à 2020. Nous allons calculer l'équation de cette droite par la méthode des moindres carrés.

a. Le tableau suivant montre les données nécessaires pour résoudre cet exercice :

x_i	y_j	x_iy_j	x_i^2	y_i^2
2001	22.30	44,622.30	4,004,001	497.29
2002	26.60	53,253.20	4,008,004	707.56
2003	30.00	60,090.00	4,012,009	900.00
2004	31.50	63,126.00	4,016,016	992.25
2005	36.60	73,383.00	4,020,025	1,339.56
2006	38.50	77,231.00	4,024,036	1,482.25
2007	40.30	80,882.10	4,028,049	1,624.09
2008	43.30	86,946.40	4,032,064	1,874.89
2009	50.00	100,450.00	4,036,081	2,500.00
2010	51.60	103,716.00	4,040,100	2,662.56
2011	54.60	109,800.60	4,044,121	2,981.16
2012	61.50	123,738.00	4,048,144	3,782.25
2013	62.50	125,812.50	4,052,169	3,906.25
2014	63.30	127,486.20	4,056,196	4,006.89
2015	66.20	133,393.00	4,060,225	4,382.44
2016	68.30	137,692.80	4,064,256	4,664.89
2017	70.80	142,803.60	4,068,289	5,012.64
2018	71.00	143,278.00	4,072,324	5,041.00
2019	74.80	151,021.20	4,076,361	5,595.04
2020	78.20	157,964.00	4,080,400	6,115.24
40210	1,041.90	2,096,689.90	80,842,870	60,068.25

b. Calculons l'équation de la droite d'ajustement linéaire :

$$\bar{\bar{x}} = \frac{1}{n}\sum_{i=1}^{i=20} x_i = \frac{40\,210}{20} = 2\,010,5$$

$$\bar{\bar{y}} = \frac{1}{n}\sum_{i=1}^{i=20} y_i = \frac{1\,041,9}{20} = 52,095$$

$$\bar{\bar{x}}\bar{\bar{y}} = 2\,010,5 \times 52,095 = 104\,736,99$$

$$V(X) = \frac{1}{n}\sum_{i=1}^{i=20} x_i^2 - \bar{\bar{x}}^2 = \frac{80\,842,870}{20} - (2\,010,5)^2$$

$$= 33,25$$

$$V(Y) = \frac{1}{n} \sum_{i=1}^{i=20} y_i^2 - \bar{\bar{x}}^2 = \frac{60\,068,25}{20} - (52,095)^2$$

$$= 290,044$$

$$\text{COV}(X,Y) = \frac{1}{n} \sum_{i=1}^{i=20} x_i y_i - \bar{\bar{x}}\,\bar{\bar{y}} = \frac{2\,096\,689,90}{20} - 104\,736,99$$

$$= 97,49$$

Le coefficient de la droite d'ajustement est :

$$a = \frac{\text{COV}(X,Y)}{V(X)} = \frac{97,49}{33,25}$$

$$= 2,93$$

La droite d'ajustement est donc :

$$y = 2,93x + b$$
$$b = y - 2,93x$$

Le point moyen $(\bar{\bar{x}}, \bar{\bar{y}})$ est sur cette droite :

$$b = 52,095 - 2,93(2\,010,5)$$

$$= -5\,842,69$$

Nous avons ainsi obtenu une droite d'équation :

$$y = 2,932x - 5\,842,69$$

Où x est l'année et y est la population en milliers d'habitants.

c. Projection de la population

Recalculons la population pour le milieu de l'année (juin) 2010 :

$$y = 2,932(2010,5) - 5\,842,691 = 52,095$$

La méthode des moindres carrés estime la population de cette période à 52 095 personnes (puisque la population est donnée en milliers).

En substituant cette valeur dans l'équation de la droite, nous obtenons une population projetée de 52 095 milliers d'habitants. De même, en 2050, nous obtenons une population projetée de 167 909 milliers d'habitants.

9.4.4.2 Coefficient de corrélation linéaire (ρ)

Le coefficient de corrélation linéaire est une mesure utile pour les statisticiens, les chercheurs et les professionnels qui doivent analyser les données. Il permet de détecter les relations linéaires entre les variables en déterminant si deux variables quantitatives sont linéairement corrélées, ce qui peut être important pour la prédiction, la modélisation et la prise de décision.

Le coefficient de corrélation est un nombre compris entre -1 et 1, qui exprime la force et la direction de la relation entre les deux variables. Si le coefficient est proche de 1, cela signifie qu'il existe une forte corrélation positive entre les deux variables, c'est-à-dire que lorsque l'une augmente, l'autre augmente également. Si le coefficient est proche de -1, cela signifie qu'il existe une forte corrélation négative entre les deux variables, c'est-à-dire que lorsque l'une augmente, l'autre diminue. Si le coefficient est proche de zéro, cela signifie qu'il n'y a pas de corrélation linéaire entre les deux variables.

Symbolisée par la lettre grecque ρ, la formule du coefficient de corrélation linéaire utilise la covariance et les écarts types des deux variables où la covariance est divisée par le produit des écarts types :

$$\rho = \frac{\sum_{i=1}^{p} \sum_{j=1}^{q} f_{ij}(x_i - \bar{\bar{x}})(y_j - \bar{\bar{y}})}{\sqrt{\sum_{i=1}^{p} f_{i.}(x_i - \bar{\bar{x}})^2} \ \sqrt{\sum_{j=1}^{q} f_{.j}(y_j - \bar{\bar{y}})^2}}$$

D'où la formule :

$$\boxed{\rho = \frac{COV(X,Y)}{\sigma_x \sigma_y} = \frac{COV(X,Y)}{\sqrt{V(X)V(Y)}}}$$

$$-1 \leq \rho \leq 1$$

En pratique, pour calculer le coefficient de corrélation linéaire, il faut disposer d'un tableau de données qui contient les valeurs des deux variables. Les données doivent être appariées, c'est-à-dire que chaque valeur d'une variable doit être associée à une valeur de l'autre variable. À partir de ce tableau, on peut calculer la moyenne et l'écart type de chaque variable, ainsi que la covariance.

Il convient cependant de noter que le coefficient de corrélation linéaire ne mesure que les relations linéaires entre les variables, et ne prend pas en compte les relations non linéaires ou causales.

RÈGLE DE BASE

Si

$\rho = 0$: Il n'existe pas de corrélation (plus ρ est voisin de 0, plus la relation linéaire entre les variables est faible).

$\rho = 1$: Il y a une liaison fonctionnelle positive (plus ρ est voisin de 1, plus la relation linéaire est positive entre les variables est forte).

$\rho = -1$: Il y a une liaison fonctionnelle négative (plus ρ est voisin de -1, plus la relation linéaire est négative entre les variables est forte)

Exemple 92

Considérons le même **exemple 91** de la section **9.4.4.1** sur l'évolution de la population d'une grande ville (en milliers) de 2001 à 2020. Calculons et interprétons la valeur du coefficient de corrélation linéaire.

$$\rho = \frac{\text{COV}(X,Y)}{\sigma_x \sigma_y} = \frac{\text{COV}(X,Y)}{\sqrt{V(X)V(Y)}}$$

Les valeurs de ces termes ont déjà été calculées à la section **9.4.4.1** :

$$\text{COV}(X,Y) = 97,49$$

$$V(X) = 33,25$$

$$V(Y) = 290,03$$

Ainsi,

$$\rho = \frac{\text{COV}(X,Y)}{\sqrt{V(X)V(Y)}} = \frac{97,49}{\sqrt{(33,25)(290,03)}}$$

$$= \frac{97,49}{98,27}$$

$$= 0,9920$$

<u>INTERPRÉTATION DES RÉSULTATS</u>

L'interprétation des résultats montre que le coefficient de corrélation linéaire de 0,992 indique une corrélation linéaire très forte, ce qui signifie qu'il y a une relation linéaire positive très forte entre les variables, à savoir que la population croît presque constamment en fonction du temps.

En d'autres termes, cela signifie que si le temps augmente d'une certaine quantité, alors la population augmentera également d'une quantité similaire, dans une certaine mesure. Cette forte corrélation linéaire peut être utile pour prédire la population future en fonction du temps, à condition que les mêmes conditions se maintiennent à l'avenir.

Ces données peuvent être exploitées de plusieurs manières. Tout d'abord, elles peuvent aider à prédire le comportement futur de la population en fonction du temps. En utilisant la relation linéaire établie entre les deux variables, il est possible de faire des projections et des prévisions pour les années à venir. Cela peut être utile pour les planificateurs et les décideurs qui doivent prendre des décisions concernant l'allocation des ressources ou l'élaboration de politiques publiques. De même, ces données peuvent être utilisées pour effectuer des analyses de sensibilité qui examinent l'impact de diverses variables sur la relation linéaire entre la population et le temps. Cela peut aider à identifier les facteurs qui ont le plus d'impact sur la croissance de la population, ce qui peut être utile pour orienter les politiques et les programmes visant à réguler la croissance démographique.

Ce coefficient de corrélation peut aussi être déterminé à partir des données extraites du tableau suivant :

x_i	y_j	$(x - \bar{\bar{x}})$	$(y - \bar{\bar{y}})$	$(x - \bar{\bar{x}})\,(y - \bar{\bar{y}})$	$(x - \bar{\bar{x}})^2$	$(y - \bar{\bar{y}})^2$
2001	22.30	-9.50	-29.80	283.05	90.25	887.74
2002	26.60	-8.50	-25.50	216.71	72.25	650.00
2003	30.00	-7.50	-22.10	165.71	56.25	488.19
2004	31.50	-6.50	-20.60	133.87	42.25	424.15
2005	36.60	-5.50	-15.50	85.22	30.25	240.10
2006	38.50	-4.50	-13.60	61.18	20.25	184.82
2007	40.30	-3.50	-11.80	41.28	12.25	139.12
2008	43.30	-2.50	-8.79	21.99	6.25	77.35
2009	50.00	-1.50	-2.09	3.14	2.25	4.39
2010	51.60	-0.50	-0.49	0.25	0.25	0.25
2011	54.60	0.50	2.51	1.25	0.25	6.28
2012	61.50	1.50	9.41	14.11	2.25	88.45
2013	62.50	2.50	10.41	26.01	6.25	108.26
2014	63.30	3.50	11.21	39.22	12.25	125.55
2015	66.20	4.50	14.11	63.47	20.25	198.95
2016	68.30	5.50	16.21	89.13	30.25	262.60
2017	70.80	6.50	18.71	121.58	42.25	349.88
2018	71.00	7.50	18.91	141.79	56.25	357.40
2019	74.80	8.50	22.71	192.99	72.25	515.52
2020	78.20	9.50	26.11	248.00	90.25	681.47
40210	1041.9	0	0.00	1949.95	665.00	5790.47

$$\rho = \frac{\mathrm{COV}(X,Y)}{\sigma_x \sigma_y} = \frac{\sum_{i=1}^{p}[(x_i - \bar{\bar{x}})(y_i - \bar{\bar{y}})]}{\sqrt{\sum_{i=1}^{p}(x_i - \bar{\bar{x}})^2 * \sum_{i=1}^{p}(y_i - \bar{y})^2}}$$

$$= \frac{1949,95}{\sqrt{(665) * (5790,47)}}$$

$$= \frac{1949,95}{\sqrt{3\,850\,662,55}}$$

$$= \frac{1949,95}{1962,31}$$

$$= 0,993$$

9.5 Cas où l'on peut se ramener à un ajustement linéaire

Dans certaines situations, il peut être difficile de trouver une relation linéaire évidente entre deux variables lorsqu'on les représente dans un graphique. Cependant, il est parfois possible de se ramener à un ajustement linéaire en changeant l'échelle d'une ou des deux variables. Par exemple, en appliquant une transformation logarithmique à l'une ou aux deux variables, on peut souvent obtenir un nuage de points qui présente une relation linéaire apparente. Cela peut s'avérer très utile pour effectuer des analyses statistiques et pour comprendre la relation entre les variables en question.

x_i	y_i
2004	42.10
2005	34.90
2006	37.20
2007	76.00
2008	52.20
2009	23.80
2010	46.70
2011	85.00
2012	82.70
2013	104.00
2014	264.00
2015	2,154.00
2016	4,333.00
2017	8,827.80
2018	6,029.70
2019	8,000.00
2020	9,797.00

Cette technique est particulièrement utile dans les domaines scientifiques, où les relations entre les variables peuvent être complexes et non linéaires. Par exemple, en biologie, l'augmentation de la dose d'un médicament peut ne pas avoir une relation linéaire avec son efficacité. Cependant, en utilisant une échelle logarithmique pour représenter la dose, on peut souvent obtenir une relation linéaire entre la dose et l'efficacité.

De même, en économie, la relation entre deux variables telles que le revenu et les dépenses peut ne pas être linéaire. En utilisant une échelle logarithmique pour représenter les valeurs, on peut souvent obtenir une relation linéaire entre ces deux variables.

Exemple 93

Le tableau fourni nous permet de suivre l'évolution du taux d'inflation dans un pays en voie de développement sur plusieurs années. Afin d'analyser les tendances de manière plus visuelle, nous allons tracer un nuage de points en utilisant les données fournies : les années seront représentées sur l'axe des abscisses (x_i) et le taux d'inflation sur l'axe des ordonnées (y_i). Ensuite, nous allons tenter de déterminer la droite d'ajustement linéaire, qui permettra de modéliser la relation entre ces deux variables.

Pour simplifier les calculs, nous allons choisir l'année 2004 comme point de référence, et la désigner comme l'année 1. En utilisant les données fournies, nous pourrons alors calculer les valeurs des autres années par rapport à cette année de référence. Ensuite, en traçant la ligne de régression linéaire, nous pouvons visualiser la tendance générale du taux d'inflation sur cette période. Cette analyse peut être utile pour prendre des décisions en matière de politique économique et financière dans ce pays.

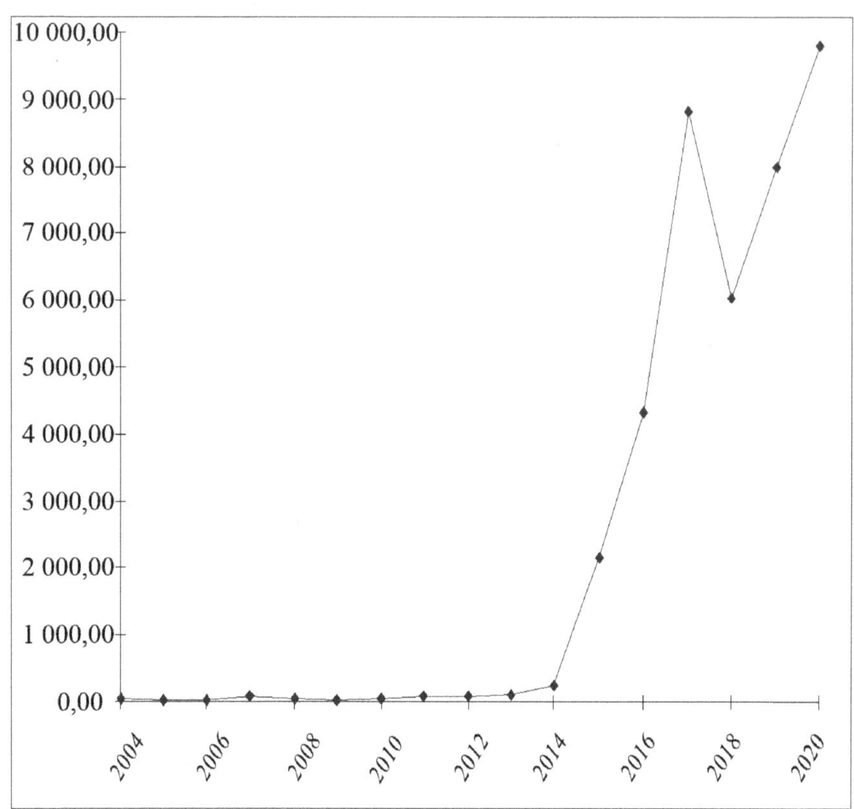

La forme de la courbe reliant les points montre qu'un ajustement linéaire pour le taux d'inflation de ce pays n'est pas possible. Pour ce type de séries, il est recommandé de faire un changement d'échelle et de représenter le nuage de points sur un graphique semi-logarithmique. L'axe des abscisses aura une échelle métrique normale, tandis que l'axe des ordonnées portera la valeur $Y = \log_{10}(y)$. Cela nous donnera le nuage de points suivant:

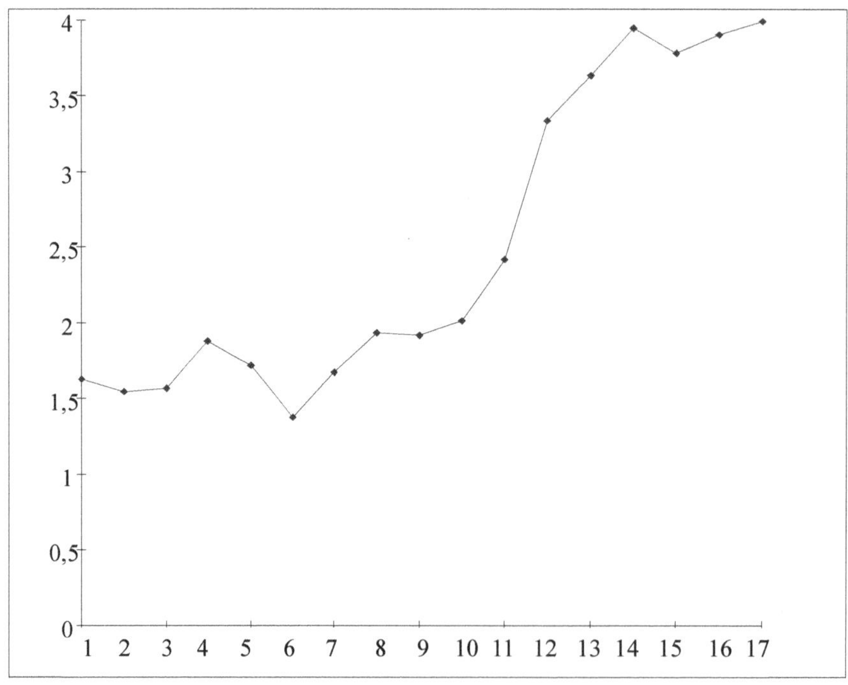

En effet, la forme de la courbe sur ce graphique indique qu'un ajustement linéaire est possible pour la série de données représentée par le nuage de points $(x_i, Y_i = \log(y_i))$. Bien que la relation entre les deux variables ne soit pas parfaitement linéaire, elle peut être approximée par une droite de régression linéaire. Cette droite permettra de modéliser la relation entre les années et les taux d'inflation, et pourra être utilisée pour faire des prévisions sur les valeurs futures du taux d'inflation.

x_i	y_i	$Y_i = \log(y_i)$	x^2	$x_i \log(y_i)$
1	42.10	1.624282096	1	1.624282096
2	34.90	1.542825427	4	3.085650854
3	37.20	1.57054294	9	4.71162882
4	76.00	1.880813592	16	7.523254369
5	52.20	1.717670503	25	8.588352515
6	23.80	1.376576957	36	8.259461742
7	46.70	1.669316881	49	11.68521816
8	85.00	1.929418926	64	15.43535141
9	82.70	1.91750551	81	17.25754959
10	104.00	2.017033339	100	20.17033339
11	264.00	2.421603927	121	26.6376432
12	2,154.00	3.333245699	144	39.99894839
13	4,333.00	3.636788689	169	47.27825296
14	8,827.80	3.945852485	196	55.24193479
15	6,029.70	3.780295705	225	56.70443557
16	8,000.00	3.903089987	256	62.44943979
17	9,797.00	3.991093108	289	67.84858284
153		42.25795577	1,785	454.5003205

$$\bar{\bar{x}} = \frac{1}{n} \sum_{i=1}^{i=17} x_i = \frac{153}{17}$$
$$= 9$$

$$\bar{\bar{y}} = \frac{1}{n} \sum_{i=1}^{i=17} y_i = \frac{42,26}{17}$$
$$= 2,4859$$

$$\bar{\bar{x}}\bar{\bar{y}} = 9 \times 2,4859 = 22,373$$

$$V(X) = \frac{1}{n}\sum_{i=1}^{i=17} x_i^2 - \bar{\bar{x}}^2 = \frac{1785}{17} - (9)^2$$

$$= 24$$

$$\text{COV}(X,Y) = \frac{1}{n}\sum_{i=1}^{i=17} x_i y_i - \bar{\bar{x}}\bar{\bar{y}} = \frac{454,5}{17} - 22,373$$

$$= 4,362$$

Le coefficient de la droite d'ajustement est :

$$a = \frac{\text{COV}(X,Y)}{V(X)} = \frac{4,362}{24}$$

$$= 0,181810585$$

La droite d'ajustement est donc :

$$Y = 0,181810585x + b$$
$$b = Y - 0,181810585x$$

Le point moyen $(\bar{\bar{x}}, \bar{\bar{y}})$ est sur cette droite :

$$b = 2,485762104 - 9(0,181810585)$$

$$= 0,849466842$$

La droite d'ajustement a pour équation :

$$Y = 0,181810585x + 0,849466842$$

En remplaçant Y par sa valeur $(\log_{10}(y))$, on obtient :

$$\log_{10}(y) = 0,181810585x + 0,849466842$$

On a :

$$y = 10^{0,181810585x+0,849466842} = 10^{0,849466842}\left[(10^{0,181810585})^x\right]$$

Finalement,

$$y = 7,070772139\left(1,519884496^{(x)}\right)$$

Nous constatons que la courbe d'ajustement du nuage du taux d'inflation de ce pays est une courbe exponentielle de base 1,5.

x_i	y_i	$x_i y_i$	$7{,}07 \times 1{,}5^x$
2004	42.10	84368.40	10.75
2005	34.90	69974.50	16.33
2006	37.20	74623.20	24.83
2007	76.00	152532.00	37.73
2008	52.20	104817.60	57.35
2009	23.80	47814.20	87.16
2010	46.70	93867.00	132.48
2011	85.00	170935.00	201.35
2012	82.70	166392.40	306.03
2013	104.00	209352.00	465.13
2014	264.00	531696.00	706.94
2015	2154.00	4340310.00	1074.47
2016	4333.00	8735328.00	1633.07
2017	8827.80	17805672.60	2482.08
2018	6029.70	12167934.60	3772.47
2019	8000.00	16152000.00	5733.72
2020	9797.00	19789940.00	8714.59
	39990.10	80697557.50	25456.46

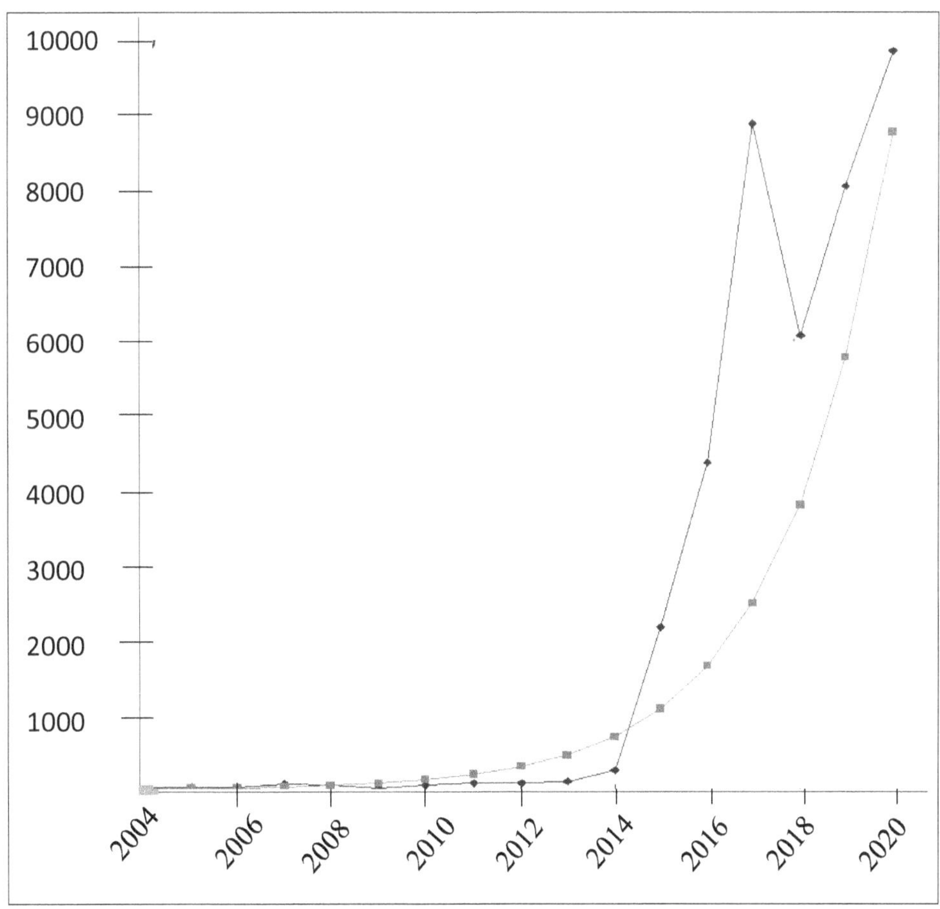

En utilisant le changement d'échelle mentionné précédemment, nous avons tracé la courbe d'ajustement pour le nuage de points représentant l'évolution du taux d'inflation de ce pays en voie de développement. Nous pouvons constater que la courbe obtenue est une courbe exponentielle de base 1,5. Cela signifie que l'évolution du taux d'inflation suit une tendance exponentielle plutôt qu'une tendance linéaire. Cette observation peut être utile pour mieux comprendre les causes sous-jacentes de l'inflation dans ce pays et pour développer des stratégies efficaces pour la contrôler.

9.6 Exercices

• **Exercice 36 :** Le navire de haute mer commandé par le Capitaine Gabriel, durant les six dernières années de ses voyages transocéaniques, a transporté la cargaison suivante (en dizaines de milliers de tonnes) :

Années	2015	2016	2017	2018	2019	2020
Marchandise transportée	12.20	13.10	13.50	14.40	15.00	15.30

a. Ajuster ce nuage par la méthode des moindres carrés.

b. Quelle est la production prévisible pour l'an 2030 ?

Solution

La résolution de cet exercice nécessite les rubriques dans le tableau suivant

Années (x_i)	Tonnage marchandise (y_i)	$x_i y_i$	x_i^2
1	12.20	12.2	1
2	13.10	26.2	4
3	13.50	40.5	9
4	14.40	57.6	16
5	15.00	75	25
6	15.30	91.8	36
21	83.50	303.3	91

a : Pour ajuster ce nuage de points par la méthode des moindres carrés, nous devons d'abord calculer la valeur du coefficient de la droite d'ajustement:

Nous avons pris l'année 2015 comme l'année d'origine :

$$\bar{\bar{x}} = \frac{1}{n} \sum_{i=1}^{i=6} x_i = \frac{21}{6}$$
$$= 3{,}5$$

$$\bar{\bar{y}} = \frac{1}{n}\sum_{i=1}^{i=6} y_i = \frac{83,5}{6}$$

$$= 13,92$$

$$V(X) = \frac{1}{n}\sum_{i=1}^{i=6} x_i^2 - \bar{\bar{x}}^2 = \frac{91}{6} - (3,5)^2$$

$$= 2,91$$

$$COV(X,Y) = \frac{1}{n}\sum_{i=1}^{i=6} x_i y_i - \bar{\bar{x}}\bar{\bar{y}} = \frac{303,3}{6} - (3,50 \times 13,92)$$

$$= 1,830$$

Le coefficient de la droite d'ajustement est :

$$a = \frac{COV(X,Y)}{V(X)} = \frac{1,830}{2,916}$$
$$= 0,63$$

La droite d'ajustement est donc :

$$y = 0,63x + b$$

Le point moyen $(\bar{\bar{x}}, \bar{\bar{y}})$ est sur cette droite :

$$13,92 = 0,63(3,5) + b$$
$$b = 11,72$$

La droite d'ajustement a pour équation :

$$y = 0,63x + 11,72$$

b : Ayant pris 2015 comme l'année 0, l'abscisse de l'an 2030 est 15 :

Le tonnage transporté sera :

$$y = 0,63(15) + 11,72 = 21,17$$

Soit

211 700 tonnes de marchandise
(l'unité étant les dizaines de milliers)

Exercice 37 : Soit la série suivante représentant la production d'électricité dans un pays de 2001 à 2020 (en milliards de KWh):

x_i	y_i
2001	22.80
2002	25.80
2003	28.90
2004	29.90
2005	33.00
2006	38.10
2007	40.50
2008	41.40
2009	45.60
2010	49.60
2011	53.80
2012	57.40
2013	61.60
2014	64.50
2015	72.10
2016	76.50
2017	83.80
2018	88.20
2019	93.80
2020	102.20
	1,109.50

a. Tracer le nuage de points $M_i(x_i, y_i)$.

b. Présenter un tableau statistique où la colonne « production » est remplacée par une colonne $Y_i = \log_{10} y_i$ en commençant les années par 1 et déterminer la droite d'ajustement linéaire entre x et y par la méthode des moindres carrés.

c. Calculer la droite d'ajustement linéaire entre x et y par la méthode des moindres carrés

d. En déduire l'équation permettant de déterminer la production en fonction du rang de l'année.

e. En admettant que la progression observée s'est maintenue jusqu'à présent, prévoir la production de l'an 2030.

f. Tracer cette courbe et le nuage de points sur le même graphique.

Solution

a : Pour tracer le nuage de points $M_i(x_i, y_i)$, nous représentons l'année x_i en abscisse et la production d'électricité y_i en ordonnée, pour chaque année de 2001 à 2020 :

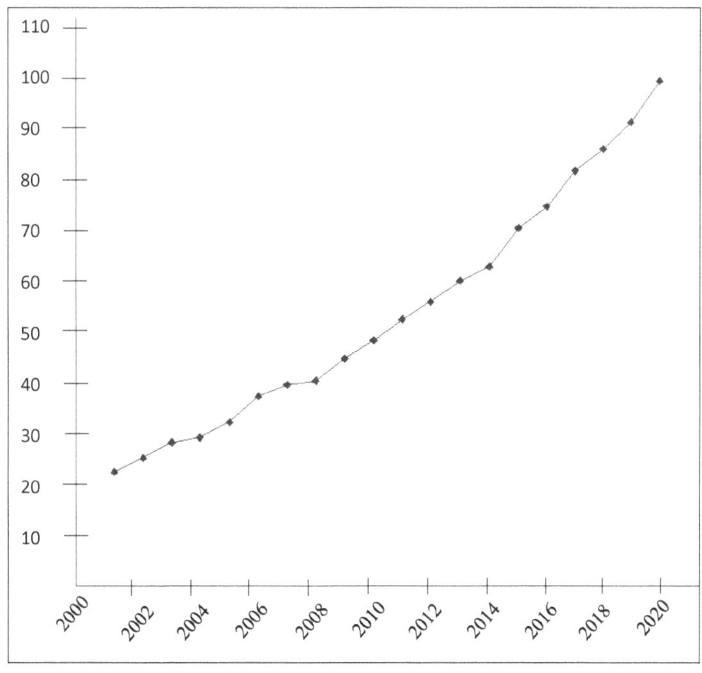

b : Le tableau statistique où la colonne « production » est remplacée par la colonne $y_i^* = \log_{10} y_i$ est (Pour accommoder le calcul, nous prendrons $x_i^* = x_i$) :

$x_i^* = x_i$	$y_i^* = log(y_i)$	$x_i \, log(y_i)$	x_i^2
1	1.357934847	1.357934847	1
2	1.411619706	2.823239412	4
3	1.460897843	4.382693528	9
4	1.475671188	5.902684753	16
5	1.51851394	7.592569699	25
6	1.580924976	9.485549854	36
7	1.607455023	11.25218516	49
8	1.617000341	12.93600273	64
9	1.658964843	14.93068358	81
10	1.695481676	16.95481676	100
11	1.730782276	19.03860503	121
12	1.758911892	21.10694271	144
13	1.789580712	23.26454926	169
14	1.809559715	25.333836	196
15	1.857935265	27.86902897	225
16	1.883661435	30.13858296	256
17	1.923244019	32.69514832	289
18	1.945468585	35.01843453	324
19	1.972202838	37.47185393	361
20	2.009450896	40.18901792	400
210	34.06526202	379.74436	2870

c : La droite d'ajustement linéaire entre x_i^* et y_i^* par la méthode des moindres carrés est :

$$\overline{\overline{x^*}} = \frac{1}{n} \sum_{i=1}^{i=20} x^*_i = \frac{210}{20}$$
$$= 10,5$$

$$\overline{\overline{y^*}} = \frac{1}{n} \sum_{i=1}^{i=20} y^*_{\,i} = \frac{34,065}{20}$$

$$= 1,7034$$

$$\overline{\overline{x^*}}\,\overline{\overline{y^*}} = 10,5 \text{ x } 1,7034 = 17,8854$$

$$V(X^*) = \frac{1}{n} \sum_{i=1}^{i=20} (x_i^*)^2 - (\overline{\overline{x^*}})^2 = \frac{2\,870}{20} - (10,5)^2$$

$$= 33,25$$

$$\mathrm{COV}(X^*,Y^*) = \frac{1}{n} \sum_{i=1}^{i=20} x_i^* y_i^* - \overline{\overline{x^*}}\,\overline{\overline{y^*}} = \frac{379,744}{20} - 17,8854$$

$$= 1,1072$$

Le coefficient de la droite d'ajustement est :

$$a = \frac{\mathrm{COV}(X^*,Y^*)}{V(X^*)} = \frac{1,1072}{33,25}$$

$$= 0,0332$$

La droite d'ajustement est donc :

$$y^* = 0,0332x^* + b$$

Le point moyen $(\overline{\overline{x^*}},\ \overline{\overline{y^*}})$ est sur cette droite

$$1,7034 = 0,0332(10,5) + b$$
$$b = 1,355$$

L'équation de la droite d'ajustement linéaire est donc :

$$y^* = 0,0332x^* + 1,355$$

d : L'équation permettant de déterminer la production en fonction du rang de l'année est:

Comme on a $y^* = \log_{10} y$ et $x^* = x,$

$$\log_{10}(y) = 0,0332x + 1,355$$

$$y = 10^{(0,0332x+1,355)}$$

$$= 10^{1,355} \times (10^{0,0332})^x$$

et

$$y = 22{,}65(1{,}08^x)$$

La courbe d'ajustement du nuage initial est donc une courbe exponentielle de base 1,08

e : La prévision de la production de l'an 2030 est :

$$y = 22{,}65(1{,}08^{30}) = 227{,}91$$

$$=227{,}91 \times 10^9 \text{ KWH}$$

f : Représentons la courbe et le nuage de points :

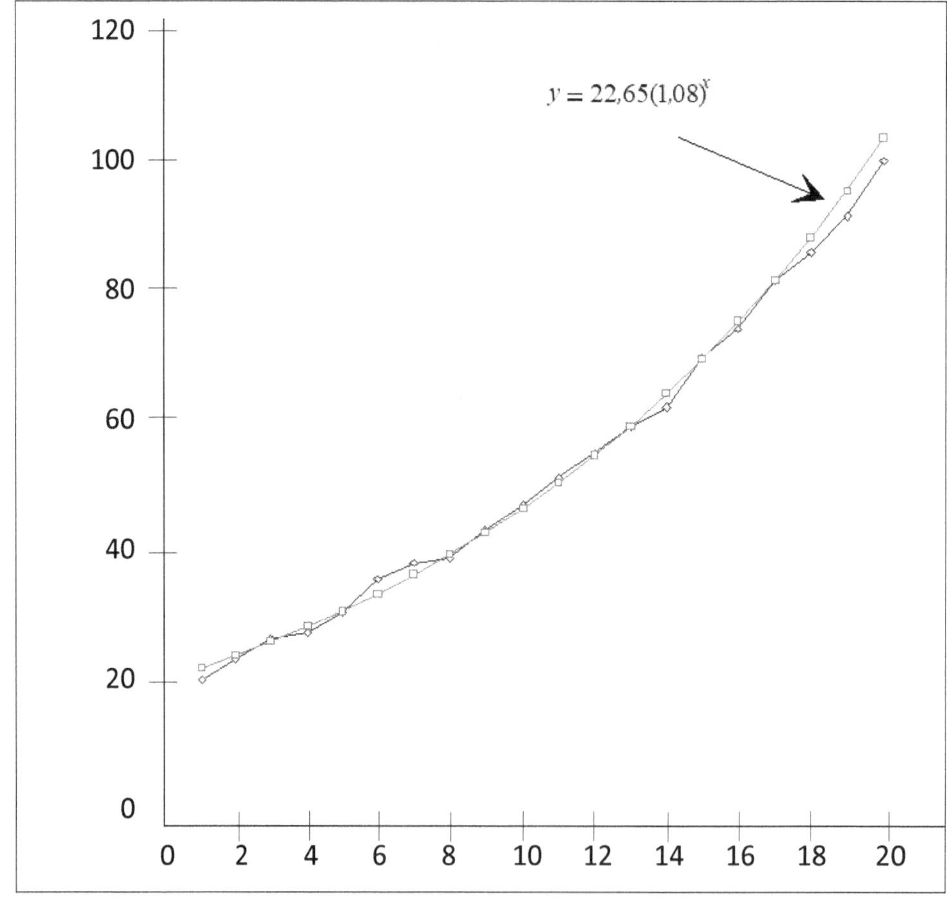

On observe que les deux représentations sont pratiquement confondues

• **Exercice 38 :** En Mai 2021, les crypto-monnaies ont subi une chute spectaculaire de leurs valeurs. Le tableau ci-dessous donne l'évolution globale de la crypto-monnaie bitcoin pendant deux semaines (du 10 au 23 Mai 2021) à minuit.

x_i	Valeur en \$
10 Mai 2021, 00:00:00	\$59,564.46
11 Mai 2021, 00:00:00	\$55,154.55
12 Mai 2021, 00:00:00	\$57,934.71
13 Mai 2021, 00:00:00	\$50,756.20
14 Mai 2021, 00:00:00	\$49,260.33
15 Mai 2021, 00:00:00	\$49,704.13
16 Mai 2021, 00:00:00	\$48,433.88
17 Mai 2021, 00:00:00	\$42,792.56
18 Mai 2021, 00:00:00	\$44,703.31
19 Mai 2021, 00:00:00	\$40,701.65
20 Mai 2021, 00:00:00	\$38,300.00
21 Mai 2021, 00:00:00	\$40,649.59
22 Mai 2021, 00:00:00	\$36,878.51
23 Mai 2021, 00:00:00	\$37,379.34

a. Tracer la courbe et le nuage de points représentant cette série.

b. Pour chacune des méthodes suivantes, déterminer la droite d'ajustement linéaire entre x et y, en donner la prédiction de la valeur de Bitcoin pour le 23 Mai 2021 à minuit et le taux d'erreur absolue entre la valeur théorique fournie par la méthode et la valeur réelle enregistrée de 35 200 \$.

- La méthode des moyennes mobiles.
- La méthode empirique d'interpolation linéaire.
- La méthode de Mayer.
- La méthode des moindres carrés.

Solution

a : Traçons la courbe et le nuage de points :

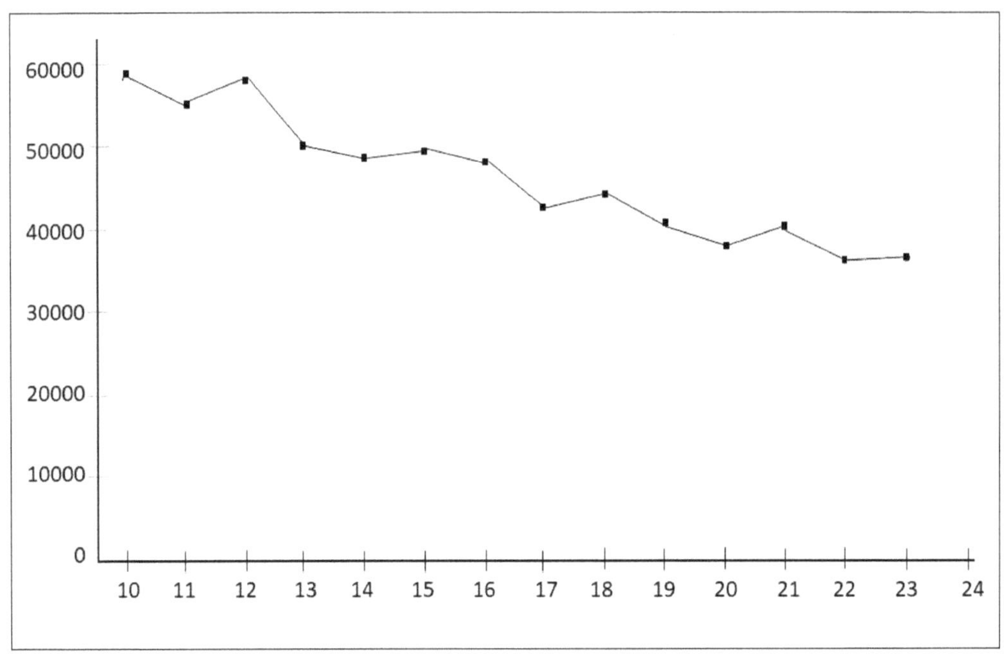

b : Déterminons la droite d'ajustement linéaire par différentes méthodes.

b-1 : Calculons la droite d'ajustement linéaire par la méthode des moyennes mobiles :

b-1-1 : Considérons la moyenne arithmétique correspondant à un groupe de trois jours consécutifs, on obtient le tableau suivant :

x_i	Valeur en \$	Moving Average
10 Mai 2021, 00:00:00	\$59,564.46	
11 Mai 2021, 00:00:00	\$55,154.55	
12 Mai 2021, 00:00:00	\$57,934.71	
13 Mai 2021, 00:00:00	\$50,756.20	\$57,551.24
14 Mai 2021, 00:00:00	\$49,260.33	\$54,615.15
15 Mai 2021, 00:00:00	\$49,704.13	\$52,650.41
16 Mai 2021, 00:00:00	\$48,433.88	\$49,906.89
17 Mai 2021, 00:00:00	\$42,792.56	\$49,132.78
18 Mai 2021, 00:00:00	\$44,703.31	\$46,976.86
19 Mai 2021, 00:00:00	\$40,701.65	\$45,309.92
20 Mai 2021, 00:00:00	\$38,300.00	\$42,732.51
21 Mai 2021, 00:00:00	\$40,649.59	\$41,234.99
22 Mai 2021, 00:00:00	\$36,878.51	\$39,883.75
23 Mai 2021, 00:00:00	\$37,379.34	\$38,609.37
		\$38,302.48

La moyenne mobile a été décalée pour la prédiction

D'où le graphe suivant :

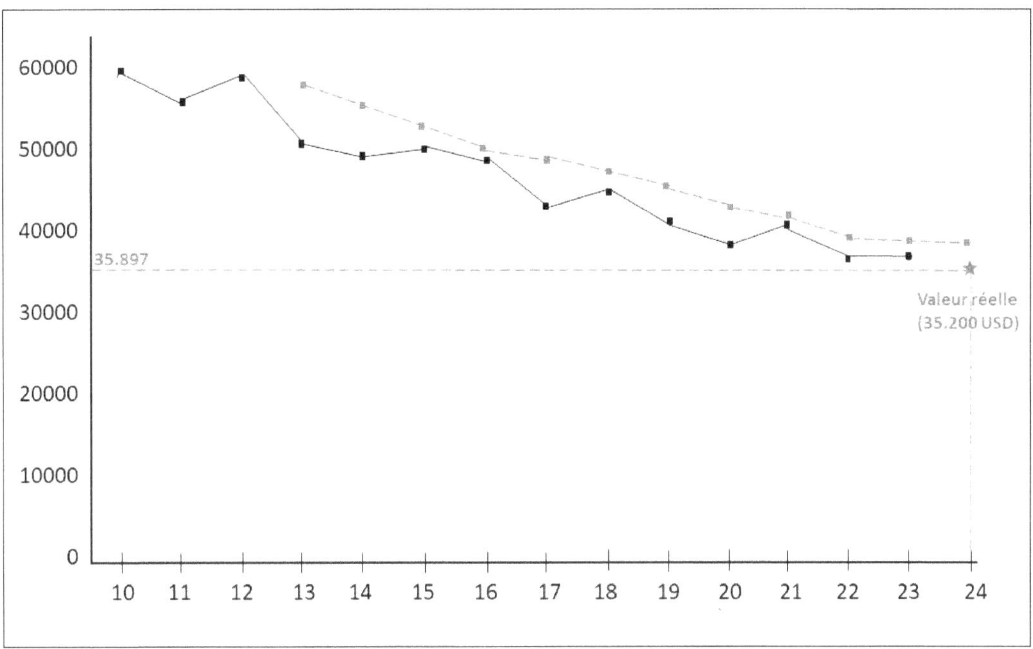

b-1-2 : La prédiction pour le 24 Mai 2021 est :

D'après la courbe d'ajustement linéaire obtenue grâce à la méthode des moyennes mobiles présentée ci-dessus, la valeur de la crypto-monnaie Bitcoin au 24 Mai 2021 est de 38 302 \$.

b-1-3 : En comparant la prédiction de la méthode des moyennes mobiles avec la valeur réelle de la crypto-monnaie Bitcoin au 24 Mai à Minuit sur le marché, cette méthode accuse une erreur absolue de :

$$\text{Erreur Absolue} = \frac{|38\,302 - 35\,200|}{35\,200} = 8{,}09\%$$

Cela signifie que la méthode des moyennes mobiles a surestimé la valeur de la crypto-monnaie à cette date de plus de 8%. Cette erreur est relativement importante et peut avoir des conséquences sur les décisions d'investissement.

b-2 : Calculons la droite d'ajustement linéaire par la méthode empirique :

b-2-1 : Nous avons tracé la droite qui rend le mieux compte de l'évolution de la crypto-monnaie Bitcoin pendant la période du 10 au 23 Mai 2021 à partir des points fournis dans le tableau des données. Nous avons ensuite déterminé l'équation de cette droite en considérant deux points A et B de coordonnées respectives $(11\,;\,55155)$ et $(23\,;\,37379)$ sur cette droite. L'équation de cette droite est :

$$y - y_1 = \frac{y_2 - y_1}{x_2 - x_1}(x - x_1)$$

$$y - 55\,155 = \frac{37\,379 - 55\,155}{23 - 11}(x - 11)$$

$$y = -\frac{17\,776}{12}(x - 11) + 55\,155$$

$$= -\frac{17\,776}{12}x + \frac{857\,396}{12}$$

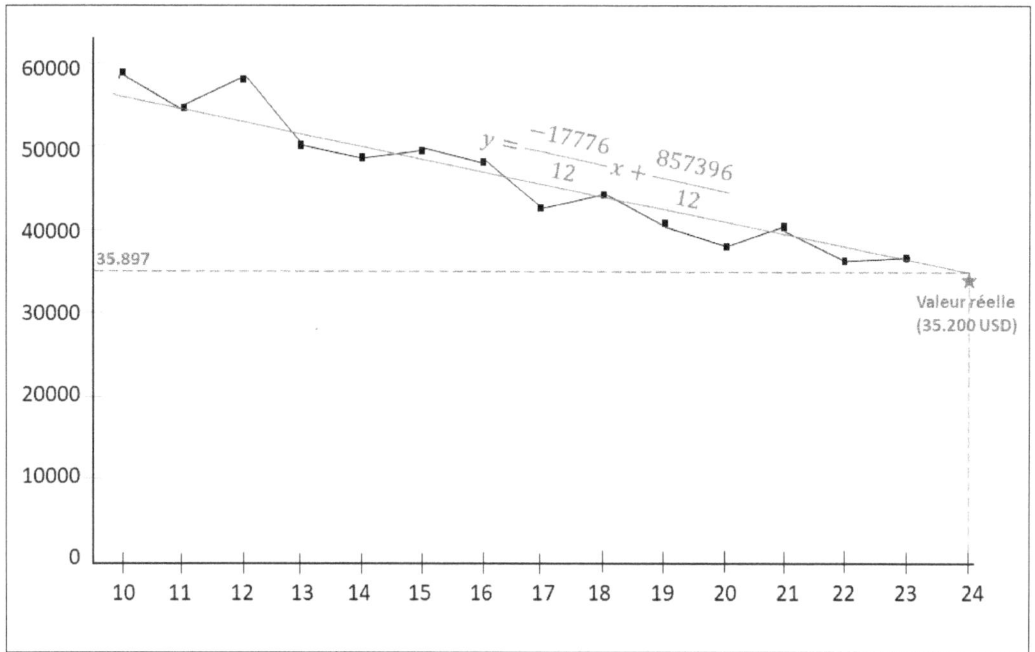

b-2-2 : La prédiction pour le 24 Mai 2021 est :

D'après la courbe d'ajustement linéaire obtenue grâce à la méthode empirique présentée ci-dessus, la valeur de la crypto-monnaie Bitcoin au 24 Mai 2021 est de 35 897 $.

b-2-3 : En comparant cette valeur avec la valeur réelle de la crypto-monnaie Bitcoin au 24 Mai à Minuit sur le marché, cette méthode accuse une erreur absolue de :

$$\text{Erreur Absolue} = \frac{|35\,897 - 35\,200|}{35\,200} = 1,98\%$$

Cette erreur est relativement faible, ce qui indique que la méthode empirique d'interpolation linéaire est assez précise pour estimer la valeur de la crypto-monnaie Bitcoin sur cette période.

b-3 : Calculons la droite d'ajustement linéaire par la méthode la méthode de MAYER:

b-3-1 : Calculons les coordonnées de G et D :

$$\bar{x}_G = 13,\ \bar{y}_G = 52\,972{,}61$$

$$\bar{x}_D = 20,\ \bar{y}_D = 40\,200{,}71$$

L'équation de la droite passant par ces deux points est :

$$y - 52\,972{,}61 = \frac{40\,201.71 - 52\,972.61}{20 - 13}\,(x - 13)$$

$$= \frac{-12\,771{,}9}{7}\,(x - 13) + 52\,972{,}61$$

$$= \frac{-12\,771{,}9}{7}\,x + \frac{536\,842{,}98}{7}$$

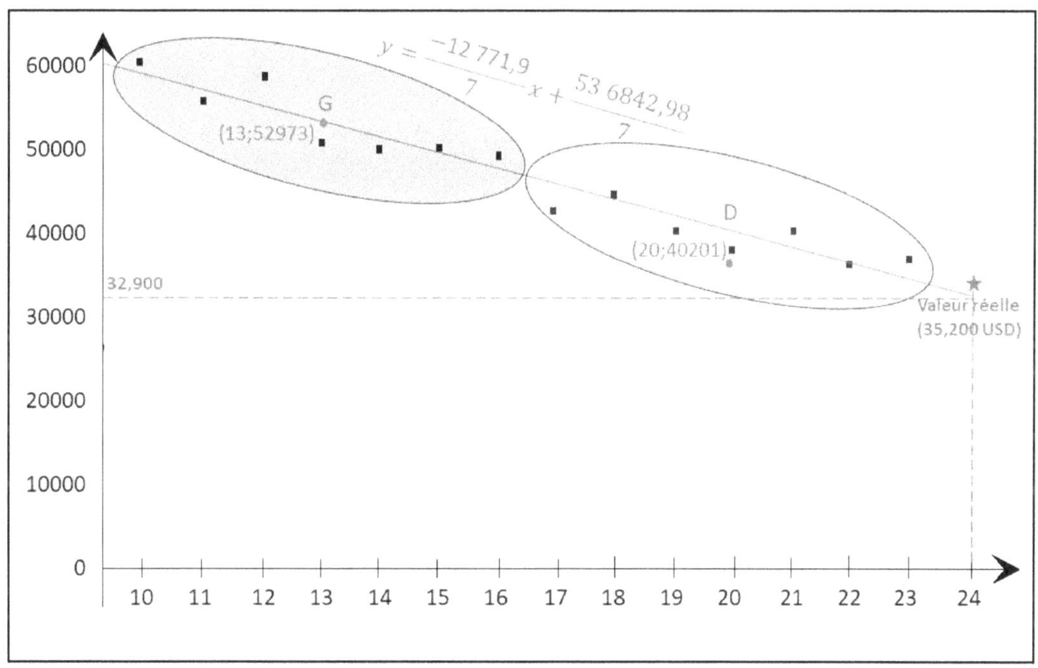

b-3-2 : La prédiction pour le 24 Mai 2021 est :

D'après la courbe d'ajustement linéaire obtenue grâce à la méthode de MAYER présentée ci-dessus, la valeur de la crypto-monnaie Bitcoin au 24 Mai 2021 est de 32 902 $.

b-3-3 : En comparant cette valeur avec la valeur réelle de la crypto-monnaie Bitcoin au 24 Mai à Minuit sur le marché, cette méthode accuse une erreur absolue de :

$$\text{Erreur Absolue} = \frac{|32\,902 - 35\,200|}{35\,200} = 6{,}52\%$$

Bien que cette erreur ne soit pas négligeable, elle reste relativement faible par rapport à l'amplitude des fluctuations des prix de la crypto-monnaie.

b-4 : Calculons la droite d'ajustement linéaire par la méthode des moindres carrés :

x_i	y_i	$x_i y_i$	x_i^2
10	$59,564.46	595,644.63	100
11	$55,154.55	606,700.00	121
12	$57,934.71	695,216.53	144
13	$50,756.20	659,830.58	169
14	$49,260.33	689,644.63	196
15	$49,704.13	745,561.98	225
16	$48,433.88	774,942.15	256
17	$42,792.56	727,473.55	289
18	$44,703.31	804,659.50	324
19	$40,701.65	773,331.40	361
20	$38,300.00	766,000.00	400
21	$40,649.59	853,641.32	441
22	$36,878.51	811,327.27	484
23	$37,379.34	859,724.79	529
231	652,213.22	10,363,698.35	4,039

b-4-1 : Calculons la droite d'ajustement linéaire :

$$\bar{\bar{x}} = \frac{1}{n} \sum_{i=1}^{i=14} x = \frac{231}{14}$$

$$= 16,5$$

$$\bar{\bar{y}} = \frac{1}{n} \sum_{j=1}^{j=14} y_i = \frac{652\,213,22}{14}$$

$$= 46\,586,65$$

$$\bar{\bar{x}}\bar{\bar{y}} = 16,5 \times 46\,586,65 = 768\,679,866$$

$$V(X) = \frac{1}{n} \sum_{i=1}^{i=14} x_i^2 - \bar{\bar{x}}^2 = \frac{4039}{14} - (16,5)^2$$

$$= 16,25$$

$$\text{COV}(X,Y) = \frac{1}{n}\sum_{i=1}^{i=20} x_i y_i - \bar{\bar{x}}\,\bar{\bar{y}} = \frac{10\,363\,698,35}{14} - 768\,679,866$$

$$= -28\,415,698$$

Le coefficient de la droite d'ajustement est :

$$a = \frac{\text{COV}(X,Y)}{V(X)} = \frac{-28\,415,698}{16,25}$$

La droite d'ajustement est donc :

$$y = \frac{-28\,415,698}{16,25}x + b$$

Puisque le point moyen$(\bar{\bar{x}}, \bar{\bar{y}})$ est sur cette droite :

$$b = y - x\left(\frac{-28\,415,698}{16,25}\right)$$

$$= 46\,586,65 - 16,5\left(\frac{-28\,415,698}{16,25}\right)$$

$$= \frac{1\,225\,892,0795}{16,25}$$

La droite d'ajustement linéaire par la méthode des moindres carrés a pour équation :

$$y = \left(\frac{\text{COV}(X,Y)}{V(X)}\right)x + \left[\bar{\bar{y}} - \left(\frac{\text{COV}(X,)}{V(X)}\right)\bar{\bar{x}}\right]$$

$$y = \left(\frac{-28\,415,698}{16,25}\right)x + \left[46\,586,65 - \left(\frac{-28\,415,698)}{16,25}\right)16,5\right]$$

$$= \frac{-28\,415,698}{16,25}x + \frac{1\,225\,892,0795}{16,25}$$

Cette équation aurait pu être trouvée directement par la formule :

$$y = \left(\frac{\text{COV}(X,Y)}{V(X)}\right)x + \left[\bar{\bar{y}} - \left(\frac{\text{COV}(X,Y)}{V(X)}\right)\bar{\bar{x}}\right]$$

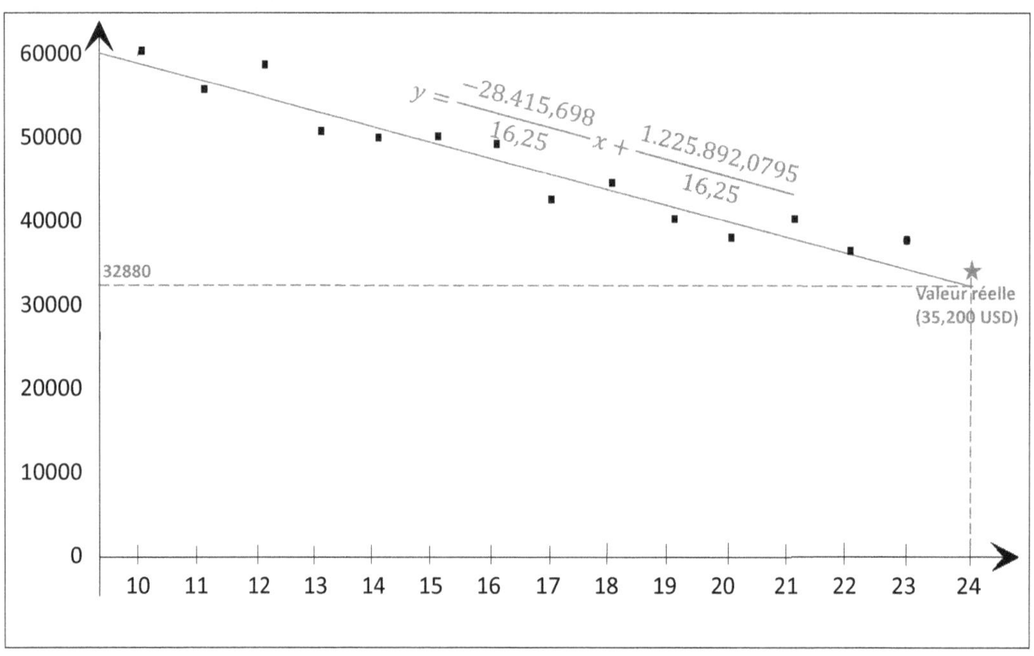

$$y = \frac{-28.415,698}{16,25}x + \frac{1.225.892,0795}{16,25}$$

b-4-2 : La prédiction pour le 23 Mai 2021 est :

D'après la courbe d'ajustement linéaire obtenue grâce à la méthode des moindres carrés présentée ci-dessus, la valeur de la crypto-monnaie Bitcoin au 24 Mai 2021 est de 32 880 $.

b-4-3 : En comparant cette valeur avec la valeur réelle de la crypto-monnaie Bitcoin au 24 Mai à Minuit sur le marché, cette méthode accuse une erreur absolue de :

$$\text{Erreur Absolue} = \frac{|32\,880 - 35\,200|}{35\,200} = 6{,}5\%$$

Bien que cette erreur ne soit pas négligeable, elle reste relativement faible par rapport à l'amplitude des fluctuations des prix de la crypto-monnaie.

• **Exercice 39 :** On se propose d'étudier les fossiles d'un poisson trouvés dans un lac asséché. Ci-contre les valeurs relevées sur la longueur de leurs crânes et celles de leurs nageoires dorsales en centimètres.

a. Calculer la variance du crâne.

b. Calculer la variance de la nageoire dorsale

c. Calculer la covariance du crâne et de la nageoire dorsale.

d. Déterminer par la méthode des moindres carrés, l'équation de la droite de régression de la nageoire dorsale par rapport au crâne.

e. Calculer le coefficient de corrélation linéaire et fournir son commentaire.

f. On a trouvé un crâne d'une longueur de 58,29 Cm sans nageoire dorsale, déterminer la longueur prédite de cette nageoire dorsale manquante.

	longueur crânes x_i (cm)	Longueur nageoires dorsales y_i (cm)
1	11.2	16.7
2	6.1	9.4
3	8.7	12.9
4	3.5	4.8
5	16.3	24.4
6	5.7	8.3
7	19.4	28.8
8	22.1	33.5
9	40.9	61.2
10	7.7	11.8
11	12.2	18.6
12	17.5	26.3
13	33.3	50.7
14	10.5	15.7
15	25.4	38.2
16	2.8	4.2
17	52.7	79.5
18	19.9	30.1
19	46.6	80.8
20	13.2	19.5
21	35.5	52.7
Total	411.2	628.10
Moyennes	19.58	29.91

Solution

	x_i	y_i	$x_i y_i$	x_i^2	y_i^2
1	11.2	16.7	187.04	125.44	278.89
2	6.1	9.4	57.34	37.21	88.36
3	8.7	12.9	112.23	75.69	166.41
4	3.5	4.8	16.80	12.25	23.04
5	16.3	24.4	397.72	265.69	595.36
6	5.7	8.3	47.31	32.49	68.89
7	19.4	28.8	558.72	376.36	829.44
8	22.1	33.5	740.35	488.41	1122.25
9	40.9	61.2	2,503.08	1672.81	3745.44
10	7.7	11.8	90.86	59.29	139.24
11	12.2	18.6	226.92	148.84	345.96
12	17.5	26.3	460.25	306.25	691.69
13	33.3	50.7	1,688.31	1108.89	2570.49
14	10.5	15.7	164.85	110.25	246.49
15	25.4	38.2	970.28	645.16	1459.24
16	2.8	4.2	11.76	7.84	17.64
17	52.7	79.5	4,189.65	2777.29	6320.25
18	19.9	30.1	598.99	396.01	906.01
19	46.6	80.8	3,765.28	2171.56	6528.64
20	13.2	19.5	257.40	174.24	380.25
21	35.5	52.7	1,870.85	1260.25	2777.29
Total	411.2	628.10	18,915.99	12252.22	29301.27
Moyenne	19.58	29.91			

Du tableau de données ci-dessus on peut lire :

$$\bar{\bar{x}} = 19,58$$
$$\bar{\bar{y}} = 29,91$$

a: Calculons la variance du crâne:

$$V(x) = 12\,252,22 - (19,58)^2 = 11\,868,81$$

b: Calculons la variance de la nageoire dorsale :

$$V(y) = 29\,301.27 - (29,91)^2 = 28\,406,69$$

c: Calculons la covariance du crâne et de la nageoire dorsale :

$$COV(x,y) = 18\,915,99 - (19,58 \times 29,91) = 18\,330,33$$

d: Calculons l'équation de la droite de régression de la nageoire dorsale par rapport au crâne :

$$a = \frac{COV(x,y)}{V(x)} = \frac{18\,330,33}{11\,868,81}$$

$$= 1,54$$

La droite de régression de la nageoire dorsale sur le crâne est de la forme :

$$y = 1,54x + b$$

Le point moyen $(\bar{\bar{x}}, \bar{\bar{y}})$ est sur cette droite

$$29,91 = 1,54(19,58) + b$$
$$b = -0,2432$$

L'équation de la droite d'ajustement linéaire est donc :

$$y = 1,54x - 0,2432$$

e: Calculons le coefficient de corrélation linéaire

$$\rho = \frac{\text{COV}(X,Y)}{\sqrt{V(X)V(Y)}} = \frac{18\,330,33}{\sqrt{11\,868,81 \times 28\,406,69}}$$
$$= \frac{18\,330,33}{18\,361,74}$$
$$= 0,99829$$

<u>INTERPRETATION DES RESULTATS</u>

La valeur du coefficient de corrélation linéaire trouvé est très proche de 1, ce qui signifie qu'il y a une forte corrélation positive entre la longueur du crâne et celle de la nageoire dorsale des fossiles étudiés.

Cela signifie que plus la longueur du crâne est grande, plus la longueur de la nageoire dorsale est grande également. Ainsi, on peut affirmer que ces fossiles appartiennent bien à la même espèce de poisson.

f. Calculons la longueur de la nageoire dorsale manquante dont le crâne trouvé mesure 58,29 Cm :

En reprenant l'équation de la droite d'ajustement linéaire

$$y = 1,54x - 0,2432$$

On a :

$$y = 1,54 \times (58,29) - 0,2432$$

$$= 89,52 \text{ Cm}$$

La nageoire dorsale manquante mesure 89,52 Cm

9.7 Exercice de Synthèse

• **Exercice 40 :**

9.7.1 Origine des données

Les données utilisées dans cet exercice de synthèse sont des données réelles sur les 216 communes d'un pays africain. Nous les avons codifiées numériquement pour préserver leur anonymat. Elles ont été rassemblées, organisées, analysées pour être utilisées dans cette étude dont les résultats et interprétations n'engagent que ses auteurs. Le choix de ces données repose sur leur exhaustivité et leur capacité à générer différents types de séries statistiques, permettant d'aborder de nombreux aspects dans un même exercice.

9.7.2 Présentation de l'étude

Cette étude est divisée en trois parties. La première partie est consacrée à l'analyse de la distribution de la population de ce pays dans différentes communes. La deuxième partie examine la répartition de la superficie sur l'ensemble des communes. La troisième partie est une analyse bidimensionnelle qui étudie à la fois la population et la superficie du pays, permettant de déterminer l'existence ou non de dépendance fonctionnelle. Pour chacun de ces cas, les résultats statistiques ont été soigneusement examinés et ont conduit à des conclusions pertinentes.

Le tableau ci-dessous présente les 216 communes du pays :

Nbr	Pop.	Sup. (km^2)	Nbr	Pop.	Sup. (km^2)	Nbr	Pop.	Sup. (km^2)
1	252181	81.7	73	439079	11488	145	340597	1960
2	49297	3.9	74	221932	13434	146	148363	14.3
3	17360	192.2	75	220854	12848	147	64230	34.2
4	69147	4.7	76	122012	12833	148	126074	36.1
5	74708	2.9	77	12273	753.4	149	75070	15
6	49173	2.9	78	6093	291.6	150	88732	4
7	52820	358.9	79	92568	10559	151	26581	2
8	126589	23.2	80	112436	15397	152	35780	641.4
9	97214	6.8	81	203243	17411	153	27805	53.3
10	74888	5	82	119627	13277	154	121836	40.6
11	160719	6.6	83	214404	14733	155	44743	39
12	82303	3.4	84	359450	15498	156	20078	102.1
13	113968	5.3	85	149605	27910	157	97281	197.5
14	108939	5.6	86	157760	19718	158	123425	142.5
15	159775	23.7	87	69718	16797	159	95809	23081
16	74447	3.2	88	111806	17494	160	99607	17861
17	128197	27.1	89	137746	22567	161	161174	24963
18	104904	4.9	90	140875	19996	162	114081	30363
19	117774	16.6	91	47566	36385	163	82844	24700
20	157010	11.4	92	64664	768	164	171008	40214
21	158080	69.7	93	31662	59.9	165	80850	13400
22	353209	76.9	94	67378	18.5	166	179480	20503
23	28963	1076.8	95	62298	809.5	167	242629	14222
24	52676	7948.8	96	62622	23.9	168	217054	19865
25	20785	88.7	97	28957	230.2	169	180164	30512
26	337368	12.8	98	91226	24430	170	213230	24350
27	55645	8.5	99	59646	47087	171	171453	34198
28	32815	28.5	100	119637	42196	172	98788	15250
29	50345	11.4	101	110411	26665	173	184633	13403
30	11824	25.1	102	245548	15770	174	74227	1727
31	102633	4265	103	65927	19073	175	88492	12059
32	244900	3090	104	116871	22436	176	84363	21675
33	122782	3620	105	74972	18098	177	105887	26676
34	183709	3270	106	93434	25417	178	79052	25894
35	386121	8507	107	116538	38075	179	131765	22673
36	197675	8190	108	48862	34704	180	123366	22466
37	140825	6784	109	99419	9128	181	55212	14.2
38	234291	7968	110	112233	22909	182	96950	20.4
39	92956	4680	111	215679	8605	183	75644	4.8
40	54899	3371	112	60138	7204	184	120016	10.3
41	34405	20	113	122499	32446	185	138413	14
42	12988	112	114	158258	13108	186	125085	1747
43	16249	90	115	109269	16015	187	63575	1480
44	150788	24184	116	227268	10305	188	86960	2397
45	85640	12070	117	295107	8730	189	127120	1836
46	85590	41824	118	84031	36783	190	191635	2021
47	232528	18773	119	551137	8184	191	58366	10530
48	92693	25074	120	422919	5221	192	84808	17682
49	88154	5318	121	396062	6740	193	76056	26346
50	555124	13404	122	115659	405	194	169955	25490
51	428962	14327	123	137065	23475	195	77438	12229
52	214231	16898	124	619827	18096	196	258568	12054
53	477458	18926	125	604210	7484	197	265237	11747
54	291310	14572	126	479064	5289	198	21811	2100
55	22648	36	127	478450	4734	199	227801	5726
56	50198	20	128	149164	21181	200	188112	14373
57	35093	18	129	56017	24953	201	136463	22480
58	41357	18	130	60448	19805	202	50756	221.8
59	268960	18126	131	52907	16055	203	65635	24
60	114839	19187	132	171600	14542	204	42612	44
61	92597	19264	133	246959	16201	205	41593	153
62	278346	26648	134	112580	19513	206	98097	300
63	99583	6749	135	54958	27	207	178573	8601
64	75632	274.9	136	64274	10	208	119993	14702
65	61659	185.1	137	48718	23	209	266863	12881
66	84484	21239	138	365675	1800	210	187593	8961
67	98246	24598	139	320022	3148	211	139748	13223
68	90255	17328	140	204843	15786	212	111133	8450
69	119993	13842	141	215895	11172	213	530257	26217
70	45824	8608	142	173948	25216	214	167258	15634
71	23445	7091	143	226811	5707	215	231440	20155
72	35760	10736	144	92247	281	216	56695	25175

9.7.3 Questions

9.7.3.1 Étude de la population

1. En traitant les caractères « *nombre de communes dont la population est comprise entre deux valeurs* », il est demandé de faire le dépouillement, de découper la série, de grouper les données et de représenter la série (on prendra des classes d'amplitudes 60 000 habitants).

2. Représenter l'histogramme des effectifs ainsi que le polygone des effectifs.

3. Définir la fonction de répartition et tracer les courbes des fréquences cumulées.

4. Calculer toutes les caractéristiques de tendance centrale :
   a. La population modale.
   b. La population moyenne.
   c. La population médiane.

5. Quel est le pourcentage de municipalités dont la population est inférieure à la moyenne ?

6. Calculer toutes les caractéristiques de dispersion :
   a. La distance interquartile.
   b. La variance.
   c. L'écart-type.
   d. Le coefficient de variation.

7. Calculer le pourcentage de la population occupée par :
   a. 50% des communes les moins peuplées.
   b. 25% des communes les moins peuplées.
   c. 10% des communes les plus peuplées.

8. Calculer le pourcentage de municipalités ayant une population :
   a. Inférieure à la moyenne moins l'écart type.
   b. Inférieure à la moyenne plus l'écart type.
   c. Entre la moyenne moins l'écart type et la moyenne plus l'écart type.
   d. Inférieure à celle de la Guadeloupe (île française dans les Caraïbes avec 395 700 habitants).

9. Calculer toutes les caractéristiques de forme
   a. Le coefficient d'asymétrie de YULE.
   b. Le coefficient d'asymétrie de PEARSON.
   c. Le coefficient d'asymétrie de FISHER.
   d. Le coefficient d'aplatissement de FISHER.

10. Calculer toutes les caractéristiques de concentration :
   a. La médiale de la distribution.
   b. Le pourcentage de communes dont la population est inférieure à la médiale.
   c. Tracer la courbe de LORENZ.
   d. Calculer l'indice de GINI par la méthode graphique (méthode des trapèzes).
   e. Calculer l'indice de GINI par le calcul des intégrales.

9.7.3.2 Étude de la superficie

1. En traitant les caractères *« nombre de communes dont la superficie est comprise entre deux valeurs »*, il est demandé de faire le dépouillement, de découper la série, de grouper les données et de représenter la série (on prendra des classes d'amplitudes 5000 Km^2)

2. Représenter l'histogramme des effectifs ainsi que le polygone des effectifs.

3. Définir la fonction de répartition et tracer les courbes des fréquences cumulées.

4. Calculer toutes les caractéristiques de tendance centrale :
   a. La superficie modale.
   b. La superficie moyenne.
   c. La superficie médiane.

5. Quel est le pourcentage de communes ayant une superficie inférieure à la moyenne.

6. Calculer toutes les caractéristiques de dispersion :
   a. La distance interquartile.
   b. La variance.
   c. L'écart-type.
   d. Le coefficient de variation.

7. Calculer le pourcentage de municipalités ayant une superficie :
   a. Occupée par 50% des communes les plus petites.
   b. Occupée par 25% des communes les plus petites.
   c. Occupée par 10% des communes les plus grandes.

8. Calculer le pourcentage de municipalités ayant une superficie :
   a. Inférieure à la moyenne moins l'écart type.
   b. Inférieure à la moyenne plus l'écart type.
   c. Comprise entre la moyenne moins l'écart type et la moyenne plus l'écart type.
   d. Supérieure à celle de la région Parisienne (qui mesure 12012 Km^2).

9. Calculer toutes les caractéristiques de forme :
   a. Le coefficient d'asymétrie de YULE.
   b. Le coefficient d'asymétrie de PEARSON.
   c. Le coefficient d'asymétrie de FISHER.
   d. Le coefficient d'aplatissement de FISHER.

10. Calculer toutes les caractéristiques de concentration :
   a. La médiale de la distribution.
   b. Le pourcentage de communes dont la superficie est inférieure à la médiale.
   c. Tracer la courbe de LORENZ.
   d. Calculer l'indice de GINI par la méthode graphique (méthode des trapèzes).
   e. Calculer l'indice de GINI par le calcul des intégrales.

9.7.3.3 Étude de la superficie et de la population (Série à deux dimensions)

En considérant les mêmes données que dans les deux précédentes séries, on désire étudier la répartition de la population de ces entités administratives selon leurs superficies.

On appellera X la variable statistique correspondant à la population et Y la variable statistique correspondant à la superficie.

1. Elaborer les tableaux de contingence (effectifs et fréquences) à partir des informations brutes (population et superficie).

2. Donner le tableau de la distribution marginale de X et de Y.

3. Donner la loi conditionnelle de Y sachant que la population d'une commune est comprise entre 60 000 et 120 000 personnes.

4. Donner la loi conditionnelle de X sachant que la superficie d'une commune est comprise entre 10 000 et 15 000 Km^2.

5. Calculer les caractéristiques marginales de X (moyenne et variance).

6. Calculer les caractéristiques marginales de Y (moyenne et variance).

7. Vérifier que les moyennes marginales sont égales aux moyennes des moyennes conditionnelles pondérées par les fréquences marginales de la variable de liaison.

8. Reprendre les données brutes sur la surface et la population des communes :
  a. Dresser le tableau statistique à deux entrées représentant la superficie et la population.
  b. Ranger ce tableau par ordre croissant de la superficie.
  c. Calculer la variance de la superficie des communes.
  d. Calculer la variance de la population des communes.
  e. Calculer la covariance de la surface et de la population des communes.
  f. Déterminer par la méthode des moindres carrés, l'équation de la droite de régression de la surface par rapport à la population des communes.
  g. Calculer le coefficient de corrélation linéaire et donner une interprétation.

9.7.4 Solutions

9.7.4.1 Étude de la population

1-a : Pour effectuer le dépouillement de cette série, nous allons d'abord ranger les communes par ordre croissant de population.

Nbr	Population	Nbr	Population	Nbr	Population
1	6093	73	82844	145	149164
2	11824	74	84031	146	149605
3	12273	75	84363	147	150788
4	12988	76	84484	148	157010
5	16249	77	84808	149	157760
6	17360	78	85590	150	158080
7	20078	79	85640	151	158258
8	20785	80	86960	152	159775
9	21811	81	88154	153	160719
10	22648	82	88492	154	161174
11	23445	83	88732	155	167258
12	26581	84	90255	156	169955
13	27805	85	91226	157	171008
14	28957	86	92247	158	171453
15	28963	87	92568	159	171600
16	31662	88	92597	160	173948
17	32815	89	92693	161	178573
18	34405	90	92956	162	179480
19	35093	91	93434	163	180164
20	35760	92	95809	164	183709
21	35780	93	96950	165	184633
22	41357	94	97214	166	187593
23	41593	95	97281	167	188112
24	42612	96	98097	168	191635
25	44743	97	98246	169	197675
26	45824	98	98788	170	203243
27	47566	99	99419	171	204843
28	48718	100	99583	172	213230
29	48862	101	99607	173	214231
30	49173	102	102633	174	214404
31	49297	103	104904	175	215679
32	50198	104	105887	176	215895
33	50345	105	108939	177	217054
34	50756	106	109269	178	220854
35	52676	107	110411	179	221932
36	52820	108	111133	180	226811
37	52907	109	111806	181	227268
38	54899	110	112233	182	227801
39	54958	111	112436	183	231440
40	55212	112	112580	184	232528
41	55645	113	113968	185	234291
42	56017	114	114081	186	242629
43	56695	115	114839	187	244900
44	58366	116	115659	188	245548
45	59646	117	116538	189	246959
46	60138	118	116871	190	252181
47	60448	119	117774	191	258568
48	61659	120	119627	192	265237
49	62298	121	119637	193	266863
50	62622	122	119993	194	268960
51	63575	123	119993	195	278346
52	64230	124	120016	196	291310
53	64274	125	121836	197	295107
54	64664	126	122012	198	320022
55	65635	127	122499	199	337368
56	65927	128	122782	200	340597
57	67378	129	123366	201	353209
58	69147	130	123425	202	359450
59	69718	131	125085	203	365675
60	74227	132	126074	204	386121
61	74447	133	126589	205	396062
62	74708	134	127120	206	422919
63	74888	135	128197	207	428962
64	74972	136	131765	208	439079
65	75070	137	136463	209	477458
66	75632	138	137065	210	478450
67	75644	139	137746	211	479064
68	76056	140	138413	212	530257
69	77438	141	139748	213	551137
70	79052	142	140825	214	555124
71	80850	143	140875	215	604210
72	82303	144	148363	216	619827

1-b : En groupant les communes par classes d'amplitude 60000 habitants, on obtient le tableau statistique suivant :

Population	Nombre de communes
[0;60000 [	45
[60000;120000 [	78
[120000;180000 [	39
[180000;240000 [	23
[240000;300000 [	12
[300000;360000 [	5
[360000;420000 [	3
[420000;480000 [	6
[480000;540000 [	1
[540000;600000 [	2
[600000;660000 [	2
Total	216

2 : Traçons l'histogramme et polygone des effectifs de la distribution.

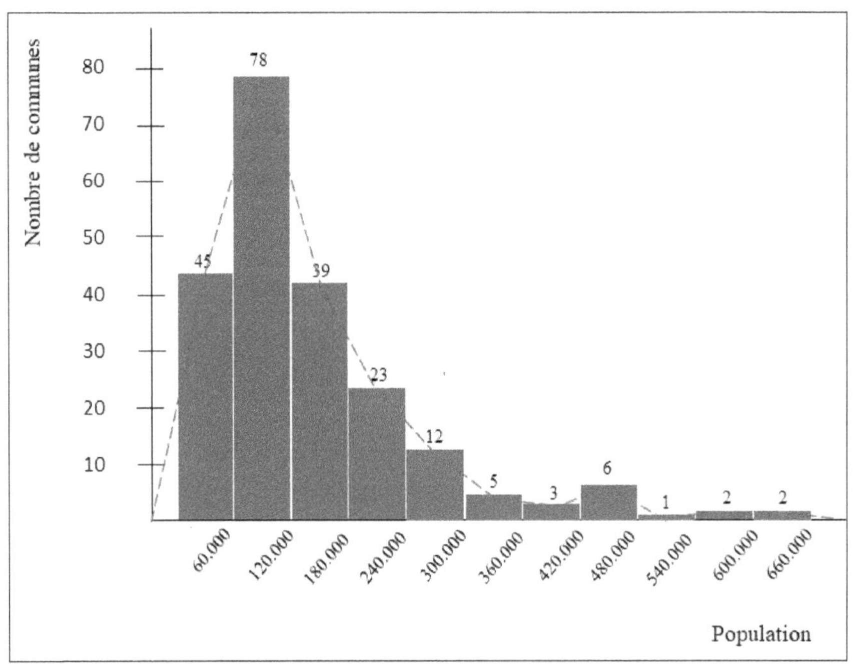

Ce polygone des effectifs a été obtenu en joignant le milieu des paliers de l'histogramme. Nous avons fermé le polygone en prenant à droite et à gauche, le milieu du rectangle fictif.

Les classes ayant été choisies d'amplitudes égales, les rectangles de l'histogramme ont chacune une hauteur proportionnelle à l'effectif de sa classe.

3 : Définissons la fonction de répartition puis traçons les courbes des fréquences cumulées :

3-1 : La fonction de répartition associée à cette série statistique est celle qui à tout nombre x associe le nombre de communes ayant une population strictement inférieure à x (caractère continu).

En effet,

Si

$$x < 0 \qquad F(x) \leq 0$$
$$x \in [0, 60000] \qquad F(x) = 45$$
$$x \in [60000, 120000] \qquad F(x) = 45 + 78 = 123$$
$$x \in [120000, 180000] \qquad F(x) = 45 + 78 + 39 = 162$$
$$x \in [180000, 240000] \qquad F(x) = 45 + 78 + 39 + 23 = 185$$
$$x \in [240000, 300000] \qquad F(x) = 45 + 78 + 39 + 23 + 12 = 197$$
$$x \in [300000, 360000] \qquad F(x) = 45 + 78 + 39 + 23 + 12 + 5 = 202$$
$$x \in [360000, 420000] \qquad F(x) = 45 + 78 + 39 + 23 + 12 + 5 + 3 = 205$$
$$x \in [420000, 480000] \qquad F(x) = 45 + 78 + 39 + 23 + 12 + 5 + 3 + 6 = 211$$
$$x \in [480000, 540000] \qquad F(x) = 45 + 78 + 39 + 23 + 12 + 5 + 3 + 6 + 1 = 212$$
$$x \in [540000, 600000] \qquad F(x) = 45 + 78 + 39 + 23 + 12 + 5 + 3 + 6 + 1 + 2 = 214$$
$$x \in [600000, 660000] \qquad F(x) = 45 + 78 + 39 + 23 + 12 + 5 + 3 + 6 + 1 + 2 + 2 = 216$$

3-2 : Représentons l'histogramme des effectifs ainsi que le polygone des effectifs

Les courbes des fréquences cumulées, seront tracées en fonction du tableau ci-dessous :

Population	Nb communes (n_i)	$n_i\uparrow$	f_i	$f_i\uparrow$	$f_i\downarrow$
[0,60000 [	45	45	20.83	20.83	100.00
[60000,120000 [	78	123	36.11	56.94	79.17
[120000,180000 [	39	162	18.06	75.00	43.06
[180000,240000 [	23	185	10.65	85.65	25.00
[240000,300000 [	12	197	5.56	91.20	14.35
[300000,360000 [	5	202	2.31	93.52	8.80
[360000,420000 [	3	205	1.39	94.91	6.48
[420000,480000 [	6	211	2.78	97.69	5.09
[480000,540000 [	1	212	0.46	98.15	2.31
[540000,600000 [	2	214	0.93	99.07	1.85
[600000,660000 [	2	216	0.93	100.00	0.93
Total	216		100.00		

Les courbes des fréquences cumulées croissantes et décroissantes sont :

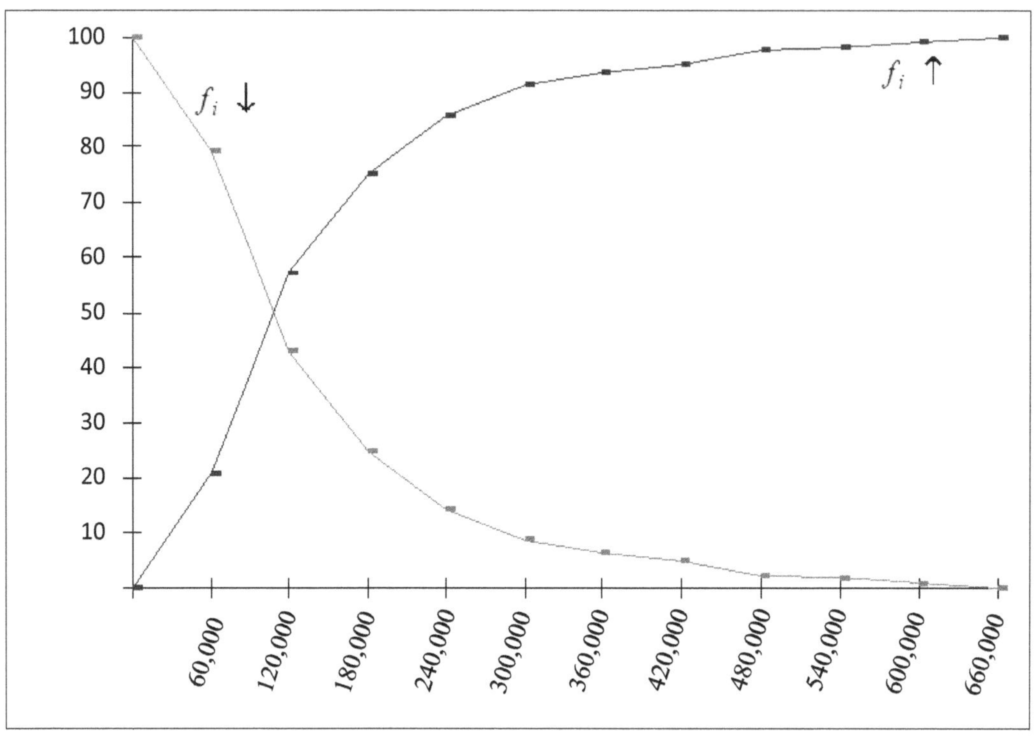

4 : Calculons les caractéristiques de tendance centrale :

Le tableau suivant montre les données nécessaires pour résoudre cet exercice :

Population	x_i	n_i	$x_i n_i$	$x_i n_i^{\,2}$	f_i	q_i	f_i↑	q_i↑
[0;60000 [	30000	45	1350000	40500000000	20.83	4.39	20.83	4.39
[60000;120000 [	90000	78	7020000	631800000000	36.11	22.85	56.94	27.25
[120000;180000 [	150000	39	5850000	877500000000	18.06	19.04	75.00	46.29
[180000;240000 [	210000	23	4830000	1014300000000	10.65	15.72	85.65	62.01
[240000;300000 [	270000	12	3240000	874800000000	5.56	10.55	91.20	72.56
[300000;360000 [	330000	5	1650000	544500000000	2.31	5.37	93.52	77.93
[360000;420000 [	390000	3	1170000	456300000000	1.39	3.81	94.91	81.74
[420000;480000 [	450000	6	2700000	1215000000000	2.78	8.79	97.69	90.53
[480000;540000 [	510000	1	510000	260100000000	0.46	1.66	98.15	92.19
[540000;600000 [	570000	2	1140000	649800000000	0.93	3.71	99.07	95.90
[600000;660000 [	630000	2	1260000	793800000000	0.93	4.10	100.00	100.00
Total	Total	216	30720000	7358400000000	100.00	100.00		

4-a : Calculons le mode

$$\text{Mode} = 90\,000$$

$$\text{Classe modale} = [60\,000\,;\,120\,000[$$

4-b : Calculons la moyenne

$$\bar{x} = \frac{1}{n} \sum_{i=1}^{i=11} n_i x_i = \frac{30\,720\,000}{216}$$

$$= 142\,222{,}22 \text{ personnes}$$

4-c : Calculons la médiane

$$M_e = a_i + (a_{i+1} - a_i)\frac{(50 - F_i)}{(F_{i+1} - F_i)}$$

$$= 60\,000 + (120\,000 - 60\,0000)\frac{(50 - 20{,}83)}{(56{,}94 - 20{,}83)}$$

$$= 108\,468{,}57 \text{ personnes}$$

5 : Calculons le pourcentage de communes ayant une population inférieure à la moyenne

On sait que la moyenne $\bar{x} = 142\,222$ personnes

Appelons $P_{<\bar{x}}$ le pourcentage cherché et nous utilisons la formule d'interpolation linéaire en prenant comme base le couple de données $(a_i , f_i \uparrow)$:

$$\bar{x} = a_i + (a_{i+1} - a_i)\frac{(P_{<\bar{x}} - F_i)}{(F_{i+1} - F_i)}$$

$$142\,222 = 120\,000 + (180\,000 - 120\,000)\frac{(P_{<\bar{x}} - 56{,}94)}{(75 - 56{,}94)}$$

$$P_{<\bar{x}} = 63{,}63\%$$

Interpretation des resultats

4-a. La population modale, qui est la valeur la plus fréquente de la population des communes de ce pays, est de 90 000 personnes, et elle correspond à la classe modale [60 000 ; 120 000[. Cela indique que la majorité des communes du pays ont une population qui se situe dans cette classe.

4-b. La population moyenne de toutes les communes du pays est de 142 222 personnes, c'est-à-dire que c'est la population qu'aurait chacune des communes si la totalité de la population du pays était répartie de façon égalitaire entre toutes les communes. Dans ce cas d'espèce, cette valeur donne une idée générale de la taille des communes dans le pays, mais elle ne doit pas être considérée comme une mesure de centralité pertinente si la distribution des populations est très asymétrique.

4-c. La population médiane, qui divise la distribution des populations des communes en deux parties égales, est de 108 468,57 habitants. Autrement dit, il y a autant de communes ayant une population inférieure à la médiane que de communes ayant une population supérieure à la médiane. Dans ce cas d'espèce, cette mesure de tendance centrale est plus robuste que la moyenne, car elle n'est pas affectée par les valeurs extrêmes.

5. Il y a 63,63% de communes ayant une population inférieure à la moyenne. En revanche, seulement 36,37% des communes ont une population supérieure à la moyenne. En d'autres termes, les deux tiers des communes ont une population inférieure à la moyenne et seulement un tiers des communes ont une population supérieure à la moyenne. Cela pourrait prédire des disparités, mais à ce stade on ne peut rien conclure car ces mesures ne sont pas suffisantes pour tirer une telle conclusion.

6 : Calculons les caractéristiques de dispersion

Le tableau suivant montre les données nécessaires pour résoudre cet exercice :

x_i	n_i	$n_i x_i$	$n_i x_i^2$
30000	45	1350000	40500000000
90000	78	7020000	631800000000
150000	39	5850000	877500000000
210000	23	4830000	1014300000000
270000	12	3240000	874800000000
330000	5	1650000	544500000000
390000	3	1170000	456300000000
450000	6	2700000	1215000000000
510000	1	510000	260100000000
570000	2	1140000	649800000000
630000	2	1260000	793800000000
	216	30,720,000	7,358,400,000,000

6-a : La distance interquartile de la distribution est :

$$Q_1 = a_i + (a_{i+1} - a_i)\frac{(25 - F_i)}{(F_{i+1} - F_i)}$$

$$= 60\,000 + (120\,000 - 60\,000)\frac{(25 - 20{,}83)}{(56{,}94 - 20{,}83)}$$

$$= 66\,928{,}82$$

$$Q_3 = a_i + (a_{i+1} - a_i)\frac{(75 - F_i)}{(F_{i+1} - F_i)}$$

$$= 180\,000 + (240\,000 - 180\,000)\frac{(75 - 75)}{(85{,}75 - 75)}$$

$$= 180\,000$$

$$\text{Distance Interquartile} = Q_3 - Q_1$$

$$= 180\,000 - 66\,928{,}82$$

$$= 113\,071{,}18 \text{ personnes}$$

6-b : Calculons la variance :

$$V(x) = \frac{1}{n} \sum_{i=1}^{i=11} n_i x_i^2 - \bar{x}^2$$

$$= \frac{7\,358\,400\,000\,000}{216} - (142\,222{,}2)^2$$

$$= 13\,839\,506\,173$$

6-c : Calculons l'écart-type :

$$\sigma = \sqrt{V(x)}$$

$$= \sqrt{13\,839\,506\,173}$$

$$= 117\,641{,}43 \text{ personnes}$$

6-d : Calculons le coefficient de variation:

$$CV = \frac{\sigma}{|\bar{x}|}$$

$$= \frac{117\,641{,}43}{|142\,222|} \times 100\%$$

$$= 82{,}7\%$$

7 : Calculons le pourcentage de la population occupée par :

7-a : 50% des communes les moins peuplées :

Soit $P_{<50\%}$ le pourcentage cherché, nous utilisons la formule d'interpolation linéaire en prenant comme base le couple de données $(q_i \uparrow, f_i \uparrow)$:

$$P_{<50\%} = Q_i + (Q_{i+1} - Q_i)\frac{(50 - F_i)}{(F_{i+1} - F_i)}$$

$$= 4{,}39 + (27{,}25 - 4{,}39)\frac{(50 - 20{,}83)}{(56{,}94 - 20{,}83)}$$

$$= 22{,}86\%$$

7-b : 25% des communes les moins peuplées.

Soit $P_{25\%<}$ le pourcentage cherché, utilisons la formule d'interpolation linéaire en prenant comme base le couple de données $(a_i, f_i \uparrow)$:

$$P_{<25\%} = Q_i + (Q_{i+1} - Q_i)\frac{(25 - F_i)}{(F_{i+1} - F_i)}$$

$$= 4{,}39 + (27{,}25 - 4{,}39)\frac{(25 - 20{,}83)}{(56{,}94 - 20{,}83)}$$

$$= 7{,}03\%$$

7-c : 10% des communes les plus peuplées.

Soit $P_{10\%>}$ le pourcentage de la population occupée par 10% des communes les plus peuplées. Ce pourcentage peut être obtenu en soustrayant de 100% le pourcentage de la population occupée par 90% des communes les moins peuplées que nous notons $P_{<90\%}$. Nous allons ensuite appliquer et utiliser la formule d'interpolation linéaire en prenant comme base le couple de données $(q_i \uparrow, f_i \uparrow)$:

$$P_{>10\%} = 100 - P_{<90\%}$$

$$= 100 - \left[Q_i + (Q_{i+1} - Q_i)\frac{(90 - F_i)}{(F_{i+1} - F_i)}\right]$$

$$= 100 - \left[62{,}01 + (72{,}56 - 62{,}01)\frac{(90 - 85{,}65)}{(91{,}20 - 85{,}65)}\right]$$

$$= 100 - 70{,}28$$

$$= 29{,}72\%$$

La population des 10% des communes les plus peuplées représente environ 30% de la population totale du pays.

Ce résultat peut être obtenu en utilisant les fréquences cumulées décroissantes.

8 : Calculons le pourcentage de municipalités ayant une population :

8-a : Inférieure à la moyenne moins l'écart-type :

$$\bar{x} - \sigma = 142\,222{,}2 - 117\,641{,}43$$
$$= 24\,580{,}77$$

Appelons $P_{<\bar{x}-\sigma}$ le pourcentage cherché, nous utilisons la formule d'interpolation linéaire en prenant comme base le couple de données $(a_i, f_i \uparrow)$:

$$\bar{x} - \sigma = a_i + (a_{i+1} - a_i)\frac{(P_{<\bar{x}-\sigma} - F_i)}{(F_{i+1} - F_i)}$$

$$24\,580{,}77 = (60\,000 - 0)\,\frac{(P_{<\bar{x}-\sigma} - 0)}{(20{,}83 - 0)}$$

$$P_{<\bar{x}-\sigma} = 8{,}53\%$$

8-b : Inférieure à la moyenne plus l'écart-type

$$\bar{x} + \sigma = 142\,222{,}2 + 117\,641{,}43$$
$$= 259\,863{,}63$$

Appelons $P_{<\bar{x}+\sigma}$ le pourcentage cherché, utilisons la formule d'interpolation linéaire en prenant comme base le couple de données $(a_i, f_i \uparrow)$:

$$\bar{x} + \sigma = a_i + (a_{i+1} - a_i)\,\frac{(P_{<\bar{x}+\sigma} - F_i)}{(F_{i+1} - F_i)}$$

$$259\,863{,}63 = 240\,000 + (300\,000 - 240\,000)\,\frac{(P_{<\bar{x}+\sigma} - 85{,}65)}{(91 - 85{,}65)}$$

$$P_{<\bar{x}+\sigma} = 87{,}42\%$$

8-c : Comprise entre la moyenne moins l'écart-type et la moyenne plus l'écart-type :

$$P_{<\bar{x}+\sigma} - P_{<\bar{x}+\sigma} = 87{,}42\% - 8{,}53\%$$
$$= 78{,}89\%$$

8-d : Inférieure à la population de la Guadeloupe

Soit $P_{<\text{Guad}}$ le pourcentage cherché, utilisons la formule d'interpolation linéaire en prenant comme base le couple de données $(a_i, f_i \uparrow)$:

$$\text{Pop\_Guadeloupe} = a_i + (a_{i+1} - a)\,\frac{(P - F_i)}{(F_{i+1} - F_i)}$$

$$395\,700 = 390\,000 + (450\,000 - 390\,000)\,\frac{P_{<\text{Guad}} - 94{,}91}{(97{,}69 - 94{,}91)}$$

$$P_{<\text{Guad}} = 95{,}17\%$$

95,17% des communes de ce pays ont une population inférieure à celle de la Guadeloupe (l'île française dans les Caraïbes avec 395 700 habitants).

INTERPRÉTATION DES RÉSULTATS

6-a. La distance Interquartile de la distribution des populations des communes du pays est de 113 071 personnes, ce qui signifie que la moitié centrale de la distribution, c'est-à-dire la zone comprise entre le premier quartile (Q1) et le troisième quartile (Q3), a une amplitude de 113 071 personnes.

6-d. Le coefficient de variation de la distribution est de 82,7%, ce qui est un peu élevé d'où la confirmation de l'existence de variation dans la taille des populations des différentes communes. Cette mesure vient confirmer la constatation faite à la **question 5** selon laquelle deux tiers des communes ont une population inférieure à la moyenne, tandis que seulement un tiers des communes ont une population supérieure à la moyenne

7-a. En analysant les communes les moins peuplées, on constate que la moitié d'entre elles représentent seulement 22,86% de la population totale du pays. Cela indique une forte concentration de la population dans les communes les plus peuplées du pays.

7-b. En examinant les 25% des communes les moins peuplées, on constate qu'elles ne représentent que 7,03% de la population totale du pays. Ce chiffre confirme la forte concentration de la population dans les communes les plus peuplées.

7-c. La population des 10% des communes les plus peuplées représente environ 30% de la population totale du pays. Cette constatation renforce l'idée que la distribution est massivement dominée par quelques communes les plus peuplées. Dans une situation normale, une telle concentration de la population peut avoir des implications importantes en matière de développement économique et social, car elle peut engendrer des disparités géographiques dans l'accès aux ressources et aux services.

8-c. Environ 79% des communes du pays ont une population comprise entre la moyenne moins l'écart-type et la moyenne plus l'écart-type, c'est-à-dire dans l'intervalle [24 581 ; 259 863,63] personnes. Cette observation suggère l'existence d'une concentration relative de la population des communes du pays autour de la moyenne, ce qui peut refléter des caractéristiques socio-économiques identiques à ces communes.

8-d. Enfin, il est intéressant de noter que 95,17% des communes du pays ont une population inférieure à celle de la Guadeloupe, une île française située dans les Caraïbes qui compte 395 700 habitants.

9 : Calculons les caractéristiques de forme.

x_i	n_i	$n_i x_i$	$n_i x_i^2$	$n_i(x_i-\bar{x})^3$	$n_i(x_i-\bar{x})^4$
30,000	45	1350000	40500000000	-63598827160493800	7137201714677640000000
90,000	78	7020000	631800000000	-11108633744856000	5801175400091450000000
150,000	39	5850000	877500000000	18349794238683	1427206218564250000
210,000	23	4830000	1014300000000	7161266117969820	485374703551288000000
270,000	12	3240000	874800000000	25034979423868300	3198914037494280000000
330,000	5	1650000	544500000000	33105685871056200	6216512124676120000000
390,000	3	1170000	456300000000	45636078189300400	11307606040237800000000
450,000	6	2700000	1215000000000	174929489711934000	53839409611339700000000
510,000	1	510000	260100000000	49745803840877900	18295401190367300000000
570,000	2	1140000	649800000000	156561385459534000	66973481557689400000000
630,000	2	1260000	793800000000	232111163237311000	113218667401311000000000
	216	30,720,000	7,358,400,000,000	649,596,740,740,741,000	281,252,828,641,975,000,000,000

9-a : Calculons le coefficient d'asymétrie de YULE

$$C_Y = \frac{Q_1 - 2Q_2 + Q_3}{Q_3 - Q_1}$$

$$= \frac{66\,928,82 - 2(108\,468,57) + 180\,000}{180\,000 - 66\,928,82}$$

$$= 0{,}265246016$$

9-b : Calculons le coefficient d'asymétrie de PEARSON

$$\beta_1 = \frac{(\bar{x} - \text{Mode})}{\sigma}$$

$$= \frac{(142\,222 - 90\,000)}{117\,641{,}43}$$

$$= 0{,}4439$$

9-c : Calculons le coefficient d'asymétrie the FISHER :

$$\mu_3 = \frac{\sum_{i=1}^{i=11} n_i (x_i - \bar{x})^3}{\sum_{i=1}^{i=11} n_i} = \frac{649\,596\,740\,740\,741\,000}{216}$$

$$= 3\,007\,392\,318\,244\,171{,}29$$

$$\gamma_1 = \frac{\mu_3}{\sigma^3} = \frac{3\,007\,392\,318\,244\,171{,}29}{(117\,641{,}43)^3}$$

$$= 1{,}85$$

9-d : Calculons le coefficient d'aplatissement the FISHER :

$$\mu_4 = \frac{\sum_{i=1}^{i=11} n_i (x_i - \bar{x})^4}{\sum_{i=1}^{i=11} n_i} = \frac{281\,252\,828\,641\,975\,000\,000\,000}{216}$$

$$= 1\,302\,096\,428\,898\,032\,407\,407{,}4$$

$$\gamma_2 = \frac{\mu_4}{\sigma^4} - 3 = \frac{1\,302\,096\,428\,898\,032\,407\,407{,}4}{(117\,641{,}43)^4} - 3$$

$$= 3{,}7982$$

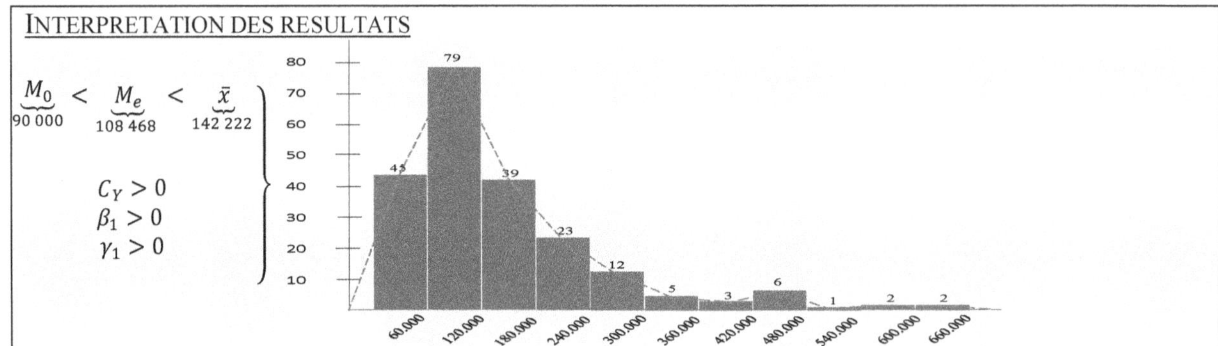

$$\underbrace{M_0}_{90\,000} < \underbrace{M_e}_{108\,468} < \underbrace{\bar{x}}_{142\,222} \left.\begin{array}{c} \\ \\ C_Y > 0 \\ \beta_1 > 0 \\ \gamma_1 > 0 \end{array}\right\}$$

La distribution des populations des communes du pays présente une asymétrie à droite, ce qui signifie que la queue de la distribution est étalée vers la droite. En d'autres termes, la majorité des communes ont de faibles populations, tandis que les communes les plus peuplées sont beaucoup moins nombreuses. Cette observation confirme les résultats obtenus à la **question 5**, où il a été constaté que les deux tiers des communes ont une population inférieure à la moyenne.

$\gamma_2 > 0$, ceci indique que la courbe de cette distribution est plus pointue que celle de la loi normale. Les faibles populations font croître la distribution jusqu'à 79 communes, puis elle décroît brutalement lorsque le décompte passe aux populations élevées. En d'autres termes, il y a une forte concentration de communes avec des populations inférieures à la moyenne.

Ces résultats soulignent l'importance de comprendre les disparités de population entre les communes du pays. Ils peuvent avoir des implications importantes en matière de développement économique et social, car ils peuvent engendrer des disparités géographiques dans l'accès aux ressources et aux services.

10 : Calculons les caractéristiques de concentration :

10-a : Pour calculer la médiale, nous utilisons la formule d'interpolation linéaire en prenant comme base le couple de données $(a_i , q_i \uparrow)$ du tableau suivant :

Population	x_i	n_i	$x_i n_i$	f_i	q_i	$f_i \uparrow$	$q_i \uparrow$
[0;60000 [	30000	45	1350000	20.83	4.39	20.83	4.39
[60000;120000 [	90000	78	7020000	36.11	22.85	56.94	27.25
[120000;180000 [	150000	39	5850000	18.06	19.04	75.00	46.29
[180000;240000 [	210000	23	4830000	10.65	15.72	85.65	62.01
[240000;300000 [	270000	12	3240000	5.56	10.55	91.20	72.56
[300000;360000 [	330000	5	1650000	2.31	5.37	93.52	77.93
[360000;420000 [	390000	3	1170000	1.39	3.81	94.91	81.74
[420000;480000 [	450000	6	2700000	2.78	8.79	97.69	90.53
[480000;540000 [	510000	1	510000	0.46	1.66	98.15	92.19
[540000;600000 [	570000	2	1140000	0.93	3.71	99.07	95.90
[600000;660000 [	630000	2	1260000	0.93	4.10	100.00	100.00
Total	Total	216	30720000	100.00	100.00		

$$\widetilde{\widetilde{M}}_e = a_i + (a_{i+1} - a_i)\frac{(50 - q_i)}{(Q_{i+1} - Q_i)}$$

$$= 180\,000 + (240\,000 - 180\,000)\,\frac{(50 - 46{,}29)}{(62{,}01 - 46{,}29)}$$

$$= 194\,160{,}305 \text{ personnes}$$

10-b : Calculons le pourcentage de communes dont la population est inférieure à la médiale :

Soit $P_{<\text{médiale}}$ le pourcentage cherché, nous utilisons la formule d'interpolation linéaire en prenant comme base le couple de données $(f_i \uparrow, q_i \uparrow)$:

$$P_{<\text{médiale}} = f_i + (f_{i+1} - f_i)\,\frac{(50 - Q_i)}{(Q_{i+1} - Q_i)}$$

$$= 75 + (85{,}65 - 75)\,\frac{(50 - 46{,}29)}{(62{,}01 - 46{,}29)}$$

$$= 77{,}5\%$$

10-c : Traçons la courbe de LORENZ :

Le tracé de la courbe de LORENZ utilise le tableau précédent :

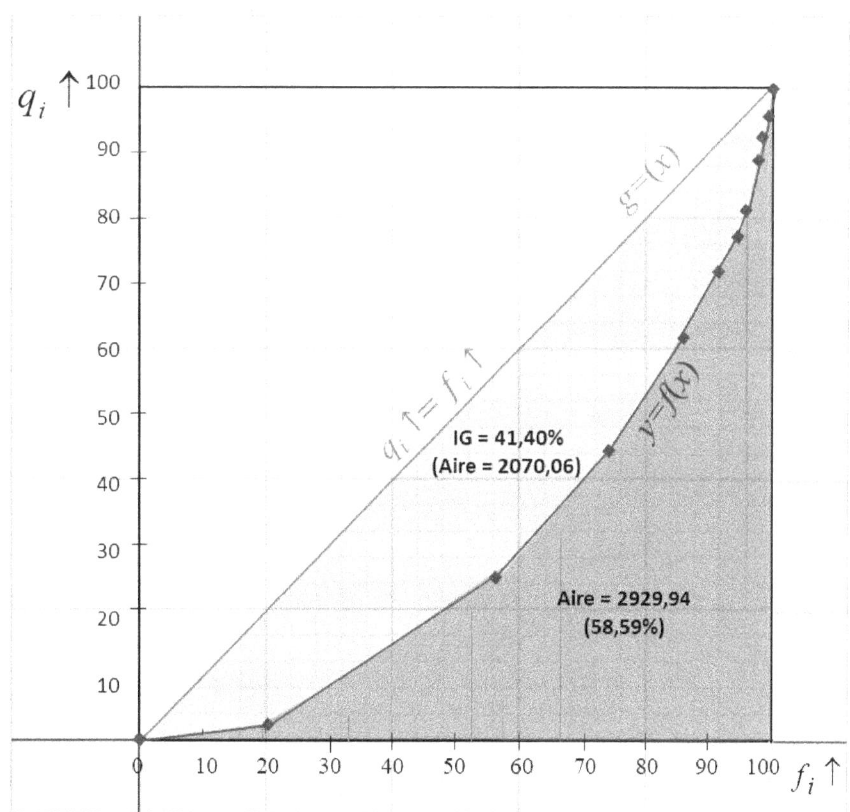

10-d : Calculons l'indice de GINI par la méthode des Trapèzes :

Le tableau suivant fourni les données la suite de cet exercice :

$f_i \uparrow$	$q_i \uparrow$	$H_i = f_{i+1}\uparrow - f_i\uparrow$	$B_i = \dfrac{q_i\uparrow + q_{i+1}\uparrow}{2}$	Aire Trapèze (T_i) $T_i = B_i \times H_i$
20.83	4.39	36.11	15.82	571.29
56.94	27.25	18.06	36.77	663.86
75.00	46.29	10.65	54.15	576.60
85.65	62.01	5.56	67.29	373.81
91.20	72.56	2.31	75.24	174.18
93.52	77.93	1.39	79.83	110.88
94.91	81.74	2.78	86.13	239.26
97.69	90.53	0.46	91.36	42.30
98.15	92.19	0.93	94.04	87.08
99.07	95.90	0.93	97.95	90.69
100.00	100.00			
Total				2929.94

La surface sous la courbe de LORENZ est :

$$\sum_{i=1}^{i=11} (f_{i+1}\uparrow - f_i\uparrow)\frac{(q_i\uparrow + q_{i+1}\uparrow)}{2} = 2\,929,94$$

Il s'ensuit que :

$$\text{Indice de GINI} = 100\% - \left(\frac{2\,929,94}{5\,000}\right)\times 100$$
$$= 100\% - 58,59\%$$
$$= 41,40\%$$

10-e : Calculons l'indice de GINI par le calcul des intégrales :

Nous allons prendre en compte les points critiques $(f_i\uparrow, q_i\uparrow)$ suivants du tableau précédent :

$$(0,0)) - (21,4) - (57,27) - (75,46) - (91,73) - (100,100)$$

Après les calculs, le polynôme d'interpolation obtenu est :

$$y(x) = \frac{427251329}{6793659348840000}x^5 - \frac{92505640501}{6793659348840000}x^4 + \frac{109984820587}{104517836136000}x^3$$
$$- \frac{58358161910161}{2264553116280000}x^2 + \frac{411346371641}{1078358626800}x$$

Evaluons l'aire comprise entre la courbe $q_i\uparrow$ et l'axe des $f_i\uparrow$ dans l'intervalle $[0\,;100]$:

$$\text{Aire} = \int_0^{100} y\, dx = \frac{427251329}{6793659348840000}\left(\frac{10^{12}}{6}\right) - \frac{92505640501}{6793659348840000}\left(\frac{10^{10}}{5}\right) + \frac{109984820587}{104517836136000}\left(\frac{10^8}{4}\right)$$

$$- \frac{58358161910161}{2264553116280000}\left(\frac{10^6}{3}\right) + \frac{411346371641}{1078358626800}\left(\frac{10^4}{2}\right)$$

$$= 2873,54$$

Représentons la courbe et calculons l'indice de concentration de Gini par la méthode d'interpolation :

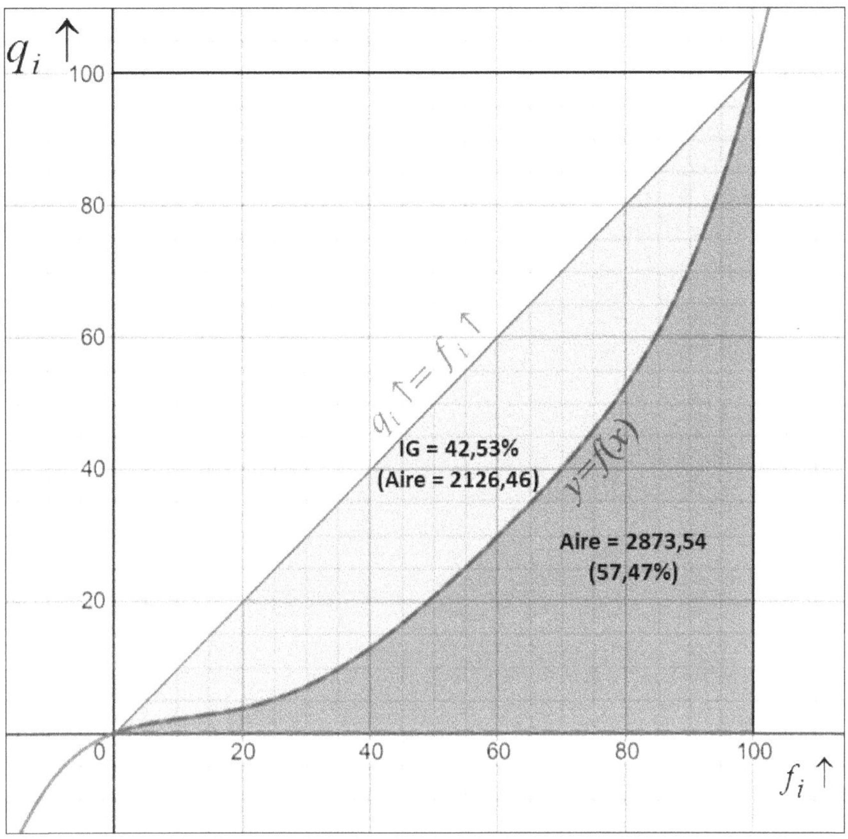

$$\text{Indice de Gini} = 100\% - \left(\frac{\int_0^{100} f(x)\, dx}{5\,000}\right) \times 100$$

$$= 100\% - \left(\frac{2\,873,54}{5\,000}\right) \times 100$$

$$= 42,53\%$$

10-a. La population médiale des communes du pays est définie comme la population à partir de laquelle la somme des populations des communes les moins peuplées est égale à la somme des populations des communes les plus peuplées. Pour ce pays, cette population médiale est de 194 160 personnes. Ainsi, 50% de la population totale du pays vit dans les communes ayant une population égale ou supérieure à cette valeur médiale, tandis que les 50% restants vivent dans les communes ayant une population inférieure à cette valeur. Ce résultat montre une forte concentration de la population dans les communes les plus peuplées, alors que la majorité des communes ont une population relativement faible.

10-b. En regardant de plus près la répartition de la population dans les communes du pays, on peut constater une forte inégalité: 77,5% des communes les moins peuplées, soit plus de trois quarts du total, ne représentent que la moitié de la population nationale. En d'autres termes, l'autre moitié de la population vit dans seulement 22,5% des communes les plus peuplées. Ce déséquilibre est encore plus marqué lorsqu'on applique la loi de Pareto, qui stipule que 80% des effets sont causés par 20% des causes: ici, environ un cinquième de la population nationale qui vit dans les communes les plus peuplées représente les quatre cinquièmes de la population nationale qui vit dans les communes les moins peuplées. Cette concentration de la population dans un petit nombre de communes pose des défis en termes de planification urbaine, de fourniture de services publics et d'aménagement du territoire.

10-c/d. L'indice de GINI de la distribution de la population du pays est de 41,40%, ceci montre que des disparités de populations entre les communes du pays sont importantes. Cela signifie que certaines communes ont une population nettement plus élevée que la plupart des autres, tandis que d'autres ont une population beaucoup plus faible. Cette valeur de l'indice de GINI confirme les écarts entre les populations modales, moyennes et médianes trouvées à la **question 4** tout en corroborant les 82,7% du coefficient de variation trouvés à la **question 6.d** et les valeurs des coefficients de forme trouvées à la **question 9**.

9.7.4.2   Étude de la superficie

1-a : Pour effectuer le dépouillement de cette série, nous allons d'abord ranger les communes par ordre croissant de superficie.

#	Superficie	#	Superficie	#	Superficie
1	2,00	73	809,50	145	15397,00
2	2,90	74	1076,80	146	15498,00
3	2,90	75	1480,00	147	15634,00
4	3,20	76	1727,00	148	15770,00
5	3,40	77	1747,00	149	15786,00
6	3,90	78	1800,00	150	16015,00
7	4,00	79	1836,00	151	16055,00
8	4,70	80	1960,00	152	16201,00
9	4,80	81	2021,00	153	16797,00
10	4,90	82	2100,00	154	16898,00
11	5,00	83	2397,00	155	17328,00
12	5,30	84	3090,00	156	17411,00
13	5,60	85	3148,00	157	17494,00
14	6,60	86	3270,00	158	17682,00
15	6,80	87	3371,00	159	17861,00
16	8,50	88	3620,00	160	18096,00
17	10,00	89	4265,00	161	18098,00
18	10,30	90	4680,00	162	18126,00
19	11,40	91	4734,00	163	18773,00
20	11,40	92	5221,00	164	18926,00
21	12,80	93	5289,00	165	19073,00
22	14,00	94	5318,00	166	19187,00
23	14,20	95	5707,00	167	19264,00
24	14,30	96	5726,00	168	19513,00
25	15,00	97	6740,00	169	19718,00
26	16,60	98	6749,00	170	19805,00
27	18,00	99	6784,00	171	19865,00
28	18,00	100	7091,00	172	19996,00
29	18,50	101	7204,00	173	20155,00
30	20,00	102	7484,00	174	20503,00
31	20,00	103	7948,80	175	21181,00
32	20,40	104	7968,00	176	21239,00
33	23,00	105	8184,00	177	21675,00
34	23,20	106	8190,00	178	22436,00
35	23,70	107	8450,00	179	22466,00
36	23,90	108	8507,00	180	22480,00
37	24,00	109	8601,00	181	22567,00
38	25,10	110	8605,00	182	22673,00
39	27,00	111	8608,00	183	22909,00
40	27,10	112	8730,00	184	23081,00
41	28,50	113	8961,00	185	23475,00
42	34,20	114	9128,00	186	24184,00
43	36,00	115	10305,00	187	24350,00
44	36,10	116	10530,00	188	24430,00
45	39,00	117	10559,00	189	24598,00
46	40,60	118	10736,00	190	24700,00
47	44,00	119	11172,00	191	24953,00
48	53,30	120	11488,00	192	24963,00
49	59,90	121	11747,00	193	25074,00
50	69,70	122	12054,00	194	25175,00
51	76,90	123	12059,00	195	25216,00
52	81,70	124	12070,00	196	25417,00
53	88,70	125	12229,00	197	25490,00
54	90,00	126	12833,00	198	25894,00
55	102,10	127	12848,00	199	26217,00
56	112,00	128	12881,00	200	26346,00
57	142,50	129	13108,00	201	26648,00
58	153,00	130	13223,00	202	26665,00
59	185,10	131	13277,00	203	26676,00
60	192,20	132	13400,00	204	27910,00
61	197,50	133	13403,00	205	30363,00
62	221,80	134	13404,00	206	30512,00
63	230,20	135	13434,00	207	32446,00
64	274,90	136	13842,00	208	34198,00
65	281,00	137	14222,00	209	34704,00
66	291,60	138	14327,00	210	36385,00
67	300,00	139	14373,00	211	36783,00
68	358,90	140	14542,00	212	38075,00
69	405,00	141	14572,00	213	40214,00
70	641,40	142	14702,00	214	41824,00
71	753,40	143	14733,00	215	42196,00
72	768,00	144	15250,00	216	47087,00

1-b : Découpons et représentons la série :

L'étude de cette série est relativement identique à la première, certains passages ne seront donc pas approfondis car les commentaires et les formules utilisées dans la première partie restent valables. De même, en groupant les communes par classes d'amplitude 5 000 Km^2 on a le tableau statistique suivant :

Superficie	Nombre de communes
[0;5000 [	91
[5000;10000 [	23
[10000;15000 [	29
[15000;20000 [	29
[20000;25000 [	20
[25000;30000 [	12
[30000;35000 [	5
[35000;40000 [	3
[40000;45000 [	3
[45000;50000 [	1
Total	216

2 : Traçons l'histogramme et le polygone des effectifs :

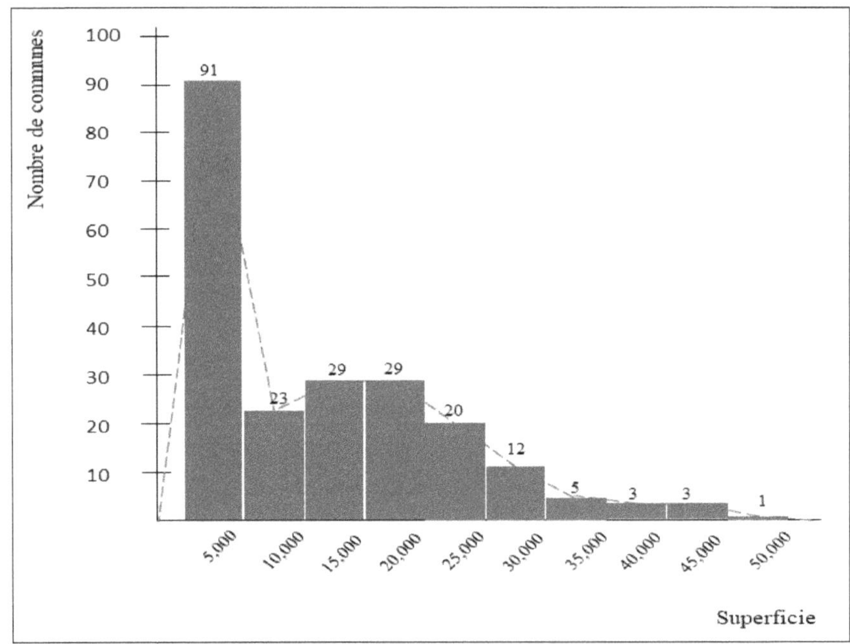

Comme pour la première série, le tracé de l'histogramme ne présente aucune difficulté car toutes les classes sont d'égales amplitudes.

Le polygone des effectifs a été obtenu en joignant le milieu des paliers de l'histogramme. Le polygone a été fermé en prenant le milieu des rectangles fictifs se situant à droite et à gauche de l'histogramme.

3 : Traçons les courbes des fréquences cumulées.

3-1 : La fonction de répartition associée à cette série statistique est celle qui à tout nombre x associe le nombre de communes ayant une superficie strictement inférieure à x (caractère continu).

En effet,

Si

$x < 0$	$F(x) \leq 0$
$x \in [0 \, ; \, 5000]$	$F(x) = 91$
$x \in [5000 \, ; \, 10000]$	$F(x) = 91 + 23 = 114$
$x \in [10000 \, ; \, 15000]$	$F(x) = 91 + 23 + 29 = 143$
$x \in [15000 \, ; \, 20000]$	$F(x) = 91 + 23 + 29 + 29 = 172$
$x \in [20000 \, ; \, 25000]$	$F(x) = 91 + 23 + 29 + 29 + 20 = 192$
$x \in [25000 \, ; \, 30000]$	$F(x) = 91 + 23 + 29 + 29 + 20 + 12 = 204$
$x \in [30000 \, ; \, 35000]$	$F(x) = 91 + 23 + 29 + 29 + 20 + 12 + 5 = 209$
$x \in [35000 \, ; \, 40000]$	$F(x) = 91 + 23 + 29 + 29 + 20 + 12 + 5 + 3 = 212$
$x \in [40000 \, ; \, 45000]$	$F(x) = 91 + 23 + 29 + 29 + 20 + 12 + 5 + 3 + 3 = 215$
$x \in [45000 \, ; \, 50000]$	$F(x) = 91 + 23 + 29 + 29 + 20 + 12 + 35 + 3 + 3 + 1 = 216$

3-2 : Représentons l'histogramme des effectifs ainsi que le polygone des effectifs

Le tableau suivant montre les données nécessaires pour résoudre cet exercice :

Superficie	Nombre de communes	f_i	$f_i \uparrow$	$f_i \downarrow$
[0;5000 [	91	42.13	42.13	100.00
[5000;10000 [	23	10.65	52.78	57.87
[10000;15000 [	29	13.43	66.20	47.22
[15000;20000 [	29	13.43	79.63	33.80
[20000;25000 [	20	9.26	88.89	20.37
[25000;30000 [	12	5.56	94.44	11.11
[30000;35000 [	5	2.31	96.76	5.56
[35000;40000 [	3	1.39	98.15	3.24
[40000;45000 [	3	1.39	99.54	1.85
[45000;50000 [	1	0.46	100.00	0.46
Total	216	100.00		

Traçons les courbes des fréquences cumulées croissantes et décroissantes :

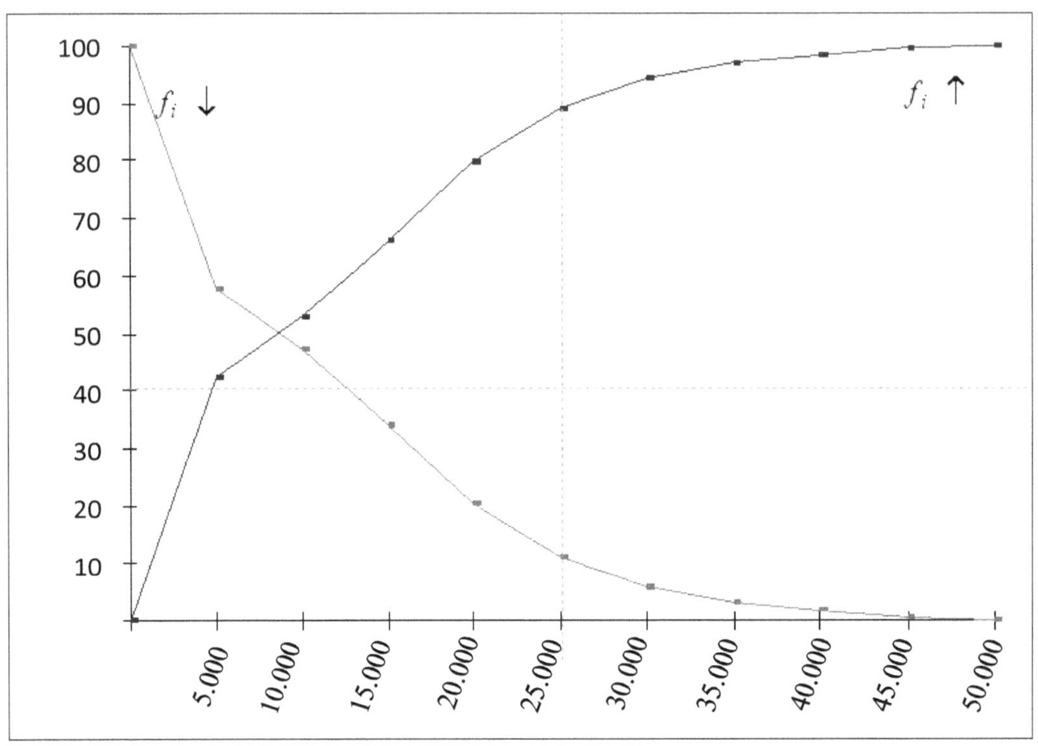

4 : Calculons les caractéristiques de tendance centrale :

Le tableau suivant montre les données nécessaires pour résoudre cet exercice :

Superficie	x_i	n_i	$n_i x_i$	f_i	$f_i \uparrow$
[0;5000 [	2,500	91	227,500	42.13	42.13
[5000;10000 [	7,500	23	172,500	10.65	52.78
[10000;15000 [	12,500	29	362,500	13.43	66.20
[15000;20000 [	17,500	29	507,500	13.43	79.63
[20000;25000 [	22,500	20	450,000	9.26	88.89
[25000;30000 [	27,500	12	330,000	5.56	94.44
[30000;35000 [	32,500	5	162,500	2.31	96.76
[35000;40000 [	37,500	3	112,500	1.39	98.15
[40000;45000 [	42,500	3	127,500	1.39	99.54
[45000;50000 [	47,500	1	47,500	0.46	100.00
Total	Total	216	2,500,000	100.00	

4-a : Calculons le mode :

$$\text{Mode} = 2\,500 \text{ Km}^2$$

$$\text{Classe modale} = [0\,;\,5000[$$

4-b : Calculons la moyenne :

$$\bar{x} = \frac{1}{n} \sum_{i=1}^{i=10} n_i x_i = \frac{2\,500\,000}{216}$$

$$= 11\,574 \text{ Km}^2$$

4-c : Calculons la médiane :

$$M_e = a_i + (a_{i+1} - a_i)\frac{(50 - F_i)}{(F_{i+1} - F_i)}$$

$$= 5\,000 + 5\,000\,\frac{(50 - 42{,}13)}{(52{,}78 - 42{,}13)}$$

$$= 8\,694{,}84 \text{ Km}^2$$

5 : Calculons le pourcentage de communes ayant une superficie inférieure à la moyenne :

On sait que la moyenne $\bar{x} = 11\,574 \text{ Km}^2$

Appelons $P_{<\bar{x}}$ le pourcentage cherché, utilisons la formule d'interpolation linéaire en prenant comme base le couple de données $(a_i, f_i \uparrow)$:

$$\bar{x} = a_i + (a_{i+1} - a_i)\frac{(P_{<\bar{x}} - F_i)}{(F_{i+1} - F_i)}$$

$$11\,574{,}07 = 10\,000 + 5\,000\,\frac{(P_{<\bar{x}} - 52{,}78)}{(66{,}20 - 52{,}78)}$$

$$= 57\%$$

Interpretation des resultats

4-a. La superficie modale est de 2 500 Km^2 et la classe modale est [0 ; 5 000[, ceci traduit que la majorité des communes du pays ont une superficie autour de 2 500 Km^2. Cette information permet de comprendre que la plupart des communes de ce pays sont relativement petites, avec une superficie qui se situe entre 0 et 5 000 Km^2.

4-b. La superficie moyenne de toutes les communes de ce pays est de 11 574 Km^2, c'est-à-dire si la totalité de la superficie nationale était répartie de façon égalitaire entre toutes les communes la superficie de chaque commune serait de 11 574 Km^2. Cette information montre que la répartition de la superficie entre les communes de ce pays est très inégale, avec certaines communes ayant une superficie très importante tandis que d'autres sont très petites. Cette inégalité peut avoir des conséquences sur la gestion des ressources naturelles, l'aménagement du territoire et le développement économique du pays.

4-c. La superficie médiane est à 8 694,84 Km^2, c'est-à-dire en rangeant toutes les 216 communes de ce pays par ordre croissant de superficie (voir dépouillement au début de l'exercice), la superficie médiane est celle qui correspond à la commune se situant au milieu du classement. En d'autres termes, c'est la superficie telle qu'il y ait autant de communes moins grandes que de communes plus grandes. Cette information permet de comprendre que la moitié des communes du pays ont une superficie inférieure à 8 694,84 Km^2 et que l'autre moitié a une superficie supérieure. Cela montre que la répartition de la superficie entre les communes est très inégale.

6 : Calculons les caractéristiques de dispersion :

Le tableau suivant montre les données nécessaires pour résoudre cet exercice :

Superficie	x_i	n_i	$x_i n_i$	$x_i n_i^2$
[0;5000 [	2,500	91	227,500	568,750,000
[5000;10000 [	7,500	23	172,500	1,293,750,000
[10000;15000 [	12,500	29	362,500	4,531,250,000
[15000;20000 [	17,500	29	507,500	8,881,250,000
[20000;25000 [	22,500	20	450,000	10,125,000,000
[25000;30000 [	27,500	12	330,000	9,075,000,000
[30000;35000 [	32,500	5	162,500	5,281,250,000
[35000;40000 [	37,500	3	112,500	4,218,750,000
[40000;45000 [	42,500	3	127,500	5,418,750,000
[45000;50000 [	47,500	1	47,500	2,256,250,000
Total	Total	216	2,500,000	51,650,000,000

6-a : La distance interquartile de la distribution est :

$$Q_1 = a_i + (a_{i+1} - a_i)\frac{(25 - F_i)}{(F_{i+1} - F_i)}$$

$$= 0 + (5\,000 - 0)\frac{(25 - 0)}{(42,13 - 0)}$$

$$= 2\,967$$

$$Q_3 = a_i + (a_{i+1} - a_i)\frac{(75 - F_i)}{(F_{i+1} - F_i)}$$

$$= 15\,000 + (20\,000 - 15\,000)\frac{(75 - 66,2)}{(79,63 - 66,2)}$$

$$= 18\,276,24$$

$$\text{Distance Interquartile} = Q_3 - Q_1$$

$$= 18\,276,24 - 2\,967$$

$$= 15\,309,24 \text{ Km}^2$$

6-b : Calculons la variance :

$$V(x) = \frac{1}{n} \sum_{i=1}^{i=10} n_i x_i^2 - \bar{x}^2$$

$$= \frac{51\,650\,000\,000}{216} - (11\,574{,}07)^2$$

$$= 105\,161\,179{,}70$$

6-c : Calculons l'écart-type :

$$\sigma = \sqrt{V(x)}$$

$$= \sqrt{105\,161\,179{,}70}$$

$$= 10\,254{,}81$$

6-d : Calculons le coefficient de variation:

$$\mathrm{CV} = \frac{\sigma}{|\bar{x}|}$$

$$= \frac{10\,254{,}81}{|11\,574\,|} \times 100$$

$$= 88{,}6\%$$

7 : Calculons le pourcentage de la surface occupée par:

7-a : 50% des communes les plus petites.

Soit $P_{<50\%}$ le pourcentage cherché, nous utilisons la formule d'interpolation linéaire en prenant comme base le couple de données $(q_i \uparrow, f_i \uparrow)$:

$$P_{<50\%<} = Q_i + (Q_{i+1} - Q_i)\frac{(50 - F_i)}{(F_{i+1} - F_i)}$$

$$= 9{,}10 + (16 - 9{,}10)\frac{(50 - 42{,}13)}{(52{,}78 - 42{,}13)}$$

$$= 14{,}2\%$$

7-b : 25% des communes les plus petites.

Soit $P_{<25\%}$ le pourcentage de la superficie cherché et utilisons la formule d'interpolation linéaire en prenant comme base le couple de données $(q_i \uparrow, f_i \uparrow)$:

$$P_{<25\%<} = Q_i + (Q_{i+1} - Q_i)\frac{(25 - F_i)}{(F_{i+1} - F_i)}$$

$$= 0 + 9{,}10\,\frac{(25 - 0)}{(42{,}13 - 0)}$$

$$= 4{,}4\%$$

7-c : 10% des communes les plus grandes :

Soit $P_{>10\%}$ le pourcentage de la superficie occupée par 10% des communes les plus grandes. Ce pourcentage peut être obtenu en soustrayant de 100% le pourcentage de la superficie occupée par 90% des communes les plus petites que nous notons $P_{<90\%}$. Nous allons ensuite appliquer et utiliser la formule d'interpolation linéaire en prenant comme base le couple de données ($q_i \uparrow, f_i \uparrow$) :

$$P_{>10\%} = 100\% - P_{<90\%}$$

$$= 100\% - \left[Q_i + (Q_{i+1} - Q_i)\frac{(90 - F_i)}{(F_{i+1} - F_i)}\right]$$

$$= 100\% - \left[68{,}80 + (82 - 68{,}80)\frac{(90 - 88{,}89)}{(94{,}44 - 88{,}89)}\right]$$

$$= 100 - 71{,}44$$

$$= 28{,}56\%$$

8 : Calculons le pourcentage des communes ayant une superficie :

8-a : Inférieure à la moyenne moins l'écart-type :

$$\bar{x} - \sigma = 11\,574 - 10\,254{,}81$$
$$= 1\,319{,}19 \text{ Km}^2$$

Appelons $P_{<\bar{x}-\sigma}$ le pourcentage cherché, utilisons la formule d'interpolation linéaire en prenant comme base le couple de données ($a_i, f_i \uparrow$) :

$$\bar{x} - \sigma = a_i + (a_{i+1} - a_i)\frac{(P_{<\bar{x}-\sigma} - F_i)}{(F_{i+1} - F_i)}$$

$$1\,319{,}1 = 0 + (5\,000 - 0)\frac{(P_{<\bar{x}-\sigma} - 0)}{(42{,}13 - 0)}$$

$$P_{<\bar{x}-\sigma} = 11{,}12\%$$

8-b : Inférieure à la moyenne plus l'écart-type :

$$\bar{x} + \sigma = 11\,574 + 10\,254,81$$
$$= 21\,828,81 \text{ Km}^2$$

Appelons $P_{<\bar{x}+\sigma}$ le pourcentage cherché, utilisons la formule d'interpolation linéaire en prenant comme base le couple de données $(a_i, f_i \uparrow)$:

$$\bar{x} + \sigma = a_i + (a_{i+1} - a_i)\frac{(P_{<\bar{x}+\sigma} - F_i)}{(F_{i+1} - F_i)}$$

$$21\,828,81 = 20\,000 + (25\,000 - 20\,000)\frac{(P_{<\bar{x}+\sigma} - 79,63)}{(88,89 - 79,63)}$$

$$P_{<\bar{x}+\sigma} = 83,02\%$$

8-c : Comprise entre la moyenne moins l'écart-type et la moyenne plus l'écart-type :

$$P_{<\bar{x}+\sigma} - P_{<\bar{x}-\sigma} = 83,01\% - 11,12\%$$
$$= 71,90\%$$

8-d : Supérieure à celle de la région Parisienne qui a 12012 Km^2 :

Soit $P_{>\text{Paris}}$ le pourcentage des communes ayant une superficie supérieure à celle de la région parisienne. Ce pourcentage peut être obtenu en soustrayant de 100% le pourcentage des communes ayant une superficie inférieure à celle de la région parisienne que nous notons $P_{<\text{Paris}}$. Nous allons ensuite appliquer et utiliser la formule d'interpolation linéaire en prenant comme base le couple de données $(a_i \uparrow, f_i \uparrow)$:

$$P_{>Paris} = 100\% - P_{<Paris}$$

Calculons $P_{<Paris}$

$$12012 = a_i + (a_{i+1} - a)\frac{(P_{<Paris} - F_i)}{(F_{i+1} - F_i)}$$

$$12\,012 = 10\,000 + (15\,000 - 10\,000)\frac{(P_{<Paris} - 52,78)}{(66,20 - 52,78)}$$

$$P_{<\text{Paris}} = 58,18\%$$

$$P_{>\text{Paris}} = 100\% - 58,18\%$$

$$= 41,82\%$$

41,82% des communes de la RDC sont plus grandes que la région parisienne.

6-a. La distance interquartile de la distribution, qui est de 15 309,24 Km², c'est-à-dire l'écart entre la valeur du 3ème quartile (75ème percentile) et celle du 1er quartile (25ème percentile) de la distribution est de 15 309,24 Km². Cela signifie qu'il y a des variations relativement mineures dans les superficies des communes situées dans la moitié centrale de la distribution. Autrement dit, la taille des communes est assez similaire.

6-d. Le coefficient de variation de 88,6 % confirme l'existence de différences significatives dans les tailles des différentes communes du pays. Cela signifie que certaines communes sont beaucoup plus grandes que d'autres, et que la distribution des tailles des communes n'est pas uniforme.

7-a. Le fait que 50% des plus petites communes du pays ne représentent que 14,2% de la superficie totale du pays, met en évidence l'inégalité flagrante dans la répartition de la superficie des communes. Cela signifie que certaines communes ont des superficies beaucoup plus grandes que d'autres, et que la distribution est fortement biaisée en faveur de quelques grandes communes. Cela pourrait avoir des implications pour la gestion des ressources naturelles, la planification territoriale et le développement économique du pays, car certaines communes pourraient avoir plus de ressources et d'opportunités que d'autres.

7-b. On constate que 25% des communes les plus petites ne représentent que 4,4% de la superficie totale du pays. Cela montre que la majorité de la superficie est concentrée dans les communes de taille moyenne à grande.

7-c. L'indicateur selon lequel la superficie des 10% des communes les plus grandes représente environ 29% de la superficie totale du pays est très révélateur. Il montre que la distribution des superficies est fortement dominée par un petit nombre de communes très grandes.

8-c. Environ 72% des communes ont une superficie qui se situe entre la moyenne moins l'écart-type et la moyenne plus l'écart-type, c'est-à-dire dans l'intervalle de [1 319, 21 828] Km². Cela montre qu'il existe une relative concentration de la taille des communes autour de la moyenne. Cette concentration relative peut refléter une certaine cohérence dans l'aménagement du territoire et dans la gestion des ressources naturelles.

8-d. Le fait que 41,82% des communes de ce pays aient une superficie supérieure à celle de la région Parisienne est une information importante. Cela montre à quel point ce pays est vaste et diversifié, avec des régions très différentes en termes de taille. Cette diversité peut présenter des défis en matière de gouvernance et de planification du développement, mais peut également offrir des opportunités de développement régional équilibré et inclusif.

9 : Calculons les caractéristiques de forme :

Le tableau suivant montre les données nécessaires pour résoudre cet exercice :

x_i	n_i	$n_i x_i$	$n_i x_i^{\,2}$	$n_i(x_i-\bar{x})^3$	$n_i(x_i-\bar{x})^4$
2,500	91	227500	568750000	-67990518467713	6169510009107320000
7,500	23	172500	1293750000	-1555301529238	6336413637638050
12,500	29	362500	4531250000	23021134990	21315865731097
17,500	29	507500	8881250000	6034852410710	35762088359761500
22,500	20	450000	10125000000	26085835492557	285011906307567000
27,500	12	330000	9075000000	48472488949855	771969268460657000
32,500	5	162500	5281250000	45816726362851	958757422037442000
37,500	3	112500	4218750000	52278616064624	1355371527601370000
42,500	3	127500	5418750000	88733862978205	2744176873585210000
47,500	1	47500	2256250000	46368592186151	1665834608169110000
	216	2,500,000	51,650,000,000	244,268,175,582,990	8,440,192,424,935,220,000

9-a : Le coefficient d'asymétrie de YULE vaut :

$$C_Y = \frac{Q_1 - 2Q_2 + Q_3}{Q_3 - Q_1}$$

$$= \frac{2\,967 - 2(8\,694{,}84) + 18\,276{,}24}{18\,276{,}24 \ - 2\,967}$$

$$= 0{,}251714651$$

9-b : Le coefficient d'asymétrie de PEARSON vaut :

$$\beta_1 = \frac{(\bar{x} - \text{Mode})}{\sigma}$$

$$= \frac{(11\,574 - 2\,500)}{10\,254{,}81}$$

$$= 0{,}8848$$

9-c : Le coefficient d'asymétrie de FISHER vaut :

$$\mu_3 = \frac{\sum_{i=1}^{i=10} n_i(x_i - \bar{x})^3}{\sum_{i=1}^{i=10} n_i} = \frac{244\,268\,175\,582\,9900}{216}$$

$$= 1\,130\,871\,183\,254{,}59$$

$$\gamma_1 = \frac{\mu_3}{\sigma^3} = \frac{1\,130\,871\,183\,254{,}59}{(10\,254{,}81)^3}$$

$$= 1,05$$

9-d : Le coefficient d'aplatissement de FISHER vaut :

$$\mu_4 = \frac{\sum_{i=1}^{i=10} n_i (x_i - \bar{x})^4}{\sum_{i=1}^{i=10} n_i} = \frac{8\,440\,192\,424\,935\,220\,000}{216}$$

$$= 390\,749\,64\,930\,255\,700,00$$

$$\gamma_2 = \frac{\mu_4}{\sigma^4} - 3 = \frac{390\,749\,64\,930\,255\,700,00}{(10\,254,81)^4} - 3$$

$$= 0,53$$

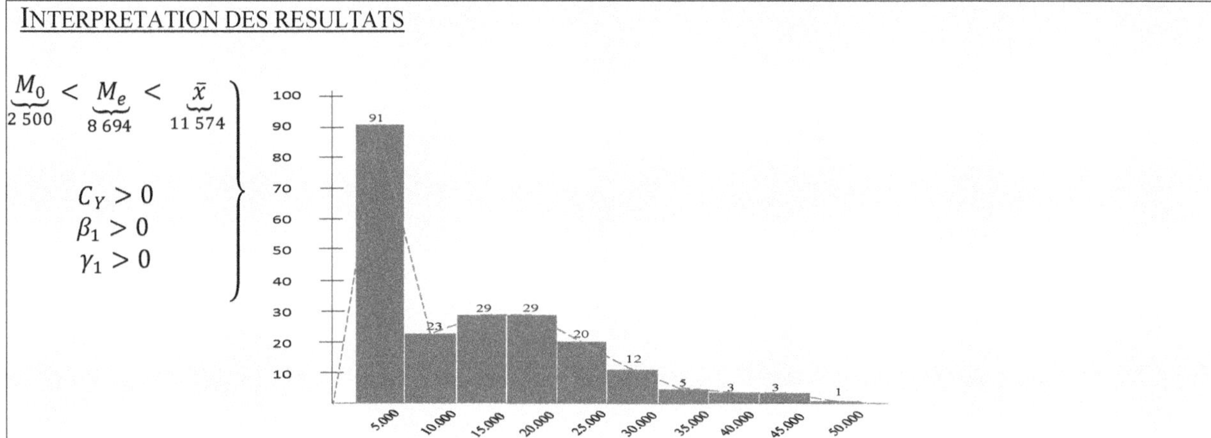

$$\underbrace{M_0}_{2\,500} < \underbrace{M_e}_{8\,694} < \underbrace{\bar{x}}_{11\,574} \left.\begin{array}{c} \\ C_Y > 0 \\ \beta_1 > 0 \\ \gamma_1 > 0 \end{array}\right\}$$

La distribution présente une asymétrie à droite, c'est-à-dire que la queue de la distribution s'étend davantage vers la droite que vers la gauche. Cela signifie que la majorité des valeurs observées sont concentrées dans la partie inférieure de la distribution, avec des superficies relativement petites pour la plupart des communes. En d'autres termes, la distribution est biaisée vers les faibles superficies, ce qui est confirmé par une forte concentration de valeurs dans la partie gauche de la distribution.

$\gamma_2 > 0$, la courbe de cette distribution est plus pointue que celle de la loi normale. Cette forme est largement attribuée au nombre significatif de municipalités ayant une superficie inférieure à 10 000 km2, ce qui entraîne une augmentation rapide de la distribution jusqu'à 91 municipalités avant de diminuer fortement à mesure que la taille de la superficie augmente.

10 : Calculons les caractéristiques de concentration :

10-a : Pour calculer la médiale, nous utilisons la formule d'interpolation linéaire en prenant comme base le couple de données $(a_i, q_i \uparrow)$ du tableau:

Superficie	x_i	n_i	$x_i n_i$	f_i	q_i	$f_i\uparrow$	$q_i\uparrow$
[0;5000 [	2,500	91	227500	42.13	9.10	42.13	9.10
[5000;10000 [	7,500	23	172500	10.65	6.90	52.78	16.00
[10000;15000 [	12,500	29	362500	13.43	14.50	66.20	30.50
[15000;20000 [	17,500	29	507500	13.43	20.30	79.63	50.80
[20000;25000 [	22,500	20	450000	9.26	18.00	88.89	68.80
[25000;30000 [	27,500	12	330000	5.56	13.20	94.44	82.00
[30000;35000 [	32,500	5	162500	2.31	6.50	96.76	88.50
[35000;40000 [	37,500	3	112500	1.39	4.50	98.15	93.00
[40000;45000 [	42,500	3	127500	1.39	5.10	99.54	98.10
[45000;50000 [	47,500	1	47500	0.46	1.90	100.00	100.00
Total	Total	216	2500000	100.00	100.00		

$$\widetilde{\widetilde{M}}_e = a_i + (a_{i+1} - a_i)\frac{(50 - q_i)}{(Q_{i+1} - Q_i)}$$

$$= 15\,000 + 5\,000\,\frac{(50 - 30{,}5)}{(50{,}8 - 30{,}5)}$$

$$= 19\,802{,}96$$

10-b : Calculons le pourcentage de communes dont la superficie est inférieure à la médiale :

Soit $P_{<\text{médiale}}$ le pourcentage cherché, nous utilisons la formule d'interpolation linéaire en prenant comme base le couple de données $(f_i\uparrow, q_i\uparrow)$:

$$P_{<\text{médiale}} = f_i + (f_{i+1} - f_i)\frac{(50 - Q_i)}{(Q_{i+1} - Q_i)}$$

$$= 66{,}20 + (79{,}63 - 66{,}20)\frac{(50 - 30{,}50)}{(50{,}80 - 30{,}50)}$$

$$= 79{,}1\%$$

10-c : Traçons la courbe de LORENZ :

Le tracé de la courbe de LORENZ utilise le tableau précédent :

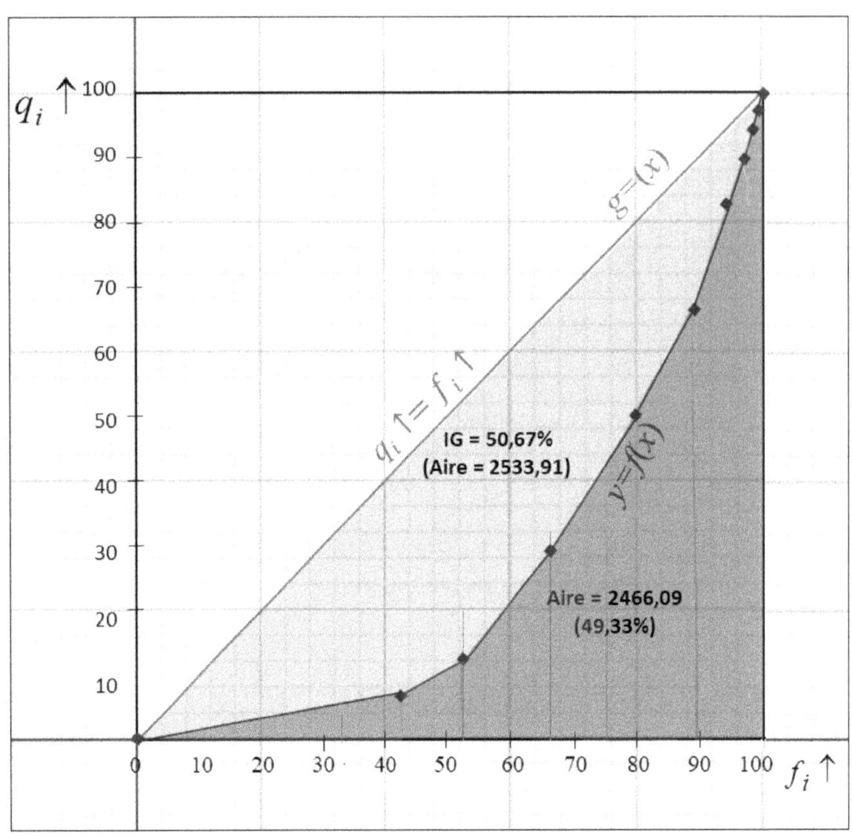

10-d : Calculons l'indice de GINI par la méthode des Trapèzes :

La résolution de la suite de cet exercice nécessite les colonnes dans le tableau suivant :

f_i ↑	q_i ↑	$H_i = f_{i+1}↑ - f_i↑$	$B_i = \dfrac{q_i↑ + q_{i+1}↑}{2}$	Aire Trapèze (T_i) $T_i = B_i \times H_i$
42.13	9.10	10.65	12.55	133.63
52.78	16.00	13.43	23.25	312.15
66.20	30.50	13.43	40.65	545.76
79.63	50.80	9.26	59.80	553.70
88.89	68.80	5.56	75.40	418.89
94.44	82.00	2.31	85.25	197.34
96.76	88.50	1.39	90.75	126.04
98.15	93.00	1.39	95.55	132.71
99.54	98.10	0.46	99.05	45.86
100.00	100.00			
Total				2466.09

La surface sous la courbe de LORENZ est :

$$\sum_{i=1}^{i=10} (f_{i+1}\uparrow - f_i\uparrow)\frac{(q_i\uparrow + q_{i+1}\uparrow)}{2} = 2\ 466,09$$

Il s'ensuit que :

$$\begin{aligned}
\text{Indice de Gini} &= 100\% - \left(\frac{2\ 466,09}{5\ 000}\right) \text{x} 100\\
&= 100\% - 49,32\%\\
&= 50,67\%
\end{aligned}$$

10-e : Calculons l'indice de Gini par le calcul des intégrales :

Nous allons prendre en compte les points critiques $(f_i\uparrow, q_i\uparrow)$ suivants du tableau précédent :

$$(0,0)) - (42,9) - (52,16) - (66,31) - (94,82) - (100,100)$$

Après les calculs, le polynôme d'interpolation obtenu est :

$$y(x) = \frac{7681}{133598424960}x^5 - \frac{336337}{22266404160}x^4 + \frac{185987}{122342880}x^3 - \frac{955671551}{16699803120}x^2 + \frac{243915887}{278330052}x$$

Evaluons l'aire comprise entre la courbe $q_i\uparrow$ et l'axe des $f_i\uparrow$ dans l'intervalle $[0\ ;100]$:

$$\begin{aligned}
\text{Aire} = \int_0^{100} y\,dx &= \frac{7681}{133598424960}\left(\frac{10^{12}}{6}\right) - \frac{336337}{22266404160}\left(\frac{10^{10}}{5}\right) + \frac{185987}{122342880}\left(\frac{10^8}{4}\right) - \frac{955671551}{16699803120}\left(\frac{10^6}{3}\right)\\
&\quad + \frac{243915887}{278330052}\left(\frac{10^4}{2}\right)\\
&= 2\ 683,48
\end{aligned}$$

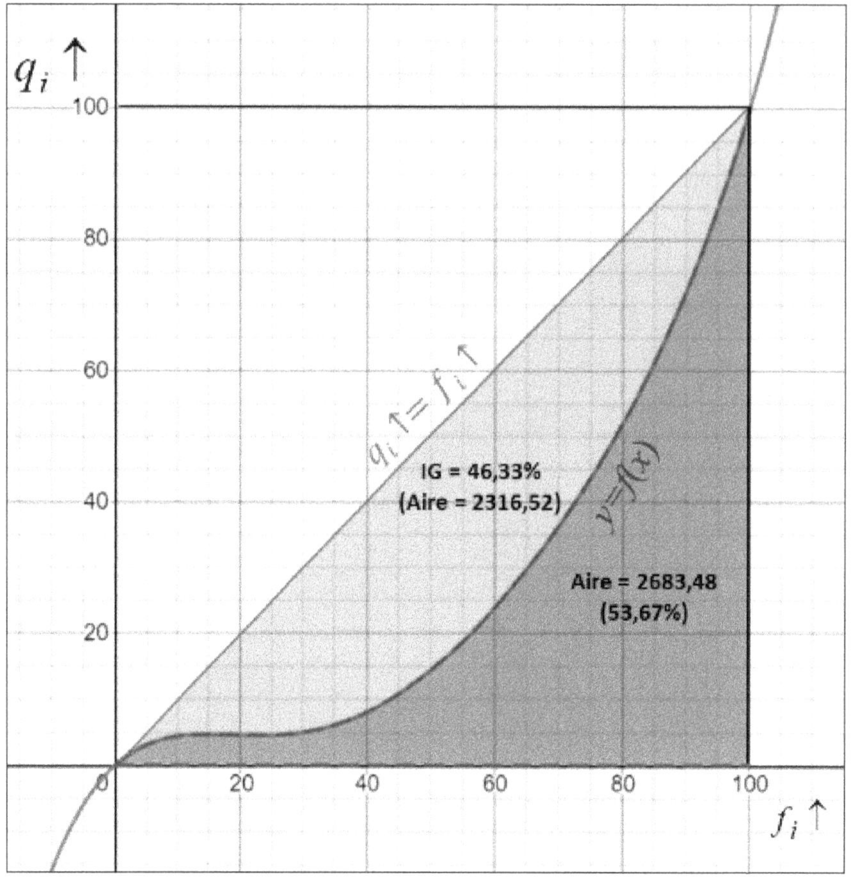

Calculons l'indice de concentration GINI par la méthode d'interpolation :

$$\text{Indice de GINI} = 100\% - \left(\frac{\int_0^{100} f(x)\,dx}{5\,000}\right) \times 100$$

$$= 100\% - \left(\frac{2\,683,48}{5\,000}\right) \times 100$$

$$= 46,33\%$$

<u>INTERPRETATION DES RESULTATS</u>

10-a. La superficie médiale des municipalités du pays est définie comme la superficie telle que la somme des superficies des municipalités plus petites que cette valeur (19 802,96 km2) est équivalente à la somme des superficies des municipalités plus grandes. Cela signifie que la moitié des municipalités ont une superficie supérieure à cette valeur, et l'autre moitié ont une superficie inférieure.

10-b. 79,1 % des plus petites municipalités représentent 50 % de la surface nationale. Autrement dit, 20,9 % des plus grandes municipalités représentent également 50 % de la surface nationale. Nous avons donc atteint la loi de Pareto (loi des 80-20), environ un cinquième de la superficie nationale représentant les plus grandes municipalités est équivalent à quatre cinquièmes de la superficie nationale représentant les plus petites municipalités.

10-d/e. L'indice de GINI de la distribution est de 50,67 %, ce qui montre des disparités importantes dans les superficies des différentes municipalités du pays. Cette valeur de l'indice de GINI justifie les disparités entre les superficies modales, moyennes et médianes trouvées à la **question 4**, tout en corroborant le coefficient de variation de 86,6 % trouvé à la **question 6-d** et les valeurs des coefficients de forme trouvées à la **question 9**. Ces résultats suggèrent que la distribution des superficies des municipalités dans ce pays est très inégale.

9.7.4.3   Étude de la superficie et de la population (Série à deux dimensions)

1-a : Le tableau de contingence des effectifs est :

Superficie(Y) / Population (X)	[0; 5000[	[5000;10000[	[10000;15000[	[15000;20000[	[20000;25000[	[25000;30000[	[30000;35000[	[35000;40000[	[40000;45000[	[45000;50000[	Total
[0;60000 [	34	3	2	1	1	1	1	1	0	1	45
[60000;120000 [	32	5	**8**	14	8	6	1	2	2	0	78
[120000;180000 [	15	2	4	3	9	3	2	0	1	0	39
[180000;240000 [	2	6	7	5	2	0	1	0	0	0	23
[240000;300000 [	2	1	5	3	0	1	0	0	0	0	12
[300000;360000 [	**4**	0	0	1	0	0	0	0	0	0	5
[360000;420000 [	1	2	0	0	0	0	0	0	0	0	3
[420000;480000 [	1	2	2	1	0	0	0	0	0	0	6
[480000;540000 [	0	0	0	0	0	1	0	0	0	0	1
[540000;600000 [	0	2	0	0	0	0	0	0	0	0	2
[600000;660000 [	0	0	1	1	0	0	0	0	0	0	2
Total	91	23	29	29	20	12	5	3	3	1	216

<u>INTERPRETATION DES RESULTATS</u>

En examinant les données de population et de superficie des communes, on peut identifier différents modèles de répartition, par exemple, on remarque que :
  o 4 communes avec une population de 300 000 à 360 000 personnes ont une superficie moyenne de moins de 5 000 Km2 alors que 8 communes avec une population de 60 000 à 120 000 personnes ont une superficie moyenne de 10 000 à 15 000 Km2. Cela indique une différence significative de densité de population entre ces deux groupes de communes.
  o Il n'y a aucune commune ayant une superficie comprise entre 20 000 et 25 000 Km2 avec une population de 240 000 à 300 000 personnes. Cela peut être dû à des facteurs géographiques ou économiques spécifiques de la région, ou simplement à une distribution de la population et de l'espace qui ne favorise pas la création de communes avec ces caractéristiques.

De plus, on pourra lire :

$$1.\quad n_{2*} = \sum_{j=1}^{j=10} n_{2j} = 32 + 5 + 8 + 14 + 8 + 6 + 1 + 2 + 2 + 0 = 78$$

Ceci signifie qu'il y a 78 communes de ce pays qui ont une population qui oscille entre 60 000 et 120 000 personnes indépendamment de leur superficie.

$$2.\quad n_{*3} = \sum_{i=1}^{i=11} n_{i3} = 2 + 8 + 4 + 7 + 5 + 0 + 0 + 2 + 0 + 0 + 1 = 29$$

Ceci signifie qu'il y a 29 communes de ce pays qui ont une superficie qui oscille entre 15 000 to 20 000 km2, indépendamment de leur population.

1-b : Le tableau de contingence des fréquences est :

Population (X) \ Superficie(Y)	[0; 5000[	[5000;10000[	[10000;15000[	[15000;20000[	[20000;25000[	[25000;30000[	[30000;35000[	[35000;40000[	[40000;45000[	[45000;50000[	Total
[0;60000 [	15.74	1.39	0.93	0.46	0.46	0.46	0.46	0.46	0.00	**0.46**	20.83
[60000;120000 [	14.81	2.31	3.70	6.48	3.70	2.78	0.46	0.93	0.93	0.00	36.11
[120000;180000 [	6.94	0.93	1.85	1.39	4.17	1.39	0.93	0.00	0.46	0.00	18.06
[180000;240000 [	0.93	**2.78**	3.24	2.31	0.93	0.00	0.46	0.00	0.00	0.00	10.65
[240000;300000 [	0.93	0.46	2.31	1.39	0.00	0.46	0.00	0.00	0.00	0.00	5.56
[300000;360000 [	1.85	0.00	0.00	0.46	0.00	0.00	0.00	0.00	0.00	0.00	2.31
[360000;420000 [	0.46	0.93	0.00	0.00	0.00	0.00	0.00	0.00	0.00	0.00	1.39
[420000;480000 [	0.46	0.93	0.93	0.46	0.00	0.00	0.00	0.00	0.00	0.00	2.78
[480000;540000 [	0.00	0.00	0.00	0.00	0.00	0.46	0.00	0.00	0.00	0.00	0.46
[540000;600000 [	0.00	0.93	0.00	0.00	0.00	0.00	0.00	0.00	0.00	0.00	0.93
[600000;660000 [	0.00	0.00	0.46	0.46	0.00	0.00	0.00	0.00	0.00	0.00	0.93
Total	42.13	10.65	13.43	13.43	9.26	5.56	2.31	1.39	1.39	0.46	100.00

<u>INTERPRÉTATION DES RESULTATS</u>

Les données montrent que parmi les communes du pays :
- 2,78% des communes ont une superficie comprise entre 5 000 et 10 000 Km^2 et une population comprise entre 180 000 et 240 000 personnes.
- 0,46% des communes ont une superficie comprise entre 45 000 et 50 000 Km^2 et une population inférieure à 60 000 personnes.

De plus, on pourra lire :

$$1.\quad f_{11*} = \sum_{j=1}^{j=10} f_{11j} = 0 + 0 + 0,46 + 0,46 + 0 + 0 + 0 + 0 + 0 + 0 = 0,93$$

Ceci signifie que 0,93% des communes du pays ont une population qui oscille entre 600 000 et 660 000 personnes indépendamment de leur superficie.

$$2.\quad f_{*9} = \sum_{i=1}^{i=10} n_{i9} = 0 + 0,93 + 0,46 + 0 + 0 + 0 + 0 + 0 + 0 + 0 = 1,39$$

Ceci signifie que 1,39% des communes de ce pays ont une superficie entre 40 000 et 45 000 km^2 indépendamment de leur population.

2-a :

Distribution marginale des Populations (X)	
Taille	Nombre de Communes
[0;60000 [	45
[60000;120000 [	78
[120000;180000 [	39
[180000;240000 [	23
[240000;300000 [	12
[300000;360000 [	5
[360000;420000 [	3
[420000;480000 [	6
[480000;540000 [	1
[540000;600000 [	2
[600000;660000 [	2
Total	216

2-b :

Distribution marginale des superficies (Y)	
Poids	Effectifs
[0;5000 [	91
[5000;10000 [	23
[10000;15000 [	29
[15000;20000 [	29
[20000;25000 [	20
[25000;30000 [	12
[30000;35000 [	5
[35000;40000 [	3
[40000;45000 [	3
[45000;50000 [	1
Total	216

3 : La loi conditionnelle de la superficie sachant que la population est comprise entre 60 000 et 120 000 personnes est :

Superficie	[60 000;120 000[
[0;5000 [	32
[5000;10000 [	5
[10000;15000 [	8
[15000;20000 [	14
[20000;25000 [	8
[25000;30000 [	6
[30000;35000 [	1
[35000;40000 [	2
[40000;45000 [	2
[45000;50000 [	0
Total	78

La loi conditionnelle de la superficie sachant que la population est comprise entre 60 000 et 120 000 personnes permet de mieux comprendre la distribution des superficies des communes dans cette catégorie de population.

En effet, en fixant la population entre 60 000 et 120 000 personnes, on observe qu'une grande majorité des communes ont une superficie inférieure à 5 000 km2, ce qui engendre une densité de population plus élevée dans ces zones urbaines. Cependant, il existe également un nombre significatif de communes ayant une superficie entre 5 000 et 10 000 km2, ce qui peut être caractérisé par des facteurs géographiques, tels que des zones rurales ou des zones montagneuses, où les habitants sont plus dispersés.

En revanche, il n'y a aucune commune ayant une superficie entre 45 000 et 50 000 km2 dans cette catégorie de population. Cette observation peut s'expliquer par le fait que les communes de cette taille sont très rares, et qu'elles sont souvent situées dans des zones très peu peuplées.

Ces résultats permettent d'avoir une meilleure compréhension de la répartition des superficies des communes dans cette catégorie de population.

4 : Loi conditionnelle de la population sachant que la superficie est comprise entre 10 000 et 15 000 Km^2 :

Population	[10 000;15 000[
[0;60000 [	2
[60000;120000 [	8
[120000;180000 [	4
[180000;240000 [	7
[240000;300000 [	5
[300000;360000 [	0
[360000;420000 [	0
[420000;480000 [	2
[480000;540000 [	0
[540000;600000 [	0
[600000;660000 [	1
Total	29

La loi conditionnelle de la population sachant que la superficie est comprise entre 10 000 et 15 000 km2 permet de mieux comprendre la distribution de la population dans cette catégorie de superficie des communes.

En effet, en fixant la superficie entre 10 000 et 15 000 km2, on observe que la majorité des communes ont une population comprise entre 180 000 et 300 000 personnes, ce qui peut être lié à des facteurs socio-économiques, tels que la présence d'activités économiques importantes dans ces zones.

En revanche, on note qu'il n'y a que deux communes ayant une population inférieure à 60 000 personnes, ce qui peut être dû au fait que ces superficies de communes sont plutôt associées à des communes où la densité de population est plus élevée.

De même, la présence de deux communes ayant une population comprise entre 420 000 et 480 000 personnes peut s'expliquer par la présence de grandes agglomérations dans ces superficies de communes.

Enfin, l'absence de communes ayant une population comprise entre 300 000 et 360 000 personnes dans cette catégorie de superficie peut être due à la rareté de ces communes dans l'ensemble du pays, car dans l'ensemble elles ne représentent que 2,31% des communes.

Ces résultats permettent d'avoir une meilleure compréhension de la répartition de la population dans cette catégorie de superficie des communes.

5 : Dressons le tableau suivant pour calculer les caractéristiques marginales de la population (X) :

Population	x_i	n_i	$n_i x_i$	$n_i x_i^2$
[0;60000 [	30000	45	1350000	40500000000
[60000;120000 [	90000	78	7020000	631800000000
[120000;180000 [	150000	39	5850000	877500000000
[180000;240000 [	210000	23	4830000	1014300000000
[240000;300000 [	270000	12	3240000	874800000000
[300000;360000 [	330000	5	1650000	544500000000
[360000;420000 [	390000	3	1170000	456300000000
[420000;480000 [	450000	6	2700000	1215000000000
[480000;540000 [	510000	1	510000	260100000000
[540000;600000 [	570000	2	1140000	649800000000
[600000;660000 [	630000	2	1260000	793800000000
Total	Total	216	30720000	7358400000000

5-a : Calculons la moyenne marginale de x :

$$\bar{\bar{x}} = \frac{1}{n} \sum_{i=1}^{i=11} n_i x_i = \frac{30\,720\,000}{216}$$

$$= 142\,222,2$$

5-b : Calculons la variance marginale de x :

$$V(x) = \frac{1}{n} \sum_{i=1}^{i=11} n_i x_{i^2} - \bar{x}^2$$

$$= \frac{7\ 358\ 400\ 000\ 000}{216} - (142\ 222,2)^2$$

$$= 13\ 839\ 506\ 173$$

Interprétation des résultats

Il est clair que la moyenne marginale de la population est égale à 142 222,2 et la variance marginale de la population est égale à 13 839 506 173. Ces valeurs correspondent aux valeurs obtenues dans l'**exercice 35** de la **section 7.7.1**, ce qui confirme la précision de l'analyse.

Il est important de noter que la moyenne marginale et la variance fournissent une vue d'ensemble de la distribution de la population de ce pays pour l'ensemble des observations. Toutefois, il est également crucial d'examiner la distribution de la population pour chaque groupe séparément pour avoir une compréhension plus détaillée des données.

De plus, il convient de mentionner que la variance de la population est relativement grande par rapport à sa moyenne, ce qui pourrait indiquer qu'il y a une variation importante dans les données. Cette variabilité peut être due à divers facteurs, entre autres des différences dans les caractéristiques des groupes étudiés.

---

6 : De la même manière, calculons les caractéristiques marginales de la superficie (Y) :

Superficie	y_i	n_i	$n_i y_i$	$n_i y_i^2$
[0;5000 [	2,500	91	227,500	568,750,000
[5000;10000 [	7,500	23	172,500	1,293,750,000
[10000;15000 [	12,500	29	362,500	4,531,250,000
[15000;20000 [	17,500	29	507,500	8,881,250,000
[20000;25000 [	22,500	20	450,000	10,125,000,000
[25000;30000 [	27,500	12	330,000	9,075,000,000
[30000;35000 [	32,500	5	162,500	5,281,250,000
[35000;40000 [	37,500	3	112,500	4,218,750,000
[40000;45000 [	42,500	3	127,500	5,418,750,000
[45000;50000 [	47,500	1	47,500	2,256,250,000
Total	Total	216	2,500,000	51,650,000,000

6-a : Calculons la moyenne marginale de y :

$$\overline{\overline{y}} = \frac{1}{n} \sum_{i=1}^{i=10} n_i y_i = \frac{2\,500\,000}{216}$$

$$= 11\,574{,}07$$

6-b : Calculons la variance marginale de y :

$$V(y) = \frac{1}{n} \sum_{i=1}^{i=10} n_i y_{i^2} - y^2$$

$$= \frac{51\,650\,000\,000}{216} - (11\,574)^2$$

$$= 105\,162\,894$$

<u>INTERPRETATION DES RESULTATS</u>

De même, comme pour la population, ces données suggèrent que la moyenne marginale de la superficie est de 11 574,07, et que la variance marginale est de 105 162 894. Ces valeurs correspondent aux résultats obtenus dans l'exercice **35** de la section **7.7**, ce qui confirme l'exactitude de l'analyse.

Il est important de souligner que la moyenne marginale et la variance marginale fournissent une vue d'ensemble de la distribution de la superficie sur l'ensemble des observations. Cependant, il est également crucial d'examiner la distribution de la superficie pour chaque groupe séparément afin d'obtenir une compréhension plus détaillée des données.

En outre, il convient de mentionner que la variance de la superficie est relativement grande par rapport à sa moyenne, ce qui peut indiquer une variation significative dans les données. Cette variabilité peut être due à divers facteurs, entre autres des différences dans les caractéristiques des groupes étudiés.

7 : Vérifions que les moyennes marginales sont égales aux moyennes des moyennes conditionnelles pondérées par les fréquences marginales de la variable de liaison.

Nous allons le vérifier pour la variable X et ceci sera aussi valable pour la variable Y.

Nous savons que la moyenne marginale de X calculée ci-dessus est égale à 142 222,2 et vérifions que la moyenne des moyennes conditionnelles pondérées équivaut à la même valeur.

Note : *Les données dans ce tableau sont exprimées en milliers de population*

x_i (x1000)	[0; 5000[		[5000;10000[		[10000;15000[		[15000;20000[		[20000;25000[		[25000;30000[		[30000;35000[		[35000;40000[		[40000;45000[		[45000;50000[	
x_i	n_1	$n_1 x_i$	n_2	$n_2 x_i$	n_3	$n_3 x_i$	n_4	$n_4 x_i$	n_5	$n_5 x_i$	n_6	$n_6 x_i$	n_7	$n_7 x_i$	n_8	$n_8 x_i$	n_9	$n_9 x_i$	n_{10}	$n_{10} x_i$
30	34	1020	3	90	2	60	1	30	1	30	1	30	1	30	1	30	0	0	1	30
90	32	2880	5	450	8	720	14	1260	8	720	6	540	1	90	2	180	2	180	0	0
150	15	2250	2	300	4	600	3	450	9	1350	3	450	2	300	0	0	1	150	0	0
210	2	420	6	1260	7	1470	5	1050	2	420	0	0	1	210	0	0	0	0	0	0
270	2	540	1	270	5	1350	3	810	0	0	1	270	0	0	0	0	0	0	0	0
330	4	1320	0	0	0	0	1	330	0	0	0	0	0	0	0	0	0	0	0	0
390	1	390	2	780	0	0	0	0	0	0	0	0	0	0	0	0	0	0	0	0
450	1	450	2	900	2	900	1	450	0	0	0	0	0	0	0	0	0	0	0	0
510	0	0	0	0	0	0	0	0	0	0	1	510	0	0	0	0	0	0	0	0
570	0	0	2	1140	0	0	0	0	0	0	0	0	0	0	0	0	0	0	0	0
630	0	0	0	0	1	630	1	630	0	0	0	0	0	0	0	0	0	0	0	0
	91	9270	23	5190	29	5730	29	5010	20	2520	12	1800	5	630	3	210	3	330	1	30
$f_{.j}$	42.13%		10.65%		13.43%		13.43%		9.26%		5.56%		2.31%		1.39%		1.39%		0.46%	
$\overline{x}_j$	102		226		198		173		126		150		126		70		110		30	
$f_{.j}\overline{x}_j$	43		24		27		23		12		8		3		1		2		0	

$$\overline{\overline{x}} = 142.222$$

<u>INTERPRÉTATION DES RÉSULTATS</u>

Du tableau ci-dessus, on pourra lire par exemple que la moyenne des populations est de 142 222 personnes :

- o Les communes qui ont moins de 5 000 personnes mesurent en moyenne 102 Km² et représentent 42,13% de toutes les communes leur contribution dans la moyenne globale est de 43%.
- o Les communes qui ont entre 5 000 et 10 000 personnes mesurent en moyenne 226 Km² et représentent 10,65% de toutes les communes leur contribution dans la moyenne globale est de 24%.

Ainsi, on observe aisément que la moyenne marginale est égale à la moyenne des moyennes conditionnelles pondérées par les fréquences marginales de la variable de liaison.
En effet,

$$\overline{\overline{x}} = \frac{(102 \times 42,13) + (226 \times 10,65) + (198 \times 13,43)}{100}$$
$$+ \frac{(173 \times 13,43) + (126 \times 9,26) + (150 \times 5,56) + (126 \times 2,31)}{100}$$
$$+ \frac{(70 \times 1,39) + (110 \times 1,39) + (30 \times 0,46)}{100}$$
$$= 142\,222$$

8 : Reprenons les données brutes sur la surface et la population des communes :

8-a : Dressons le tableau statistique à deux entrées représentant la superficie et la population.

Nbr	Sup.	Pop.	Nbr	Sup.	Pop.	Nbr	Sup.	Pop.
1	2	26581	73	809.5	62298	145	15397	112436
2	2.9	74708	74	1076.8	28963	146	15498	359450
3	2.9	49173	75	1480	63575	147	15634	167258
4	3.2	74447	76	1727	74227	148	15770	245548
5	3.4	82303	77	1747	125085	149	15786	204843
6	3.9	49297	78	1800	365675	150	16015	109269
7	4	88732	79	1836	127120	151	16055	52907
8	4.7	69147	80	1960	340597	152	16201	246959
9	4.8	75644	81	2021	191635	153	16797	69718
10	4.9	104904	82	2100	21811	154	16898	214231
11	5	74888	83	2397	86960	155	17328	90255
12	5.3	113968	84	3090	244900	156	17411	203243
13	5.6	108939	85	3148	320022	157	17494	111806
14	6.6	160719	86	3270	183709	158	17682	84808
15	6.8	97214	87	3371	54899	159	17861	99607
16	8.5	55645	88	3620	122782	160	18096	619827
17	10	64274	89	4265	102633	161	18098	74972
18	10.3	120016	90	4680	92956	162	18126	268960
19	11.4	157010	91	4734	478450	163	18773	232528
20	11.4	50345	92	5221	422919	164	18926	477458
21	12.8	337368	93	5289	479064	165	19073	65927
22	14	138413	94	5318	88154	166	19187	114839
23	14.2	55212	95	5707	226811	167	19264	92597
24	14.3	148363	96	5726	227801	168	19513	112580
25	15	75070	97	6740	396062	169	19718	157760
26	16.6	117774	98	6749	99583	170	19805	60448
27	18	35093	99	6784	140825	171	19865	217054
28	18	41357	100	7091	23445	172	19996	140875
29	18.5	67378	101	7204	60138	173	20155	231440
30	20	34405	102	7484	604210	174	20503	179480
31	20	50198	103	7948.8	52676	175	21181	149164
32	20.4	96950	104	7968	234291	176	21239	84484
33	23	48718	105	8184	551137	177	21675	84363
34	23.2	126589	106	8190	197675	178	22436	116871
35	23.7	159775	107	8450	111133	179	22466	123366
36	23.9	62622	108	8507	386121	180	22480	136463
37	24	65635	109	8601	178573	181	22567	137746
38	25.1	11824	110	8605	215679	182	22673	131765
39	27	54958	111	8608	45824	183	22909	112233
40	27.1	128197	112	8730	295107	184	23081	95809
41	28.5	32815	113	8961	187593	185	23475	137065
42	34.2	64230	114	9128	99419	186	24184	150788
43	36	22648	115	10305	227268	187	24350	213230
44	36.1	126074	116	10530	58366	188	24430	91226
45	39	44743	117	10559	92568	189	24598	98246
46	40.6	121836	118	10736	35760	190	24700	82844
47	44	42612	119	11172	215895	191	24953	56017
48	53.3	27805	120	11488	439079	192	24963	161174
49	59.9	31662	121	11747	265237	193	25074	92693
50	69.7	158080	122	12054	258568	194	25175	56695
51	76.9	353209	123	12059	88492	195	25216	173948
52	81.7	252181	124	12070	85640	196	25417	93434
53	88.7	20785	125	12229	77438	197	25490	169955
54	90	16249	126	12833	122012	198	25894	79052
55	102.1	20078	127	12848	220854	199	26217	530257
56	112	12988	128	12881	266863	200	26346	76056
57	142.5	123425	129	13108	158258	201	26648	278346
58	153	41593	130	13223	139748	202	26665	110411
59	185.1	61659	131	13277	119627	203	26676	105887
60	192.2	17360	132	13400	80850	204	27910	149605
61	197.5	97281	133	13403	184633	205	30363	114081
62	221.8	50756	134	13404	555124	206	30512	180164
63	230.2	28957	135	13434	221932	207	32446	122499
64	274.9	75632	136	13842	119993	208	34198	171453
65	281	92247	137	14222	242629	209	34704	48862
66	291.6	6093	138	14327	428962	210	36385	47566
67	300	98097	139	14373	188112	211	36783	84031
68	358.9	52820	140	14542	171600	212	38075	116538
69	405	115659	141	14572	291310	213	40214	171008
70	641.4	35780	142	14702	119993	214	41824	85590
71	753.4	12273	143	14733	214404	215	42196	119637
72	768	64664	144	15250	98788	216	47087	59646

La résolution de la suite de cet exercice nécessite les données dans le tableau suivant:

x_i	y_i	$x_i y_i$	x_i^2	y_i^2
2	26581	53162	4	706549561
3	74708	216653	8	5581285264
3	49173	142602	8	2417983929
3	74447	238230	10	5542355809
3	82303	279830	12	6773783809
4	49297	192258	15	2430194209
4	88732	354928	16	7873367824
5	69147	324991	22	4781307609
5	75644	363091	23	5722014736
5	104904	514030	24	11004849216
5	74888	374440	25	5608212544
5	113968	604030	28	12988705024
6	108939	610058	31	11867705721
7	160719	1060745	44	25830596961
7	97214	661055	46	9450561796
9	55645	472983	72	3096366025
10	64274	642740	100	4131147076
10	120016	1236165	106	14403840256
11	157010	1789914	130	24652140100
11	50345	573933	130	2534619025
13	337368	4318310	164	113817167424
14	138413	1937782	196	19158158569
14	55212	784010	202	3048364944
14	148363	2121591	204	22011579769
15	75070	1126050	225	5635504900
17	117774	1955048	276	13870715076
18	35093	631674	324	1231518649
18	41357	744426	324	1710401449
19	67378	1246493	342	4539794884
20	34405	688100	400	1183704025
20	50198	1003960	400	2519839204
20	96950	1977780	416	9399302500
23	48718	1120514	529	2373443524
23	126589	2936865	538	16024774921
24	159775	3786668	562	25528050625
24	62622	1496666	571	3921514884
24	65635	1575240	576	4307953225
25	11824	296782	630	139806976
27	54958	1483866	729	3020381764
27	128197	3474139	734	16434470809
29	32815	935228	812	1076824225
34	64230	2196666	1170	4125492900
36	22648	815328	1296	512931904
36	126074	4551271	1303	15894653476
39	44743	1744977	1521	2001936049
41	121836	4946542	1648	14844010896
44	42612	1874928	1936	1815782544
53	27805	1482007	2841	773118025
60	31662	1896554	3588	1002482244
70	158080	11018176	4858	24989286400
77	353209	27161772	5914	124756597681
82	252181	20603188	6675	63595256761
89	20785	1843630	7868	432016225
90	16249	1462410	8100	264030001
102	20078	2049964	10424	403126084
112	12988	1454656	12544	168688144
143	123425	17588063	20306	15233730625
153	41593	6363729	23409	1729977649
185	61659	11413081	34262	3801832281
192	17360	3336592	36941	301369600
198	97281	19212998	39006	9463592961
222	50756	11257681	49195	2576171536
230	28957	6665901	52992	838507849
275	75632	20791237	75570	5720199424
281	92247	25921407	78961	8509509009
292	6093	1776719	85031	37124649
300	98097	29429100	90000	9623021409
359	52820	18957098	128809	2789952400
405	115659	46841895	164025	13377004281
641	35780	22949292	411394	1280208400
753	12273	9246478	567612	150626529
768	64664	49661952	589824	4181432896
810	62298	50430231	655290	3881040804

x_i	y_i	$x_i y_i$	x_i^2	y_i^2
1077	28963	31187358	1159498	838855369
1480	63575	94091000	2190400	4041780625
1727	74227	128190029	2982529	5509647529
1747	125085	218523495	3052009	15646257225
1800	365675	658215000	3240000	133718205625
1836	127120	233392320	3370896	16159494400
1960	340597	667570120	3841600	116006316409
2021	191635	387294335	4084441	36723973225
2100	21811	45803100	4410000	475719721
2397	86960	208443120	5745609	7562041600
3090	244900	756741000	9548100	59976010000
3148	320022	1007429256	9909904	102414080484
3270	183709	600728430	10692900	33748996681
3371	54899	185064529	11363641	3013900201
3620	122782	444470840	13104400	15075419524
4265	102633	437729745	18190225	10533532689
4680	92956	435034080	21902400	8640817936
4734	478450	2264982300	22410756	228914402500
5221	422919	2208060099	27258841	178860480561
5289	479064	2533769496	27973521	229502316096
5318	88154	468802972	28281124	7771127716
5707	226811	1294410377	32569849	51443229721
5726	227801	1304388526	32787076	51893295601
6740	396062	2669457880	45427600	156865107844
6749	99583	672085667	45549001	9916773889
6784	140825	955356800	46022656	19831680625
7091	23445	166248495	50282281	549668025
7204	60138	433234152	51897616	3616579044
7484	604210	4521907640	56010256	365069724100
7949	52676	418710989	63183421	2774760976
7968	234291	1866830688	63489024	54892272681
8184	551137	4510505208	66977856	303751992769
8190	197675	1618958250	67076100	39075405625
8450	111133	939073850	71402500	12350543689
8507	386121	3284731347	72369049	149089426641
8601	178573	1535906373	73977201	31888316329
8605	215679	1855917795	74046025	46517431041
8608	45824	394452992	74097664	2099838976
8730	295107	2576284110	76212900	87088141449
8961	187593	1681020873	80299521	35191133649
9128	99419	907496632	83320384	9884137561
10305	227268	2341996740	106193025	51650743824
10530	58366	614593980	110880900	3406589956
10559	92568	977425512	111492481	8568834624
10736	35760	383919360	115261696	1278777600
11172	215895	2411978940	124813584	46610651025
11488	439079	5044139552	131974144	192790368241
11747	265237	3115739039	137992009	70350666169
12054	258568	3116778672	145298916	66857410624
12059	88492	1067125028	145419481	7830834064
12070	85640	1033674800	145684900	7334209600
12229	77438	946989302	149548441	5996643844
12833	122012	1565779996	164685889	14886928144
12848	220854	2837532192	165071104	48776489316
12881	266863	3437462303	165920161	71215860769
13108	158258	2074445864	171819664	25045594564
13223	139748	1847887804	174847729	19529503504
13277	119627	1588287679	176278729	14310619129
13400	80850	1083390000	179560000	6536722500
13403	184633	2474636099	179640409	34089344689
13404	555124	7440882096	179667216	308162655376
13434	221932	2981434488	180472356	49253812624
13842	119993	1660943106	191600964	14398320049
14222	242629	3450669638	202265284	58868831641
14327	428962	6145738574	205262929	184008397444
14373	188112	2703733776	206583129	35386124544
14542	171600	2495407200	211469764	29446560000
14572	291310	4244969320	212343184	84861516100
14702	119993	1764137086	216148804	14398320049
14733	214404	3158814132	217061289	45969075216
15250	98788	1506517000	232562500	9759068944
15397	112436	1731177092	237067609	12641854096
15498	359450	5570756100	240188004	129204302500
15634	167258	2614911572	244421956	27975238564

433

x_i	y_i	$x_i y_i$	x_i^2	y_i^2
15770	245548	3872291960	248692900	60293820304
15786	204843	3233651598	249197796	41960654649
16015	109269	1749943035	256480225	11939714361
16055	52907	849421885	257763025	2799150649
16201	246959	4000982759	262472401	60988747681
16797	69718	1171053246	282139209	4860599524
16898	214231	3620075438	285542404	45894921361
17328	90255	1563938640	300259584	8145965025
17411	203243	3538663873	303142921	41307717049
17494	111806	1955934164	306040036	12500581636
17682	84808	1499575056	312653124	7192396864
17861	99607	1779080627	319015321	9921554449
18096	619827	11216389392	327465216	384185509929
18098	74972	1356843256	327537604	5620800784
18126	268960	4875168960	328551876	72339481600
18773	232528	4365248144	352425529	54069270784
18926	477458	9036370108	358193476	227966141764
19073	65927	1257425671	363779329	4346369329
19187	114839	2203415893	368140969	13187995921
19264	92597	1783788608	371101696	8574204409
19513	112580	2196773540	380757169	12674256400
19718	157760	3110711680	388799524	24888217600
19805	60448	1197172640	392238025	3653960704
19865	217054	4311777710	394618225	47112438916
19996	140875	2816936500	399840016	19845765625
20155	231440	4664673200	406224025	53564473600
20503	179480	3679878440	420373009	32213070400
21181	149164	3159442684	448634761	22249898896
21239	84484	1794355676	451095121	7137546256
21675	84363	1828568025	469805625	7117115769
22436	116871	2622117756	503374096	13658830641
22466	123366	2771540556	504721156	15219169956
22480	136463	3067688240	505350400	18622150369
22567	137746	3108513982	509269489	18973960516
22673	131765	2987507845	514064929	17362015225
22909	112233	2571145797	524822281	12596246289
23081	95809	2211367529	532732561	9179364481
23475	137065	3217600875	551075625	18786814225
24184	150788	3646656992	584865856	22737020944
24350	213230	5192150500	592922500	45467032900
24430	91226	2228651180	596824900	8322183076
24598	98246	2416655108	605061604	9652276516
24700	82844	2046246800	610090000	6863128336
24953	56017	1397792201	622652209	3137904289
24963	161174	4023386562	623151369	25977058276
25074	92693	2324184282	628705476	8591992249
25175	56695	1427296625	633780625	3214323025
25216	173948	4386272768	635846656	30257906704
25417	93434	2374811978	646023889	8729912356
25490	169955	4332152950	649740100	28884702025
25894	79052	2046972488	670499236	6249218704
26217	530257	13901747769	687331089	281172486049
26346	76056	2003771376	694111716	5784515136
26648	278346	7417364208	710115904	77476495716
26665	110411	2944109315	711022225	12190588921
26676	105887	2824641612	711608976	11212056769
27910	149605	4175475550	778968100	22381656025
30363	114081	3463841403	921911769	13014474561
30512	180164	5497163968	930982144	32459066896
32446	122499	3974602554	1052742916	15006005001
34198	171453	5863349694	1169503204	29396131209
34704	48862	1695706848	1204367616	2387495044
36385	47566	1730688910	1323868225	2262524356
36783	84031	3090912273	1352989089	7061208961
38075	116538	4437184350	1449705625	13581105444
40214	171008	6876915712	1617165796	29243736064
41824	85590	3579716160	1749246976	7325648100
42196	119637	5048202852	1780502416	14313011769
47087	59646	2808551202	2217185569	3557645316
2327355	30898035	368963879040	50886277801	7348610680837

8-b : Calculons la variance de la superficie des communes :

$$\bar{\bar{x}} = \frac{1}{n} \sum_{i=1}^{i=216} x_i = \frac{2\ 327\ 355}{216} = 10\ 775$$

$$V(X) = \frac{1}{216} \sum_{i=1}^{i=216} x_i^2 - \bar{\bar{x}}^2 = \frac{50\ 886\ 277\ 801}{216} - (10\ 775)^2$$

$$= 235\ 584\ 619 - (10\ 775)^2$$

$$= 119\ 488\ 514$$

8-c : Calculons la variance de la population des communes :

$$\bar{\bar{y}} = \frac{1}{n} \sum_{y=1}^{y=216} y_i = \frac{30\ 898\ 035}{216} = 143\ 046$$

$$V(Y) = \frac{1}{216} \sum_{i=1}^{i=216} y_i^2 - \bar{\bar{y}}^2 = \frac{7\ 348\ 610\ 680\ 837}{216} - (143\ 046)^2$$

$$= 34\ 021\ 345\ 745 - (143\ 046)^2$$

$$= 13\ 559\ 056\ 503$$

8-d : Calculons la covariance de la surface et de la population des communes :

$$\text{COV}(X,Y) = \frac{1}{n} \sum_{i=1}^{i=216} x_i y_i - \bar{\bar{x}}\bar{\bar{y}}$$

$$= \frac{368\ 963\ 879\ 040}{216} - (143\ 046)(10\ 775)$$

$$= 1\ 708\ 166\ 107 - 1\ 541\ 295\ 589$$

$$= 166\ 870\ 518$$

8-e : Calculons l'équation de la droite de régression de la surface par rapport à la population des communes :

$$a = \frac{COV(x,y)}{V(x)} = \frac{166\ 870\ 518}{119\ 488\ 514}$$

$$= 1{,}3965$$

Calculons la droite de régression de la surface par rapport à la population des communes :

$$y = 1{,}3965x + b$$

Le point moyen$(\bar{\bar{x}}, \bar{\bar{y}})$ est sur cette droite

$$143\ 046 = 1{,}3965(10\ 775) + b$$
$$b = 127\ 998{,}71$$

L'équation de la droite d'ajustement linéaire est donc :

$$y = 1{,}3965x + 127\ 998{,}71$$

8-f : Calculons le coefficient de corrélation linéaire :

$$\rho = \frac{\mathrm{COV}(X,Y)}{\sqrt{V(X)V(Y)}} = \frac{166\ 870\ 518}{\sqrt{119\ 488\ 514 \text{ x } 13\ 559\ 056\ 503}}$$

$$= \frac{166\ 870\ 518}{1\ 272\ 851\ 724.148}$$

$$= 0{,}13110$$

<u>INTERPRÉTATION DES RESULTATS</u>

En examinant ce coefficient de corrélation très proche de zéro, on peut conclure que dans ce pays, la taille d'une commune n'est pas un facteur déterminant pour la taille de sa population. Autrement dit, le passage d'une petite commune à une commune plus grande n'entraîne pas nécessairement une augmentation de la population. Ce résultat indique l'absence de relation mathématique entre l'augmentation de la superficie d'une commune et celle de sa population.

Cependant, il est important de noter que, de manière générale, il existe des facteurs susceptibles d'influencer la taille de la population d'une commune d'un pays, tels que les conditions géographiques, l'attrait socio-économiques de la région, les politiques d'aménagement du territoire, la présence d'infrastructures et de services publics, ainsi que la proximité de zones urbaines ou industrielles.

Par exemple, certaines régions rurales peuvent avoir une faible densité de population en raison de l'exode rural et de la migration vers les zones urbaines plus attractives en termes d'emploi et de services.

CHAPITRE **10**

Étude Socio-Economique sur les salaires mensuels nets en équivalent temps plein (EQTP) dans le secteur privé pour l'année 2018 en France

10.1 Origine des données

Ce chapitre présente des données réelles rendues publiques par l'Institut National de la Statistique et des Études Economiques (INSEE) de France via leur site web, https://www.insee.fr/fr/statistiques/4990766. Les auteurs ont choisi ces données car elles sont exhaustives, complètes et représentatives de l'ensemble de la population statistique qu'ils caractérisent.

Ces données sont réelles, car elles se basent sur le salaire équivalent temps plein (EQTP) de tous les individus français travaillant dans le secteur privé en 2018. Le salaire EQTP est un salaire qui est converti en temps plein pour l'ensemble de l'année, indépendamment du volume réel de travail. Par exemple, si un individu a travaillé pendant neuf mois à 60% et a gagné un total de 4 500 euros, son salaire EQTP serait calculé comme $\frac{9\,000}{0,75*0,6} = 20\,000$ euros par an.

Ces données sont également complètes, parce qu'elles tiennent compte de tous les postes, y compris ceux à temps partiel qui sont pris en compte au prorata de leur volume de travail effectif. Dans l'exemple ci-dessus, on aura $0,75 * 0,6 = 0,45$ EQTP.

Enfin, ces données sont exhaustivement inclusives et représentatives de l'ensemble de la population statistique de tous les individus français travaillant dans le secteur privé en France, qui est de 16 516 417 travailleurs. Il s'agit d'un recensement complet de la population statistique, et non pas d'un échantillon statistique.

Les données brutes ont été collectées, organisées, analysées et interprétées dans le cadre de cette étude socio-économique. Par conséquent, toutes les hypothèses, les résultats et les interprétations présentés dans ce livre sont uniquement ceux des auteurs.

10.2 Présentation de l'étude

Cette étude est segmentée en trois volets : l'analyse des paramètres statistiques décisionnels de base, l'analyse des paramètres liés à la fiscalité et l'analyse des paramètres socio-économiques.

Dans la première partie, nous étudions et interprétons tous les paramètres de tendance centrale, de dispersion, de forme et de concentration.

La deuxième partie se focalise sur les paramètres liés à la fiscalité, nous évaluons le pourcentage des français travaillant dans le secteur privé ayant un salaire en équivalent temps plein (EQTP) non assujetti aux impôts, et ceux qui y sont assujettis, mais dont une composante du salaire imposable est soumise au pourcentage du dernier palier d'impôts de 45%.

La dernière partie de notre étude est axée sur les aspects socio-économiques. Nous avons confronté les chiffres à différentes notions telles que le Salaire Minimum Interprofessionnel de Croissance (SMIC), la pauvreté, la richesse et la classe moyenne pour en tirer des conclusions.

Pour les quatre concepts mentionnés, nous avons utilisé les définitions établies par des organismes officiels tels que l' INSEE, l'Observatoire des Inégalités, le Centre de Recherche pour l'Étude et l'Observation des Conditions de Vie (CREDOC) et l'Organisation de Coopération et de Développement Économique (OCDE). Il est à noter qu'autant que leurs définitions sont parfaitement concordantes en ce qui concerne les concepts de pauvreté et de richesse, autant qu'il n'existe pas de définition universelle pour le concept de « classe moyenne ». Cependant, les écarts entre les chiffres utilisés pour définir cette classe ne sont pas considérables. Nous avons donc utilisé les résultats numériques obtenus à partir des deux définitions de la classe moyenne retenues, celles du CREDOC et de l'OCDE, pour en tirer nos conclusions.

Le tableau suivant présente la répartition des salaires nets mensuels en EQTP pour l'année 2018 en France. Cette distribution est analysée à travers une série de questions visant à comprendre la tendance centrale, la dispersion, la forme et la concentration des données. De plus, des données de prise de décision sont calculées pour obtenir des informations sur le pourcentage de Français travaillant dans le secteur privé avec une certaine plage de salaire.

Tranches de Salaires (Classes)	Centre de Classe (x_i)	Nombre d'Employés (n_i)	Tranches de Salaires Classes	Centre de Classe (x_i)	Nombre d'Employés (n_i)
[0,1200[	600	895447	[5000,5100[	5,050	40535
[1200,1300[	1,250	966112	[5100,5200[	5,150	37540
[1300,1400[	1,350	1141747	[5200,5300[	5,250	35400
[1400,1500[	1,450	1293283	[5300,5400[	5,350	33073
[1500,1600[	1,550	1230465	[5400,5500[	5,450	30563
[1600,1700[	1,650	1106458	[5500,5600[	5,550	28839
[1700,1800[	1,750	983950	[5600,5700[	5,650	26751
[1800,1900[	1,850	887476	[5700,5800[	5,750	25303
[1900,2000[	1,950	785072	[5800,5900[	5,850	23474
[2000,2100[	2,050	702178	[5900,6000[	5,950	22477
[2100,2200[	2,150	618695	[6000,6100[	6,050	21449
[2200,2300[	2,250	544494	[6100,6200[	6,150	20119
[2300,2400[	2,350	486429	[6200,6300[	6,250	18840
[2400,2500[	2,450	430428	[6300,6400[	6,350	17654
[2500,2600[	2,550	382365	[6400,6500[	6,450	16374
[2600,2700[	2,650	331462	[6500,6600[	6,550	15562
[2700,2800[	2,750	296115	[6600,6700[	6,650	14955
[2800,2900[	2,850	265910	[6700,6800[	6,750	14049
[2900,3000[	2,950	245152	[6800,6900[	6,850	13166
[3000,3100[	3,050	224543	[6900,7000[	6,950	12526
[3100,3200[	3,150	201448	[7000,7100[	7,050	11798
[3200,3300[	3,250	182529	[7100,7200[	7,150	11113
[3300,3400[	3,350	165202	[7200,7300[	7,250	10746
[3400,3500[	3,450	149852	[7300,7400[	7,350	10029
[3500,3600[	3,550	137060	[7400,7500[	7,450	9716
[3600,3700[	3,650	124374	[7500,7600[	7,550	9184
[3700,3800[	3,750	113153	[7600,7700[	7,650	8585
[3800,3900[	3,850	103644	[7700,7800[	7,750	8181
[3900,4000[	3,950	96278	[7800,7900[	7,850	7855
[4000,4100[	4,050	88372	[7900,8000[	7,950	7724
[4100,4200[	4,150	80701	[8000,8100[	8,050	7386
[4200,4300[	4,250	74793	[8100,8200[	8,150	6894
[4300,4400[	4,350	68269	[8200,8300[	8,250	6555
[4400,4500[	4,450	63161	[8300,8400[	8,350	6346
[4500,4600[	4,550	58615	[8400,8500[	8,450	6048
[4600,4700[	4,650	54404	[8500,8600[	8,550	5758
[4700,4800[	4,750	50555	[8600,8700[	8,650	5663
[4800,4900[	4,850	45986	[8700,+8700[	17,440	188331
[4900,5000[	4,950	43679			
Total	**5050**	**272721**	**Total**		**188331**

Tranches de Salaires (Classes)	Centre de Classe (x_i)	Nombre d'Employés (n_i)	Tranches de Salaires Classes	Centre de Classe (x_i)	Nombre d'Employés (n_i)
[0,1200[	600	895447	[5000,5100[	5050	40535
[1200,1300[	1250	966112	[5100,5200[	5150	37540
[1300,1400[	1350	1141747	[5200,5300[	5250	35400
[1400,1500[	1450	1293283	[5300,5400[	5350	33073
[1500,1600[	1550	1230465	[5400,5500[	5450	30563
[1600,1700[	1650	1106458	[5500,5600[	5550	28839
[1700,1800[	1750	983950	[5600,5700[	5650	26751
[1800,1900[	1850	887476	[5700,5800[	5750	25303
[1900,2000[	1950	785072	[5800,5900[	5850	23474
[2000,2100[	2050	702178	[5900,6000[	5950	22477
[2100,2200[	2150	618695	[6000,6100[	6050	21449
[2200,2300[	2250	544494	[6100,6200[	6150	20119
[2300,2400[	2350	486429	[6200,6300[	6250	18840
[2400,2500[	2450	430428	[6300,6400[	6350	17654
[2500,2600[	2550	382365	[6400,6500[	6450	16374
[2600,2700[	2650	331462	[6500,6600[	6550	15562
[2700,2800[	2750	296115	[6600,6700[	6650	14955
[2800,2900[	2850	265910	[6700,6800[	6750	14049
[2900,3000[	2950	245152	[6800,6900[	6850	13166
[3000,3100[	3050	224543	[6900,7000[	6950	12526
[3100,3200[	3150	201448	[7000,7100[	7050	11798
[3200,3300[	3250	182529	[7100,7200[	7150	11113
[3300,3400[	3350	165202	[7200,7300[	7250	10746
[3400,3500[	3450	149852	[7300,7400[	7350	10029
[3500,3600[	3550	137060	[7400,7500[	7450	9716
[3600,3700[	3650	124374	[7500,7600[	7550	9184
[3700,3800[	3750	113153	[7600,7700[	7650	8585
[3800,3900[	3850	103644	[7700,7800[	7750	8181
[3900,4000[	3950	96278	[7800,7900[	7850	7855
[4000,4100[	4050	88372	[7900,8000[	7950	7724
[4100,4200[	4150	80701	[8000,8100[	8050	7386
[4200,4300[	4250	74793	[8100,8200[	8150	6894
[4300,4400[	4350	68269	[8200,8300[	8250	6555
[4400,4500[	4450	63161	[8300,8400[	8350	6346
[4500,4600[	4550	58615	[8400,8500[	8450	6048
[4600,4700[	4650	54404	[8500,8600[	8550	5758
[4700,4800[	4750	50555	[8600,8700[	8650	5663
[4800,4900[	4850	45986	[8700,+8700[	17440	188331
[4900,5000[	4950	43679			
Total	**118400**	**272721**	**Total**	**270890**	**188331**

10.3 Questions

10.3.1 Analyse des paramètres décisionnels de base

1. Tracer l'histogramme pour représenter la distribution des salaires nets mensuels en EQTP pour l'année 2018 en France.

2. Tracer les courbes des fréquences cumulées ascendantes et descendantes représentant le nombre d'employés en fonction du salaire représentant le nombre d'employés en fonction du salaire.

3. Calculer les caractéristiques de tendance centrale de la distribution :

    a. Le salaire mensuel modal du secteur privé en France en 2018.

    b. Le salaire mensuel moyen du secteur privé en France en 2018.

    c. Le salaire mensuel médian du secteur privé en France en 2018.

    d. Donner une interprétation sur l'ordre de grandeur des éléments de cette série statistique.

4. Calculer les caractéristiques de dispersion de la distribution :

    a. L'écart interquartile.

    b. La variance.

    c. L'écart -type.

    d. Le coefficient de variation.

    e. Donner une interprétation sur la manière dont les salaires sont éloignés ou pas de la moyenne.

5. Calculer les caractéristiques de forme de la distribution :

    a. Le coefficient d'asymétrie de YULE.

    b. Le coefficient d'asymétrie de PEARSON.

    c. Le coefficient d'asymétrie de FISHER.

    d. Le coefficient d'aplatissement de FISHER.

    e. Donner une interprétation sur l'allure des courbes de fréquences de cette distribution.

6. Calculer les caractéristiques de concentration de la distribution :

    a. La médiale.

    b. L'indice de GINI par la méthode graphique (méthode des trapèzes).

    c. L'indice de GINI par la méthode analytique (méthode des intégrales).

    d. Donner l'interprétation sur l'homogénéité ou l'hétérogénéité des salaires dans le secteur privé en France. En d'autres termes, comment la richesse créée par des entreprises œuvrant dans le secteur privé est redistribuée à leurs employés en France.

7. Déterminer certaines données décisionnelles en calculant le pourcentage de français travaillant dans le privé et ayant un salaire :

    a. Inférieur au mode.

    b. Inférieur à la moyenne.

    c. Inférieur à la médiale.

    d. Compris entre la moyenne moins l'écart-type et la moyenne plus l'écart-type.

    e. Donner une interprétation sur le pourcentage des français travaillant dans le privé en 2018 ayant un salaire inférieur à ces mesures centrales et de dispersion.

10.3.2 Analyse des paramètres liés à la fiscalité

Taux d'imposition sur le revenu en France (Revenus 2018)	
Paliers	
Jusqu'à 9 964 euros	0%
De 9 964 à 27 519 euros	14%
De 27 519 à 73 779 euros	30%
De 73 779 à 156 244 euros	41%
Au-dessus de 156 244 euros	45%

Taxing Wages 2018 – OECD

Note : Dans la suite de cette étude, nous prendrons en compte les hypothèses suivantes :

1. Nous considérons que chaque individu appartenant à cette population de Français travaillant dans le secteur privé en 2018 et ayant un salaire mensuel net en EQTP, ne dispose que de cette source de revenu. Les prestations sociales ne sont pas prises en compte.
2. Le terme « Français travaillant dans le secteur privé » désigne toute personne résidant en France, ayant le droit légal de travailler et travaillant dans le secteur privé.

8. En France, le seuil d'imposition pour le salaire mensuel net en EQTP est de 9 964 euros bruts annuel, soit 830,33 euros net mensuel en 2018. Cela signifie que les travailleurs du secteur privé dont le salaire ne dépasse pas ce seuil ne sont pas soumis à l'impôt sur le revenu. En d'autres termes, leur salaire brut est égal à leur salaire net.

Calculer le pourcentage de Français travaillant dans le secteur privé en 2018, et ayant un salaire mensuel net en EQTP inférieur au seuil d'imposition brute.

9. Calculer le pourcentage de Français travaillant dans le secteur privé et payant le taux maximal d'imposition de 45% sur leurs revenus, c'est-à-dire ayant un salaire dépassant le dernier seuil d'imposition de 156 244 euros brut annuel, soit 13 020,33 euros brut mensuel (en 2018). Pour évaluer ce pourcentage, nous allons d'abord convertir ce montant en salaire net, qui servira de base à nos calculs.

10. Fournir une interprétation.

10.3.3 Analyse des paramètres socio-économiques

Définitions

1. **SMIC** : Le Salaire Minimum Interprofessionnel de Croissance (SMIC) est le salaire minimum appliqué par les entreprises en France pour toute personne âgée de 18 ans minimum. En 2018, le montant du SMIC brut en France était de 1 498,47 euros mensuels, soit 17 981,64 euros annuel. (Décret n° 2017-1719 du 20 décembre 2017 sur le relèvement du salaire minimum de croissance).

2. **Pauvreté** : Selon l'INSEE et l'observatoire des inégalités, un individu (ou un ménage) est considéré comme pauvre lorsqu'il vit dans un ménage dont le niveau de vie est inférieur au

seuil de pauvreté. En France et en Europe, ce seuil est le plus souvent fixé à 60% du niveau de vie médian. En France, le taux de pauvreté était de 14,8% en 2018.

3. **Richesse** : Selon l'observatoire des inégalités, le seuil de richesse correspond au double du niveau de vie médian.

4. **Classe Moyenne** : Il n'existe pas de définition officielle de la classe moyenne.

   - Selon le CREDOC et l'Observatoire des inégalités, la classe moyenne représente la population située entre les 30% les plus pauvres et les 20% les plus riches, soit 50% de la population.

   - Les plages des pourcentages ci-dessus appliquées aux chiffres de l'INSEE sur toute la population française engloberait les personnes dont le revenu disponible (revenus et aides sociales perçus auxquels on soustrait les impôts directement payés au fisc) se situerait entre 1390 euros et 2568 euros par mois en 2018.

   - Selon l'OCDE, la classe moyenne est représentée par les personnes ayant un revenu compris entre 75% et 200% du revenu médian.

11. Calculer le pourcentage de français travaillant dans le secteur privé en 2018 et ayant un salaire mensuel net en EQTP inférieur au SMIC.

12. Calculer le pourcentage de Français travaillant dans le secteur privé en 2018, qui percevaient un salaire mensuel net en EQTP inférieur au seuil de pauvreté tel que défini par l'INSEE et l'Observatoire des inégalités.

Nous considérons ici que l'employé n'a qu'une seule source de revenu et que les prestations sociales ne sont pas prises en compte. Ce pourcentage nous permettra d'évaluer la prévalence de la pauvreté chez les travailleurs du secteur privé en France.

13. Calculer le pourcentage de français travaillant dans le secteur privé en 2018 et ayant un salaire mensuel net en EQTP, considérés comme riches selon la définition de l'observatoire des inégalités.

14. Calculer le pourcentage de français travaillant dans le secteur privé en 2018 et ayant un salaire mensuel net en EQTP leur permettant de se positionner dans la classe moyenne selon la définition de l'INSEE.

15. Calculer le pourcentage de français travaillant dans le secteur privé et ayant un salaire mensuel net en EQTP en 2018 leur permettant d'être classés dans la classe moyenne selon la définition de L'OCDE. Nous supposons ici que l'employé n'a qu'une seule source de revenu et que les prestations sociales ne sont pas prises en compte.

16. Si l'on considère uniquement la population des Français travaillant dans le secteur privé en 2018 et ayant un salaire mensuel net en EQTP:

   a. Quelles seraient les limites inférieure et supérieure de la classe moyenne selon les définitions de l'INSEE, du CREDOC et de l'Observatoire des inégalités ?

b. Quelle en serait les proportions de cette classe moyenne en termes de pourcentages ?

17. En tirant les conclusions de ces résultats, quelle interprétation peut-on donner de la situation socio-économique des travailleurs français du secteur privé en 2018 ayant un salaire mensuel net en EQTP ?

10.4 Solutions

10.4.1 Analyse des paramètres décisionnels de base

Le tableau suivant montre les données nécessaires pour cet exercice :

Classes	x_i	n_i	$n_i x_i$	$n_i x_i^{\,2}$	f_i	$f_i \uparrow$	$f_i \downarrow$
[0,1200[	600	895447	537268200	322360920000	5.42	5.42	100.00
[1200,1300[	1250	966112	1207640000	1509550000000	5.85	11.27	94.58
[1300,1400[	1350	1141747	1541358450	2080833907500	6.91	18.18	88.73
[1400,1500[	1450	1293283	1875260350	2719127507500	7.83	26.01	81.82
[1500,1600[	1550	1230465	1907220750	2956192162500	7.45	33.46	73.99
[1600,1700[	1650	1106458	1825655700	3012331905000	6.70	40.16	66.54
[1700,1800[	1750	983950	1721912500	3013346875000	5.96	46.12	59.84
[1800,1900[	1850	887476	1641830600	3037386610000	5.37	51.49	53.88
[1900,2000[	1950	785072	1530890400	2985236280000	4.75	56.25	48.51
[2000,2100[	2050	702178	1439464900	2950903045000	4.25	60.50	43.75
[2100,2200[	2150	618695	1330194250	2859917637500	3.75	64.24	39.50
[2200,2300[	2250	544494	1225111500	2756500875000	3.30	67.54	35.76
[2300,2400[	2350	486429	1143108150	2686304152500	2.95	70.49	32.46
[2400,2500[	2450	430428	1054548600	2583644070000	2.61	73.09	29.51
[2500,2600[	2550	382365	975030750	2486328412500	2.32	75.41	26.91
[2600,2700[	2650	331462	878374300	2327691895000	2.01	77.41	24.59
[2700,2800[	2750	296115	814316250	2239369687500	1.79	79.21	22.59
[2800,2900[	2850	265910	757843500	2159853975000	1.61	80.82	20.79
[2900,3000[	2950	245152	723198400	2133435280000	1.48	82.30	19.18
[3000,3100[	3050	224543	684856150	2088811257500	1.36	83.66	17.70
[3100,3200[	3150	201448	634561200	1998867780000	1.22	84.88	16.34
[3200,3300[	3250	182529	593219250	1927962562500	1.11	85.99	15.12
[3300,3400[	3350	165202	553426700	1853979445000	1.00	86.99	14.01
[3400,3500[	3450	149852	516989400	1783613430000	0.91	87.89	13.01
[3500,3600[	3550	137060	486563000	1727298650000	0.83	88.72	12.11
[3600,3700[	3650	124374	453965100	1656972615000	0.75	89.48	11.28
[3700,3800[	3750	113153	424323750	1591214062500	0.69	90.16	10.52
[3800,3900[	3850	103644	399029400	1536263190000	0.63	90.79	9.84
[3900,4000[	3950	96278	380298100	1502177495000	0.58	91.37	9.21
[4000,4100[	4050	88372	357906600	1449521730000	0.54	91.91	8.63
[4100,4200[	4150	80701	334909150	1389872972500	0.49	92.40	8.09
[4200,4300[	4250	74793	317870250	1350948562500	0.45	92.85	7.60
[4300,4400[	4350	68269	296970150	1291820152500	0.41	93.26	7.15
[4400,4500[	4450	63161	281066450	1250745702500	0.38	93.64	6.74
[4500,4600[	4550	58615	266698250	1213477037500	0.35	94.00	6.36
[4600,4700[	4650	54404	252978600	1176350490000	0.33	94.33	6.00
[4700,4800[	4750	50555	240136250	1140647187500	0.31	94.63	5.67
[4800,4900[	4850	45986	223032100	1081705685000	0.28	94.91	5.37
[4900,5000[	4950	43679	216211050	1070244697500	0.26	95.18	5.09
[5000,5100[	5050	40535	204701750	1033743837500	0.25	95.42	4.82
[5100,5200[	5150	37540	193331000	995654650000	0.23	95.65	4.58
[5200,5300[	5250	35400	185850000	975712500000	0.21	95.86	4.35
[5300,5400[	5350	33073	176940550	946631942500	0.20	96.06	4.14
[5400,5500[	5450	30563	166568350	907797507500	0.19	96.25	3.94
[5500,5600[	5550	28839	160056450	888313297500	0.17	96.42	3.75
[5600,5700[	5650	26751	151143150	853958797500	0.16	96.59	3.58
[5700,5800[	5750	25303	145492250	836580437500	0.15	96.74	3.41
[5800,5900[	5850	23474	137322900	803338965000	0.14	96.88	3.26
[5900,6000[	5950	22477	133738150	795741992500	0.14	97.02	3.12
[6000,6100[	6050	21449	129766450	785087022500	0.13	97.15	2.98
[6100,6200[	6150	20119	123731850	760950877500	0.12	97.27	2.85
[6200,6300[	6250	18840	117750000	735937500000	0.11	97.38	2.73
[6300,6400[	6350	17654	112102900	711853415000	0.11	97.49	2.62
[6400,6500[	6450	16374	105612300	681199335000	0.10	97.59	2.51
[6500,6600[	6550	15562	101931100	667648705000	0.09	97.68	2.41
[6600,6700[	6650	14955	99450750	661347487500	0.09	97.77	2.32
[6700,6800[	6750	14049	94830750	640107562500	0.09	97.86	2.23
[6800,6900[	6850	13166	90187100	617781635000	0.08	97.94	2.14
[6900,7000[	6950	12526	87055700	605037115000	0.08	98.01	2.06
[7000,7100[	7050	11798	83175900	586390095000	0.07	98.09	1.99
[7100,7200[	7150	11113	79457950	568124342500	0.07	98.15	1.91
[7200,7300[	7250	10746	77908500	564836625000	0.07	98.22	1.85
[7300,7400[	7350	10029	73713150	541791652500	0.06	98.28	1.78
[7400,7500[	7450	9716	72384200	539262290000	0.06	98.34	1.72
[7500,7600[	7550	9184	69339200	523510960000	0.06	98.39	1.66
[7600,7700[	7650	8585	65675250	502415662500	0.05	98.45	1.61
[7700,7800[	7750	8181	63402750	491371312500	0.05	98.50	1.55
[7800,7900[	7850	7855	61661750	484044737500	0.05	98.54	1.50
[7900,8000[	7950	7724	61405800	488176110000	0.05	98.59	1.46
[8000,8100[	8050	7386	59457300	478631265000	0.04	98.63	1.41
[8100,8200[	8150	6894	56186100	457916715000	0.04	98.68	1.37
[8200,8300[	8250	6555	54078750	446149687500	0.04	98.72	1.32
[8300,8400[	8350	6346	52989100	442458985000	0.04	98.75	1.28
[8400,8500[	8450	6048	51105600	431842320000	0.04	98.79	1.25
[8500,8600[	8550	5758	49230900	420924195000	0.03	98.83	1.21
[8600,8700[	8650	5663	48984950	423719817500	0.03	98.86	1.17
[8700,+8700[	17440	188331	3284492640	57281551641600	1.14	100.00	1.14
Total		**16516417**	**39127451690**	**158480352899100**	**100**		

1 : L'histogramme de la distribution est :

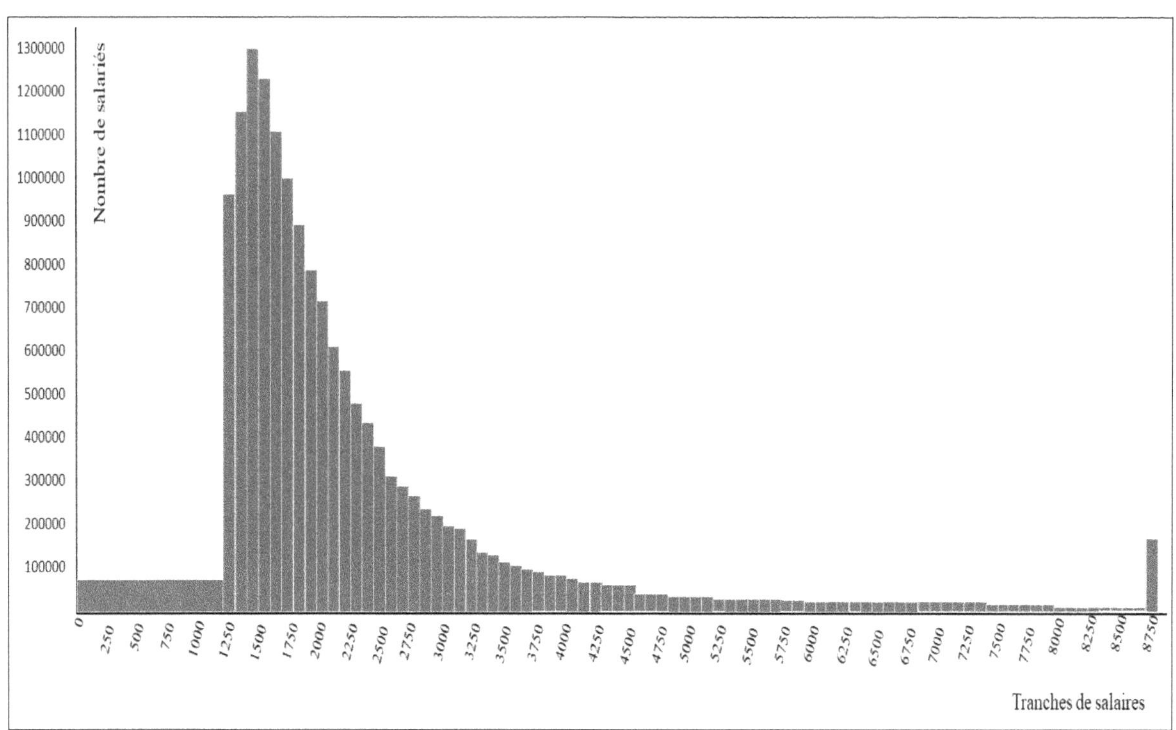

2 : Traçons les courbes des fréquences cumulées ascendantes et descendantes:

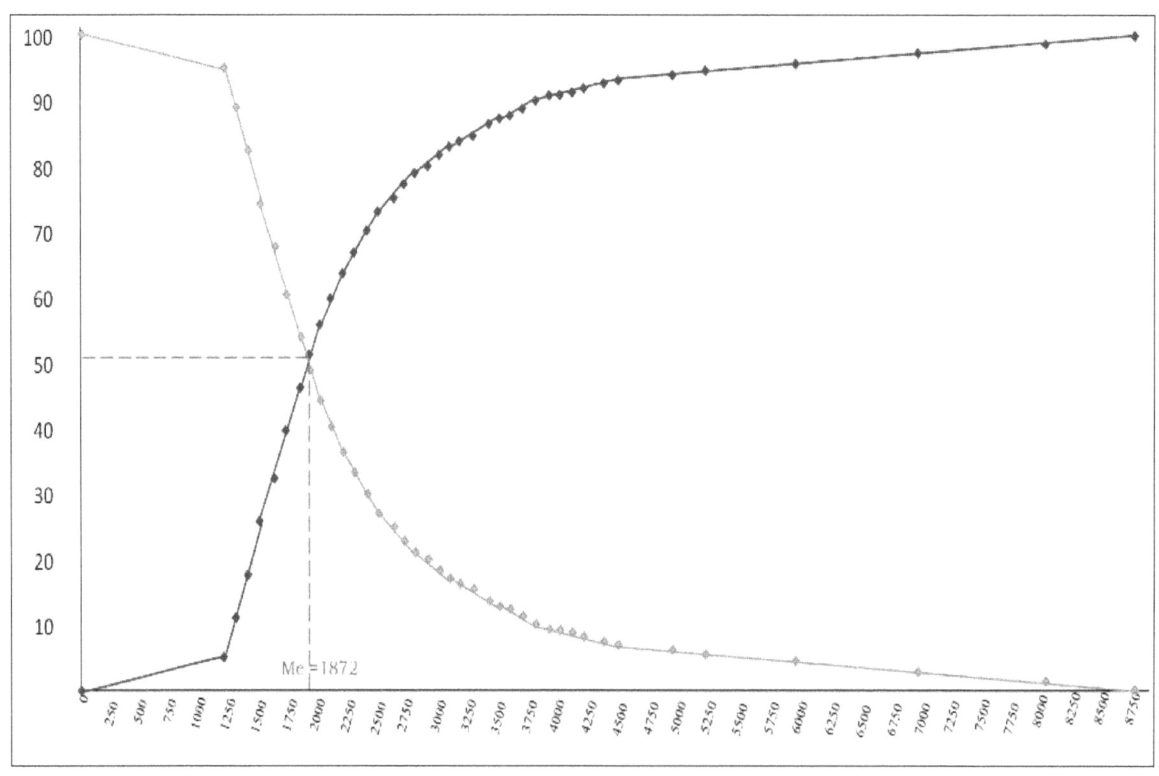

3 : Calculons les caractéristiques de tendance centrale :

3-a : La classe modale est [1400 ; 1500[, c'est-à-dire que le salaire mensuel net modal en EQTP dans le secteur privé en 2018 en France est de 1 450 euros.

3-b : Le salaire mensuel net moyen en EQTP dans le secteur privé en 2018 en France est de :

$$\bar{x} = \frac{1}{n} \sum_{i=1}^{i=77} n_i x_i = \frac{39\,127\,372\,040}{16\,516\,390}$$
$$= 2\,369,00 \text{ euros}$$

3-c : Le salaire mensuel net médian en EQTP dans le secteur privé en 2018 en France est de :

$$M_e = a_i + (a_{i+1} - a_i)\frac{(50 - F_i)}{(F_{i+1} - F_i)}$$
$$= 1\,800 + (1\,900 - 1\,800)\frac{(50 - 46,12)}{(51,49 - 46,12)}$$
$$= 1\,872,25 \text{ euros}$$

3-d : Interprétation sur l'ordre de grandeur des éléments de cette série statistique :

INTERPRÉTATION DES RESULTATS

En considérant le salaire mensuel net en EQTP dans le secteur privé en France en 2018 :

3-a. La classe modale, c'est-à-dire la classe de salaire la plus fréquente, se situe entre 1 400 et 1 500 euros. Cela signifie que la majorité des travailleurs du secteur privé en France dans cette catégorie sociale gagnent un salaire mensuel net en EQTP compris entre ces deux valeurs. Cette information peut être utile pour mieux comprendre la répartition des salaires et l'éventuelle nécessité de politiques publiques visant à améliorer les conditions de vie des personnes les plus défavorisées dans le secteur privé.

3-b. Le salaire mensuel net moyen en EQTP dans le secteur privé en 2018 était de 2 369,00 euros. Si les salaires étaient répartis de manière égalitaire, chaque travailleur du secteur privé gagnerait ce montant chaque mois. Cette information peut être utile pour évaluer l'écart entre les salaires les plus élevés et les plus bas dans le secteur privé en France.

3-c. Le salaire médian est de 1 872,25 euros, ce qui signifie qu'il y a autant de travailleurs du secteur privé qui gagnent un salaire mensuel net en EQTP inférieur à ce montant que de travailleurs qui gagnent plus. Cela indique qu'environ la moitié des travailleurs du secteur privé en France, c'est-à-dire 8 258 208 personnes ont un salaire mensuel net inférieur à 1 872,25 euros en EQTP. Cette information peut être utile pour mieux comprendre les inégalités salariales dans le secteur privé en France.

4 : Déterminons les caractéristiques de dispersion :

4-a : La distance interquartile de la distribution est :

$$Q_1 = a_i + (a_{i+1} - a_i)\frac{(25 - F_i)}{(F_{i+1} - F_i)}$$

$$= 1\,400 + (1\,500 - 1\,400)\frac{(25 - 18{,}18)}{(26{,}01 - 18{,}18)}$$

$$= 1\,487{,}10 \text{ euros}$$

$$Q_3 = a_i + (a_{i+1} - a_i)\frac{(75 - F_i)}{(F_{i+1} - F_i)}$$

$$= 2\,500 + (2\,600 - 2\,500)\frac{(75 - 73{,}09)}{(75{,}41 - 73{,}09)}$$

$$= 2\,582{,}33 \text{ euros}$$

$$\text{Distance Interquartile} = Q_3 - Q_1$$

$$= 2\,582{,}3 - 1\,487{,}1$$

$$= 1\,095{,}23 \text{ euros}$$

4-b : La variance de la distribution est :

$$V(x) = \frac{1}{n}\sum_{i=1}^{i=77} n_i x_i^2 - \bar{x}^2$$

$$= \frac{158\,480\,352\,899\,100}{16\,516\,417} - (2\,369)^2$$

$$= 3\,983\,161{,}82$$

4-c : L'écart-type de la distribution est :

$$\sigma = \sqrt{V(x)}$$

$$= \sqrt{3\,983\,144{,}65}$$

$$= 1\,995{,}79 \text{ euros}$$

4-d : Le coefficient de variation de la distribution est :

$$CV = \frac{\sigma}{|\bar{x}|} \times 100 = \frac{1\,995,78}{2\,369,00} \times 100$$

$$= 84,25\%$$

4-e :

<table>
<tr><td>

<u>INTERPRETATION DES RESULTATS</u>

En considérant le salaire mensuel net en EQTP dans le secteur privé en France en 2018,

4-a La distance interquartile de la distribution des salaires de 1 095,23 euros indique qu'il y a de grands écarts de salaires dans la moitié centrale de la distribution, ce qui confirme la présomption d'une grande disparité des salaires.

4-c L'écart-type de la distribution des salaires de 1 995,78 euros montre également qu'il y a une grande divergence des salaires.

4-d Le coefficient de variation de 84,24% est une valeur relativement élevée mais qui ne dépasse pas les 100%. Cette courbe devrait donc être peu étroite mais haute.

Toutes ces caractéristiques confirment l'existence d'une dispersion non négligeable des salaires dans le secteur privé en France en 2018.

</td></tr>
</table>

5 : Calculons les caractéristiques de forme :

Le tableau suivant montre les données nécessaires pour résoudre cet exercice :

x_i	n_i	$n_i x_i$	$n_i(x_i - \bar{x})^3$	$n_i(x_i - \bar{x})^4$	f_i	q_i	$f_i \uparrow$	$f_i \downarrow$
600	895447	537268200.00	-4957081416096720	8769094977984560000	5.42	1.37	5.42	1.37
1250	966112	1207640000.00	-1353698516172020	1514793542244810000	5.85	3.09	11.27	4.46
1350	1141747	1541358450.00	-1208083803251210	1231041770792970000	6.91	3.94	18.18	8.40
1450	1293283	1875260350.00	-1003795484099120	922491685302360000	7.83	4.79	26.01	13.19
1550	1230465	1907220750.00	-675968925286852	553620997945820000	7.45	4.87	33.46	18.07
1650	1106458	1825655700.00	-411271075713569	295705392925875000	6.70	4.67	40.16	22.73
1750	983950	1721912500.00	-233374069877372	144459394457792000	5.96	4.40	46.12	27.13
1850	887476	1641830600.00	-124070285765589	64392927653882600	5.37	4.20	51.49	31.33
1950	785072	1530890400.00	-57751440154767	24198062581463700	4.75	3.91	56.25	35.24
2050	702178	1439464900.00	-22794709371830	7271594844512430	4.25	3.68	60.50	38.92
2150	618695	1330194250.00	-6498759971223	1423251970057070	3.75	3.40	64.24	42.32
2250	544494	1225111500.00	-917642742603	109202809768244	3.30	3.13	67.54	45.45
2350	486429	1143108150.00	-3338324780	63440261119	2.95	2.92	70.49	48.37
2450	430428	1054548600.00	228716404924	18525200463646	2.61	2.70	73.09	51.07
2550	382365	975030750.00	2267189317932	410353055535773	2.32	2.49	75.41	53.56
2650	331462	878374300.00	7354208084418	2066505837212110	2.01	2.24	77.41	55.80
2750	296115	814316250.00	16376570144360	6239413914480380	1.79	2.08	79.21	57.89
2850	265910	757843500.00	29591030464985	14233178484732000	1.61	1.94	80.82	59.82
2950	245152	723198400.00	48079032117449	27933743533884200	1.48	1.85	82.30	61.67
3050	224543	684856150.00	70914317504045	48292393392049800	1.36	1.75	83.66	63.42
3150	201448	634561200.00	95964370739120	74947825996039900	1.22	1.62	84.88	65.04
3250	182529	593219250.00	124811396860010	109958388608068000	1.11	1.52	85.99	66.56
3350	165202	553426700.00	155961539289868	152997705202246000	1.00	1.41	86.99	67.97
3450	149852	516989400.00	189293307834515	204625380211354000	0.91	1.32	87.89	69.29
3550	137060	486563000.00	225764901268366	266627530752134000	0.83	1.24	88.72	70.54
3650	124374	453965100.00	261440766188827	334904674635897000	0.75	1.16	89.48	71.70
3750	113153	424323750.00	298018820628891	411562911962892000	0.69	1.08	90.16	72.78
3850	103644	399029400.00	336671345861658	498609043908846000	0.63	1.02	90.79	73.80
3950	96278	380298150.00	380469357699749	601520676589120000	0.58	0.97	91.37	74.77
4050	88372	357906600.00	419773498801831	705637731205094000	0.54	0.91	91.91	75.69
4150	80701	334909150.00	455898355097579	811953319315722000	0.49	0.86	92.40	76.55
4250	74793	317870250.00	497765544742951	936295186919311000	0.45	0.81	92.85	77.36
4350	68269	296970150.00	530731159534088	1051376504904290000	0.41	0.76	93.26	78.12
4450	63161	281066450.00	569197482451381	1184497899536290000	0.38	0.72	93.64	78.84
4550	58615	266698250.00	608098038508925	1326259619657980000	0.35	0.68	94.00	79.52
4650	54404	252978600.00	645661096181794	1472750622019720000	0.33	0.65	94.33	80.16
4750	50555	240136250.00	682402044244569	1624796795911800000	0.31	0.61	94.63	80.78
4850	45986	223032100.00	702269853727717	1742328963709310000	0.28	0.57	94.91	81.35
4950	43679	216211050.00	750991242063539	1938305675924090000	0.26	0.55	95.18	81.90
5050	40535	204701750.00	781121981234162	2094185202723310000	0.25	0.52	95.42	82.42
5150	37540	193331000.00	807412629144061	2245411597468120000	0.23	0.49	95.65	82.92
5250	35400	185850000.00	846508647556889	2438788347837040000	0.21	0.47	95.86	83.39
5350	33073	176940550.00	876108585122394	2611676519274310000	0.20	0.45	96.06	83.84
5450	30563	166568350.00	893860085853511	2753979687249060000	0.19	0.43	96.25	84.27
5550	28839	160056450.00	928260180543609	2952792272457840000	0.17	0.41	96.42	84.68
5650	26751	151143150.00	944837831853220	3100009504420270000	0.16	0.39	96.59	85.07
5750	25303	145492250.00	977926313772851	3306365325140320000	0.15	0.37	96.74	85.44
5850	23474	137322900.00	990142756217365	3446683348423050000	0.14	0.35	96.88	85.79
5950	22477	133738150.00	1032167050043530	3696186468038190000	0.14	0.34	97.02	86.13
6050	21449	129766450.00	1069801542317870	3937935602804710000	0.13	0.33	97.15	86.46
6150	20119	123731850.00	1087489756221050	4111794829743540000	0.12	0.32	97.27	86.78
6250	18840	117750000.00	1101312607311950	4274190240387650000	0.11	0.30	97.38	87.08
6350	17654	112102900.00	1111382886815441	4434148690202930000	0.11	0.29	97.49	87.37
6450	16374	105612300.00	1112893008678570	4541712337886820000	0.10	0.27	97.59	87.64
6550	15562	101931100.00	1137377899147050	4755372877127220000	0.09	0.26	97.68	87.90
6650	14955	99450750.00	1173332225337570	5023031007248860000	0.09	0.25	97.77	88.15
6750	14049	94830750.00	1181310583763150	5175317389150110000	0.09	0.24	97.86	88.39
6850	13166	90187100.00	1184616096371380	5308260437552430000	0.08	0.23	97.94	88.62
6950	12526	87055700.00	1204182336961450	5516354924470240000	0.08	0.22	98.01	88.85
7050	11798	83175900.00	1210105701572470	5664500406458080000	0.07	0.21	98.09	89.06
7150	11113	79457950.00	1214469349022280	5806373559269190000	0.07	0.20	98.15	89.26
7250	10746	77908500.00	1249603671274620	6099310993840190000	0.07	0.20	98.22	89.46
7350	10029	73713150.00	1239385209783010	6173373241285850000	0.06	0.19	98.28	89.65
7450	9716	72384200.00	1274483338312510	6475645226208720000	0.06	0.18	98.34	89.83
7550	9184	69339200.00	1277237735618930	6617364082509000000	0.06	0.18	98.39	90.01
7650	8585	65675250.00	1264409960735470	6677344423369320000	0.05	0.17	98.45	90.18
7750	8181	63402750.00	1274660394565800	6858942966760170000	0.05	0.16	98.50	90.34
7850	7855	61661750.00	1293375811812710	7088988140366050000	0.05	0.16	98.54	90.50
7950	7724	61405800.00	1342695357113530	7493577925252100000	0.05	0.16	98.59	90.65
8050	7386	59457300.00	1354200096942310	7693205846264410000	0.04	0.15	98.63	90.81
8150	6894	56186100.00	1331923774299720	7699846515439270000	0.04	0.14	98.68	90.95
8250	6555	54078750.00	1333292486943520	7841088286970390000	0.04	0.14	98.72	91.09
8350	6346	52989100.00	1357752734301610	8120714186526570000	0.04	0.14	98.75	91.22
8450	6048	51105600.00	1359990944941410	8270100010751320000	0.04	0.13	98.79	91.35
8550	5758	49230900.00	1359712618416910	8404378770005510000	0.03	0.13	98.83	91.48
8650	5663	48984950.00	1403240758091580	8813750119499250000	0.03	0.13	98.86	91.61
17440	188331	3284492640.00	644685212758782000	9716048506650970000000	1.14	8.39	100.00	100.00
Total	16516417	39127451690	685320929407072000	9942648961396700000000				

5-a : Calculons le coefficient d'asymétrie de YULE :

$$C_Y = \frac{Q_1 - 2Q_2 + Q_3}{Q_3 - Q_1}$$

$$= \frac{1\,487,1 - 2(1\,872,25) + 2\,582,33}{2\,582,3 \; - 1\,487,1}$$

$$= 0,2966774102$$

5-b : Calculons le coefficient d'asymétrie de PEARSON :

$$\beta_1 = \frac{(\bar{x} - \text{Mode})}{\sigma}$$

$$= \frac{(2\,369 - 1\,450)}{1\,995,78}$$

$$= 0,4604692879$$

5-c : Calculons le coefficient d'asymétrie de FISHER :

$$\mu_3 = \frac{\sum_{i=1}^{i=77} n_i(x_i - \bar{x})^3}{\sum_{i=1}^{i=77} n_i} = \frac{685\,320\,929\,407\,072\,000}{16\,516\,417}$$

$$= 41\,493\,317\,189,01$$

$$\gamma_1 = \frac{\mu_3}{\sigma^3} = \frac{475\,825\,529\,395,70}{(1\,995,78)^3}$$

$$= 5,2196$$

5-d : Calculons le coefficient d'aplatissement de FISHER :

$$\mu_4 = \frac{\sum_{i=1}^{i=77} n_i(x_i - \bar{x})^4}{\sum_{i=1}^{i=77} n_i} = \frac{9\,942\,648\,961\,396\,700\,000\,000}{16\,516\,417}$$

$$= 601\,985\,827\,882\,445,69$$

$$\gamma_2 = \frac{\mu_4}{\sigma^4} - 3 = \frac{601\,985\,827\,882\,445,69}{(1\,995,78)^4} - 3$$

$$= 34,9432$$

5-e : Interprétation sur l'allure des courbes de fréquences de cette distribution :

En 2018, en considérant le salaire mensuel net en EQTP dans le secteur privé en France,

$$\underbrace{M_0}_{1\,450} < \underbrace{M_e}_{1\,872} < \underbrace{\bar{x}}_{2\,369}$$

$$C_Y > 0$$
$$\beta_1 > 0$$
$$\gamma_1 > 0$$

Cette courbe de distribution est caractérisée par une asymétrie à droite, avec une longue traîne de valeurs élevées du côté droit de la courbe. Cette asymétrie indique qu'il y a une forte concentration des faibles salaires dans cette catégorie sociale. En effet, en France, la majorité des personnes travaillant dans le secteur privé en 2018 ont un salaire net EQTP faible et inférieur à la moyenne de 2 369,00 euros, ce qui est confirmé par le coefficient de variation élevé de 84,24% trouvé à la **question 4.d**.

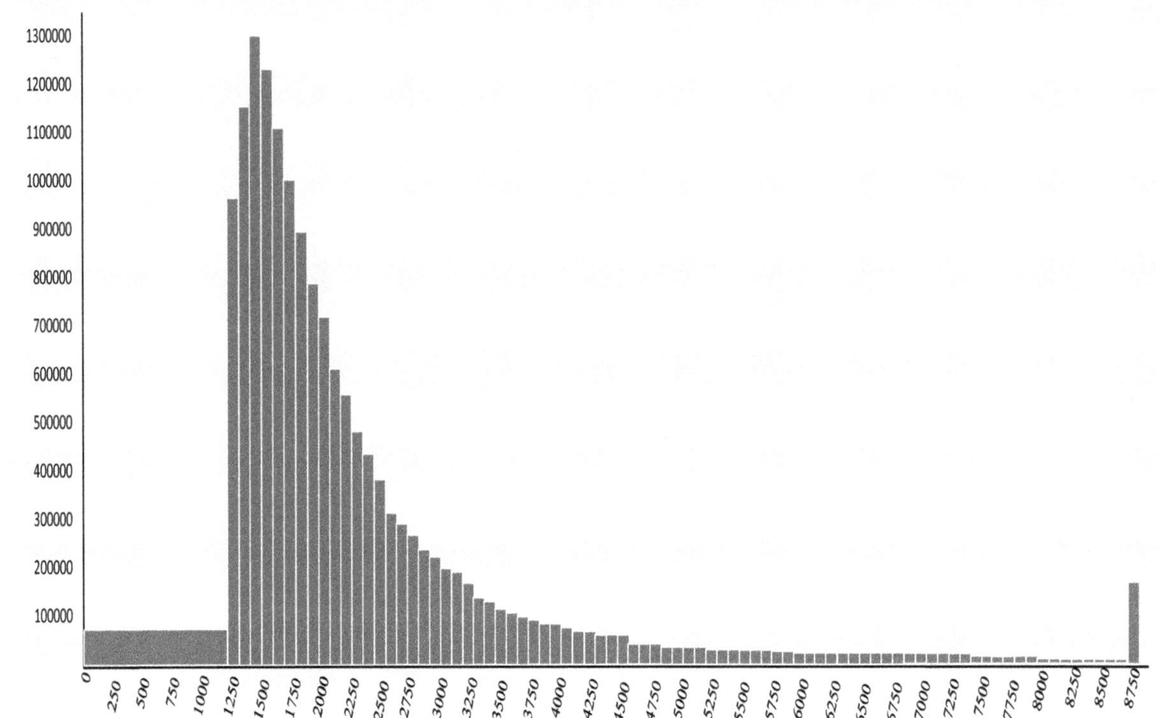

$\gamma_2 > 0$, la courbe de cette distribution est plus pointue que celle de la loi normale. Cette concentration de salaires bas fait rapidement croître la distribution jusqu'à un pic de 1 293 283 salariés, puis elle décroît rapidement lorsque les salaires deviennent plus élevés.

6 : Calculons les caractéristiques de concentration :

Le tableau suivant montre les données pour résoudre cet exercice:

Classes	$f_i\uparrow$	$q_i\uparrow$	$H_i=f_{i+1}\uparrow-f_i\uparrow$	$B_i=\dfrac{q_i\uparrow+q_{i+1}\uparrow}{2}$	$T_i=B_i\times H_i$
[0 , 1200 [	5.42	1.37	5.85	2.92	17.06
[1200 , 1300 [	11.27	4.46	6.91	6.43	44.44
[1300 , 1400 [	18.18	8.40	7.83	10.80	84.53
[1400 , 1500 [	26.01	13.19	7.45	15.63	116.43
[1500 , 1600 [	33.46	18.07	6.70	20.40	136.66
[1600 , 1700 [	40.16	22.73	5.96	24.93	148.53
[1700 , 1800 [	46.12	27.13	5.37	29.23	157.07
[1800 , 1900 [	51.49	31.33	4.75	33.29	158.21
[1900 , 2000 [	56.25	35.24	4.25	37.08	157.65
[2000 , 2100 [	60.50	38.92	3.75	40.62	152.16
[2100 , 2200 [	64.24	42.32	3.30	43.89	144.68
[2200 , 2300 [	67.54	45.45	2.95	46.91	138.16
[2300 , 2400 [	70.49	48.37	2.61	49.72	129.57
[2400 , 2500 [	73.09	51.07	2.32	52.31	121.11
[2500 , 2600 [	75.41	53.56	2.01	54.68	109.74
[2600 , 2700 [	77.41	55.80	1.79	56.85	101.91
[2700 , 2800 [	79.21	57.89	1.61	58.85	94.75
[2800 , 2900 [	80.82	59.82	1.48	60.75	90.17
[2900 , 3000 [	82.30	61.67	1.36	62.55	85.03
[3000 , 3100 [	83.66	63.42	1.22	64.23	78.34
[3100 , 3200 [	84.88	65.04	1.11	65.80	72.72
[3200 , 3300 [	85.99	66.56	1.00	67.27	67.28
[3300 , 3400 [	86.99	67.97	0.91	68.63	62.27
[3400 , 3500 [	87.89	69.29	0.83	69.92	58.02
[3500 , 3600 [	88.72	70.54	0.75	71.12	53.55
[3600 , 3700 [	89.48	71.70	0.69	72.24	49.49
[3700 , 3800 [	90.16	72.78	0.63	73.29	45.99
[3800 , 3900 [	90.79	73.80	0.58	74.29	43.30
[3900 , 4000 [	91.37	74.77	0.54	75.23	40.25
[4000 , 4100 [	91.91	75.69	0.49	76.12	37.19
[4100 , 4200 [	92.40	76.55	0.45	76.95	34.85
[4200 , 4300 [	92.85	77.36	0.41	77.74	32.13
[4300 , 4400 [	93.26	78.12	0.38	78.48	30.01
[4400 , 4500 [	93.64	78.84	0.35	79.18	28.10
[4500 , 4600 [	94.00	79.52	0.33	79.84	26.30
[4600 , 4700 [	94.33	80.16	0.31	80.47	24.63
[4700 , 4800 [	94.63	80.78	0.28	81.06	22.57
[4800 , 4900 [	94.91	81.35	0.26	81.62	21.59
[4900 , 5000 [	95.18	81.90	0.25	82.16	20.16
[5000 , 5100 [	95.42	82.42	0.23	82.67	18.79
[5100 , 5200 [	95.65	82.92	0.21	83.15	17.82
[5200 , 5300 [	95.86	83.39	0.20	83.62	16.74
[5300 , 5400 [	96.06	83.84	0.19	84.06	15.55
[5400 , 5500 [	96.25	84.27	0.17	84.47	14.75
[5500 , 5600 [	96.42	84.68	0.16	84.87	13.75
[5600 , 5700 [	96.59	85.07	0.15	85.25	13.06
[5700 , 5800 [	96.74	85.44	0.14	85.61	12.17
[5800 , 5900 [	96.88	85.79	0.14	85.96	11.70
[5900 , 6000 [	97.02	86.13	0.13	86.30	11.21
[6000 , 6100 [	97.15	86.46	0.12	86.62	10.55
[6100 , 6200 [	97.27	86.78	0.11	86.93	9.92
[6200 , 6300 [	97.38	87.08	0.11	87.22	9.32
[6300 , 6400 [	97.49	87.37	0.10	87.50	8.67
[6400 , 6500 [	97.59	87.64	0.09	87.77	8.27
[6500 , 6600 [	97.68	87.90	0.09	88.02	7.97
[6600 , 6700 [	97.77	88.15	0.09	88.27	7.51
[6700 , 6800 [	97.86	88.39	0.08	88.51	7.06
[6800 , 6900 [	97.94	88.62	0.08	88.73	6.73
[6900 , 7000 [	98.01	88.85	0.07	88.95	6.35
[7000 , 7100 [	98.09	89.06	0.07	89.16	6.00
[7100 , 7200 [	98.15	89.26	0.07	89.36	5.81
[7200 , 7300 [	98.22	89.46	0.06	89.55	5.44
[7300 , 7400 [	98.28	89.65	0.06	89.74	5.28
[7400 , 7500 [	98.34	89.83	0.06	89.92	5.00
[7500 , 7600 [	98.39	90.01	0.05	90.09	4.68
[7600 , 7700 [	98.45	90.18	0.05	90.26	4.47
[7700 , 7800 [	98.50	90.34	0.05	90.42	4.30
[7800 , 7900 [	98.54	90.50	0.05	90.58	4.24
[7900 , 8000 [	98.59	90.65	0.04	90.73	4.06
[8000 , 8100 [	98.63	90.81	0.04	90.88	3.79
[8100 , 8200 [	98.68	90.95	0.04	91.02	3.61
[8200 , 8300 [	98.72	91.09	0.04	91.16	3.50
[8300 , 8400 [	98.75	91.22	0.04	91.29	3.34
[8400 , 8500 [	98.79	91.35	0.03	91.42	3.19
[8500 , 8600 [	98.83	91.48	0.03	91.54	3.14
[8600 , 8700 [	98.86	91.61	1.14	95.80	109.24
[8700 , +8700 [	100.00	100.00			
Total					3443.61

6-a : Calculons la médiale :

$$\overset{\approx}{M_e} = a_i + (a_{i+1} - a_i)\frac{(50 - FQ_i)}{(Q_{i+1} - Q_i)}$$

$$= 2\,400 + (2\,500 - 2\,400)\frac{(50 - 48{,}37)}{(51{,}07 - 48{,}37)}$$

$$= 2\,460{,}37 \text{ euros}$$

6-b : Calculons l'indice de GINI par la méthode des trapèzes :

La surface sous la courbe de LORENZ est :

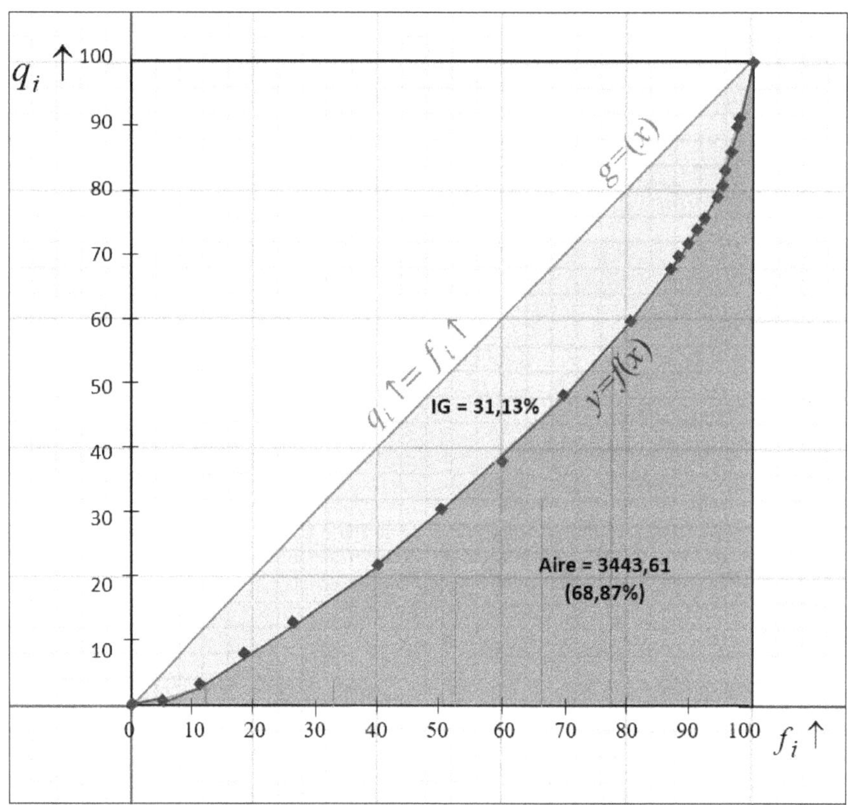

$$\sum_{i=1}^{n}(f_{i+1}\uparrow - f_i\uparrow)\frac{(q_i\uparrow + q_{i+1}\uparrow)}{2} = 3\,443{,}61$$

Il s'ensuit que :

$$\text{Indice de GINI} = 100\% - \left(\frac{3\,443{,}61}{5\,000}\right)\text{x}100$$

$$= 100\% - 68{,}87\%$$

$$= 31{,}13\%$$

6-c : Calculons l'indice de GINI par les intégrales :

Nous allons prendre en compte les points critiques $(f_i \uparrow, q_i \uparrow)$ suivants :

$$(0,0) - (5,1) - (11,4) - (19,8) - (26,13) - (40,23) - (64,42) - (80,60) - (85,65) - (94,80) - (98,90) - (100,100)$$

Après le calcul, nous obtenons le polynôme d'interpolation :

$$
\begin{aligned}
y(x) = {} & \frac{11479330871373626145463}{881446470379196522392000499650560000000}\,x^{11} - \frac{870227061491365879151983}{129100745661599490653373810554880000000}\,x^{10} \\[4pt]
& + \frac{3447882019201462598935 52017}{23238134219087908317607285899878400000}\,x^{9} - \frac{11670667566819963808178365757}{6455037283079974532668690527744000000}\,x^{8} \\[4pt]
& + \frac{30913503142851511525318698508369}{23238134219087908317607285899784000000}\,x^{7} - \frac{553906753917345744443174369743}{91560812525957085569768659968000000}\,x^{6} \\[4pt]
& + \frac{1388126916042066983851573321792643}{82993333649674252970574030678528000000}\,x^{5} - \frac{34937115748494060848608844934313}{13173545475673417413609572505600000}\,x^{4} \\[4pt]
& + \frac{6075919554797551855152790121129737}{290476677738598853970091073748480000}\,x^{3} - \frac{18582093907232169369612973691}{471583670593218478424071488000}\,x^{2} \\[4pt]
& + \frac{259011464743970846795545178351}{2194535340058095737411402342880}\,x
\end{aligned}
$$

Evaluons l'aire comprise entre la courbe $q_i \uparrow$ et l'axe des $f_i \uparrow$ dans l'intervalle $[0\,;100]$:

$$
\begin{aligned}
\text{Area} = \int_0^{100} y\,dx = {} & \frac{11479330871373626145463}{881446470379196522392000499650560000000}\left(\frac{10^{24}}{12}\right) \\[4pt]
& - \frac{870227061491365879151983}{129100745661599490653373810554880000000}\left(\frac{10^{22}}{11}\right) \\[4pt]
& + \frac{3447882019201462598935 52017}{23238134219087908317607285899878400000}\left(\frac{10^{20}}{10}\right) \\[4pt]
& - \frac{11670667566819963808178365757}{6455037283079974532668690527744000000}\left(\frac{10^{18}}{9}\right) \\[4pt]
& + \frac{30913503142851511525318698508369}{23238134219087908317607285899784000000}\left(\frac{10^{16}}{8}\right) \\[4pt]
& - \frac{553906753917345744443174369743}{91560812525957085569768659968000000}\left(\frac{10^{14}}{7}\right) \\[4pt]
& + \frac{1388126916042066983851573321792643}{82993333649674252970574030678528000000}\left(\frac{x^{12}}{6}\right) \\[4pt]
& - \frac{34937115748494060848608844934313}{13173545475673417413609572505600000}\left(\frac{10^{10}}{5}\right) \\[4pt]
& + \frac{6075919554797551855152790121129737}{290476677738598853970091073748480000}\left(\frac{10^{8}}{4}\right) - \frac{18582093907232169369612973691}{471583670593218478424071488000}\left(\frac{10^{6}}{3}\right) \\[4pt]
& + \frac{259011464743970846795545178351}{2194535340058095737411402342880}\left(\frac{10^{4}}{2}\right)
\end{aligned}
$$

$$\text{Aire} = 3\,421$$

Il s'ensuit que :

$$\text{Indice de GINI} = 100\% - \left(\frac{\int_0^{100} f(x)\,dx}{5\,000}\right)\text{x}100$$

$$= 100\% - \left(\frac{3\,421}{5\,000}\right) \times 100$$

$$= 100\% - 68{,}42\%$$

$$= 31{,}58\%$$

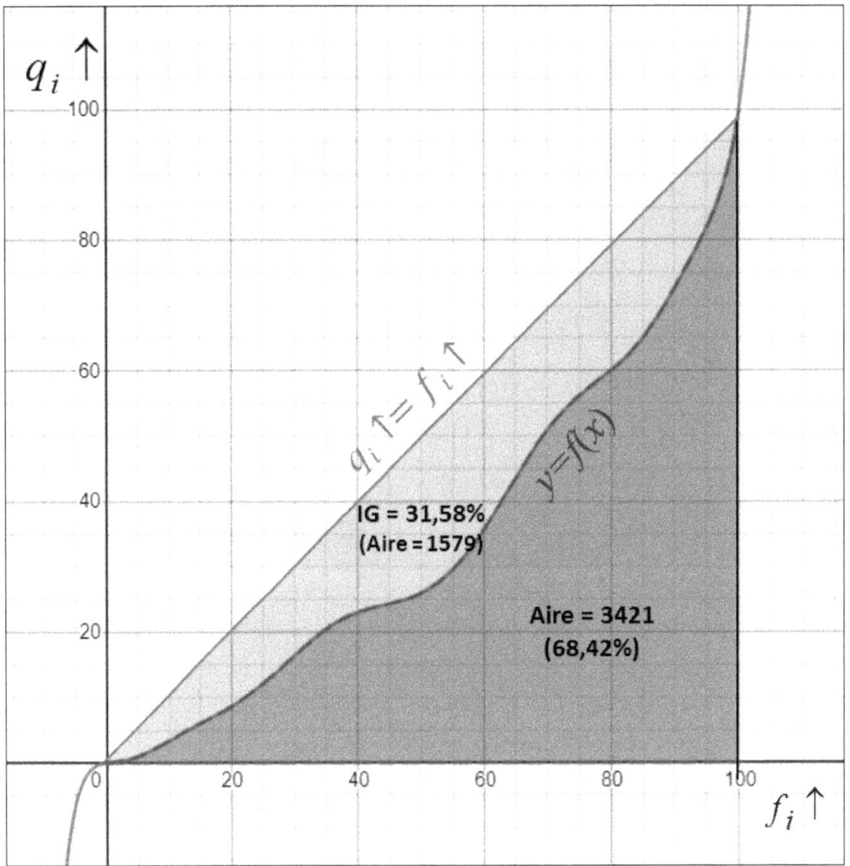

6-d :

<u>INTERPRÉTATION DES RESULTATS</u>

En considérant la répartition des salaires mensuels nets en EQTP dans le secteur privé en France en 2018,

6-a. Les personnes ayant un salaire inférieur à 2 460,37 euros se partagent 50% de la masse salariale et les salaires supérieurs à 2 460,37 euros se partagent également 50% de la masse salariale. Autrement dit, la moitié des salariés du secteur privé en France gagnent moins de 2 460,37 euros nets par mois, tandis que l'autre moitié gagne plus.

6-b/c. L'indice de GINI étant autour de 31%, ce qui indique que l'inégalité existe, mais n'est pas excessivement accentuée. Cela signifie qu'il y a une différence notable entre les salaires les plus élevés et les plus bas.

Cependant, il est important de noter que cet indice de GINI ne prend pas en compte les avantages en nature, tels que les avantages sociaux et les primes, qui peuvent avoir un impact significatif sur les revenus globaux des travailleurs.

Notons que l'indice de GINI de toute la France (tous secteurs confondus) est de 29,8% en 2018.

7-a : Calculons le pourcentage de français travaillant dans le privé et ayant un salaire inférieur au mode, c'est-à-dire inférieur à 1 450 euros:

Soit $P_{<\text{mode}}$ le pourcentage cherché, utilisons la formule d'interpolation linéaire en prenant comme base le couple de données $(a_i, f_i \uparrow)$:

$$Mode = a_i + (a_{i+1} - a_i)\frac{(P_{<\text{mode}} - F_i)}{(F_{i+1} - F_i)}$$

$$1\,450 = 1\,400 + (1\,500 - 1\,400)\frac{(P_{<\text{mode}} - 18,18)}{(26,01 - 18,18)}$$

$$P_{<\text{mode}} = 22,1\%$$

22,1% des français travaillant dans le privé, soit 3 650 128 personnes ont un salaire inférieur à 1 450 euros (qui représente le salaire modal).

7-b : Calculons le pourcentage de français travaillant dans le privé et ayant un salaire inférieur à la moyenne, c'est-à-dire inférieur à 2 369 euros :

Soit $P_{<\bar{x}}$ le pourcentage cherché, nous utilisons la formule d'interpolation linéaire en prenant comme base le couple de données $(a_i, f_i \uparrow)$:

$$\bar{x} = a_i + (a_{i+1} - a_i)\frac{(P_{<\bar{x}} - F_i)}{(F_{i+1} - F_i)}$$

$$2\,369 = 2\,300 + (2\,400 - 2\,300)\frac{(P_{<\bar{x}} - 67,54)}{(70,49 - 67,54)}$$

$$P_{<\bar{x}} = 69,58\%$$

69,58% des français travaillant dans le privé, soit 11 490 471 personnes ont un salaire inférieur à 2 369 euros (qui représente le salaire moyen).

7-c : Calculons le pourcentage de français travaillant dans le privé et ayant un salaire inférieur à la médiale, c'est-à-dire inférieur à 2 460,37 euros :

Soit $P_{<\text{médiale}}$ ce pourcentage, nous utilisons la formule d'interpolation linéaire en prenant comme base le couple de données $(a_i, f_i \uparrow)$:

$$M\acute{e}diale = a_i + (a_{i+1} - a_i)\frac{(P_{<\bar{x}} - F_i)}{(F_{i+1} - F_i)}$$

$$2\,460,37 = 2\,400 + (2\,500 - 2\,400)\frac{(P_{<\text{médiale}} - 70,49)}{(73,09 - 70,49)}$$

$$P_{<\text{médiale}} = 72,06\%$$

72,06% des français travaillant dans le privé, soit 11 900 078 personnes ont un salaire inférieur à 2 460,37 euros (qui représente le salaire médian).

7-d : Calculons le pourcentage de français travaillant dans le privé et ayant un salaire compris entre la moyenne moins l'écart-type et la moyenne plus l'écart-type.

7-d-1 : Différence entre a moyenne moins l'écart-type et la moyenne plus l'écart-type:

$$\bar{x} - \sigma = 2\,369 - 1\,995,79$$

$$= 373{,}21 \text{ euros}$$

$$\bar{x} + \sigma = 2\,369\ + 1\,995{,}79$$

$$= 4\,364{,}79 \text{ euros}$$

7-d-2 : Pourcentage de français travaillant dans le privé, ayant un salaire inférieur à la moyenne moins l'écart-type est :

Soit $P_{<\bar{x}-\sigma}$ le pourcentage cherché, nous utilisons la formule d'interpolation linéaire en prenant comme base le couple de données $(a_i, f_i \uparrow)$:

$$\bar{x} - \sigma = a_i + (a_{i+1} - a_i)\frac{(P_{<\bar{x}-\sigma} - F_i)}{(F_{i+1} - F_i)}$$

$$373{,}21 = 0 + (1\,200 - 0)\frac{(P_{<\bar{x}-\sigma} - 0)}{(5{,}42 - 0)}$$

$$P_{<\bar{x}-\sigma} = 1{,}69\%$$

7-d-3 : Pourcentage de Français travaillant dans le privé, ayant un salaire inférieur à la moyenne plus l'écart-type :

Soit $P_{<\bar{x}+\sigma}$ le pourcentage cherché, nous utilisons la formule d'interpolation linéaire en prenant comme base le couple de données $(a_i, f_i \uparrow)$:

$$\bar{x} + \sigma = a_i + (a_{i+1} - a_i)\frac{(P_{<\bar{x}+\sigma} - F_i)}{(F_{i+1} - F_i)}$$

$$4\,364{,}79\ = 4\,300 + (4\,400 - 4\,300)\frac{(P_{<\bar{x}+\sigma} - 92{,}85)}{(93{,}26 - 92{,}85)}$$

$$P_{<\bar{x}+\sigma} = 93{,}12\%$$

Le pourcentage de français travaillant dans le privé, ayant un salaire compris entre 373,21 euros et 4 364,79 euros est :

$$93{,}12\% - 1{,}69\ \% = 91{,}43\%$$

Ce qui représente 15 100 960 des français travaillant dans le privé.

7-e : Interprétation sur le pourcentage des français travaillant dans le privé en 2018 ayant un salaire inférieur à ces mesures centrales et de dispersion :

Interpretation des Resultats

En considérant le salaire mensuel net en EQTP dans le secteur privé en France en 2018,

7-a. Environ 22,1% des travailleurs français du secteur privé, soit près de 3,65 millions de personnes, ont un salaire mensuel net en EQTP inférieur à 1 450 euros. Ce salaire est inférieur au salaire que gagne la majorité des travailleurs du secteur privé en France, ce qui indique une forte concentration des salaires dans la partie inférieure de l'échelle.

7-b. Environ 69,58% des travailleurs français du secteur privé, soit plus de 11,49 millions de personnes, ont un salaire mensuel net en EQTP inférieur à 2 369 euros en 2018. Ce salaire est inférieur à la moyenne des salaires du secteur privé en France, ce qui témoigne d'une certaine inégalité dans la distribution des salaires.

7-c. Environ 72,06% des travailleurs français du secteur privé, soit près de 11,9 millions de personnes, ont un salaire mensuel net en EQTP inférieur à 2 460,37 euros. Cette catégorie de travailleurs se partage 50% de la masse salariale totale, tandis que les 27,94% restants, soit environ 4,6 millions de personnes, ayant un salaire supérieur à 2 460,37 euros se partagent l'autre 50% de la masse salariale. En d'autres termes, près de 11,9 millions de travailleurs se partagent la même masse salariale qu'environ 4,6 millions de personnes.

7-d. Environ 91,43% des travailleurs français du secteur privé, soit plus de 15,1 millions de personnes, ont un salaire mensuel net en EQTP compris entre 373,21 euros et 4 364,79 euros. Ce chiffre correspond à la plage de salaire qui se situe entre le salaire moyen du secteur privé moins l'écart-type et le salaire moyen plus l'écart-type. Cela signifie que la grande majorité des travailleurs du secteur privé gagne des salaires qui se situent dans une fourchette relativement restreinte, ce qui peut expliquer le niveau d'inégalité relativement faible dans la distribution des salaires dans le secteur privé français en 2018.

Il est en effet clair que cette distribution ne suit pas la loi normale, car une distribution de salaires dans une population qui suit la loi normale aurait une répartition plus équilibrée des salaires autour de la moyenne, avec une proportion plus faible de personnes ayant des salaires très bas ou très élevés. La proportion de personnes sur cette plage dans cette distribution est donc supérieure à ce que l'on pourrait attendre d'une distribution normale.

Cette grande proportion de travailleurs dans cette fourchette peut suggérer une concentration de salaires, probablement due à des facteurs économiques, sociaux et culturels qui influencent la répartition des salaires dans le secteur privé en France. Il y a plusieurs raisons possibles pour expliquer pourquoi la répartition des salaires dans le secteur privé en France en 2018 ne suit pas une loi normale. Cela peut s'expliquer par divers facteurs tels que la politique salariale des entreprises, la concurrence sur le marché de l'emploi pour les postes à salaire moyen, les négociations salariales collectives, etc. En effet,

- o Tout d'abord, le marché du travail n'est pas parfaitement concurrentiel et les salaires ne sont pas totalement déterminés par les forces du marché. Il peut y avoir des facteurs tels que des négociations salariales, des conventions collectives ou des barèmes de salaires minimaux qui peuvent influencer les niveaux de salaire dans un secteur particulier. En outre, certains employeurs peuvent choisir de payer à leurs travailleurs des salaires plus élevés que ceux du marché pour retenir des travailleurs talentueux ou motivés.

- o De plus, il peut y avoir des différences de salaire en fonction des secteurs d'activité, des niveaux d'éducation ou d'expérience professionnelle, ce qui peut expliquer les écarts de salaire observés dans la distribution.

Quant à émettre un jugement sur le bon ou le mauvais côté d'avoir autant de monde dans cet espace, il est difficile de répondre de manière catégorique à cette question car cela dépend du point de vue de chacun.

- o D'un côté, le fait que la grande majorité des travailleurs du secteur privé en France aient un salaire compris entre le salaire moyen moins l'écart-type et le salaire moyen plus l'écart-type peut être considéré comme une bonne chose, car cela indique une certaine stabilité et une équité salariale au sein de l'entreprise ou du secteur. Cela signifie également que la majorité des travailleurs du secteur privé en France ne vivent pas dans une grande précarité financière.

- o D'un autre côté, cela peut être considéré comme une mauvaise chose car cela peut refléter un manque de diversité dans les salaires et une répartition inégale de la richesse. Par exemple, si une entreprise ne propose que des salaires compris dans cette fourchette, cela pourrait indiquer qu'elle n'offre pas suffisamment de possibilités de croissance et de développement professionnel pour les travailleurs. De plus, cela peut également souligner une difficulté pour les travailleurs à sortir de cette fourchette de salaires, même s'ils travaillent dur et ont de l'expérience, ce qui pourrait causer des frustrations et une stagnation de la motivation.

10.4.2 Analyse des paramètres liés à la fiscalité

8 : Calculons le pourcentage de travailleurs du secteur privé en France ayant un salaire mensuel net en EQTP qui n'est pas soumis à l'impôt sur le revenu, c'est-à-dire dont le salaire brut annuel n'excède pas le seuil d'imposition de 9 964 euros (830,33 euros mensuels bruts en 2018). À ce seuil, le salaire brut est identique au salaire net, les deux étant équivalents à 830,33 euros par mois. En effet, en dessous de ce montant, le taux d'imposition est de zéro pourcent.

Soit $P_{<830}$ le pourcentage cherché, utilisons la formule d'interpolation linéaire en prenant comme base le couple de données $(a_i, f_i \uparrow)$:

$$\text{Seuil\_Impot}_{2018} = a_i + (a_{i+1} - a_i)\frac{(P_{<830} - F_i)}{(F_{i+1} - F_i)}$$

$$830,33 = 0 + (1\ 200 - 0)\frac{(P_{<830} - 0)}{(5,42 - 0)}$$

$$P_{<830} = 3,75\%$$

3,75% des français travaillant dans le privé ont un salaire non soumis aux impôts, ce qui représente 619 366 personnes.

9 : Calculons le pourcentage de français travaillant dans le privé et qui paient 45% d'impôts sur leurs revenus, c'est-à-dire ayant un salaire supérieur à la dernière tranche d'imposition fixée à 156 244 euros brut annuel, soit 13 020,33 euros brut mensuel (en 2018).

Nous allons d'abord ramener ce montant au salaire net qui sera la base de nos calculs.

Le salaire net en EQTP est :
$$13\ 020,33 - 13\ 020,33 \text{ x } 45\% = 7\ 161,18 \text{ euros.}$$

Calculons d'abord le pourcentage de français travaillant dans le privé, ayant un salaire inférieur à 7 161,18 euros, ensuite nous allons les retrancher de 100%.

Soit $P_{<7161}$ le pourcentage cherché, utilisons la formule d'interpolation linéaire en prenant comme base le couple de données $(a_i, f_i \uparrow)$:

$$\text{Salaire\_Net\_EQTP} = a_i + (a_{i+1} - a_i)\frac{(P_{<7161} - F_i)}{(F_{i+1} - F_i)}$$

$$7\ 161 = 7\ 100 + (7\ 200 - 7\ 100)\frac{(P_{<7161} - 98,09)}{(98,15 - 98,09)}$$

$$P_{<7161} = 98,12\%$$

Donc le pourcentage de français travaillant dans le privé et qui paient 45% d'impôts est de :

$$100\% - 98,12\% = 1,88\%$$

Ce qui représente 310 509 personnes.

10 :

Interpretation des Resultats

En considérant le salaire mensuel net en EQTP dans le secteur privé en France en 2018,

8 - 9. Une petite fraction de la population travaillant dans le secteur privé ne paie pas d'impôt sur le revenu. Il s'agit de 3,75% de cette catégorie de Français dont les salaires mensuels nets en EQTP ne dépassent pas un certain seuil. Cela signifie qu'ils ne sont pas soumis à la loi fiscale et ne payent pas d'impôt sur le revenu. En revanche, 1,88% des travailleurs du secteur privé sont soumis à l'impôt sur le revenu et une partie de leurs revenus est taxée à hauteur de 45%. Il est important de ne pas confondre ces deux groupes avec les travailleurs dont les salaires sont supérieurs au seuil d'imposition mais qui peuvent être exemptés d'impôts pour diverses raisons, telles que le statut social ou le nombre d'enfants à charge.

10.4.3 Analyse des paramètres socio-économiques

11 : Calculons le pourcentage de Français travaillant dans le secteur privé et touchant un salaire mensuel net en EQTP inférieur au SMIC, qui s'élevait à 1 498,47 euros bruts mensuels en 2018.

Puisque le SMIC est supérieur au premier plancher des impôts, nous allons ramener ce montant au salaire net qui sera la base de notre calcul. Selon le barème fiscal appliqué en 2018, le taux d'imposition relatif au premier plancher était de 14% (voir tableau plus haut).

Le SMIC net en EQTP est :
$$1\ 498,47 - 1\ 498,47 \text{x} 14\% = 1\ 288,68 \text{ euros.}$$

Soit $P_{<\text{smic}}$ le pourcentage de français travaillant dans le privé et ayant un salaire mensuel net en EQTP inférieur au SMIC, utilisons la formule d'interpolation linéaire en prenant comme base le couple de données $(a_i, f_i \uparrow)$:

$$\text{Smic} = a_i + (a_{i+1} - a_i)\frac{(P_{<\text{smic}} - F_i)}{(F_{i+1} - F_i)}$$

$$1\ 288,68 = 1\ 200 + (1\ 300 - 1\ 200)\frac{(P_{<\text{smic}} - 5,42)}{(11,27 - 5,42)}$$

$$P_{<\text{smic}} = 10,6\%$$

10,6% des français travaillant dans le privé, soit 1 750 740 personnes ont un salaire mensuel net en EQTP inférieur au SMIC.

12 : Calculons le pourcentage de Français travaillant dans le secteur privé en 2018, qui percevaient un salaire mensuel net en EQTP inférieur au seuil de pauvreté tel que défini par l'Insee et l'Observatoire des inégalités.

Nous considérons ici que l'employé n'a qu'une seule source de revenu et que les prestations sociales ne sont pas prises en compte. Ce pourcentage nous permettra d'évaluer la prévalence de la pauvreté chez les travailleurs du secteur privé en France.

Le seuil de pauvreté étant statué à 60% en dessous de la médiane, il est donc en dessous de 1 872,25 x 60% = 1 123,35 euros.

Soit $P_{\text{pauvreté}}$ le pourcentage de français travaillant dans le privé et vivant sous le seuil de pauvreté, c'est-à-dire ayant un salaire inférieur à 1 123,35 euros, utilisons la formule d'interpolation linéaire en prenant comme base le couple de données $(a_i, f_i \uparrow)$:

$$\text{Seuil\_Pauvreté} = a_i + (a_{i+1} - a_i)\frac{\left(P_{\text{pauvreté}} - F_i\right)}{(F_{i+1} - F_i)}$$

$$1\,123,35 = 1\,100 + (1\,200 - 1\,100)\frac{(P_{\text{pauvreté}} - 0)}{(5,42 - 0)}$$

$$P_{<\text{pauvreté}} = 1,27\%$$

Ainsi, 1,27% des français travaillant dans le secteur privé vivent en dessous du seuil de pauvreté dans le sens de la définition de L'INSEE et de l'observatoire des inégalités, Ce qui représente 209 759 personnes.

13 : Calculons le pourcentage des travailleurs français du secteur privé considérés comme étant au-dessus du seuil de richesse selon l'Observatoire des inégalités.

Le seuil de richesse correspondant au double du niveau de vie médian, il est donc au-dessus de 1 872,25 x 2 = 3 744,5 euros.

Calculons le pourcentage inférieur au seuil de richesse et soustrayons-le de 100%.

Soit P_{richesse} le pourcentage cherché, utilisons la formule d'interpolation linéaire en prenant comme base le couple de données $(a_i, f_i \uparrow)$:

$$\text{Seuil\_Richesse} = a_i + (a_{i+1} - a_i)\frac{\left(P_{\text{richesse}} - F_i\right)}{(F_{i+1} - F_i)}$$

$$3\,744,5 = 3\,700 + (3\,800 - 3\,700)\frac{(P_{\text{richesse}} - 89,48)}{(90,16 - 89,48)}$$

$$P_{<\text{richesse}} = 89,78\%$$

Ainsi, le pourcentage de français travaillant dans le secteur privé ayant un salaire mensuel net en EQTP en 2018 considéré comme étant au-dessus du seuil de richesse dans le sens de l'observatoire des inégalités est de :

$$100\% - 89,78\% = 10,22\%$$

Ce qui représente 1 687 978 personnes.

14 : Le pourcentage de français travaillant dans le secteur privé et ayant un salaire mensuel net en EQTP en 2018 leur permettant d'être classés dans la classe moyenne selon la définition de l'INSEE.

Selon L'INSEE, la classe moyenne pour l'année 2018 contient toutes les personnes dont le revenu disponible (autrement dit l'ensemble des revenus, prestations sociales comprises) est situé entre 1390 euros et 2568 euros par mois.

14-a : Calculons le pourcentage de français travaillant dans le privé, ayant un salaire inférieur à 1 390 euros (en dessous de la classe moyenne) :

Soit $P_{<1390}$ le pourcentage cherché, utilisons la formule d'interpolation linéaire en prenant comme base le couple de données $(a_i, f_i \uparrow)$:

$$\lim_{inf\_INSEE} (\text{Classe Moy}) = a_i + (a_{i+1} - a_i) \frac{(P_{<1390} - F_i)}{(F_{i+1} - F_i)}$$

$$1\,390 = 1\,300 + (1\,400 - 1\,300) \frac{(P_{<1390} - 11{,}27)}{(18{,}18 - 11{,}27)}$$

$$P_{<1390} = 17{,}49\%$$

2 888 721 français travaillant dans le privé ont un salaire en dessous de la classe moyenne dans le sens de l'INSEE.

14-b : Calculons le pourcentage de français travaillant dans le privé, ayant un salaire inférieur à 2 568 euros, soit en dessous de la limite supérieure de la classe moyenne.

Soit P_{2568} le pourcentage cherché, utilisons la formule d'interpolation linéaire en prenant comme base le couple de données $(a_i, f_i \uparrow)$:

$$\lim_{sup\_INSEE} (\text{Classe Moy}) = a_i + (a_{i+1} - a_i) \frac{(P_{<2568} - F_i)}{(F_{i+1} - F_i)}$$

$$2\,568 = 2\,500 + (2\,600 - 2\,500) \frac{(P_{2568} - 73{,}09)}{(75{,}41 - 73{,}09)}$$

$$P_{2568} = 74{,}67\%$$

12 332 809 français travaillant dans le privé ont un salaire en dessous de la limite supérieure de la classe moyenne dans le sens de l'INSEE.

Le pourcentage de français travaillant dans le privé, ayant un salaire leur permettant de se positionner dans la classe moyenne dans le sens de L'INSEE est de :

$$74{,}67\% - 17{,}49\% = 57{,}18\%$$

Ainsi, 9 444 087 français travaillant dans le privé ont un salaire les classant dans la classe moyenne selon la définition de l'INSEE.

15 : Calculons le pourcentage de français travaillant dans le secteur privé et ayant un salaire mensuel net en EQTP en 2018 leur permettant d'être classés dans la classe moyenne selon la définition de l'OCDE. Nous supposons ici que l'employé n'a qu'une seule source de revenu et que les prestations sociales ne sont pas prises en compte.

Selon l'OCDE, la classe moyenne est représentée par les personnes ayant un revenu compris entre 75% et 200% du revenu médian.

75% du revenu médian = 1 872,25 x 75% = 1 404,19 euros

Calculons le pourcentage de français travaillant dans le privé, ayant un salaire inférieur à 1 404,19 euros.

Soit $P_{<1404}$ le pourcentage cherché, utilisons la formule d'interpolation linéaire en prenant comme base le couple de données $(a_i, f_i \uparrow)$:

$$\lim_{inf\_OCDE}(\text{Classe Moy}) = a_i + (a_{i+1} - a_i)\frac{(P_{<1404} - F_i)}{(F_{i+1} - F_i)}$$

$$1\,404,19 = 1\,400 + (1\,500 - 1\,400)\frac{(P_{<1404} - 18,18)}{(26,01 - 18,18)}$$

$$P_{<1404} = 18,51\%$$

3 057 189 français travaillant dans le privé ont un salaire en dessous de la limite inférieure de la classe moyenne selon la définition de l'OCDE.

200% du revenu médian = 3 744,5 euros. Le pourcentage de français travaillant dans le privé, ayant un salaire inférieur à ce montant avait déjà été calculé à la question **14**, il est équivalent à 89,78%

Calculons le pourcentage de français travaillant dans le privé, ayant un salaire leur permettant de se positionner dans la classe moyenne dans le sens de l'OCDE est de :

$$89,78\% - 18,51\% = 71,27\%$$

Ainsi, 11 771 250 français travaillant dans le privé ont un salaire les classant dans la classe moyenne selon la définition de l'OCDE.

16 : Nous allons considérer uniquement la population des Français travaillant dans le secteur privé en 2018 et ayant un salaire mensuel net en EQTP. La définition de la classe moyenne varie selon l'INSEE, le CREDOC et l'Observatoire des inégalités. Selon ces organismes, la classe moyenne correspond à la population située entre les 30% des plus pauvres et les 20% des plus riches, représentant ainsi 50% de la population.

16-a : Calculons les déciles pour déterminer les limites inférieures et supérieures.

Utilisons la formule :

$$D_j = a_i + (a_{i+1} - a_i)\frac{(10*j - F_i)}{(F_{i+1} - F_i)}$$

$$D_1 = 1\,200 + (1\,300 - 1\,200)\frac{(10 - 5,42)}{(11,27 - 5,42)}$$

$$= 1\,278,29 \text{ euros}$$

$$D_2 = 1\,400 + (1\,500 - 1\,400)\frac{(20 - 18,18)}{(26,01 - 18,18)}$$

$$= 1\,423,24 \text{ euros}$$

$$D_3 = 1\,500 + (1\,600 - 1\,500)\,\frac{(30 - 26{,}01)}{(33{,}46 - 16{,}01)}$$

$$= 1\,522{,}87 \text{ euros}$$

$$D_4 = 1\,600 + (1\,700 - 1\,600)\,\frac{(40 - 33{,}46)}{(40{,}16 - 33{,}46)}$$

$$= \mathbf{1\,697{,}61 \text{ euros}}$$

$$D_5 = 1\,800 + (1\,900 - 1\,800)\,\frac{(50 - 46{,}12)}{(51{,}49 - 46{,}12)}$$

$$= 1\,872{,}25 \text{ euros}$$

$$D_6 = 2\,000 + (2\,100 - 2\,000)\,\frac{(60 - 56{,}25)}{(60{,}50 - 56{,}25)}$$

$$= 2\,088{,}24 \text{ euros}$$

$$D_7 = 2\,300 + (2\,400 - 2\,300)\,\frac{(70 - 67{,}54)}{(70{,}49 - 67{,}54)}$$

$$= 2\,383{,}39 \text{ euros}$$

$$D_8 = 2\,800 + (2\,900 - 2\,800)\,\frac{(80 - 79{,}21)}{(80{,}82 - 79{,}21)}$$

$$= \mathbf{2\,849{,}07 \text{ euros}}$$

$$D_9 = 3\,700 + (3\,800 - 3\,700)\,\frac{(90 - 89{,}48)}{(90{,}16 - 89{,}48)}$$

$$= 3\,776{,}47 \text{ euros}$$

La limite inférieure est : 1 697,61 euros

La limite supérieure est : 2 849,07 euros

La classe moyenne composée des français travaillant dans le secteur privé et ayant un salaire mensuel net en EQTP en 2018 va de 1 697,61 à 2 849,07 euros.

16-b : Calculons le pourcentage de français qui seraient dans cette classe moyenne :

16-b-1 : Calculons le pourcentage de français travaillant dans le privé, ayant un salaire inférieur à 1 697,61 euros (en dessous de la classe moyenne) :

Soit $P_{<1697}$ le pourcentage de français travaillant dans le privé, ayant un salaire inférieur à 1 697 euros, utilisons la formule d'interpolation linéaire en prenant comme base le couple de données $(a_i, f_i \uparrow)$:

$$\lim_{inf\_ALL} (\text{Classe Moy}) = a_i + (a_{i+1} - a_i)\,\frac{(P_{<1697} - F_i)}{(F_{i+1} - F_i)}$$

$$1\,697{,}61 = 1\,600 + (1\,700 - 1\,600)\frac{(P_{<1697} - 33{,}46)}{(40{,}16 - 33{,}46)}$$

$$P_{<1697} = 40\%$$

Ce qui représente 6 605 567 personnes.

16-b-2 : Calculons le pourcentage de français travaillant dans le privé, ayant un salaire inférieur à 2 849,07 euros (en dessous de la limite supérieure de la classe moyenne)

Soit $P_{<2849,07}$ le pourcentage de français travaillant dans le privé, ayant un salaire inférieur à 2 849,07 euros, utilisons la formule d'interpolation linéaire en prenant comme base le couple de données $(a_i, f_i \uparrow)$:

$$\lim_{sup\_ALL} (\text{Classe Moy}) = a_i + (a_{i+1} - a_i)\frac{(P_{<2849,07} - F_i)}{(F_{i+1} - F_i)}$$

$$2\,849{,}07 = 2\,800 + (2\,900 - 2\,800)\frac{(P_{<2849,07} - 79{,}21)}{(80{,}82 - 79{,}21)}$$

$$P_{<2849,07} = 80\%$$

Ce qui représente 13 213 134 personnes.

Le pourcentage de français travaillant dans le privé, ayant un salaire leur permettant de se positionner dans la classe moyenne dans le sens du CREDOC est de :

$$80\% - 40\% = 40\%$$

Ce qui représente 6 605 567 personnes.

1 278,29	1 423,24	1 522,86	1 697,61	1 872,25	2 088	2 383,38	2 849,06	3 776,47	
D1	D2	D3	D4	D5	D6	D7	D8	D9	D10
			40%				80%		
			40% Classe Moyenne						

En considérant le salaire mensuel net en EQTP dans le secteur privé en France, en 2018,

11 : 10,6% des travailleurs français du secteur privé, soit 1 750 740 personnes, gagnent un salaire mensuel net en EQTP inférieur au SMIC.

12. 1,27% des français travaillant dans le secteur privé, soit 209 759 personnes vivent en dessous du seuil de pauvreté dans le sens de la définition de L'INSEE et de l'observatoire des inégalités.

13. 10,22% des travailleurs français du secteur privé, soit 1 687 978 personnes, ont un salaire mensuel net en EQTP en 2018 qui dépasse le seuil de richesse selon la définition de l'Observatoire des inégalités.

14. 57,18% des travailleurs français du secteur privé, soit 9 444 087 personnes ont un salaire mensuel net en EQTP en 2018 leur permettant de se classer dans la classe moyenne selon la définition de l'INSEE.

15. 71,27% des français travaillant dans le secteur privé, soit 11 771 250 personnes ont un salaire mensuel net en EQTP en 2018 leur permettant de se positionner dans la classe moyenne selon la définition de l'OCDE .

16. Si l'on considère la population exclusive des français travaillant dans le secteur privé et ayant un salaire mensuel net en EQTP en 2018, la classe moyenne selon la définition de l'INSEE, le CREDOC et l'Observatoire des inégalités, est représentée par la population située entre les 30% les plus pauvres et les 20% les plus riches, soit 50% de la population.

Cette classe moyenne ira de 1 697,61 euros à 2 849,07 euros et engloberait environ 40% des français, ce qui représente 6 605 567 personnes.

CHAPITRE **11**

Études de cas menant à une prise de décision optimisée grâce à l'analyse de données

11.1 Présentation des cas d'études

Le but de ces études est de démontrer comment l'analyse et l'interprétation des données peuvent conduire à une maximisation des résultats positifs (gain, profit, satisfaction, bien-être, etc.) tout en minimisant les résultats négatifs (perte, insatisfaction, risque, etc.), ce qui permet ensuite d'arriver à une prise de décision optimisée.

Les quatre études de cas présentées illustrent cette démarche. La première étude de cas est indépendante des trois autres, qui ont des similitudes en termes de traitement et d'analyse des données, mais qui diffèrent en termes d'interprétation.

Ces études de cas ont été soigneusement sélectionnées pour leur pertinence et leur capacité à illustrer la méthode de prise de décision basée sur les données. Il est important de noter que ces exemples ne sont pas tirés de situations réelles, mais ont été créés pour démontrer comment l'analyse et l'interprétation des données peuvent être utilisées pour optimiser la prise de décision.

Nous espérons que ces études de cas permettront aux lecteurs de mieux comprendre comment l'analyse de données peut être utilisée pour optimiser la prise de décision et maximiser les résultats positifs tout en minimisant les résultats négatifs.

Les quatre cas d'étude présentés sont les suivants :

1. Le premier cas d'étude concerne une institution internationale qui souhaite collaborer avec une Association Sans But Lucratif (ASBL) sur une longue période. L'objectif est de sélectionner une ASBL capable de travailler avec rigueur, intégrité, et impartialité, tout en étant capable de mesurer et d'évaluer les poids sans utiliser de balance ni de pesée. Trois ASBL ont été retenues pour une évaluation sur le terrain, afin de déterminer la plus adaptée pour cette collaboration.

2. Le deuxième cas est celui d'un magasin spécialisé dans la vente de tissus. Celui-ci est confronté à une forte demande de la part de ses clients pour des pièces de tissus de tailles et de formes variées. Pour répondre à cette demande, le magasin souhaite automatiser son système de découpage de tissus, en remplaçant le découpage manuel par une machine. Cependant, il est important de choisir la machine la plus adaptée aux besoins du magasin, en termes de vitesse, de précision, de qualité de découpe et de coût. Pour ce faire, trois machines de différents constructeurs ont été présentées et soumises à des tests de validation pour vérifier les déclarations de leurs constructeurs. Les résultats de ces tests ont été analysés afin de déterminer la machine la plus performante pour le magasin.

3. Le troisième cas, bâti sur les mêmes données que le précédent, est celui d'un laboratoire biologique à la recherche d'une solution pour administrer des médicaments à des patients avec une posologie d'injection dosée à un certain volume maximum. Trois pistolets d'injection de médicaments ont été proposés par des fabricants différents. Pour déterminer la solution la plus adaptée, ces pistolets ont été soumis à des tests de validation rigoureux. Les tests ont notamment porté sur la précision de l'injection. Une évaluation minutieuse des résultats des tests a permis au laboratoire biologique de sélectionner le pistolet d'injection de médicaments le plus approprié pour leurs patients.

4. Le quatrième cas est comme le précédent, bâti sur les mêmes données que le deuxième cas, c'est celui d'une fonderie spécialisée dans la production de métaux très particuliers, nécessitant un processus de fabrication précis et rigoureux. Pour assurer la qualité et l'efficacité de leur production, la fonderie cherche à automatiser leur processus de mélange de métaux en trouvant un logiciel qui répond à des critères stricts. Le logiciel doit être capable de détecter la fonte totale du métal, mesurer le poids net du métal fondu, calculer la quantité de composants additifs à rajouter en fonction du poids du métal et activer le mélange avant le refroidissement et le durcissement de l'alliage. De plus, le logiciel doit être asymptotiquement supérieur, c'est-à-dire, son temps de réponse doit être strictement inférieur à un temps maximum prédéfini. Trois développeurs de logiciels ont été sollicités pour proposer des solutions, qui ont été soumises à des tests de validation pour déterminer le logiciel le plus adapté aux besoins de la fonderie.

Dans chacun de ces cas, les résultats ont été transmis à une équipe statistique qualifiée pour une analyse approfondie. Cette équipe a examiné les données en détail, effectué des analyses rigoureuses et interprété les résultats afin de déterminer les points forts et les faiblesses des différentes solutions proposées. En fin de compte, cette équipe a tiré des conclusions précises et pertinentes pour aider les parties prenantes à prendre des décisions éclairées.

11.2 Premier cas d'étude

11.2.1 Présentation de l'étude

Une institution internationale cherche à collaborer avec une Association Sans But Lucratif (ASBL) sur une longue période. Après plusieurs entretiens, trois ASBL - nommées A, B et C - ont été sélectionnées pour effectuer des tests sur le terrain. Ces tests devaient démontrer leur intégrité, leur rigueur, leur abnégation, leur justesse et leur fermeté. Il était également attendu d'elles qu'elles possèdent d'excellentes capacités de mesure et d'évaluation car leur travail consistait à estimer le poids du riz à distribuer aux familles réfugiées, sans balance ni pesée.

Les trois ASBL ont été envoyées dans trois camps de réfugiés différents, chacun étant peuplé de 60 familles. Leur mission était de distribuer équitablement et sans complaisance du riz à chacune des 60 familles de chaque camp dont elles avaient la charge. Pour cela, des sacs de riz ont été remis aux trois ASBL : l'association A a reçu 237 kg, l'association B a reçu 233 kg et l'association C a reçu 90 kg. Il leur a donc été demandé de faire preuve de rigueur absolue, de ne pas être influençables ni malléables, et surtout d'être incorruptibles, car chaque famille devait recevoir exactement le soixantième de la quantité de riz qui leur était donnée.

Après la distribution du riz, les inspecteurs de l'institution ont vérifié les parts distribuées aux différentes familles de chaque camp. Ces données ont été collectées dans les trois tableaux suivants.

ASBL **A** : Camp A			ASBL **B** : Camp B			ASBL **C** : Camp C		
Quantité de riz reçu par famille (en kg)			Quantité de riz reçu par famille (en kg)			Quantité de riz reçu par famille (en kg)		
6	4	5	3	6	4	1	3	0
3	6	3	4	4	1	0	0	2
3	4	4	2	3	2	2	0	1
6	4	2	1	6	1	3	1	0
5	4	3	6	4	2	1	3	3
4	7	4	5	5	6	0	2	1
3	5	3	8	4	2	1	1	1
3	5	5	5	3	6	0	2	2
4	2	2	5	4	1	1	2	0
4	3	5	3	3	2	3	1	2
4	4	4	4	4	2	3	2	1
5	2	4	3	1	3	1	3	1
5	4	5	3	4	2	2	0	1
1	3	3	4	4	2	2	0	0
2	5	4	4	6	2	4	1	2
4	5	1	7	4	8	2	3	3
5	6	5	3	8	4	0	1	3
3	2	5	5	6	7	2	5	0
3	5	3	5	3	0	1	2	3
7	4	3	5	5	4	0	2	1

D'après votre évaluation, quelle Association Sans But Lucratif recommanderiez-vous à cette institution pour qu'elle soit embauchée ?

Note : Afin de faciliter la lecture des solutions, nous utiliserons la notation suivante : chaque réponse concernant un camp sera précédée d'une lettre indiquant le camp correspondant.

11.2.2 Questions

11.2.2.1 Analyse des mesures de tendance centrale pour la prise de décision

Pour chaque camp,

1. Dépouiller les données et fournir le tableau de répartition du nombre de familles par rapport à la quantité de riz reçu.
2. Tracer le diagramme en bâton.
3. Calculer les caractéristiques de tendance centrale de la distribution :
   a. Le mode.
   b. La moyenne.
   c. La médiane.
4. Donner une interprétation sur l'ordre de grandeur des éléments de cette série statistique.

11.2.2.2 Analyse des mesures de dispersion pour la prise de décision

Calculer et comparer les données suivantes pour les trois camps
5. Calculer les caractéristiques de dispersion :
   a. L'écart interquartile.
   b. L'écart type.
   c. La variance.
   d. Le coefficient de variation.
6. Calculer le pourcentage de familles ayant reçu une quantité de riz inférieure à :
   a. La majorité des familles.
   b. La moyenne de riz.
7. Calculer le pourcentage de familles ayant reçu une quantité de riz inférieure à la moyenne moins l'écart-type.
8. Calculer le pourcentage de familles ayant reçu une quantité de riz inférieure à la moyenne plus l'écart-type.
9. Calculer le pourcentage de familles ayant reçu une quantité de riz se situant entre la moyenne et la moyenne moins l'écart-type.
10. Calculer le pourcentage de familles ayant reçu une quantité de riz se situant entre la moyenne et la moyenne plus l'écart-type.
11. Calculer le pourcentage de familles ayant reçu une quantité de riz se situant entre la moyenne plus l'écart-type et la moyenne moins l'écart-type.
12. Calculer le pourcentage de familles n'ayant rien reçu.

Interpréter les résultats puis conclure.

11.2.2.3 Analyse des mesures de forme pour la prise de décision

Pour compléter l'argumentaire, il est demandé de calculer pour chaque camp les caractéristiques de forme.

13. Calculer le coefficient d'asymétrie de FISHER.
14. Calculer le coefficient d'aplatissement de FISHER

11.2.2.4 Analyse des mesures de concentration pour la prise de décision

Pour raffiner et consolider la décision, il est demandé de calculer leurs caractéristiques de concentration :

15. Calculer la médiale.
16. Calculer le pourcentage des familles qui ont reçu un ratio inférieur à la médiale.
17. Calculer l'indice de GINI par la méthode graphique (méthode des trapèzes).

11.2.3 Solutions

11.2.3.1 Analyse des mesures de tendance centrale pour la prise de décision

A : Camp A

A-1 : Le tableau de répartition du nombre de familles par rapport à la quantité de riz reçu est :

Quantité de riz reçu (Kg)	Nombre de familles
1	2
2	6
3	14
4	17
5	15
6	4
7	2
Total	60

A-2 : Le diagramme en bâton de la distribution est :

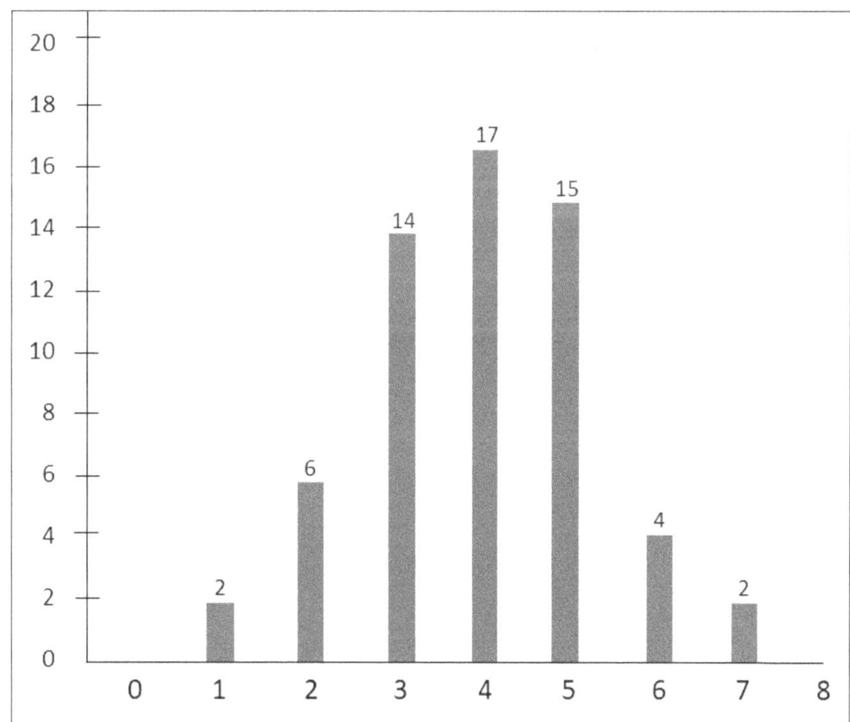

Le tableau suivant montre les données nécessaires pour résoudre cet exercice :

x_i	n_i	$n_i x_i$	$n_i x_i^2$	$n_i(x_i - \bar{x})$	$n_i(x_i - \bar{x})^3$	$n_i(x_i - \bar{x})^4$	f_i	$f_i\uparrow$
1	2	2	2	-5.90	-51.34	151.47	3.33	3.33
2	6	12	24	-11.70	-44.49	86.75	10.00	13.33
3	14	42	126	-13.30	-12.00	11.40	23.33	36.67
4	17	68	272	0.85	0.00	0.00	28.33	65.00
5	15	75	375	15.75	17.36	18.23	25.00	90.00
6	4	24	144	8.20	34.46	70.64	6.67	96.67
7	2	14	98	6.10	56.75	173.07	3.33	100.00
	60	237	1041	0.00	0.73	511.57		

A-3 : Les caractéristiques de tendance centrale sont :

A-3-a : Le mode du camp A est de 4 Kg.

A-3-b : La moyenne du camp A est égale à :

$$\bar{x} = \frac{1}{n} \sum_{i=1}^{i=7} n_i x_i = \frac{237}{60}$$

$$= 3{,}95 \text{ Kg}$$

A-3-c : La médiane du camp A est égale à :

$$M_e = 3 + (4 - 3)\frac{(50 - 36{,}67)}{(65 - 36{,}67)}$$

$$= 3{,}47 \text{ Kg}$$

B : Camp B

B-1 : Le tableau de répartition du nombre de familles par rapport à la quantité de riz reçu est :

Quantité de riz reçu (Kg)	Number de familles
0	1
1	5
2	9
3	10
4	15
5	8
6	7
7	2
8	3
Total	60

B-2 : Le diagramme en bâton de la distribution est :

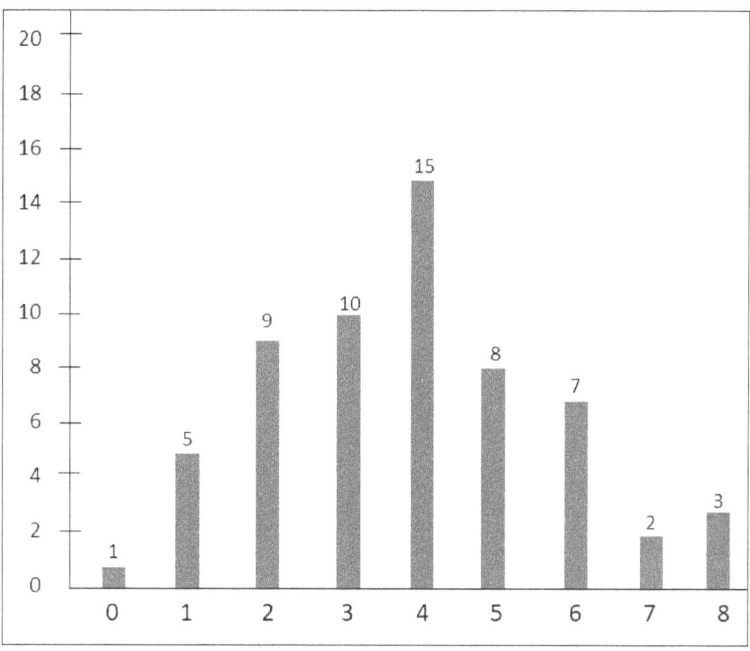

Le tableau suivant montre les données nécessaires pour résoudre cet exercice :

x_i	n_i	$n_i x_i$	$n_i x_i^2$	$n_i(x_i - \bar{x})$	$n_i(x_i - \bar{x})^3$	$n_i(x_i - \bar{x})^4$	f_i	$f_i\uparrow$
0	1	0	0	-3.88	-61.63	227.41	1.67	1.67
1	5	5	5	-14.42	-128.36	345.58	8.33	10.00
2	9	18	36	-16.95	-66.73	113.23	15.00	25.00
3	10	30	90	-8.83	-8.57	6.09	16.67	41.67
4	15	60	240	1.75	0.00	0.00	25.00	66.67
5	8	40	200	8.93	9.26	12.44	13.33	80.00
6	7	42	252	14.82	60.31	140.51	11.67	91.67
7	2	14	98	6.23	56.75	188.71	3.33	95.00
8	3	24	192	12.35	199.29	861.60	5.00	100.00
	60	233	1113	0.00	60.30	1895.57		

B-3 : Les caractéristiques de tendance centrale sont :

B-3-a : Le mode du camp B est de 4 Kg.

B-3-b : La moyenne du camp B est égale à :

$$\bar{x} = \frac{1}{n}\sum_{i=1}^{i=8} n_i x_i = \frac{233}{60}$$

$$= 3{,}8833 \text{ Kg}$$

B-3-c : La médiane du camp B est égale à :

$$M_e = 3 + (4 - 3)\,\frac{(50 - 41{,}67)}{(66{,}67 - 41{,}67)}$$
$$= 3{,}33 \text{ Kg}$$

C : Camp C

C-1 : Le tableau de répartition du nombre de familles par rapport à la quantité de riz reçu est :

Quantité de riz reçu (Kg)	Number de familles
0	14
1	18
2	15
3	11
4	1
5	1
Total	60

C-2 : Le diagramme en bâton de la distribution est :

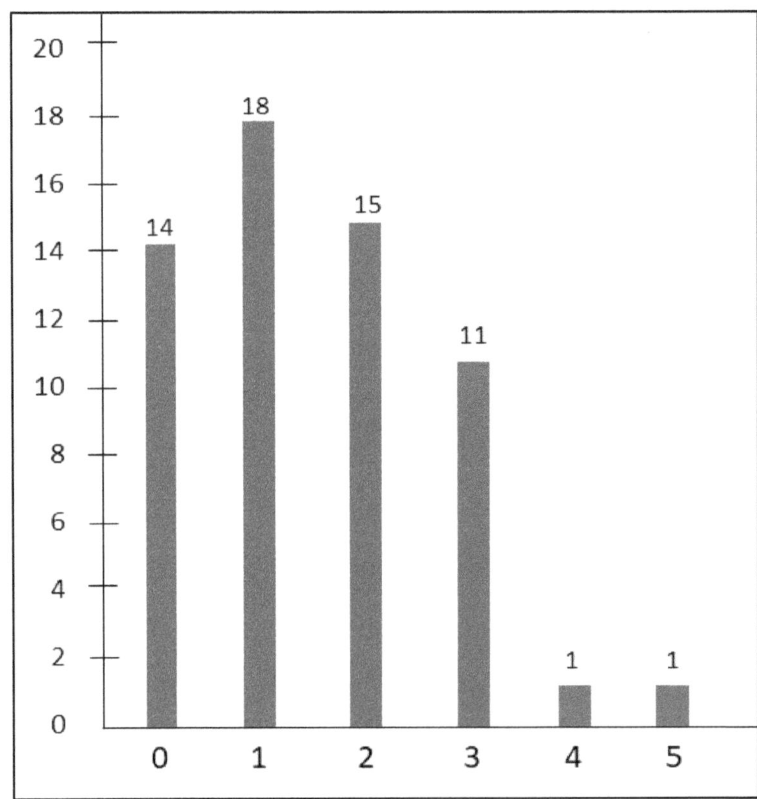

Le tableau suivant montre les données nécessaires pour résoudre cet exercice :

x_i	n_i	$n_i x_i$	$n_i x_i^{\,2}$	$n_i(x_i - \bar{x})$	$n_i(x_i - \bar{x})^3$	$n_i(x_i - \bar{x})^4$	f_i	$f_i\uparrow$
0	14	0	0	-21.00	-862.82	70.88	23.33	23.33
1	18	18	18	-9.00	-462.10	1.13	30.00	53.33
2	15	30	60	7.50	-111.22	0.94	25.00	78.33
3	11	33	99	16.50	-9.43	55.69	18.33	96.67
4	1	4	16	2.50	0.00	39.06	1.67	98.33
5	1	5	25	3.50	1.16	150.06	1.67	100.00
	60	90	218	0.00	-1444.42	317.75		

C-3 : Les caractéristiques de tendance centrale sont :

C-3-a : Le mode du camp C est de 1 Kg.

C-3-b : La moyenne du camp B est égale à :

$$\bar{x} = \frac{1}{n}\sum_{=1}^{i=6} n_i x_i = \frac{90}{60}$$

$$= 1,5 \text{ Kg}$$

C-3-c : L'intervalle médian du camp B est [2 ; 3] et la médiane est :

$$M_e = 0 + (1 - 0)\frac{(50 - 23,33)}{(53,33 - 23,33)}$$

$$= 0,889 \text{Kg}$$

4 : Interprétons les résultats :

<table>
<tr><td colspan="4">INTERPRETATION DES RESULTATS</td></tr>
<tr><td></td><td>Camp A</td><td>Camp B</td><td>Camp C</td></tr>
<tr><td></td><td colspan="3"></td></tr>
<tr><td>Mode (Kg)</td><td>4</td><td>4</td><td>1</td></tr>
<tr><td>% quantité totale</td><td>1,687763713%</td><td>1,7167381974%</td><td>1,111%</td></tr>
<tr><td>Moyenne (Kg)</td><td>3,95</td><td>3,88</td><td>1,5</td></tr>
<tr><td>% quantité totale</td><td>1,666666%</td><td>1,665236</td><td>1,666666</td></tr>
</table>

| Médiane (Kg) | 3,47 | 3,33 | 0,889 |
| % quantité totale | 1,4641350% | 1,4291845% | 0,98777% |

Analyse

Camp A
- o Premièrement, la majorité des familles (plus de la moitié) ont reçu 4 kg de riz. Cette distribution montre une certaine homogénéité, mais elle pourrait aussi refléter une certaine complaisance ou une absence de mesure exacte de la part de l'ASBL responsable de la distribution.
- o Deuxièmement, la quantité moyenne de riz reçue par chaque famille dans ce camp était de 3,95 kg, ce qui représente 1,66% de la quantité totale. Si la distribution avait été effectuée de manière parfaitement équitable, chaque famille aurait reçu cette quantité de riz. Malgré la variation dans les quantités distribuées, la différence entre la quantité reçue et la quantité équitable est très faible.
- o Troisièmement, il y a autant de familles qui ont reçu une quantité inférieure à 3,47 kg de riz que celles qui en ont reçu plus. En d'autres termes, si les familles étaient classées selon la quantité de riz reçue, la famille du milieu aurait reçu 3,47 kg de riz

Camp B
- o Premièrement, la majorité des familles (plus de la moitié) ont reçu 4 kg de riz. Comme pour le Camp A, cette distribution montre une certaine homogénéité, mais elle pourrait aussi refléter une certaine complaisance ou une absence de mesure exacte de la part de l'ASBL responsable de la distribution.
- o Deuxièmement, la quantité moyenne de riz reçue par chaque famille dans ce camp était de 3,88 kg. Si la distribution avait été effectuée de manière parfaitement équitable, chaque famille aurait reçu cette quantité de riz. Malgré la variation dans les quantités distribuées, la différence entre la quantité reçue et la quantité équitable est relativement faible.
- o Troisièmement, la répartition des quantités de riz reçu montre qu'il y a autant de familles qui ont reçu une quantité inférieure à 3,33 Kg que celles qui en ont reçu plus. En d'autres termes, la famille du milieu aurait reçu 3,33 Kg de riz.

Camp C
- o Premièrement, la majorité des familles ont reçu 1 Kg de riz, soit une quantité bien inférieure à celle reçue dans les deux autres camps.
- o Deuxièmement, en moyenne 1,5 kg de riz, ce qui indique que certaines familles ont reçu une quantité supérieure à 1 kg de riz, mais ce n'était pas le cas pour la majorité d'entre elles. En outre, si la distribution avait été faite de manière équitable, chaque famille aurait dû recevoir 1,5 kg de riz, mais ce n'était pas le cas dans la réalité.
- o Troisièmement, le fait que la famille du milieu aurait reçu seulement 0,889 kg de riz. De plus, il y a autant de familles qui ont reçu une quantité inférieure à 0,889 Kg de riz que celles qui en ont reçu plus ; c'est-à-dire si on range les familles selon la quantité de riz reçu, la famille du milieu aura 0,889 Kg de riz. Ceci montre clairement que la quantité de riz distribuée était très faible dans ce camp par rapport aux deux autres.

Conclusion

La variation dans les quantités de riz distribuées dans les trois camps peut être attribuée à la capacité de mesure et d'évaluation des trois ASBL.

Les résultats de la distribution de riz dans le camp A montrent une certaine homogénéité dans la quantité de riz reçue par les familles.

En comparant ces caractéristiques de tendance centrale, le riz semble être mieux distribué dans le camp A en raison de la proximité de ses caractéristiques, suivi du camp B.

11.2.3.2 Analyse des mesures de dispersion pour la prise de décision

A : Camp A

A-5 : Calculons les caractéristiques de dispersion :

A-5-a : Calculons l'écart interquartile de la machine A :

$$Q_1 = a_i + (a_{i+1} - a_i)\frac{(25 - F_i)}{(F_{i+1} - F_i)}$$
$$= 2 + (3 - 2)\frac{(25 - 13{,}33)}{(36{,}67 - 13{,}33)}$$
$$= 2{,}5 \text{ Kg}$$
$$Q_3 = a_i + (a_{i+1} - a_i)\frac{(75 - F_i)}{(F_{i+1} - F_i)}$$
$$= 4 + (5 - 4)\frac{(75 - 65)}{(90 - 65)}$$
$$= 4{,}4 \text{ Kg}$$

$$\text{L'écart Interquartile} = Q_3 - Q_1$$
$$= 4{,}4 - 2{,}5$$
$$= 1{,}9 \text{ Kg}$$

A-5-b : Calculons la variance :

$$V(x) = \frac{1}{n}\sum_{i=1}^{i=7} n_i x_i^2 - \bar{x}^2$$
$$= \frac{1\,041}{60} - (3{,}95)^2$$
$$= 1{,}75$$

A-5-c : Calculons l'écart-type :

$$\sigma = \sqrt{V(x)}$$
$$= \sqrt{1{,}75}$$
$$= 1{,}32 \text{ Kg}$$

A-5-d : Calculons le coefficient de variation :

$$CV = \frac{\sigma}{|\bar{x}|} \times 100$$

$$= \frac{1,32}{|3,95|} \times 100$$

$$= 33,42\%$$

A-6-a : Calculons le pourcentage de familles ayant reçu une quantité de riz inférieure à la majorité :

$$Mode = 4\ Kg$$

De la lecture immédiate du tableau ci-dessous, ce pourcentage est à 65%.

x_i	n_i	$n_i x_i$	$n_i x_i^2$	$n_i(x_i - \bar{x})$	$n_i(x_i - \bar{x})^3$	$n_i(x_i - \bar{x})^4$	f_i	$f_i\uparrow$
1	2	2	2	-5.90	-51.34	151.47	3.33	3.33
2	6	12	24	-11.70	-44.49	86.75	10.00	13.33
3	14	42	126	-13.30	-12.00	11.40	23.33	36.67
4	17	68	272	0.85	0.00	0.00	28.33	65.00
5	15	75	375	15.75	17.36	18.23	25.00	90.00
6	4	24	144	8.20	34.46	70.64	6.67	96.67
7	2	14	98	6.10	56.75	173.07	3.33	100.00
	60	237	1041	0.00	0.73	511.57		

A-6-b : Calculons le pourcentage de familles ayant reçu une quantité de riz inférieure à la moyenne :

$$\bar{x} = 3,95\ Kg$$

Soit $P_{<\bar{x}}$ le pourcentage cherché, nous utilisons la formule d'interpolation linéaire en prenant comme base le couple de données $(a_i, f_i \uparrow)$:

$$\bar{x} = a_i + (a_{i+1} - a_i)\frac{(P_{<\bar{x}} - F_i)}{(F_{i+1} - F_i)}$$

$$3,95 = 3 + (4 - 3)\frac{(P_{<\bar{x}} - 36,67)}{(65 - 36,67)}$$

$$P_{<\bar{x}} = 63,6\%$$

A-7 : Calculons le pourcentage de familles ayant reçu une quantité de riz inférieure à $\bar{x} - \sigma$:

$$\bar{x} - \sigma = 3,95 - 1,32$$

$$= 2,63\ Kg$$

Soit $P_{<\bar{x}-\sigma}$ le pourcentage cherché, utilisons la formule d'interpolation linéaire en prenant comme base le couple de données $(a_i, f_i \uparrow)$:

$$\bar{x} - \sigma = a_i + (a_{i+1} - a_i)\frac{(P_{<\bar{x}-\sigma} - F_i)}{(F_{i+1} - F_i)}$$

$$2{,}63 = 2 + (3 - 2)\frac{(P_{<\bar{x}-\sigma} - 13{,}33)}{(36{,}67 - 13{,}33)}$$

$$P_{<\bar{x}-\sigma} = 28{,}03\ \%$$

A-8 : Calculons le pourcentage de familles ayant reçu une quantité de riz inférieure à $\bar{x} + \sigma$:

$$\bar{x} + \sigma = 3{,}95 + 1{,}32$$
$$= 5{,}27\ \text{Kg}$$

Soit $P_{<\bar{x}+\sigma}$ le pourcentage cherché, nous utilisons la formule d'interpolation linéaire en prenant comme base le couple de données $(a_i, f_i \uparrow)$:

$$\bar{x} + \sigma = a_i + (a_{i+1} - a_i)\frac{(P_{<\bar{x}+\sigma} - F_i)}{(F_{i+1} - F_i)}$$

$$5{,}27 = 5 + (6 - 5)\frac{(P_{<\bar{x}+\sigma} - 90)}{(96{,}67 - 90)}$$

$$P_{<\bar{x}+\sigma} = 91{,}8\%$$

A-9 : Calculons le pourcentage de familles ayant reçu une quantité de riz se situant entre la moyenne, soit 3,95 Kg et la moyenne moins l'écart-type, soit 2,63 Kg.

Ce pourcentage est :

$$63{,}6\% - 28{,}03\% = 35{,}57\%$$

A-10 : Calculons le pourcentage de familles ayant reçu une quantité de riz se situant entre la moyenne, soit 3,95 Kg et la moyenne plus l'écart-type, soit 5,27 Kg.

Ce pourcentage est :

$$91{,}8\% - 63{,}6\% = 28{,}2\%$$

A-11 : Calculons le pourcentage de familles ayant reçu une quantité de riz se situant entre la moyenne moins l'écart-type, soit 2,63 Kg et la moyenne plus l'écart-type, soit 5,27 Kg.

Ce pourcentage est :

$$91{,}8\% - 28{,}03\% = 63{,}77\%$$

A-12 : Aucune famille n'a rien reçu.

B : Camp B

B-5 : Calculons les caractéristiques de dispersion :

B-5-a : Calculons l'écart interquartile de la machine B :

$$Q_1 = 2 \text{ Kg}$$

$$Q_3 = a_i + (a_{i+1} - a_i)\frac{(75 - F_i)}{(F_{i+1} - F_i)}$$

$$= 4 + (5 - 4)\frac{(75 - 66{,}67)}{(80 - 66{,}67)}$$

$$= 4{,}62 \text{ Kg}$$

$$\text{L'écart Interquartile} = Q_3 - Q_1$$

$$= 4{,}62 - 2$$

$$= 2{,}62 \text{ Kg}$$

B-5-b : Calculons la variance :

$$V(x) = \frac{1}{n}\sum_{i=1}^{i=8} n_i x_i^2 - \bar{x}^2$$

$$= \frac{1113}{60} - (3{,}88)^2$$

$$= 3{,}50$$

B-5-c : Calculons l'écart-type :

$$\sigma = \sqrt{V(x)}$$

$$= \sqrt{3{,}47}$$

$$= 1{,}87 \text{ Kg}$$

B-5-d : Calculons le coefficient de variation :

$$CV = \frac{\sigma}{|\bar{x}|}\text{x}100$$

$$= \frac{1{,}87}{|3{,}8833|}\text{x}100$$

$$= 48\%$$

B-6-a : Calculons le pourcentage de familles ayant reçu une quantité de riz inférieure à la majorité :

$$Mode = 4 \text{ Kg}$$

De la lecture immédiate du tableau ci-dessous, ce pourcentage est à 66,67%.

x_i	n_i	$n_i x_i$	$n_i x_i^2$	$n_i(x_i - \bar{x})$	$n_i(x_i - \bar{x})^3$	$n_i(x_i - \bar{x})^4$	f_i	$f_i \uparrow$
0	1	0	0	-3.88	-61.63	227.41	1.67	1.67
1	5	5	5	-14.42	-128.36	345.58	8.33	10.00
2	9	18	36	-16.95	-66.73	113.23	15.00	25.00
3	10	30	90	-8.83	-8.57	6.09	16.67	41.67
4	15	60	240	1.75	0.00	0.00	25.00	66.67
5	8	40	200	8.93	9.26	12.44	13.33	80.00
6	7	42	252	14.82	60.31	140.51	11.67	91.67
7	2	14	98	6.23	56.75	188.71	3.33	95.00
8	3	24	192	12.35	199.29	861.60	5.00	100.00
	60	233	1113	0.00	60.30	1895.57		

B-6-b : Calculons le pourcentage de familles ayant reçu une quantité de riz inférieure à la moyenne :

$$\bar{x} = 3{,}88 \text{ Kg}$$

Soit $P_{<\bar{x}}$ le pourcentage cherché, nous utilisons la formule d'interpolation linéaire en prenant comme base le couple de données $(a_i, f_i \uparrow)$:

$$\bar{x} = a_i + (a_{i+1} - a_i)\frac{(P_{<\bar{x}} - F_i)}{(F_{i+1} - F_i)}$$

$$3{,}88 = 3 + (4 - 3)\frac{(P_{<\bar{x}} - 41{,}67)}{(66{,}67 - 41{,}67)}$$

$$P_{<\bar{x}} = 63{,}67\%$$

B-7 : Calculons le pourcentage de familles ayant reçu une quantité de riz inférieure à $\bar{x} - \sigma$:

$$\bar{x} - \sigma = 3{,}88 - 1{,}87$$
$$= 2{,}01 \text{ Kg}$$

Soit $P_{<\bar{x}-\sigma}$ le pourcentage cherché, utilisons la formule d'interpolation linéaire en prenant comme base le couple de données $(a_i, f_i \uparrow)$:

$$\bar{x} - \sigma = a_i + (a_{i+1} - a_i)\frac{(P_{<\bar{x}-\sigma} - F_i)}{(F_{i+1} - F_i)}$$

$$2{,}01 = 2 + (3 - 2)\frac{(P_{<\bar{x}-\sigma} - 25)}{(41{,}67 - 25)}$$

$$P_{<\bar{x}-\sigma} = 25{,}17\ \%$$

B-8 : Calculons le pourcentage de familles ayant reçu une quantité de riz inférieure à $\bar{x} + \sigma$:

$$\bar{x} + \sigma = 3{,}88 + 1{,}87$$
$$= 5{,}75 \text{ Kg}$$

Soit $P_{<\bar{x}+\sigma}$ le pourcentage cherché, utilisons la formule d'interpolation linéaire en prenant comme base le couple de données $(a_i, f_i \uparrow)$:

$$\bar{x} + \sigma = a_i + (a_{i+1} - a_i)\frac{(P_{<\bar{x}+\sigma} - F_i)}{(F_{i+1} - F_i)}$$

$$5{,}75 = 5 + (6 - 5)\frac{(P_{<\bar{x}+\sigma} - 80)}{(91{,}67 - 80)}$$

$$P_{<\bar{x}+\sigma} = 88{,}75\%$$

B-9 : Calculons le pourcentage de familles ayant reçu une quantité de riz se situant entre la moyenne, soit 3,88 Kg et la moyenne moins l'écart-type, soit 2,01 Kg.

Ce pourcentage est :

$$63{,}67\% - 25{,}17\% = 38{,}5\%$$

B-10 : Calculons le pourcentage de familles ayant reçu une quantité de riz se situant entre la moyenne, soit 3,88 Kg et la moyenne plus l'écart-type, soit 5,75Kg.

Ce pourcentage est :

$$88{,}75\% - 63{,}67\% = 25{,}08\%$$

B-11 : Calculons le pourcentage de familles ayant reçu une quantité de riz se situant entre la moyenne moins l'écart-type, soit 2,01 Kg et la moyenne plus l'écart-type, soit 5,75 Kg.

Ce pourcentage est :

$$88{,}75\% - 25{,}17\% = 63{,}58\%$$

B-12 : Seulement une famille sur 60 n'a rien reçu, soit 1,67% des familles n'a rien reçu.

C : Camp C

C-5 : Calculons les caractéristiques de dispersion

C-5-a : Calculons l'écart interquartile :

$$Q_1 = a_i + (a_{i+1} - a_i)\frac{(25 - F_i)}{(F_{i+1} - F_i)}$$

$$= 0 + (1 - 0)\frac{(25 - 23{,}33)}{(53{,}33 - 23{,}33)}$$

$$= 0{,}055 \text{ Kg}$$

$$Q_3 = a_i + (a_{i+1} - a_i)\frac{(75 - F_i)}{(F_{i+1} - F_i)}$$

$$= 1 + (2 - 1)\frac{(75 - 53{,}33)}{(78{,}33 - 53{,}33)}$$

$$= 1{,}866 \ \text{Kg}$$

$$\text{L'écart Interquartile} = Q_3 - Q_1$$

$$= 1{,}866 - 0{,}055$$

$$= 1{,}811 \ \text{Kg}$$

C-5-b : Calculons la variance :

$$V(x) = \frac{1}{n}\sum_{i=1}^{i=6} n_i x_i^2 - \bar{x}^2$$

$$= \frac{218}{60} - (1{,}5)^2$$

$$= 1{,}38$$

C-5-c : Calculons l'écart-type :

$$\sigma = \sqrt{V(x)}$$

$$= \sqrt{1{,}38}$$

$$= 1{,}176 \ \text{Kg}$$

C-5-d : Calculons le coefficient de variation :

$$\text{CV} = \frac{\sigma}{|\bar{x}|} \text{x}100$$

$$= \frac{1{,}176}{|1{,}5|} \text{x}100$$

$$= 78{,}4\%$$

C-6-a : Calculons le pourcentage de familles ayant reçu une quantité de riz inférieure à la majorité :

$$Mode = 1 \ \text{Kg}$$

De la lecture immédiate du tableau, ce pourcentage est à 53,33%.

x_i	n_i	$n_i x_i$	$n_i x_i^{\,2}$	$n_i(x_i - \bar{x})$	$n_i(x_i-\bar{x})^3$	$n_i(x_i - \bar{x})^4$	f_i	$f_i\uparrow$
0	14	0	0	-21.00	-862.82	70.88	23.33	23.33
1	18	18	18	-9.00	-462.10	1.13	30.00	53.33
2	15	30	60	7.50	-111.22	0.94	25.00	78.33
3	11	33	99	16.50	-9.43	55.69	18.33	96.67
4	1	4	16	2.50	0.00	39.06	1.67	98.33
5	1	5	25	3.50	1.16	150.06	1.67	100.00
	60	90	218	0.00	-1444.42	317.75		

C-6-b : Calculons le pourcentage de familles ayant reçu une quantité de riz inférieure à la moyenne :

$$\bar{x} = 1,5 \text{ Kg}$$

Soit $P_{<\bar{x}}$ le pourcentage cherché, nous utilisons la formule d'interpolation linéaire en prenant comme base le couple de données $(a_i, f_i \uparrow)$:

$$\bar{x} = a_i + (a_{i+1} - a_i)\frac{(P_{<\bar{x}} - F_i)}{(F_{i+1} - F_i)}$$

$$1,5 = 1 + (2 - 1)\frac{(P_{<\bar{x}} - 53,33)}{(78,33 - 53,33)}$$

$$P_{<\bar{x}} = 65,83\%$$

C-7 : Calculons le pourcentage de familles ayant reçu une quantité de riz inférieure à $\bar{x} - \sigma$:

$$\bar{x} - \sigma = 1,5 - 1,176$$
$$= 0,324 \text{ Kg}$$

Soit $P_{<\bar{x}-\sigma}$ le pourcentage cherché, utilisons la formule d'interpolation linéaire en prenant comme base le couple de données $(a_i, f_i \uparrow)$:

$$\bar{x} - \sigma = a_i + (a_{i+1} - a_i)\frac{(P_{<\bar{x}-\sigma} - F_i)}{(F_{i+1} - F_i)}$$

$$0,324 = 0 + (1 - 0)\frac{(P_{<\bar{x}-\sigma} - 23,33)}{(53,33 - 23,33)}$$

$$P_{<\bar{x}-\sigma} = 33,05 \text{ \%}$$

C-8 : Calculons le pourcentage de familles ayant reçu une quantité de riz inférieure à $\bar{x} + \sigma$:

$$\bar{x} + \sigma = 1,5 + 1,176 = 2,676 \text{ Kg}$$

Soit $P_{<\bar{x}+\sigma}$ le pourcentage cherché, utilisons la formule d'interpolation linéaire en prenant comme base le couple de données $(a_i, f_i \uparrow)$:

$$\bar{x} + \sigma = a_i + (a_{i+1} - a_i)\frac{(P_{<\bar{x}+\sigma} - F_i)}{(F_{i+1} - F_i)}$$

$$2,676 = 2 + (3 - 2)\frac{(P_{<\bar{x}+\sigma} - 78,33)}{(96,67 - 78,33)}$$

$$P_{<\bar{x}+\sigma} = 90,73\%$$

C-9 : Calculons le pourcentage de familles ayant reçu une quantité de riz se situant entre la moyenne, soit 1,5 Kg et la moyenne moins l'écart-type, soit 0,324 Kg.

Ce pourcentage est :

$$65,83\% - 33,05\% = 32,78\%$$

C-10 : Calculons le pourcentage de familles ayant reçu une quantité de riz se situant entre la moyenne, soit 1,5 Kg et la moyenne plus l'écart-type, soit 2,676 Kg.

Ce pourcentage est :

$$90,73\% - 65,83\% = 24,90\%$$

C-11 : Calculons le pourcentage de familles ayant reçu une quantité de riz se situant entre la moyenne moins l'écart-type, soit 0,324 Kg et la moyenne plus l'écart-type, soit 2,676 Kg.

Ce pourcentage est :

$$90,73\% - 33,05\% = 57,68\%$$

C-12 : 14 familles sur 60 n'ont rien reçu, soit 23,3%.

INTERPRÉTATION DES RÉSULTATS, ANALYSE ET DÉCISION

	Camp A	Camp B	Camp C
Mode (Kg)	4	4	1
Moyenne (Kg)	3,95	3,88	1,5
Médiane (Kg)	3,47	3,33	0,889
% Pop. < Majorité	65%	66,67%	53,33%
% Pop. < Moyenne	63,6%	63,67%	65,83%

ASBL A

- L'ASBL A a fourni 4 kg de riz à une majorité de familles représentant 65% de la population. Cependant, ces familles ont reçu une quantité de riz qui représente 1,6877% de la quantité totale de riz fournie par l'ASBL A. Ce pourcentage est légèrement au-dessus de la moyenne de 1,66666% qui aurait pu être attribuée à chaque famille si elles avaient toutes reçu une quantité égale de riz.
- De plus, la famille médiane, celle qui se situe au milieu de la distribution des familles, n'a reçu que 1,4641% de la quantité totale de riz fournie, soit 87,8% de la moyenne. Cela signifie que la moitié des familles a reçu une quantité de riz inférieure à 1,4641% et l'autre moitié a reçu une quantité supérieure. En d'autres termes il y a une moitié des familles qui n'a reçu que 87,8% de ce qu'elles auraient dû avoir et une autre moitié des familles a reçu 112,2% de ce qu'elles auraient dû avoir.
- Il est également important de noter que 63,6% de la population a reçu une quantité de riz inférieure à la moyenne, soulignant une fois de plus que la distribution n'a pas été équitable pour tous.

ASBL B

- 4 kg de riz fourni à une majorité des familles représentant 66,67% de la population. Cependant, ces familles ont reçu une quantité de riz qui représente 1, 66523% de la quantité totale de riz fournie par l'ASBL A. Ce pourcentage est légèrement au-dessus de la moyenne de 1,66666% qui aurait pu être attribuée à chaque famille si elles avaient toutes reçu une quantité égale de riz.
- De plus, la famille médiane, celle qui se situe au milieu de la distribution des familles, n'a reçu que 1, 4291% de la quantité totale de riz fournie, soit 85,8% de la moyenne. Cela signifie que la moitié des familles a reçu une quantité de riz inférieure à 1, 4291% et l'autre moitié a reçu une quantité supérieure. En d'autres termes, il y a une moitié des familles qui n'a reçu que 85,8% de ce qu'elles auraient dû avoir et une autre moitié des familles ont reçu 114,2% de ce qu'elles auraient dû avoir.
- Il est également important de noter que 63,67% de la population a reçu une quantité de riz inférieure à la moyenne, soulignant une fois de plus que la distribution n'a pas été équitable pour tous.

ASBL **C**

- o La majorité des familles représentant 53,3% de la population n'ont reçu que 1 kg de riz chacune, soit 1,1111% de la quantité totale de riz fournie par l'ASBL. Cependant, ce pourcentage est nettement inférieur à la moyenne de 1,66666% qui aurait pu être attribuée à chaque famille si elles avaient toutes reçu une quantité égale de riz.
- o De plus, la famille médiane, celle qui se situe au milieu de la distribution des familles, n'a reçu que 0,987% de la quantité totale de riz fournie, soit 59,2% de la moyenne. Cela signifie que la moitié des familles a reçu une quantité de riz inférieure à 0,987% et l'autre moitié a reçu une quantité supérieure. En d'autres termes, il y a une moitié des familles n'a reçu que 59,2% de ce qu'elles auraient dû avoir et une autre moitié des familles ont reçu 140,8% de ce qu'elles auraient dû avoir.
- o De plus, la famille médiane (soit celle qui se trouve au milieu de la distribution) a reçu 0,9877% du riz total, ce qui représente 59,2% de la moyenne. Cela signifie que la distribution de riz n'est pas équitable et que certaines familles ont reçu plus que d'autres.
- o Il est également important de noter que 65,83% de la population a reçu une quantité de riz inférieure à la moyenne, soulignant une fois de plus que la distribution n'a pas été équitable pour tous.

	A	B	C
CV	33,6%	48%	78,4%

La distribution de riz dans le camp A présente un coefficient de variation plus faible que les deux autres. Cela indique que la distribution est modérément dispersée, ce qui signifie que la quantité de riz fournie à chaque famille est relativement proche de la moyenne.

	A	B	C
% dans $[\bar{x}, \bar{x} - \sigma]$	35,57%	38,50%	32,78%
% dans $[\bar{x}, \bar{x} + \sigma]$	28,20%	25,08%	24,90%
% dans $[\bar{x} - \sigma, \bar{x} + \sigma]$	63,77%	63,58%	57,68%

Le camp A se distingue des deux autres camps en termes de densité de population. En effet, il présente une population importante dans l'intervalle de la moyenne plus l'écart-type et de la moyenne moins l'écart-type, ce qui signifie qu'il y a une grande concentration de personnes autour de la moyenne. Le camp B suit de près le camp A en termes de population, mais il a une dispersion plus importante autour de la moyenne. Quant au camp C, sa densité de population est nettement moins importante. Par ailleurs, la distribution du camp A se rapproche davantage de la loi normale que celles des deux autres camps, ce qui signifie que les données sont plus régulières et prévisibles, donc une distribution plus homogène et équitable entre les différentes familles.

Conclusion

En considérant ces résultats, on peut en déduire que la distribution du riz dans le camp A est plus homogène et plus régulière que dans les deux autres camps. En effet, la proximité des valeurs du mode, de la moyenne et de la médiane indique une répartition équilibrée du riz entre les différentes familles. De plus, le faible coefficient de variation témoigne d'une dispersion moins importante autour de la moyenne.

En outre, les données obtenues suggèrent que la population de ce camp est plus concentrée dans l'intervalle de la moyenne plus ou moins l'écart-type, ce qui signifie que la plupart des familles ont reçu une quantité de riz similaire. Comparativement, les distributions des deux autres camps présentent une dispersion plus importante, avec des valeurs plus éloignées de la moyenne.

Les résultats obtenus suggèrent donc que la distribution du riz dans le camp A est la meilleure parmi les trois. Toutefois, il est important de poursuivre l'analyse afin d'examiner de plus près la forme de la courbe de distribution. En effet, cela nous permettra d'évaluer la concentration des valeurs distribuées par rapport aux valeurs centrales.

11.2.3.3 Analyse des mesures de forme pour la prise de décision

Pour étudier les caractéristiques de forme des distributions, nous utiliserons les deux coefficients de FISHER qui sont plus appropriés dans ce contexte. En effet, les arrondis dans le calcul des autres coefficients risquent de déformer les données sur la forme de la courbe.

A : Camp **A**

A-14 : Calculons les coefficients d'asymétrie :

A-14 -a : Calculons le coefficient d'asymétrie de YULE :

$$C_Y = \frac{Q_1 - 2Q_2 + Q_3}{Q_3 - Q_1}$$

$$= \frac{2,5 - 2(3,95) + 4,4}{4,4 - 2,5}$$

$$= -0,52$$

A-14 -b : Calculons le coefficient d'asymétrie de PEARSON :

$$\beta_1 = \frac{(\bar{x} - \text{Mode})}{\sigma}$$

$$= \frac{(3,95 - 4)}{1,32}$$

$$= -0,0378$$

A-14 -c : Calculons le coefficient d'asymétrie de FISHER :

$$\mu_3 = \frac{\sum_{i=1}^{i=7} n_i(x_i - \bar{x})^3}{\sum_{i=1}^{i=7} n_i} = \frac{0,73}{60}$$

$$= 0,01$$

$$\gamma_1 = \frac{\mu_3}{\sigma^3} = \frac{0,01}{(1,32)^3}$$

$$= 0,00434$$

A-15 : Calculons le coefficient d'aplatissement de FISHER :

$$\mu_4 = \frac{\sum_{i=1}^{i=7} n_i(x_i - \bar{x})^4}{\sum_{i=1}^{i=7} n_i} = \frac{511,57}{60}$$

$$= 8,526$$

$$\gamma_2 = \frac{\mu_4}{\sigma^4} - 3 = \frac{8,526}{(1,32)^4} - 3$$

$$= -0{,}1916$$

B : Camp B

B-14 : Calculons les coefficients d'asymétrie :

B-14-a : Calcul du coefficient d'asymétrie de YULE

$$C_Y = \frac{Q_1 - 2Q_2 + Q_3}{Q_3 - Q_1}$$

$$= \frac{2 - 2(3{,}88) + 4{,}62}{4{,}62 - 2}$$

$$= -0{,}435$$

B-14-b : Calcul du coefficient d'asymétrie de PEARSON

$$\beta_1 = \frac{(\bar{x} - \text{Mode})}{\sigma}$$

$$= \frac{(3{,}98 - 4)}{1{,}86}$$

$$= -0{,}010$$

B-14-c : Calculons le coefficient d'asymétrie de FISHER

$$\mu_3 = \frac{\sum_{i=1}^{i=8} n_i (x_i - \bar{x})^3}{\sum_{i=1}^{i=8} n_i} = \frac{101{,}96}{60}$$

$$= 1{,}699$$

$$\gamma_1 = \frac{\mu_3}{\sigma^3} = \frac{1{,}699}{(1{,}86)^3}$$

$$= 0{,}251$$

B-15 : Calculons le coefficient d'aplatissement de FISHER :

$$\mu_4 = \frac{\sum_{i=1}^{i=6} n_i (x_i - \bar{x})^4}{\sum_{i=1}^{i=6} n_i} = \frac{1\,895{,}57}{60}$$

$$= 31{,}59$$

$$\gamma_2 = \frac{\mu_4}{\sigma^4} - 3 = \frac{31{,}59}{(1{,}86)^4} - 3$$

$$= -0{,}36$$

C : Camp **C**

C-14 : Calculons les coefficients d'asymétrie :

C-14-a : Calculons le coefficient d'asymétrie de YULE

$$C_Y = \frac{Q_1 - 2Q_2 + Q_3}{Q_3 - Q_1}$$

$$= \frac{0{,}055 - 2(1{,}5) + 1{,}866}{1{,}866 - 0{,}055}$$

$$= -0{,}5958$$

C-14-b : Calculons le coefficient d'asymétrie de PEARSON

$$\beta_1 = \frac{(\bar{x} - \text{Mode})}{\sigma}$$

$$= \frac{(1{,}5 - 1)}{1{,}176}$$

$$= 0{,}4251$$

C-14-c : Calculons le coefficient d'asymétrie de FISHER

$$\mu_3 = \frac{\sum_{i=1}^{i=6} n_i (x_i - \bar{x})^3}{\sum_{i=1}^{i=6} n_i} = \frac{48}{60}$$

$$= 0{,}8$$

$$\gamma_1 = \frac{\mu_3}{\sigma^3} = \frac{0{,}8}{(1{,}176)^3}$$

$$= 0{,}4917$$

C-15 : Calculons le coefficient d'aplatissement de FISHER :

$$\mu_4 = \frac{\sum_{i=1}^{i=6} n_i (x_i - \bar{x})^4}{\sum_{i=1}^{i=6} n_i} = \frac{317{,}75}{60}$$

$$= 5{,}295$$

$$\gamma_2 = \frac{\mu_4}{\sigma^4} - 3 = \frac{5{,}295}{(1{,}176)^4} - 3$$

$$= -0{,}231$$

	Camp A	Camp B	Camp C
% dans $[\bar{x} - \sigma , \bar{x}]$	35,57%	38.50%	32,78%
% dans $[\bar{x} , \bar{x} + \sigma]$	28,20%	25,08%	24,90%
% dans $[\bar{x} - \sigma, \bar{x} + \sigma]$	63,77%	63,58%	57,68%
	$C_y < 0$	$C_y < 0$	$C_y < 0$
	$\beta_1 < 0$	$\beta_1 < 0$	$\beta_1 > 0$
	$\gamma_1 > 0$	$\gamma_1 > 0$	$\gamma_1 > 0$
	$\gamma_2 < 0$	$\gamma_2 < 0$	$\gamma_2 < 0$

Analyse

Pour ce qui est des coefficients d'asymétrie, leur proximité avec zéro indique que les données sont relativement symétriques autour de leur moyenne, mais les arrondis ont entraîné des oscillations autour de zéro, c'est-à-dire, qu'ils ont conduit à des valeurs légèrement positives ou négatives.

En effet, en nous basant sur les trois coefficients sur quatre, les distributions A et B sont asymétriques à gauche, et une queue de distribution étirée vers les valeurs basses tandis que la distribution C est asymétrique à droite. Les courbes de distribution de A et B indiquent une forte concentration de valeurs élevées, ce qui signifie qu'il y a une forte prépondérance de familles ayant reçu de grandes quantités de riz. En revanche, la distribution C est asymétrique à droite, ce qui indique une forte concentration de familles ayant obtenu un faible ratio de riz.

Enfin, toutes les trois courbes de distribution sont plus aplaties que celle de la loi normale. Cela signifie que les données sont moins dispersées que dans une distribution normale, ce qui peut être dû à une forte concentration de valeurs à un endroit spécifique. Ces deux arguments renforcent les conclusions établies dans la partie précédente quant au choix à faire.

11.2.3.4 Analyse des mesures de concentration pour la prise de décision

A : Camp A

Le tableau suivant montre les données nécessaires pour résoudre cet exercice :

x_i	n_i	n_ix_i	f_i	q_i	$f_i\uparrow$	$q_i\uparrow$	$H_i=f_{i+1}\uparrow-f_i\uparrow$	$B_i=\dfrac{q_i\uparrow+q_{i+1}\uparrow}{2}$	Aire Trapèze $(T_i)\ T_i=B_i\times H_i$
1	2	2.00	3.33	0.84	3.33	0.84	10.00	3.38	33.76
2	6	12.00	10.00	5.06	13.33	5.91	23.33	14.77	344.59
3	14	42.00	23.33	17.72	36.67	23.63	28.33	37.97	1075.95
4	17	68.00	28.33	28.69	65.00	52.32	25.00	68.14	1703.59
5	15	75.00	25.00	31.65	90.00	83.97	6.67	89.03	593.53
6	4	24.00	6.67	10.13	96.67	94.09	3.33	97.05	323.49
7	2	14.00	3.33	5.91	100.00	100.00			
	60	237							4074.89

A-16 : La médiale de cette distribution est :

$$\widetilde{\widetilde{M}}_e = a_i + (a_{i+1} - a_i)\frac{(50 - Q_i)}{(Q_{i+1} - Q_i)}$$

$$= 3 + (4 - 3)\frac{(50 - 23{,}63)}{(52{,}32 - 23{,}63)}$$

$$= 3{,}92\ \text{Kg}$$

A-17 : Calculons le pourcentage des familles qui ont un ratio de riz inférieur à la médiale :

Soit $P_{<\text{médiale}}$ le pourcentage cherché, utilisons la formule d'interpolation linéaire en prenant comme base le couple de données $(f_i\uparrow, q_i\uparrow)$:

$$P_{<\text{médiale}} = a_i + (a_{i+1} - a_i)\frac{(50 - Q_i)}{(Q_{i+1} - Q_i)}$$

$$= 36{,}67 + (65 - 36{,}67)\frac{(50 - 23{,}63)}{(52{,}32 - 23{,}63)}$$

$$= 62{,}71\%$$

A-18 : Calculons l'indice de Gini par les trapèzes :

La surface sous la courbe de Lorenz est :

$$\sum_{i=1}^{i=7}(f_{i+1}\uparrow - f_i\uparrow)\frac{(q_i\uparrow + q_{i+1}\uparrow)}{2} = 4\,074{,}89$$

Il s'ensuit que :

$$\text{Indice de Gini} = 100\% - \left(\frac{4\,074{,}89}{5\,000}\right) \text{x}100$$
$$= 100\% - 81{,}5\%$$
$$= 18{,}5\%$$

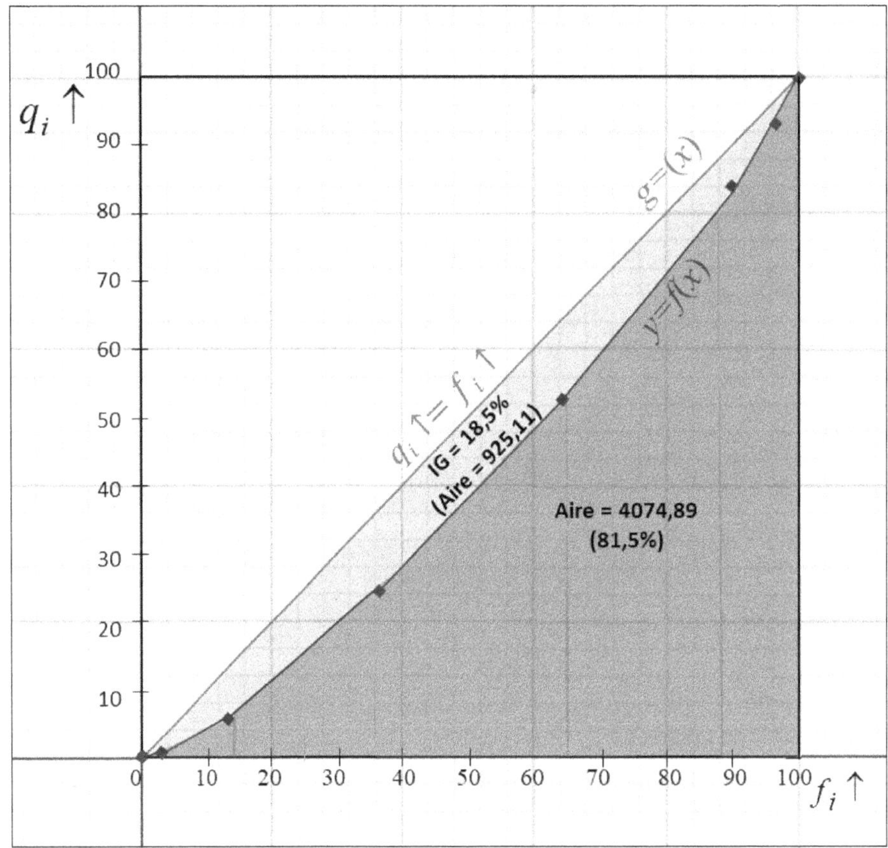

A-19 : Calculons l'indice de Gini par le calcul des intégrales définies :

Nous allons prendre en compte les points critiques $(f_i \uparrow, q_i \uparrow)$ suivants :

$$(0{,}0) - (13, 6) - (37, 24) - (65{,}52) - (90{,}84) - (100{,}100)$$

Après les calculs, le polynôme d'interpolation obtenu est :

$$y(x) = \frac{69933430066500}{1398668601330000} x^5 + \frac{32808767}{69933430066500} x^4 - \frac{146913606641}{1398668601330000} x^3 + \frac{1686736536899}{139866860133000} x^2 + \frac{1280993991}{3984810830} x$$

Evaluons l'aire comprise entre la courbe $q_i \uparrow$ et l'axe des $f_i \uparrow$ dans l'intervalle $[0\,;100]$:

$$\text{Aire} = \int_0^{100} y\,dx = \frac{69933430066500}{1398668601330000}\left(\frac{10^{12}}{6}\right) + \frac{32808767}{69933430066500}\left(\frac{10^{10}}{5}\right) - \frac{146913606641}{1398668601330000}\left(\frac{10^8}{4}\right)$$
$$+ \frac{1686736536899}{139866860133000}\left(\frac{10^6}{3}\right) + \frac{1280993991}{3984810830}\left(\frac{10^4}{2}\right)$$

$$\text{Aire} = 4\,029{,}22$$

Il s'ensuit que :

$$\text{Indice de Gini} = 100\% - \left(\frac{\int_0^{100} f(x)\,dx}{5\ 000} \right) \times 100$$

$$= 100\% - \left(\frac{4\ 092{,}22}{5\ 000} \right) \times 100$$

$$= 100\% - 81{,}84\%$$

$$= 18{,}16\%$$

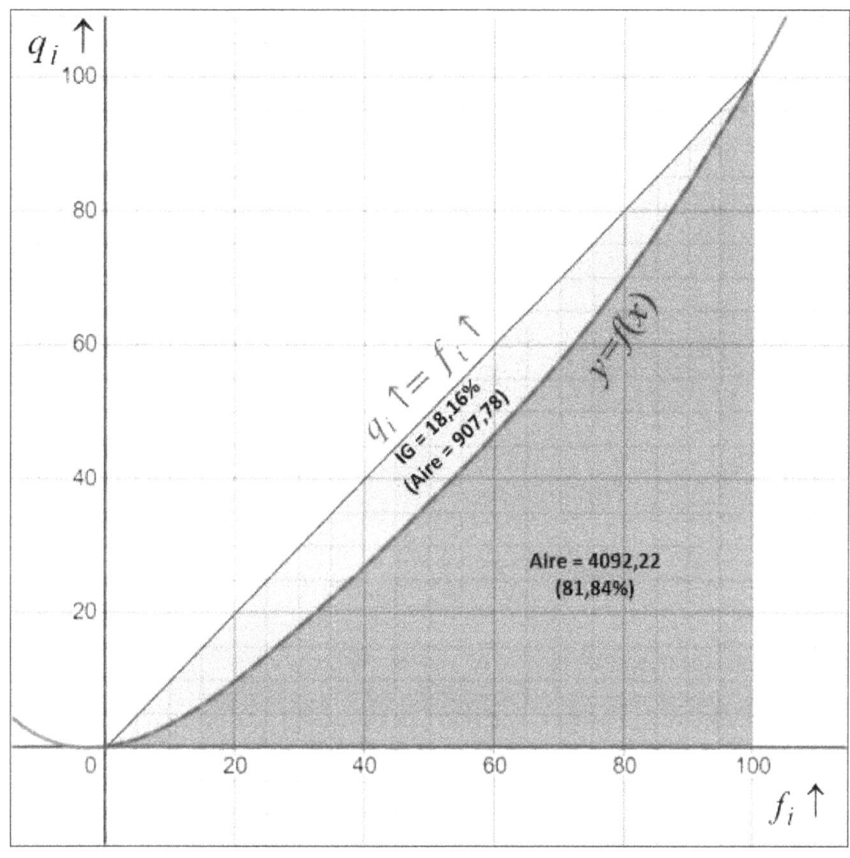

B : Camp B

Le tableau suivant montre les données nécessaires pour résoudre cet exercice :

x_i	n_i	$n_i x_i$	f_i	q_i	$f_i\uparrow$	$q_i\uparrow$	$H_i = f_{i+1}\uparrow - f_i\uparrow$	$B_i = \dfrac{q_i\uparrow + q_{i+1}\uparrow}{2}$	Aire Trapèze $(T_i)\ T_i = B_i \times H_i$
0	1	0.00	1.67	0.00	1.67	0.00	8.33	1.07	8.94
1	5	5.00	8.33	2.15	10.00	2.15	15.00	6.01	90.13
2	9	18.00	15.00	7.73	25.00	9.87	16.67	16.31	271.82
3	10	30.00	16.67	12.88	41.67	22.75	25.00	35.62	890.56
4	15	60.00	25.00	25.75	66.67	48.50	13.33	57.08	761.09
5	8	40.00	13.33	17.17	80.00	65.67	11.67	74.68	871.24
6	7	42.00	11.67	18.03	91.67	83.69	3.33	86.70	288.98
7	2	14.00	3.33	6.01	95.00	89.70	5.00	94.85	474.25
8	3	24.00	5.00	10.30	100.00	100.00			
	60	233							3657.01

B-16 : La médiale de cette distribution est :

$$\overset{\approx}{M_e} = a_i + (a_{i+1} - a_i)\frac{(50 - Q_i)}{(Q_{i+1} - Q_i)}$$

$$= 4 + (5 - 4)\frac{(50 - 48,5)}{(65,67 - 48,5)}$$

$$= 4,09\ \text{Kg}$$

B-17 : Calculons le pourcentage des familles qui ont un ratio de riz inférieur à la médiale :

Soit $P_{<\text{médiale}}$ le pourcentage cherché, utilisons la formule d'interpolation linéaire en prenant comme base le couple de données $(f_i\uparrow, q_i\uparrow)$:

$$P_{<\text{médiale}} = 66,67 + (80 - 66,67)\frac{(50 - 48,50)}{(65,67 - 48,50)}$$

$$= 67,83\%$$

B-18 : Calculons l'indice de GINI par les trapèzes :

La surface sous la courbe de LORENZ est :

$$\sum_{i=1}^{i=8}(f_{i+1}\uparrow - f_i\uparrow)\frac{(q_i\uparrow + q_{i+1}\uparrow)}{2} = 3\,657,01$$

Il s'ensuit que :

$$\text{Indice de GINI} = 100\% - \left(\frac{3\,657{,}01}{5\,000}\right)\text{x}100$$
$$= 100\% - 73{,}14\%$$
$$= 26{,}86\%$$

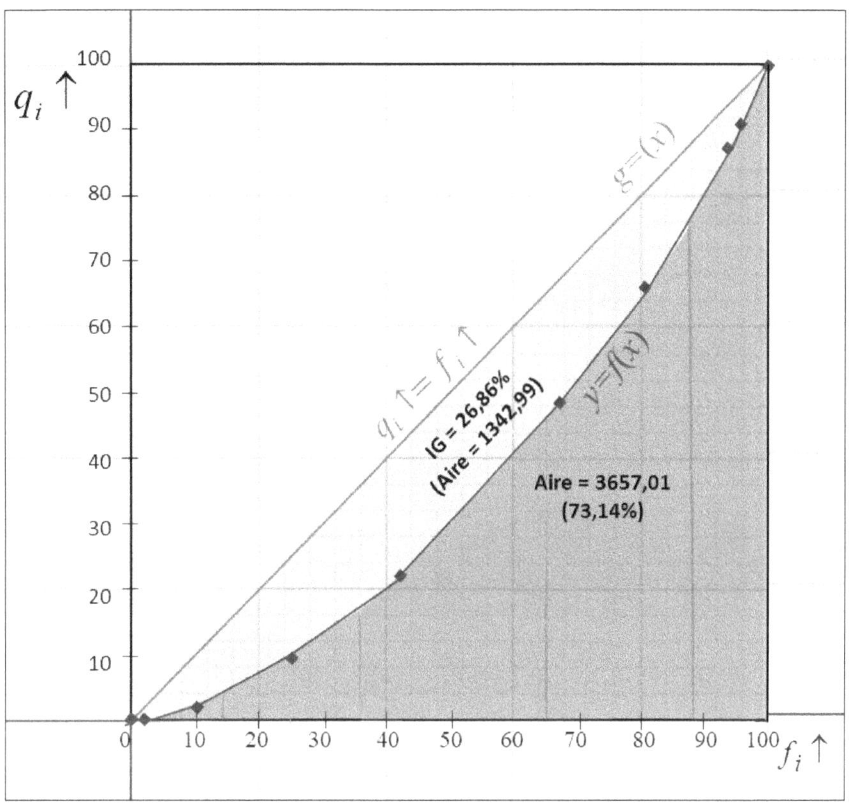

B-19 : Calculons l'indice de GINI par le calcul des intégrales définies :

Nous allons prendre en compte les points critiques $(f_i \uparrow, q_i \uparrow)$ suivants :

$$(0,0) - (10, 2) - (25, 10) - (42,23) - (66,48) - (80,65) - (91,83) \ - (100,100)$$

Après les calculs, le polynôme d'interpolation obtenu est :

$$y(x) = -\frac{10624240813}{322250401554681600000}x^7 + \frac{915285849983}{80562600388670400000}x^6 - \frac{32805771817237}{21483360103645440000}x^5$$
$$+ \frac{372611316218227}{3661936381303200000}x^4 - \frac{8167916230023661}{2301788582533440000}x^3 + \frac{6291436260931673}{89514000431856000}x^2$$
$$- \frac{1369322114287}{5812597430640}x$$

Evaluons l'aire comprise entre la courbe $q_i \uparrow$ et l'axe des $f_i \uparrow$ dans l'intervalle $[0 \,; 100]$:

$$\text{Aire} = \int_0^{100} y\, dx = -\frac{10624240813}{322250401554681600000}\left(\frac{10^{16}}{8}\right) + \frac{915285849983}{80562600388670400000}\left(\frac{10^{14}}{7}\right) - \frac{32805771817237}{21483360103645440000}\left(\frac{10^{12}}{6}\right)$$

$$+ \frac{372611316218227}{3661936381303200000}\left(\frac{10^{10}}{5}\right) - \frac{8167916230023661}{2301788582533440000}\left(\frac{10^{8}}{4}\right) + \frac{6291436260931673}{89514000431856000}\left(\frac{10^{6}}{3}\right)$$

$$- \frac{1369322114287}{5812597430640}\left(\frac{10^{4}}{2}\right)$$

$$\text{Aire} = 3\,628{,}7$$

Il s'ensuit que :

$$\text{Indice de } \textsc{Gini} \; = 100\% - \left(\frac{\int_0^{100} f(x)\, dx}{5\,000}\right) \text{x}100$$

$$= 100\% - \left(\frac{3\,628{,}7}{5\,000}\right) \text{x}100$$

$$= 100\% - 72{,}57\%$$

$$= 27{,}43\%$$

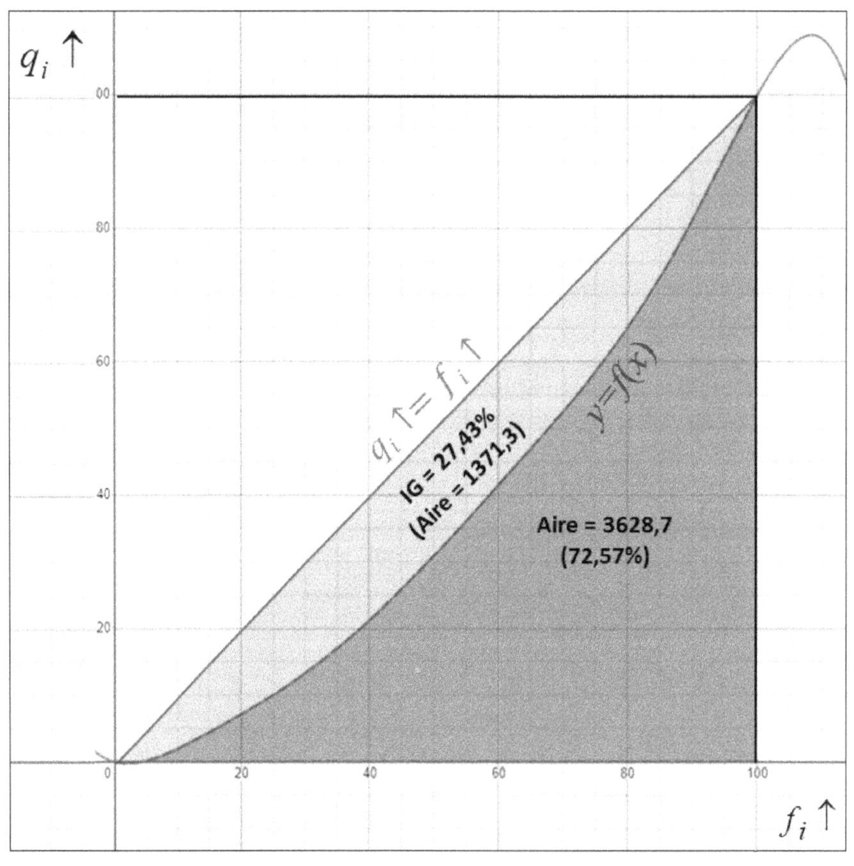

C : Camp C

Le tableau suivant montre les données nécessaires pour résoudre cet exercice :

x_i	n_i	$n_i x_i$	f_i	q_i	$f_i\uparrow$	$q_i\uparrow$	$H_i = f_{i+1}\uparrow - f_i\uparrow$	$B_i = \dfrac{q_i\uparrow + q_{i+1}\uparrow}{2}$	Aire Trapèze (T_i) $T_i = B_i \times H_i$
0	14	0.00	23.33	0.00	23.33	0.00	30.00	10.00	300.00
1	18	18.00	30.00	20.00	53.33	20.00	25.00	36.67	916.67
2	15	30.00	25.00	33.33	78.33	53.33	18.33	71.67	1313.89
3	11	33.00	18.33	36.67	96.67	90.00	1.67	92.22	153.70
4	1	4.00	1.67	4.44	98.33	94.44	1.67	97.22	162.04
5	1	5.00	1.67	5.56	100.00	100.00			
	60	90							2846.30

C-16 : La médiale de cette distribution est :

$$\widetilde{\widetilde{M}}_e = a_i + (a_{i+1} - a_i)\frac{(50 - Q_i)}{(Q_{i+1} - Q_i)}$$

$$= 1 + (2 - 1)\frac{(50 - 20)}{(53{,}33 - 20)}$$

$$= 1{,}9 \text{ Kg}$$

C-17 : Calculons le pourcentage des familles qui ont un ratio de riz inférieur à la médiale :

Soit $P_{<\text{médiale}}$ le pourcentage cherché, utilisons la formule d'interpolation linéaire en prenant comme base le couple de données $(f_i\uparrow, q_i\uparrow)$:

$$P_{<\text{médiale}} = 53{,}33 + (78{,}33 - 53{,}33)\frac{(50 - 20)}{(53{,}33 - 20)}$$

$$= 75{,}83\%$$

C-18 : Calculons l'indice de GINI par les trapèzes :

La surface sous la courbe de LORENZ est :

$$\sum_{i=1}^{l=6}(f_{i+1}\uparrow - f_i\uparrow)\frac{(q_i\uparrow + q_{i+1}\uparrow)}{2} = 2\,846{,}30$$

Il s'ensuit que

$$\text{Indice de GINI} = 100\% - \left(\frac{2\,846{,}30}{5\,000}\right) \times 100$$

$$= 100\% - 56{,}93\%$$

$$= 43{,}07\%$$

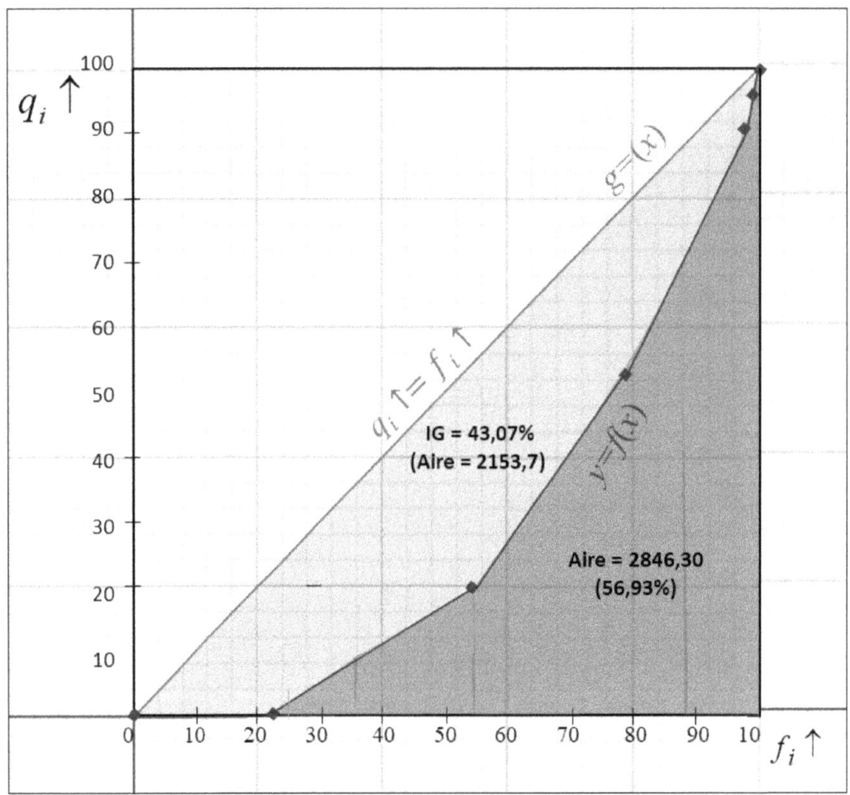

C-19 : Calculons l'indice de GINI par le calcul des intégrales définies :

Nous allons prendre en compte les points critiques $(f_i \uparrow, q_i \uparrow)$ suivants :

$$(0,0) - (23, 0) - (53, 20) - (78,53) - (97,90) - (100,100)$$

Après les calculs, le polynôme d'interpolation obtenu est :

$$y = -\frac{24232847}{2797337202660000}x^5 + \frac{441394159}{139866860133000}x^4 - \frac{1086175391407}{2797337202660000}x^3 + \frac{6912336570673}{279733720266000}x^2 + \frac{974803607}{7969621660}x$$

Evaluons l'aire comprise entre la courbe $q_i \uparrow$ et l'axe des $f_i \uparrow$ dans l'intervalle $[0\,;100]$:

$$\text{Aire} = \int_0^{100} y\,dx = -\frac{24232847}{2797337202660000}\left(\frac{10^{12}}{6}\right) + \frac{441394159}{139866860133000}\left(\frac{10^{10}}{5}\right) - \frac{1086175391407}{2797337202660000}\left(\frac{10^{8}}{4}\right)$$

$$+ \frac{6912336570673}{279733720266000}\left(\frac{10^{6}}{3}\right) + \frac{974803607}{7969621660}\left(\frac{10^{4}}{2}\right)$$

$$\text{Aire} = 2\,716{,}07$$

Il s'ensuit que :

$$\text{Indice de GINI} = 100\% - \left(\frac{\int_0^{100} f(x)\,dx}{5\,000}\right) \text{x}100$$

$$= 100\% - \left(\frac{2\,716{,}07}{5\,000}\right) \text{x}100$$

500

$$= 100\% - 54{,}32\%$$

$$= 45{,}68\%$$

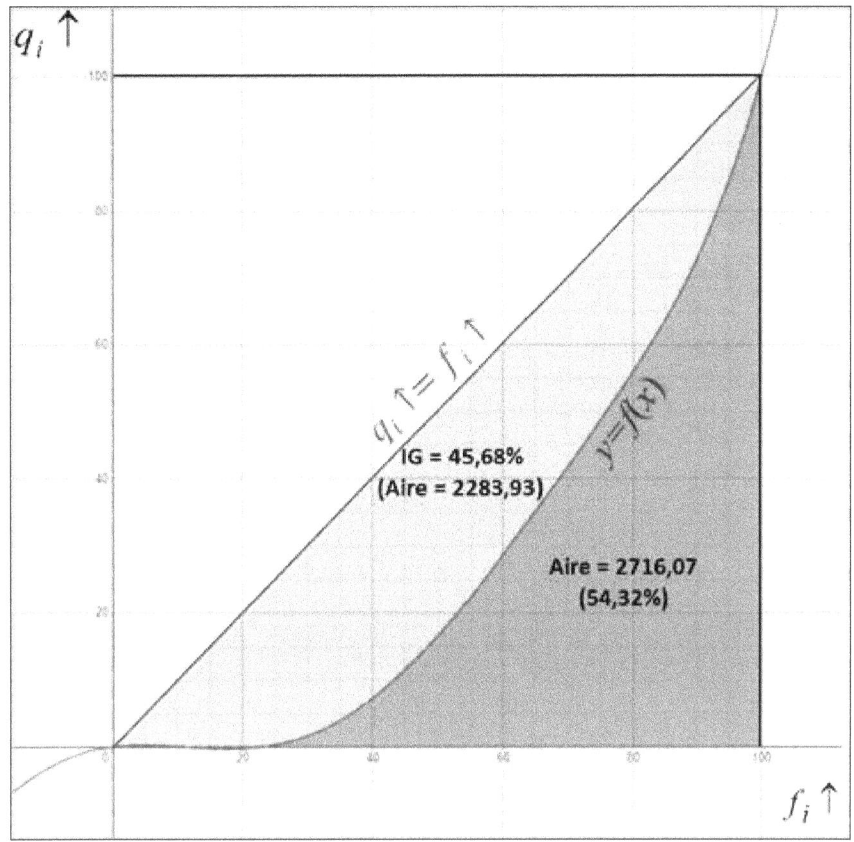

	Camp A	Camp B	Camp C
Médiale	3,92 Kg	4,09 Kg	1,9 Kg
% famille ayant reçu ratio < médiale	62,71%	67,83%	75,83%
Indice de GINI	18,5	26,86	43,07

Analyse

ASBL **A**

- o Le total des parts de riz distribuées qui sont chacune inférieure à 3,92 kg est équivalent au total des parts qui sont chacune supérieure à 3,92 kg. Ceci signifie que les familles qui ont reçu moins de 3,92 kg de riz ont reçu au total autant de riz que celles qui en ont reçu plus.
- o Or, le pourcentage des familles qui ont reçu des parts à moins de 3,92 kg de riz s'élève à 62,71%. Par conséquent, environ 37,29 % des familles ont reçu autant de riz que 62,71 % des familles. Cela indique que près de deux tiers des familles ont reçu des quantités de riz relativement faibles, tandis que le tiers restant a reçu des quantités plus élevées.
- o L'indice de GINI du camp A est de 18,5, ce qui suggère une distribution relativement égalitaire à hauteur de 81,5%.

ASBL **B**

o Le total des parts de riz distribuées qui sont chacune inférieure à 4,09 Kg est équivalent au total des parts qui sont chacune supérieure à 4,09 Kg. Ceci signifie que les familles qui ont reçu moins de 4,09 Kg de riz ont reçu au total autant de riz que celles qui en ont reçu plus.
o Or le pourcentage des familles qui ont reçu des parts à moins de 4,09 Kg de riz s'élève à 67,83%. Donc environ 32,17% des familles ont reçu autant de riz que 67,83% des familles. . Cela indique que près de deux tiers des familles ont reçu des quantités de riz relativement faibles, tandis que le tiers restant a reçu des quantités plus élevées.
o L'indice de GINI du camp B est à 26,86, la distribution a donc été égalitaire à 73,14%.

ASBL **C**
o Le total des parts de riz distribuées qui sont chacune inférieure à 1,9 Kg est équivalent au total des parts qui sont chacune supérieure à 1,9 Kg.
o Ceci signifie que les familles qui ont reçu moins de 1,9 Kg de riz ont reçu au total autant de riz que celles qui en ont reçu plus,
o Or le pourcentage des familles qui ont reçu des parts à moins de 1,9 Kg de riz s'élève à 75,83%. Donc environ 24,17% des familles ont reçu autant de riz que 75,83% des familles.
o L'indice de GINI du camp C est à 43,07, la distribution n'a donc été égalitaire qu' à 56,93%.

Conclusion

La distribution de riz proposée par l'ASBL **C** a clairement des défauts majeurs. Tout d'abord, elle n'est pas correctement réalisée dans la mesure où un quart des familles ont reçu autant de riz que les trois quarts des familles restantes. Cette répartition déséquilibrée est injuste et peu efficace pour répondre aux besoins établis. De plus, l'indice de GINI de cette distribution est excessivement élevé, ce qui montre que la répartition du riz a été très inégalitaire. Le taux d'équité de la distribution se situe seulement à 56,93%, ce qui est très faible, et confirme que cette distribution doit être disqualifiée.

En comparaison, la distribution de l'ASBL **B** est moyennement inégalitaire, avec un taux d'équité de 73,14%, ce qui la place en deuxième position. Cependant, il est important de souligner que ce taux est toujours en dessous de la moyenne, ce qui montre que cette distribution est loin d'être idéale.

Enfin, la distribution de l'ASBL **A** est de loin la meilleure, pour plusieurs raisons. D'abord, elle respecte les critères mentionnés dans les questions et interprétations précédentes. Mais en plus de cela, elle a également le meilleur indice de GINI de toutes les distributions proposées, avec un taux d'équité de 81,5%. Cela montre que la répartition du riz est beaucoup plus juste et équitable, et qu'elle est plus efficace pour répondre aux exigences de cette institution internationale.

En résumé, il est clair que l'**ASBL A** est de loin la meilleure option pour la distribution de riz.

11.3 Deuxième cas d'étude

11.3.1 Présentation de l'étude

Un magasin spécialisé dans la vente de tissus est confronté à une forte demande de la part de ses clients pour des pièces de tissus de tailles et de formes variées. Pour répondre à cette demande, le magasin souhaite automatiser son système de découpage de tissus, en remplaçant le découpage manuel par une machine. Cependant, il est important de choisir la machine la plus adaptée aux besoins du magasin, en termes de précision et de qualité de découpe. Trois fabricants de machines ont à cet effet répondu à l'appel d'offre en présentant leurs machines. Pour une judicieuse décision, l'équipe technique les a testées et les tableaux suivants donnent les résultats de cent tests individuels effectués. Ces tableaux donnent le nombre de tests en fonction de la longueur coupée.

Machine A		Machine B		Machine C	
Métrage (Cm)	Effectifs	Métrage (Cm)	Effectifs	Métrage (Cm)	Effectifs
[98 , 98,5 [	2	[98 , 98,5 [	4	[98 , 98,5 [	9
[98,5 , 99 [	7	[98,5 , 99 [	9	[98,5 , 99 [	11
[99 , 99,5 [	21	[99 , 99,5 [	31	[99 , 99,5 [	38
[99,5 , 100 [	53	[99,5 , 100 [	47	[99,5 , 100 [	90
[100 , 100,5 [	87	[100 , 100,5 [	57	[100 , 100,5 [	45
[100,5 , 101 [	30	[100,5 , 101 [	52	[100,5 , 101 [	7

L'équipe de validation est confrontée à un défi important : minimiser l'écart autour d'un mètre lors de la découpe du tissu. En effet, il est crucial de ne pas gaspiller le tissu en coupant des morceaux trop grands, mais il est tout aussi important de ne pas fournir des morceaux de tissu plus petits que ce que les clients ont payé. Dans cette situation, il est essentiel de trouver la machine qui permettra de maintenir un écart minimal tout en satisfaisant les clients.

En tant que responsable de l'équipe technique, vous devez donc choisir la machine qui conviendra le mieux à cette tâche. Pour prendre une décision, il est important de procéder à des vérifications par le calcul afin de déterminer quelle machine est la plus précise et la plus efficace.

Note : Afin de faciliter la lecture des solutions, nous utiliserons la notation suivante : chaque réponse concernant une machine sera précédée d'une lettre indiquant la machine correspondante.

11.3.2 Questions

11.3.2.1 Analyse des mesures de tendance centrale pour la prise de décision

Pour chacune des machines,

1. Tracer son histogramme.

2. Tracer sa courbe des fréquences cumulées.
3. Calculer les caractéristiques de tendance centrale de la distribution :
   a. Le mode.
   b. La moyenne.
   c. La médiane.
4. Donner l'interprétation sur l'ordre de grandeur des éléments de cette série statistique.

11.3.2.2 Analyse des mesures de dispersion pour la prise de décision

Afin de vérifier la véracité des déclarations des trois fournisseurs, il est demandé de calculer et de comparer :
5. Les caractéristiques de dispersion suivantes pour les trois machines :
   a. L'écart interquartile.
   b. L'écart type.
   c. Le coefficient de variation.
6. Le pourcentage de leurs métrages dont la longueur est inférieure à la moyenne.
7. Le pourcentage de leurs métrages dont la longueur est inférieure à la moyenne moins l'écart-type.
8. Le pourcentage de leurs métrages dont la longueur est inférieure à la moyenne plus l'écart-type.
9. Le pourcentage de leurs métrages dont la longueur se situe entre la moyenne et la moyenne moins l'écart-type.
10. Le pourcentage de leurs métrages dont la longueur se situe entre la moyenne et la moyenne plus l'écart-type.
11. Le pourcentage de leurs métrages dont la longueur se situe entre la moyenne plus l'écart-type et la moyenne moins l'écart-type.
12. Le pourcentage de leurs métrages dont la longueur est inférieure à la longueur d'un mètre (le pourcentage des possibles mécontents).
13. La longueur et le pourcentage du tissu gaspillé au total.

11.3.2.3 Analyse des mesures de forme pour la prise de décision

Afin de raffiner et de consolider la décision, il est nécessaire de calculer les caractéristiques de forme pour chacune des trois machines. Ces caractéristiques incluent :
14. Le coefficient d'asymétrie de YULE.
15. Le coefficient d'asymétrie de PEARSON.
16. Le coefficient d'asymétrie de FISHER.
17. Le coefficient d'aplatissement de Fisher

11.3.3 Solutions

11.3.3.1 Analyse des mesures de tendance centrale pour la prise de décision

A : Machine A

A-1 : L'histogramme de la machine **A** est :

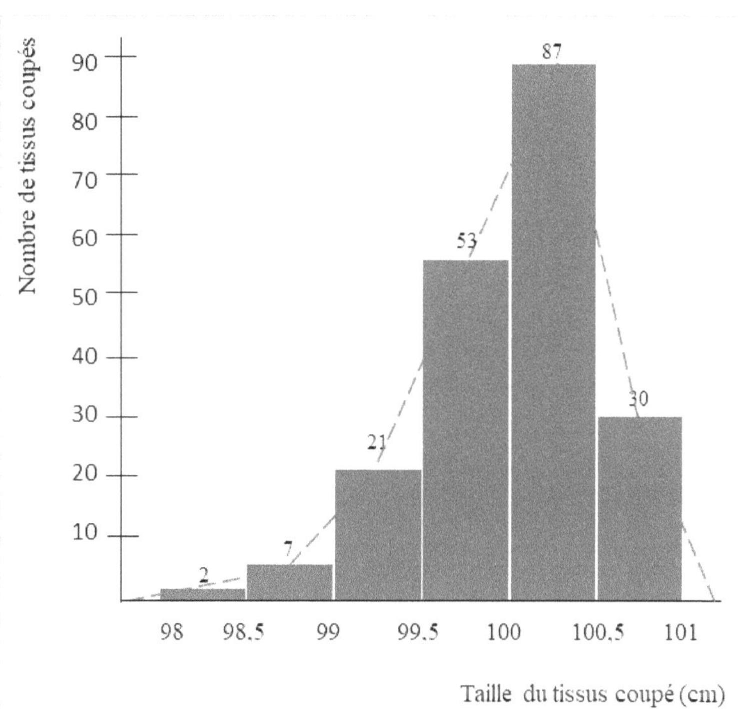

La résolution de cette partie d'exercice nécessite le tableau suivant :

Machine A							
Métrages	x_i	n_i	$n_i x_i$	$n_i x_i^2$	f_i	$f_i \uparrow$	$f_i \downarrow$
[98 , 98,5 [	98.25	2	196.50	19,306.13	1.00	1.00	100.00
[98,5 , 99 [	98.75	7	691.25	68,260.94	3.50	4.50	99.00
[99 , 99,5 [	99.25	21	2,084.25	206,861.81	10.50	15.00	95.50
[99,5 , 100 [	99.75	53	5,286.75	527,353.31	26.50	41.50	85.00
[100 , 100,5 [	100.25	87	8,721.75	874,355.44	43.50	85.00	58.50
[100,5 , 101 [	100.75	30	3,022.50	304,516.88	15.00	100.00	15.00
	Total	200	20,003.00	2,000,654.50	100.00		

A-2 : La courbe des fréquences cumulées de la machine **A** est :

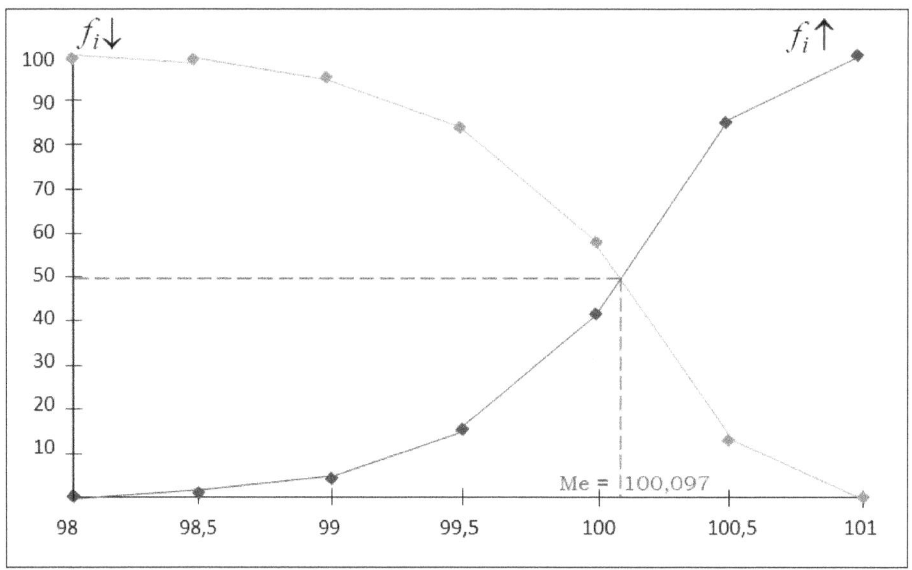

A-3 : Calculons les caractéristiques de tendance centrale :

A-3-a : Le mode de la machine **A** est de 100,25 cm.

A-3-b : La moyenne de la machine **A** est :

$$\bar{x} = \frac{1}{n}\sum_{i=1}^{i=6} n_i x_i = \frac{20\,003}{200}$$

$$= 100,015 \text{ cm}$$

A-3-c : La médiane de la machine **A** est :

$$Me = a_i + (a_{i+1} - a_i)\frac{(50 - F_i)}{(F_{i+1} - F_i)}$$

$$= 100 + (100,5 - 100)\frac{(50 - 41,50)}{(85 - 41,50)}$$

$$= 100,097701149425 \text{ cm}$$

B : Machine B

B-1 : L'histogramme de la machine **B** est :

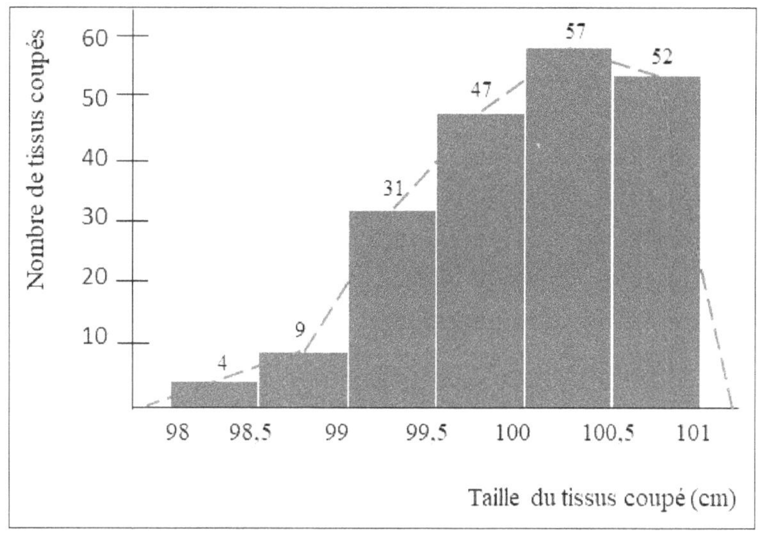

Le tableau suivant montre les données nécessaires pour résoudre cet exercice :

Machine B							
Métrages	x_i	n_i	$n_i x_i$	$n_i x_i^2$	f_i	$f_i \uparrow$	$f_i \downarrow$
[98 , 98,5 [	98.25	4	393.00	38,612.25	2.00	2.00	100.00
[98,5 , 99 [	98.75	9	888.75	87,764.06	4.50	6.50	98.00
[99 , 99,5 [	99.25	31	3,076.75	305,367.44	15.50	22.00	93.50
[99,5 , 100 [	99.75	47	4,688.25	467,652.94	23.50	45.50	78.00
[100 , 100,5 [	100.25	57	5,714.25	572,853.56	28.50	74.00	54.50
[100,5 , 101 [	100.75	52	5,239.00	527,829.25	26.00	100.00	26.00
	Total	200	20,000.00	2,000,079.50	100.00		

B-2 : La courbe des fréquences cumulées de la machine **B** est :

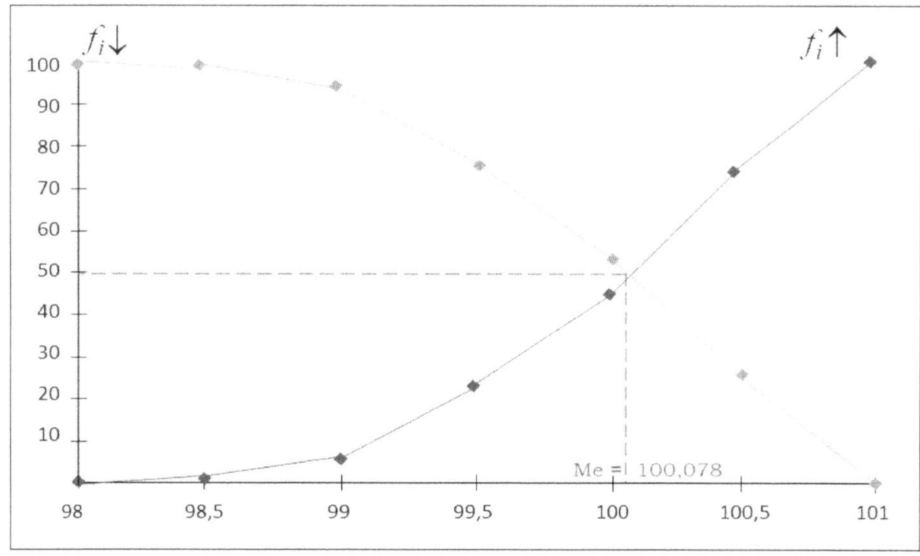

507

B-3 : Calculons les caractéristiques de tendance centrale :

B-3-a : Le mode de la machine **B** est de 100,25 cm.

B-3-b : La moyenne de la machine **B** est :

$$\bar{x} = \frac{1}{n}\sum_{i=1}^{i=6} n_i x_i = \frac{20\,000}{200}$$

$$= 100 \text{ cm}$$

B-3-c : La médiane de la machine **B** est :

$$Me = a_i + (a_{i+1} - a_i)\frac{(50 - F_i)}{(F_{i+1} - F_i)}$$

$$= 100 + (100,5 - 100)\frac{(50 - 45,5)}{(74 - 45,5)}$$

$$= 100,078947368421 \text{ cm}$$

C : Machine C

C-1 : L'histogramme de la machine **C** est :

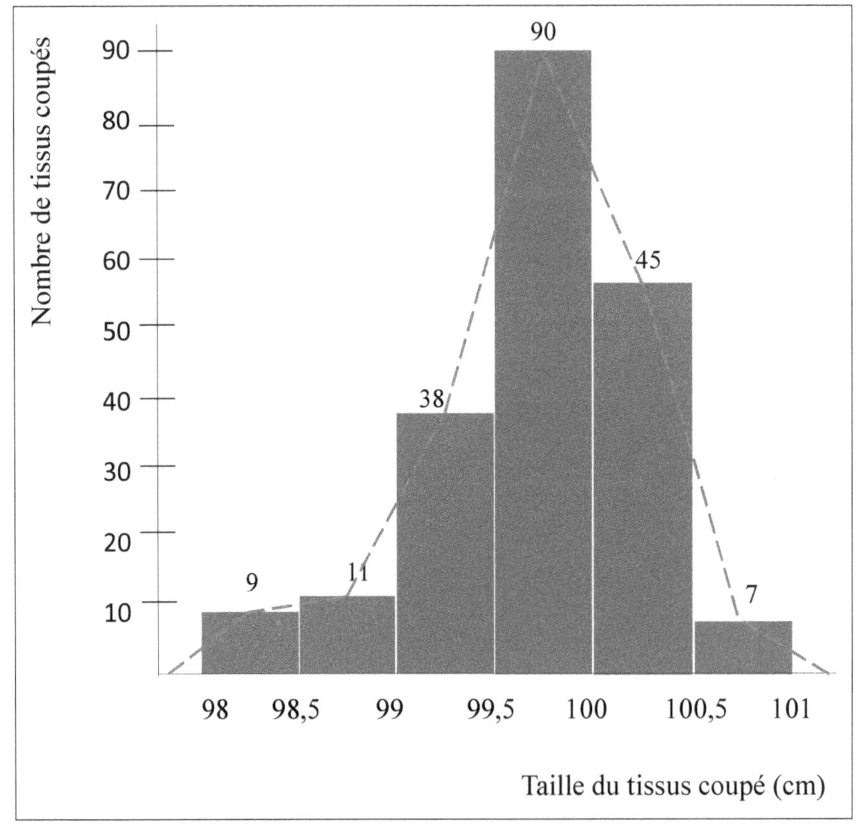

Le tableau suivant montre les données nécessaires pour résoudre cet exercice :

Machine C							
Métrages	x_i	n_i	$n_i x_i$	$n_i x_i^{\,2}$	f_i	$f_i \uparrow$	$f_i \downarrow$
[98 , 98,5 [	98.25	4	393.00	38,612.25	2.00	2.00	100.00
[98,5 , 99 [	98.75	9	888.75	87,764.06	4.50	6.50	98.00
[99 , 99,5 [	99.25	31	3,076.75	305,367.44	15.50	22.00	93.50
[99,5 , 100 [	99.75	47	4,688.25	467,652.94	23.50	45.50	78.00
[100 , 100,5 [	100.25	57	5,714.25	572,853.56	28.50	74.00	54.50
[100,5 , 101 [	100.75	52	5,239.00	527,829.25	26.00	100.00	26.00
	Total	200	20,000.00	2,000,079.50	100.00		

C-2 : La courbe des fréquences cumulées de la machine **C** est :

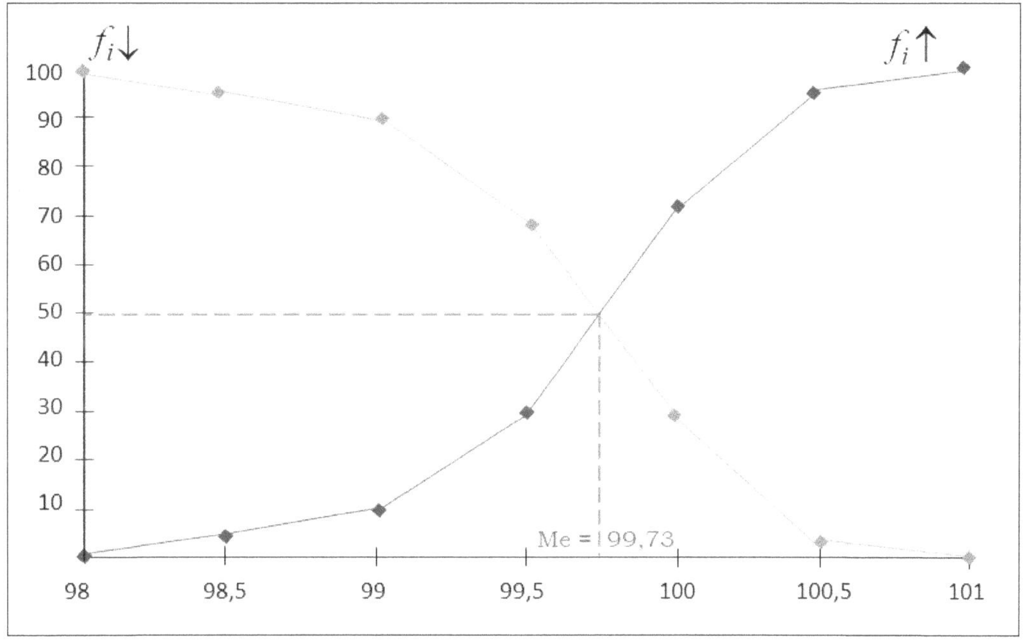

C-3 : Calculons les caractéristiques de tendance centrale :

C-3-a : Le mode de la machine **C** est de 99,75 cm

C-3-b : La moyenne de la machine **C** est :

$$\bar{x} = \frac{1}{n} \sum_{i=1}^{i=6} n_i x_i = \frac{19\,936}{200}$$

$$= 99{,}68 \text{ cm}$$

C-3-c : La médiane de la machine **C** est :

509

$$Me = a_i + (a_{i+1} - a_i)\frac{(50 - F_i)}{(F_{i+1} - F_i)}$$

$$= 99,5 + (100 - 99,5)\frac{(50 - 29)}{(74 - 29)}$$

$$= 99,733 \text{ cm}$$

4 : Interprétation

INTERPRÉTATION DES RESULTATS, ANALYSE ET DECISION

En comparant les trois paramètres, on observe que :

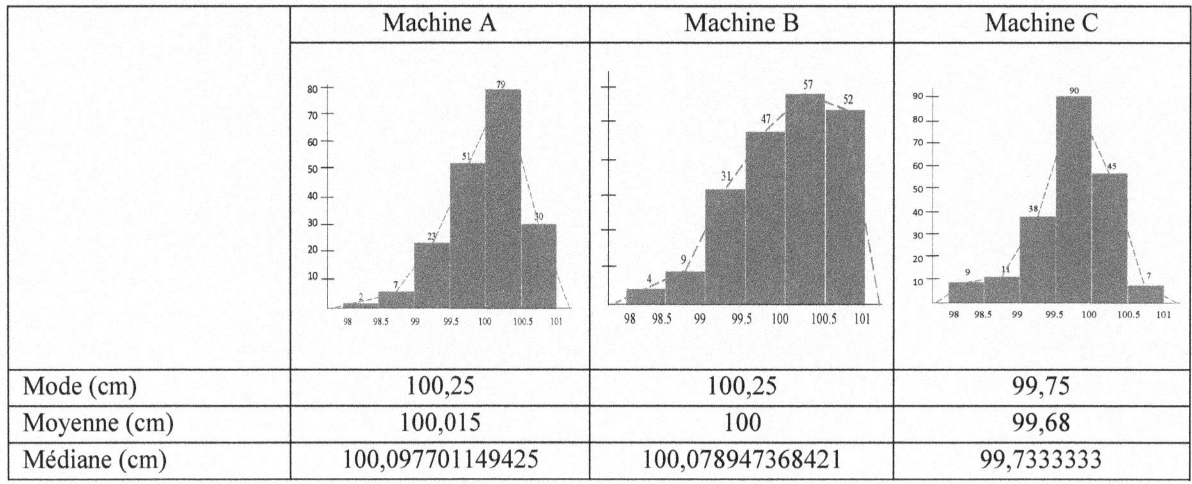

	Machine A	Machine B	Machine C
Mode (cm)	100,25	100,25	99,75
Moyenne (cm)	100,015	100	99,68
Médiane (cm)	100,097701149425	100,078947368421	99,7333333

Analyse

Le contrôle qualité des trois machines de découpe de tissu a révélé les informations suivantes :
- o Les mesures de tendance centrale des trois machines sont presque alignées, avec des moyennes, médianes et modes très proches les uns des autres.
- o De plus, la majorité des tissus coupés par les trois machines ont une longueur d'environ un mètre, avec une marge d'erreur de plus ou moins 25 centimètres.
- o Enfin, il y a autant de tissus coupés par les trois machines qui ont une longueur supérieure à leur médiane respective que ceux qui ont une longueur inférieure.

Cependant, il y a une différence notable dans les résultats de la machine **B**, qui a une moyenne exacte de 100 centimètres pour toutes les coupes effectuées. Cette valeur distinctive pourrait indiquer une précision ou une constance supérieure de la machine B par rapport aux autres.

Conclusion

Aux vues des données présentées ci-dessus, il est intéressant de remarquer que la machine **B** semble avoir une moyenne de coupe de 100 centimètres, ce qui pourrait la rendre plus attrayante que les deux autres machines. Cependant, cette information seule n'est pas suffisante pour prendre une décision. En effet, la moyenne ne donne qu'une idée approximative de la tendance centrale de la distribution des longueurs de coupe, et ne permet pas d'évaluer la dispersion ou la symétrie des distributions.

Il est donc nécessaire de poursuivre l'analyse en calculant d'autres caractéristiques permettant de se faire une idée sur la variabilité des longueurs de coupe pour chaque machine et ainsi comparer leur niveau de précision et leur fiabilité.

11.3.3.2 Analyse des mesures de dispersion pour la prise de décision

A : Machine A

A-5 : Calculons les caractéristiques de dispersion :

Le tableau suivant montre les données nécessaires pour résoudre cet exercice :

Machine A							
Métrages	x_i	n_i	$n_i x_i$	$n_i x_i^{\,2}$	f_i	$f_i \uparrow$	$f_i \downarrow$
[98 , 98,5 [	98.25	2	196.50	19,306.13	1.00	1.00	100.00
[98,5 , 99 [	98.75	7	691.25	68,260.94	3.50	4.50	99.00
[99 , 99,5 [	99.25	21	2,084.25	206,861.81	10.50	15.00	95.50
[99,5 , 100 [	99.75	53	5,286.75	527,353.31	26.50	41.50	85.00
[100 , 100,5 [	100.25	87	8,721.75	874,355.44	43.50	85.00	58.50
[100,5 , 101 [	100.75	30	3,022.50	304,516.88	15.00	100.00	15.00
	Total	200	20,003.00	2,000,654.50	100.00		

A-5-1 : L'écart interquartile de la machine **A** est égal à :

$$Q_1 = a_i + (a_{i+1} - a_i)\frac{(25 - F_i)}{(F_{i+1} - F_i)}$$
$$= 99,5 + (100 - 99,5)\frac{(25 - 15)}{(41,5 - 15)}$$
$$= 99,688679245283 \text{ cm}$$
$$Q_3 = a_i + (a_{i+1} - a_i)\frac{(75 - F_i)}{(F_{i+1} - F_i)}$$
$$= 100 + (100,5 - 100)\frac{(75 - 41,5)}{(85 - 41,5)}$$
$$= 100,385057471264 \text{ cm}$$
$$\text{L'écart Interquartile} = Q_3 - Q_1$$
$$= 100,385057471264 - 99,688679245283$$
$$= 0,696378225981363 \text{ cm}$$

A-5-2 : La variance de la machine **A** est égale à :

$$V(x) = \frac{1}{n}\sum_{i=1}^{i=6} n_i x_i^2 - \bar{x}^2$$
$$= \frac{2\,000\,654,50}{200} - (100,015)^2$$
$$= 0,272275$$

A-5-3 : L'écart-type de la machine **A** est égale à :

$$\sigma = \sqrt{V(x)}$$
$$= \sqrt{0,272275}$$
$$= 0,521799770026 \text{ cm}$$

A-5-4 : Le coefficient de variation de la machine A est égal à :

$$CV = \frac{\sigma}{|\bar{x}|}$$
$$= \frac{0,52179977002616}{100,015} \text{x}100$$
$$= 0,52\%$$

A-6 : Calculons le pourcentage de métrages dont la longueur est inférieure à la moyenne :

$$\bar{x} = 100,015 \text{ cm}$$

Soit $P_{<\bar{x}}$ le pourcentage cherché, nous utilisons la formule d'interpolation linéaire en prenant comme base le couple de données $(a_i, f_i \uparrow)$:

$$\bar{x} = a_i + (a_{i+1} - a_i)\frac{(P_{<\bar{x}} - F_i)}{(F_{i+1} - F_i)}$$
$$100,015 = 100 + (100,5 - 100)\frac{(P_{<\bar{x}} - 41,5)}{(85 - 41,5)}$$
$$P_{<\bar{x}} = 42,805\%$$

A-7 : Calculons le pourcentage de métrages dont la longueur est inférieure à $\bar{x} - \sigma$:

$$\bar{x} - \sigma = 100,015 - 0,52179977002616$$
$$= 99,4932002299738 \text{ cm}$$

Soit $P_{<\bar{x}-\sigma}$ le pourcentage cherché, utilisons la formule d'interpolation linéaire en prenant comme base le couple de données $(a_i, f_i \uparrow)$:

$$\bar{x} - \sigma = a_i + (a_{i+1} - a_i)\frac{(P_{<\bar{x}-\sigma} - F_i)}{(F_{i+1} - F_i)}$$
$$99,4932002299738 = 99 + (99,5 - 99)\frac{(P_{<\bar{x}-\sigma} - 4,5)}{(15 - 4,5)}$$
$$P_{<\bar{x}-\sigma} = 14,8572\%$$

A-8 : Calculons le pourcentage de métrages dont la longueur est inférieure à $\bar{x} + \sigma$:

$$\bar{x} + \sigma = 100,015 + 0,52179977002616$$

$$= 100{,}53679977002616 \text{ cm}$$

Soit $P_{<\bar{x}+\sigma}$ le pourcentage cherché, utilisons la formule d'interpolation linéaire en prenant comme base le couple de données $(a_i, f_i \uparrow)$:

$$\bar{x} + \sigma = a_i + (a_{i+1} - a_i)\frac{(P_{<\bar{x}+\sigma} - F_i)}{(F_{i+1} - F_i)}$$
$$100{,}53679977002616 = 100{,}5 + (101 - 100{,}5)\frac{(P_{<\bar{x}+\sigma} - 85)}{(100 - 85)}$$
$$P_{<\bar{x}+\sigma} = 86{,}1037\%$$

A-9 : Calculons le pourcentage de métrages dont la longueur se situe entre la moyenne, soit 100,015 cm et la moyenne moins l'écart-type, soit 99,4932002299738 cm.

Ce pourcentage est :

$$42{,}805\% - 14{,}8572\% = 27{,}9478\%$$

A-10 : Calculons le pourcentage de métrages dont la longueur se situe entre la moyenne, soit 100,015 cm et la moyenne plus l'écart-type, soit 100,53679977002616 cm.

Ce pourcentage est :

$$86{,}1037\% - 42{,}805\% = 43{,}2987\%$$

A-11 : Calculons le pourcentage de métrages dont la longueur se situe entre la moyenne moins l'écart-type, soit 99,4932002299738 cm et la moyenne plus l'écart-type, soit 100,53679977002616 cm.

Ce pourcentage est :

$$43{,}2987\% - 27{,}9478\% = 71{,}2465\%$$
La même réponse peut être obtenue par :
$$86{,}1037\% - 14{,}8572\% = 71{,}2465\%$$

A-12 : Calculons le pourcentage de métrages dont la longueur est inférieure à 1 mètre.

Ce pourcentage peut être obtenu directement en croisant la colonne des fréquences cumulées croissantes avec la ligne correspondant à l'intervalle [99,5 ; 100[dans le tableau de distribution. Ce pourcentage est de 41,5%.

$$P_{<m\text{è}tre} = 41.5\%$$

A-13 : Calculons la longueur et le pourcentage de tissu gaspillé sur les 200 tests :

- Longueur idéale d'un tissu : 100 cm.

- Nombre de morceaux de tissus coupés (n_i) = 200.
- Longueur totale idéale de tissus coupés = 200 x 100 cm = 20 000 cm
- Longueur totale de tissus coupés = 20 003 cm
- Longueur tissus gaspillé = 20 003 cm − 20 000 cm = 3cm.
- Pourcentage de tissus gaspillé = $\dfrac{3}{20\,000}$ = 0,015%.

B : Machine B

B-5 : Caractéristiques de dispersion

Le tableau suivant montre les données nécessaires pour résoudre cet exercice :

Machine B							
Métrages	x_i	n_i	$n_i x_i$	$n_i x_i^2$	f_i	$f_i \uparrow$	$f_i \downarrow$
[98 , 98,5 [	98.25	4	393.00	38,612.25	2.00	2.00	100.00
[98,5 , 99 [	98.75	9	888.75	87,764.06	4.50	6.50	98.00
[99 , 99,5 [	99.25	31	3,076.75	305,367.44	15.50	22.00	93.50
[99,5 , 100 [	99.75	47	4,688.25	467,652.94	23.50	45.50	78.00
[100 , 100,5 [	100.25	57	5,714.25	572,853.56	28.50	74.00	54.50
[100,5 , 101 [	100.75	52	5,239.00	527,829.25	26.00	100.00	26.00
	Total	200	20,000.00	2,000,079.50	100.00		

B-5-1 : L'écart interquartile de la machine **B** est égal à :

$$Q_1 = a_i + (a_{i+1} - a_i)\frac{(25 - F_i)}{(F_{i+1} - F_i)}$$

$$= 99,5 + (100 - 99,5)\frac{(25 - 22)}{(45,5 - 22)}$$

$$= 99,563829787234 \text{ cm}$$

$$Q_3 = a_i + (a_{i+1} - a_i)\frac{(75 - F_i)}{(F_{i+1} - F_i)}$$

$$= 100,5 + (101 - 100,5)\frac{(75 - 74)}{(100 - 74)}$$

$$= 100,51923076923 \text{ cm}$$

$$\text{L'écart Interquartile} = Q_3 - Q_1$$

$$= 100,51923076923 - 99,563829787234$$

$$= 0,955400981996732 \text{ cm}$$

B-5-2 : La variance de la machine **B** est égale à :

$$V(x) = \frac{1}{n}\sum_{i=1}^{i=6} n_i x_i^2 - \bar{x}^2$$

$$= \frac{2\,000\,079,5}{200} - (100)^2$$

$$= 0,397499999999127$$

B-5-3 : L'écart-type de la machine **B** est égale à :

$$\sigma = \sqrt{V(x)}$$

$$= \sqrt{0,397499999999127}$$

$$= 0,630476010645232 \text{ cm}$$

B-5-4 : Le coefficient de variation de la machine **B** est égal à :

$$\text{CV} = \frac{\sigma}{|\bar{x}|}$$

$$= \frac{0,630476010645232}{100}\text{x}100$$

$$= 0,630476010645232\%$$

B-6 : Calculons le pourcentage de métrages dont la longueur est inférieure à la moyenne :

Ce pourcentage peut être directement obtenu à partir du tableau de distribution sur le croisement de la colonne des fréquences cumulées croissantes avec la ligne de l'intervalle [99,5 ; 100[, cette valeur est 45,5%.

$$P_{<\bar{x}} = 45,5\%$$

B-7 : Calculons le pourcentage de métrages dont la longueur est inférieure à $\bar{x} - \sigma$.

$$\bar{x} - \sigma = 100 - 0,630476010645232$$

$$= 99,369523989354768 \text{ cm}$$

Soit $P_{<\bar{x}-\sigma}$ le pourcentage cherché, nous utilisons la formule d'interpolation linéaire en prenant comme base le couple de données $(a_i, f_i \uparrow)$:

$$\bar{x} - \sigma = a_i + (a_{i+1} - a_i)\frac{(P_{<\bar{x}-\sigma} - F_i)}{(F_{i+1} - F_i)}$$

$$99,369523989354768 = 99 + (99,5 - 99)\frac{(P_{<\bar{x}-\sigma} - 6,5)}{(22 - 6,5)}$$

$$P_{<\bar{x}-\sigma} = 17,95512\%$$

B-8 : Calculons le pourcentage de métrages dont la longueur est inférieure à $\bar{x} + \sigma$.

$$\bar{x} + \sigma = 100 + 0{,}630476010645232$$
$$= 100{,}630476010645232 \text{ cm}$$

Soit $P_{<\bar{x}+\sigma}$ le pourcentage cherché, utilisons la formule d'interpolation linéaire en prenant comme base le couple de données $(a_i, f_i \uparrow)$:

$$\bar{x} + \sigma = a_i + (a_{i+1} - a_i)\frac{(P_{<\bar{x}-\sigma} - F_i)}{(F_{i+1} - F_i)}$$
$$100{,}630476010645232 = 100{,}5 + (101 - 100{,}5)\frac{(P_{<\bar{x}+\sigma} - 74)}{(100 - 74)}$$
$$P_{<\bar{x}+\sigma} = 80{,}78444\%$$

B-9 : Calculons le pourcentage de métrages dont la longueur se situe dans l'intervalle de la moyenne, soit 100 cm et la moyenne moins l'écart-type, soit 99,369523989354768 cm. Ce pourcentage est :

$$41{,}5\% - 17{,}95512\% = 23{,}54488\%$$

B-10 : Calculons le pourcentage de métrages dont la longueur se situe dans l'intervalle de la moyenne, soit 100 cm et la moyenne plus l'écart-type, soit 100,630476010645232 cm. Ce pourcentage est :

$$80{,}78444\% - 41{,}5\% = 39{,}28444\%$$

B-11 : Calculons le pourcentage de métrages dont la longueur se situe dans l'intervalle de la moyenne moins l'écart-type, soit 99,369523989354768 cm et de la moyenne plus l'écart-type, soit 100,630476010645232 cm.

Ce pourcentage est :

$$80{,}78444\ \% - 17{,}95512\% = 62{,}82932\%$$

B-12 : Calculons le pourcentage de métrages dont la longueur est inférieure à 1 mètre.

Ce pourcentage peut être obtenu directement en croisant la colonne des fréquences cumulées croissantes avec la ligne correspondant à l'intervalle [99,5 ; 100[dans le tableau de distribution. Ce pourcentage est de 45,5%.

$$P_{<m\grave{e}tre} = 45.5\%$$

B-13 : Longueur et pourcentage de tissu gaspillé :

- Longueur idéale d'un tissu : 100 cm.
- Nombre de morceaux de tissus coupés (ni) = 200.

- Longueur totale idéale de tissus coupés = 200 x 100 cm = 20 000 cm.
- Longueur totale de tissus coupés = 20 000 cm.
- Longueur tissus gaspillé = 20 000 cm – 20 000 cm = 0 cm.
- Pourcentage du tissu gaspillé = $\dfrac{0}{20\ 000} = 0\%$.

C : Machine C

C-5 : Caractéristiques de dispersion

Le tableau suivant montre les données nécessaires pour résoudre cet exercice :

Machine C							
Métrages	x_i	n_i	$n_i x_i$	$n_i x_i^{\,2}$	f_i	$f_i \uparrow$	$f_i \downarrow$
[98 , 98,5 [	98.25	4	393.00	38,612.25	2.00	2.00	100.00
[98,5 , 99 [	98.75	9	888.75	87,764.06	4.50	6.50	98.00
[99 , 99,5 [	99.25	31	3,076.75	305,367.44	15.50	22.00	93.50
[99,5 , 100 [	99.75	47	4,688.25	467,652.94	23.50	45.50	78.00
[100 , 100,5 [	100.25	57	5,714.25	572,853.56	28.50	74.00	54.50
[100,5 , 101 [	100.75	52	5,239.00	527,829.25	26.00	100.00	26.00
	Total	200	20,000.00	2,000,079.50	100.00		

C-5-1 : L'écart interquartile de la machine **C** est égal à :

$$Q_1 = a_i + (a_{i+1} - a_i)\frac{(25 - F_i)}{(F_{i+1} - F_i)}$$
$$= 99 + (99{,}5 - 99)\frac{(25 - 10)}{(29 - 10)}$$
$$= 99{,}3947368421053 \text{ cm}$$
$$Q_3 = a_i + (a_{i+1} - a_i)\frac{(75 - F_i)}{(F_{i+1} - F_i)}$$
$$= 100 + (100{,}5 - 100)\frac{(75 - 74)}{(96{,}5 - 74)}$$
$$= 100{,}022222222222 \text{ cm}$$
$$\text{L'écart Interquartile} = Q_3 - Q_1$$
$$= 100{,}022222222222 \ - 99{,}3947368421053$$
$$= 0{,}627485380116966 \text{ cm}$$

C-5-2 : La variance de la machine **C** est égale à :

$$V(x) = \frac{1}{n}\sum_{i=1}^{i=6} n_i x_i^2 - \bar{x}^2$$

$$= \frac{1\,987\,278,5}{200} - (99,68)^2$$

$$= 0,290099999998347$$

C-5-3 : L'écart-type de la machine **C** est égale à :

$$\sigma = \sqrt{V(x)}$$

$$= \sqrt{0,290099999998347}$$

$$= 0,538609320378275 \text{ cm}$$

C-5-4 : Le coefficient de variation de la machine **C** est égal à :

$$CV = \frac{\sigma}{|\bar{x}|}$$

$$= \frac{0,538609320378275}{99,68} \text{x}100$$

$$= 0,5403384032687\%$$

C-6 : Calculons le pourcentage de métrages dont la longueur est inférieure à la moyenne :

$$\bar{x} = 99,68 \text{ Cm}$$

Soit $P_{<\bar{x}}$ le pourcentage cherché, nous utilisons la formule d'interpolation linéaire en prenant comme base le couple de données $(a_i, f_i \uparrow)$:

$$\bar{x} = a_i + (a_{i+1} - a_i)\frac{(P_{<-\sigma} - F_i)}{(F_{i+1} - F_i)}$$

$$99,68 = 99,5 + (100 - 99,5)\frac{(P_{<\bar{x}} - 29)}{(74 - 29)}$$

$$P_{<\bar{x}} = 45,2\%$$

C-7 : Calculons le pourcentage de métrages dont la longueur est inférieure à $\bar{x} - \sigma$.

$$\bar{x} - \sigma = 99,68 - 0,538609320378275$$

$$= 99,141390679621725 \text{ cm}$$

Soit $P_{<\bar{x}-\sigma}$ le pourcentage cherché, utilisons la formule d'interpolation linéaire en prenant comme base le couple de données $(a_i, f_i \uparrow)$:

$$\bar{x} - \sigma = a_i + (a_{i+1} - a_i)\frac{(P_{<\bar{x}-\sigma} - F_i)}{(F_{i+1} - F_i)}$$

$$99,141390679621725 = 99 + (99,5 - 99)\frac{(P_{<\bar{x}-\sigma} - 10)}{(29 - 10)}$$

$$P_{<\bar{x}-\sigma} = 15{,}37282\%$$

C-8 : Calculons le pourcentage de métrages dont la longueur est inférieure à $\bar{x} + \sigma$.

$$\bar{x} + \sigma = 99{,}68 + 0{,}538609320378275$$
$$= 100{,}218609320378275 \text{ cm}$$

Soit $P_{<\bar{x}+\sigma}$ le pourcentage cherché, utilisons la formule d'interpolation linéaire en prenant comme base le couple de données $(a_i, f_i \uparrow)$:

$$\bar{x} + \sigma = a_i + (a_{i+1} - a_i)\frac{(P_{<\bar{x}-\sigma} - F_i)}{(F_{i+1} - F_i)}$$

$$100{,}218609320378275 = 100 + (100{,}5 - 100)\frac{(P_{<\bar{x}+\sigma} - 74)}{(96{,}5 - 74)}$$

$$P_{<\bar{x}+\sigma} = 83{,}837\%$$

C-9 : Calculons le pourcentage de métrages dont la longueur se situe dans l'intervalle de la moyenne, soit 99,68 cm et la moyenne moins l'écart-type, soit 99,141390679621725 cm.

Ce pourcentage est :

$$45{,}2\% - 15{,}37282\% = 29{,}82718\%$$

C-10 : Calculons le pourcentage de métrages dont la longueur se situe dans l'intervalle de la moyenne, soit 99,68 cm et la moyenne plus l'écart-type, soit 100,218609320378275 cm.

Ce pourcentage est :

$$83{,}837\% - 45{,}2\% = 38{,}637\%$$

C-11 : Calculons le pourcentage de métrages dont la longueur se situe dans l'intervalle la moyenne moins l'écart-type, soit 99,141390679621725 cm   mètres et la moyenne plus l'écart-type, soit 100,218609320378275 cm.

Ce pourcentage est :

$$29{,}82718\% + 38{,}637\% = 68{,}46418\%$$

Ce résultat peut aussi être obtenu par :

$$83{,}837\% - 15{,}37282\% = 68{,}46418\%$$

C-12 : Calculons le pourcentage de métrages dont la longueur est inférieure à 1 mètre.

Ce pourcentage peut être obtenu directement en croisant la colonne des fréquences cumulées croissantes avec la ligne correspondant à l'intervalle [99,5 ; 100[dans le tableau de distribution. Ce pourcentage est de 74%.

$$P_{<\text{mètre}} = 74\%$$

C.13 : Longueur et pourcentage de tissu gaspillé :

- Longueur idéale d'un tissu : 100 cm.
- Nombre de morceaux de tissus coupés (ni) = 200.
- Longueur totale idéale de tissus coupés = 200 x 100 cm = 20 000 cm.
- Longueur totale de tissus coupés = 19 936 cm.
- Longueur tissus gaspillé = 19 936 cm – 20 000 cm = –64 cm.
- Pourcentage de tissus gaspillé = $\dfrac{-64}{20\,000}$ =– 3,2%.

<u>INTERPRÉTATION DES RÉSULTATS, ANALYSE ET DÉCISION</u>

	Machine A	Machine B	Machine C
Mode (cm)	**100,25**	**100,25**	99,75
Moyenne (cm)	100,015	**100**	99,68
Médiane (cm)	100,0977	100,0789	99,7333
% Majorité	43,5%	28,5%	45%
% Pop. < Moyenne	42,8%	45,5%	45,2%
% Pop. < Médiane	50%	50%	50%
% Pop. < 100 cm	41,5%	45,5%	74%

Machine A :

- o La majorité de la population, soit 43,5%, a reçu un tissu de 0,25 cm supérieur à la taille requise de 100 cm. De plus, 42,8% de la population a reçu un tissu inférieur à la moyenne qui s'élève à 100,015 cm. Il y a autant de clients qui ont reçu un tissu dont la longueur est supérieure à 100,0977 cm que ceux qui ont reçu un tissu dont la longueur est inférieure. Enfin, 41,5% de la population a reçu un tissu dont la longueur est inférieure au mètre requis.
- o En analysant ces résultats, il est clair que le système de découpe de la machine A est visiblement orienté vers la satisfaction du client au détriment du magasin. Bien que cette machine puisse satisfaire les clients en leur offrant des pièces de tissus légèrement plus grandes que la taille requise, elle peut également causer des pertes pour le magasin.

Machine B :

- o La majorité de la population, soit 28,5% a reçu un tissu de 0.25 cm supérieur à la taille requise de 100 cm et 45,5% de la population a reçu un tissu inférieur à la moyenne qui s'élève à 100 cm. Il y a autant de clients qui ont reçu un tissu dont la longueur est supérieure à 100,0789 cm que ceux qui ont reçu un tissu dont la longueur est inférieure. 45,5% de la population a reçu un tissu dont la longueur est inférieure au mètre requis. Ce système est aussi orienté vers la satisfaction du client mais à un degré moindre que le précédent.
- o On peut noter que 28,5% de la population a reçu un tissu dont la longueur était supérieure de 0,25 cm à la taille requise de 100 cm. Cependant, ce pourcentage est inférieur à celui de la machine A. D'autre part, 45,5% de la population a reçu un tissu dont la longueur était inférieure à la moyenne qui s'élève à 100 cm, un pourcentage légèrement supérieur à celui de la machine A.
- o En ce qui concerne la précision de la machine B, on peut noter qu'il y a autant de clients qui ont reçu un tissu dont la longueur est supérieure à 100,0789 cm que ceux qui ont reçu un tissu dont la longueur est inférieure. Cela indique une bonne précision de la machine, comparée à la machine A.
- o Enfin, il convient de noter que 45,5% de la population a reçu un tissu dont la longueur était inférieure au mètre requis. Bien que ce pourcentage soit plus élevé que celui de la machine A, cela indique tout de même que la machine B est capable de produire des tissus de tailles variées avec une précision raisonnable.

- Dans l'ensemble, on peut dire que la machine B est également orientée vers la satisfaction du client, mais à un degré moindre que la machine A. Cependant, elle offre une bonne précision et est capable de produire des tissus de tailles variées avec une précision raisonnable, ce qui en fait une option viable pour le magasin.

Machine **C** :

- La majorité de la population, soit 45%, a reçu un tissu de 0,25 cm inférieur à la taille de 100 cm requise, ce qui signifie que presque la moitié des clients ne recevront pas la quantité de tissu dont ils ont besoin. De plus, 45,2% de la population a reçu un tissu inférieur à la moyenne de 99,68 cm, ce qui suggère que la machine est sujette à des erreurs de mesure fréquentes.
- Le résultat le plus préoccupant est que 74% de la population a reçu un tissu dont la longueur est inférieure à un mètre. Cela signifie que la machine C ne peut pas produire des pièces de tissu de la longueur requise pour la majorité des clients, ce qui entraînera inévitablement des retours de clients insatisfaits et des pertes financières pour le magasin. En outre, bien que la machine C puisse également produire des tissus dont la longueur est supérieure à celle requise, le pourcentage de clients qui ont reçu ces tissus est relativement faible, ce qui indique que la machine n'est pas assez précise.
- Il est donc clair que la machine C n'est pas adaptée pour répondre aux besoins du magasin, car elle préserve les intérêts du magasin en créant l'insatisfaction du client. Le magasin doit opter pour une machine capable de produire des pièces de tissu précises, de la taille requise, tout en maintenant un niveau élevé de satisfaction client.

CV	0,52%	0,630%	0,540%

Les coefficients de variation de moins de 1% pour chacune des trois machines montrent que la variance de leurs distributions est très faible par rapport à leur moyenne respective. Cela implique que la différence entre les résultats produits par chacune de ces machines est très faible, voire négligeable. Cela signifie également que la répétabilité de chaque machine est élevée et que la précision de ses résultats est fiable.

Cependant, même si les résultats de chaque machine ont une distribution quasi-homogène, il est important de les considérer dans le contexte global de la prise de décision.

% dans $[\bar{x}, \bar{x} - \sigma]$	27,9478%	23,54488%	29,82718%
% dans $[\bar{x}, \bar{x} + \sigma]$	43,2987%	39,28444%	38,637%
% dans $[\bar{x} - \sigma, \bar{x} + \sigma]$	71,2465%	62,82932%	68,46418%
% Population < 1 mètre	41,5%	45,5%	74%

La majorité des tissus fournis par la machine **A** se situent entre la moyenne moins l'écart-type et la moyenne plus l'écart-type, ce qui signifie qu'elle fournit à la fois des tissus légèrement plus courts et légèrement plus longs que la moyenne. En revanche, les machines **B** et **C** fournissent des tissus qui se situent plus près de la moyenne, avec des distributions moins étalées.

Malgré cette différence dans la distribution des tissus, la machine **A** parvient à maintenir un niveau de satisfaction client élevé en fournissant peu de tissus dont la longueur est inférieure au mètre requis. La machine **B** suit de près en termes de satisfaction client, mais la machine **C** laisse beaucoup de clients insatisfaits avec ses 74% de tissus inférieurs à la taille requise.

Longueur tissus gaspillé	3 cm	0 cm	-64 cm
% Tissus gaspillé	0,015%	0%	$-3,2$%

La machine **C** reste avec 3,2%% de tissu à la fin de la distribution, ce qui n'est pas normal car le client parait lésé, ceci pourrait engendrer la non-satisfaction du client. Il est important de prendre en compte la satisfaction du client lors de la production de tissus. Si le client reçoit un tissu qui ne correspond pas à ses attentes, cela peut affecter la relation entre le client et l'entreprise.

La machine **A** gaspille 0,015% de tissus, bien que négligeable peut faire la différence.

La machine **B** ne gaspille pas de tissus et n'en économise pas non plus sur le total de tissu coupé non plus.

Conclusion

11.3.3.3 Analyse des mesures de forme pour la prise de décision

Calculons les caractéristiques de forme :

A :Machine **A**

Le tableau suivant montre les données nécessaires pour résoudre cet exercice :

x_i	n_i	$n_i x_i$	$n_i(x_i-\bar{x})^3$	$n_i(x_i-\bar{x})^4$
98.25	2	196.50	-11.00	19.41
98.75	7	691.25	-14.17	17.93
99.25	21	2084.25	-9.40	7.19
99.75	53	5286.75	-0.99	0.26
100.25	87	8721.75	1.13	0.27
100.75	30	3022.50	11.91	8.76
	200	20003.00	-22.51365000	53.80854463

a : Calculons le coefficient d'asymétrie de YULE :

$$C_Y = \frac{Q_1 - 2Q_2 + Q_3}{Q_3 - Q_1}$$

$$= \frac{99{,}68867924528 - 2(100{,}09770114) + 100{,}3850574712}{100{,}3850574712 - 99{,}68867924528}$$

$$= -0{,}17473$$

b : Calculons le coefficient d'asymétrie de PEARSON :

$$\beta_1 = \frac{(\bar{x} - \text{Mode})}{\sigma}$$

$$= \frac{(100{,}015 - 100{,}25)}{0{,}52179977}$$

$$= -0{,}450364323$$

c : Calculons le coefficient d'asymétrie de FISHER :

$$\mu_3 = \frac{\sum_{i=1}^{i=6} n_i(x_i - \bar{x})^3}{\sum_{i=1}^{i=6} n_i} = \frac{-22{,}51365}{200}$$

$$= -0{,}1125682497$$

$$\gamma_1 = \frac{\mu_3}{\sigma^3} = \frac{-0{,}1125682497}{(0{,}52179977)^3}$$

$$= -0{,}792327$$

d : Calculons le coefficient d'aplatissement de FISHER :

$$\mu_4 = \frac{\sum_{i=1}^{i=6} n_i(x_i - \bar{x})^4}{\sum_{i=1}^{i=6} n_i} = \frac{53{,}80854463}{200}$$

$$= 0{,}26904278994$$

$$\gamma_2 = \frac{\mu_4}{\sigma^4} - 3 = \frac{0{,}26904278994}{(0{,}52179977)^4} - 3$$

$$= -0{,}6291576$$

B : Machine B

Le tableau suivant montre les données nécessaires pour résoudre cet exercice :

x_i	n_i	$n_i x_i$	$n_i(x_i - \bar{x})^3$	$n_i(x_i - \bar{x})^4$
98.25	4	393.00	-21.44	37.52
98.75	9	888.75	-17.58	21.97
99.25	31	3076.75	-13.08	9.81
99.75	47	4688.25	-0.73	0.18
100.25	57	5714.25	0.89	0.22
100.75	52	5239.00	21.94	16.45
	200	20000.00	-30.00000000	86.15625000

a : Calculons le coefficient d'asymétrie de YULE :

$$C_Y = \frac{Q_1 - 2Q_2 + Q_3}{Q_3 - Q_1}$$

$$= \frac{99{,}56382978723 - 2(100{,}07894736) + 100{,}5192307692}{100{,}5192307692 - 99{,}56382978723}$$

$$= -0{,}078327493$$

b : Calculons le coefficient d'asymétrie de PEARSON :

$$\beta_1 = \frac{(\bar{x} - \text{Mode})}{\sigma}$$

$$= \frac{(100 - 100{,}25)}{0{,}630476}$$

$$= -0{,}3965257996$$

c : Calculons le coefficient d'asymétrie de FISHER :

$$\mu_3 = \frac{\sum_{i=1}^{i=6} n_i (x_i - \bar{x})^3}{\sum_{i=1}^{i=6} n_i} = \frac{-30}{200}$$

$$= -0{,}15$$

$$\gamma_1 = \frac{\mu_3}{\sigma^3} = \frac{-0{,}15}{(0{,}630476)^3}$$

$$= -0{,}598529$$

d : Calculons le coefficient d'aplatissement de FISHER :

$$\mu_4 = \frac{\sum_{i=1}^{i=6} n_i (x_i - \bar{x})^4}{\sum_{i=1}^{i=6} n_i} = \frac{86{,}15625}{200}$$

$$= -0{,}430781$$

$$\gamma_2 = \frac{\mu_4}{\sigma^4} - 3 = \frac{-0{,}430781}{(0{,}630476)^4} - 3$$

$$= -0{,}2736443$$

C : Machine C

Le tableau suivant montre les données nécessaires pour résoudre cet exercice :

x_i	n_i	$n_i x_i$	$n_i(x_i-\bar{x})^3$	$n_i(x_i-\bar{x})^4$
98.25	9	884.25	-26.32	37.63
98.75	11	1086.25	-8.85	8.23
99.25	38	3771.50	-3.02	1.30
99.75	90	8977.50	0.03	0.00
100.25	45	4511.25	8.33	4.75
100.75	7	705.25	8.58	9.18
	200	19936.00	-21.24720000	61.09019400

a : Calculons le coefficient d'asymétrie de YULE :

$$C_Y = \frac{Q_1 - 2Q_2 + Q_3}{Q_3 - Q_1}$$

$$= \frac{99{,}39473684210 \ - 2(99{,}7333) + 100{,}0222}{100{,}0222 \ - 99{,}39473684210}$$

$$= -0{,}079149122$$

b : Calculons le coefficient d'asymétrie de PEARSON :

$$\beta_1 = \frac{(\bar{x} - \text{Mode})}{\sigma}$$

$$= \frac{(99{,}68 - \ 99{,}75)}{0{,}5386}$$

$$= -0{,}12996658$$

c : Calculons le coefficient d'asymétrie de FISHER :

$$\mu_3 = \frac{\sum_{i=1}^{i=6} n_i(x_i - \bar{x})^3}{\sum_{i=1}^{i=6} n_i} = \frac{-21{,}2472}{200}$$

$$= -0{,}1062359998$$

$$\gamma_1 = \frac{\mu_3}{\sigma^3} = \frac{-0{,}1062359998}{(0{,}5386)^3}$$

$$= -0{,}679908$$

d : Calculons le coefficient d'aplatissement de FISHER :

$$\mu_4 = \frac{\sum_{i=1}^{i=6} n_i(x_i - \bar{x})^4}{\sum_{i=1}^{i=6} n_i} = \frac{61{,}090194}{200}$$

$$= 0,30545091629$$

$$\gamma_2 = \frac{\mu_4}{\sigma^4} - 3 = \frac{0,30545091629}{(0,5386)^4} - 3$$

$$= 0,6294931$$

	Machine A	Machine B	Machine C
% dans $[\bar{x} - \sigma , \bar{x}]$	27,9478%	23,54488%	29,82718%
% dans $[\bar{x} , \bar{x} + \sigma]$	43,2987%	39,28444%	38,637%
% dans $[\bar{x} - \sigma , \bar{x} + \sigma]$	71,2465%	62,82932%	68,46418%
	$\underbrace{M_0}_{100,25} > \underbrace{M_e}_{100,09} > \underbrace{\bar{x}}_{100,01}$ $C_Y < 0$ $\beta_1 < 0$ $\gamma_1 < 0$	$\underbrace{M_0}_{100,25} > \underbrace{M_e}_{100,07} > \underbrace{\bar{x}}_{100}$ $C_Y < 0$ $\beta_1 < 0$ $\gamma_1 < 0$	$\underbrace{M_0}_{99,75} > \underbrace{M_e}_{99,73} > \underbrace{\bar{x}}_{99,68}$ $C_Y < 0$ $\beta_1 < 0$ $\gamma_1 < 0$
	$\gamma_2 < 0$	$\gamma_2 < 0$	$\gamma_2 > 0$

Analyse

Les trois courbes A, B et C présentent toutes des distributions dissymétriques à droite ; leurs queues de distribution sont étalées vers la gauche. Il y a donc une concentration de fortes valeurs c'est-à-dire il y a forte prépondérance des tissus coupés à une longueur supérieure à la moyenne.

On remarque aisément que pour les trois machines la population dans l'intervalle $[\bar{x} , \bar{x} + \sigma]$ est nettement supérieure à celle dans l'intervalle $[\bar{x} - \sigma , \bar{x}]$. Ceci signifie qu'il y a une plus forte population qui est supérieure à la moyenne que celle qui en est inférieure.

Les courbes de distribution des deux machines A et B sont plus aplaties que celle de la loi normale tandis que la courbe de distribution de C est plus pointue que celle de la loi normale.

Ces trois blocs d'arguments n'affectent pas les conclusions établies à la deuxième partie sur le choix de la machine.

11.4 Troisième cas d'étude

11.4.1 Présentation de l'étude

Un laboratoire biologique cherche à améliorer le processus d'administration de vaccins par injection. Des experts ont proposé l'utilisation d'un pistolet pour injection de sérum afin d'accélérer le processus. Pour ce faire, le laboratoire a lancé un appel d'offres pour un pistolet capable de respecter la posologie stricte de 100 microlitres. Toute quantité en dessous de 99 microlitres ou au-dessus de 100 microlitres est inefficace ou toxique, respectivement. La toxicité varie en fonction du dépassement du dosage administré. Trois fabricants de pistolets à injection ont répondu à l'appel d'offres et ont soumis leurs pistolets pour test. Les tableaux suivants présentent les résultats de deux cents tests individuels effectués en fonction du dosage administré. Pour prendre une décision éclairée, l'équipe technique doit examiner les résultats et déterminer le pistolet qui répond le mieux aux exigences.

Pistolet A		Pistolet B		Pistolet C	
Dosage (µl)	Effectifs	Dosage (µl)	Effectifs	Quantité (µl)	Effectifs
[98 , 98,5 [	2	[98 , 98,5 [	4	[98 , 98,5 [	9
[98,5 , 99 [	7	[98,5 , 99 [	9	[98,5 , 99 [	11
[99 , 99,5 [	21	[99 , 99,5 [	31	[99 , 99,5 [	38
[99,5 , 100 [	53	[99,5 , 100 [	47	[99,5 , 100 [	90
[100 , 100,5 [	87	[100 , 100,5 [	57	[100 , 100,5 [	45
[100,5 , 101 [	30	[100,5 , 101 [	52	[100,5 , 101 [	7

Compte tenu de l'importance de minimiser au maximum le risque de toxicité pour les patients, tout en garantissant que chaque patient vacciné reçoive la dose requise et soit ainsi immunisé, l'équipe de validation doit prendre une décision éclairée quant au choix du pistolet à utiliser. Ainsi, sur la base des résultats des tests effectués, quelle est la meilleure option parmi les trois pistolets proposés pour garantir la sécurité et l'efficacité du processus de vaccination ? Cette décision doit être étayée par des calculs de vérification.

Note : Afin de faciliter la lecture des solutions, nous utiliserons la notation suivante : chaque réponse concernant un pistolet sera précédée d'une lettre indiquant le pistolet correspondant.

11.4.2 Questions

11.4.2.1 Analyse des mesures de tendance centrale pour la prise de décision

Pour chacun des pistolets,
1. Tracer son histogramme.
2. Tracer sa courbe des fréquences cumulées.
3. Calculer les caractéristiques de tendance centrale de la distribution :
   a. Le mode.
   b. La moyenne.

c. La médiane.

4. Donner l'interprétation sur l'ordre de grandeur des éléments de cette série statistique.

11.4.2.2 Analyse des mesures de dispersion pour la prise de décision

Afin de vérifier la véracité des déclarations des trois fournisseurs, il est demandé de calculer et de comparer les caractéristiques de dispersion suivantes pour les trois pistolets :

5. Leurs caractéristiques de dispersion :
   a. L'écart interquartile.
   b. L'écart type.
   c. Le coefficient de variation.
6. Le pourcentage de dosages inférieurs à la moyenne.
7. Le pourcentage de dosages inférieurs à la moyenne moins l'écart-type.
8. Le pourcentage de dosages inférieurs à la moyenne plus l'écart-type.
9. Le pourcentage de dosages se situant dans l'intervalle de la moyenne et la moyenne moins l'écart-type.
10. Le pourcentage de dosages se situant dans l'intervalle de la moyenne et la moyenne plus l'écart-type.
11. Le pourcentage de dosages se situant dans l'intervalle de la moyenne moins l'écart-type et la moyenne plus l'écart-type.
12. Le taux d'échec en calculant :
    a. Le taux de non-réactivité
    b. Le taux de toxicité
    c. Le taux d'échec
13. Le taux de réussite en utilisant les éléments de la question **12.**
14. Le taux de réussite en n'utilisant que la courbe des fréquences cumulées.
15. Calculer la quantité et le pourcentage de sérum administré au-delà de la limite admissible (quantité théorique susceptible de toxicité) sur les 200 tests.

11.4.2.3 Analyse des mesures de forme pour la prise de décision

Pour raffiner et consolider la décision, il est demandé de calculer leurs caractéristiques de forme :

16. Le coefficient d'asymétrie de YULE.
17. Le coefficient d'asymétrie de PEARSON.
18. Le coefficient d'asymétrie de FISHER.

Le coefficient d'aplatissement de FISHER.

11.4.3 Solutions

11.4.3.1 Analyse des mesures de tendance centrale pour la prise de décision

A : Pistolet A

A-1 :L'histogramme du pistolet **A** est :

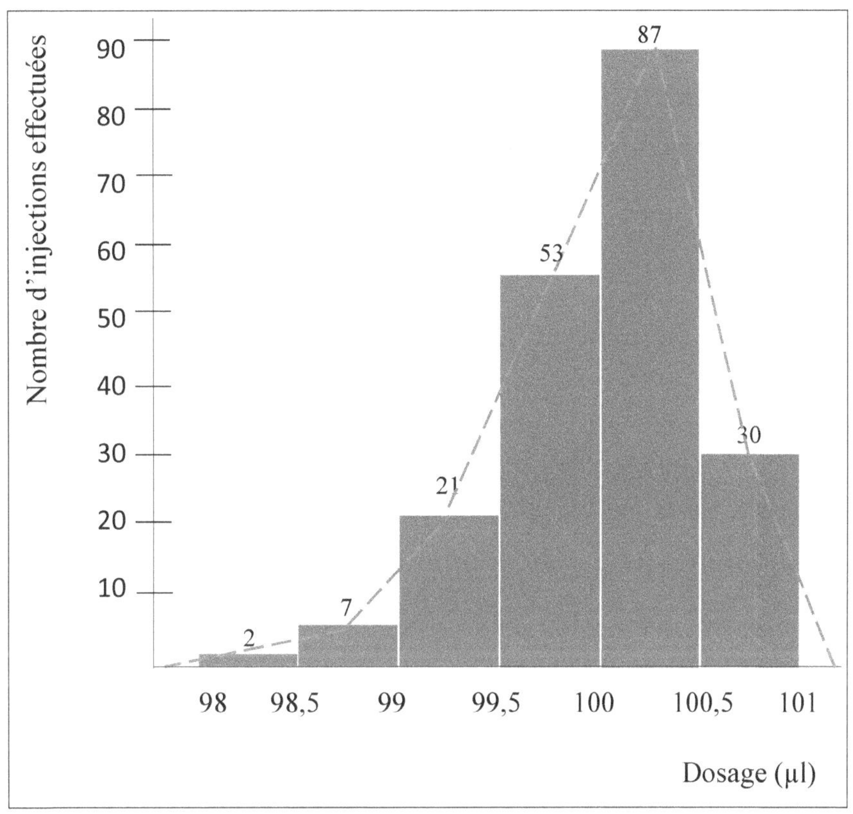

La résolution de cette partie d'exercice nécessite le tableau suivant :

Pistolet A							
Dosage (µl)	x_i	n_i	$n_i x_i$	$n_i x_i^{\,2}$	f_i	$f_i \uparrow$	$f_i \downarrow$
[98 , 98,5 [	98.25	2	196.50	19,306.13	1.00	1.00	100.00
[98,5 , 99 [	98.75	7	691.25	68,260.94	3.50	4.50	99.00
[99 , 99,5 [	99.25	21	2,084.25	206,861.81	10.50	15.00	95.50
[99,5 , 100 [	99.75	53	5,286.75	527,353.31	26.50	41.50	85.00
[100 , 100,5 [	100.25	87	8,721.75	874,355.44	43.50	85.00	58.50
[100,5 , 101 [	100.75	30	3,022.50	304,516.88	15.00	100.00	15.00
	Total	200	20,003.00	2,000,654.50	100.00		

A-2 : La courbe des fréquences cumulées du pistolet **A** est :

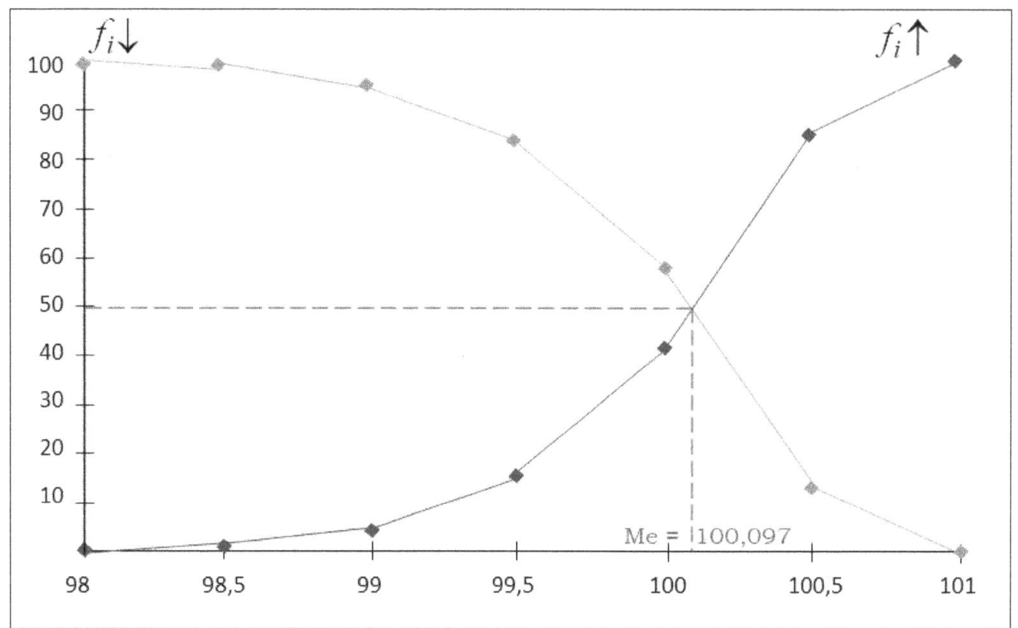

A-3 : Calculons les caractéristiques de tendance centrale :

A-3-a : Le mode du pistolet **A** est de 100,25 µl.

A-3-b : La moyenne du pistolet **A** est :

$$\bar{x} = \frac{1}{n}\sum_{i=1}^{i=6} n_i x_i = \frac{20\ 003}{200}$$

$$= 100,015\ \mu l$$

A-3-c : La médiane du pistolet **A** est :

$$Me = a_i + (a_{i+1} - a_i)\frac{(50 - F_i)}{(F_{i+1} - F_i)}$$

$$= 100 + (100,5 - 100)\frac{(50 - 41,50)}{(85 - 41,50)}$$

$$= 100,097701149425\ \mu l$$

B : Pistolet B

B-1: L'histogramme du pistolet **B** est :

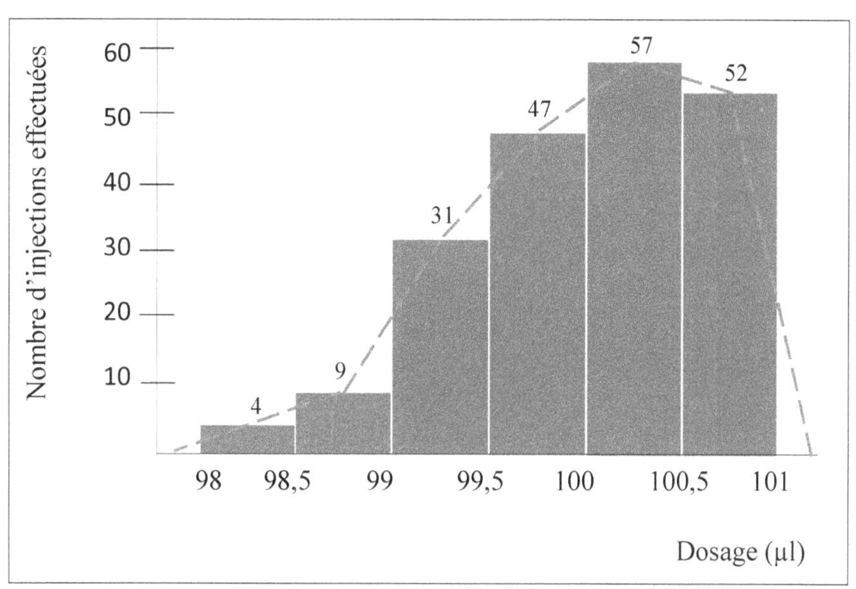

La résolution de cette partie d'exercice nécessite le tableau suivant :

Pistolet B							
Dosage (µl)	x_i	n_i	$n_i x_i$	$n_i x_i^{\,2}$	f_i	$f_i \uparrow$	$f_i \downarrow$
[98 , 98,5 [	98.25	4	393.00	38,612.25	2.00	2.00	100.00
[98,5 , 99 [	98.75	9	888.75	87,764.06	4.50	6.50	98.00
[99 , 99,5 [	99.25	31	3,076.75	305,367.44	15.50	22.00	93.50
[99,5 , 100 [	99.75	47	4,688.25	467,652.94	23.50	45.50	78.00
[100 , 100,5 [	100.25	57	5,714.25	572,853.56	28.50	74.00	54.50
[100,5 , 101 [	100.75	52	5,239.00	527,829.25	26.00	100.00	26.00
	Total	200	20,000.00	2,000,079.50	100.00		

B-2 : La courbe des fréquences cumulées du pistolet **B** est :

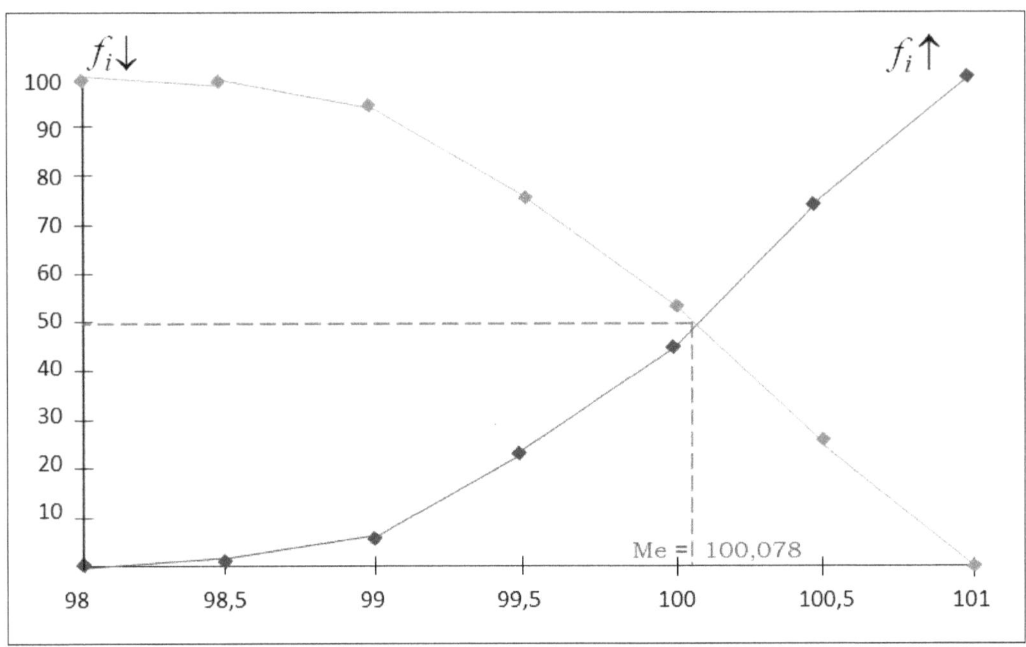

B-3 : Calculons les caractéristiques de tendance centrale :

B-3-a : Le mode du pistolet **B** est de 100,25 μl

B-3-b : La moyenne du pistolet **B** est :

$$\bar{x} = \frac{1}{n}\sum_{i=1}^{i=6} n_i x_i = \frac{20\,000}{200}$$

$$= 100 \ \text{μl}$$

B-3-c : La médiane du pistolet **B** est :

$$Me = a_i + (a_{i+1} - a_i)\frac{(50 - F_i)}{(F_{i+1} - F_i)}$$

$$= 100 + (100,5 - 100)\frac{(50 - 45,5)}{(74 - 45,5)}$$

$$= 100,078947368421 \ \text{μl}$$

C : Pistolet C

C-1: L'histogramme du pistolet **C** est :

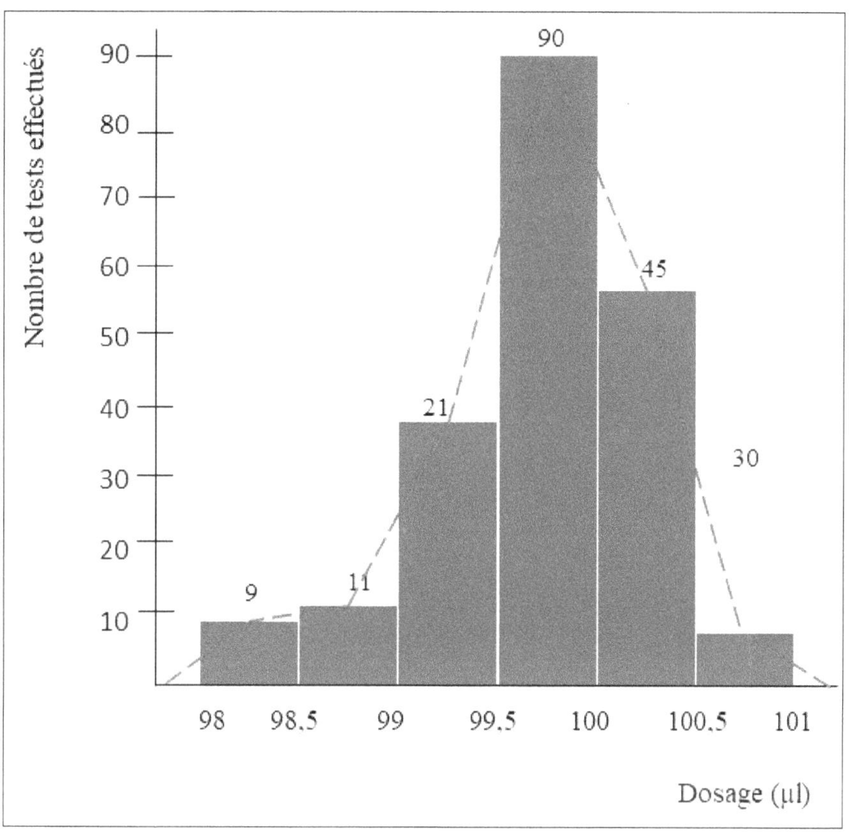

La résolution de cette partie d'exercice nécessite le tableau suivant :

Pistolet C							
Dosage (µl)	x_i	n_i	$n_i x_i$	$n_i x_i^2$	f_i	$f_i \uparrow$	$f_i \downarrow$
[98 , 98,5)	98.25	9	884.25	86,877.56	4.50	4.50	100.00
[98,5 , 99)	98.75	11	1,086.25	107,267.19	5.50	10.00	95.50
[99 , 99,5)	99.25	38	3,771.50	374,321.38	19.00	29.00	90.00
[99,5 , 100)	99.75	90	8,977.50	895,505.63	45.00	74.00	71.00
[100 , 100,5)	100.25	45	4,511.25	452,252.81	22.50	96.50	26.00
[100,5 , 101)	100.75	7	705.25	71,053.94	3.50	100.00	3.50
	Total	200	19,936.00	1,987,278.50	100.00		

C-2 : La courbe des fréquences cumulées du pistolet **C** est :

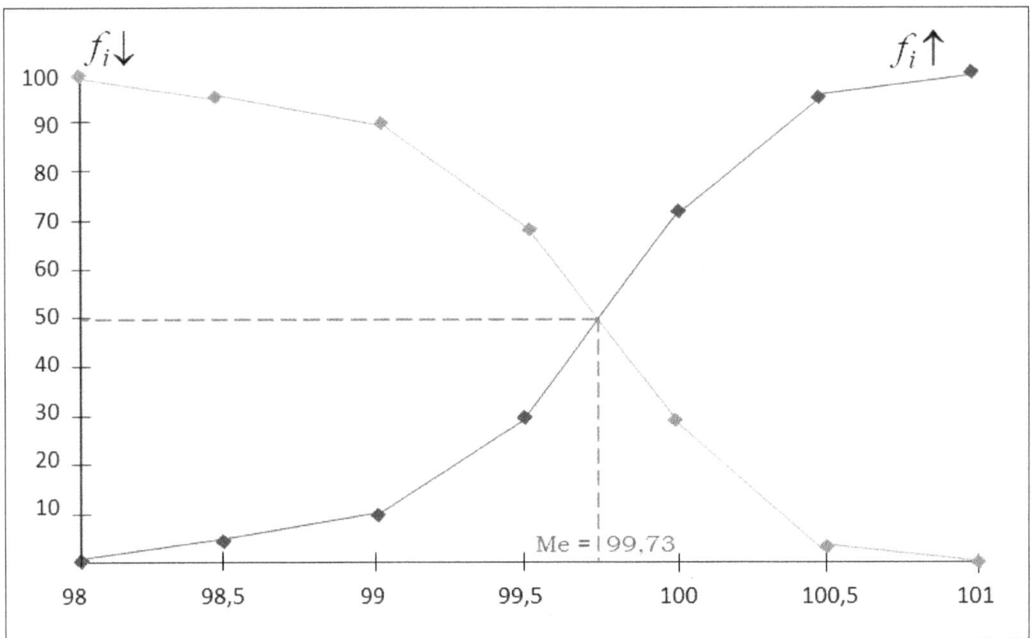

C-3 : Calculons les caractéristiques de tendance centrale :

C-3-a : Le mode du pistolet **C** est de 99,75 µl

C-3-b : La moyenne du pistolet **C** est :

$$\bar{x} = \frac{1}{n}\sum_{i=1}^{i=6} n_i x_i = \frac{19\,936}{200}$$

$$= 99,68\ \mu l$$

C-3-c : La médiane du pistolet **C** est :

$$Me = a_i + (a_{i+1} - a_i)\frac{(50 - F_i)}{(F_{i+1} - F_i)}$$

$$= 99,5 + (100 - 99,5)\frac{(50 - 29)}{(74 - 29)}$$

$$= 99,733\ \mu l$$

4 : Interprétation

En comparant les trois paramètres, on observe que :

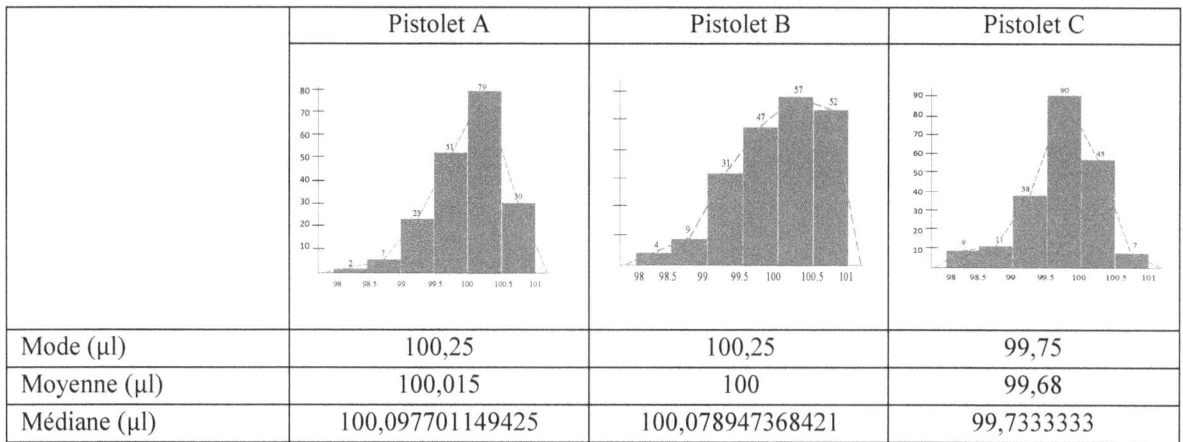

	Pistolet A	Pistolet B	Pistolet C
Mode (µl)	100,25	100,25	99,75
Moyenne (µl)	100,015	100	99,68
Médiane (µl)	100,097701149425	100,078947368421	99,7333333

Analyse

Le contrôle qualité de trois pistolets d'administration de vaccin a révélé les informations suivantes :

Pistolet **A**:
- o Le mode du pistolet **A** est de 100,25 µl, ce qui signifie que la majorité de la population risque d'être intoxiquée.
- o Toutefois, la moyenne est légèrement supérieure à 100 µl, ce qui implique qu'une petite proportion de la population pourrait être légèrement intoxiquée.
- o La médiane, quant à elle, est de 100,0977 µl, ce qui suggère que plus de la moitié de la population pourrait être légèrement intoxiquée.

Pistolet **B**:
- o Le mode du pistolet **B** est de 100,25 µl, ce qui signifie que la majorité de la population risque d'être intoxiquée.
- o La moyenne, quant à elle, est de 100 µl, ce qui implique que la moyenne de la population sera parfaitement immunisée sans risque de toxicité.
- o Cependant, la médiane est de 100,0789 µl, ce qui suggère que plus de la moitié de la population pourrait être légèrement intoxiquée.

Pistolet **C**:
- o Le mode du pistolet **C** est de 99,75 µl, ce qui signifie que la majorité de la population sera parfaitement immunisée sans risque de toxicité.
- o La moyenne est de 99,68 µl, ce qui implique que la moyenne de la population sera parfaitement immunisée sans risque de toxicité.
- o La médiane est de 99,733 µl, ce qui suggère que plus de la moitié de la population sera parfaitement immunisée sans risque de toxicité.

Conclusion :

Le mode du pistolet **C** est de 99,75 µl, ce qui signifie que la majorité de la population sera parfaitement immunisée sans aucun risque de toxicité. Sa moyenne est de 99,68 µl, ce qui indique que la moyenne de la population sera parfaitement immunisée sans aucun risque de toxicité. Sa médiane, à 99,733 µl, suggère également que plus de la moitié de la population sera parfaitement immunisée sans aucun risque de toxicité.

D'autre part, les pistolets **A** et **B** ont tous les deux des modes de 100,25 µl, ce qui signifie que la majorité de la population risque d'être intoxiquée. La moyenne de Pistolet **A** est légèrement supérieure à 100 µl, indiquant qu'une petite proportion de la population pourrait être légèrement intoxiquée. Bien que la moyenne de Pistolet **B** soit de 100 µl, ce qui implique que la moyenne de la population sera parfaitement immunisée sans risque de toxicité, la médiane de Pistolet **B** est de 100,0789 µl, ce qui suggère que plus de la moitié de la population pourrait être légèrement intoxiquée.

Par conséquent, compte tenu des exigences du pistolet et des données présentées, le Pistolet **C** semble être la meilleure option. Cependant, nous allons explorer d'autres caractéristiques pour voir si cette tendance se conserve.

11.4.3.2 Analyse des mesures de dispersion pour la prise de décision

A : Pistolet A

A-5 : Calculons les caractéristiques de dispersion :

Le tableau suivant montre les données nécessaires pour résoudre cet exercice :

Pistolet A							
Dosage (µl)	x_i	n_i	$n_i x_i$	$n_i x_i^2$	f_i	$f_i \uparrow$	$f_i \downarrow$
[98 , 98,5 [	98.25	2	196.50	19,306.13	1.00	1.00	100.00
[98,5 , 99 [	98.75	7	691.25	68,260.94	3.50	4.50	99.00
[99 , 99,5 [	99.25	21	2,084.25	206,861.81	10.50	15.00	95.50
[99,5 , 100 [	99.75	53	5,286.75	527,353.31	26.50	41.50	85.00
[100 , 100,5 [	100.25	87	8,721.75	874,355.44	43.50	85.00	58.50
[100,5 , 101 [	100.75	30	3,022.50	304,516.88	15.00	100.00	15.00
	Total	200	20,003.00	2,000,654.50	100.00		

A-5-1 : L'écart interquartile du pistolet **A** est égal à :

$$Q_1 = a_i + (a_{i+1} - a_i)\frac{(25 - F_i)}{(F_{i+1} - F_i)}$$

$$= 99,5 + (100 - 99,5)\frac{(25 - 15)}{(41,5 - 15)}$$

$$= 99,688679245283 \ \mu l$$

$$Q_3 = a_i + (a_{i+1} - a_i)\frac{(75 - F_i)}{(F_{i+1} - F_i)}$$

$$= 100 + (100,5 - 100)\frac{(75 - 41,5)}{(85 - 41,5)}$$

$$= 100,385057471264 \ \mu l$$

$$\text{L'écart Interquartile} = Q_3 - Q_1$$

$$= 100,385057471264 - 99,688679245283$$

$$= 0,696378225981363 \ \mu l$$

A-5-2 : La variance du pistolet **A** est égale à :

$$V(x) = \frac{1}{n} \sum_{i=1}^{i=6} n_i x_i^2 - \bar{x}^2$$

$$= \frac{2\,000\,654{,}50}{200} - (100{,}015)^2$$

$$= 0{,}272275$$

A-5-3 : L'écart-type du pistolet **A** est égale à :

$$\sigma = \sqrt{V(x)}$$

$$= \sqrt{0{,}272275}$$

$$= 0{,}521799770026 \ \mu l$$

A-5-4 : Le coefficient de variation du pistolet **A** est égal à :

$$CV = \frac{\sigma}{|\bar{x}|}$$

$$= \frac{0{,}521799770026}{100{,}015} \times 100$$

$$= 0{,}52\%$$

A-6 : Calculons le pourcentage de dosages inférieur à la moyenne :

$$\bar{x} = 100{,}015 \ \mu l$$

Soit $P_{<\bar{x}}$ le pourcentage cherché, nous utilisons la formule d'interpolation linéaire en prenant comme base le couple de données $(a_i, f_i \uparrow)$:

$$\bar{x} = a_i + (a_{i+1} - a_i) \frac{(P_{<\bar{x}} - F_i)}{(F_{i+1} - F_i)}$$

$$100{,}015 = 100 + (100{,}5 - 100) \frac{(P_{<\bar{x}} - 41{,}5)}{(85 - 41{,}5)}$$

$$P_{<\bar{x}} = 42{,}805\%$$

A-7 : Calculons le pourcentage de dosages inférieure à $\bar{x} - \sigma$:

$$\bar{x} - \sigma = 100{,}015 - 0{,}521799770026$$

$$= 99{,}4932002299738 \ \mu l$$

Soit $P_{<\bar{x}-\sigma}$ le pourcentage cherché, utilisons la formule d'interpolation linéaire en prenant comme base le couple de données $(a_i, f_i \uparrow)$:

$$\bar{x} - \sigma = a_i + (a_{i+1} - a_i)\frac{(P_{<\bar{x}-\sigma} - F_i)}{(F_{i+1} - F_i)}$$

$$99{,}4932002299738 = 99 + (99{,}5 - 99)\frac{(P_{<\bar{x}-\sigma} - 4{,}5)}{(15 - 4{,}5)}$$

$$P_{<\bar{x}-\sigma} = 14{,}8572\%$$

A-8 : Calculons le pourcentage de dosages inférieure à $\bar{x} + \sigma$:

$$\bar{x} + \sigma = 100{,}015 + 0{,}52179977002616$$

$$= 100{,}53679977002616 \ \mu l$$

Soit $P_{<\bar{x}+\sigma}$ le pourcentage cherché, utilisons la formule d'interpolation linéaire en prenant comme base le couple de données $(a_i, f_i \uparrow)$:

$$\bar{x} + \sigma = a_i + (a_{i+1} - a_i)\frac{(P_{<\bar{x}+\sigma} - F_i)}{(F_{i+1} - F_i)}$$

$$100{,}53679977002616 = 100{,}5 + (101 - 100{,}5)\frac{(P_{<\bar{x}+\sigma} - 85)}{(100 - 85)}$$

$$P_{<\bar{x}+\sigma} = 86{,}1037\%$$

A-9 : Calculons le pourcentage de dosages entre la moyenne, soit $100{,}015 \ \mu l$ et la moyenne moins l'écart-type, soit $99{,}4932002299738 \ \mu l$. Ce pourcentage est :

$$42{,}805\% - 14{,}8572\% = 27{,}9478\%$$

A-10 : Calculons le pourcentage de dosages entre la moyenne, soit $100{,}015 \ \mu l$ et la moyenne plus l'écart-type, soit $100{,}53679977002616 \ \mu l$. Ce pourcentage est :

$$86{,}1037\% - 42{,}805\% = 43{,}2987\%$$

A-11 : Calculons le pourcentage de dosages entre la moyenne moins l'écart-type, soit $99{,}4932002299738 \ \mu l$ et la moyenne plus l'écart-type, soit $100{,}53679977002616 \ \mu l$.

Ce pourcentage est :

$$43{,}2987\% + 27{,}9478\% = 71{,}2465\%$$

Ce résultat peut aussi être obtenu par :

$$86{,}1037\% - 14{,}8572\% = 71{,}2465\%$$

A.12 : Calculons le taux d'échec du pistolet **A** :

A-12-a : Déterminons d'abord le taux de non-réactivité en calculant le pourcentage du dosage inefficace, mais pas toxique, c'est-à-dire le pourcentage du dosage strictement inférieur à 99 μl. Ce pourcentage peut être obtenu directement en croisant la colonne des fréquences cumulées croissantes avec la ligne correspondant à l'intervalle [98,5 ; 99[dans le tableau de distribution. Ce pourcentage est de 4,5%.

A-12-b : Calculons ensuite son taux de toxicité en calculant le pourcentage de son dosage toxique, c'est-à-dire le pourcentage du dosage supérieur à 100 µl.

Ce pourcentage peut être obtenu directement en croisant la colonne des fréquences cumulées croissantes avec la ligne-correspondant à l'intervalle [100 ; 100,5[dans le tableau de distribution. Ce pourcentage est de 58,5%.

A-12-c : Calculons maintenant son taux d'échec

$$\text{Taux d'échec} = \text{Taux de non réactivité} + \text{Taux de toxicité}$$
$$= 4,5\% + 58,5\%$$
$$= 63\%$$

Le taux d'échec du pistolet **A** est de 63%

A.13 : Déduisons le taux de réussite du pistolet **A**

$$\text{Taux de réussite} = 100 - \text{Taux d'échec}$$
$$= 100\% - 63\%$$
$$= 37\%$$

Le taux de réussite du pistolet **A** est de 37%

A.14 : Calculons le taux de réussite du pistolet **A** en n'utilisant que la courbe des fréquences cumulées.

Nous savons que l'intervalle de réussite est celui qui part du début de l'efficacité, c'est-à-dire 99 µl jusqu'à la fin de l'efficacité, ce qui correspond au début de la toxicité c'est-à-dire 100 µl exclu.

A-14-a : Nous avons d'abord besoin du pourcentage du dosage strictement inférieur à 99 µl.

Comme procédé au point **A-12-a**, ce pourcentage équivalent à 4,5% peut être directement obtenu à partir du tableau de distribution sur le croisement de la colonne des fréquences cumulées croissantes avec la ligne de l'intervalle [98,5 ; 99[.

A-14-b : Ensuite nous avons besoin du pourcentage de dosages strictement inférieurs à 100 µl.

Ce pourcentage peut aussi être directement obtenu à partir du tableau de la distribution sur le croisement de la colonne des fréquences cumulées croissantes avec la ligne de l'intervalle [99,5 ; 100[, cette valeur est 41,5%.

A-14-c : Le pourcentage de réussite est donc équivalent à la différence de ces deux pourcentages :

$$41,5\% - 4,5\% = 37\%$$

Le taux de réussite du pistolet **A** est de 37%, nous avons ainsi retrouvé la même valeur qu'au point **A.13**

A.15 : Calculons la quantité et le pourcentage de sérum administré au-delà de la limite admissible (quantité théorique susceptible de toxicité) sur les 200 tests :

- Dosage maximum idéal d'une injection : 100 µl.

- Nombre d'injections administrées (n_i) = 200.
- Quantité totale maximum idéale du sérum administré = 200 x 100 µl = 20 000 µl
- Quantité totale du sérum administré = 20 003 µl
- Quantité du sérum au-delà de la limite admissible = 20 003 µl – 20 000 µl = 3 µl
- Pourcentage du sérum au-delà de la limite admissible = $\dfrac{3}{20\,000}$ = 0,015%.

B : Pistolet B

B-5 : Calculons les caractéristiques de dispersion :

Le tableau suivant montre les données nécessaires pour résoudre cet exercice :

Pistolet B							
Dosage (µl)	x_i	n_i	$n_i x_i$	$n_i x_i{}^2$	f_i	$f_i \uparrow$	$f_i \downarrow$
[98 , 98,5 [	98.25	4	393.00	38,612.25	2.00	2.00	100.00
[98,5 , 99 [	98.75	9	888.75	87,764.06	4.50	6.50	98.00
[99 , 99,5 [	99.25	31	3,076.75	305,367.44	15.50	22.00	93.50
[99,5 , 100 [	99.75	47	4,688.25	467,652.94	23.50	45.50	78.00
[100 , 100,5 [	100.25	57	5,714.25	572,853.56	28.50	74.00	54.50
[100,5 , 101 [	100.75	52	5,239.00	527,829.25	26.00	100.00	26.00
	Total	200	20,000.00	2,000,079.50	100.00		

B-5-1 : L'écart interquartile du pistolet **B** est égal à :

$$Q_1 = a_i + (a_{i+1} - a_i)\frac{(25 - F_i)}{(F_{i+1} - F_i)}$$
$$= 99,5 + (100 - 99,5)\frac{(25 - 22)}{(45,5 - 22)}$$
$$= 99,563829787234 \text{ µl}$$
$$Q_3 = a_i + (a_{i+1} - a_i)\frac{(75 - F_i)}{(F_{i+1} - F_i)}$$
$$= 100,5 + (101 - 100,5)\frac{(75 - 74)}{(100 - 74)}$$
$$= 100,51923076923 \text{ µl}$$
$$\text{L'écart Interquartile} = Q_3 - Q_1$$
$$= 100,51923076923 - 99,563829787234$$
$$= 0,955400981996732 \text{ µl}$$

B-5-2 : La variance du pistolet **B** est égale à :

$$V(x) = \frac{1}{n} \sum_{i=1}^{i=6} n_i x_i^2 - \bar{x}^2$$

$$= \frac{2\,000\,079,5}{200} - (100)^2$$

$$= 0,397499999999127$$

B-5-3 : L'écart-type du pistolet **B** est égale à :

$$\sigma = \sqrt{V(x)}$$

$$= \sqrt{0,397499999999127}$$

$$= 0,630476010645232 \ \mu l$$

B-5-4 : Le coefficient de variation du pistolet **B** est égal à :

$$CV = \frac{\sigma}{|\bar{x}|}$$

$$= \frac{0,630476010645232}{100} \times 100$$

$$= 0,630476010645232\%$$

B-6 : Calculons le pourcentage de dosages inférieur à la moyenne.

Ce pourcentage peut être directement obtenu à partir du tableau, c'est :

$$P_{<\bar{x}} = 41,5\%$$

B-7 : Calculons le pourcentage de dosages inférieur à $\bar{x} - \sigma$.

$$\bar{x} - \sigma = 100 - 0,630476010645232$$

$$= 99,369523989354768 \ \mu l$$

Soit $P_{<\bar{x}-\sigma}$ le pourcentage cherché, nous utilisons la formule d'interpolation linéaire en prenant comme base le couple de données $(a_i, f_i \uparrow)$:

$$\bar{x} - \sigma = a_i + (a_{i+1} - a_i)\frac{(P_{<\bar{x}-\sigma} - F_i)}{(F_{i+1} - F_i)}$$

$$99,369523989354768 = 99 + (99,5 - 99)\frac{(P_{<\bar{x}-\sigma} - 6,5)}{(22 - 6,5)}$$

$$P_{<\bar{x}-\sigma} = 17,95512\%$$

B-8 : Calculons le pourcentage de dosages inférieur à $\bar{x} + \sigma$.

$$\bar{x} + \sigma = 100 + 0,630476010645232 \ \mu l$$

$$= 100{,}630476010645232 \ \mu l$$

Soit $P_{<\bar{x}+\sigma}$ le pourcentage cherché, utilisons la formule d'interpolation linéaire en prenant comme base le couple de données $(a_i, f_i \uparrow)$:

$$\bar{x} + \sigma = a_i + (a_{i+1} - a_i)\frac{(P_{<\bar{x}-\sigma} - F_i)}{(F_{i+1} - F_i)}$$

$$100{,}630476010645232 = 100{,}5 + (101 - 100{,}5)\frac{(P_{<\bar{x}+\sigma} - 74)}{(100 - 74)}$$

$$P_{<\bar{x}+\sigma} = 80{,}78444\%$$

B-9 : Calculons le pourcentage de dosages entre la moyenne, soit 100 µl et la moyenne moins l'écart-type, soit 99,369523989354768 µl. Ce pourcentage est :

$$41{,}5\% - 17{,}95512\% = 23{,}54488\%$$

B-10 : Calculons le pourcentage de dosages entre la moyenne, soit 100 µl et la moyenne plus l'écart-type, soit 100,630476010645232 µl. Ce pourcentage est :

$$80{,}78444\ \% - 41{,}5\% = 39{,}28444\%$$

B-11 : Calculons le pourcentage de dosages entre la moyenne moins l'écart-type, soit 99,369523989354768 µl et la moyenne plus l'écart-type, soit 100,630476010645232 µl.

Ce pourcentage est :

$$23{,}54488\ \% + 39{,}28444\% = 62{,}82932\%$$

Ce résultat peut aussi être obtenu par :

$$80{,}78444 - 17{,}95512\ \% = 62{,}82932\%$$

B-12 : Calculons le taux d'échec du pistolet **B** :

B-12-a : Déterminons d'abord son taux de non-réactivité en calculant le pourcentage de son dosage inefficace, mais pas toxique, c'est-à-dire le pourcentage du dosage strictement inférieur à 99 µl

Ce pourcentage peut être obtenu directement en croisant la colonne des fréquences cumulées croissantes avec la ligne correspondant à l'intervalle [98,5 ; 99[dans le tableau de distribution. Ce pourcentage est de 6,5%.

B-12-b : Calculons ensuite son taux de toxicité en calculant le pourcentage de son dosage toxique, c'est-à-dire le pourcentage du dosage supérieur à 100 µl

Ce pourcentage peut être directement obtenu à partir du tableau de distribution sur le croisement de la colonne des fréquences cumulées décroissantes avec la ligne de l'intervalle [100 ; 100,5[, cette valeur est 54,5%.

B-12-c : Calculons maintenant son taux d'échec :

$$\text{Taux d'échec} = \text{Taux de non réactivité} + \text{Taux de toxicité}$$

$$= 6{,}5\% + 54{,}5\%$$
$$= 61\%$$

Le taux d'échec du pistolet **B** est de 61%

B-13 : Déduisons le taux de réussite du pistolet **B** :

$$\text{Taux de réussite} = 100 - \text{Taux d'échec}$$
$$= 100\% - 61\%$$
$$= 39\%$$

Le taux de réussite du pistolet **B** est de 39%

B-14 : Calculons le taux de réussite du pistolet **B** en n'utilisant que la courbe des fréquences cumulées.

Nous savons que l'intervalle de réussite est celui qui part du début de l'efficacité, c'est-à-dire 99 µl jusqu'à la fin de l'efficacité, ce qui correspond au début de la toxicité c'est-à-dire 100 µl exclu.

B-14-1 : Nous avons d'abord besoin du pourcentage du dosage strictement inférieur à 99 µl.

Comme procédé au point **B-12-a**, ce pourcentage équivalent à 6,5% peut être directement obtenu à partir du tableau de distribution sur le croisement de la colonne des fréquences cumulées croissantes avec la ligne de l'intervalle [98,5 ; 99[.

B-14-2 : Ensuite nous avons besoin du pourcentage de dosages strictement inférieurs à 100 µl.

Ce pourcentage peut aussi être directement obtenu à partir du tableau de la distribution sur le croisement de la colonne des fréquences cumulées croissantes avec la ligne de l'intervalle [99,5 ; 100[, cette valeur est 45,5%.

B-14-3 : Le pourcentage de réussite est donc équivalent à la différence de ces deux pourcentages :

$$45{,}5\% - 6{,}5\% = 39\%$$

Le taux de réussite du pistolet **B** est de 39%, nous avons ainsi retrouvé la même valeur qu'au point **B.13**

B-15 : Calculons la quantité et le pourcentage de sérum administré au-delà de la limite admissible (quantité théorique susceptible de toxicité) sur les 200 tests :

- Dosage maximum idéal d'une injection : 100 µl.
- Nombre d'injections administrées (n_i) = 200.
- Quantité totale maximum idéale du sérum administré = 200 x 100 µl = 20 000 µl.
- Quantité totale du sérum administré = 20 000 µl.
- Quantité du sérum au-delà de la limite admissible = 20 000 µl – 20 000 µl = 0 µl.
- Pourcentage du sérum au-delà de la limite admissible = $\dfrac{0}{20\,000}$ = 0%.

C : Pistolet C

C-5 : Calculons les caractéristiques de dispersion

Le tableau suivant montre les données nécessaires pour résoudre cet exercice :

Pistolet C							
Dosage (µl)	x_i	n_i	$n_i x_i$	$n_i x_i{}^2$	f_i	$f_i \uparrow$	$f_i \downarrow$
[98 , 98,5)	98.25	9	884.25	86,877.56	4.50	4.50	100.00
[98,5 , 99)	98.75	11	1,086.25	107,267.19	5.50	10.00	95.50
[99 , 99,5)	99.25	38	3,771.50	374,321.38	19.00	29.00	90.00
[99,5 , 100)	99.75	90	8,977.50	895,505.63	45.00	74.00	71.00
[100 , 100,5)	100.25	45	4,511.25	452,252.81	22.50	96.50	26.00
[100,5 , 101)	100.75	7	705.25	71,053.94	3.50	100.00	3.50
	Total	200	19,936.00	1,987,278.50	100.00		

C-5-1 : L'écart interquartile du pistolet **C** est égal à :

$$Q_1 = a_i + (a_{i+1} - a_i)\frac{(25 - F_i)}{(F_{i+1} - F_i)}$$

$$= 99 + (99,5 - 99)\frac{(25 - 10)}{(29 - 10)}$$

$$= 99,3947368421053 \ \mu l$$

$$Q_3 = a_i + (a_{i+1} - a_i)\frac{(75 - F_i)}{(F_{i+1} - F_i)}$$

$$= 100 + (100,5 - 100)\frac{(75 - 74)}{(96,5 - 74)}$$

$$= 100,022222222222 \ \mu l$$

$$\text{L'écart Interquartile} = Q_3 - Q_1$$
$$= 100,022222222222 \ - 99,3947368421053$$
$$= 0,627485380116966 \ \mu l$$

C-5-2 : La variance du pistolet **C** est égale à :

$$V(x) = \frac{1}{n}\sum_{i=1}^{i=6} n_i x_i^2 - \bar{x}^2$$

$$= \frac{1\,987\,278,5}{200} - (99,68)^2$$

$$= 0,290099999998347$$

C-5-3 L'écart-type du pistolet **C** est égale à :

$$\sigma = \sqrt{V(x)}$$

$$= \sqrt{0,290099999998347}$$

$$= 0{,}538609320378275 \ \mu l$$

C-5-4 Le coefficient de variation du pistolet **C** est égal à :

$$CV = \frac{\sigma}{|\bar{x}|}$$

$$= \frac{0{,}538609320378275}{99{,}68} \times 100$$

$$= 0{,}5403384032687\%$$

C-6 : Calculons le pourcentage de dosages inférieur à la moyenne

$$\bar{x} = 99{,}68 \ \mu l :$$

Soit $P_{<\bar{x}}$ le pourcentage cherché, nous utilisons la formule d'interpolation linéaire en prenant comme base le couple de données $(a_i, f_i \uparrow)$:

$$\bar{x} = a_i + (a_{i+1} - a_i)\frac{(P_{<-\sigma} - F_i)}{(F_{i+1} - F_i)}$$

$$99{,}68 = 99{,}5 + (100 - 99{,}5)\frac{(P_{<\bar{x}} - 29)}{(74 - 29)}$$

$$P_{<\bar{x}} = 45{,}2\%$$

C-7 : Calculons le pourcentage de dosages inférieur à $\bar{x} - \sigma$.

$$\bar{x} - \sigma = 99{,}68 - 0{,}538609320378275$$

$$= 99{,}141390679621725 \ \mu l$$

Soit $P_{<\bar{x}-\sigma}$ le pourcentage cherché, utilisons la formule d'interpolation linéaire en prenant comme base le couple de données $(a_i, f_i \uparrow)$:

$$\bar{x} - \sigma = a_i + (a_{i+1} - a_i)\frac{(P_{<\bar{x}-\sigma} - F_i)}{(F_{i+1} - F_i)}$$

$$99{,}141390679621725 = 99 + (99{,}5 - 99)\frac{(P_{<\bar{x}-\sigma} - 10)}{(29 - 10)}$$

$$P_{<\bar{x}-\sigma} = 15{,}37282\%$$

C-8 : Calculons le pourcentage de dosages inférieur à $\bar{x} + \sigma$.

$$\bar{x} + \sigma = 99{,}68 + 0{,}538609320378275$$

$$= 100{,}218609320378275 \ \mu l$$

Soit $P_{<\bar{x}+\sigma}$ le pourcentage cherché, utilisons la formule d'interpolation linéaire en prenant comme base le couple de données $(a_i, f_i \uparrow)$:

$$\bar{x} + \sigma = a_i + (a_{i+1} - a_i)\frac{(P_{<\bar{x}-\sigma} - F_i)}{(F_{i+1} - F_i)}$$

$$100{,}218609320378275 = 100 + (100{,}5 - 100)\frac{(P_{<\bar{x}+\sigma} - 74)}{(96{,}5 - 74)}$$

$$P_{<\bar{x}+\sigma} = 83{,}837\%$$

C-9 : Calculons le pourcentage de dosages entre la moyenne, soit 99,68 µl et la moyenne moins l'écart-type, soit 99,141390679621725 µl.

Ce pourcentage est :

$$45{,}2\% - 15{,}37282\% = 29{,}82718\%$$

C-10 : Calculons le pourcentage de dosages entre la moyenne, soit 99,68 µl et la moyenne plus l'écart-type, soit100,218609320378275 µl.

Ce pourcentage est :

$$83{,}837\% - 45{,}2\% = 38{,}637\%$$

C-11 : Calculons le pourcentage de dosages entre la moyenne moins l'écart-type, soit 99,141390679621725 µl mètres et la moyenne plus l'écart-type, soit 100,218609320378275 µl.

Ce pourcentage est :

$$29{,}82718\% + 38{,}637\% = 68{,}46418\%$$

Ce résultat peut aussi être obtenu par :

$$83{,}837\% - 15{,}37282\% = 68{,}46418\%$$

C-12 : Calculons le taux d'échec du pistolet **C** :

C-12-a : Déterminons d'abord son taux de non-réactivité en calculant le pourcentage de son dosage inefficace, mais pas toxique, c'est-à-dire le pourcentage du dosage strictement inférieur à 99 µl.

Ce pourcentage peut être obtenu directement en croisant la colonne des fréquences cumulées croissantes avec la ligne correspondant à l'intervalle [98,5 ; 99[dans le tableau de distribution. Ce pourcentage est de 10%.

C-12-b : Calculons ensuite son taux de toxicité en calculant le pourcentage de son dosage toxique, c'est-à-dire le pourcentage du dosage supérieur à 100 µl.

Ce pourcentage peut être obtenu directement en croisant la colonne des fréquences cumulées croissantes avec la ligne correspondant à l'intervalle [100 ; 100,5[dans le tableau de distribution. Ce pourcentage est de 26%.

C-12-c : Calculons maintenant son taux d'échec :

$$\text{Taux d'échec } = \text{ Taux de non réactivité } + \text{ Taux de toxicité}$$
$$= 10\% + 26\%$$
$$= 36\%$$

Le taux d'échec du pistolet **C** est de 36%

C-13 : Déduisons le taux de réussite du pistolet **C** :

$$\text{Taux de réussite } = \text{ } 100 - \text{Taux d'échec}$$
$$= 100\% - 36\%$$
$$= 64\%$$

Le taux de réussite du pistolet **C** est de 64%

C-14 : Calculons le taux de réussite du pistolet **C** en n'utilisant que la courbe des fréquences cumulées.

Nous savons que l'intervalle de réussite est celui qui part du début de l'efficacité, c'est-à-dire 99 µl jusqu'à la fin de l'efficacité, ce qui correspond au début de la toxicité c'est-à-dire 100 µl exclu.

C-14-a : Nous avons d'abord besoin du pourcentage du dosage strictement inférieur à 99 µl.

Comme procédé au point **C-12-a**, ce pourcentage équivalent à 10% peut être directement obtenu à partir du tableau de distribution sur le croisement de la colonne des fréquences cumulées croissantes avec la ligne de l'intervalle [98,5 ; 99[.

C-14-b : Ensuite nous avons besoin du pourcentage de dosages strictement inférieurs à 100 µl.

Ce pourcentage peut aussi être directement obtenu à partir du tableau de la distribution sur le croisement de la colonne des fréquences cumulées croissantes avec la ligne de l'intervalle [99,5 ; 100[, cette valeur est 74%.

C-14-c : Le pourcentage de réussite est donc équivalent à la différence de ces deux pourcentages :

$$74\% - 10\% = 64\%$$

Le taux de réussite du pistolet **B** est de 64%, nous avons ainsi retrouvé la même valeur qu'au point **C.13**

C-15 : Calculons la quantité et le pourcentage de sérum administré au-delà de la limite admissible (quantité théorique susceptible de toxicité) sur les 200 tests :

- Dosage maximum idéal d'une injection : 100 µl.
- Nombre d'injections administrées (n_i) = 200.
- Quantité totale maximum idéale du sérum administré = 200 x 100 µl = 20 000 µl.
- Quantité totale du sérum administré = 19 936 µl.
- Quantité du sérum au-delà de la limite admissible = 19 936 µl − 20 000 µl = −64 µl.
- Pourcentage du sérum au-delà de la limite admissible = $\dfrac{-64}{20\ 000}$ = −0,32%.

Analyse

	Pistolet A	Pistolet B	Pistolet C
Mode (µl)	100.25	100,25	99,75
Moyenne (µl)	100,015	100	99,68
Médiane (µl)	100,0977	100,0789	99,7333
% Pop. < Majorité	43,5%	28,5%	45%
% de toxicité	58,5%	54,5%	26%
% de non-réactivité	4.5%	6.5%	10%
% Echec	63%	61%	36%
% Efficacité	37%	39%	64%

Pistolet A
   o 37% de la population sera parfaitement immunisée et non-intoxiquée alors que 63% ne le sera pas.
Pistolet B
   o 39% de la population sera parfaitement immunisée et non-intoxiquée alors que 61% ne le sera pas.
Pistolet C
   o 64% de la population sera parfaitement immunisée et non-intoxiquée alors que 36% ne le sera pas.

Ces résultats montrent que les trois pistolets à injection testés ne sont pas tous équivalents en termes d'efficacité et de sécurité pour la vaccination. Les résultats de l'efficacité de la vaccination varient considérablement entre les trois pistolets, avec un taux de réussite allant de 37% pour le pistolet A à 64% pour le pistolet C. De même, les taux de toxicité diffèrent également entre les trois pistolets, avec un risque plus élevé pour les pistolets A et B, qui ont une probabilité plus élevée d'administrer une dose inadéquate de vaccin.
Il est important de noter que la sécurité et l'efficacité de la vaccination sont essentielles pour prévenir la propagation des maladies infectieuses et pour protéger la santé publique. Les résultats montrent que le pistolet **C** semble être le choix le plus sûr, le plus efficace et le moins toxique des trois pour la vaccination, mais il est important de considérer également la proportion de la population qui ne sera pas parfaitement immunisée avec ce pistolet.

CV	0,52%	0,630%	0,540%

Les trois pistolets ont chacun un coefficient de variation inférieurs à 1% et autour de 0,50%, leurs distributions sont donc quasi-homogènes, ils n'influent pas trop sur la décision de manière immédiate.

$\%$ dans $[\bar{x} - \sigma, \bar{x} + \sigma]$	71,2465%	62,82932%	68,46418%
$\%$ dans $[99\mu l\ ;\ 100\mu l\ ]$	70%	52%	67,5%
$\% >$ limite admissible	0,015%	0%	-0.32%

Pistolet A
   o Le pistolet A a un taux d'efficacité de 37% avec un taux d'échec de 63%.
   o Le pistolet A a un risque de toxicité élevé.
Pistolet B
   o Le pistolet B a un taux d'efficacité de 39% avec un taux d'échec de 61%.
   o Le pistolet B a un risque de toxicité élevé.
Pistolet C
   o Le pistolet C a un taux d'efficacité de 64% avec un taux d'échec de 36%.
   o Le pistolet C a un risque de toxicité faible.

Ces résultats montrent que les pistolets A et B ont des taux d'efficacité relativement faibles, avec un risque de toxicité élevé pour les deux. Cela signifie qu'ils sont moins efficaces pour immuniser la population contre les maladies infectieuses et peuvent présenter des risques pour la santé des patients.

En revanche, le pistolet **C** présente un taux d'efficacité plus élevé et un risque de toxicité plus faible, ce qui en fait le choix préférable pour la vaccination. Cependant, il est important de noter que même avec le pistolet **C**, il y a encore une proportion de la population qui ne sera pas parfaitement immunisée.

Conclusion

Le Pistolet **C** semble être l'option la plus favorable pour la vaccination par rapport aux deux autres pistolets. Il a le pourcentage le plus élevé de la population qui sera parfaitement immunisée et non intoxiquée, avec un taux d'efficacité de 64 % et un faible risque de toxicité.
De plus, il a le deuxième pourcentage le plus élevé d'individus dans l'intervalle $[\bar{x} - \sigma, \bar{x} + \sigma]$, ce qui indique que les doses de vaccin administrées par ce pistolet sont plus cohérentes et précises que celles administrées par les deux autres.

Il est important de noter que l'efficacité et la sécurité de la vaccination sont essentielles pour prévenir la propagation des maladies infectieuses et protéger la santé publique. Les résultats indiquent que le Pistolet **C** est l'option la plus sûre, la plus efficace et la moins toxique pour la vaccination. Cependant, il est également important de prendre en compte le pourcentage de la population qui ne sera pas parfaitement immunisée avec ce pistolet, qui est de 36 %. Cela signifie que certains individus peuvent encore être susceptibles à la maladie.

11.4.3.3 Analyse des mesures de forme pour la prise de décision

Calculons les caractéristiques de forme :

A : Pistolet **A**

Le tableau suivant montre les données nécessaires pour résoudre cet exercice :

x_i	n_i	$n_i x_i$	$n_i(x_i - \bar{x})^3$	$n_i(x_i - \bar{x})^4$
98.25	2	196.50	-11.00	19.41
98.75	7	691.25	-14.17	17.93
99.25	21	2084.25	-9.40	7.19
99.75	53	5286.75	-0.99	0.26
100.25	87	8721.75	1.13	0.27
100.75	30	3022.50	11.91	8.76
	200	20003.00	-22.51365000	53.80854463

A-16 : Calculons le coefficient d'asymétrie de Yule :

$$c_Y = \frac{Q_1 - 2Q_2 + Q_3}{Q_3 - Q_1}$$

$$= \frac{99{,}68867924528 - 2(100{,}09770114) + 100{,}3850574712}{100{,}3850574712 - 99{,}68867924528}$$

$$= -0,17473$$

A-17 : Calculons le coefficient d'asymétrie de PEARSON :

$$\beta_1 = \frac{(\bar{x} - \text{Mode})}{\sigma}$$

$$= \frac{(100,015 - 100,25)}{0,52179977}$$

$$= -0,450364323$$

A-18 : Calculons le coefficient d'asymétrie de FISHER :

$$\mu_3 = \frac{\sum_{i=1}^{i=6} n_i (x_i - \bar{x})^3}{\sum_{i=1}^{i=6} n_i} = \frac{-22,51365}{200}$$

$$= -0,1125682497$$

$$\gamma_1 = \frac{\mu_3}{\sigma^3} = \frac{-0,1125682497}{(0,52179977)^3}$$

$$= -0,792327$$

A-19 : Calculons le coefficient d'aplatissement de FISHER :

$$\mu_4 = \frac{\sum_{i=1}^{i=6} n_i (x_i - \bar{x})^4}{\sum_{i=1}^{i=6} n_i} = \frac{53,80854463}{200}$$

$$= 0,26904278994$$

$$\gamma_2 = \frac{\mu_4}{\sigma^4} - 3 = \frac{0,26904278994}{(0,52179977)^4} - 3$$

$$= -0,6291576$$

B :Pistolet B

Le tableau suivant montre les données nécessaires pour résoudre cet exercice :

x_i	n_i	$n_i x_i$	$n_i(x_i - \bar{x})^3$	$n_i(x_i - \bar{x})^4$
98.25	4	393.00	-21.44	37.52
98.75	9	888.75	-17.58	21.97
99.25	31	3076.75	-13.08	9.81
99.75	47	4688.25	-0.73	0.18
100.25	57	5714.25	0.89	0.22
100.75	52	5239.00	21.94	16.45
	200	20000.00	-30.00000000	86.15625000

B-16 : Calculons le coefficient d'asymétrie de YULE :

$$C_Y = \frac{Q_1 - 2Q_2 + Q_3}{Q_3 - Q_1}$$

$$= \frac{99,56382978723 \ - 2(100,07894736) + 100,5192307692}{100,5192307692 - 99,56382978723}$$

$$= -0,078327493$$

B-17 : Calculons le coefficient d'asymétrie de PEARSON :

$$\beta_1 = \frac{(\bar{x} - \text{Mode})}{\sigma}$$

$$= \frac{(100 - 100,25)}{0,630476}$$

$$= -0,3965257996$$

B-18 : Calculons le coefficient d'asymétrie de FISHER :

$$\mu_3 = \frac{\sum_{i=1}^{i=6} n_i(x_i - \bar{x})^3}{\sum_{i=1}^{i=6} n_i} = \frac{-30}{200}$$

$$= -0,15$$

$$\gamma_1 = \frac{\mu_3}{\sigma^3} = \frac{-0,15}{(0,630476)^3}$$

$$= -0,598529$$

B-19 : Calculons le coefficient d'aplatissement de FISHER :

$$\mu_4 = \frac{\sum_{i=1}^{i=6} n_i (x_i - \bar{x})^4}{\sum_{i=1}^{i=6} n_i} = \frac{86,15625}{200}$$

$$= -0,430781$$

$$\gamma_2 = \frac{\mu_4}{\sigma^4} - 3 = \frac{-0,430781}{(0,630476)^4} - 3$$

$$= -0,2736443$$

C : Pistolet C

Le tableau suivant montre les données nécessaires pour résoudre cet exercice :

x_i	n_i	$n_i x_i$	$n_i(x_i - \bar{x})^3$	$n_i(x_i - \bar{x})^4$
98.25	9	884.25	-26.32	37.63
98.75	11	1086.25	-8.85	8.23
99.25	38	3771.50	-3.02	1.30
99.75	90	8977.50	0.03	0.00
100.25	45	4511.25	8.33	4.75
100.75	7	705.25	8.58	9.18
	200	19936.00	-21.24720000	61.09019400

C-16 : Calculons le coefficient d'asymétrie de YULE :

$$C_Y = \frac{Q_1 - 2Q_2 + Q_3}{Q_3 - Q_1}$$

$$= \frac{99,39473684210 - 2(99,7333) + 100,0222}{100,0222 - 99,39473684210}$$

$$= -0,079149122$$

C-17 : Calculons le coefficient d'asymétrie de PEARSON :

$$\beta_1 = \frac{(\bar{x} - \text{Mode})}{\sigma}$$

$$= \frac{(99,68 - 99,75)}{0,5386}$$

$$= -0,129964331$$

C-18 : Calculons le coefficient d'asymétrie de FISHER :

$$\mu_3 = \frac{\sum_{i=1}^{i=6} n_i (x_i - \bar{x})^3}{\sum_{i=1}^{i=6} n_i} = \frac{-21{,}2472}{200}$$

$$= -0{,}1062359998$$

$$\gamma_1 = \frac{\mu_3}{\sigma^3} = \frac{-0{,}1062359998}{(0{,}5386)^3}$$

$$= -0{,}679908$$

C-19 : Calculons le coefficient d'aplatissement de FISHER :

$$\mu_4 = \frac{\sum_{i=1}^{i=6} n_i (x_i - \bar{x})^4}{\sum_{i=1}^{i=6} n_i} = \frac{61{,}090194}{200}$$

$$= 0{,}30545091629$$

$$\gamma_2 = \frac{\mu_4}{\sigma^4} - 3 = \frac{0{,}30545091629}{(0{,}5386)^4} - 3$$

$$= 0{,}6294931$$

Pistolet A	Pistolet B	Pistolet C
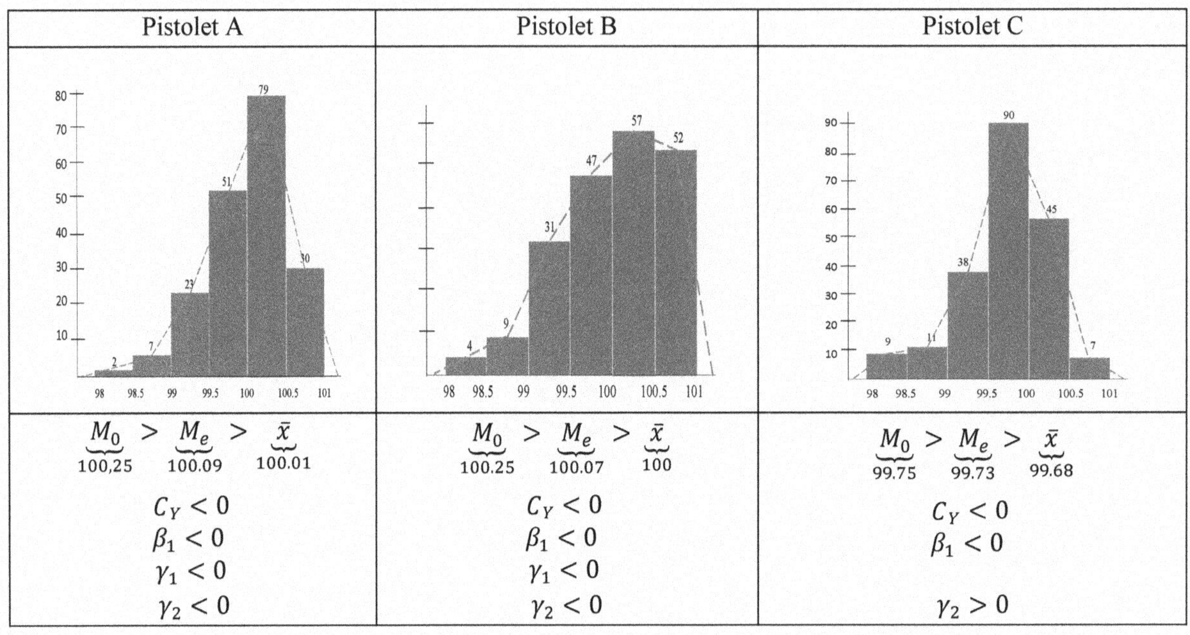		
$\underbrace{M_0}_{100,25} > \underbrace{M_e}_{100.09} > \underbrace{\bar{x}}_{100.01}$	$\underbrace{M_0}_{100.25} > \underbrace{M_e}_{100.07} > \underbrace{\bar{x}}_{100}$	$\underbrace{M_0}_{99.75} > \underbrace{M_e}_{99.73} > \underbrace{\bar{x}}_{99.68}$
$C_Y < 0$ $\beta_1 < 0$ $\gamma_1 < 0$ $\gamma_2 < 0$	$C_Y < 0$ $\beta_1 < 0$ $\gamma_1 < 0$ $\gamma_2 < 0$	$C_Y < 0$ $\beta_1 < 0$ $\gamma_2 > 0$

Analyse

Les trois courbes des pistolets **A** et **B** et **C** présentent des distributions dissymétriques à droite ; leur queue de distribution est étalée vers la gauche, d'où la prépondérance des dosages supérieures à la moyenne. Ce qui entrainerait d'extrêmes risques d'intoxication des patients.

Les courbes de distribution des pistolets **A** et **B** sont plus aplaties que celle de la loi normale tandis que la courbe de distribution du pistolet **C** est plus pointue que celle de la loi normale.

Ces deux blocs d'arguments n'affectent pas les conclusions établies à la deuxième partie, c'est-à-dire que le pistolet **C** est plus avantageux.

11.5 Quatrième cas d'étude

11.5.1 Présentation de l'étude

Une fonderie de métaux très particuliers est à la recherche d'un logiciel dont le temps de réponse serait strictement inférieur à 100 millisecondes (ms). Ce temps est estimé être le temps nécessaire pour le logiciel de détecter la totale fonte du métal, d'obtenir le poids net du métal fondu, de calculer la quantité de composants additifs à rajouter en fonction du poids du métal et d'activer le mélange avant le refroidissement et le durcissement de l'alliage.

A cet effet, elle lance un appel d'offre permettant de sélectionner un logiciel capable de détecter le moment où le métal a totalement fondu, de déclencher et d'effectuer toutes les opérations dans le temps imparti, c'est-à-dire en moins de 100 ms. Trois développeurs de logiciels ont à cet effet répondu à l'appel d'offre en présentant leurs logiciels. Pour une judicieuse décision, l'équipe technique les a testées et les tableaux suivants donnent les résultats de cent tests individuels effectués.

Logiciel A		Logiciel B		Logiciel C	
Temps de réponse (ms)	Effectifs	Temps de réponse (ms)	Effectifs	Temps de réponse (ms)	Effectifs
[98 , 98,5 [	2	[98 , 98,5 [	4	[98 , 98,5 [	9
[98,5 , 99 [	7	[98,5 , 99 [	9	[98,5 , 99 [	11
[99 , 99,5 [	21	[99 , 99,5 [	31	[99 , 99,5 [	38
[99,5 , 100 [	53	[99,5 , 100 [	47	[99,5 , 100 [	90
[100 , 100,5 [	87	[100 , 100,5 [	57	[100 , 100,5 [	45
[100,5 , 101 [	30	[100,5 , 101 [	52	[100,5 , 101 [	7

Etant donné que l'équipe de validation souhaite l'utilisation d'un logiciel asymptotiquement supérieur c'est-à-dire, le logiciel le plus rapide, lequel de ces trois logiciels recevra l'assentiment de l'équipe technique que vous dirigez ?

La décision doit être assortie des vérifications par le calcul.

Note : Afin de faciliter la lecture des solutions, nous utiliserons la notation suivante : chaque réponse concernant un logiciel sera précédée d'une lettre indiquant le logiciel correspondant.

11.5.2 Questions

11.5.2.1 Analyse des mesures de tendance centrale pour la prise de décision

Pour chacun des logiciels,
1. Tracer son histogramme.
2. Tracer sa courbe des fréquences cumulées.
3. Calculer les caractéristiques de tendance centrale de la distribution :
   a. Le mode.
   b. La moyenne.

c. La médiane.
4. Donner l'interprétation sur l'ordre de grandeur des éléments de cette série statistique

11.5.2.2 Analyse des mesures de dispersion pour la prise de décision

Afin de vérifier la véracité des déclarations des trois fournisseurs, il est demandé de calculer et de comparer les caractéristiques de dispersion suivantes pour les trois logiciels :
5. Leurs caractéristiques de dispersion :
   a. L'écart interquartile.
   b. L'écart type.
   c. Le coefficient de variation.
6. Le pourcentage de temps de réponse inférieur à la moyenne.
7. Le pourcentage de temps de réponse inférieur à la moyenne moins l'écart-type.
8. Le pourcentage de temps de réponse inférieur à la moyenne plus l'écart-type.
9. Le pourcentage de temps de réponse se situant dans l'intervalle de la moyenne et la moyenne moins l'écart-type.
10. Le pourcentage de temps de réponse se situant dans l'intervalle de la moyenne et la moyenne plus l'écart-type.
11. Le pourcentage de temps de réponse se situant dans l'intervalle de la moyenne plus l'écart-type et la moyenne moins l'écart-type.
12. Le pourcentage de temps de réponse inférieur à 100 ms (le pourcentage des cas de succès).

11.5.2.3 Analyse des mesures de forme pour la prise de décision

Pour raffiner et consolider la décision, il est demandé de calculer leurs caractéristiques de forme.
13. Le coefficient d'asymétrie de Yule.
14. Le coefficient d'asymétrie de Pearson.
15. Le coefficient d'asymétrie de FISHER.
16. Le coefficient d'aplatissement de FISHER.

11.5.3 Solutions

11.5.3.1 Analyse des mesures de tendance centrale pour la prise de décision

A : Logiciel A

A-1: L'histogramme du logiciel **A** est :

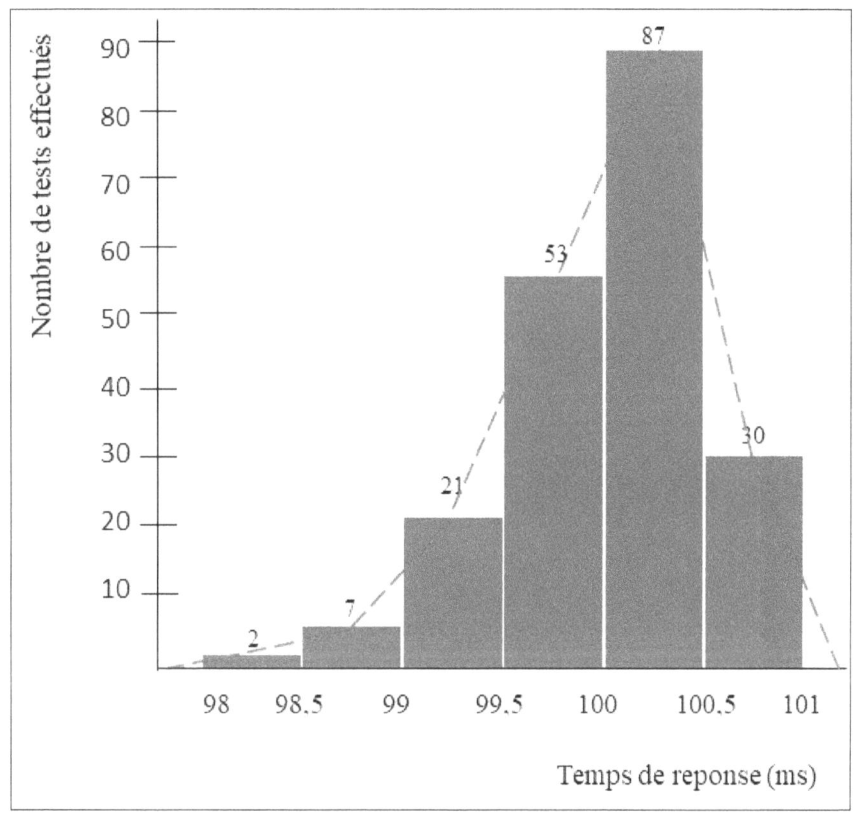

La résolution de cette partie d'exercice nécessite le tableau suivant :

Logiciel A							
Temps de reponse (ms)	x_i	n_i	$n_i x_i$	$n_i x_i^2$	f_i	$f_i \uparrow$	$f_i \downarrow$
[98 , 98,5 [	98.25	2	196.50	19,306.13	1.00	1.00	100.00
[98,5 , 99 [	98.75	7	691.25	68,260.94	3.50	4.50	99.00
[99 , 99,5 [	99.25	21	2,084.25	206,861.81	10.50	15.00	95.50
[99,5 , 100 [	99.75	53	5,286.75	527,353.31	26.50	41.50	85.00
[100 , 100,5 [	100.25	87	8,721.75	874,355.44	43.50	85.00	58.50
[100,5 , 101 [	100.75	30	3,022.50	304,516.88	15.00	100.00	15.00
	Total	200	20,003.00	2,000,654.50	100.00		

A-2 : La courbe des fréquences cumulées du logiciel **A** est :

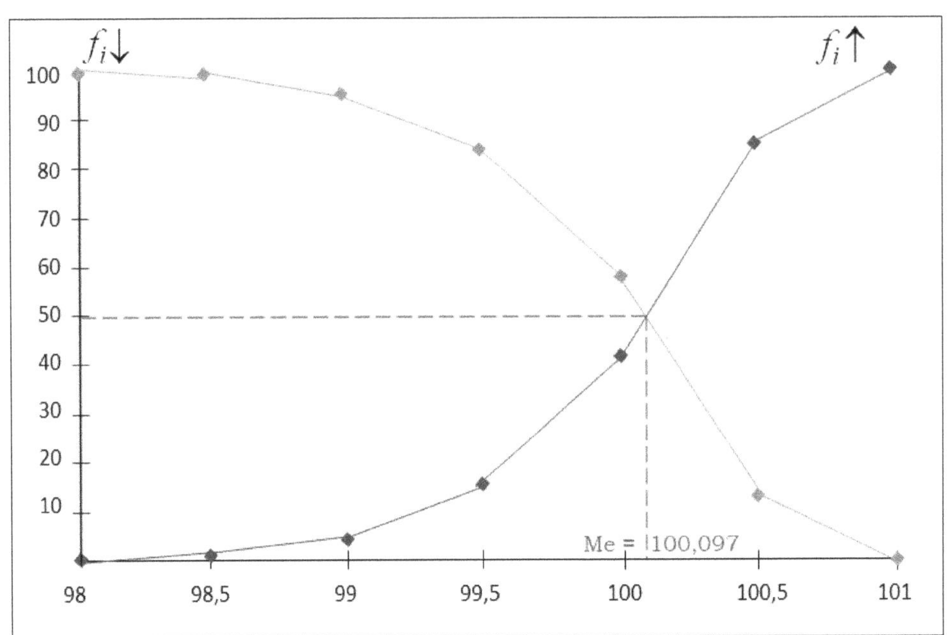

A-3 : Calculons les caractéristiques de tendance centrale :

A-3-a : Le mode du logiciel **A** est de 100,25 ms.

A-3-b : La moyenne du logiciel **A** est :

$$\bar{x} = \frac{1}{n}\sum_{i=1}^{i=6} n_i x_i = \frac{20\,003}{200}$$

$$= 100,015 \text{ ms}$$

A-3-c : La médiane du logiciel **A** est :

$$Me = a_i + (a_{i+1} - a_i)\frac{(50 - F_i)}{(F_{i+1} - F_i)}$$

$$= 100 + (100,5 - 100)\frac{(50 - 41,50)}{(85 - 41,50)}$$

$$= 100,097701149425 \text{ ms}$$

B : Logiciel B

B-1: L'histogramme du logiciel **B** est :

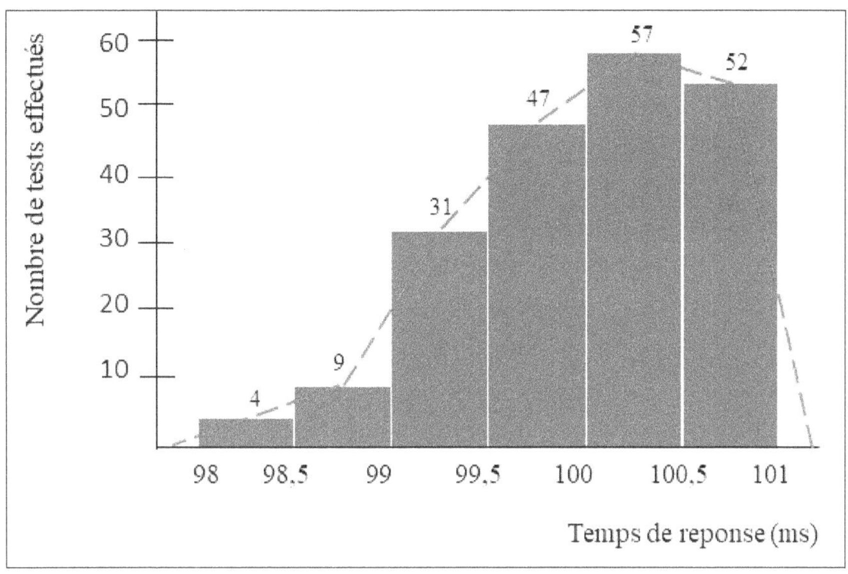

Le tableau suivant montre les données nécessaires pour résoudre cet exercice :

Logiciel B							
Temps de reponse (ms)	x_i	n_i	$n_i x_i$	$n_i x_i^2$	f_i	$f_i \uparrow$	$f_i \downarrow$
[98 , 98,5 [	98.25	4	393.00	38,612.25	2.00	2.00	100.00
[98,5 , 99 [	98.75	9	888.75	87,764.06	4.50	6.50	98.00
[99 , 99,5 [	99.25	31	3,076.75	305,367.44	15.50	22.00	93.50
[99,5 , 100 [	99.75	47	4,688.25	467,652.94	23.50	45.50	78.00
[100 , 100,5 [	100.25	57	5,714.25	572,853.56	28.50	74.00	54.50
[100,5 , 101 [	100.75	52	5,239.00	527,829.25	26.00	100.00	26.00
	Total	200	20,000.00	2,000,079.50	100.00		

B-2 : La courbe des fréquences cumulées du logiciel **B** est :

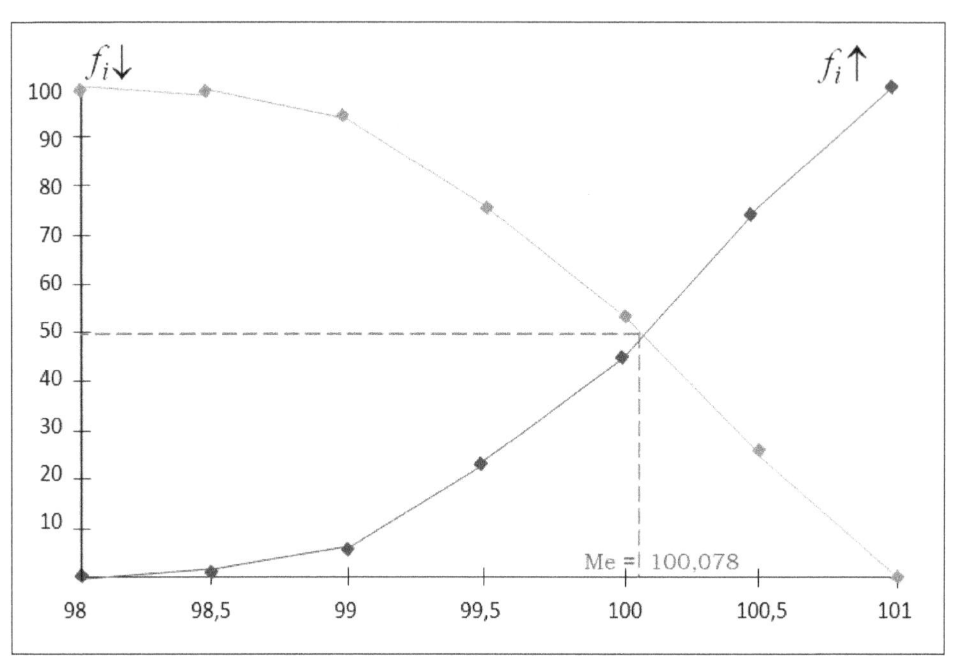

B-3 : Calculons les caractéristiques de tendance centrale :

B-3-a : Le mode du logiciel **B** est de 100,25 ms

B-3-b : La moyenne du logiciel **B** est :

$$\bar{x} = \frac{1}{n}\sum_{i=1}^{i=6} n_i x_i = \frac{20\,000}{200}$$

$$= 100 \text{ ms}$$

B-3-c : La médiane du logiciel **B** est :

$$Me = a_i + (a_{i+1} - a_i)\frac{(50 - F_i)}{(F_{i+1} - F_i)}$$

$$= 100 + (100,5 - 100)\frac{(50 - 45,5)}{(74 - 45,5)}$$

$$= 100,078947368421 \text{ ms}$$

C : Logiciel C

C-1 : L'histogramme du logiciel **C** est :

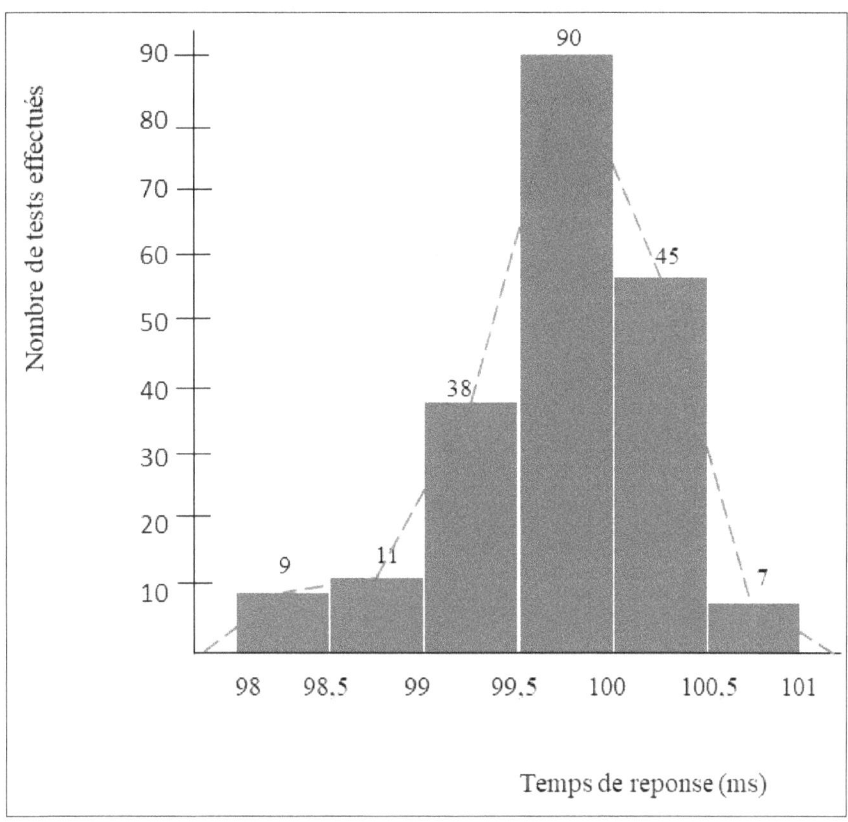

La résolution de cette partie de l'exercice nécessite les rubriques listées dans le tableau suivant :

Logiciel C							
Temps de reponse (ms)	x_i	n_i	$n_i x_i$	$n_i x_i^{\,2}$	f_i	$f_i \uparrow$	$f_i \downarrow$
[98 , 98,5)	98.25	9	884.25	86,877.56	4.50	4.50	100.00
[98,5 , 99)	98.75	11	1,086.25	107,267.19	5.50	10.00	95.50
[99 , 99,5)	99.25	38	3,771.50	374,321.38	19.00	29.00	90.00
[99,5 , 100)	99.75	90	8,977.50	895,505.63	45.00	74.00	71.00
[100 , 100,5)	100.25	45	4,511.25	452,252.81	22.50	96.50	26.00
[100,5 , 101)	100.75	7	705.25	71,053.94	3.50	100.00	3.50
	Total	200	19,936.00	1,987,278.50	100.00		

C-2 : La courbe des fréquences cumulées du logiciel **C** est :

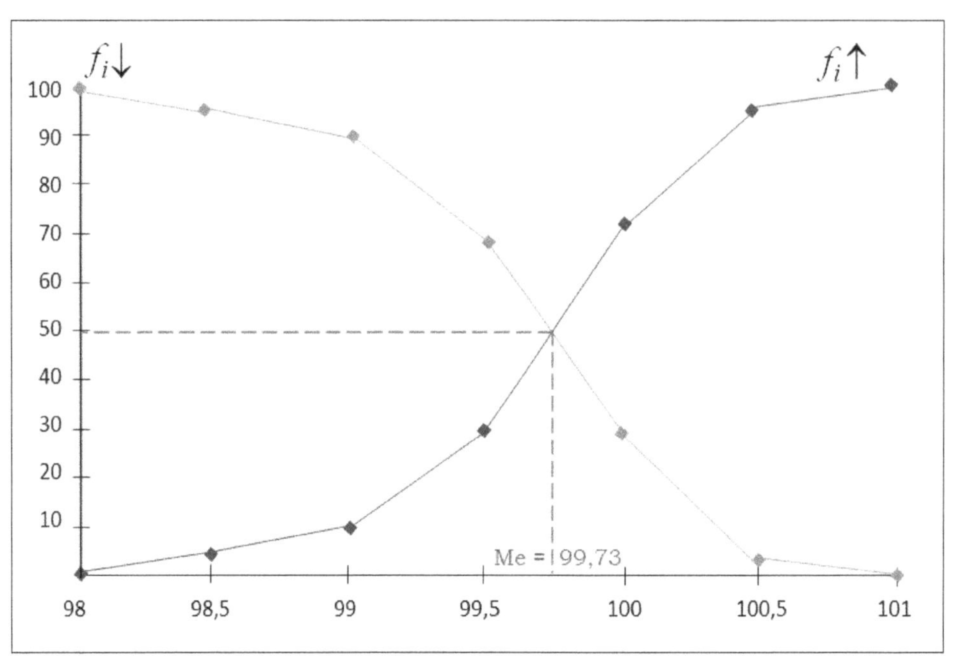

C-3 : Calculons les caractéristiques de tendance centrale :

C-3-a : Le mode du logiciel **C** est de 99,75 ms

C-3-b : La moyenne du logiciel **C** est :

$$\bar{x} = \frac{1}{n}\sum_{i=1}^{i=6} n_i x_i = \frac{19\,936}{200}$$

$$= 99,68 \text{ ms}$$

C-3-c : La médiane du logiciel **C** est :

$$Me = a_i + (a_{i+1} - a_i)\frac{(50 - F_i)}{(F_{i+1} - F_i)}$$

$$= 99,5 + (100 - 99,5)\frac{(50 - 29)}{(74 - 29)}$$

$$= 99,733 \text{ ms}$$

4 : Interprétation

En comparant les trois paramètres, on observe que :

	Logiciel A	Logiciel B	Logiciel C
Mode (ms)	100,25	100,25	99,75
Moyenne (ms)	100,015	100	99,68
Médiane (ms)	100,097701149425	100,078947368421	99,7333333

Analyse

Le contrôle qualité des trois logiciels a révélé les informations suivantes :

Logiciel **A**
- o Le temps de réponse dépasse le temps imparti de 100 ms dans la majorité des tests effectués.
- o De plus, même la moyenne des temps de réponse est supérieure à 100 ms, ce qui indique une inefficacité générale du logiciel.
- o En outre, la moitié des tests ont montré un temps de réponse supérieur à 100 ms, ce qui prouve que le logiciel ne peut pas être utilisé pour répondre aux besoins de la fonderie dans des conditions optimales.

Logiciel **B**
- o Le temps de réponse de la majorité des tests n'est pas conforme aux exigences techniques car il est supérieur à100 ms
- o Le temps moyen de réponse est à la limite de l'exigence technique.
- o Le temps de réponse de la moitié des tests n'est pas conforme aux exigences techniques car il est supérieur à 100 ms.
- o Le logiciel B a obtenu des résultats mitigés.
- o Bien que le temps de réponse de la majorité des tests ne soit pas conforme aux exigences techniques car il est supérieur à 100 ms, le temps moyen de réponse est toutefois très proche de l'exigence technique de 100 ms, ce qui pourrait en faire une option viable si les résultats des tests étaient plus stables.
- o Cependant, le temps de réponse de la moitié des tests est également supérieur à 100 ms, ce qui suggère que le logiciel B pourrait ne pas être capable de maintenir une performance stable et fiable dans des conditions de travail variées.

Logiciel **C**
- o La majorité des temps de réponse des tests sont conformes aux exigences techniques en matière de temps de réponse, car ils prennent moins de 100 ms pour répondre. Cela signifie que la plupart des utilisateurs ne devraient pas rencontrer de problèmes de latence lors de l'utilisation du logiciel.
- o De plus, le temps moyen de réponse des tests est également conforme aux exigences techniques car il est inférieur à 100 ms. Cela garantit une expérience utilisateur fluide et rapide pour la plupart des opérations effectuées avec le logiciel.
- o Il est également important de noter que la moitié des tests ont un temps de réponse inférieur à 100 ms, ce qui est une indication supplémentaire de la rapidité et de la réactivité du logiciel.

Conclusion

Le logiciel **A** ne répond pas aux exigences de la fonderie en matière de temps de réponse. Il est donc difficile au logiciel **A** de permettre à la fonderie de réaliser ses objectifs dans le temps imparti et d'améliorer son processus de production.

Bien que le logiciel **B** présente quelques avantages, il pourrait ne pas être le meilleur choix pour la fonderie de métaux très particuliers qui recherche une solution fiable et rapide pour détecter la fonte du métal et effectuer les opérations nécessaires en moins de 100 ms.

Pour le logiciel **C**, la majorité des tests ont été effectués en moins de 100 ms, le temps moyen de réponse est également inférieur à 100 ms et la moitié des tests ont été effectués en moins de 100 ms.
Cette performance garantit la détection rapide de la fonte totale du métal, le calcul précis du poids net du métal fondu, la quantité exacte de composants additifs à ajouter en fonction du poids du métal et l'activation rapide du mélange avant le refroidissement et le durcissement de l'alliage.
La fonderie de métaux peut donc opter pour le logiciel **C** pour répondre à ses besoins.

Dans l'ensemble, les logiciels **A** et **B** ne respectent pas les exigences techniques en termes de temps de réponse, ce qui peut entraîner des conséquences négatives sur la qualité du produit final.
Le logiciel **C** semble être le seul qui satisfait les exigences techniques en termes de temps de réponse. Sa performance en termes de temps de réponse des tests est conforme aux attentes de la fonderie de métaux.

11.5.3.2 Analyse des mesures de dispersion pour la prise de décision

A : Logiciel A

A-5 : Calculons les caractéristiques de dispersion

Le tableau suivant montre les données nécessaires pour résoudre cet exercice :

Logiciel A							
Temps de reponse (ms)	x_i	n_i	$n_i x_i$	$n_i x_i^2$	f_i	$f_i \uparrow$	$f_i \downarrow$
[98 , 98,5 [	98.25	2	196.50	19,306.13	1.00	1.00	100.00
[98,5 , 99 [	98.75	7	691.25	68,260.94	3.50	4.50	99.00
[99 , 99,5 [	99.25	21	2,084.25	206,861.81	10.50	15.00	95.50
[99,5 , 100 [	99.75	53	5,286.75	527,353.31	26.50	41.50	85.00
[100 , 100,5 [	100.25	87	8,721.75	874,355.44	43.50	85.00	58.50
[100,5 , 101 [	100.75	30	3,022.50	304,516.88	15.00	100.00	15.00
	Total	200	20,003.00	2,000,654.50	100.00		

A-5-1 : L'écart interquartile du logiciel **A** est égal à :

$$Q_1 = a_i + (a_{i+1} - a_i)\frac{(25 - F_i)}{(F_{i+1} - F_i)}$$

$$= 99{,}5 + (100 - 99{,}5)\frac{(25 - 15)}{(41{,}5 - 15)}$$

$$= 99{,}688679245283 \text{ ms}$$

$$Q_3 = a_i + (a_{i+1} - a_i)\frac{(75 - F_i)}{(F_{i+1} - F_i)}$$

$$= 100 + (100{,}5 - 100)\frac{(75 - 41{,}5)}{(85 - 41{,}5)}$$

$$= 100{,}385057471264 \text{ ms}$$

$$\text{L'écart Interquartile} = Q_3 - Q_1$$

$$= 100{,}385057471264 - 99{,}688679245283$$

$$= 0{,}696378225981363 \text{ ms}$$

A-5-2 : La variance du logiciel **A** est égale à :

$$V(x) = \frac{1}{n}\sum_{i=1}^{i=6} n_i x_i^2 - \bar{x}^2$$

$$= \frac{2\,000\,654{,}50}{200} - (100{,}015)^2$$

$$= 0{,}272275$$

A-5-3 : L'écart-type du logiciel **A** est égale à :

$$\sigma = \sqrt{V(x)}$$

$$= \sqrt{0{,}272275}$$

$$= 0{,}521799770026 \text{ ms}$$

A-5-4 : Le coefficient de variation du logiciel **A** est égal à :

$$\mathrm{CV} = \frac{\sigma}{|\bar{x}|}$$

$$= \frac{0{,}521799770026}{100{,}015}\text{x}100$$

$$= 0{,}52\%$$

A-6 : Calculons le pourcentage de temps de réponse inférieur à la moyenne

$$\bar{x} = 100{,}015 \text{ ms}$$

Soit $P_{<\bar{x}}$ le pourcentage cherché, nous utilisons la formule d'interpolation linéaire en prenant comme base le couple de données $(a_i, f_i \uparrow)$:

$$\bar{x} = a_i + (a_{i+1} - a_i)\frac{(P_{<\bar{x}} - F_i)}{(F_{i+1} - F_i)}$$

$$100{,}015 = 100 + (100{,}5 - 100)\frac{(P_{<\bar{x}} - 41{,}5)}{(85 - 41{,}5)}$$

$$P_{<\bar{x}} = 42{,}805\%$$

A-7 : Calculons le pourcentage de temps de réponse inférieur à $\bar{x} - \sigma$:

$$\bar{x} - \sigma = 100{,}015 - 0{,}52179977002616$$
$$= 99{,}4932002299738 \text{ ms}$$

Soit $P_{<\bar{x}-\sigma}$ le pourcentage cherché, utilisons la formule d'interpolation linéaire en prenant comme base le couple de données $(a_i, f_i \uparrow)$:

$$\bar{x} - \sigma = a_i + (a_{i+1} - a_i)\frac{(P_{<\bar{x}-\sigma} - F_i)}{(F_{i+1} - F_i)}$$
$$99{,}4932002299738 = 99 + (99{,}5 - 99)\frac{(P_{<\bar{x}-\sigma} - 4{,}5)}{(15 - 4{,}5)}$$
$$P_{<\bar{x}-\sigma} = 14{,}8572\%$$

A-8 : Calculons le pourcentage de temps de réponse inférieur à $\bar{x} + \sigma$:

$$\bar{x} + \sigma = 100{,}015 + 0{,}52179977002616$$
$$= 100{,}53679977002616 \text{ ms}$$

Soit $P_{<\bar{x}+\sigma}$ le pourcentage cherché, utilisons la formule d'interpolation linéaire en prenant comme base le couple de données $(a_i, f_i \uparrow)$:

$$\bar{x} + \sigma = a_i + (a_{i+1} - a_i)\frac{(P_{<\bar{x}+\sigma} - F_i)}{(F_{i+1} - F_i)}$$
$$100{,}53679977002616 = 100{,}5 + (101 - 100{,}5)\frac{(P_{<\bar{x}+\sigma} - 85)}{(100 - 85)}$$
$$P_{<\bar{x}+\sigma} = 86{,}1037\%$$

A-9 : Calculons le pourcentage de temps de réponse entre la moyenne, soit 100,015 ms et la moyenne moins l'écart-type, soit 99,4932002299738 ms. Ce pourcentage est :

$$42{,}805\% - 14{,}8572\% = 27{,}9478\%$$

A-10 : Calculons le pourcentage de temps de réponse entre la moyenne, soit 100,015 ms et la moyenne plus l'écart-type, soit 100,53679977002616 ms. Ce pourcentage est :

$$86{,}1037\% - 42{,}805\% = 43{,}2987\%$$

A-11 : Calculons le pourcentage de temps de réponse entre la moyenne moins l'écart-type, soit 99,4932002299738 ms et la moyenne plus l'écart-type, soit 100,53679977002616 ms.

Ce pourcentage est :

$$86{,}1037\% - 14{,}8572\% = 71{,}2465\%$$

A.12 : Calculons le pourcentage de temps de réponse inférieur à 100 ms.

Ce pourcentage peut être directement obtenu à partir du tableau, c'est :

$$P_{<100ms} = 41,5\%$$

B : Logiciel B

B-5 : Calculons les caractéristiques de dispersion

Le tableau suivant montre les données nécessaires pour résoudre cet exercice :

Logiciel B							
Temps de reponse (ms)	x_i	n_i	$n_i x_i$	$n_i x_i^2$	f_i	$f_i \uparrow$	$f_i \downarrow$
[98 , 98,5 [	98.25	4	393.00	38,612.25	2.00	2.00	100.00
[98,5 , 99 [	98.75	9	888.75	87,764.06	4.50	6.50	98.00
[99 , 99,5 [	99.25	31	3,076.75	305,367.44	15.50	22.00	93.50
[99,5 , 100 [	99.75	47	4,688.25	467,652.94	23.50	45.50	78.00
[100 , 100,5 [	100.25	57	5,714.25	572,853.56	28.50	74.00	54.50
[100,5 , 101 [	100.75	52	5,239.00	527,829.25	26.00	100.00	26.00
	Total	200	20,000.00	2,000,079.50	100.00		

B.5-1 : L'écart interquartile du logiciel **B** est égal à :

$$Q_1 = a_i + (a_{i+1} - a_i)\frac{(25 - F_i)}{(F_{i+1} - F_i)}$$
$$= 99,5 + (100 - 99,5)\frac{(25 - 22)}{(45,5 - 22)}$$
$$= 99,563829787234 \text{ ms}$$
$$Q_3 = a_i + (a_{i+1} - a_i)\frac{(75 - F_i)}{(F_{i+1} - F_i)}$$
$$= 100,5 + (101 - 100,5)\frac{(75 - 74)}{(100 - 74)}$$
$$= 100,51923076923 \text{ ms}$$
$$\text{L'écart Interquartile} = Q_3 - Q_1$$
$$= 100,51923076923 - 99,563829787234$$
$$= 0,955400981996732 \text{ ms}$$

B.5-2 : La variance du logiciel **B** est égal à :

$$V(x) = \frac{1}{n} \sum_{i=1}^{i=6} n_i x_i^2 - \bar{x}^2$$

$$= \frac{2\,000\,079{,}5}{200} - (100)^2$$

$$= 0{,}397499999999127$$

B.5-3 : L'écart-type du logiciel **B** est égal à :

$$\sigma = \sqrt{V(x)}$$

$$= \sqrt{0{,}397499999999127}$$

$$= 0{,}630476010645232 \text{ ms}$$

B.5-4 : Le coefficient de variation du logiciel **B** est égal à :

$$CV = \frac{\sigma}{|\bar{x}|}$$

$$= \frac{0{,}630476010645232}{100} \times 100$$

$$= 0{,}630476010645232\%$$

B-6 : Calculons le pourcentage de temps de réponse inférieur à la moyenne.

Ce pourcentage peut être directement obtenu à partir du tableau, c'est :

$$P_{<\bar{x}} = 41{,}5\%$$

B-7 : Calculons le pourcentage de temps de réponse inférieur à $\bar{x} - \sigma$.

$$\bar{x} - \sigma = 100 - 0{,}630476010645232$$

$$= 99{,}369523989354768 \text{ ms}$$

Soit $P_{<\bar{x}-\sigma}$ le pourcentage cherché, nous utilisons la formule d'interpolation linéaire en prenant comme base le couple de données $(a_i, f_i \uparrow)$:

$$\bar{x} - \sigma = a_i + (a_{i+1} - a_i) \frac{(P_{<\bar{x}-\sigma} - F_i)}{(F_{i+1} - F_i)}$$

$$99{,}369523989354768 = 99 + (99{,}5 - 99) \frac{(P_{<\bar{x}-\sigma} - 6{,}5)}{(22 - 6{,}5)}$$

$$P_{<\bar{x}-\sigma} = 17{,}95512\%$$

B-8 : Calculons le pourcentage de temps de réponse inférieur à $\bar{x} + \sigma$.

$$\bar{x} + \sigma = 100 + 0{,}630476010645232$$
$$= 100{,}630476010645232 \text{ ms}$$

Soit $P_{<\bar{x}+\sigma}$ le pourcentage cherché, utilisons la formule d'interpolation linéaire en prenant comme base le couple de données $(a_i, f_i \uparrow)$:

$$\bar{x} + \sigma = a_i + (a_{i+1} - a_i)\frac{(P_{<\bar{x}-\sigma} - F_i)}{(F_{i+1} - F_i)}$$
$$100{,}630476010645232 = 100{,}5 + (101 - 100{,}5)\frac{(P_{<\bar{x}+\sigma} - 74)}{(100 - 74)}$$
$$P_{<\bar{x}+\sigma} = 80{,}78444\%$$

B-9 : Calculons le pourcentage de temps de réponse entre la moyenne, soit 100 ms et la moyenne moins l'écart-type, soit 99,369523989354768 ms. Ce pourcentage est :

$$41{,}5\% - 17{,}95512\% = 23{,}54488\%$$

B-10 : Calculons le pourcentage de temps de réponse entre la moyenne, soit 100 ms et la moyenne plus l'écart-type, soit 100,630476010645232 ms. Ce pourcentage est :

$$80{,}78444\% - 41{,}5\% = 39{,}28444\%$$

B-11 : Calculons le pourcentage de temps de réponse entre la moyenne moins l'écart-type, soit 99,369523989354768 ms et la moyenne plus l'écart-type, soit 100,630476010645232 ms.

Ce pourcentage est :

$$80{,}78444\ \% - 17{,}95512\% = 62{,}82932\%$$

B-12 : Calculons le pourcentage de temps de réponse inférieur à 100 ms.

Ce pourcentage peut être directement obtenu à partir du tableau, c'est :

$$P_{<100ms} = 45{,}5\%$$

C : Logiciel C

C-5 : Calculons les caractéristiques de dispersion

Le tableau suivant montre les données nécessaires pour résoudre cet exercice :

<table>
<tr><td colspan="8" align="center">Logiciel C</td></tr>
<tr><td>Temps de reponse (ms)</td><td>x_i</td><td>n_i</td><td>$n_i x_i$</td><td>$n_i x_i^2$</td><td>f_i</td><td>$f_i \uparrow$</td><td>$f_i \downarrow$</td></tr>
<tr><td>[98 , 98,5)</td><td>98.25</td><td>9</td><td>884.25</td><td>86,877.56</td><td>4.50</td><td>4.50</td><td>100.00</td></tr>
<tr><td>[98,5 , 99)</td><td>98.75</td><td>11</td><td>1,086.25</td><td>107,267.19</td><td>5.50</td><td>10.00</td><td>95.50</td></tr>
<tr><td>[99 , 99,5)</td><td>99.25</td><td>38</td><td>3,771.50</td><td>374,321.38</td><td>19.00</td><td>29.00</td><td>90.00</td></tr>
<tr><td>[99,5 , 100)</td><td>99.75</td><td>90</td><td>8,977.50</td><td>895,505.63</td><td>45.00</td><td>74.00</td><td>71.00</td></tr>
<tr><td>[100 , 100,5)</td><td>100.25</td><td>45</td><td>4,511.25</td><td>452,252.81</td><td>22.50</td><td>96.50</td><td>26.00</td></tr>
<tr><td>[100,5 , 101)</td><td>100.75</td><td>7</td><td>705.25</td><td>71,053.94</td><td>3.50</td><td>100.00</td><td>3.50</td></tr>
<tr><td></td><td>Total</td><td>200</td><td>19,936.00</td><td>1,987,278.50</td><td>100.00</td><td></td><td></td></tr>
</table>

C-5-1 : L'écart interquartile du logiciel **C** est égal à :

$$Q_1 = a_i + (a_{i+1} - a_i)\frac{(25 - F_i)}{(F_{i+1} - F_i)}$$

$$= 99 + (99,5 - 99)\frac{(25 - 10)}{(29 - 10)}$$

$$= 99,3947368421053 \text{ ms}$$

$$Q_3 = a_i + (a_{i+1} - a_i)\frac{(75 - F_i)}{(F_{i+1} - F_i)}$$

$$= 100 + (100,5 - 100)\frac{(75 - 74)}{(96,5 - 74)}$$

$$= 100,022222222222 \text{ ms}$$

$$\text{L'écart Interquartile} = Q_3 - Q_1$$

$$= 100,022222222222 - 99,3947368421053$$

$$= 0,627485380116966 \text{ ms}$$

C-5-2 : La variance du logiciel **C** est égale à :

$$V(x) = \frac{1}{n}\sum_{i=1}^{i=6} n_i x_i^2 - \bar{x}^2$$

$$= \frac{1\,987\,278,5}{200} - (99,68)^2$$

$$= 0,290099999998347$$

C-5-3 : L'écart-type du logiciel **C** est égale à :

$$\sigma = \sqrt{V(x)}$$

$$= \sqrt{0,290099999998347}$$

$$= 0,538609320378275 \text{ ms}$$

C-5-4 : Le coefficient de variation du logiciel **C** est égal à :

$$CV = \frac{\sigma}{|\bar{x}|}$$

$$= \frac{0{,}538609320378275}{99{,}68} \text{x}100$$

$$= 0{,}5403384032687\%$$

C-6 : Calculons le pourcentage de temps de réponse inférieur à la moyenne, $\bar{x} = 99{,}68$ ms.

Soit $P_{<\bar{x}}$ le pourcentage cherché, nous utilisons la formule d'interpolation linéaire en prenant comme base le couple de données $(a_i, f_i \uparrow)$:

$$\bar{x} = a_i + (a_{i+1} - a_i)\frac{(P_{<-\sigma} - F_i)}{(F_{i+1} - F_i)}$$

$$99{,}68 = 99{,}5 + (100 - 99{,}5)\frac{(P_{<\bar{x}} - 29)}{(74 - 29)}$$

$$P_{<\bar{x}} = 45{,}2\%$$

C-7 : Calculons le pourcentage de temps de réponse inférieur à $\bar{x} - \sigma$.

$$\bar{x} - \sigma = 99{,}68 - 0{,}538609320378275$$
$$= 99{,}141390679621725 \text{ ms}$$

Soit $P_{<\bar{x}-\sigma}$ le pourcentage cherché, utilisons la formule d'interpolation linéaire en prenant comme base le couple de données $(a_i, f_i \uparrow)$:

$$\bar{x} - \sigma = a_i + (a_{i+1} - a_i)\frac{(P_{<\bar{x}-\sigma} - F_i)}{(F_{i+1} - F_i)}$$

$$99{,}141390679621725 = 99 + (99{,}5 - 99)\frac{(P_{<\bar{x}-\sigma} - 10)}{(29 - 10)}$$

$$P_{<\bar{x}-\sigma} = 15{,}37282\%$$

C-8 : Calculons le pourcentage de temps de réponse inférieur à $\bar{x} + \sigma$.

$$\bar{x} + \sigma = 99{,}68 + 0{,}538609320378275$$
$$= 100{,}218609320378275 \text{ ms}$$

Soit $P_{<\bar{x}+\sigma}$ le pourcentage cherché, utilisons la formule d'interpolation linéaire en prenant comme base le couple de données $(a_i, f_i \uparrow)$:

$$\bar{x} + \sigma = a_i + (a_{i+1} - a_i)\frac{(P_{<\bar{x}-\sigma} - F_i)}{(F_{i+1} - F_i)}$$

$$100{,}218609320378275 = 100 + (100{,}5 - 100)\frac{(P_{<\bar{x}+\sigma} - 74)}{(96{,}5 - 74)}$$

$$P_{<\bar{x}+\sigma} = 83{,}837\%$$

C-9 : Calculons le pourcentage de temps de réponse entre la moyenne, soit 99,68 ms et la moyenne moins l'écart-type, soit 99,141390679621725 ms.

Ce pourcentage est :

$$45{,}2\% - 15{,}37282\% = 29{,}82718\%$$

C-10 : Calculons le pourcentage de temps de réponse entre la moyenne, soit 99,68 ms et la moyenne plus l'écart-type, soit 100,218609320378275 ms.

Ce pourcentage est :

$$83{,}837\ \% - 45{,}2\% = 38{,}637\%$$

C-11 : Calculons le pourcentage de temps de réponse entre la moyenne moins l'écart-type, soit 99,141390679621725 ms et la moyenne plus l'écart-type, soit 100,218609320378275 ms.

Ce pourcentage est :

$$29{,}82718\% + 38{,}637\% = 68{,}46418\%$$

C-12 : Calculons le pourcentage de temps de réponse inférieur à 1 mètre.

Ce pourcentage peut être directement obtenu à partir du tableau, c'est :

$$P_{<100ms} = 74\%$$

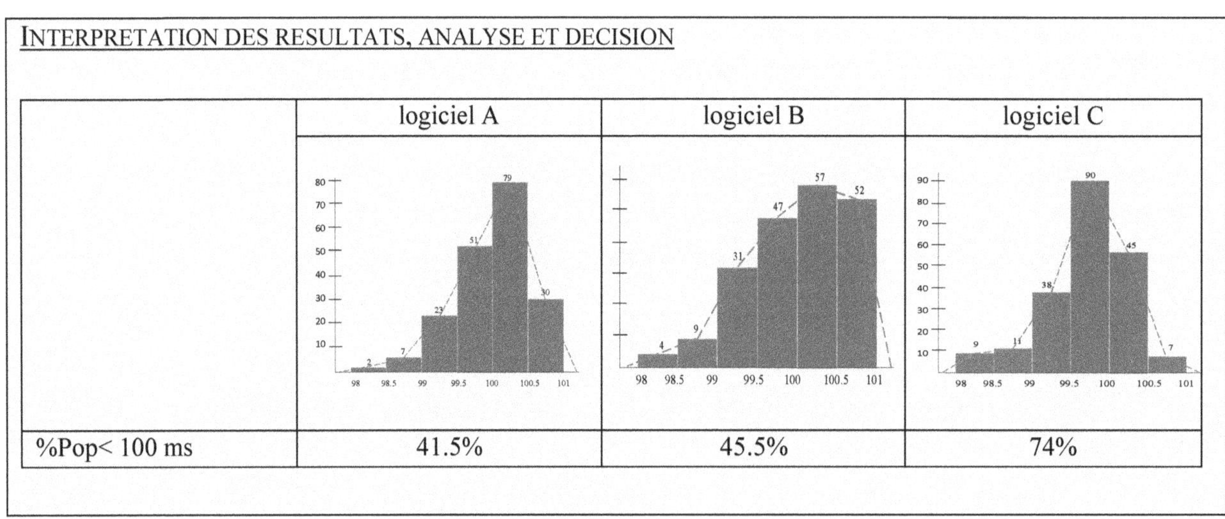

INTERPRETATION DES RESULTATS, ANALYSE ET DECISION	logiciel A	logiciel B	logiciel C
%Pop< 100 ms	41.5%	45.5%	74%

Analyse

Le logiciel **A** a 41,5% des tests avec un temps de réponse inférieur à 100 ms ; donc il a un taux de succès de 41,5% et un taux d'échec de 58,5%.

- o Le logiciel **B** a 45,5% des tests avec un temps de réponse inférieur à 100 ms ; donc il a un taux de succès de 45,5% et un taux d'échec de 54,5%.

- o Le logiciel **C** a 74% des tests avec un temps de réponse inférieur à 100 ms ; donc il a un taux de succès de 74% et un taux d'échec de 26%.

Les trois logiciels présentent des résultats différents en termes de réussite des tests et de temps de réponse inférieur à 100 ms. Le logiciel **C** a le taux de réussite le plus élevé, avec 74% des tests réussis, suivi du logiciel **B** avec 45,5% et du logiciel **A** avec 41,5%.

Cependant, la réussite des tests n'est pas le seul critère à prendre en compte. Il est également important de considérer le taux d'échec de chaque logiciel, qui indique le pourcentage de tests où le logiciel n'a pas répondu en moins de 100 ms. Le logiciel **A** a le taux d'échec le plus élevé avec 58,5%, suivi du logiciel **B** avec 54,5% et du logiciel **C** avec seulement 26%.

En prenant en compte les deux critères, le logiciel **C** semble être le plus performant et le plus fiable, avec un taux de réussite élevé et un taux d'échec relativement faible.

CV	0,52%	0,630%	0,540%

Les trois logiciels ont un coefficient de variation inférieur à 1%, ce qui indique que la dispersion des résultats obtenus est faible et donc que les distributions sont assez homogènes.

En effet, le fait que les distributions des résultats des trois logiciels soient quasi-homogènes signifie qu'il y a peu de différence entre les résultats obtenus par chacun d'entre eux. Ainsi, même si les taux de réussite et d'échec varient d'un logiciel à l'autre, ces variations sont relativement faibles et donc ne devraient pas avoir un impact significatif sur la décision de choisir le logiciel le plus performant et fiable.

% dans $[\bar{x} - \sigma, \bar{x} + \sigma]$	71,2465%	62,82932%	68,46418%

La population dans l'intervalle $[\bar{x} - \sigma, \bar{x} + \sigma]$ n'influe pas trop sur la décision car cette population est considérée comme étant relativement homogène.

Conclusion

Le logiciel **C** se positionne comme le plus performant et fiable des trois logiciels testés, avec un taux de réussite de 74% pour les tests avec un temps de réponse inférieur à 100 ms. Ce résultat confirme les présomptions précédemment énoncées et renforce l'idée que le logiciel **C** est celui qui répond le mieux aux besoins de l'utilisateur en termes de fiabilité des résultats.

Il est important de noter que le taux de réussite n'est pas le seul critère à prendre en compte lors de l'évaluation de la performance d'un logiciel. Le taux d'échec, c'est-à-dire le pourcentage de tests où le logiciel n'a pas répondu en moins de 100 ms, est également un critère important. Dans ce cas-ci, le logiciel **C** a un taux d'échec relativement faible de 26%, ce qui confirme sa fiabilité.

11.5.3.3 Analyse des mesures de forme pour la prise de décision

Calculons les caractéristiques de forme :

A : Logiciel **A**

Le tableau suivant montre les données nécessaires pour résoudre cet exercice :

x_i	n_i	$n_i x_i$	$n_i(x_i-\bar{x})^3$	$n_i(x_i-\bar{x})^4$
98.25	2	196.50	-11.00	19.41
98.75	7	691.25	-14.17	17.93
99.25	21	2084.25	-9.40	7.19
99.75	53	5286.75	-0.99	0.26
100.25	87	8721.75	1.13	0.27
100.75	30	3022.50	11.91	8.76
	200	20003.00	-22.51365000	53.80854463

A-13 : Calculons le coefficient d'asymétrie de YULE :

$$C_Y = \frac{Q_1 - 2Q_2 + Q_3}{Q_3 - Q_1}$$

$$= \frac{99{,}68867924528 - 2(100{,}09770114) + 100{,}3850574712}{100{,}3850574712 - 99{,}68867924528}$$

$$= -0{,}17473$$

A-14 : Calculons le coefficient d'asymétrie de PEARSON :

$$\beta_1 = \frac{(\bar{x} - \text{Mode})}{\sigma}$$

$$= \frac{(100{,}015 - 100{,}25)}{0{,}52179977}$$

$$= -0{,}450364323$$

A -15 : Calculons le coefficient d'asymétrie de FISHER :

$$\mu_3 = \frac{\sum_{i=1}^{i=6} n_i(x_i - \bar{x})^3}{\sum_{i=1}^{i=6} n_i} = \frac{-22{,}51365}{200}$$

$$= -0{,}1125682497$$

$$\gamma_1 = \frac{\mu_3}{\sigma^3} = \frac{-0{,}1125682497}{(0{,}52179977)^3}$$

$$= -0{,}792327$$

A-16 : Calculons le coefficient d'aplatissement de FISHER :

$$\mu_4 = \frac{\sum_{i=1}^{i=6} n_i (x_i - \bar{x})^4}{\sum_{i=1}^{i=6} n_i} = \frac{53{,}80854463}{200}$$

$$= 0{,}26904278994$$

$$\gamma_2 = \frac{\mu_4}{\sigma^4} - 3 = \frac{0{,}26904278994}{(0{,}52179977)^4} - 3$$

$$= -0{,}6291576$$

B : Logiciel B

Le tableau suivant montre les données nécessaires pour résoudre cet exercice :

x_i	n_i	$n_i x_i$	$n_i(x_i - \bar{x})^3$	$n_i(x_i - \bar{x})^4$
98.25	4	393.00	-21.44	37.52
98.75	9	888.75	-17.58	21.97
99.25	31	3076.75	-13.08	9.81
99.75	47	4688.25	-0.73	0.18
100.25	57	5714.25	0.89	0.22
100.75	52	5239.00	21.94	16.45
	200	20000.00	-30.00000000	86.15625000

B-13 : Calculons le coefficient d'asymétrie de YULE :

$$C_Y = \frac{Q_1 - 2Q_2 + Q_3}{Q_3 - Q_1}$$

$$= \frac{99{,}56382978723 - 2(100{,}07894736) + 100{,}5192307692}{100{,}5192307692 - 99{,}56382978723}$$

$$= -0{,}078327493$$

B-14 : Calculons le coefficient d'asymétrie de PEARSON :

$$\beta_1 = \frac{(\bar{x} - \text{Mode})}{\sigma}$$

$$= \frac{(100 - 100{,}25)}{0{,}630476}$$

$$= -0{,}3965257996$$

B-15 : Calculons le coefficient d'asymétrie de FISHER :

$$\mu_3 = \frac{\sum_{i=1}^{i=6} n_i(x_i - \bar{x})^3}{\sum_{i=1}^{i=6} n_i} = \frac{-30}{200}$$

$$= -0{,}15$$

$$\gamma_1 = \frac{\mu_3}{\sigma^3} = \frac{-0{,}15}{(0{,}630476)^3}$$

$$= -0{,}598529$$

B-16 : Calculons le coefficient d'aplatissement de FISHER :

$$\mu_4 = \frac{\sum_{i=1}^{i=6} n_i(x_i - \bar{x})^4}{\sum_{i=1}^{i=6} n_i} = \frac{86{,}15625}{200}$$

$$= -0{,}430781$$

$$\gamma_2 = \frac{\mu_4}{\sigma^4} - 3 = \frac{-0{,}430781}{(0{,}630476)^4} - 3$$

$$= -0{,}2736443$$

C : Logiciel C

Le tableau suivant montre les données nécessaires pour résoudre cet exercice :

x_i	n_i	$n_i x_i$	$n_i(x_i - \bar{x})^3$	$n_i(x_i - \bar{x})^4$
98.25	9	884.25	-26.32	37.63
98.75	11	1086.25	-8.85	8.23
99.25	38	3771.50	-3.02	1.30
99.75	90	8977.50	0.03	0.00
100.25	45	4511.25	8.33	4.75
100.75	7	705.25	8.58	9.18
	200	19936.00	-21.24720000	61.09019400

C-13 : Calculons le coefficient d'asymétrie de YULE :

$$C_Y = \frac{Q_1 - 2Q_2 + Q_3}{Q_3 - Q_1}$$

$$= \frac{99{,}39473684210 - 2(99{,}7333) + 100{,}0222}{100{,}0222 - 99{,}39473684210}$$

$$= -0{,}079149122$$

C-14 : Calculons le coefficient d'asymétrie de PEARSON :

$$\beta_1 = \frac{(\bar{x} - \text{Mode})}{\sigma}$$

$$= \frac{(99{,}78 - 99{,}75)}{0{,}5386}$$

$$= -0{,}129964331$$

C-15 : Calculons le coefficient d'asymétrie de FISHER :

$$\mu_3 = \frac{\sum_{i=1}^{i=6} n_i(x_i - \bar{x})^3}{\sum_{i=1}^{i=6} n_i} = \frac{-21{,}2472}{200}$$

$$= -0{,}1062359998$$

$$\gamma_1 = \frac{\mu_3}{\sigma^3} = \frac{-0{,}1062359998}{(0{,}5386)^3}$$

$$= -0{,}679908$$

C-16 : Calculons le coefficient d'aplatissement de FISHER :

$$\mu_4 = \frac{\sum_{i=1}^{i=6} n_i(x_i - \bar{x})^4}{\sum_{i=1}^{i=6} n_i} = \frac{61{,}090194}{200}$$

$$= 0{,}30545091629$$

$$\gamma_2 = \frac{\mu_4}{\sigma^4} - 3 = \frac{0{,}30545091629}{(0{,}5386)^4} - 3$$

$$= 0,6294931$$

Logiciel A	Logiciel B	Logiciel C

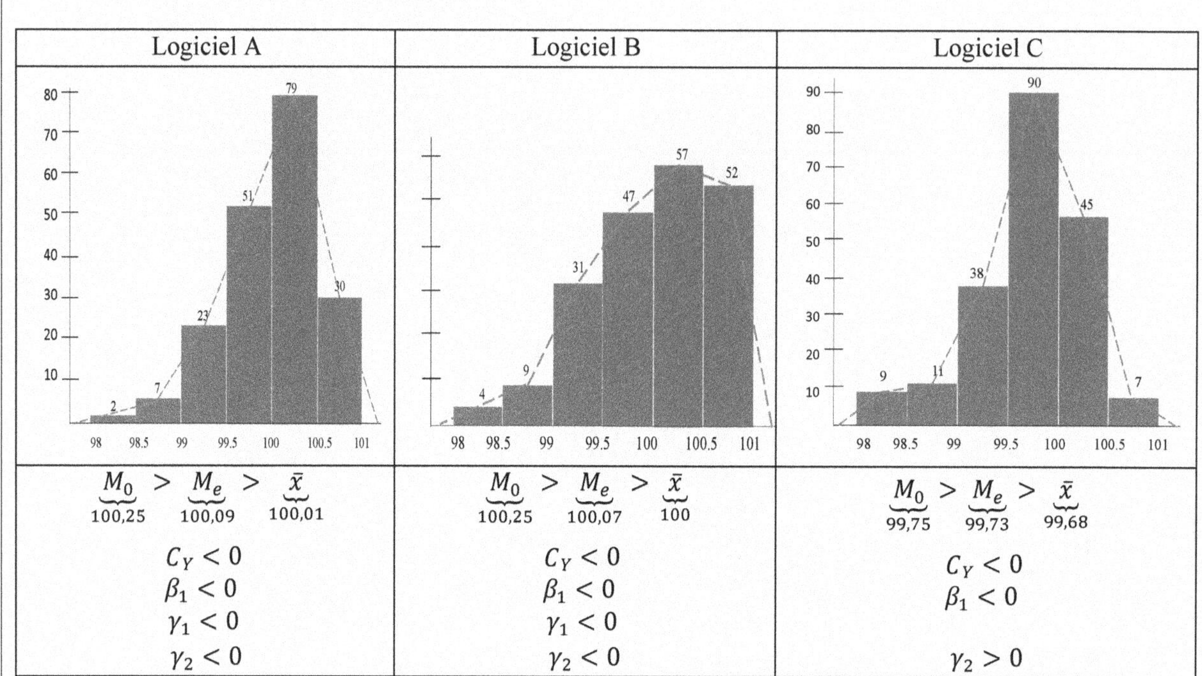

$M_0 > M_e > \bar{x}$	$M_0 > M_e > \bar{x}$	$M_0 > M_e > \bar{x}$
100,25 100,09 100,01	100,25 100,07 100	99,75 99,73 99,68
$C_Y < 0$	$C_Y < 0$	$C_Y < 0$
$\beta_1 < 0$	$\beta_1 < 0$	$\beta_1 < 0$
$\gamma_1 < 0$	$\gamma_1 < 0$	
$\gamma_2 < 0$	$\gamma_2 < 0$	$\gamma_2 > 0$

Analyse

Les courbes de distribution des temps de réponse des logiciels **A**, **B** et **C** présentent toutes une asymétrie positive, c'est-à-dire que leur queue de distribution est étalée vers la gauche, ce qui indique une prépondérance des temps de réponse supérieurs à la moyenne. Les courbes de distribution de **A** et **B** sont plus aplaties que la courbe de distribution normale, tandis que celle de **C** est plus pointue.

Le logiciel **C** se distingue des deux autres logiciels en présentant une distribution plus concentrée autour de la moyenne, avec une asymétrie positive plus marquée. Ce qui lui permet d'obtenir un taux de réussite de 74%, le plus élevé des trois logiciels testés.

Il convient toutefois de noter que le taux de réussite n'est pas le seul critère à prendre en compte dans l'évaluation de la performance d'un logiciel. Il est important de considérer d'autres mesures telles que le taux d'échec ou la variabilité des temps de réponse. Dans ce cas-ci, le logiciel **C** présente également des avantages en termes de taux d'échec relativement faible et de distribution plus concentrée, ce qui renforce sa position de meilleur logiciel parmi les trois testés.